Revit 2019 参数化从入门到精通

主　编　杨新新　耿旭光　王金城

副主编　侯佳伟　夏红艳　赵一中

参　编　胡　珅　王晓军　王大鹏

向　敏　刘火生　沈江鸿

随着信息技术的高速发展，BIM（Building Information Modeling，建筑信息模型）技术正在引发建筑行业史无前例的变革。本书以Revit 2019为基础，通过详细的操作，讲解了Revit参数化的各个方面。

本书共4篇，分为18章。Revit参数化学习篇，主要介绍参数化的基础知识和操作方法；Revit参数化典型案例篇，主要介绍Revit参数化在实际工程中的应用；Revit参数化机电精讲篇，主要针对机电部分的参数化进行详细讲解；Dynamo篇，主要介绍Dynamo参数化建模。

本书可作为设计企业、施工企业以及地产开发管理企业中BIM从业人员和BIM爱好者的自学用书，也可作为普通高等院校、大中专院校的工民建、土木工程等相关专业教学用书。

图书在版编目（CIP）数据

Revit 2019参数化从入门到精通/杨新新，耿旭光，王金城主编. —北京：机械工业出版社，2019.3

ISBN 978-7-111-61992-5

Ⅰ.①R… Ⅱ.①杨… ②耿… ③王… Ⅲ.①建筑设计－计算机辅助设计－应用软件 Ⅳ.①TU201.4

中国版本图书馆CIP数据核字（2019）第027055号

机械工业出版社（北京市百万庄大街22号 邮政编码100037）
策划编辑：张 晶 责任编辑：张 晶
责任校对：刘时光 封面设计：张 静
责任印制：孙 炜
保定市中画美凯印刷有限公司印刷
2019年3月第1版第1次印刷
210mm×285mm · 14.25印张 · 482千字
标准书号：ISBN 978-7-111-61992-5
定价：78.00元

凡购本书，如有缺页、倒页、脱页，由本社发行部调换

电话服务	网络服务
服务咨询热线：010-88361066	机 工 官 网：www.cmpbook.com
读者购书热线：010-68326294	机 工 官 博：weibo.com/cmp1952
010-88379203	金 书 网：www.golden-book.com
封面无防伪标均为盗版	教育服务网：www.cmpedu.com

前言
PREFACE

随着经济全球化和建设行业技术需求的迅速发展，BIM（Building Information Modeling，即建筑信息模型）技术已席卷全球。国务院办公厅〔2016〕71 号文件提出“积极应用建筑信息模型（BIM）技术”，国务院办公厅〔2017〕19 号文件提出“加快推进 BIM 技术”。国家发展改革委（发改办高技〔2016〕1918 号文件）提出支撑开展 BIM 及时空仿真建模。水利部、交通运输部、住建部均大力推进 BIM 技术应用。

BIM 概念的雏形起源于两条主线：第一方面是为了解决二维的局限而衍生出来的三维技术；第二方面是为了解决信息化而提出的建筑信息体系。这两条主线都是针对建筑业需要解决的问题所出现。本书的编写主要从第二方面问题的需要进行编写。

参数化设计是 BIM 的重要思想之一，也是当前建筑设计领域的一个重要趋势之一。根据调查表明：实际工作中首次搭建 BIM 模型的时间不超过 20%，80% 的时间是在不断地修改、变更、维护、完善 BIM 模型，设计师、工程师绝大部分的 BIM 工作都是在和 BIM 模型打交道。如何提高 BIM 模型修改、维护的效率和便捷性，成为了当前采用 BIM 设计的关键问题之一，而参数化设计则提供了优秀的解决方案。

上海益埃毕集团从 2008 年就开始研究、使用、推广 BIM 技术。旗下益埃毕教育致力于推动中国工程行业 BIM 知识体系建立。是工信部教育与考试中心《建筑信息模型（BIM）专业技术技能人才培训标准》委托编写单位（工信教〔2017〕84 号文件）；2017 年 Autodesk 人才培养卓越贡献奖；2016 年福建省 BIM 试点实施情况通报的示范单位（福建省住建厅〔2016〕11 号）；2015 年 Autodesk 人才培养卓越贡献奖；Bentley 第 13 家授权技术服务合作伙伴。益埃毕教育以市场需求为导向，以社会需求第一。截止目前已经为华为、美的、博莱克威奇、泛亚汽车、中建（各局）、中铁（各局）、甘肃建投集团、湖南路桥建设集团、青海大学等 500 余家企业院校进行了累计超过 670 场次 3 万人次的企业 BIM 战略及 BIM 技能应用培训，BIM 认证人员突破 3 万人。

前言
PREFACE

在大量的培训中，我们总结了实际 BIM 工程中参数化应用的诸多问题，同时也发现了市面上极其缺乏 Revit 参数化的系统书籍。因此，编写一本 Revit 参数化的书籍就显得尤为必要，一方面可以检验、总结我们这几年的研究、培训成果，一方面公开出来进行分享，可以与同行一起研究、一起进步。

同时，还要感谢鸿业科技作为本书的顾问，为本书提出了良好建议，感谢本书其他编者在编写上付出的努力。在这里我要向团队身后默默支持、鼓励我们的家人朋友们，以及为本书出版付出点滴的每位同事朋友们，表示衷心的感谢。

由于编者水平有限，书中难免有疏漏之处，恳请读者批评指正。

王金城

目录
CONTENTS

目录

CONTENTS

Revit参数化学习篇

第1章

Revit参数化设计概述

概 述

21世纪是信息时代，这个新时代给我们的生活带来了翻天覆地的变化。信息技术的发展给建筑行业带来了革命性的发展：由手工绘图到CAD图纸，再到当前的BIM（建筑信息模型）。建筑工程的各参与方都在追求高效、可行、便捷的方案来实现自己的目的，参数化的理念随之诞生并越来越深入人心，应用也越来越广阔。

何谓参数化？参数化就是指对象与对象之间互相关联的内在逻辑关系，当其中一个对象的参数发生改变时，与之关联的对象亦会发生相应的改变，也就是说可以通过数值、公式或逻辑语言来改变对象属性，实现对象的可控变化来满足需求。通过参数化建模，可以大大提高模型的生成和修改速度，在产品设计阶段能通过参数调整实现多方案的对比，后期方案更改阶段亦能方便快捷地实现，如简单的门窗尺寸变化、材质更改等。

1.1 Revit 参数化概述

参数化设计是 Revit 的一个重要思想，它分为两个部分：参数化图元和参数化修改引擎。Revit 中的图元都是以构件的形式出现，多样性的构件是通过参数控制实现的，而参数保存了图元作为数字化构件的所有信息。参数化修改引擎提供的参数更改技术，使用户对设计对象或文档部分做的任何改动都可以自动地在其他相关联的对象里反映出来，采用智能构件、视图和注释符号，使每一个构件都通过一个变更传播引擎互相关联。构件的移动、删除和尺寸的改动所引起的参数变化会引起相关构件的参数产生关联的变化，任一视图下所发生的变更都能参数化地、双向地传播到所有视图，以保证所有图纸的一致性，毋须逐一对所有视图进行修改，从而提高了工作效率和工作质量。

Revit 功能的强大和使用便捷性，主要得益于两个重要的创意。第一个是，当设计师在工作时，Revit对各个图元之间关系的捕捉获取；第二个是，当建筑信息模型发生变化时对此变化的传播方法。这些做法的结果是 Revit 能够以用户喜欢的方式进行工作。对于模型中相同的内容，或者是同一个图元（实例参数），在修改时用户不需要重复录入相关的数据。举一个简单的例子，在平面图中选中墙体，在属性栏中修改了墙体的高度，那么在立面图中，软件会自动更新墙体的高度以反映平面图中的修改。

鉴于参数化的优势，参数化设计的队伍会越来越庞大，其应用将涉及建筑行业的方方面面，如精细化构件、幕墙、加工预制、方案论证等。我们鼓励大家平时在模型创建或设计找形时多尝试使用参数化控制，体味这个过程是一件很能激发个人创作灵感和积累知识的事情。如果我们已经开始用参数化设计手法来做方案、做课题，那这个方案的形体就算再复杂也应该是被一个或多个设计要素（如功能需求）制约着的，它应该满足设计本身的逻辑和空间中的某种价值或意义需求。

1.2 LOD 建模标准

1. LOD 的概念

模型的细致程度，英文称为 Level of Details，也称为 Level of Development，描述了一个 BIM 模型构件单元从最低级的、近似概念化的程度发展到最高级的演示级精度的步骤。美国建筑师协会（AIA）为了规范 BIM 参与各方及项目各阶段的界限，在其 2008 年的文档 E202 中定义了 LOD 的概念。这些定义可以根据模型的具体用途进行进一步的发展。LOD 的定义可以用于两种途径：确定模型阶段输出结果（Phase Outcomes）以及分配建模任务（Task Assignments）。

2. LOD 的等级

LOD 被定义为 5 个等级，从概念设计到竣工设计，已经足够来定义整个模型过程。但是，为了给未来可能会插入等级预留空间，因此定义 LOD 为 100 到 500。具体的等级如下：

Step01 LOD 100。等同于概念设计，此阶段的模型通常为表现建筑整体类型分析的建筑体量，分析包括体积、建筑朝向、每平方米造价等。

Step02 LOD 200。等同于方案设计或扩初设计，此阶段的模型包含普遍性系统包括的大致的数量、大小、形状、位置以及方向。LOD 200 模型通常用于系统分析以及一般性表现目的。

Step03 LOD 300。等同于传统施工图和深化施工图层次，此模型已经能很好地用于成本估算、施工协调（包括碰撞检查、施工进度计划以及可视化）。LOD 300 模型应当包括业主在 BIM 提交标准里规定的构件属性和参数等信息。

Step04 LOD 400。此阶段的模型被认为可以用于模型单元的加工和安装，其更多地被专门的承包商和制造商用于加工和制造包括水电暖系统在内的项目的构件。

Step05 LOD 500。最终阶段的模型表现的是项目竣工的情形，模型将作为中心数据库整合到建筑运营和维护系统中去。LOD 500 模型将包含业主 BIM 提交标准里制定的完整的构件参数和属性。

1.3 Revit 参数化学习资料的获取

1. EaBIM

EaBIM（www. eabim. net）是一个以 BIM 技术为本的综合性门户平台，深受 BIM 爱好者推崇，如今发展到第 5 年，用户遍布国内外，注册会员超过 30 万，拥有数十万原创 BIM 技术帖，是 BIM 网络界首屈一指的领导平台。作为国内最大、用户最多、流量最大、技术帖最多、活跃度最高、用户黏性最强的 BIM 技术社区之一，EaBIM 一直以来积极响应国家“十二五”推进建筑业信息化的号召，推动国内 BIM 的普及和发展；“十三五”期间也将再接再厉，助力政府和行业共推 BIM 技术。

2. BIMO2O 平台

BIMO2O（www.bimo2o.com）是 BIM 领域中最大的电子商务平台之一。旗下品牌有中国 BIM 网校、中国 BIM 商城、中国 BIM 众筹、中国 BIM 互动、中国 BIM 需求库、中国 BIM 专家库、中国 BIM 企业库、中国 BIM 创业大学。BIMO2O 平台致力于用互联网推动中国 BIM 的发展，为 BIM 领域个人和团队的学习和创业服务，将努力推动大众 BIM 创业、万众 BIM 创新、百家 BIM 争鸣，从而打造创新型 BIM 生态圈。

中国 BIM 网校是 BIMO2O 旗下推出的在线 BIM 教育平台，作为垂直细分 BIM 领域的开放式网校，国内外所有 BIM 教育培训机构和 BIM 爱好者均可免费入驻。中国 BIM 网校旨在解决日益普及的 BIM 技术与 BIM 专业人才稀缺的矛盾。除了完全自主定价外，用户还可以选择直播模式进行远程 BIM 教学培训，为广大 BIMer 提供一个展示的平台。中国 BIM 网校提倡人人都是 BIM 老师，人人都是 BIM 学员，BIM 教学众创，个人和机构同台竞技，这无疑给首批 BIM 实践者抛出了橄榄枝。当前我国 BIM 整体发展还处于初级阶段，该平台致力于通过市场公平竞争建立品牌，树立影响力，创造社会价值。

第2章

Revit软件中的几种典型环境

概述

在进行Revit软件操作时，有时需要做项目的内容，有时需要做项目中所使用的构件族，有时需要做项目的概念方案。这些任务的目标各有差别，所使用的工具也有很多不同，Revit为这些不同的工作目标设置了不同的工作环境，本章就着重介绍这些环境的设置方法和特点。

2.1 项目环境

1. 基本操作

Step01打开 Revit 软件，出现如图 2-1 所示的初始界面。界面中间黑色细线的上部为项目区域，下部为族区域，红色方框内显示的是最近使用过的文件缩略图，界面左下角是关于当前版本 Revit 产品主页的链接，光标靠近以后会显示提示信息“Revit 产品主页”。

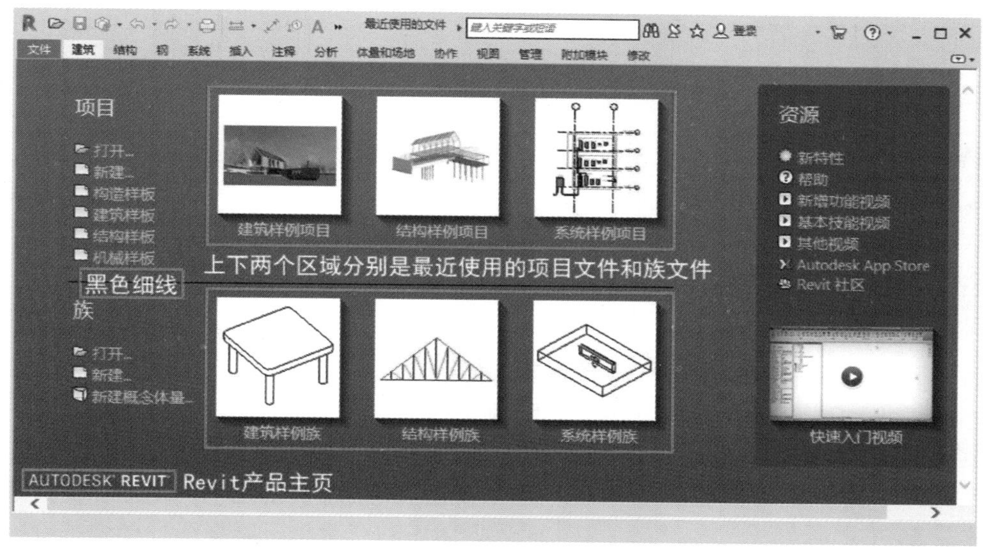

图 2-1

Step02单击“建筑样板”，建立一个项目，默认进入视图为“楼层平面：标高 1”。为了便于观察，把“项目浏览器”拖动过来固定到界面右边；把“属性”栏（单击“修改”选项卡中的“属性”，即弹出“属性”栏）固定到界面左边（“属性”栏同“项目浏览器”一样，可随时拖曳移动，所以无论是固定在界面左边还是右边，Revit 软件均会有简明的提示），如图 2-2 所示。

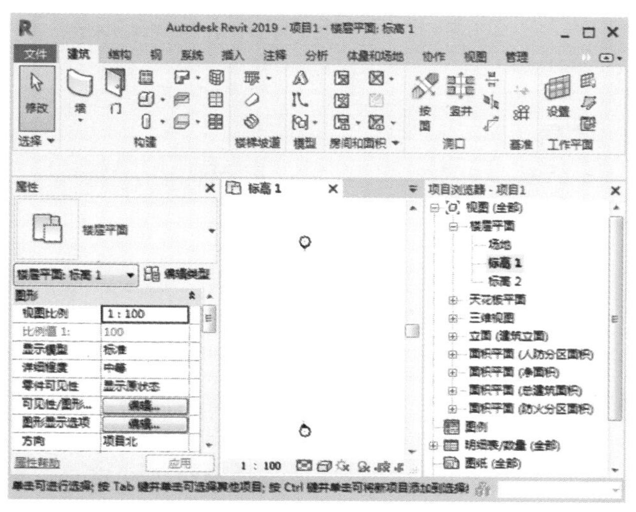

图 2-2

在当前绘图空白区可进行简单的视图操作：前后推动滚轮 = 缩放视图，按下鼠标中键并移动 = 平移视图，按下 < Shift > 键 + 移动鼠标中键 = 转动视图，如图 2-3 所示。

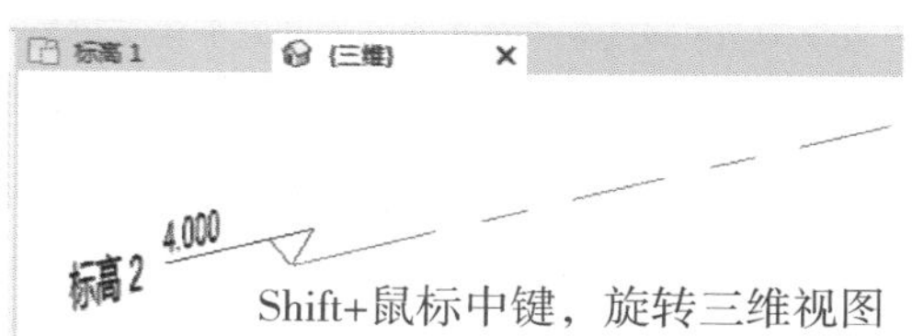

图 2-3

在“项目浏览器”中，双击“楼层平面”下的视图名称，可以打开对应的视图。单击快速访问工具栏的“默认三维视图”按钮，切换到默认的三维视图，如图 2-4 所示。

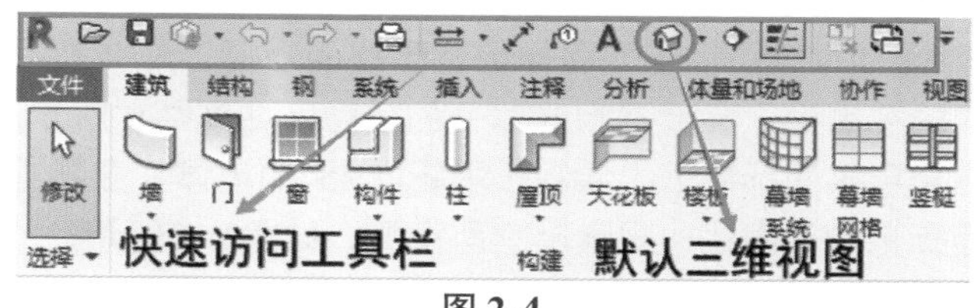

图 2-4

Step03在菜单栏里，按照专业和用途，排列了很多选项卡，各个选项卡下面是其相应的分组面板和命令。各个分组的位置可以调整，但是仅限于在相应选项卡内部进行调整，如图2-5所示。在“修改”选项卡中，显示的内容与当前正在执行的命令及操作内容有关，如图2-6所示。

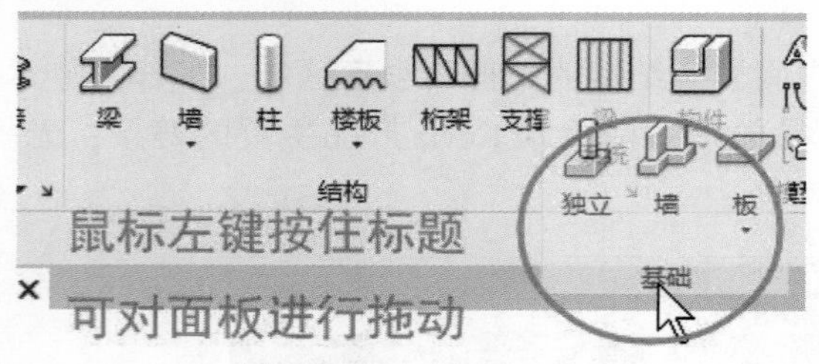

图2-5

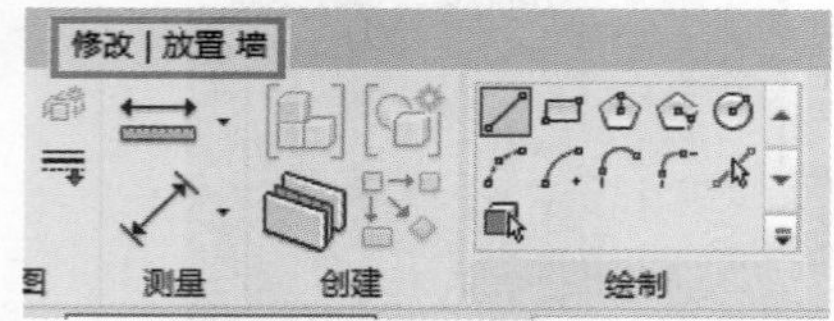

图2-6

选项卡下面的分组面板是可以进行拖动和重新排位的。用鼠标左键拖动出来后的形式如图2-7所示，光标移动到面板上时会显示两侧的控制区域，其中右侧有直接把浮动面板返回功能区的按钮，当然也可以手动放回去。

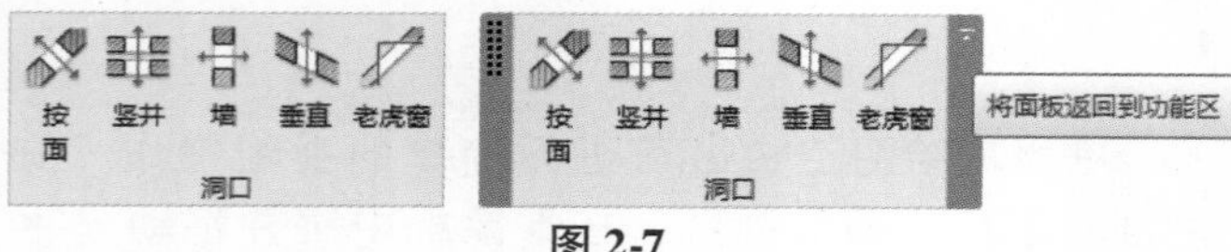

图2-7

Step 04 打开楼层平面视图标高1与南立面视图，并平铺窗口（默认快捷键<WT>），这样每当在平面视图里创建或修改模型时，就可以在立面视图里立即看到模型更新后的情况，如图2-8所示。

图2-8

Step 05 如果模型位于立面标记范围线的外侧，那么在相应的视图里，会看不到这部分的模型，如图2-9所示。在楼层平面标高1中绘制一段斜向45°的墙体，穿越立面标记的范围线，观察南立面视图，如图2-10所示。

绘制图元时经常需要使用参照平面来设置工作平面，它在视图中投影后的迹线显示为绿色的虚线，如图2-11所示。

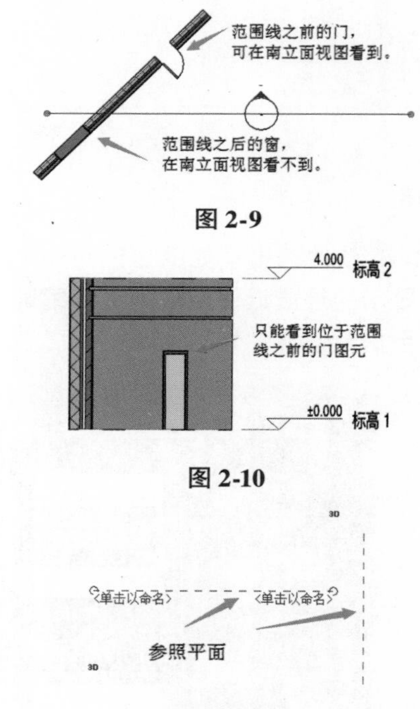

图2-9

图2-10

图2-11

2. 快捷键的设置

单击“视图”选项卡→“用户界面”→“快捷键”，弹出“快捷键”对话框。设置“快捷键”的快捷键为<KJJ>，“默认三维视图”的快捷键为<EE>，“细线”模式的快捷键为<X>，如图2-12所示。

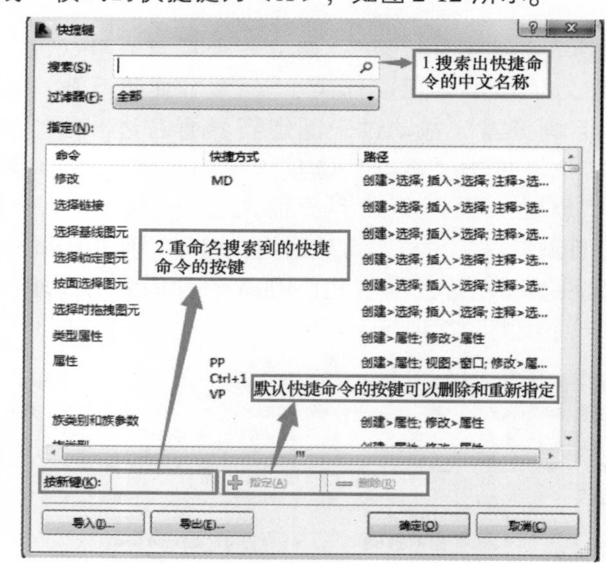

图2-12

在“快捷键”对话框的“搜索”框中，输入内容应与命令名称一致，或者简写命令名称以扩大搜索范围。单击需要设置快捷键的命令，下方的“按新键”转为黑色，表示可以进行输入。输入自定义的字母或数字组合，单击“指定”和“确定”按钮，如图2-13所示。Revit对快捷键的组合方式有自己的规定，后续会有详细介绍。

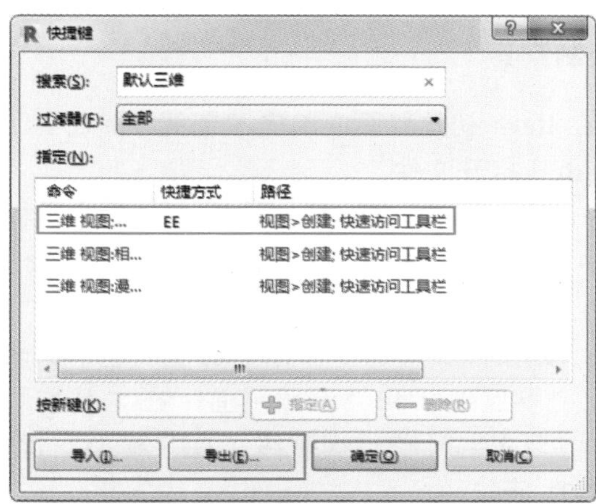

图 2-13

2.2 族编辑器环境

打开 Revit 软件，出现如图 2-14 所示的初始界面。黑色细线下部为族区域，在“打开”和“新建”之外，还有一个是“新建概念体量”。概念体量是一个特殊的族，所以软件单独列了出来。单击“打开”或“新建”，可以访问除了体量以外的其他族和族样板。

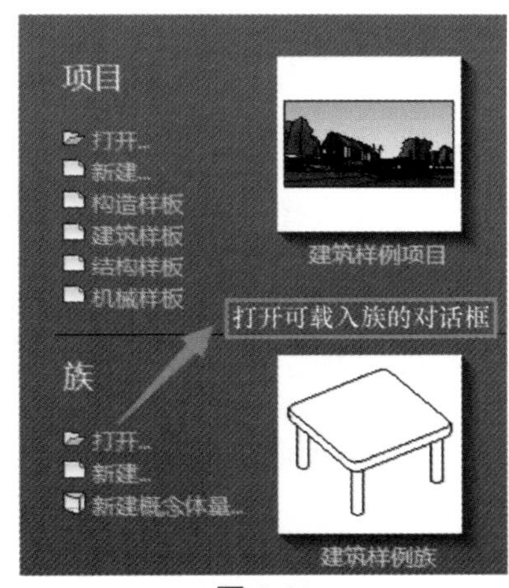

图 2-14

在族编辑器中显示的菜单界面与所选用的族样板文件有关。不同的族样板之间，菜单会有一些不同。下面依次用不同的族样板新建族来观察一下。

1. 基于公制幕墙嵌板填充图案

Step01 在 Revit 初始界面中单击族下面的“新建”，在弹出的“新族-选择样板文件”对话框中双击“基于公制幕墙嵌板填充图案 . rft”，新建一个族文件，如图 2-15 所示。

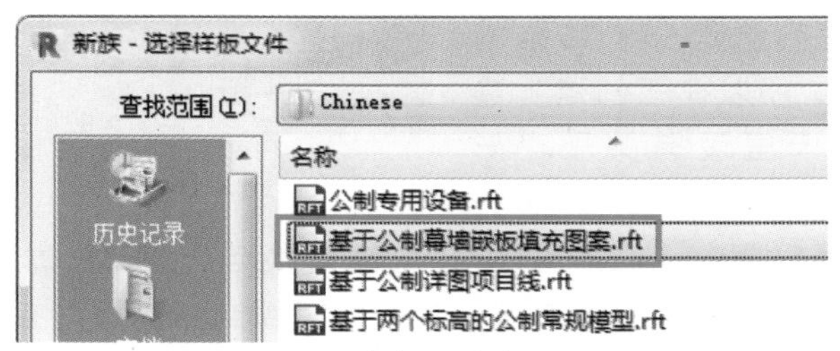

图 2-15

Step02 打开后的默认界面是三维视图，其中已经预置了一些内容，有填充图案网格、4 个自适应点、连接这 4 个自适应点的参照线。在“创建”选项卡中，有“属性”“绘制”“工作平面”“模型”等面板。注意：此处并没有区分专业，也没有“模型文字”，如图 2-16 所示。

图 2-16

2. 公制常规模型

Step01 在 Revit 初始界面中单击“族”下面的“新建”→双击“公制常规模型 . rft”新建一个族文件。

Step02 打开后的默认界面是“楼层平面：参照标高”。在“创建”选项卡中，“形状”面板包括 5 种实心形状和对应的空心形状；模型线放在“模型”面板中，还多了“模型文字”；“控件”面板用于向视图中添加翻转箭头，修改项目中族实例的水平或垂直方向（局部坐标系）；“连接件”面板是用于区分专业的；“参照线”和“参照平面”则放在“基准”面板中，如图 2-17 所示。

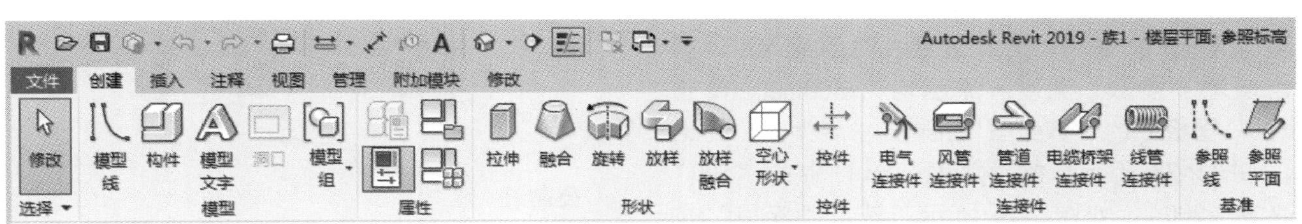

图 2-17

3. 公制轮廓

Step01 在 Revit 初始界面中单击“新建”→双击“公制轮廓.rft”打开文件。

Step02 打开后的默认界面是“楼层平面：参照标高”。这是一个二维的族，所以在“创建”选项卡里没有关于“形状”的命令。执行“线”命令（图2-18），会自动切换到“修改｜放置线”上下文关联选项卡，其中的“绘制”面板内有其他所有的图形绘制工具，如图2-19所示。在“创建”选项卡里，没有绘制，也没有模型，但是会有二维文字。

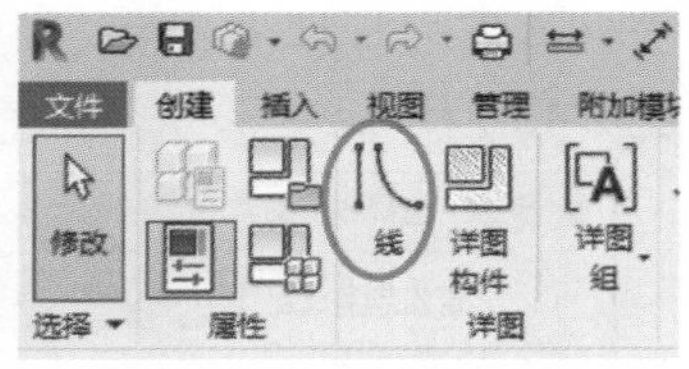

图 2-18

图 2-19

4. 公制家具

Step01 在 Revit 初始界面中单击“新建”→双击“公制家具.rft”打开文件。

Step02 打开后的默认界面是“楼层平面：参照标高”。界面中的虚线是互相垂直的两个参照平面，如图2-20所示。“创建”选项卡中有“形状”面板和“控件”面板。“连接件”面板中的图标都是灰色的，表示不可用。“参照线”和“参照平面”在“基准”面板中，“模型文字”和“模型线”在“模型”面板中，如图2-21所示。

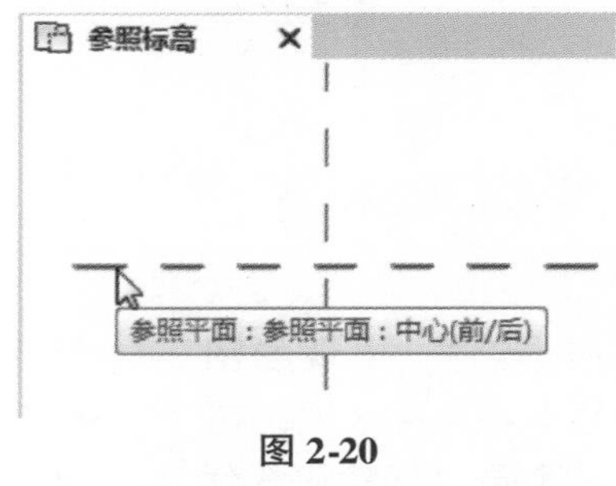

图 2-20

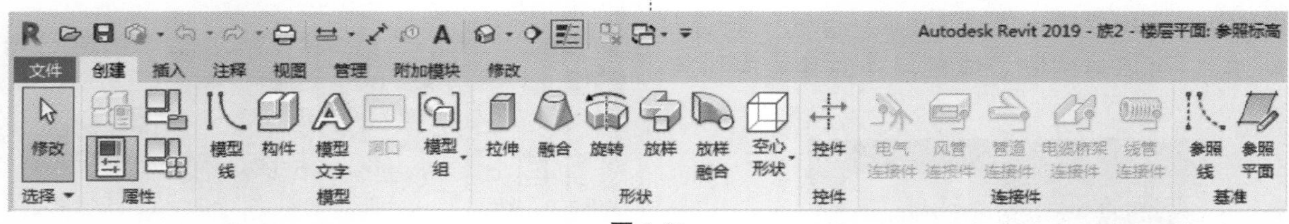

图 2-21

5. 公制结构柱

Step01 在 Revit 初始界面中单击“新建”→双击“公制结构柱.rft”打开文件，如图2-22所示。

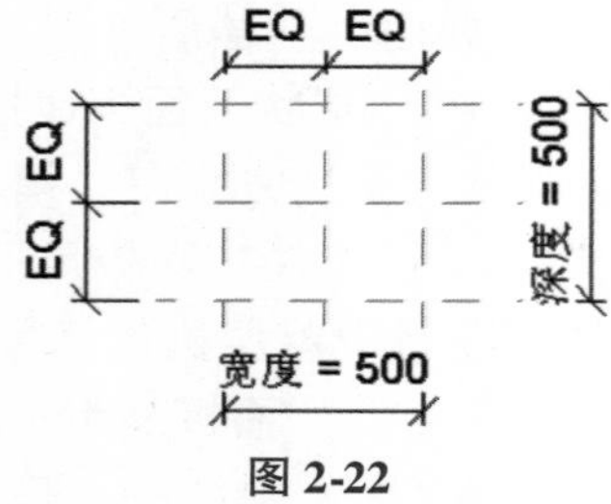

图 2-22

Step02 打开后的默认界面是“楼层平面：低于参照标高”。在这个平面视图中已经放好了三组共6个参照平面，用于定义柱的轮廓和放置柱时的插入点，同时也设定了参数，宽度、深度均为500mm。单击“属性”面板中的“族类型”，弹出“族类型”对话框，如图2-23所示。将“深度”一栏中的“500”修改为“200”，如图2-24所示。单击“应用”按钮，观察参照平面的变化，查看“创建”选项卡中的内容（与公制家具类似）。

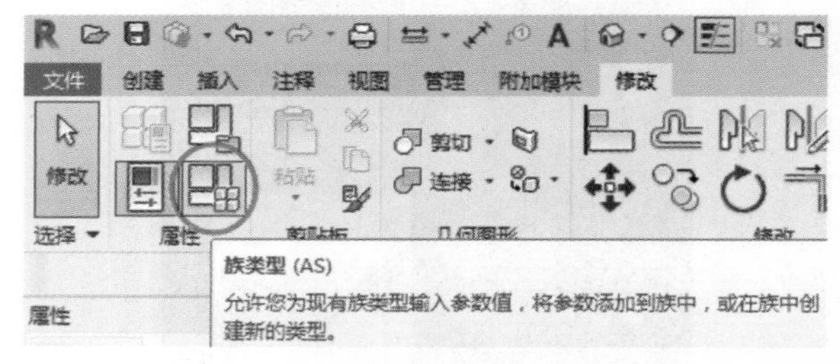

图 2-23

族类型

类型名称(Y):

搜索参数

参数	值
材质和装饰	
结构材质(默认)	
其他	
深度	200.0
宽度	500.0

图 2-24

6. 公制柱

Step01 在 Revit 初始界面中单击“新建”→双击“公制柱.rft”打开文件。

Step02打开后的默认界面是“楼层平面：低于参照标高”。和前一个族样板比较，明显的区别是在“族类型”对话框中宽度与深度均为600。这个模板用于建筑柱的创建。

2.3 自适应族环境

Step01在Revit初始界面中单击“新建”→“自适应公制常规模型.rft”→“打开”按钮，创建一个新族，或者打开已有的族，如图2-25所示。

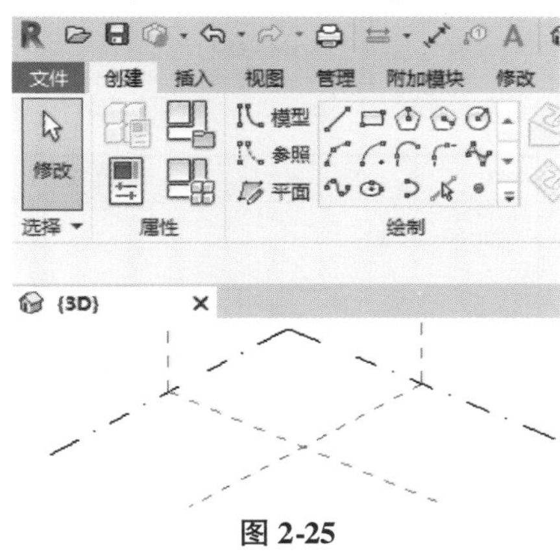

图 2-25

Step02打开后的界面为“三维视图”。注意：参照平面是绿色的虚线，三维标高是黑色的、细的虚线，将其放大后发现标高标头始终保持在右侧，而且这两个参照平面都没有锁定，如图2-26所示。

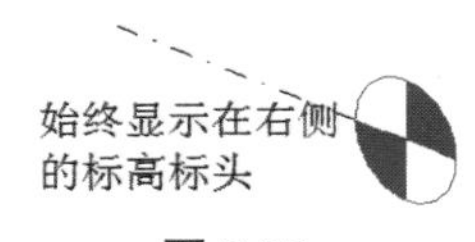

图 2-26

Step03在菜单栏中并没有可以直接创建自适应点的命令，通常都是选中已经放置的参照点以后，在“修改”选项卡中单击“使自适应”，完成这个转换，如图2-27所示。或者在“属性”栏的“点”一栏后面的下拉列表框中进行转换，如图2-28所示。

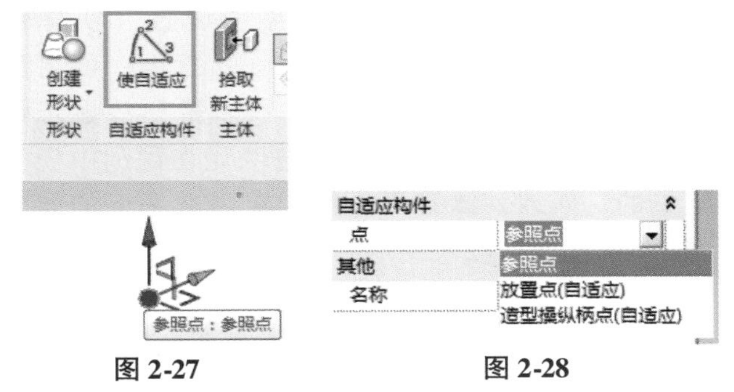

图 2-27　　图 2-28

Step04当把“参照点”转为“放置点（自适应）”以后，软件会自动赋予其编号，如图2-29和图2-30所示。如果是转为“造型操纵柄点（自适应）”，则没有编号，如图2-31和图2-32所示。

图 2-29

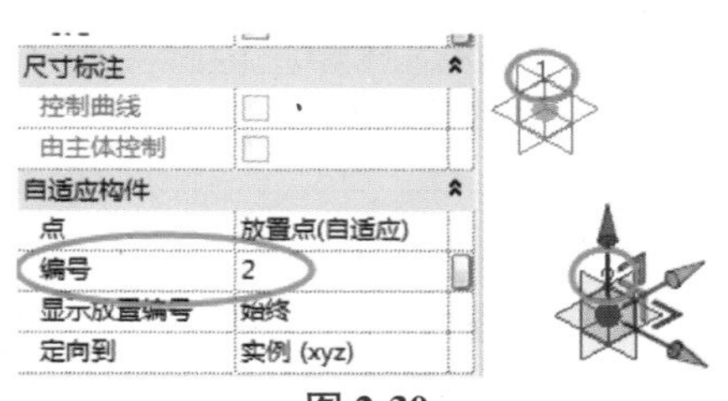

图 2-30

图 2-31

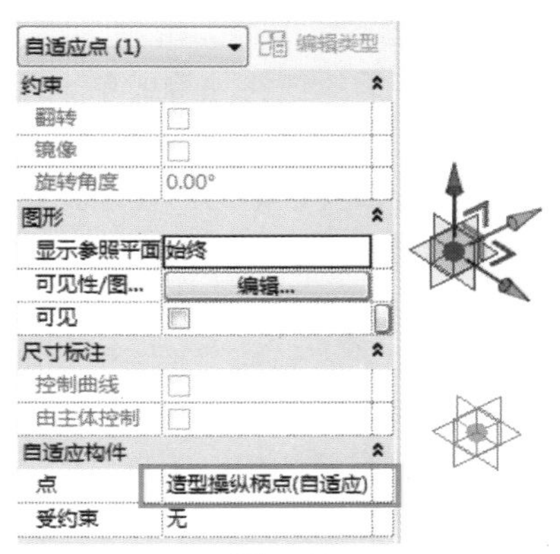

图 2-32

2.4 内建模型环境

Step01选择建筑样板，新建一个项目，单击“建筑”选项卡→“构建”面板中的“构件”下拉箭头→“内建模型”，如图2-33所示。

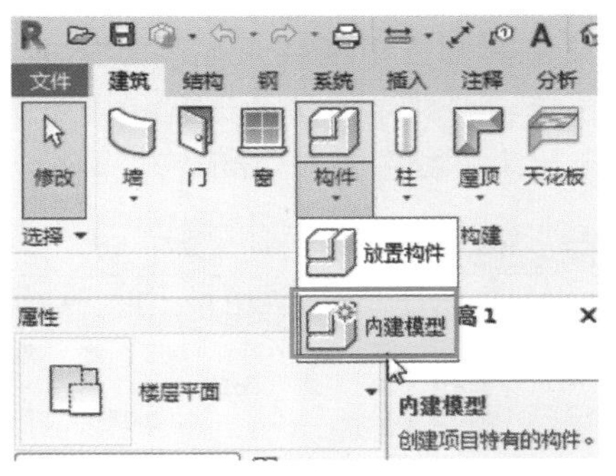

图 2-33

Step 02 分别建立一段墙和一个家具（注意形状自定，类别要区分开），然后按快捷键<VV>打开当前视图的“三维视图：{三维}的可见性/图形替换”对话框，如图2-34所示。在“可见性”一栏中分别取消“墙”和“家具”的勾选，如图2-35所示，单击“确定”按钮，观察绘图区域里模型显示的变化。

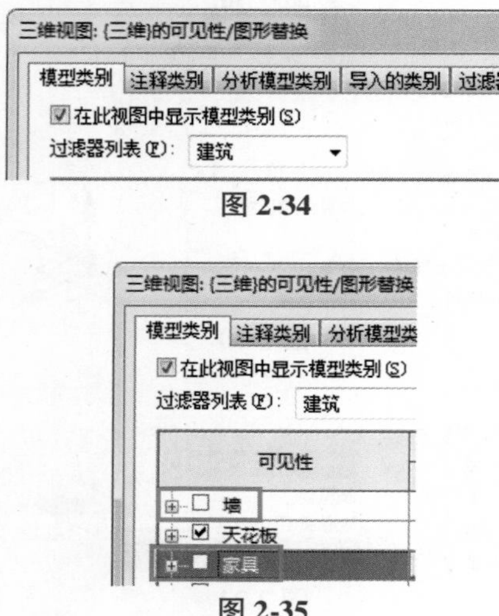

图2-34

图2-35

注意：内建模型不能保存为单独的族文件，所以仅适合于创建项目所需的任何独特或单一用途的图元。当需要在项目中使用其他项目中的内建图元时（如所需内建图元类似于其他项目中的内建图元），则可以将其他项目的内建图元直接复制到本项目中或将其成组另存后作为组载入本项目中。此外，亦可在选定组时执行“成组”面板中的“链接”命令，功能是“将选定组转换为链接文件”，转换时有两个方式，“替换为新的项目文件”和“替换为现有项目文件”。

2.5 内建体量环境

Step 01 在项目环境下，“内建体量”命令放在“体量和场地”选项卡下的“概念体量”面板中。面板中的“放置体量”是放置可载入的样板为体量或自适应构件样板创建的体量。注意：软件默认的是“按视图设置显示体量”，直接单击“按视图设置显示体量”或者单击其倒三角箭头，如图2-36所示。在下拉列表框再单击“显示体量 形状和楼层”，就可以将体量显示出来，如图2-37所示。

图2-36

Step 02 执行“体量和场地”选项卡中的“内建体量”命令，软件会弹出“体量-显示体量已启用”对话框，单击“关闭”按钮，如图2-38所示。然后在“名称”对话框中输入该体量的名称，输入后单击“确定”按钮，如图2-39所示。

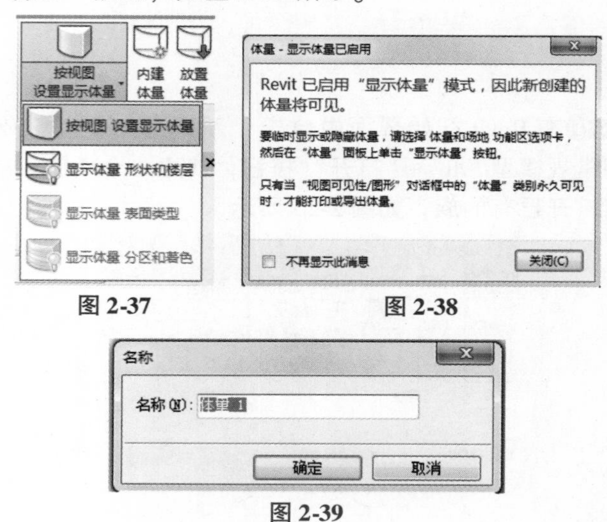

图2-37

图2-38

图2-39

Step 03 此时，切换到三维视图，内建体量环境下没有概念体量环境中的三维标高以及两个相交的中心参照平面，但形状的生成方式与概念体量环境中的是一样的，绘制时，可以在选项栏上选择“放置平面”，默认状态有“标高：标高1”“标高：标高2”和“拾取”，如图2-40所示。当在下拉列表中选择某状态以后，绘图区域的工作平面会以蓝色、高亮的线条显示。这里需要注意两点，一是自行绘制的参照平面定义了名称才会显示在下拉列表选项里；二是有形状图元可以选的前提是在这之前定义过绘制时的工作平面为形状表面。

图2-40

Step 04 在内建体量环境下，使用模型线绘制一个矩形，并单击“创建形状”，生成一个长方体。再单击“完成体量”。打开当前视图的可见性设置（快捷键<VV>），看到的是“三维视图：{三维}的可见性/图形替换”对话框中关闭了“体量”的显示设置，如图2-41所示，但是该体量图元在视图中仍然是可见的。所以，体量可见性主要由选项卡的显隐按钮来控制，如图2-42所示。

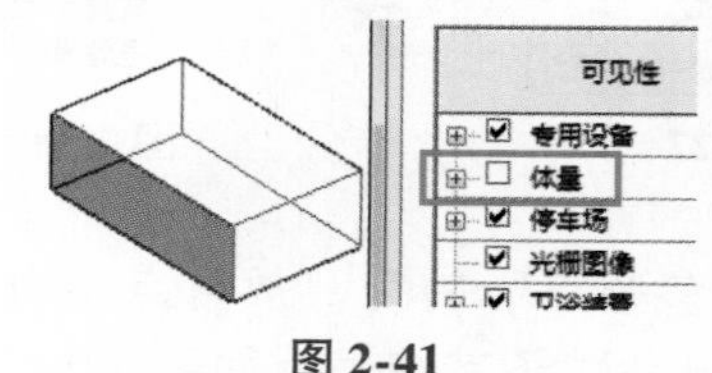

图2-41

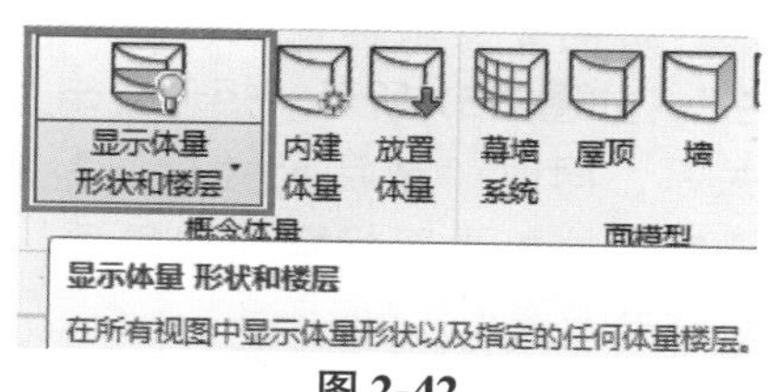

图 2-42

注意：绘制内建体量模型时，如果有单片的面或多余的线条，会出现警告消息，如图 2-43 所示。内建体量不能保存为族，但是可以用上一节的方法，保存为组供其他项目使用。

图 2-43

2.6 概念体量环境

Step 01 新建概念体量。“新建概念体量”位于 Revit 初始界面“族”区域，用于创建概念体量，单击后弹出“新概念体量-选择样板文件”对话框，双击“公制体量. rft”，就完成了新建工作，如图 2-44 所示。

图 2-44

Step 02 进入概念体量环境，默认的是三维视图，右上角有视图方位显示导航工具（ViewCube），可以单击 ViewCube 的棱、角、面或通过下方的指南针来旋转视图并查看模型的特定方向。体量中指南针只能随 ViewCube 同时打开或关闭，如图 2-45 所示，而项目环境下指南针可以独自关闭或打开。

图 2-45

Step 03 标高线为浅灰色的单点画线，标头在三维视图中始终显示在左侧，如图 2-46 所示。在视图中根据软件提示，单击选择“标高 1”后再单击鼠标右键，如图 2-47 所示，在弹出的快捷菜单中单击“转到楼层平面”，如图 2-48 所示。之后软件自动切换至楼层平面标高 1，参照平面为紫色的虚线且默认锁定，只有在解锁以后才能移动。选中参照平面，四边的中间会有蓝色的实心圆点，在参照平面解锁后才可以拖动，以扩大该参照平面的显示范围。

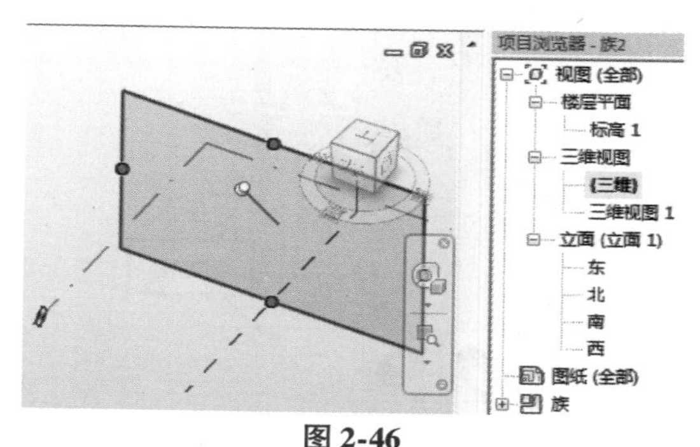

图 2-46

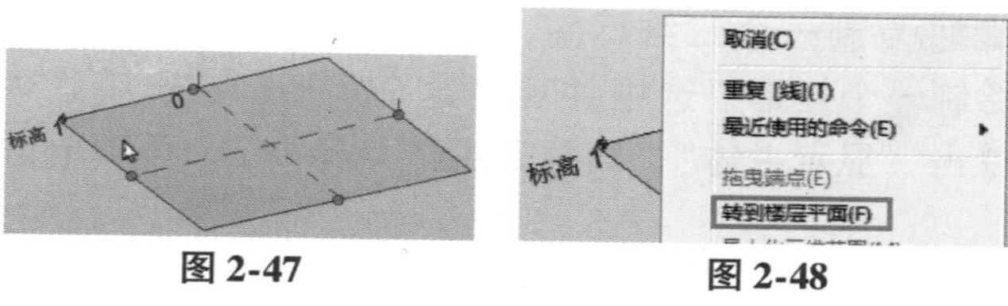

图 2-47　　图 2-48

Step 04 在“创建”选项卡下，并没有“形状”面板，这是因为在概念体量环境里，形状的生成是由软件根据用户所选定的图形自行判断的。如果能够生成的形状多于一个，软件会给出相应的缩略图，如图 2-49 所示，等待用户选择后再生成相应的形状。

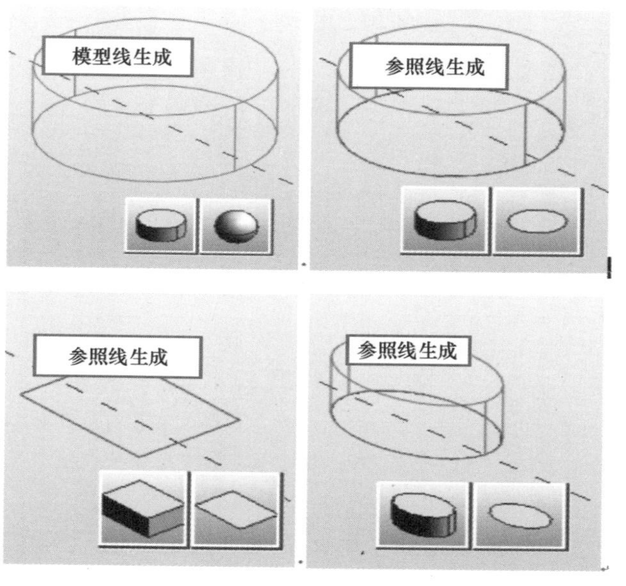

图 2-49

Step 05 有的时候会出现3种结果，下面举例说明。绘制两条互不平行的模型线，单击快速访问工具栏的“细线模式”（切换为细线显示），再选中这两条模型线，此时在“修改 | 放置线”选项卡里多出一个“形状”面板，可用于创建实心和空心形状。如果退出选择模型线，则面板消失。此时，单击“创建形状-实心形状”，即可看到3个形状的预览图像，如图2-50所示。当光标放到缩略图上单击进行选择时，形状即可生成。

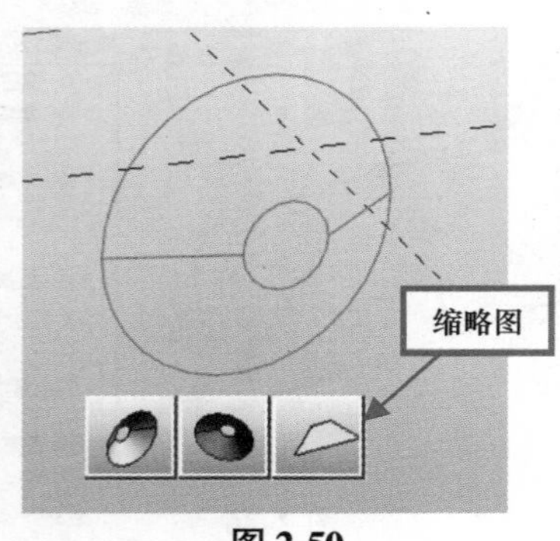

图 2-50

Step 06 复制一个三维标高，设置标高1为工作平面，绘制一个矩形，选中并观察这个矩形，在选项栏中单击“显示主体”，再更换主体为标高2，再次单击“显示主体”，标高2变成蓝色线框显示，单击“激活尺寸标注”，如图2-51所示。矩形显示了与邻近图元之间的关系，同时“激活尺寸标注”转为灰色，在绘图区域空白处单击鼠标取消选择后，这些尺寸标注会自动消失。

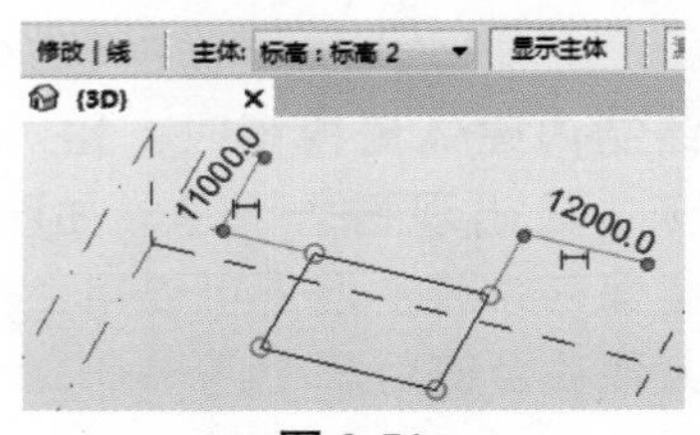

图 2-51

Revit 概念设计环境在设计过程的早期为建筑师、结构工程师和室内设计师提供了灵活的操作环境，使他们能够表达想法并创建可集成到建筑信息建模中的参数化体量族。通过这种环境，可以直接控制设计中的点、线和面，形成可构建的形状。在概念设计环境中所创建的内容是可用在 Revit 项目环境中的体量族，可以在这些族的基础上，通过应用墙、屋顶、楼板和幕墙系统来创建更详细的建筑结构。用户也可以使用项目环境来创建楼层面积的明细表，并进行初步的空间分析。

第3章

创建形状的基本方法

概 述

形状在建筑模型中是表达和传递信息的基础。无论是创建项目文件，还是创建可载入族，我们总是需要建立和修改各种各样的形状来表达自己的意图。本章的内容，主要是针对在族编辑器中创建的形状。

在Revit软件中，按照创建形状的操作过程，大致可以分为两类：一类是以公制常规模型族样板为代表，先指定为5个形状类型中的某一个类型，再按照该类型的规则，绘制草图来完成创建；另一类是以公制体量族样板为代表，先绘制用于创建形状的线条（有时是其他形状的表面），再执行“创建形状”命令，由软件自身根据用户所选择的内容，来智能判断生成什么样的形状。所以，在后一种类型里，我们经常会遇到生成结果为两个或者三个的情况，这个时候，从中选择一个需要的即可。

在概念体量环境中，可通过创建各种几何形状（拉伸、扫描）来研究建筑项目的概念设计方案。形状通常是通过这样的过程创建的：绘制线→选择线→单击“创建形状”。使用该工具创建多种多样的表面、三维实心或空心形状，然后通过三维形状操纵控件和其他命令来进行操纵、组合。可用于产生形状的线类型包括下列几种：线，参照线，由点创建的线，导入的线，另一个形状的边，另一个形状的面，已经载入族的线、边、面。

3.1 两种不同的形状创建方式

本节安排了几个简单的练习，方便读者初步了解这两种不同的形状创建方式的特点。

1. 先画线再创建（概念体量环境）

Step 01 在 Revit 初始界面中单击“新建概念体量”，选择“公制体量”族样板。默认界面是三维视图，视点相当于在东南角向西南角俯视着看场地，请读者自行仔细观察。

Step 02 在概念体量环境下，参照平面和三维标高都是可见的。它们以迹线的方式和不同颜色的线型来表示其存在。在被参照平面分开的左上角区域里，使用“创建”面板中“绘制”里的工具（图 3-1），以“模型”的方式分别绘制多个图形。注意，矩形和圆各画两个，完成后按两下 <Esc> 键退出绘制过程，全部选中刚才绘制的这些图形，单击“修改”选项卡→“复制”，将这些图形复制到左下角的区域，在“属性”栏里，勾选“是参照线”（图 3-2），单击绘图区域空白处。这时会看到，左上角的模型线为黑色，左下角的参照线为紫色。

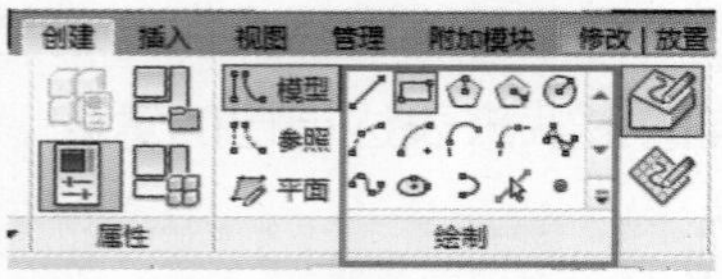

图 3-1

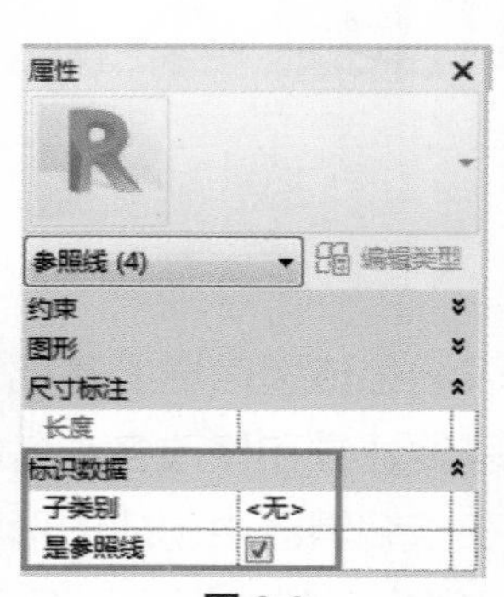

图 3-2

Step 03 把左侧的线条全部选中，再次执行“复制”命令，把它们都复制到右侧的区域，如图 3-3 所示。在绘图区域空白处单击鼠标左键取消选择。

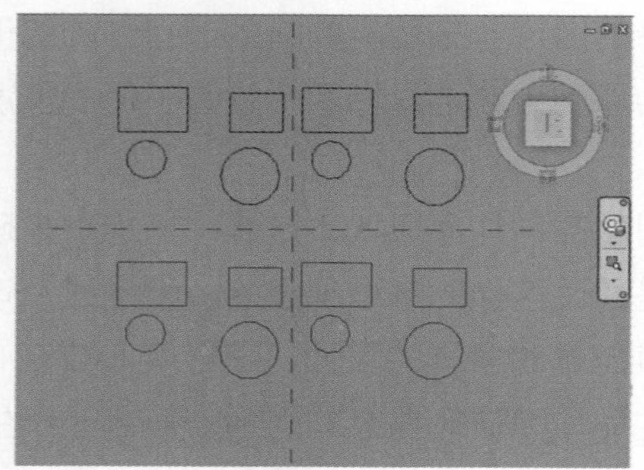

图 3-3

Step 04 选中右上角的矩形。注意：软件默认按照“链”的方式来选择，所以当光标移动到矩形的时候，等待选择的矩形会以蓝色高亮加粗的方式显示，单击一次就可以选中四条边。

Step 05 选中矩形后单击“修改”选项卡→“形状”面板→“创建形状”下拉列表→“实心形状”，会立即生成一个立方体（图 3-4），而且顶部的面保持被选中的状态。

图 3-4

Step 06 选中右下角的矩形，会看到有很多淡蓝色的半透明平面，那是参照线自身携带的可以用作工作平面的面，后面会讲解这些平面的用途。对于这个选中的矩形，执行同样的创建实心形状的操作，这时在绘图区域的左下角会看到两个并排的小方块，它们是即将生成形状时的预览图形。选择其中的一个，会生成相应的结果。

Step 07 接下来，用圆来测试，会发现：模型线的圆会生成球体和圆柱；参照线的圆会生成圆柱和一个没有厚度的圆盘的表面，如图 3-5 所示。

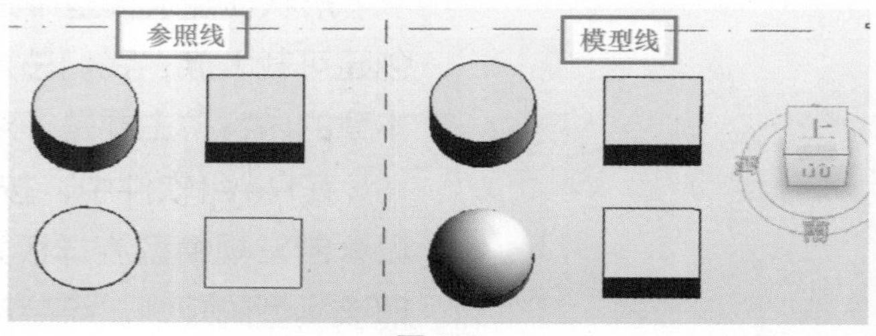

图 3-5

Step 08 使用参照线的矩形在创建形状时会有两个结果，如图 3-6 所示。使用模型线创建形状后，模型线会消失，而参照线生成形状以后仍会保留。模型线生成的形状可以选中立即修改，而参照线生成形状的多个点、边、面均已经被锁定，如图 3-7 所示。

Step 09 执行“圆心-端点弧”命令创建圆弧后，选择圆弧，会出现 3 个造型操纵柄，功能均为“拖曳线端点”。在选项栏，“改变半径时保持同心”前面复选框勾选与否，在修改半径时有明显区别，如图 3-8 ~ 图 3-10 所示。

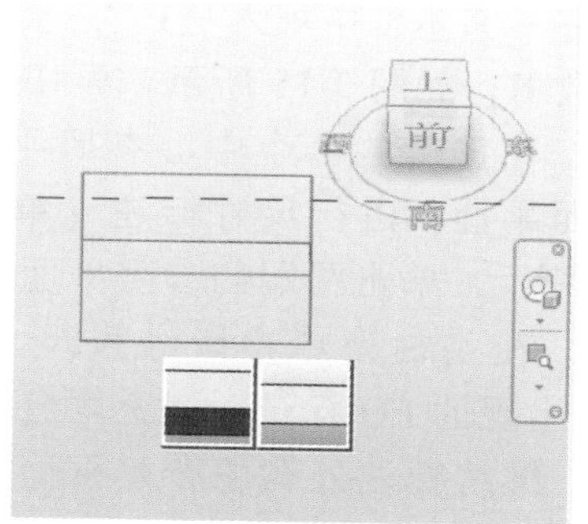

图 3-6

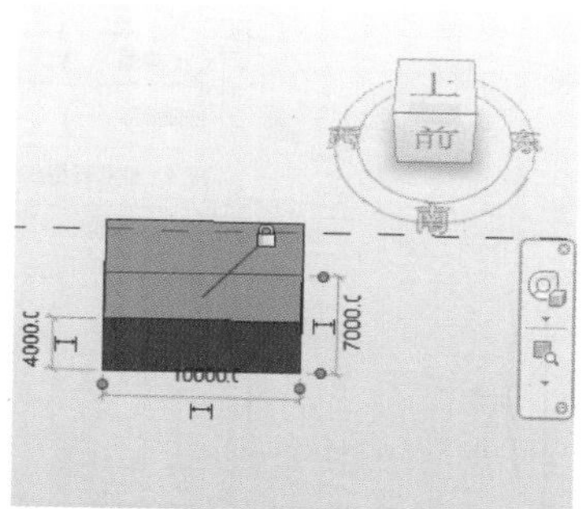

图 3-7

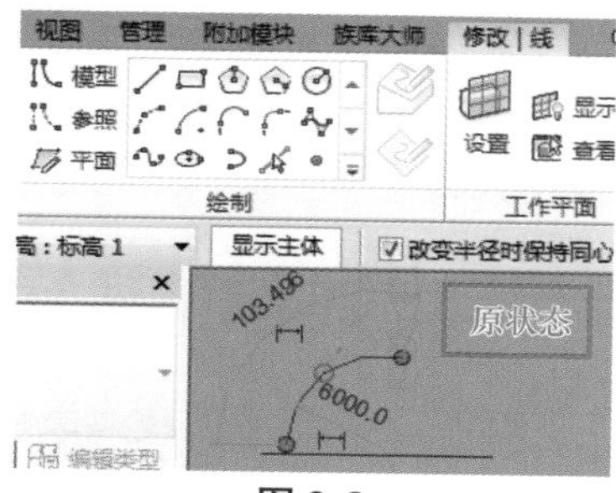

图 3-8

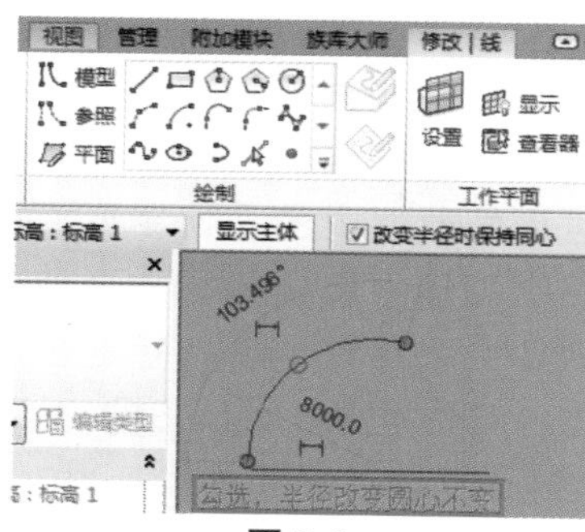

图 3-9

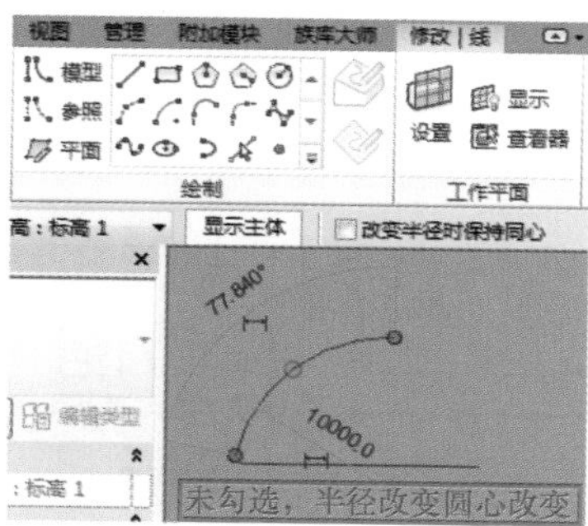

图 3-10

2. 先指定生成方式再画线（常规模型环境）

Step01 关闭刚才的体量文件，单击 Revit 初始界面下“族”区域的“新建”，选择“公制常规模型”作为族样板。在“项目浏览器”中我们可以看到，当前视图是“参照标高”平面。

Step02 在“创建”选项卡的“形状”面板中有 6 个工具按钮（单击“空心形状”会有相对应的 5 个空心命令），如图 3-11 所示。当光标悬停到按钮上的时候，会展开对应的说明（单击左上角 Revit 图标→“选项”，将“用户界面”中的“工具提示助理”设置为“高”或“标准”，如图 3-12 所示）。单击其中一个工具，会看到菜单栏切换为对应的工具界面，绘图区域中间的两个绿色参照平面变为更浅的绿色，如图 3-13 所示。这表明已经进入了“草图编辑”模式，当前形状以外的其他内容都是半色调显示。

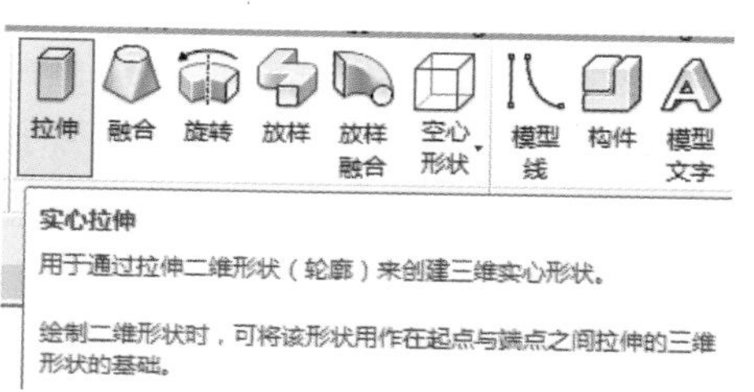

图 3-11

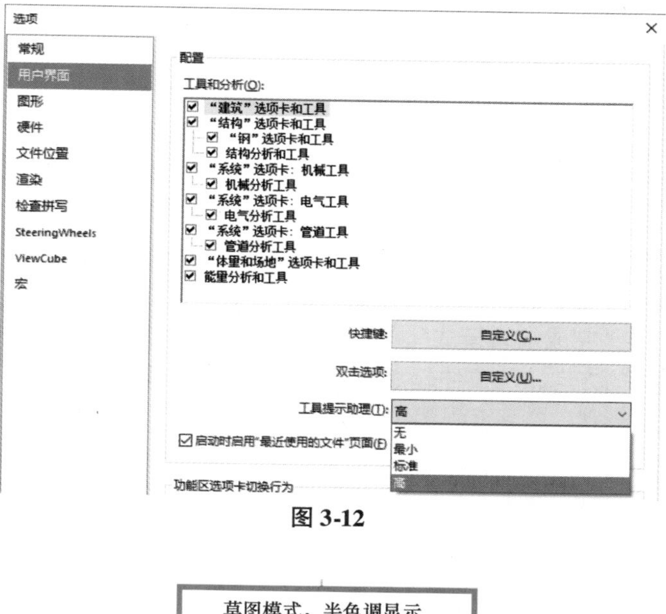

图 3-12

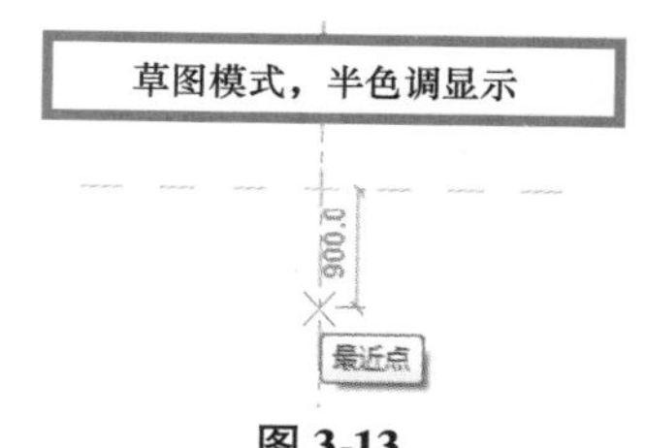

图 3-13

Step03 以“拉伸”命令为例。单击“创建”选项卡→

"形状"面板中的"拉伸"，使用矩形和圆形分别绘制若干图形，注意图形不能交叉，单击"修改 | 创建拉伸"选项卡下"模式"面板中的"完成编辑模式"，看到绘图区域立即生成相应的形状，其他图元也不再是半色调显示。单击快速访问工具栏中的"默认三维视图"工具，切换到三维视图，观察生成的形状，如图3-14所示。

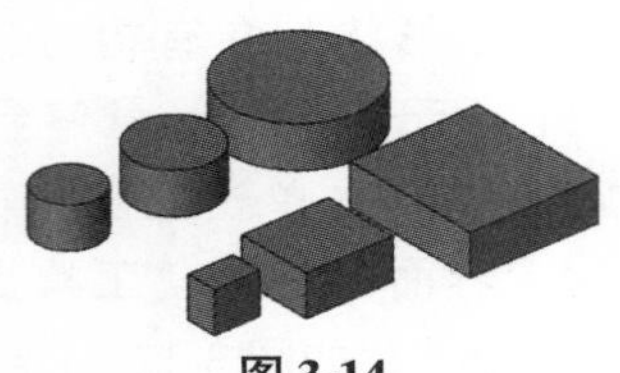

图 3-14

本节总结起来，主要有以下几点：

Step 01 概念体量环境和常规模型环境下，创建形状有两种不同的逻辑，一个是先画线再创建，另一个是先指定生成方式再画线。

Step 02 在概念体量环境中，相同外形的模型线和参照线，生成形状的结果可能是不同的，体量环境与族编辑器环境既有联系又存在区别，需要在创建图形时慢慢总结。具体操作将在后面的小节中继续练习。

3.2 常规模型族的拉伸

在我们所操作的形状类型中，拉伸是最基础也最为简单的一类。我们所使用的大多数可载入族，其中的形状也都是用拉伸的形式去创建的。在我们周围所接触的与建筑有关的各种产品，其中大多数的形状乃至生产方式，也都可以归为拉伸的形式。在族编辑器中，我们可以创建实心拉伸或空心拉伸。方法是在选定的工作平面上绘制二维轮廓，然后单击"完成编辑模式"，软件会自动按照垂直于工作平面的方向，从拉伸起点开始到拉伸终点，以该轮廓生成形状。在平面视图里，默认的工作平面是"参照标高"，可根据需要，指定图元表面、参照线所携带的平面、参照平面来作为创建拉伸形状的工作平面。

1. 创建参照平面

Step 01 新建族，选择"公制常规模型"作为族样板，单击"项目浏览器"中的"立面"→"前"，切换到前立面，在参照标高的上方绘制一个参照平面（在"创建"选项卡下单击"基准"面板中的"参照平面"），名称命名为"顶部"，并修改其距离为500，并将500添加为尺寸标注。选择该尺寸标注，单击"标签"→"<创建参数>"，弹出"参数属性"对话框，在"名称"文本框中填入"H"，于是便给该尺寸添加了参数H，如图3-15所示。再切换到参照标高平面视图，在已有的两个中心参照平面的两侧，分别绘制参照平面，进行尺寸标注（单击"注释"选项卡→"对齐"，单击两端的参照平面，再单击中心参照平面，在空白处单击以结束尺寸标注的命令），并单击出现的EQ标记，使之均分在中心参照平面的两侧，继续标注外侧的参照平面，分别选中后添加参数L和W，如图3-16所示。

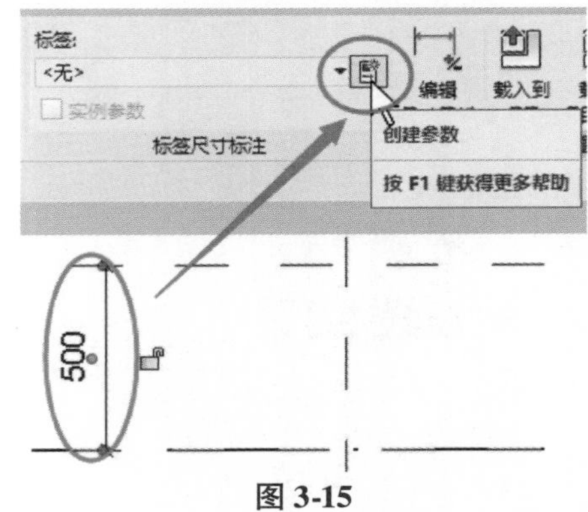

图 3-15

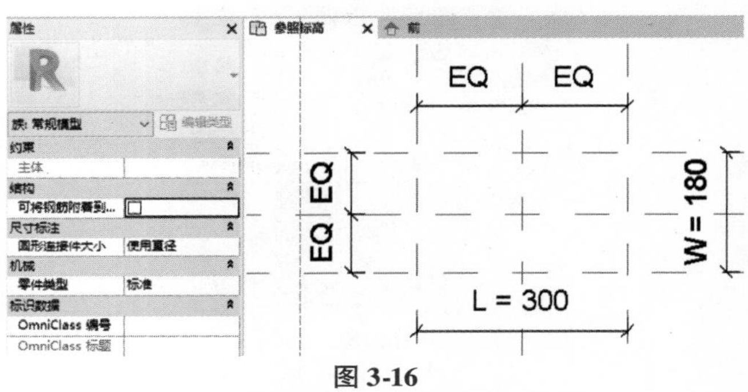

图 3-16

Step 02 创建参照平面以搭建族框架并加上有关参数的目的是，将来在进行调整的时候，只需修改相应参数的值，就可以修改族中的几何图形。在创建拉伸时，须指定一个工作平面作为拉伸形状的主体。如果不指定，软件会采用默认值，就是当前活动视图的标高。单击"工作平面"分组下的"设置"，打开"工作平面"对话框，单击"名称"后的下拉列表，注意只有已命名的参照平面才会出现在这个列表里，如图3-17、图3-18和图3-19所示。

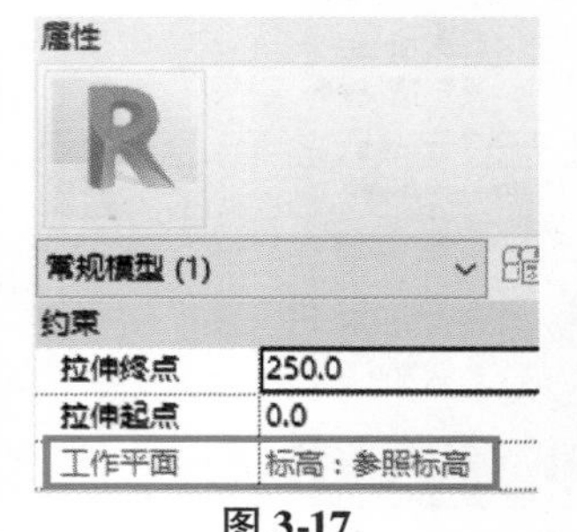

图 3-17

图 3-18

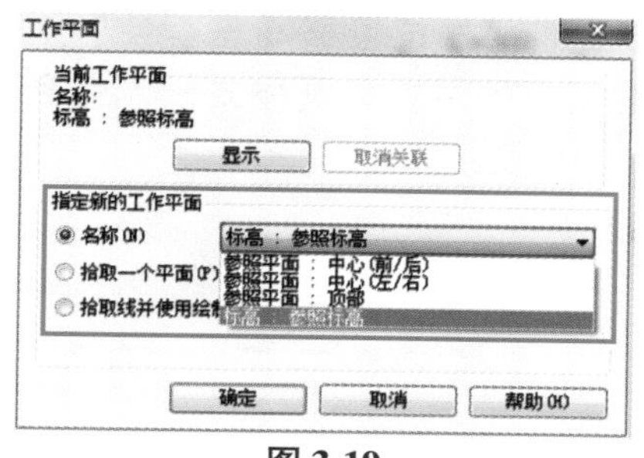

图 3-19

2. 在参照平面上创建编辑拉伸

Step01 单击"创建"选项卡→"拉伸"，按照上一节的第二种方法绘制图形，绘制完毕后，可在选项栏中输入深度值100，意为拉伸形状的顶部平面与参照标高平面的距离为100，拉伸深度表示从拉伸起点到拉伸终点的距离，如果与工作平面的正方向相同，会显示为正值。在创建拉伸之后，将不再保留这个选项。完成拉伸形状创建后，可在"属性"栏中的"约束"下输入新值作为拉伸起点或拉伸终点。实心拉伸的可见性在"属性"栏中的"图形"下设置，单击"可见性/图形替换"对应的"编辑"按钮，然后进行可见性设置，如图3-20所示。单击"材质"属性后面的空白表格，注意不是最右侧的小方块，这时会出现一个小按钮，单击这个按钮，打开"材质浏览器"选择实心拉伸的材质。可以对比图3-20和图3-21，观察单击"材质"属性后面空白表格前后的差别。然后可以在"材质浏览器"里为当前的拉伸形状指定一个材质。或者，单击最右侧的"关联族参数"按钮，打开"关联族参数"对话框，为这个形状的材质关联一个族参数，这样能使今后的操作或修改更加规范、有序，如图3-22所示。单击"标识数据"下的"子类别"，可为实心拉伸形状指定合适的子类别，以确定该图元的默认显示方式。

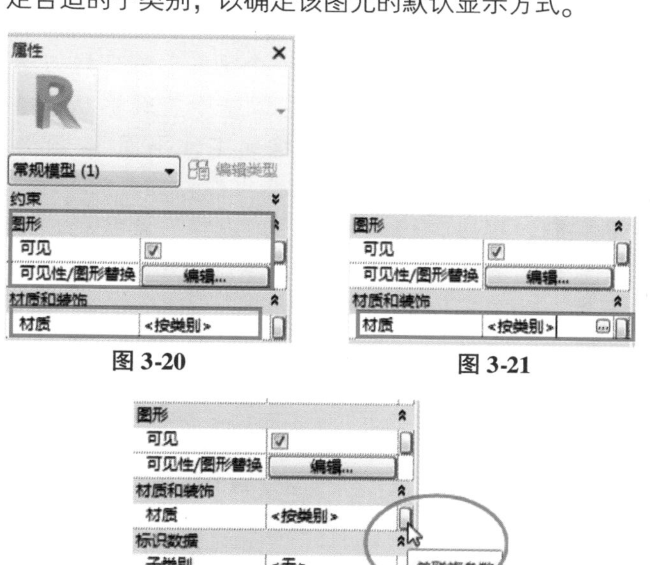

图 3-20　图 3-21

图 3-22

Step02 单击"创建"选项卡→"形状"面板中的"拉伸"，在"修改｜创建拉伸"选项卡下选择矩形工具，捕捉参照平面的交点，绘制一个矩形，发现这个矩形每条边的位置上都有一个打开的挂锁形状的图标，如图3-23所示。逐个地单击它们，图标会变为闭合的挂锁形状，如图3-24所示。这时就创建了相对于参照平面的对齐约束。如果当时没有创建这个对齐约束，之后也可以用"对齐"工具来重新建立一次。单击"模式"面板中的"完成编辑模式"，实心拉伸形状生成完毕。

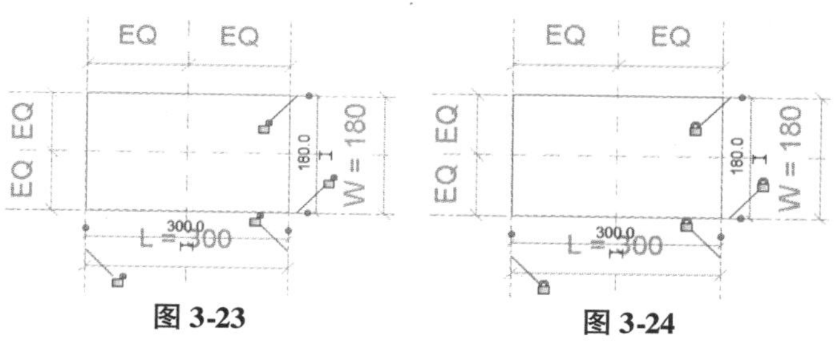

图 3-23　图 3-24

Step03 单击"项目浏览器"中的立面"前"，转到前立面视图，选中刚才2）中绘制的矩形，会出现操纵柄，拖曳拉伸顶部的操纵柄至顶部参照平面，并单击出现的锁形标记将其锁定，也可以使用对齐工具对齐并锁定，如图3-25所示。查看拉伸，打开三维视图，单击"属性"面板中的"族类型"，打开"族类型"对话框，调整参数值，检查拉伸形状是否正常变化，如图3-26所示。或者去立面或平面视图，拖动参照平面，当移动参照平面时，检查拉伸形状是否随面一起移动。

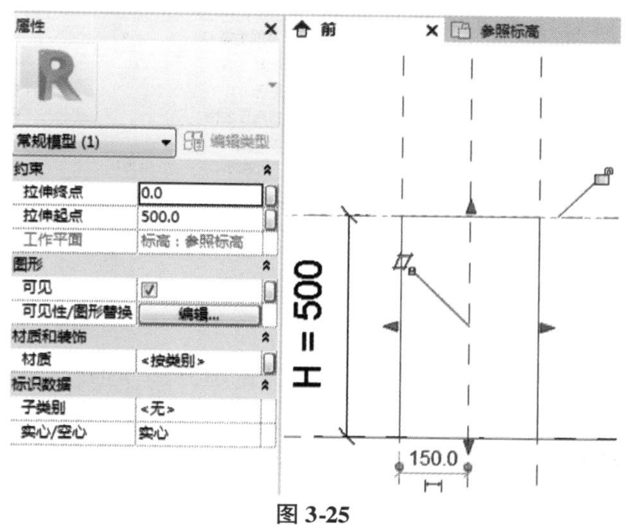

图 3-25

Step04 编辑拉伸形状。首先选中拉伸的图形，单击"修改｜拉伸"选项卡"模式"面板中的"编辑拉伸"，进入草图模式，可以通过修改草图的方式来修改拉伸的形状，如图3-27所示。也可以在选中拉伸

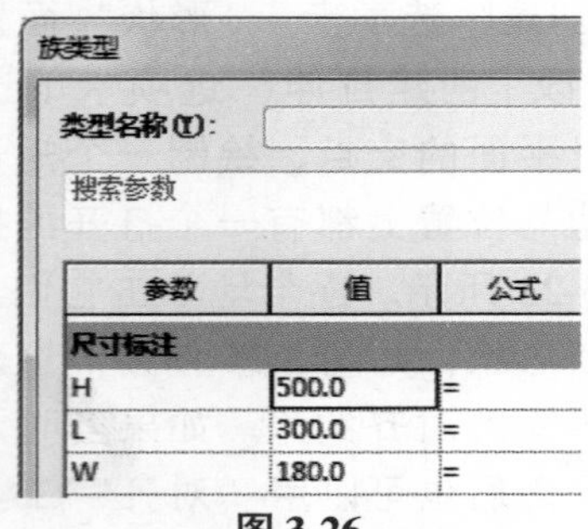

图 3-26

形状以后，拖动造型操纵柄来直接修改形状。关于形状的两个属性——“可见性设置”和“编辑工作平面”，可以在选中拉伸形状以后直接单击相应的图标进行设置。拉伸的草图线可以在内部嵌套，但必须是闭合的环，如图 3-28 所示。相交或未闭合的线会提示无法创建拉伸。

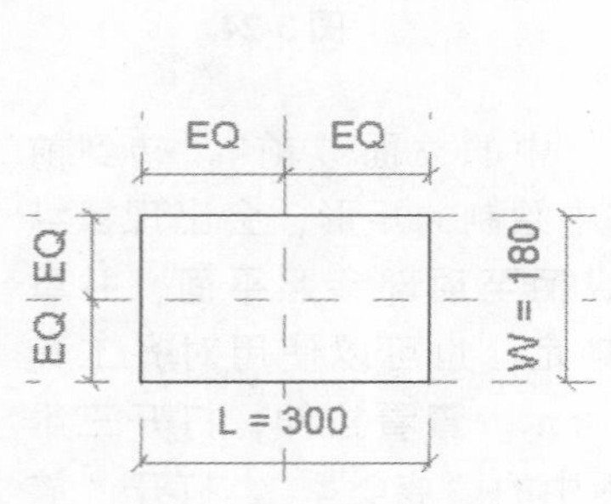

图 3-27

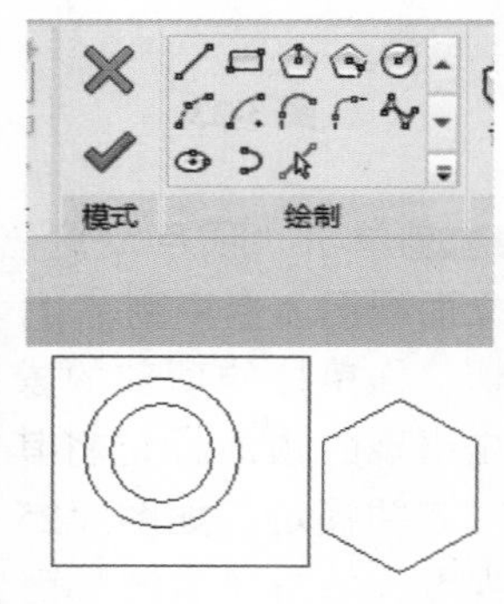

图 3-28

Step 05 实心形状和空心形状之间可以互相转换，如图 3-29 所示。方法是选中形状以后修改“属性”栏的“实心/空心”属性，注意，已经发生剪切的实心形状，不能转为空心形状。

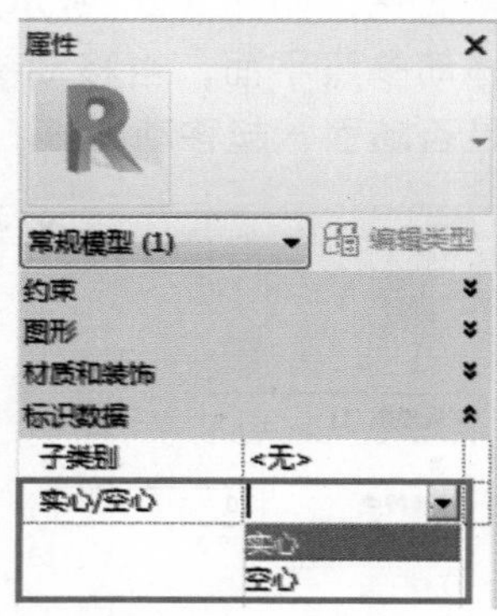

图 3-29

本节总结起来，主要有以下几点：

Step 01 “拉伸”命令是创建族中较为常用的命令，可设置快捷键。

Step 02 选定工作平面，然后绘制轮廓，拉伸形状与绘制它的平面垂直。

Step 03 注意，拉伸时的轮廓草图线不能有重合的、未闭合的线。

学完本节后，可进行以下拓展练习：

Step 01 “空心拉伸”命令的运用步骤与“实心拉伸”一样，尝试执行“空心拉伸”命令绘制一个空心体块。

Step 02 尝试将操纵柄推动到平行的参照平面后进行锁定，观察参照平面的位置移动是否会影响体块形状（是）。这里锁定的对齐，是显式限制条件，可保证维护已定义的关系。

3.3 常规模型族的旋转

旋转是指围绕轴线旋转一个或多个二维闭合轮廓而生成的形状，可以旋转一周或不到一周。如果轴线与旋转造型接触，则产生一个封闭的形状。如果远离轴线，旋转后则会产生一个环形的形状。可以使用旋转创建族几何图形，如门和家具球形把手、柱和圆屋顶等。

1. 旋转图形

Step 01 新建族，选择公制常规模型族样板，默认进入参照标高平面视图。单击“创建”选项卡→“形状”面板中的“旋转”，进入草图模式并自动切换到“修改 | 创建旋转”选项卡。在“绘制”面板中，有边界线和轴线，此时可随意选择其中的任何一个绘制，如图 3-30 所示。如有必要，在绘制旋转之前，单击“修改 | 创建旋转”选项卡下“工作平面”面板中的“设置”，设置新的工作平面，如图 3-31 所示。

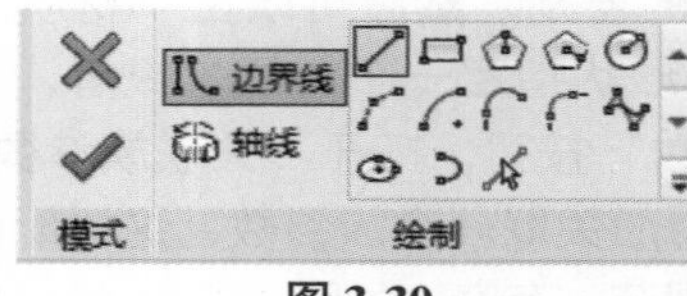

图 3-30

图 3-31

Step 02 使用的工作平面默认为“参照标高”，分别绘制如图 3-32 所示的轴线和边界，单击“完成编辑模式”（图 3-33），会随即生成一个圆环。圆环是以参照标高为其工作平面的，也可以选中旋转形状，单击“工作平面”面板中的“编辑工作平面”，打开“工作平面”对话框，选择其他平面作为工作平面。注意绘制过程中，轴线为蓝色，边界为紫红色，绘制完轴线后须单击“边界线”，才能开始绘制旋转的边界线，如图 3-32 和图 3-33 所示。

图 3-32

图 3-33

Step 03 选择旋转好的图形，在菜单栏中单击“编辑旋转”，进入创建时的草图编辑模式。单击边界线，在轴线同一侧再绘制一个圆形和一段圆弧，检测是否支持多个环以及未闭合的环。注意，这些图形必须位于轴的同一侧，否则软件会提示轮廓不能与旋转轴相交，如图 3-34 和图 3-35 所示。线必须在闭合的环内，否则会提示高亮显示的线有一端是开放的，如图 3-36 所示。测试完毕后，删除其他边界形状，只留一个闭合的圆环，单击“完成编辑模式”。

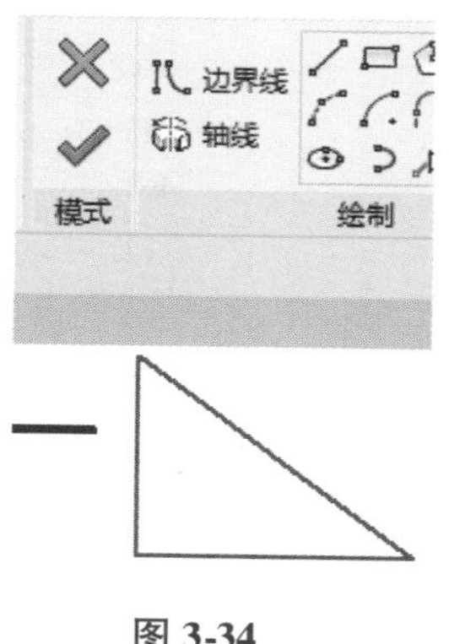

图 3-34

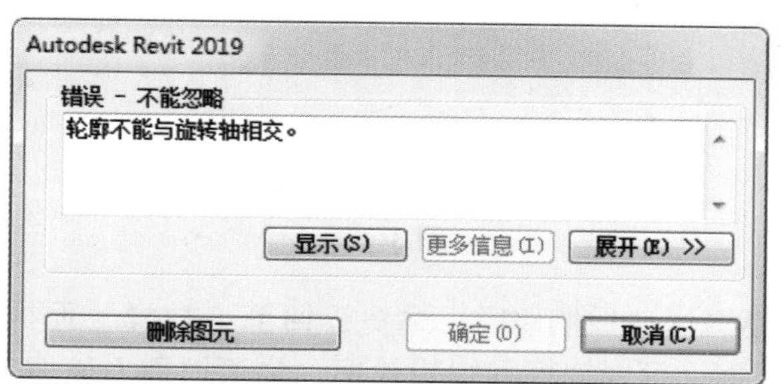

图 3-35

图 3-36

2. 编辑旋转图形

Step01选中旋转好的图形，在“属性”栏可更改旋转的属性。对于不足 360° 的旋转形状，可输入起始角度和结束角度，修改要旋转的几何图形的起点和终点，如图 3-37 所示。也可以直接拖动两端的造型操纵柄修改形状。要设置实心旋转的可见性，可在“图形”下单击“可见性/图形替换”对应的“编辑”按钮。若要按类别将材质应用于实心旋转，可在“材质和装饰”下进行编辑。在“标识数据”下选择子类别作为“子类别”，可将实心旋转指定给子类别。

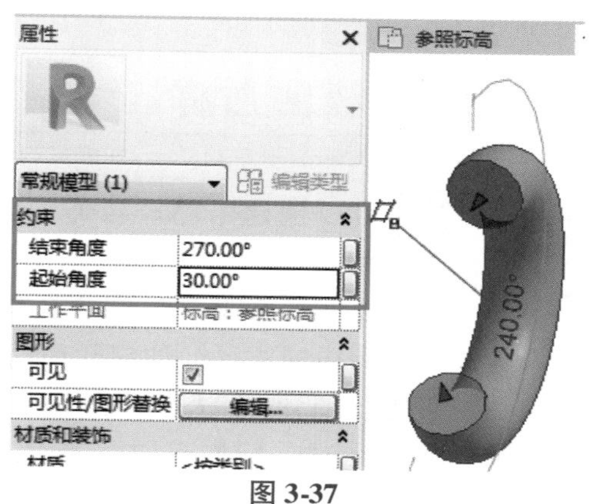

图 3-37

Step02选中旋转好的图形，在“属性”栏中“标识数据”下选择“空心”（图 3-38），可将旋转修改为空心形状。选中空心旋转时，“属性”栏中默认只保留了限制条件和标识数据两个参数分组方式。单击“工作平面”面板中的“编辑工作平面”，打开“工作平面”对话框，在对话框中可以看到当前工作平面的信息，以及指定的新工作平面的 4 种方式，如图 3-39所示。

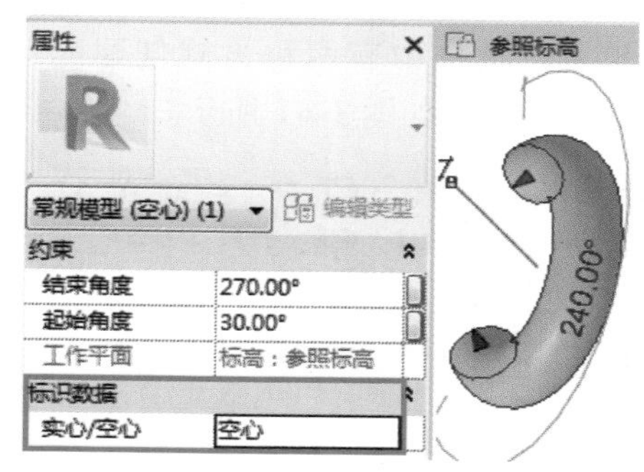

图 3-38

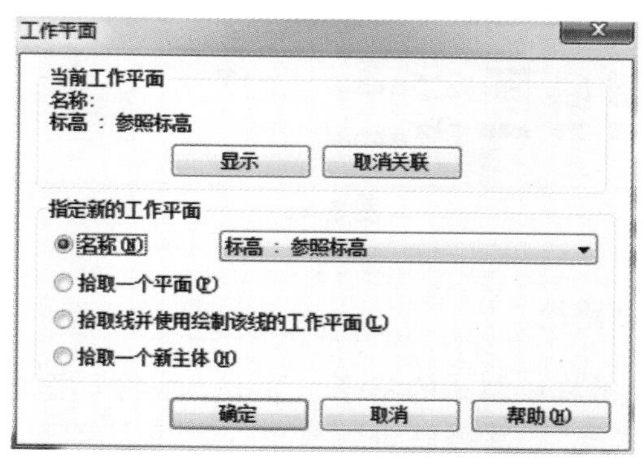

图 3-39

Step03注意：执行“旋转”命令时，边界线必须是闭合的环，如果轮廓由多个环组成，这些闭合环应位于轴线的同一侧。

学完本节后，可进行以下拓展练习：

Step01尝试用旋转创建一个圆锥屋顶。

Step02修改旋转的起始角度和结束角度。

3.4 常规模型族的放样

使用放样工具，可以创建沿路径拉伸二维轮廓的三维形状。可以使用放样方式创建饰条、栏杆扶手或简单的管道。需要注意的是，对于特定的路径，特别是多段的弧形或折线的路径，如果轮廓特别大，那么可能会因为将要生成的形状与自身产生相交，而导致无法最后生成形状，软件这时会报错。如果使用“拾取路径”工具创建放样路径，则绘制时可以拖曳路径线首尾的起点和终点。

新建一个族，选择公制常规模型族样板，在“创建”选项卡“形状”面板上，单击“放样”创建实心放样，如图3-40所示。如果必要，单击“放样”之前应设置工作平面。如果创建的是空心放样，单击“空心形状”下拉列表中的“空心放样”，这里选择的是创建实心放样，直接单击“放样”即可，如图3-41所示。进入草图模式以后会发现，“选择轮廓”按钮是灰色的，意思是必须先绘制好路径才能再去绘制轮廓。放样中有两种方式创建路径，即绘制路径和拾取路径，如图3-41所示。

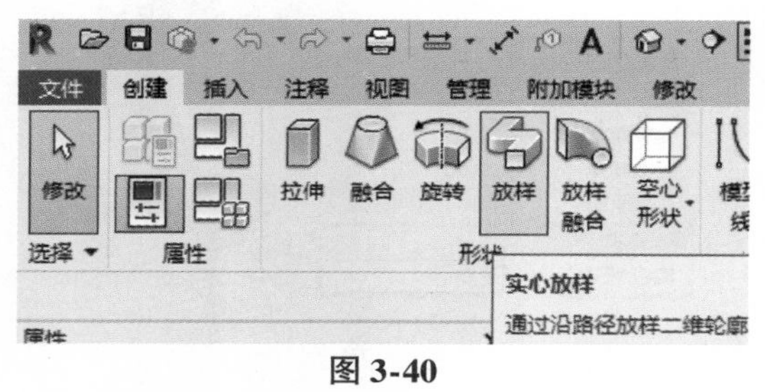

图3-40

图3-41

1. 绘制路径

Step01 为放样绘制新的路径，单击“放样”面板中的“绘制路径”。路径既可以是单一的闭合路径，也可以是单一的开放路径，但是不能有多条路径。路径可以是直线和曲线的组合，并且不必是平面的，这种首尾衔接的组合也被视为“一条”，如图3-42所示。此时，绘制连续的单一路径，单击绿色对勾“完成编辑模式”，系统会自动在路径中第一段线条的中点位置，加入一个垂直于路径的轮廓平面标记，表示将在那里放置轮廓，如图3-43所示。若是只有一段单一路径，轮廓平面标记将居于线段的中点。

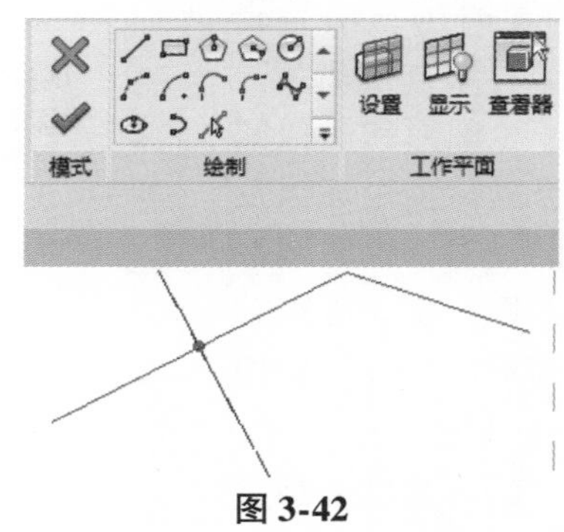

图3-42

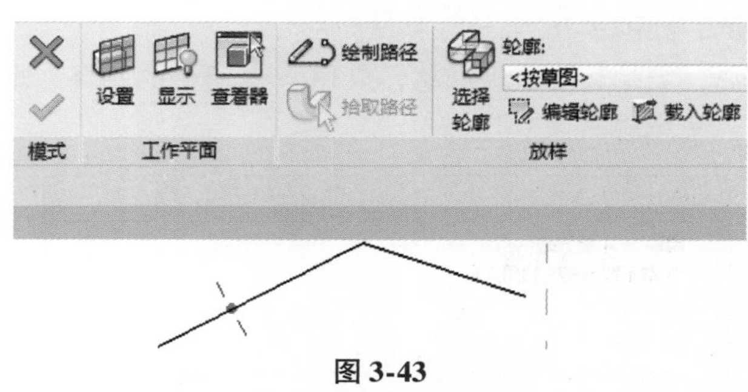

图3-43

Step02 退出“绘制路径”命令返回至“放样”面板编辑轮廓。可以按草图编辑轮廓，也可以载入轮廓族，如图3-43所示。单击“编辑轮廓”，在“转到视图”对话框中可能会有这样的提示：要编辑草图，请从下列视图中打开草图与屏幕成一定角度的视图，如图3-44所示。这是因为无法在绘制路径的视图里以完全垂直的方式来绘制轮廓。

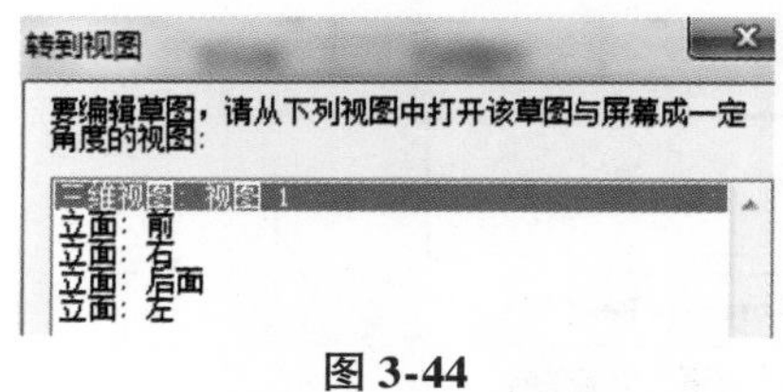
转到视图

要编辑草图，请从下列视图中打开该草图与屏幕成一定角度的视图：

二维视图：视图 1
立面：前
立面：右
立面：后面
立面：左

图3-44

Step03 选择“转到视图”对话框中的三维视图，这样便于查看，点击“打开视图”，即进入草图模式。在轮廓放置面中心附近绘制一个闭合的矩形（图3-45），完成后单击两次绿色对勾，完成的放样形状处于被选中状态，如图3-46所示。注意：绘制的轮廓支持嵌套、多环，但必须闭合且互相之间不能相交，否则会提示“线必须在闭合的环内。高亮显示的线有一端是开放的”（图3-47）和“线不能彼此相交。高亮显示的线目前是相交的”（图3-48）。

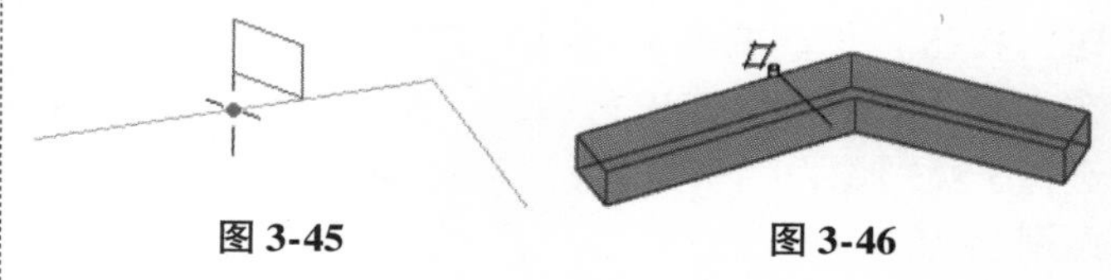

图3-45　　图3-46

图 3-47

Autodesk Revit 2019
错误 - 不能忽略
线不能彼此相交。高亮显示的线目前是相交的。

图 3-48

2. 拾取路径

Step01 新建族，选择“公制轮廓. rft”族样板（图3-49）进入参照标高平面，单击“详图”面板中的“线”，绘制半径 50mm 的圆轮廓（图 3-50），完成后保存为族 4。

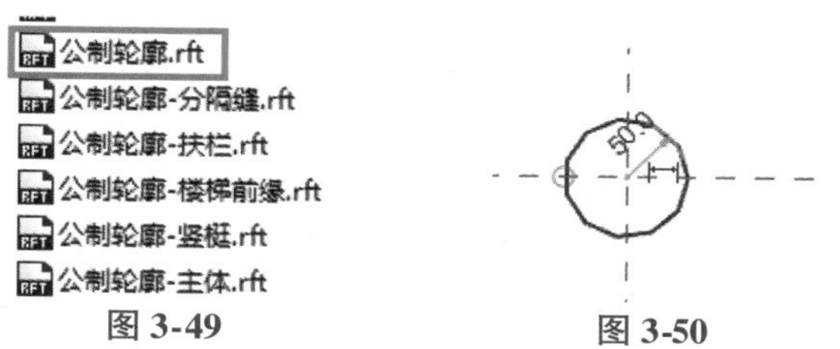

图 3-49 图 3-50

Step02 使用实心拉伸创建一个竖边倒圆角的形状（图 3-51），再用空心拉伸进行剪切，最后效果如图 3-52 所示。绘制路径时拾取方式尤为重要，单击“拾取路径”，即进入拾取三维边以指示放样或放样融合的路径的状态。拾取时可捕捉现有绘制线或者其他实心几何图形边线，并且生成的路径会自动锁定到被拾取的主体上。

Step03 将视觉样式调为线框，单击“实心放样”，选择拾取路径，由于形状的三维边存在圆角，所以需多次拾取至图 3-53 所示的路径，相同路径被第二次单击时则会取消拾取，注意此时若不能看清拾取路径，可将视图调为非细线显示。细线显示指的是，无论缩放级别如何，图元都按照单一的线宽在屏幕上显示所有线。完成路径拾取后，再单击“载入轮廓”，将刚创建的轮廓族“族 4”载入。

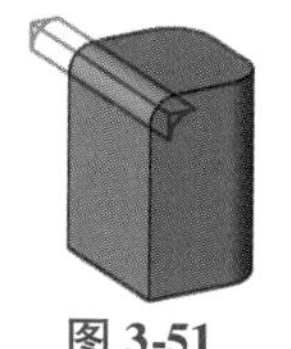
图 3-51

图 3-52

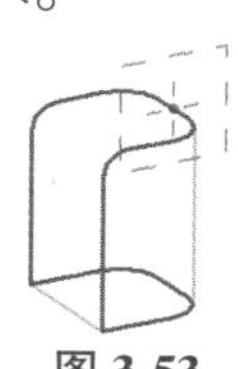
图 3-53

Step04 当选择轮廓为族 4 的时候，“属性”栏灰色显示不可编辑的地方变为可编辑，轮廓的位置可在选项栏或“属性”栏中的“水平轮廓偏移”“垂直轮廓偏移”“角度”“轮廓已翻转”中调整，如图 3-54所示。角度和翻转在轮廓为圆形的时候不会影响最终形状。单击对勾完成编辑，选中所拾取路径的主体并临时隐藏，如图3-55所示，即能清楚地查看用拾取路径和载入轮廓的方式创建的放样图形，如图 3-56 所示。

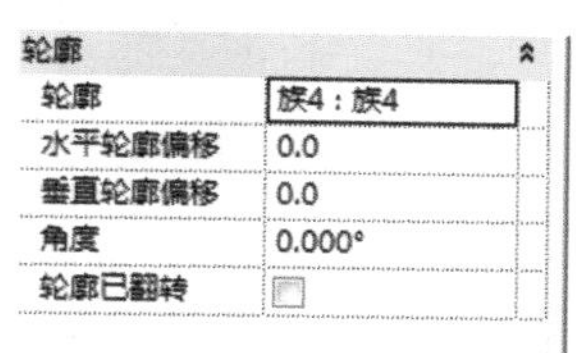

轮廓	
轮廓	族4 : 族4
水平轮廓偏移	0.0
垂直轮廓偏移	0.0
角度	0.000°
轮廓已翻转	☐

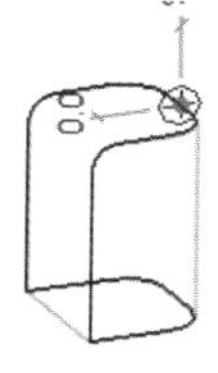
图 3-54

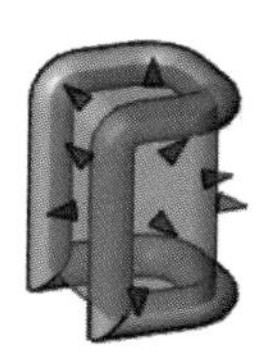
图 3-55

Step05 在选中放样形状时，“属性栏”中的“轨线分割”复选框可将非分段式放样改为分段式放样，如图 3-57 所示。分割仅影响弧形路径，放样的最小段数为两段。勾选“轨线分割”复选框，修改最大线段角度为 30°，如图 3-58 所示。修改原模型的形状，放样会跟随路径的改变而改变，如图 3-59 所示。

图 3-56

图 3-57

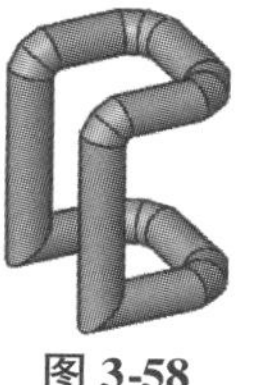
图 3-58

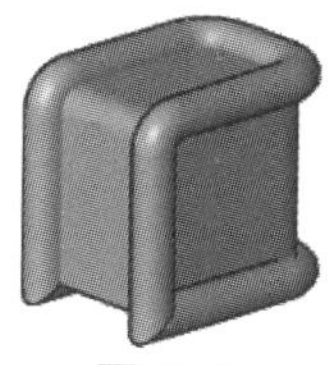
图 3-59

Step06 接步骤 2）创建一个空心放样的剪切形状，拾取完三维边后，单击绿色对勾完成拾取，如图 3-60 所示。单击“编辑轮廓”，选择内接多边形工具，勾选选项栏上的“半径”复选框，修改半径为 25，以标记中心为原点绘制六边形。单击绿色对勾“完成编辑模式”两次后放样形状完成且被选中，修改“属性”栏中的标识数据，将实心改为空心（图 3-61），使用“修改”选项卡中的“剪切几何图形”剪切实体与空心，此时系统提示“高亮显示的图元中有一个循环参照链”，如图 3-62 所示。这是由于进行空心剪切时，空心放样的路径中有一部分是由拉伸空心剪切而得，因此放样空心剪切无法完成。此时，将拉伸的空心删除，编辑放样重新拾取三维边（图 3-63），并绘制矩形轮廓，完成后再使用“剪切几何图形”工具剪切空心放样，如图 3-64 所示。空心放样也可在“形状”面板上选择“空心形状”下拉列表中的“空心放样”进行创建，与上文中修改属性为空心的方式对比，使用空心放样的方式完成形状后空心无须手动剪切。

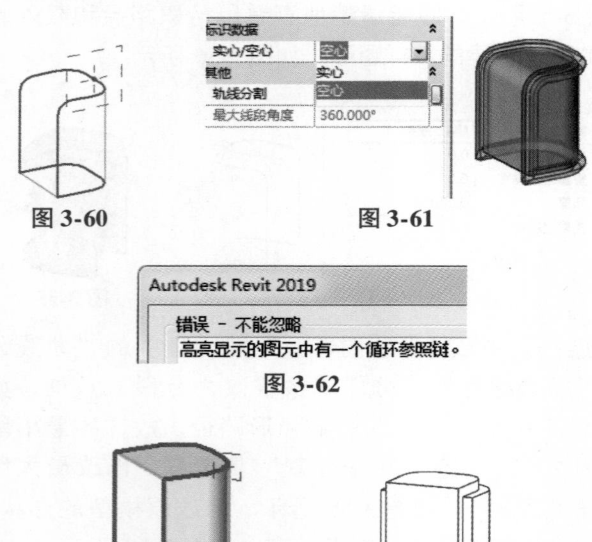

图 3-60　　图 3-61

图 3-62

图 3-63　　图 3-64

3. 多段路径进行分割时的效果

创建实心放样，单击前立面视图，选择“起点-终点-半径弧”的方式绘制半径分别为 30mm 和 60mm 的弧，保持首尾相连，如图 3-65 所示。在三维视图草图模式下绘制圆形作为轮廓，完成后勾选“轨线分割”属性的复选框，并设置“最大线段角度”为 30°，如图 3-66 所示。返回前立面视图，可见两段弧连接处有一段衔接的分割线，在位于路径两端的部分，是各自分段内完整一节长度的 1/2，如图 3-67 所示。

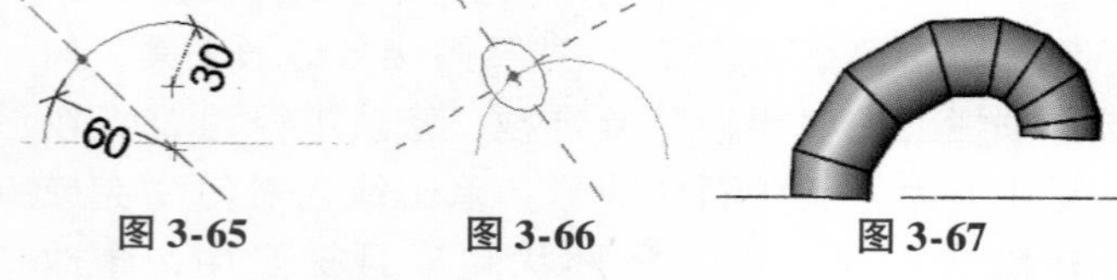

图 3-65　　图 3-66　　图 3-67

本节总结起来，主要有以下几点：

Step01 放样绘制新的路径时，既可以是单一的闭合路径，也可以是单一的开放路径，但不能有多条路径。

Step02 轮廓草图可以是单个闭合环形，也可以是不相交的多个闭合环形。

Step03 轨线分割在管道应用较多，清除“轨线分割”复选框以后可将分段式放样改为非分段式放样。

学完本节后，可进行以下拓展练习：

Step01 尝试创建一个分段式放样，最大线段角度为 30°。

Step02 练习使用拾取三维边和载入轮廓来创建放样。

3.5 常规模型族的放样融合

放样融合的形状由起始图形、最终图形和指定的二维路径确定。通过放样融合工具，可以沿某个路径创建一个具有两个不同轮廓的融合体。放样融合的路径可以绘制或拾取已有形状的边缘；位于路径两端的两个轮廓，也可以通过绘制或载入轮廓族的方式来指定。

Step01 新建族，选择公制常规模型为族样板，单击“放样融合”（实心），如图 3-68 所示。进入草图编辑模式，自动切换到“修改 | 放样融合”选项卡。注意观察，创建路径有两种方式：“绘制路径”指的是在选定的工作平面上绘制二维的图形作为路径，“拾取路径”指的是拾取已有的形状的边缘作为路径。此时，关于轮廓的命令都是灰色显示的，这表明只能先绘制好路径，才能开始绘制轮廓，如图 3-69 所示。在创建底部和顶部边界前，如有必要，先设置好工作平面，再开始绘制。

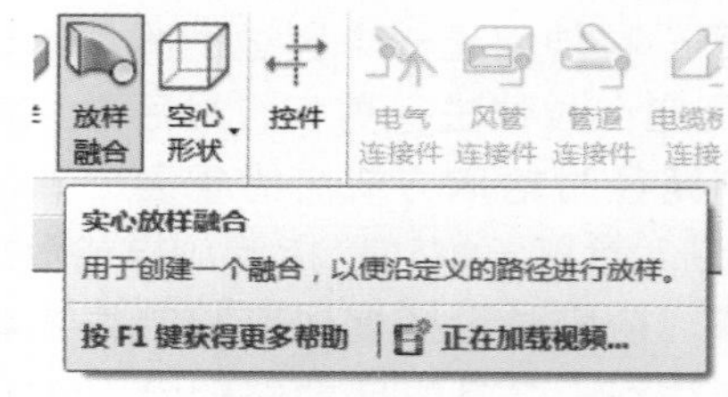

图 3-68

图 3-69

Step02 绘制路径时注意，只支持单条的直线或曲线。如果多于一条，无论是否相连都是不允许的，单击“完成编辑模式”后就会报错“不允许一条以上的曲线”，如图 3-70 所示。保留其中任意一条路径，删除另外一条，系统会自动在保留的路径的两端，放置绿色的工作平面。每个平面的中间是两条相交的绿色虚线，周围还有 4 条绿色虚线围成正方形。

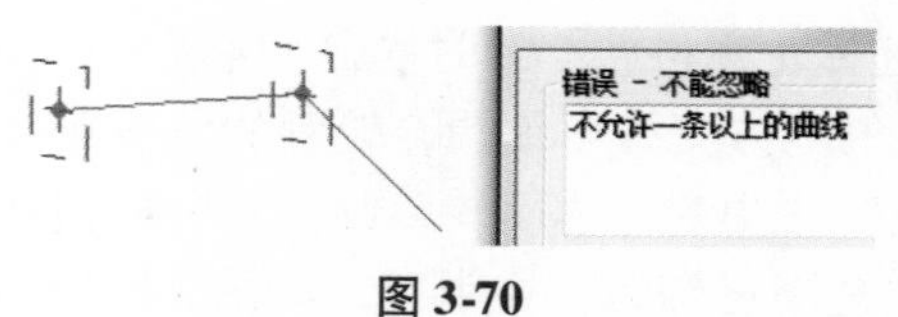

图 3-70

Step03 单击菜单栏的“完成编辑模式”，退出绘制路径，这时紫色的路径会变为黑色，路径两端的工作平面仍保持为绿色，但是仅剩下端点中间的绿色虚线。其中轮廓1位于起点，轮廓2位于终点。轮廓的编辑顺序没有要求，如图3-71所示。

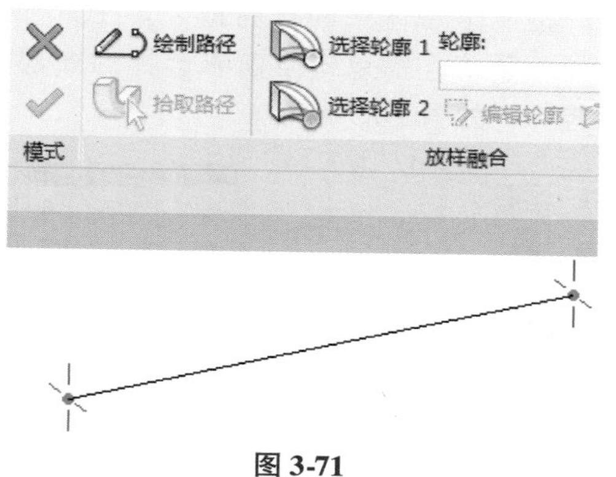

图 3-71

Step04 单击“选择轮廓1”，绘图区域轮廓1工作平面高亮显示，“放样融合”面板中的“编辑轮廓”和“载入轮廓”变为可用，同时在选项栏上出现相关按钮，如图3-72所示。此时，单击“编辑轮廓”并选择“绘制”选项卡里的工具，可在起点处的工作平面绘制图形，或者单击“载入轮廓”从外部导入轮廓。单击“编辑轮廓1”，在起点处绘制一个矩形，单击绿色对勾退出，如图3-73所示。然后单击“编辑轮廓2”，在路径终点处绘制一个六边形，单击绿色对勾两次完成融合放样，如图3-74所示，保存此文件为族1。

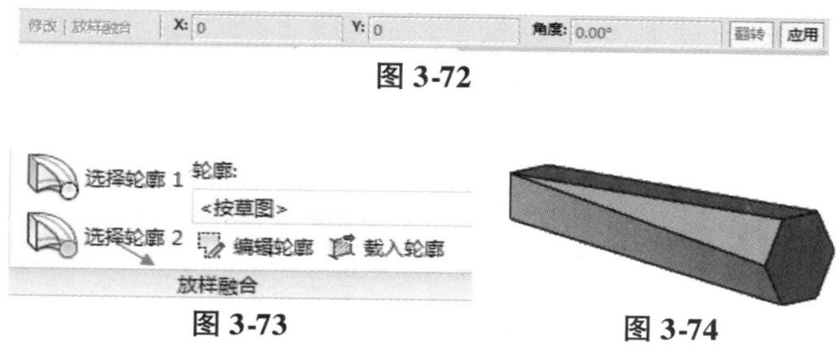

图 3-72

图 3-73

图 3-74

Step05 接下来，尝试用载入轮廓族的方式创建融合放样。新建族，选择公制轮廓族样板，然后在参照平面的中心附近绘制一个椭圆，保存为族4然后载入到族1。再次打开公制轮廓族样板，新建另一个轮廓族，在参照平面的中心附近绘制一个八边形，保存为族5然后载入到族1。返回族1，创建实心融合放样，绘制完成一段弧形路径后，在三维视图中选中弧端点的轮廓放置工作平面，在“属性”栏中“轮廓”的下拉列表选中“族4”（图3-75），然后再选中另一端的工作平面，指定载入轮廓为“族5”。载入的轮廓位置可通过选项栏或者属性栏中的垂直轮廓偏移、水平轮廓偏移、角度和翻转调整位置，如图3-76所示。最后完成效果如图3-77所示。

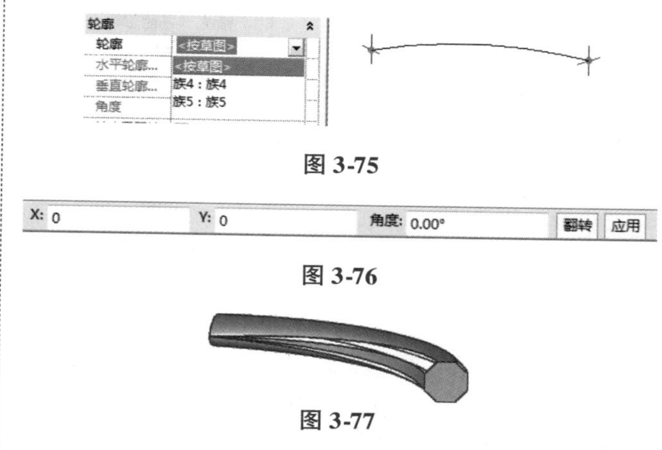

图 3-75

图 3-76

图 3-77

本节总结起来，主要有以下几点：

Step01 放样融合的路径只能有一段。

Step02 拾取路径下，拾取的三维边会自动将绘制线锁定到选定的几何图形边线上。

学完本节后，尝试创建一个融合放样，顶部轮廓为圆形，底部轮廓为椭圆形。

3.6 常规模型族的融合

融合可将两个轮廓（边界）按照给定的深度融合在一起生成实心或者空心形状，并沿其长度发生变化，从起始形状融合到最终形状。例如，如果绘制一个较大的矩形，并在其顶部绘制一个小矩形，则Revit会将这两个形状融合在一起。

Step01 新建族，打开公制常规模型，在默认的参照标高平面上单击“形状”面板中的“融合”（实心），进入编辑模式。默认编辑底部的边界（系统会自动切换到“修改 | 创建融合底部边界”选项卡）。如有必要，应在绘制融合前设置工作平面。选项栏有一些其他参数：“偏移量”，是绘制时相对鼠标指针的偏移距离；“半径”是倒圆角的半径；“深度”是设置顶部边界到底部边界的距离，可保持默认值，如图3-78所示。

深度 250.0 ☑链 偏移: 0.0 ☐半径: 1000.0

图 3-78

Step02 在选项栏上勾选“半径”复选框，并输入半径数值100，绘制一个长1000、宽500的矩形，如图3-79所示。注意必须完成底部编辑后，才可单击编辑顶部状态，直接先单击编辑顶部，则会提示“草图为空”，如图3-80所示。

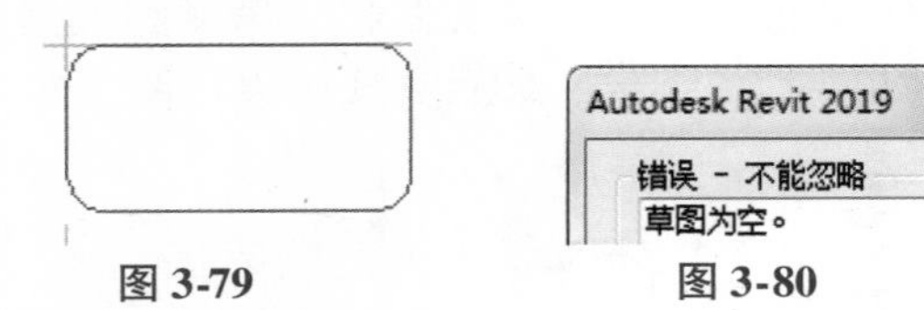

图 3-79　　图 3-80

Step 03 编辑边界时，无论底部或顶部都必须闭合，否则会提示“线必须在闭合的环内。高亮显示的线有一端是开放的”，如图 3-81 和图 3-82 所示。在绘制边界时，也不允许有一个以上的环，多余的不论闭合与否都需要将其删除。

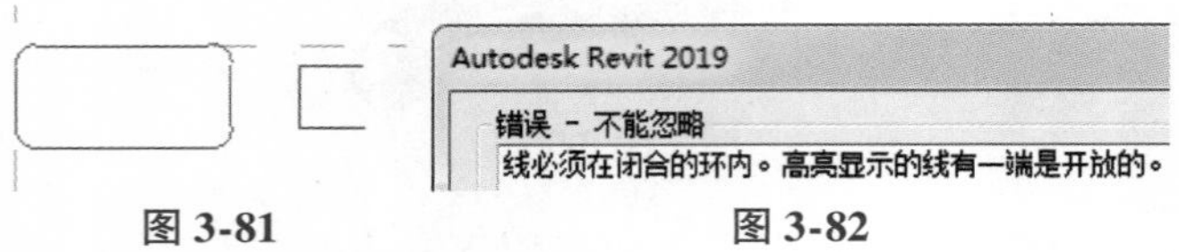

图 3-81　　图 3-82

Step 04 在底部边界绘制好倒角矩形以后，单击“编辑顶部”，选择“圆形”工具，绘制半径为 400 的圆形，如图 3-83 所示。单击绿色对勾完成，进入三维视图查看融合形状，如图 3-84 所示。选中以后进入“属性栏”修改，其中，第二端点指的是顶部边界相对于参照标高的距离；第一端点指的是底部边界相对于参照标高的距离；两者的间距是深度。

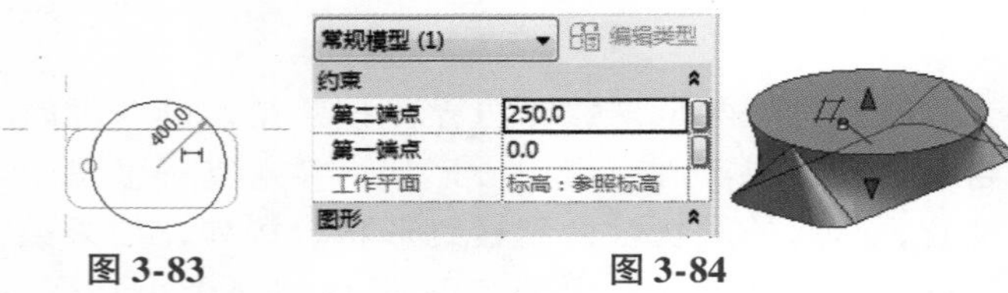

图 3-83　　图 3-84

Step 05 从默认起点 0 开始计算的深度，可直接在约束的第二端点中输入一个值，如图 3-85 所示。指定从 0 以外的起点开始计算的深度，可在约束的第二端点和第一端点中，分别输入值，如图 3-86 所示。应用后，融合形状会随之改变。

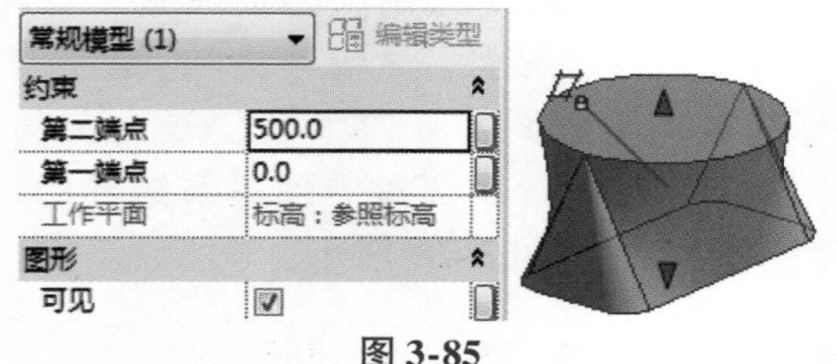

图 3-85

图 3-86

Step 06 完成融合后，选中形状，单击“编辑顶部”或“编辑底部”，继续单击“模式”面板上的“编辑顶点”（图 3-87），进入“编辑顶点”选项卡。带有蓝色开放式圆点控制柄是一个添加和删除连接的切换开关（图 3-88），单击即可进行切换。编辑顶点连接，可以控制融合体中的扭曲量，要在另一个融合草图上显示顶点，需单击当前未选择的底部控件或者顶部控件，如图 3-89 所示。

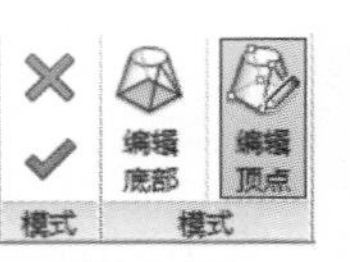

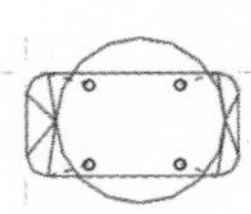

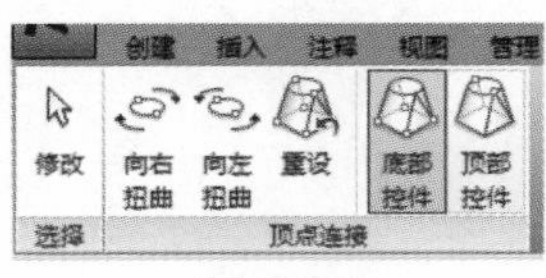

图 3-87　　图 3-88　　图 3-89

Step 07 单击某个蓝色开放式圆点控制柄，该线变为一条连接实线。一个填充的蓝色控制柄会显示在连接线上。单击实心体控制柄以删除连接，则该线将恢复为带有蓝色开放式圆点控制柄的虚线。当单击控制柄时，可能有一些边缘会消失，并会出现另外一些边缘。在“顶点连接”面板上，单击“向右扭曲”或“向左扭曲”，可以顺时针方向或逆时针方向扭曲选定的融合边界。单击“重设”可恢复顶点到原始状态，如图 3-90 所示。

本节总结起来，主要有以下几点：

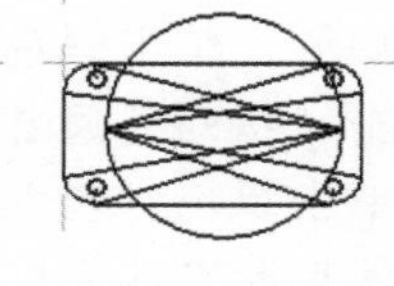

图 3-90

Step 01 融合形状是两个图形沿着形状中心连线的方向融合为一体的形状。

Step 02 在绘制草图过程中，底部边界和顶部边界是在绘制时的工作平面上，待生成形状后才能看见融合体。

学完本节后，尝试新建一个融合，以参照平面“中心（前/后）”或者参照平面“中心（左/右）”为工作平面。

3.7 体量的旋转

在概念设计环境中，旋转要基于绘制在同一工作平面上的线和二维形状进行创建。线用于定义旋转轴，二维图形绕该轴旋转后形成三维形状。用于作为二维轮廓的线，也可以是未构成闭合环的线，如图 3-91 所示。当轮廓为两个或两个以上的闭合环时，允许多环和嵌套环的情况。但闭合环与未闭合环同时存在时，则不能生成形状。位于同一个平面内的线段和其他形状图元的表面，也可以生成旋转的形状，如图 3-92 所示。

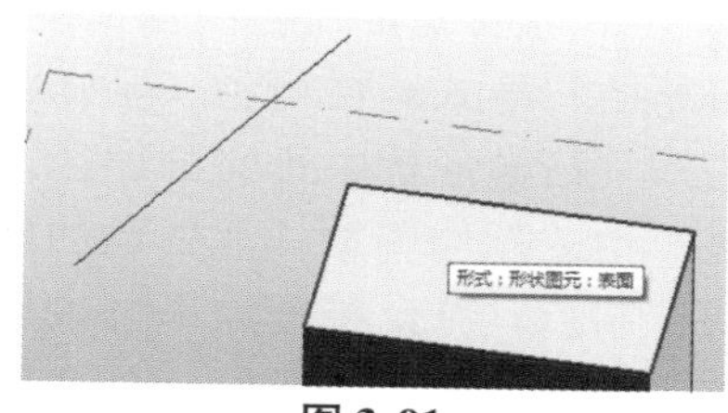

图 3-91

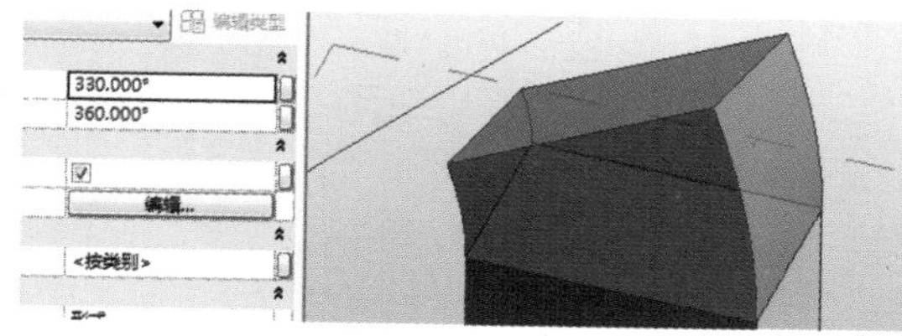

图 3-92

Step01新建概念体量，默认以模型线绘制。在默认的工作平面上绘制一条直线和一个矩形（直线用于定义旋转轴，绘制矩形形状作为轮廓），如图3-93所示。选中模型线和矩形，单击“修改 | 线”选项卡“形状”面板中的“创建形状”，就会看到矩形绕这个轴旋转后生成的三维形状，如图3-94所示。

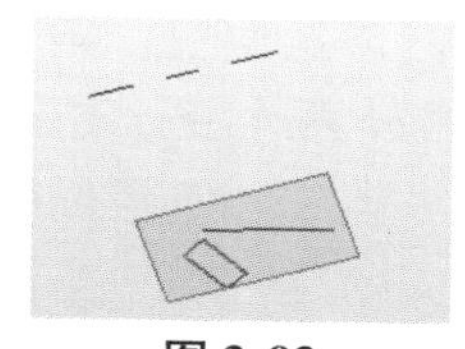
图 3-93

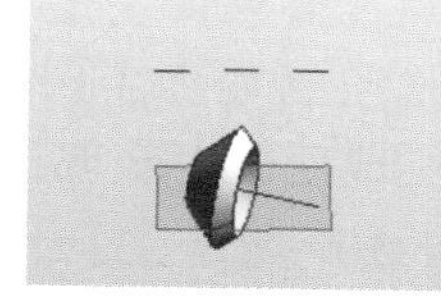
图 3-94

Step02在概念体量环境中，Revit 会根据用户所选的图元来自行判断创建何种形式的形状，对于旋转形状，可自定义起始、结束角度，如图 3-95 所示。选中体量，单击“修改 | 形式”选项卡下“形状图元”面板中的“透视”，会显示中心轴和旋转轮廓，如图3-96所示。选中形状的表面边缘、顶点时，可拖曳进行修改，如图 3-97 所示。

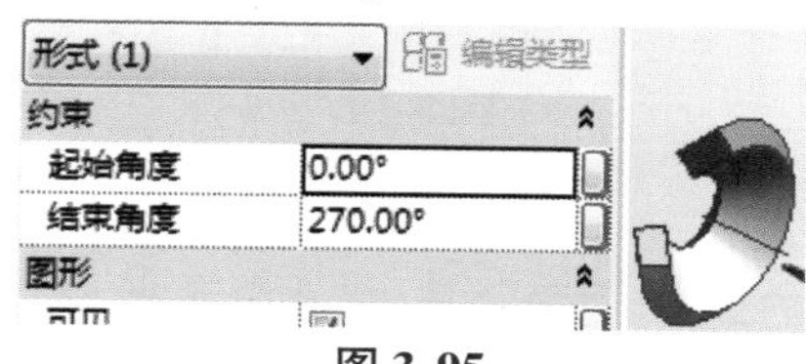

图 3-95

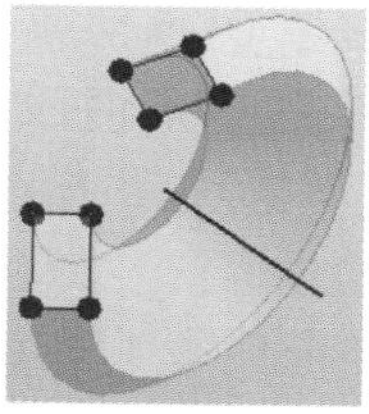

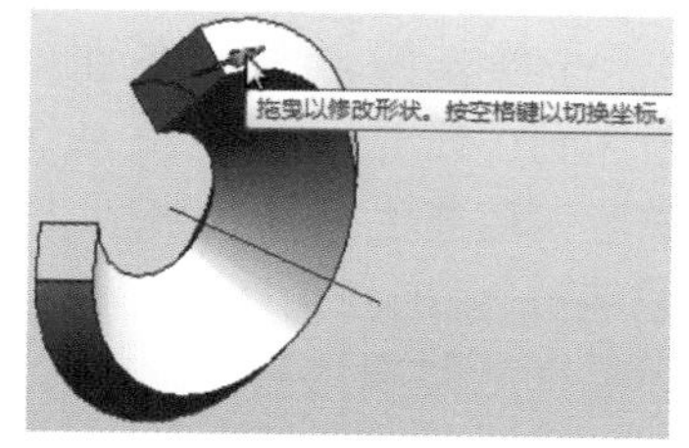

图 3-96

图 3-97

Step03轮廓闭合时，支持多环和嵌套，但不允许环与环相交，如图 3-98 所示；轮廓也可以是开放的，并允许与中心轴交叉，但不支持未连接在一起的多余的线段，否则提示“无法创建形状图元”（图3-99）。也不支持在确定好中心轴后未闭合轮廓与闭合轮廓同时存在的情况。注意嵌套环生成的形状为管状，如图 3-100 所示。

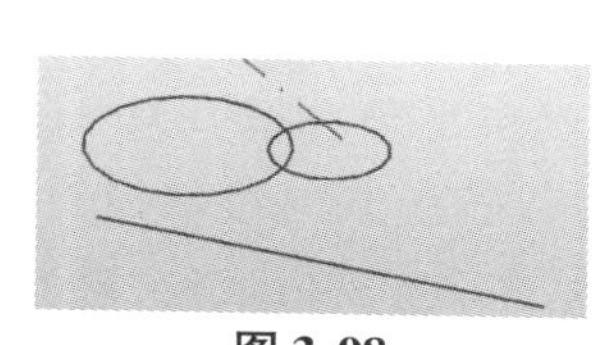
图 3-98

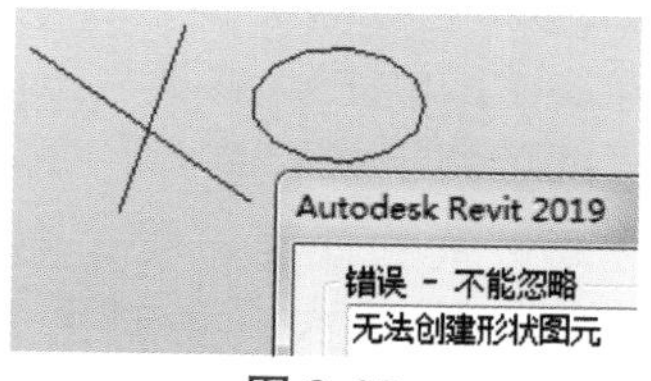

图 3-99

Step04用参照线创建的形状，修改轮廓时要选中原先的参照线，否则即使选中了子图元，出现了黄色的三维控件，也无法拖动。只有选中参照线才可以改轮廓，才可以拖拽线端点，如图 3-101 所示。

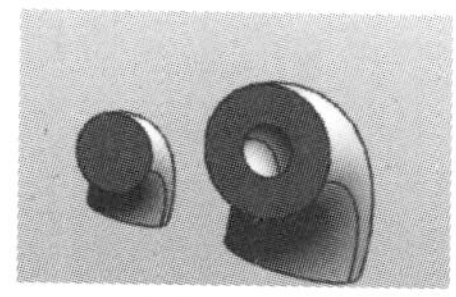
图 3-100

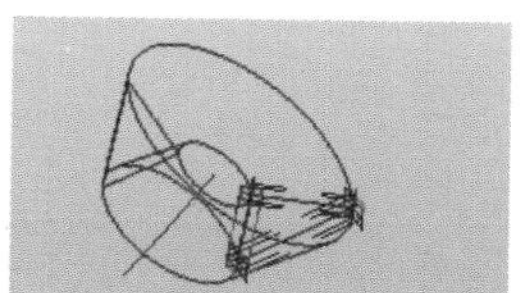
图 3-101

本节总结起来，主要有以下几点：

Step01体量中用模型线和参照线所创建的旋转形状，修改方法不一样，模型线的方式可以直接修改所生成的形状，而参照线的方式只能拖拽参照线的端点。

Step02体量中创建旋转形状时要注意，轮廓也可以是开放的。

学完本节后，可进行以下拓展练习：

Step01尝试在同一个工作平面上绘制旋转轴线和二维形状，二维轮廓要有样条曲线。

Step02尝试多环嵌套。

Step03如果两个闭合轮廓不全是在轴线的同一侧会怎样？如果一个闭合轮廓有一部分在轴线另外一侧会怎样？

3.8 体量的放样

体量中的放样，是融合了不同工作平面上的多个轮廓而生成的形状。生成放样几何图形时，轮廓可以是开放的，也可以是闭合的。如果同时存在开放与闭合的轮廓，因为组合形式的不同，其中有部分可以顺利生成形状。放样生成形状时不需要给定路径。放样的轮廓可以是多个，这些轮廓可以分布在互相之间不平行的工作平面上。当软件检查到会出现自相交的情况时，会无法生成形状，并给出有关提示。在透视模式下显示的是所选形状的基本几何骨架，在该模式中形状表面是半透明的，这样可以更直接地查看组成形状的各子层级，并进行交互式操作。

Step01 新建概念体量，在默认三维视图中，选中原有标高 1，单击“修改”选项卡下的“复制”，并勾选选项栏上的“多个”与“约束”复选框，再单击标高迹线的任意一处，然后沿垂直方向移动鼠标，分别单击两次，复制生成标高 2 和标高 3。单击“工作平面”面板中的“设置”按钮（设置工作平面），拾取标高 1，然后使用模型线绘制一个矩形，用同样的方法，绘制标高 2 和标高 3 上的矩形。选中这 3 个矩形（图 3-102），单击“修改 | 线”选项卡下的“创建形状”，生成形状，如图 3-103 所示。对于闭合轮廓和开放轮廓在一起的例子，则如图 3-104所示。

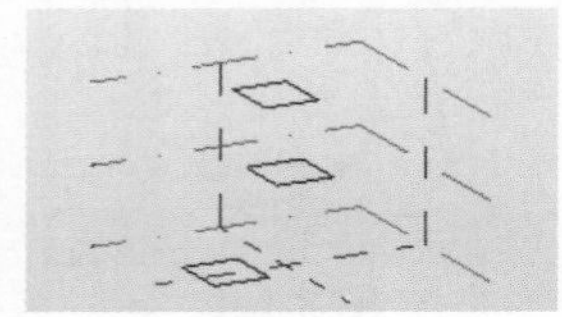

图 3-102

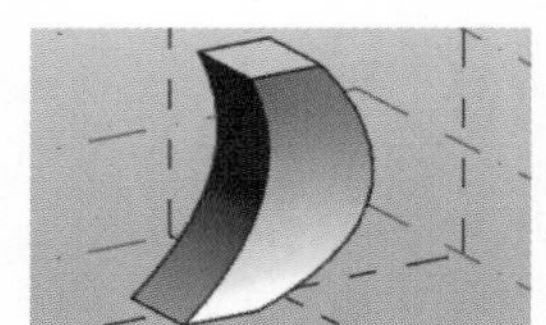

图 3-103

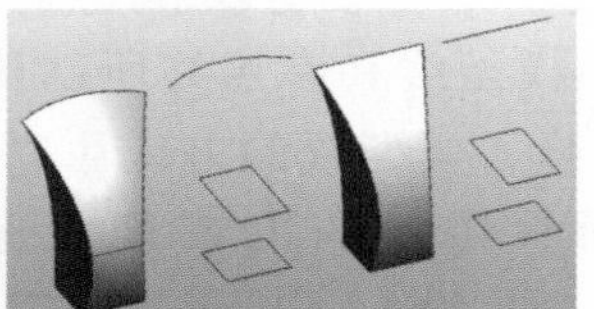

图 3-104

Step02 选中放样形状图元，单击“修改 | 形式”选项卡下的“透视”，如图 3-105 所示。透视模式将形状显示为透明的几何骨架，显示了其路径、轮廓和系统自动生成的隐式路径，如图 3-106 所示。透视模式一次仅适用于一个形状，当需要了解形状的构造方式或者选择形状图元的某个特定部分进行操作时，该模式非常有用。如果显示了多个平铺的视图，当在一个视图中对某个形状使用透视模式时，其他视图中也会显示透视模式。

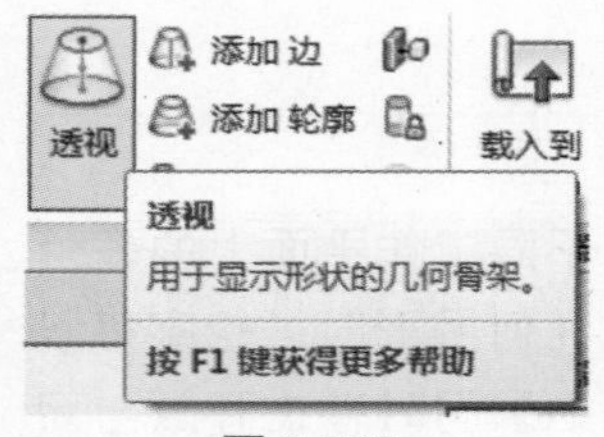

图 3-105

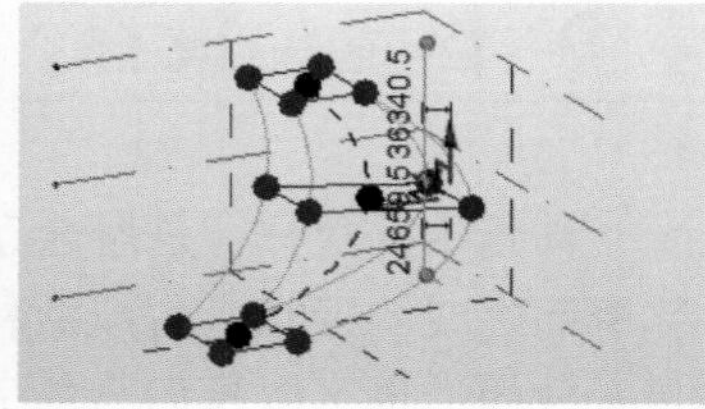

图 3-106

Step03 透视模式下可以编辑几何图形的轮廓与路径。路径有显示路径和隐式路径两种。显式路径如定义放样路径的线、扫描形状中定义的路径。隐式路径指的是系统为构造拉伸和放样而创建的线，选中路径上黑色的控制点，可直接拖动来修改路径，如图 3-107 所示。轮廓上的形状图元顶点是系统为承载各个轮廓而创建的控制节点，拖拽形状图元顶点可修改轮廓形状。

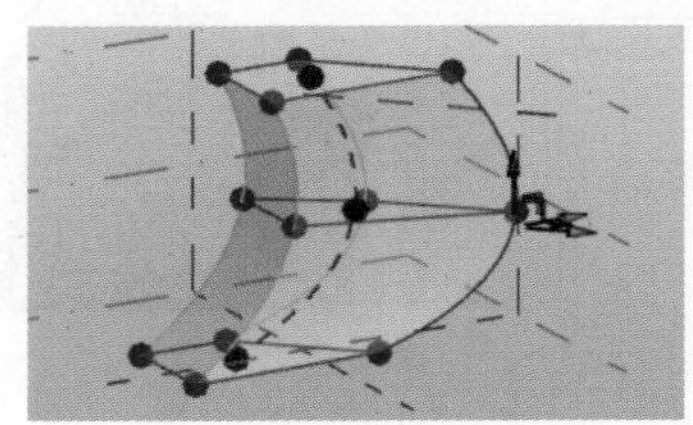

图 3-107

Step04 可以用开放的轮廓创建放样。设置工作平面为标高 1，执行“点图元”命令，放置 3 个参照点。选中 3 个参照点，在“属性”栏中修改“显示参照平面”属性为“始终”，单击“起点-终点-半径弧”，单击“工作平面”面板中的“设置”（设置工作平面），选择参照点的三个参照平面其中一个与标高 1 垂直的参照平面为工作平面，然后绘制弧，用同样的方式绘制如图 3-108 所示的另外两个点上的两段弧。完成后选中全部弧线图元，单击“创建形状”，如图 3-109 所示。

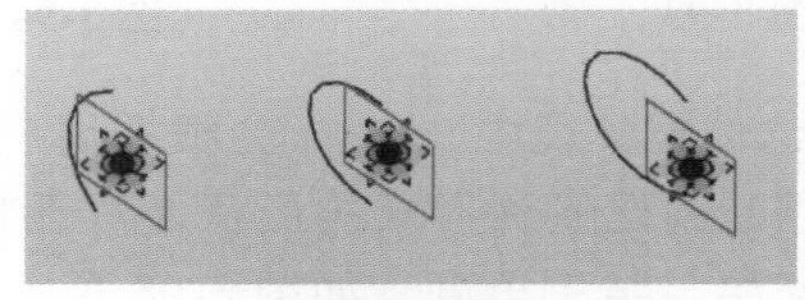

图 3-108

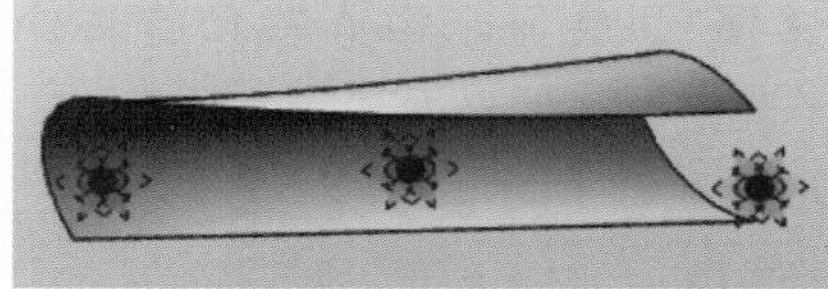

图 3-109

Step05 上述轮廓位于互相平行的平面，也允许位于不互相平行的工作平面。单击“样条曲线”，设置工作平面为标高 1，绘制一段样条曲线，在线条上添加 3 个参照点，再确认方式为“在工作平面上绘制”，选择参照点与样条曲线相垂直的参照平面，如图 3-110 所示。用同样的方法绘制剩余两段弧，完成后三段弧线图元，单击“创建形状”，生成如图 3-111 所示的形状。单击“形状”面板上的“融合”，形状图元的所有表面被删除，且样条曲线上的参照点的主体属性变为“不关联”。

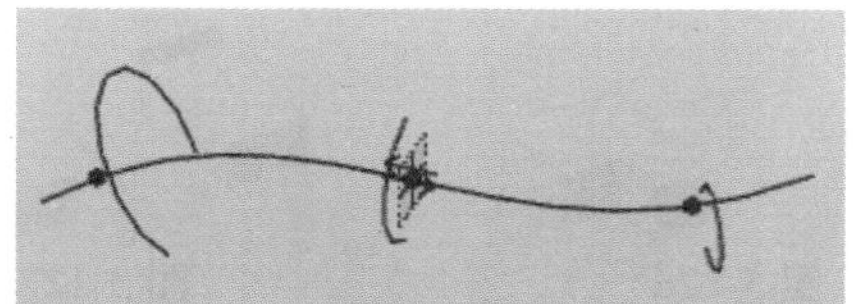
图 3-110

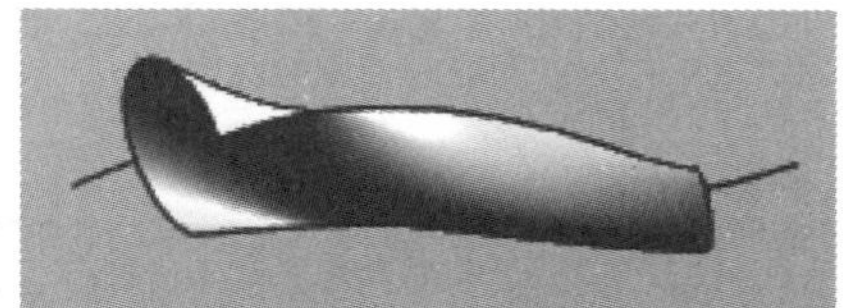
图 3-111

本节总结起来，主要有以下几点：

Step01 体量中的放样与族编辑器中的放样区别较大，创建时要细心观察，耐心尝试。

Step02 创建过程中，如遇软件提示将生成自相交或单一几何图形，这时需要调整轮廓位置或者大小。

学完本节后，尝试创建一个放样，两个轮廓所在的平面是垂直关系。

3.9 体量的放样融合

在概念设计环境中，放样融合要基于沿某个路径放置的两个或多个二维轮廓而创建。轮廓由线处理组成，而线处理垂直于用于定义路径的线，轮廓可以开放、闭合或是两者的组合。与放样形状不同，放样融合无法沿着多段路径创建。

Step01 新建概念体量，单击“样条曲线”默认以模型线开始，绘制一条路径，再单击“点图元”，并确认“绘制”面板右侧为“在面上绘制”，分别在样条曲线上放置3个点，用于在绘制轮廓时提供垂直于路径的工作平面，如图3-112所示。然后绘制各参照点上的轮廓：单击“设置”（设置工作平面），设置第一个参照点的参照平面为工作平面，接着使用矩形工具在上面绘制一个矩形轮廓，依次对第二个、第三个参照点设置工作平面，并添加圆形和矩形轮廓，如图3-113所示。选中样条曲线和3个轮廓，单击“创建形状”（实心），如图3-114所示。

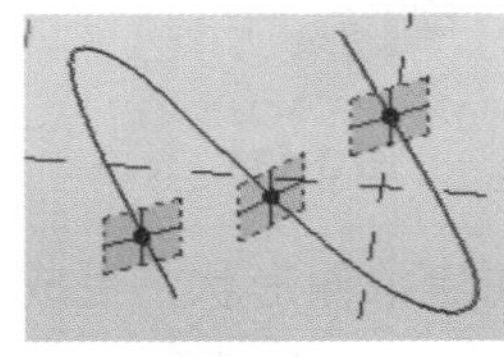
图 3-112

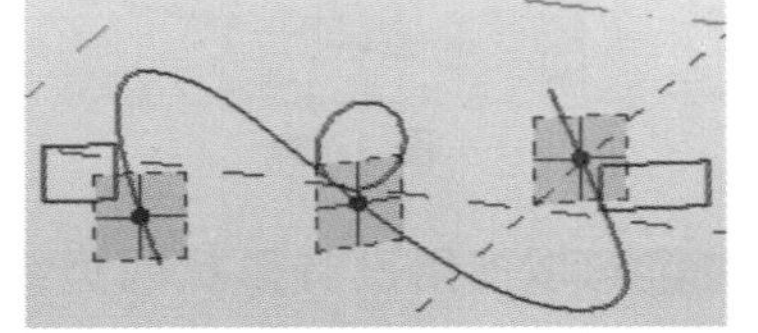
图 3-113

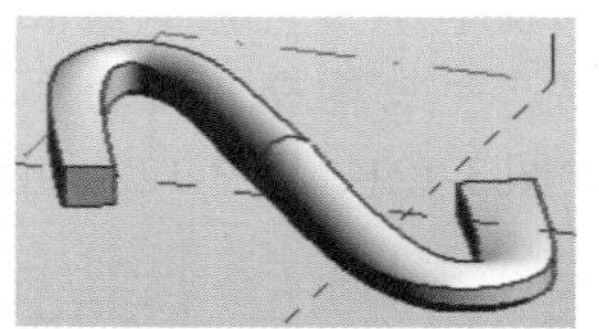
图 3-114

Step02 选中形状图元，单击“透视”，可以看到，虽然黑色实线的显式路径是样条曲线的长度，但是所生成的形状的首尾取决于两端轮廓所在的参照点的位置，如图3-115所示。

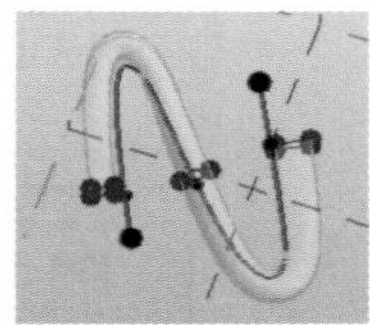
图 3-115

Step03 在透视模式下，选中子层级如点、线、面、边以后，可以单击“修改 | 形式”选项卡下的“编辑轮廓”对放样融合形状的路径和轮廓进行修改。选中轮廓形状的端点（图3-116），单击“编辑轮廓”进入对应轮廓的编辑模式，如图3-117所示；选中形状的边线，单击“编辑轮廓”，在状态栏提示“拾取要编辑的任何轮廓或路径”，如图3-118所示；在拾取形状的边缘后，会进入该轮廓的草图编辑模式，如图3-119所示。

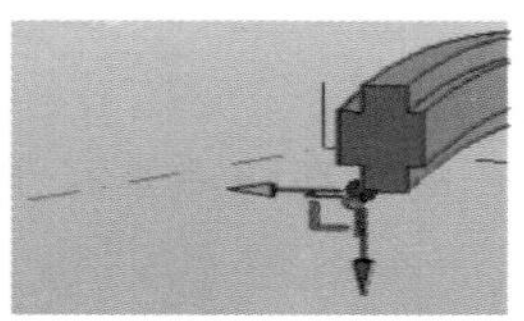
图 3-116

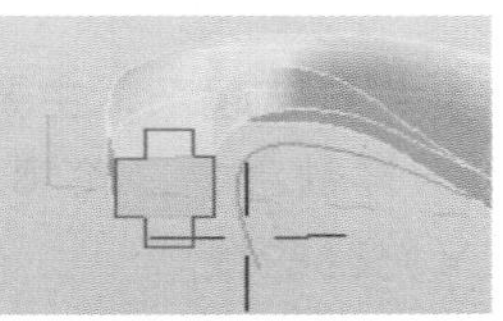
图 3-117

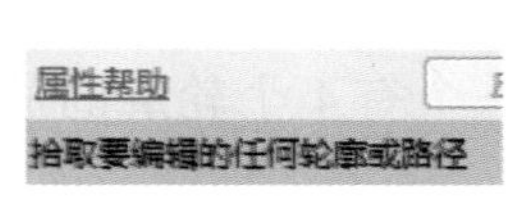

图 3-118

图 3-119

Step04 体量环境中放样融合仅支持单段线路径。经测试发现，多段路径时无法生成形状。使用参照线绘制多段路径，单击绘制面板的“点图元”，确认“在面上绘制”，然后在参照线两端添加两个参照点，分别设置参照点的参照平面为工作平面，并在上面绘制圆形和六边形轮廓。完成后单击“创建形状”，软件会提示“无法创建形状图元”，如图3-120所示。

图 3-120

Step05 体量中放样融合若是开放轮廓和闭合轮廓同时存在，则很容易产生自相交，成功生成形状的可能性相对较小，如图 3-121、图 3-122 和图 3-123 所示。

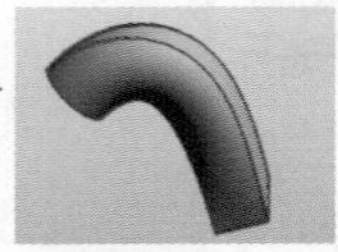
图 3-121

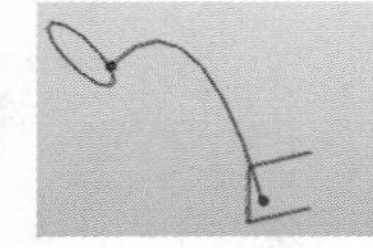
图 3-122

图 3-123

图 3-124 和图 3-125 是一个同时使用了开放轮廓和闭合轮廓来生成放样融合的例子。

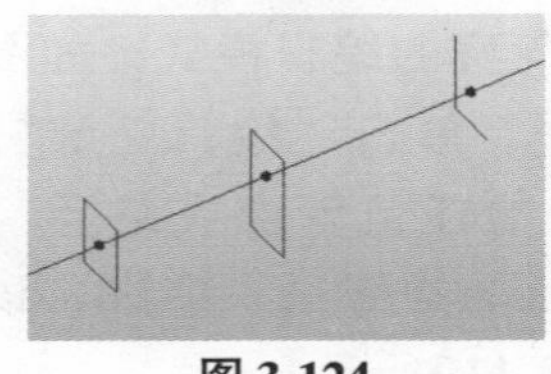
图 3-124

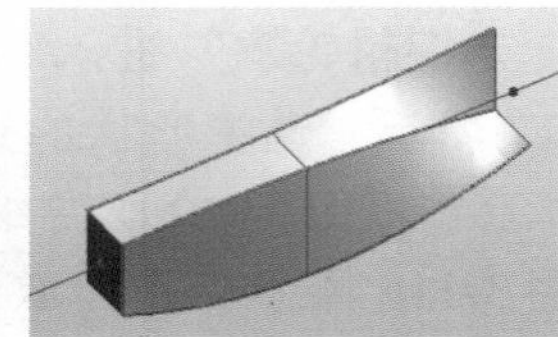
图 3-125

本节总结起来，主要有以下几点：

Step01 放样融合中，轮廓线所在的面在该点垂直于用于定义路径的线。

Step02 自相交的情况在体量中是很容易出现的，要注意，轮廓与路径不要过于“扭曲”。最初先以简单的轮廓和路径开始，能够顺利生成形状以后，再逐步修改。

学完本节后，尝试创建一个有 4 个轮廓的放样融合。

3.10 体量的拉伸

拉伸要基于闭合轮廓或者源自闭合轮廓的表面创建。模型线和参照线的闭合轮廓在创建拉伸时可能会有多于一个的结果，用户从中选择自己需要的即可。参照线创建的表面本身是没有厚度的，但是选择这个表面后，会显示可拖拽的箭头，拖拽箭头即可生成实体形状。

Step01 在概念体量中的拉伸形状，可利用线图元直接创建，也可以通过已有几何图形的边缘或表面创建。设置标高 1 为工作平面，使用模型线绘制线图元，并分别选中创建形状。然后选中第一个形状的一条边单击“创建形状”，再次选中第三个形状的一个面创建形状，过程如图 3-126 和图 3-127 所示。

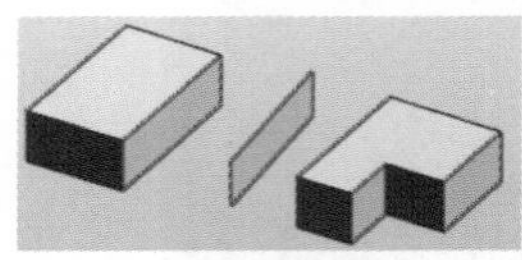
图 3-126

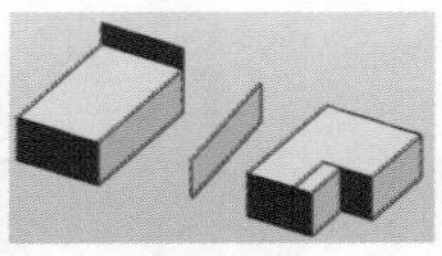
图 3-127

Step02 体量环境中的拉伸，不支持两个及两个以上的闭合图形，也不支持嵌套环，如图 3-128 和图 3-129 所示。

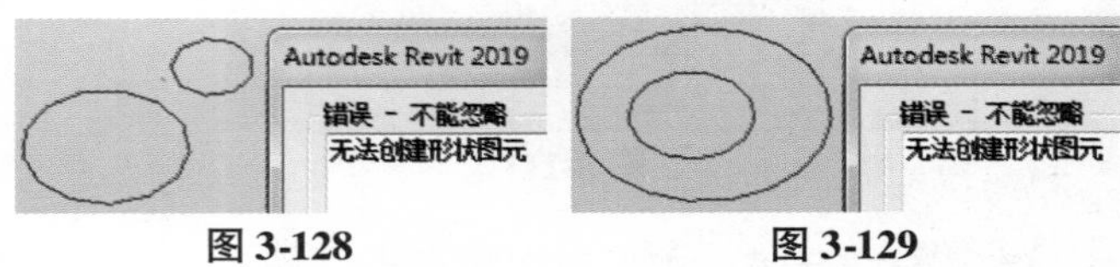

图 3-128　　图 3-129

Step03 在图 3-127 中，以面创建的形状，在“属性”栏里有正负两个方向的偏移，如图 3-130 所示。如果给“负偏移”属性加一个负值，它会把“正偏移”所形成的那部分给“吃掉一块”，如图 3-131 所示。

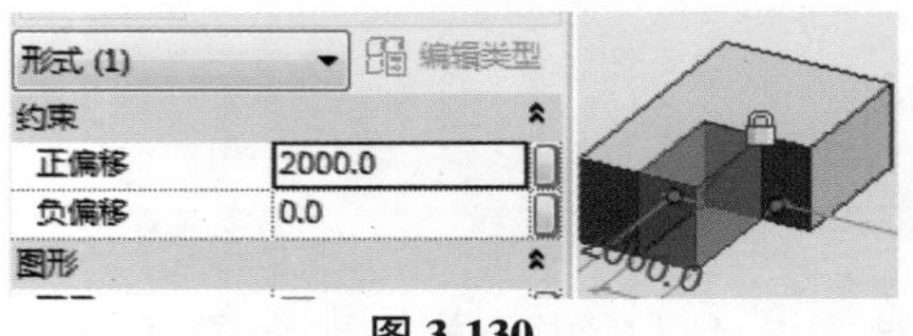

图 3-130

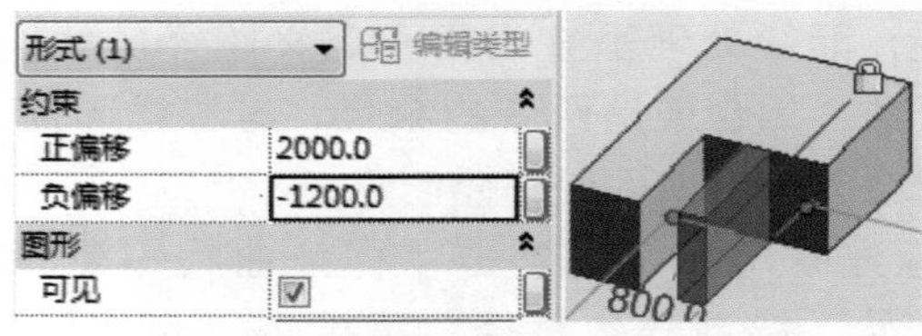

图 3-131

Step04 使用参照线绘制的未闭合的线图元生成的面是锁定的，除了可以拖拽参照线的端点改变面的形状之外，是无法直接修改移动面的，如图 3-132 所示。要改变整个面的形状，只能选中面然后单击“挂锁”解锁之后才能进行。闭合的参照线生成的形状，未解锁时，只能沿拉伸方向移动该形状的顶和底两个面，如图 3-133 所示。

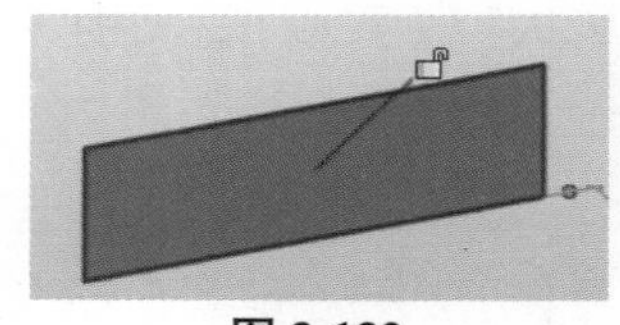
图 3-132

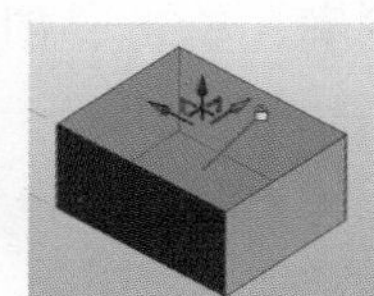
图 3-133

Step05 可以使用已有形状的边缘创建拉伸形状，生成的是单面。将其解锁之后才可以修改面的形状，如图 3-134、图 3-135 和图 3-136 所示。

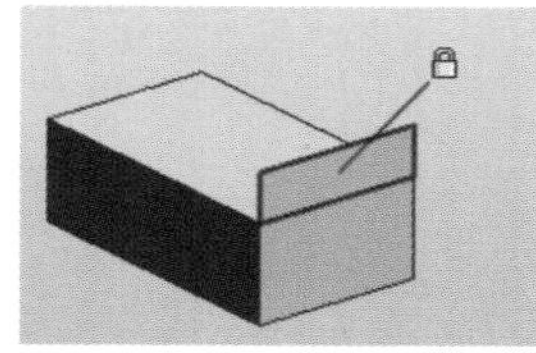
图 3-134

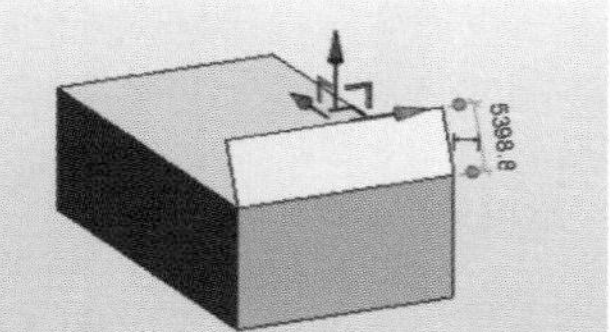
图 3-135

图 3-136

本节总结起来，主要有以下几点：

Step01 用参照线创建拉伸生成形状时一般有两个选择（有体积的实心形状或者是一个单面）。

Step02 用边来创建拉伸，创建完成后，原始图形的边的改变会影响沿着这个边创建的拉伸。

学完本节后，尝试依次用“绘制”面板中的绘制工具在不同的工作平面上创建不同的拉伸形状。

3.11 体量的扫描

扫描是基于沿某个路径放置的二维轮廓创建的。轮廓由线处理组成，线处理垂直于用于定义路径的一条或多条线而绘制。选择该轮廓和路径，然后单击“创建形状”，即可创建扫描。闭合的轮廓可用于单段或多段的路径来创建扫描，开放的轮廓不支持多段路径创建形状。而使用单段路径创建扫描时则对开放或闭合的轮廓都支持。轮廓自身的图形不允许有交叉和重叠的情况。

Step01 新建概念体量，单击“工作平面”面板中的“设置”（设置工作平面），在默认三维视图中选择标高 1 作为工作平面。使用“绘制”面板中的参照线绘制 4 条单段和多段线，然后单击“点图元”，确认“绘制”面板右侧为“在面上绘制”（图 3-137），再分别单击 4 条路径放置参照点，完成后选中路径上所有的参照点，如图 3-138 所示，在“属性”栏中修改图形分组中的“显示参照平面”为“始终”。

图 3-137

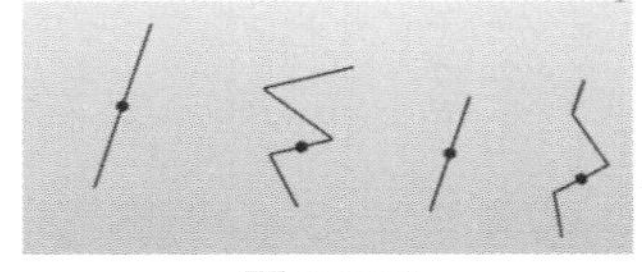
图 3-138

Step02 单击“绘制”面板中的“模型线”，单击 ，单击“工作平面”面板中的“设置”，为将要绘制的图形选择垂直于路径的工作平面。移动光标至参照线的参照点上，配合 <Tab> 键选择与参照线垂直的平面为工作平面，然后绘制一个圆。完成绘制以后，选中直线与圆形轮廓创建形状，如图 3-139 所示。依照上述方法，逐个选取参照点的工作平面再添加轮廓并创建形状，如图 3-140 和图3-141 所示。

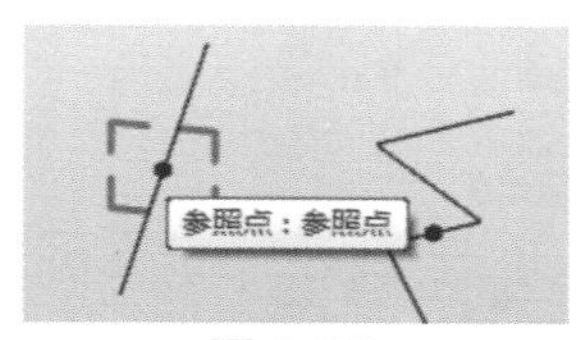

图 3-139

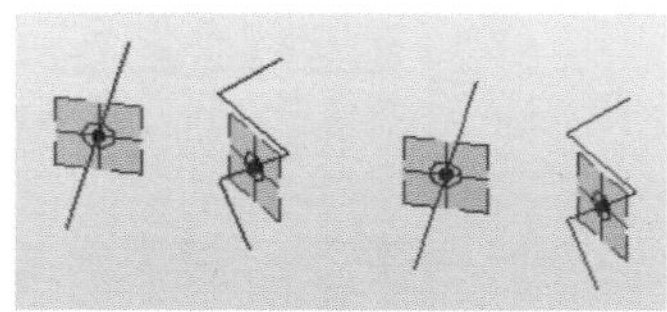
图 3-140

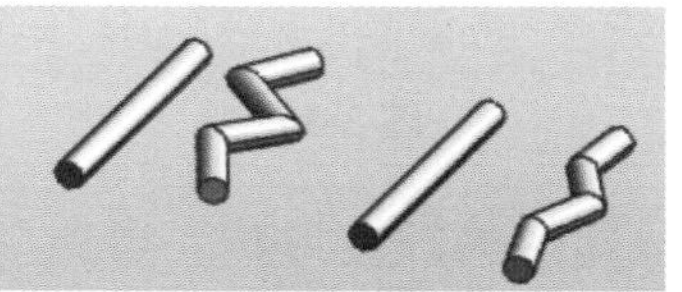
图 3-141

Step03 创建扫描形状时，当路径为曲线或者轮廓较大时（图 3-142），可能会无法创建形状图元，软件会给出提示“将生成自相交或者单一几何图形”，如图 3-143 所示。轮廓为模型线时，创建形状后作为轮廓的模型线会消失，如果是参照线则会保留，如图 3-144所示。

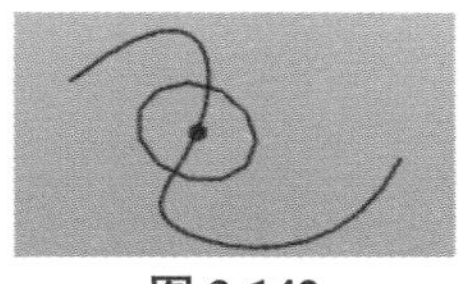
图 3-142

图 3-143

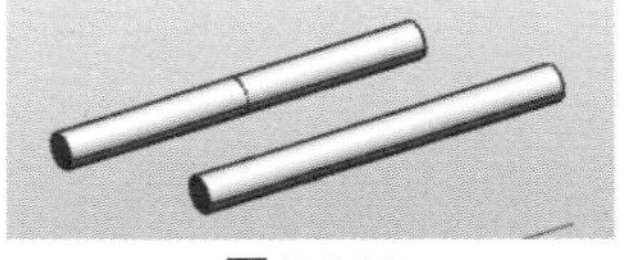
图 3-144

Step04 以模型线绘制路径和轮廓而创建的扫描形状，选中以后单击“形状图元”面板中的“透视”，可以按照半透明的方式查看该形状，方便用户选择属于该形状不同的子层级，如形状的面、边和显式路径上的黑色顶点，选中以后会显示三维控件，拖动箭头就可以直接修改形状，如图 3-145 所示。橙色箭头表示的是基于形状表面的局部坐标；红绿蓝三色的箭头和平面移动符号表示当前整个环境的坐标方向。可以按空格键在两者之间进行切换，如图 3-146 所示。对于多段路径的扫描，单段路径上的轮廓只能在相应的最初分段上移动，如图 3-147 所示。

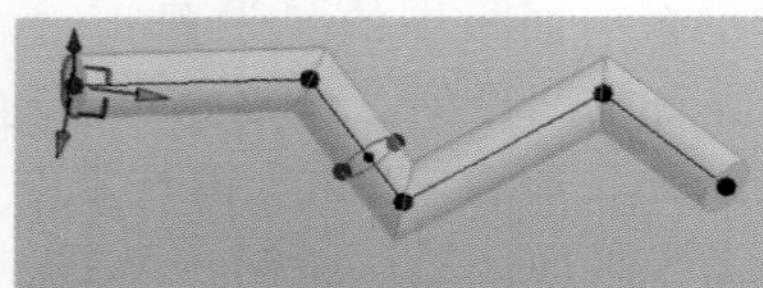
图 3-145

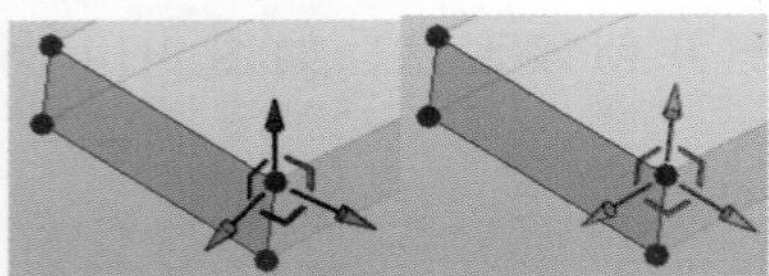
图 3-146

图 3-147

Step 05 对于多段路径的扫描形状，当选中整个形状分割表面时，分割的网格也是分段的，如图 3-148 和图 3-149 所示。

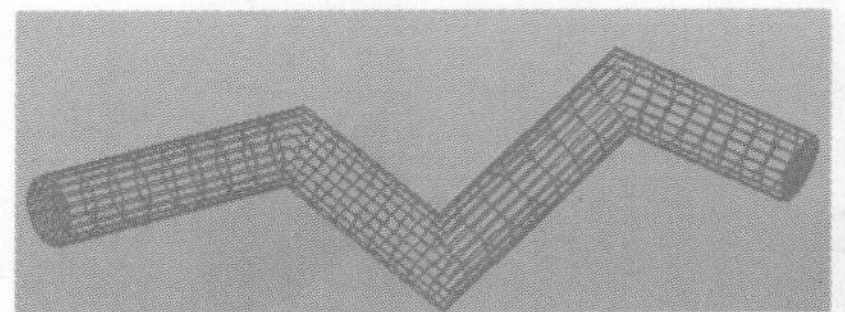
图 3-148

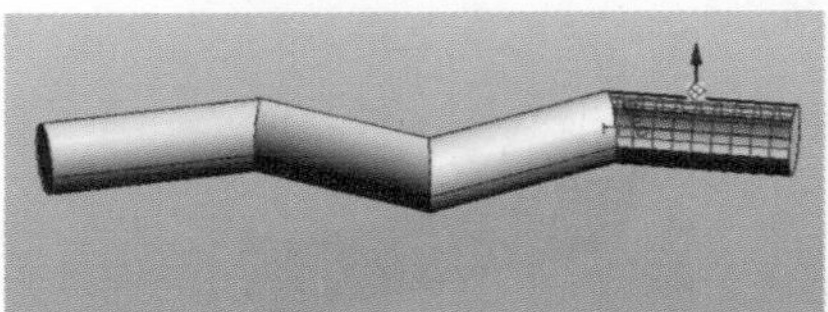
图 3-149

本节总结起来，主要有以下几点：

Step 01 多分段路径创建扫描时不支持开放的轮廓，所以多分段路径的扫描的首要条件是轮廓闭合。

Step 02 分割表面有 UV 网格，在选项栏里和“属性”栏中均有相关设置。

当单段路径分别为圆弧、直线和样条曲线时，尝试用开放与闭合的轮廓，分别创建扫描形状。

第4章

Revit中的点图元

概 述

本章介绍Revit中几种不同的点图元及其属性。参照点是一类非常重要的模型图元，对其加以灵活运用，可以帮助设计师在概念设计中高效地创建、管理和驱动几何图形，表达出自己的设计意图。需要注意的一点是，在族编辑器中，只有4个族样板中存在创建参照点的命令，分别是“公制体量”“自适应公制常规模型”“基于公制幕墙嵌板填充图案”“基于填充图案的公制常规模型”。放置的独立参照点自身带有3个平面，可以用作创建其他图元的工作平面，放置在曲线上的参照点还可以提供关于曲线的切线及法线方向的工作平面。反过来，其他图元，例如参照线和几何图形的表面，也可以作为参照点的主体。

4.1 参照点的分类及创建方法

根据参照点的不同状态和属性，可以分为 3 类：自由的、基于主体的以及对其他几何图形具有驱动作用的。其中自由的参照点和具有驱动作用的参照点的属性很接近，差别仅在于是否具有“仅显示常规参照平面”的属性和“控制曲线”属性是否可调。下面分别创建这 3 类参照点，并了解它们的属性。

在 Revit 初始界面中单击“新建概念体量”→“公制体量.rft”→“打开”按钮，新建一个概念体量族。

1. 创建点图元

Step 01 初始界面是默认的三维视图，观察菜单栏，可以看到“点图元”的位置在“创建”选项卡的“绘制”面板里。在左侧的“模型”和“参照”分组下，都有“点图元”的命令，需要注意的是，不管是在“模型”分组还是在“参照”分组，该命令所创建的都是同样的参照点，如图 4-1 所示。单击“点图元”，同时确认“在工作平面上绘制”，把光标移到绘图区域以后，先观察选项栏，会看到当前放置平面是“标高：标高 1”，绘图区域里标高 1 的周围边界线已经转为蓝色高亮加粗显示，表示所放置的参照点将会以标高 1 为主体，如图 4-2 所示。在绘图区域单击即可放置一个参照点。默认的放置方式是连续放置，所以如果再单击一次，就会放置第二个参照点，这里请放置两个。

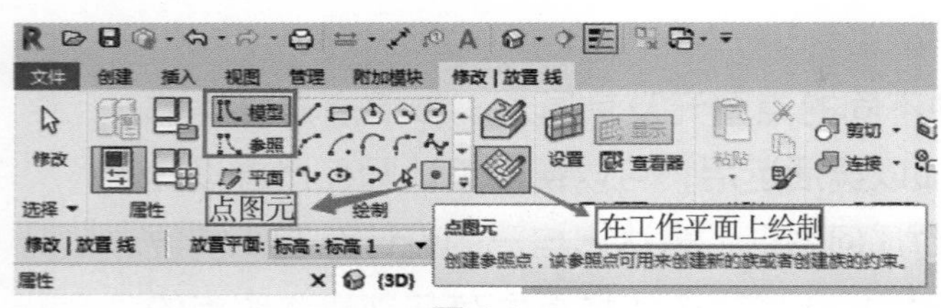

图 4-1

图 4-2

在选项栏中单击“放置平面”的下拉箭头，从中选择“中心（前/后）”或者“中心（左/右）”，再放置两个参照点，按 < Esc > 键退出“点图元”命令。使用鼠标中键和 < Shift > 键，旋转当前的三维视图，观察这些参照点的位置，它们分别位于放置时所选择的平面上。

Step 02 单击鼠标左键，选中其中的任意一个参照点，在属性栏把它的“旋转角度”改为 15°，按几次空格键，在三维视图查看点的状态，会交替显示如图 4-3 所示的 8 个三维控件，箭头控件和平面控件各 4 个。箭头指示轴线方向，平面控件可以在选定平面内移动，这些控件的含义如图 4-4 所示。

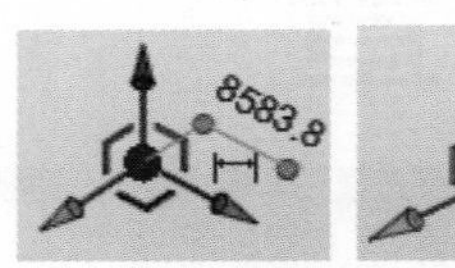

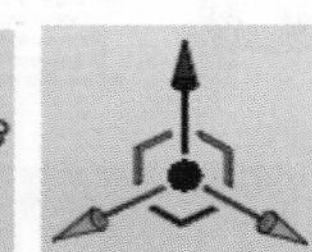

图 4-3

使用的控件	拖拽对象的位置
蓝色箭头	沿全局 Z 轴（上、下）
红色箭头	沿全局 X 轴（东、西）
绿色箭头	沿全局 Y 轴（北、南）
橙色箭头	沿局部坐标轴
橙色平面控件	在局部平面中
红色平面控件	在 YZ 平面中
绿色平面控件	在 XZ 平面中
蓝色平面控件	在 XY 平面中

图 4-4

2. 参照点的主体

参照点的主体可以有以下几种：参照平面、参照点、自适应点图元的表面边缘、参照线、模型线。在不从属于任何主体时，显示为“< 不关联 >”的状态。当选中参照点时，选项栏的“主体”会显示当前主体的类型，展开“主体”下拉列表，有“拾取”的命令（图 4-5），可以为参照点更换其他主体。

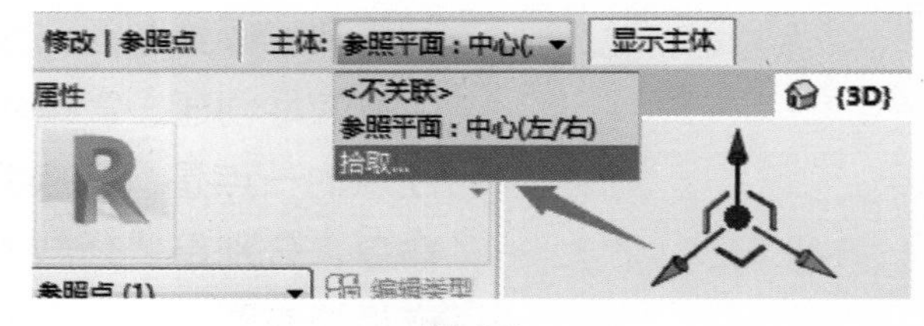

图 4-5

3. 参照点的移动

以“在参照线上加点”的方式为例来观察参照点的主体如何带动参照点移动。先在参照标高平面绘制一条参照线，单击“点图元”，并确认“在面上绘制”，如图 4-6所示，然后再单击刚刚绘制的参照线，将点图元加在参照线上，之后拖动参照线或者移动其端点，可以看到，参照点始终跟随参照线一起移动，如图 4-7 所示。注意，参照点要以“在面上绘制”的方式添加，否则该点仍然是自由点，不从属于参照线。选中这个参照点，选项栏里显示的主体属性为“参照线”，如图 4-8 所示。

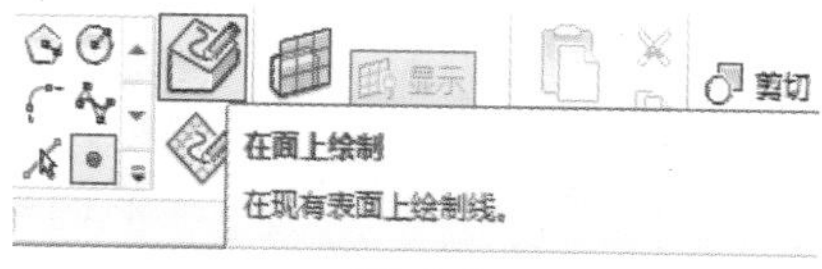

图 4-6

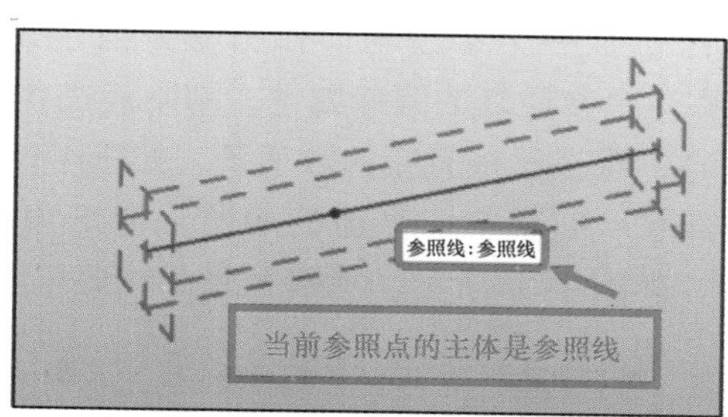

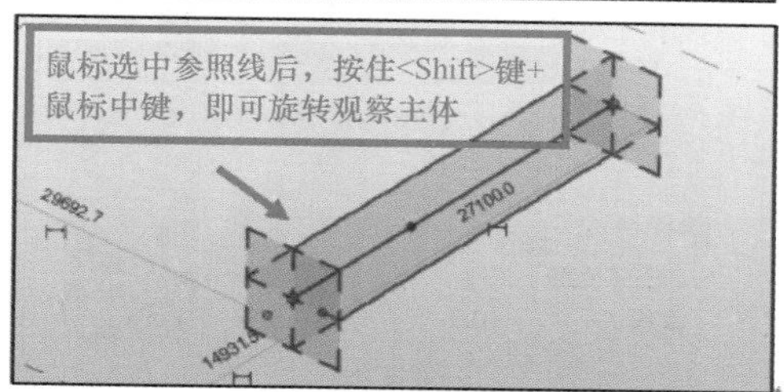

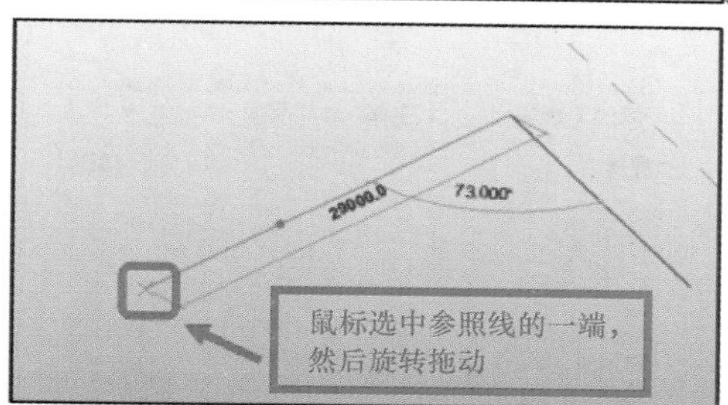

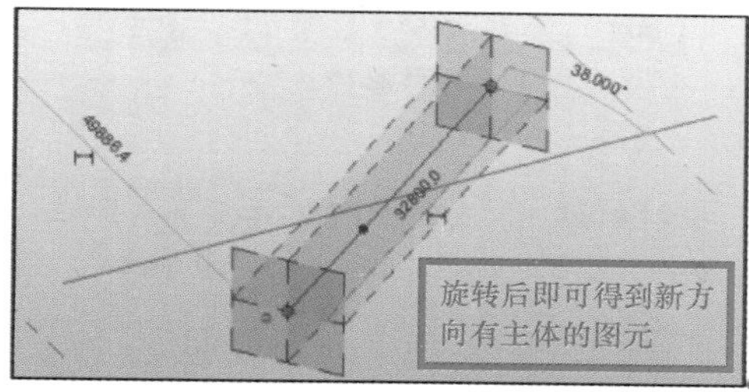

图 4-7

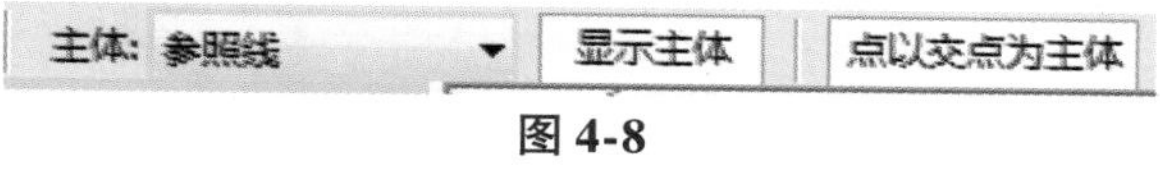

图 4-8

4. 更换参照点的主体

当需要更换参照点的主体时，首先选中参照点，在选项栏的“主体”下拉列表里选择“拾取”，然后单击新主体，如图 4-9 所示。

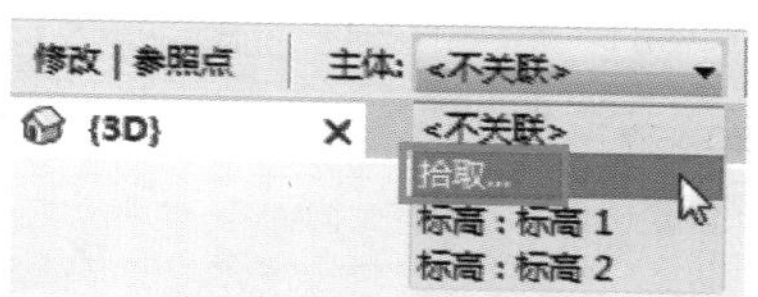

图 4-9

本节总结起来，主要有以下几点：

Step 01 项目环境下无法创建参照点，在体量环境或内建体量环境中可以创建。

Step 02 只有 4 个族样板中存在创建参照点的命令。

4.2 常用属性

1. 为“设置工作平面”添加快捷键

在概念体量环境中绘制图形时，经常要为下一步的操作设置合适的工作平面，为了提高绘图效率，我们可以给“设置工作平面”这个命令指定一个快捷键。通常可以单击“修改”选项卡下的“工作平面”面板中的“设置”，进行工作平面的设置，如图 4-10 所示。下面介绍如何为这个命令添加快捷键。单击软件左上方的“文件”，在弹出的下拉列表右下角处单击“选项”按钮，在弹出的“选项”对话框中单击“用户界面”→“快捷键”后面的“自定义”按钮（图 4-11），打开“快捷键”对话框，如图 4-12 所示。在搜索栏文本框中输入“设置工作平面”作为搜索的关键字，在下方的“指定”列表中会自动列出符合条件的相关命令，发现只有一个，单击该命令栏，下方的“按新键”文本框转为可用，输入“AZ”，“指定”按钮转为彩色表示可用，单击 指定(A)，这样就把“AZ”设置为“设置工作平面”的快捷键了。在下一次进行工作平面设置的时候，在键盘上键入“A”“Z”两个字母，就可以立即开始设置新的工作平面了，不必再去菜单栏里单击“设置”。

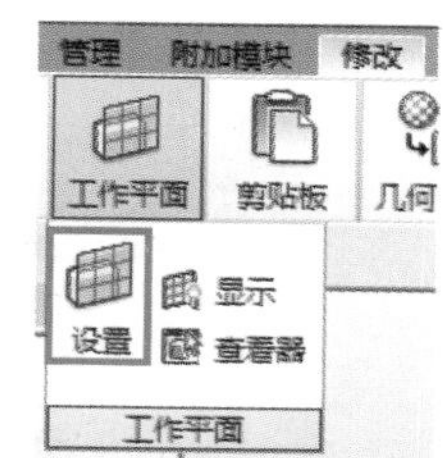

图 4-10

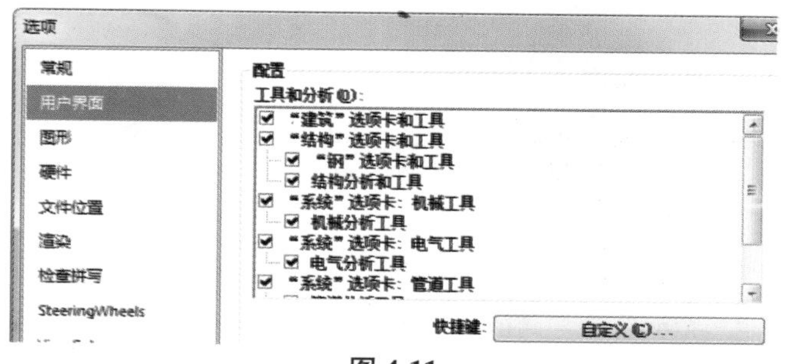

图 4-11

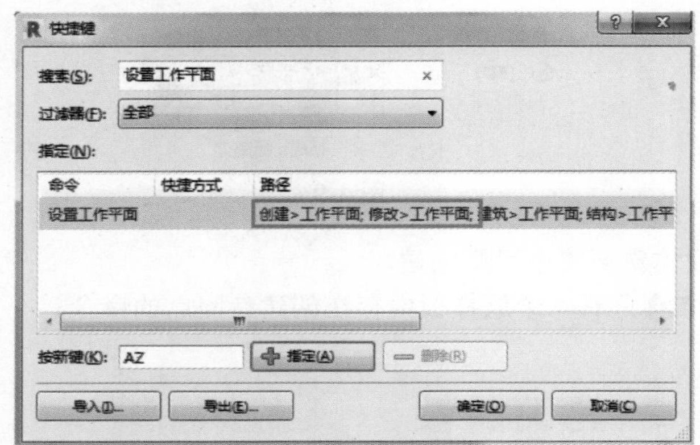

图 4-12

2. 参照点的主体

Step 01 在概念体量环境中，标高、参照平面中心（前/后）和参照平面中心（左/右）都可以作为参照点的主体。选中已经放置的参照点以后，也可以在“主体”下拉列表里直接切换其主体，如图 4-13 所示。需要注意的是，这种方式只能切换与所处平面相平行的其他平面。

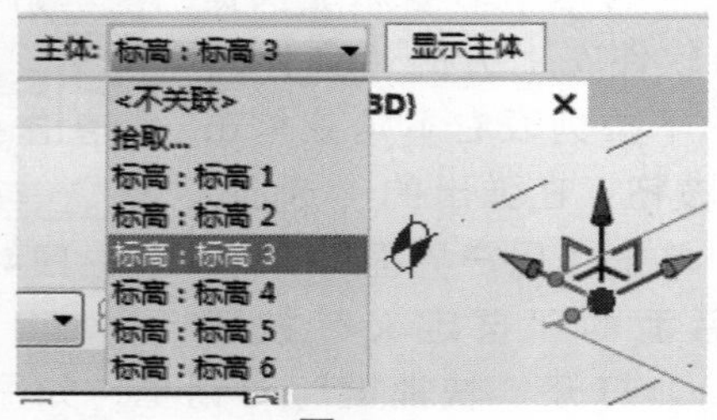

图 4-13

Step 02 绘制一条参照线，设置它所携带的水平面为工作平面，放置一个参照点。选中该参照点，展开“主体”下拉列表，如图 4-14 所示。选择其中的“<不关联>”，再次打开下拉列表，可以看到其中的可供选择的主体的数量已经发生了变化，之前不在列表里的另外两个垂直的参照平面（参照平面中心前/后和参照平面中心左/右）已经出现了，如图 4-15所示。

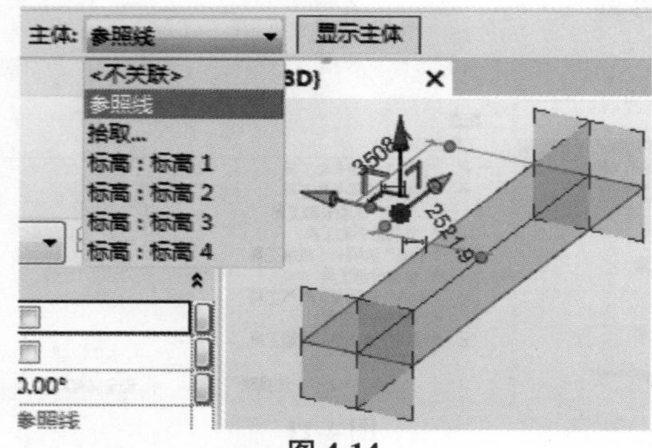

图 4-14

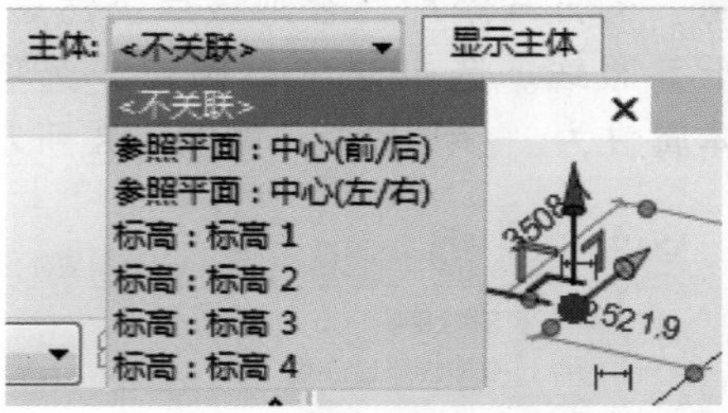

图 4-15

Step 03 从中选择一个参照平面作为参照点的新主体，注意观察这个参照点的偏移属性，刚刚还是 0 的数字（图 4-16），现在已经有新的数字了，如图 4-17 所示，这就是参照点到新主体平面的距离，把这个数字改为 5000，如图 4-18 所示，观察参照点的变化。

图 4-16

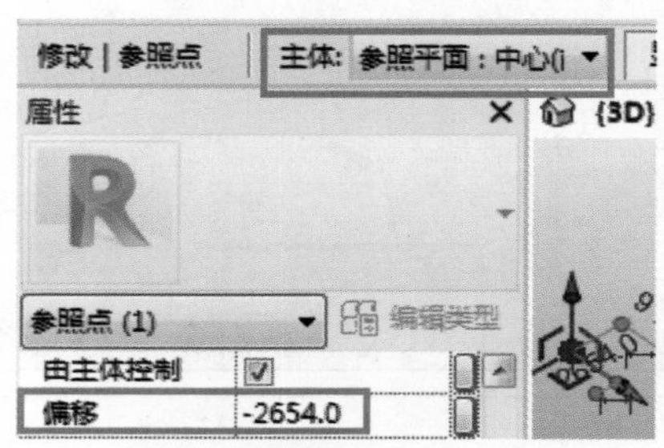

图 4-17

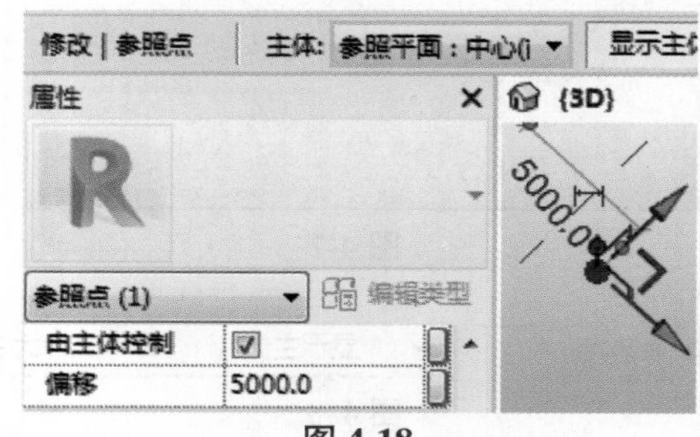

图 4-18

我们看到，在更换了新主体以后，参照点的位置是没有变化的，但是它的“偏移量”发生了变化，如图 4-17 所示。解锁作为新主体的参照平面，移动它，会带动点一起移动，如图 4-19 ~ 图 4-21 所示。如果移动作为参照点第一个主体的那条参照线，参照点不会同它一起移动。

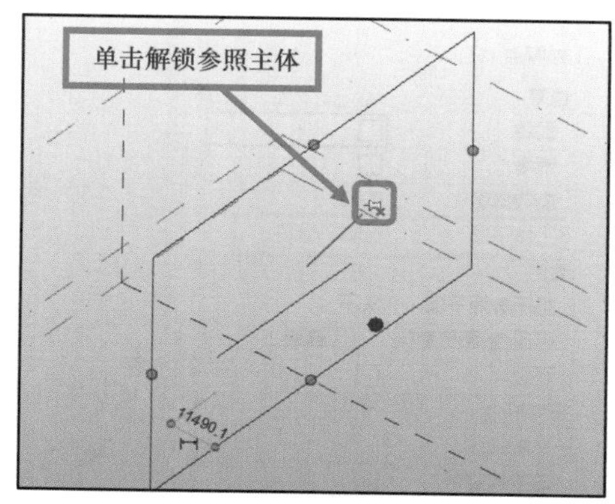

图 4-19

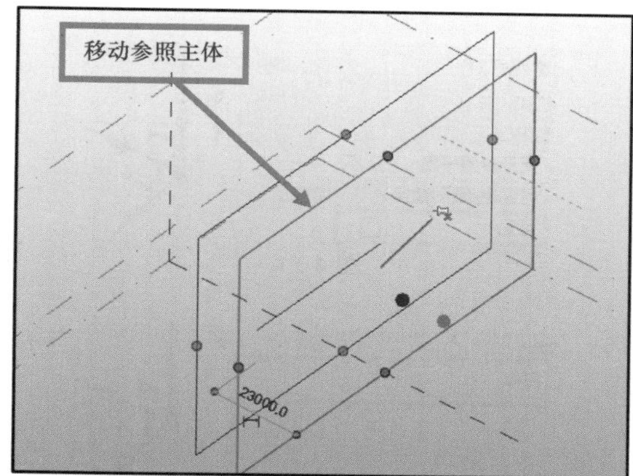

图 4-20

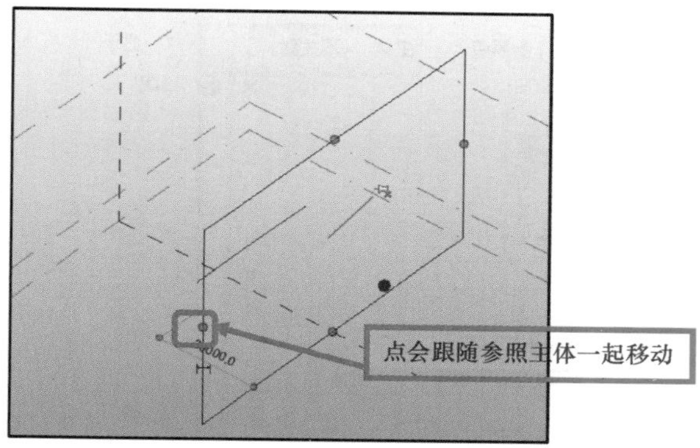

图 4-21

可以在选中参照点后单击选项栏的“显示主体”，此时主体会显示为一块淡蓝色的半透明区域。可以在主体下拉列表里更换参照点的主体，也可以转为不关联，从而进行更灵活的更换。

作为对比，可以绘制两条参照线，在其中的一条上面以“在面上绘制”的方式添加一个参照点，选中这个参照点，单击“拾取新主体”，再单击另外一条参照线，会看到参照点按照单击的位置移动过去。这种更换主体的结果与刚才的有明显的不同。原因是“参照点的主体状态不同”，一个是与工作平面有关的，一个是与图元自身几何形状有关的。

Step 04 选中以参照平面为主体的参照点，观察“属性”栏，如果在某个属性的右侧位置有方块形状的小按钮，那么这个属性就是可以加参数的，如图4-22所示。单击其中任意一个小按钮，打开“关联族参数”对话框，如图 4-23 所示。其中的内容，之后会详细讲解。

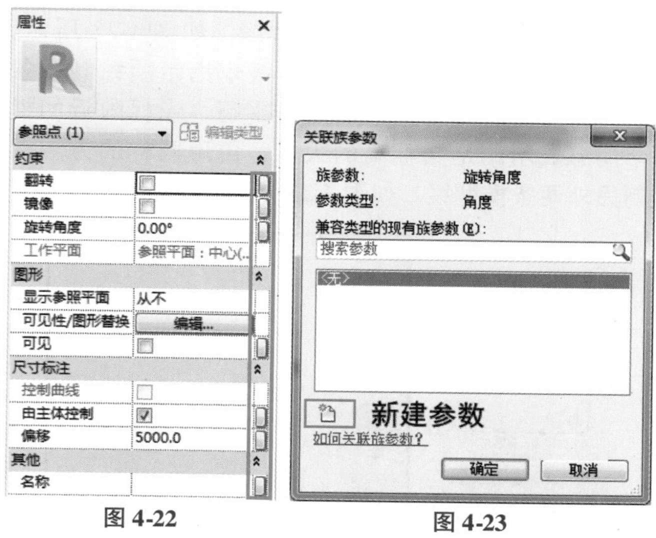

图 4-22　　图 4-23

例如，如果想为参照点的“翻转”属性添加参数，就单击“翻转”复选框后面的小按钮。打开“关联族参数”对话框以后，单击“新建参数”按钮，会自动弹出“参数属性”的对话框，在这里可以进行该参数的设置，如图 4-24 所示。

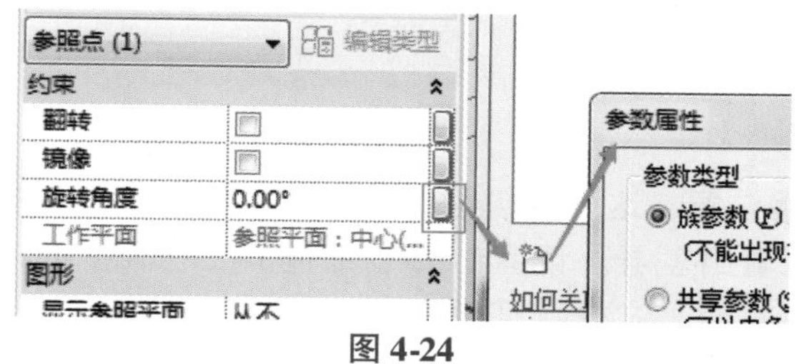

图 4-24

Step 05 选中参照点，在左侧“属性”栏中设置参照点自带的参照平面的显示情况，单击“显示参照平面”右侧的下拉列表，可以手动选择，右侧没有添加参数的小按钮，如图 4-25 所示。

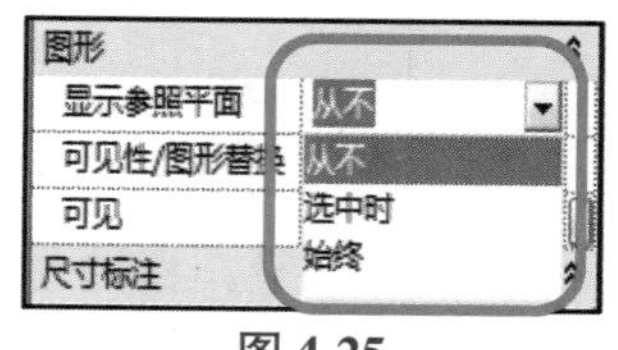

图 4-25

3. 参照点的旋转

Step 01 下面来添加辅助线演示参照点的旋转。以标高 1 为工作平面放置一个参照点。首先设置绘制辅助线的工作平面（单击“修改”选项卡“工作平面”面板的“设置”或者使用已经设置好的快捷键 AZ），然后移动光标靠近所放置的参照点，根据预览判断该参照平面是否垂直，如果不满足要求，按＜Tab＞键切换（图4-26），即可完成设置。单击“绘制”面板中“模型”分组里的“线”，在参照点垂直方向上绘制一条模型线，如图4-27所示。此时，会出现一条淡蓝色的虚线来指示所绘制线条的方向与全局坐标的方向是否平行，光标附近的提示信息表示的是与标高的关系，再用同样的方法绘制另外两条模型线，如图4-28所示。

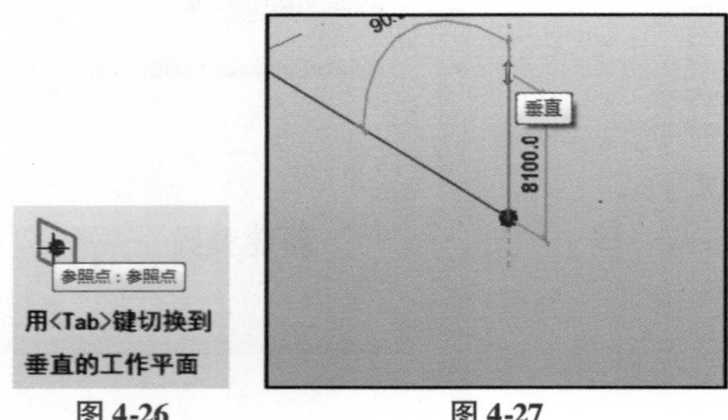

图4-26　　图4-27

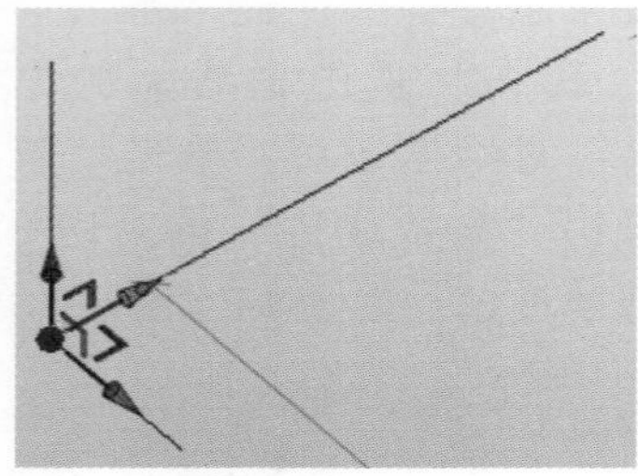

图4-28

Step 02 注意，这三条模型线的长度不能一样，这样才可以看出差异。读者也可以绘制其他图形，例如圆形、矩形，这样特征会更加明显。选中参照点，勾选“翻转”和“镜像”，观察线条的变化情况，如图4-29所示。

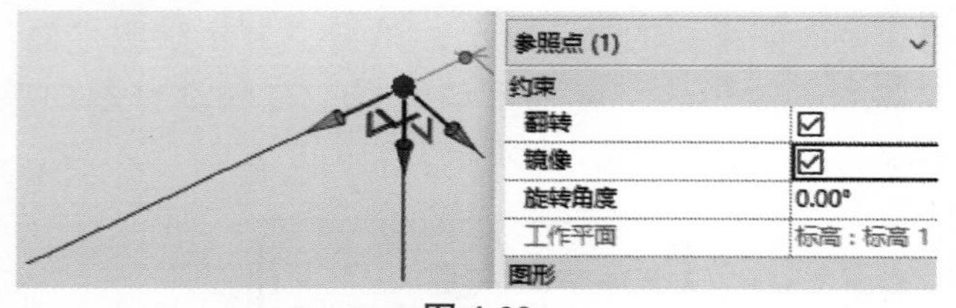

图4-29

Step 03 参照点属性中的偏移量，指的是该点相对于其主体的距离，是一个长度类型的属性，如图4-30所示。参照点的可见性，属于“是/否”类型的属性，表示这个族载入到其他环境以后参照点的显示情况，如果勾选，就可以看到，如图4-31所示。参照点的名称是“文字类型”属性，如图4-32所示。如果去除参照点的“由主体控制”，其主体状况将会改为“不关联”，如图4-33所示。

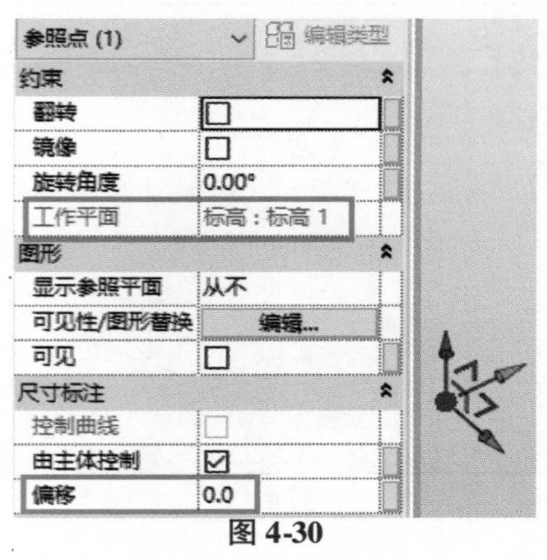

图4-30

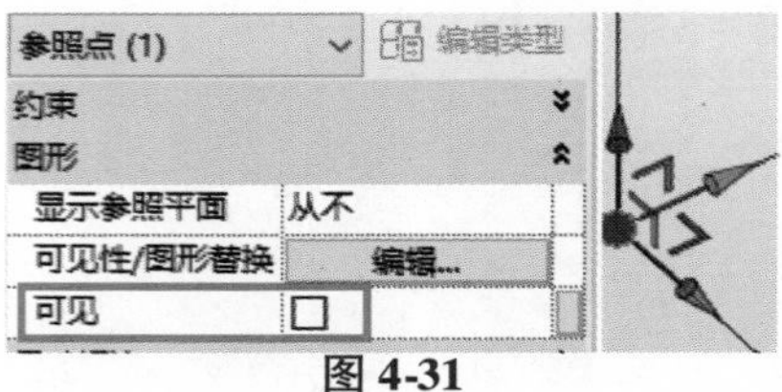

图4-31

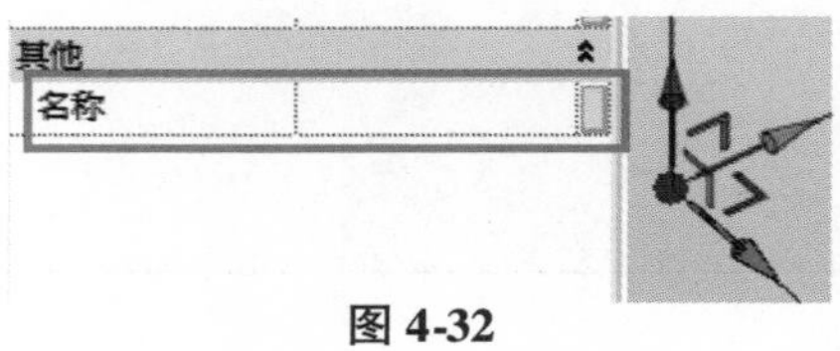

图4-32

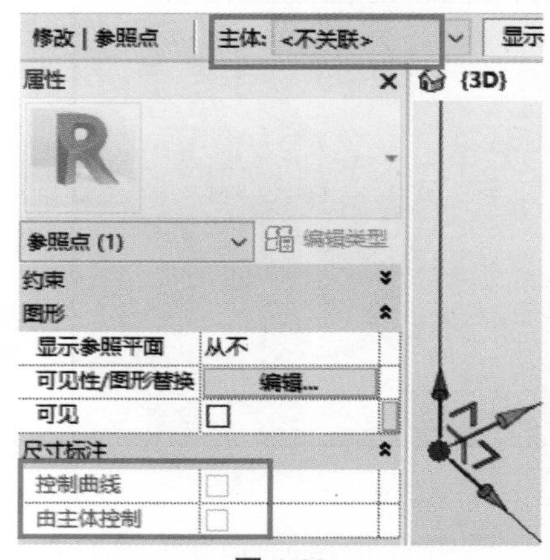

图4-33

4. 参照点以交点为主体

Step 01 下面演示如何使参照点以交点为主体。先在标高1中新建3条模型线，其中两条相交，左下角的另外一条延伸以后会相交，在左上方的模型线上添加两个参照点，如图4-34所示。

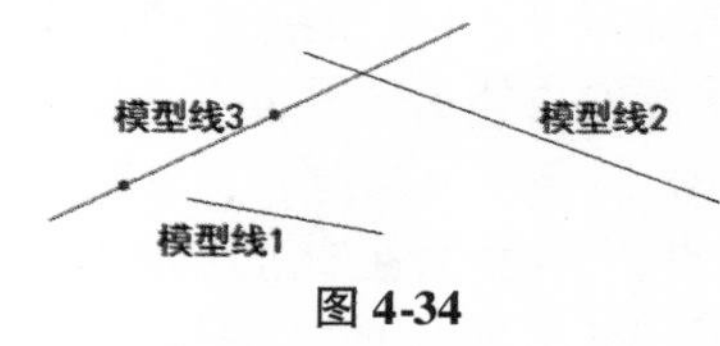

图4-34

Step02 选中右侧的参照点，单击选项栏的 点以交点为主体 ，然后单击右侧的模型线 2，会看到参照点移动到了两条模型线的交点位置，如图 4-35 所示。移动其中任意一条模型线，或者移动模型线的端点，观察参照点的位置变化，它将始终保持在两条模型线的交点位置，前提是这两条线段始终相交。

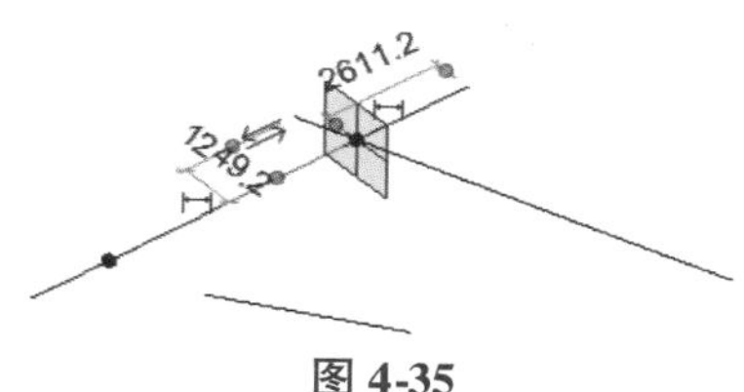

图 4-35

Step03 下面再来看“延伸后相交”的情况。选中左侧的参照点，单击选项栏的 点以交点为主体 ，然后单击模型线 1。仔细观察，点的停留位置是模型线 1 靠近模型线 3 的端点在模型线 3 的垂直方向上投影过去的位置，并不是延伸以后的交点位置，如图 4-36 所示。当移动模型线 1 的端点时，同样的，这个参照点也会跟随移动。

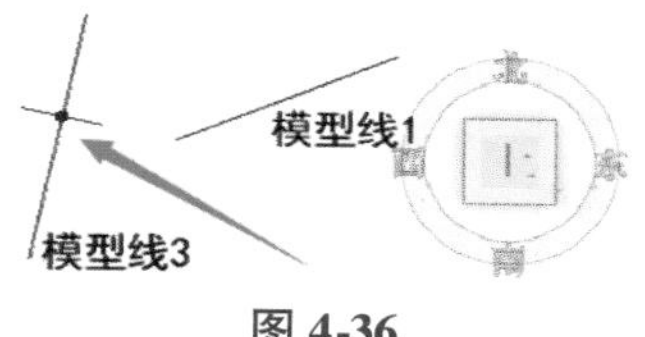

图 4-36

本节总结起来，主要有以下几点：

Step01 恰当地设置快捷键会提高工作效率。

Step02 添加参数后的点可以通过修改该参数的值来使其旋转、移动。

学完本节后，可进行以下拓展练习：

Step01 尝试添加符合自己习惯的快捷键，如新建概念体量。快捷键规则以及保留的键的用途见表4-1 ~ 表 4-3。

表 4-1 快捷键规则（一）

序号	规则
1	一个快捷键可由最多 5 个唯一的字母和数字键组成
2	指定的快捷键可以使用 < Ctrl >、< Shift > 和 < Alt > 键与一个字母、数字键的组合键。序列显示在“按新键”字段中。例如，如果按 < Ctrl >、< Shift > 和 < D >，则将显示为 < Ctrl > + < Shift > + < D >
3	如果快捷键包含 < Alt > 键，则必须也包含 < Ctrl > 键和/或 < Shift > 键
4	无法指定保留的键
5	可为每个工具指定多个快捷键
6	可以将同一个快捷键指定给多个工具。要在执行快捷键时选择所需的工具，请参照状态栏的提示

按快捷键中的一个或多个键时，状态栏会显示那些键，并指示第一个匹配的快捷键及其相应的工具，见表 4-2。保留的键的用途见表 4-3。

表 4-2 快捷键规则（二）

序号	规则
1	要在其他匹配快捷键中循环显示，请按向下箭头或向右箭头
2	要以反方向在匹配快捷键列表中循环显示，请按向上箭头或向左箭头
3	要执行当前显示在状态栏上的工具，而无须键入剩余的键，请按空格键
4	注意：此功能不适用于包含 < Ctrl >、< Shift > 或 < Alt > 键的快捷键。如果仅有一个快捷键与按下的键相匹配，则状态栏上不显示任何内容

表 4-3 保留的键的用途

按键	用途
< Ctrl > + < F4 >	关闭打开的项目
< Tab > 键	继续查看临近或连接图元的选项或选择
< Shift > + < Tab >	反向查看临近或连接图元的选项或选择
< Shift > + < W >	打开 Steering Wheels
< Esc > 键	取消图元的放置（按 < Esc > 键两次将取消编辑器或工具）
< F1 > 键	打开联机帮助
< F10 > 键	显示按键提示
< Enter > 键	执行操作
空格键	翻转所选图元，修改其方向

Step02 在点的其他属性上添加参数并测试这些参数变化后的影响结果。

Step03 绘制一个参照点，更换主体，并以参照点为主体，在它的三个平面上添加模型线，然后修改它的旋转角度，带动这些模型线一起旋转。

4.3 放置点（自适应）创建方法

1. 族样板自带的放置点（自适应）

Step01 族样板自带的放置点（自适应）如图 4-37 所示。新建族，选择“基于公制幕墙嵌板填充图案”样板，在绘图区域中，移动光标靠近其中的任意一个点，显示的信息是 自适应点：放置点 (2) （图 4-38），其中括号内的数字是它的编号，选中这个点，观察“属性”栏，名称是“放置点（自适应）”。

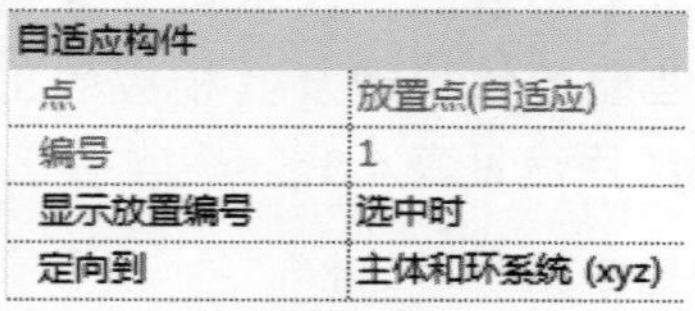

自适应构件	
点	放置点(自适应)
编号	1
显示放置编号	选中时
定向到	主体和环系统 (xyz)

图 4-37

图 4-38

Step02观察“属性”栏，其中有4个属性可以加参数，分别是“仅显示常规参照平面”“可见”“控制曲线”“名称”，如图4-39所示。在这个样板中，这些点只能上下垂直移动，不能水平移动，也不能改为其他类型的点，如图4-40所示。

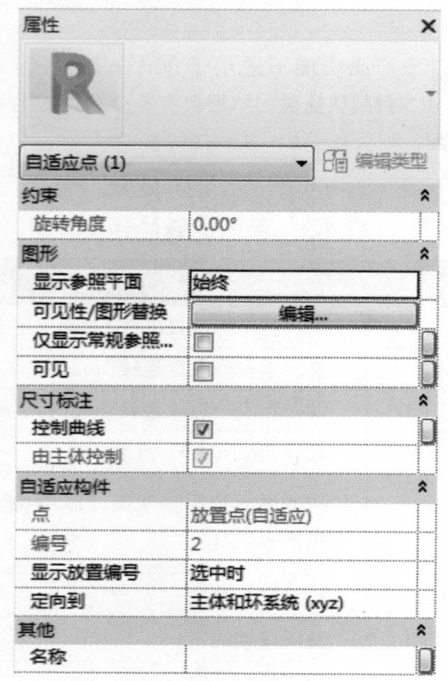

图 4-39

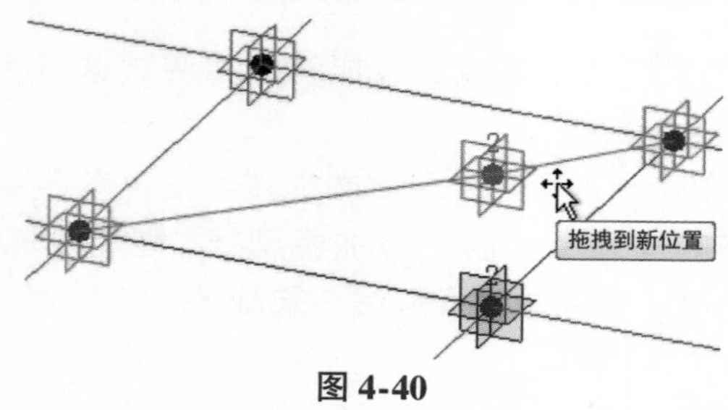

图 4-40

Step03“显示放置编号”（图4-41），指定是否以及何时将自适应点编号作为注释显示，可以设置为“始终”，如图4-42所示，这样方便在操作时观察顺序。关闭这个族，不保存。

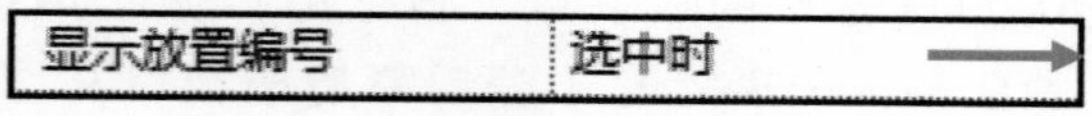

显示放置编号	选中时

图 4-41

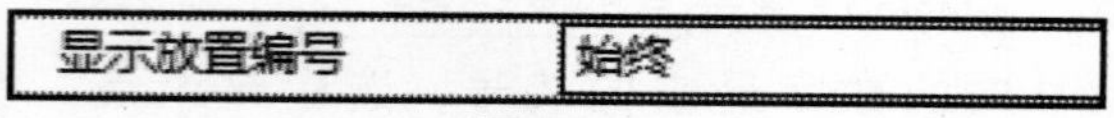

显示放置编号	始终

图 4-42

2. 创建放置点（自适应）

Step01新建一个族，选择“自适应公制常规模型”样板，可以看到菜单栏中并没有命令可以直接创建这个类型的点。通常使用两种方法来创建放置点（自适应），但都是通过修改已有的参照点来进行。选中已经放置的参照点以后，单击“修改|参照点”选项卡“自适应构件”面板中的“使自适应”，或者在“属性”栏的“点”属性下拉列表里选择“放置点（自适应）”，如图4-43所示。完成转换以后，点的外观会自动发生变化，左侧的黑色实心圆点为参照点，右侧的带有3个参照平面的蓝色实心圆点为生成的放置点（自适应），如图4-44所示。

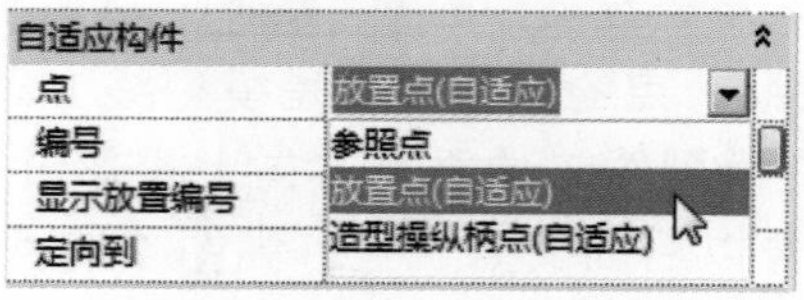

自适应构件	
点	放置点(自适应)
编号	参照点
显示放置编号	放置点(自适应)
定向到	造型操纵柄点(自适应)

图 4-43

图 4-44

参照点和自适应点的外观，也就是它们所显示的颜色、线型、线宽，都可以由用户按照自己的需要进行设置。单击“管理”选项卡“设置”面板中的“对象样式”，打开“对象样式”对话框，单击“注释对象”，在这里可以设置这些图元的相关特性，如图4-45所示。

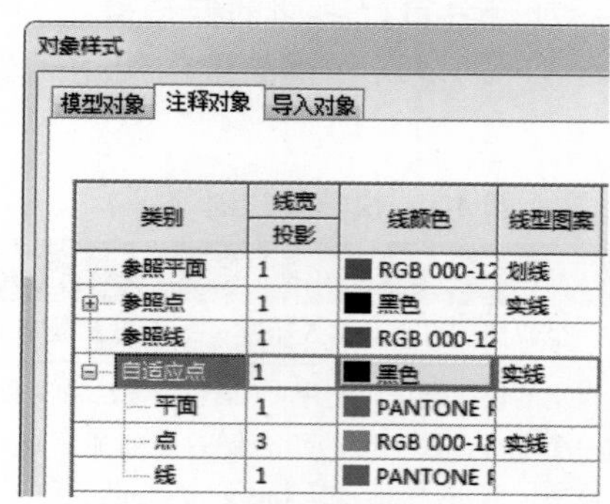
对象样式

模型对象 | 注释对象 | 导入对象

类别	线宽 投影	线颜色	线型图案
参照平面	1	RGB 000-12	划线
参照点	1	黑色	实线
参照线	1	RGB 000-12	
自适应点	1	黑色	实线
平面	1	PANTONE F	
点	3	RGB 000-18	实线
线	1	PANTONE F	

图 4-45

Step02选中一个自适应点，观察“属性栏”，“显示放置编号”默认为“始终”，如图4-46所示。对比嵌板中的自适应点，这个环境下的自适应点有三维控件，可以自由移动，如图4-47所示。自适应点也可以再转为参照点，嵌板族中的则不能转换，如图4-48所示。

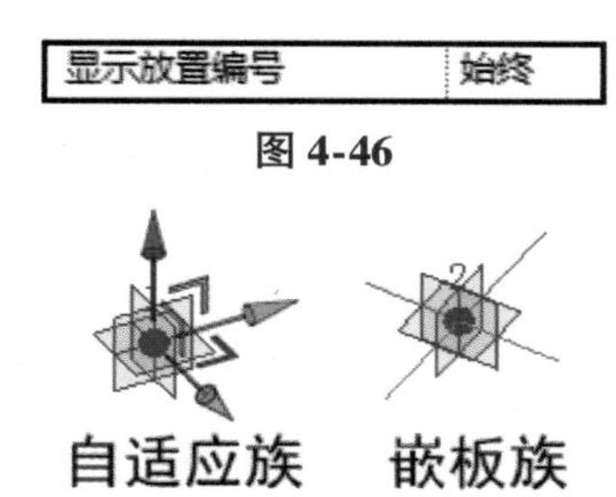

图 4-46

图 4-47

自适应构件	
点	放置点(自适应)
编号	1
显示放置编号	选中时
定向到	主体和环系统 (xyz)

图 4-48

学完本节后，应注意：放置点（自适应）可以通过“修改|参照点”选项卡“自适应构件”面板中的“使自适应”，或者从“属性”栏的“点”属性下拉列表中选择进行创建。

想一想，在族环境当中，默认的参照平面、参照标高的颜色，三维视图的背景，与概念体量环境下相比，有什么不同？

4.4 放置点（自适应）常用属性

1. 放置点（自适应）常用属性的设置

Step 01 新建自适应公制常规模型，单击“创建”选项卡“绘制”面板中的“点图元”，观察选项栏，会显示将要放置的参照点所位于的工作平面，本例中是放于“参照标高”平面上，如图4-49所示。

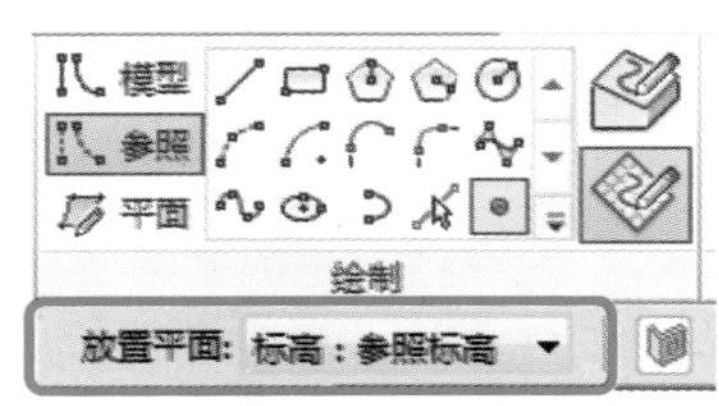

图 4-49

放置4个参照点，全部选中，单击菜单栏的“使自适应”，将其转为自适应点，选中其中的一个。

Step 02 观察“属性”栏，“约束”下的3项都是灰色（不可修改），可以加参数的属性有3个：“可见”“编号”“名称”，如图4-50所示。

Step 03 属性与参数类型之间的关系。“编号”是整数类型，如图4-51所示；“名称”是文字类型，如图4-52所示；“可见”是“是/否”类型，如图4-53所示。

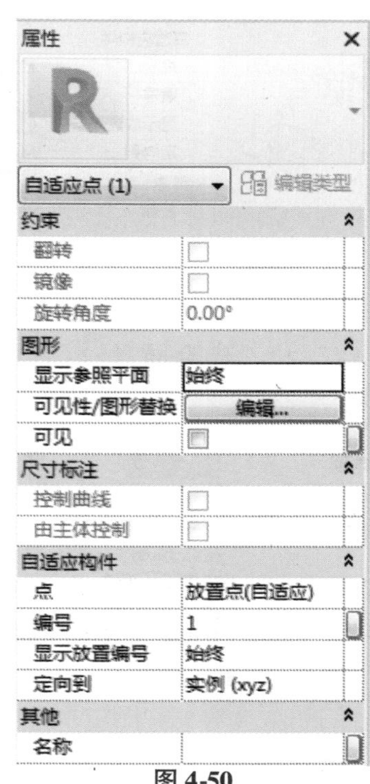

图 4-50

族参数:	编号
参数类型:	整数

图 4-51

族参数:	名称
参数类型:	文字

图 4-52

族参数:	可见
参数类型:	是/否

图 4-53

Step 04 如果修改一个点的编号，当它更新时（图4-54），会影响其他点的编号，相当于将两个点的编号互换了一下，如图4-55所示。如果输入的数字超过了场景内放置点（自适应）的数量，系统则会弹出警告，如图4-56所示。

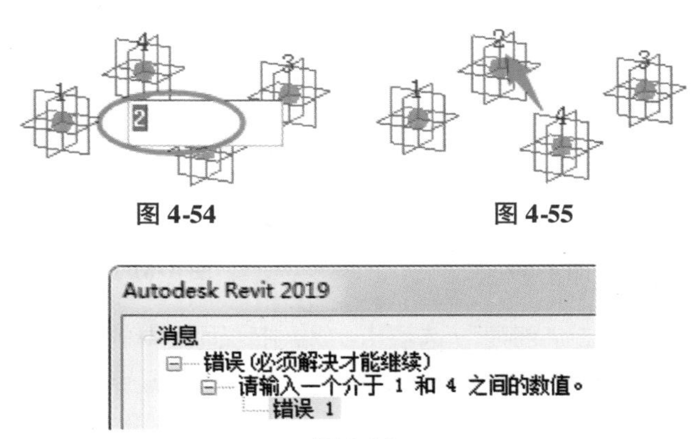

图 4-54 图 4-55

图 4-56

Step 05 为了有助于在操作时观察点的顺序（图4-57），可以将“显示放置编号”设置为“始终”，如图4-58所示。

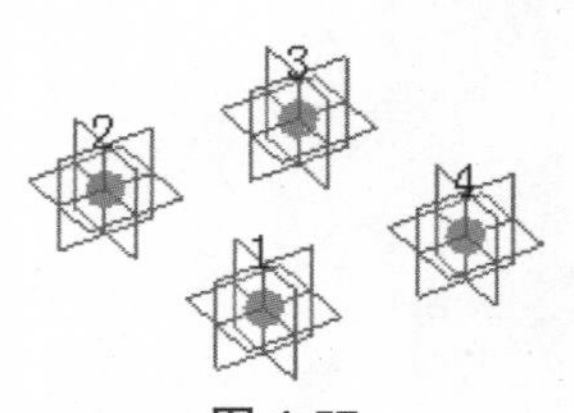

图 4-57

自适应构件	
点	放置点(自适应)
编号	2
显示放置编号	始终
定向到	从不
其他	选中时
名称	始终

图 4-58

Step06 “定向到”是一个非常重要的属性。最常用的是“主体（xyz）”和“先全局（z）后主体（xy）”，如图 4-59 所示。

定向到	实例 (xyz)
其他	实例 (xyz)
名称	先实例 (z) 后主体 (xy)
	主体 (xyz)
	主体和环系统 (xyz)
	全局 (xyz)
	先全局 (z) 后主体 (xy)

图 4-59

2. “定向到”属性——主体（xyz）

下面我们做一个简单的构件，通过对比来加深对“定向到”属性的认识。

Step01新建一个族，选择“自适应公制常规模型”样板，放置 3 个参照点，并转为放置点（自适应）⊖，如图 4-60 所示。

基本思路是：在中间的自适应点上做好关于方向的标记，然后把这个构件放到概念体量环境当中的分割表面上去，观察标记的变化。

选择中间的自适应点，显示出三维控件，如图 4-61 所示。根据前面的介绍，我们已经知道，东西方向的红色箭头代表全局坐标系的 X 轴，南北方向的绿色箭头代表全局坐标系的 Y 轴，向上的蓝色箭头代表全局坐标系的 Z 轴。

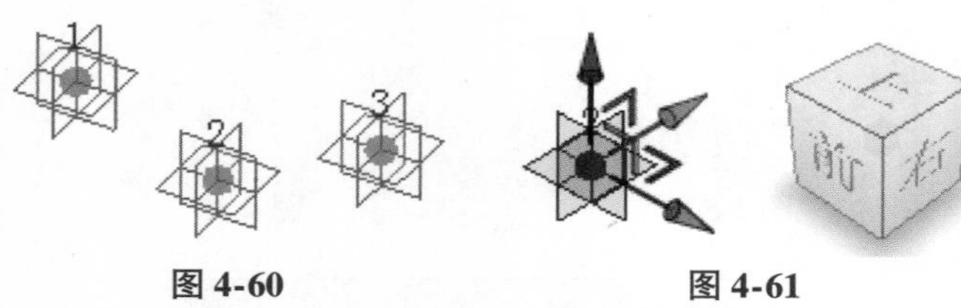

图 4-60　　图 4-61

Step02单击“创建”选项卡“绘制”面板中的“点图元”，如图 4-62 所示。切换到“修改|放置点”选项卡，这时再单击“工作平面”模块中的“设置”，在绘图区域移动光标靠近中间的自适应点（图 4-63），调整光标的位置，或者按 <Tab> 键进行切换，使该点携带的水平参照平面高亮显示，单击一次就完成了新工作平面的设置。这时光标会变为带有参照点预览图像的外观，如图 4-64 所示。移动光标，捕捉到自适应点，自适应点会变为蓝色高亮显示，单击一次，放置一个参照点，如图 4-65 所示。这个参照点和自适应点的位置是重合的。按 <Esc> 键两次，结束放置点图元的命令。现在要把放置的参照点从自适应点的位置偏移出一段距离，移动光标靠近自适应点，可以根据光标附近的显示信息和图形来判断，将被选择的图元是什么，对比图 4-66 和图 4-67，当显示为参照点时，单击选中它。

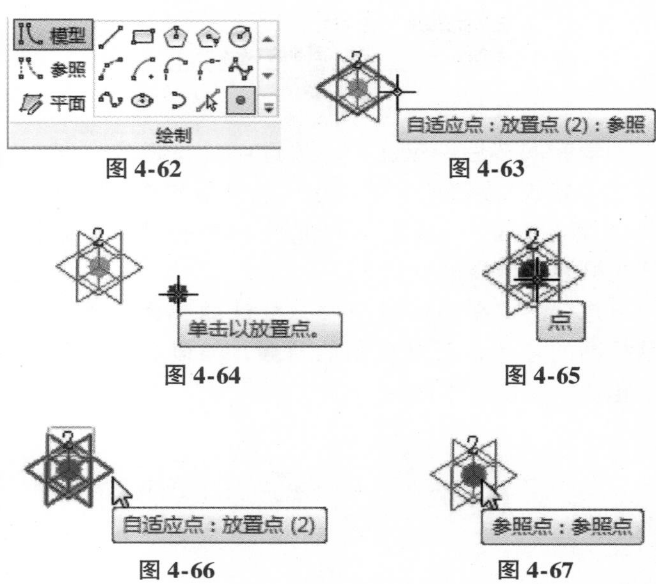

图 4-62　　图 4-63

图 4-64　　图 4-65

图 4-66　　图 4-67

选中以后会显示该参照点的三维控件，按住向上的蓝色箭头，把参照点拖动一段距离，如图 4-68 所示。为了便于观察，在“属性”栏把该参照点的偏移量改为 1000，如图 4-69 所示。框选该参照点和它下方的自适应点，单击“绘制”面板中的“通过点的样条曲线”，如图 4-70 所示。这样就创建了一条模型线，作为坐标系中（全局/局部）Z 轴方向的指示线。

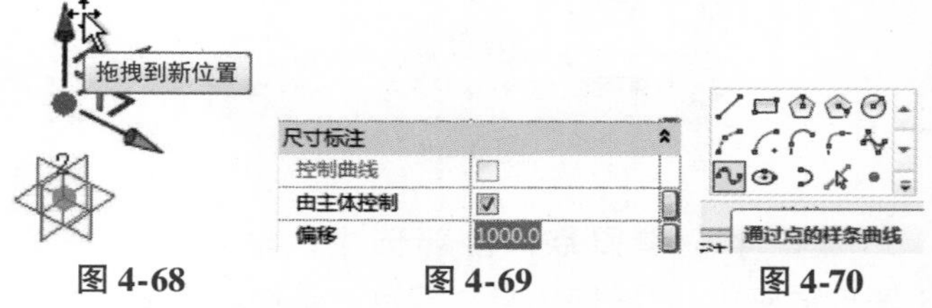

图 4-68　　图 4-69　　图 4-70

Step03为了更好地识别 X、Y、Z 的 3 个方向，还需要给该参照点加一个明显的标识。单击“创建”选项卡“工作平面”面板中的“设置”，移动光标到参照点附近，当出现如图 4-71 所示的蓝色预览方框时单击一次鼠标左键，即把该参照点自身的水平参照平面设置为当前工作平面。单击“创建”选项卡“绘制”面板中的“直线”（图 4-72），以参照点为中心，

⊖ 为方便命名，放置点（自适应）统称为自适应点。

绘制Z形折线，如图4-73所示。

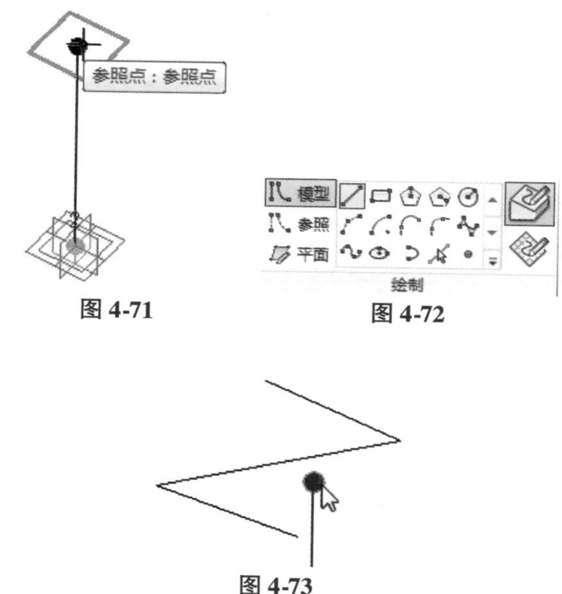

图 4-71　　图 4-72

图 4-73

这些线条现在都是黑色的，为了更形象地表示它所代表的方向，我们在对象样式里添加对应的子类别，以红、绿、蓝来分别对应X、Y、Z这3个方向。

单击“管理”选项卡“设置”面板中的“对象样式”，如图4-74所示。打开“对象样式”对话框，确认当前选项卡为“模型对象”，如图4-75所示。在选项卡的右下角，单击“修改子类别”分组里的“新建”按钮，如图4-76所示。

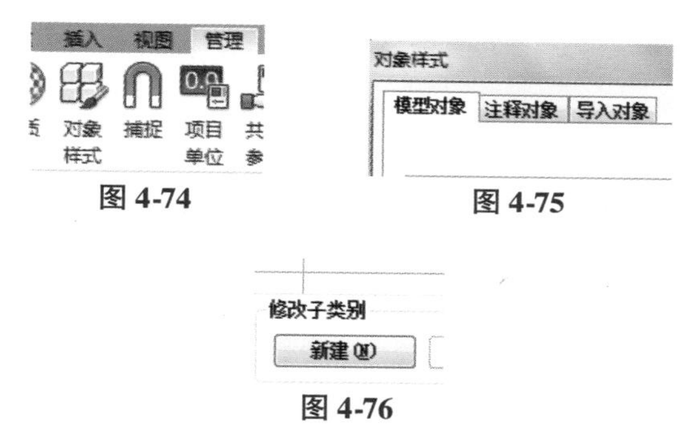

图 4-74　　图 4-75

图 4-76

这时会打开“新建子类别”对话框，如图4-77所示。输入名称“Z”，单击“子类别属于”的下拉列表，选择“常规模型”，如图4-78所示。单击“确定”按钮。可以看到，在“模型对象”选项卡的列表里已经有了该类别，如图4-79所示。

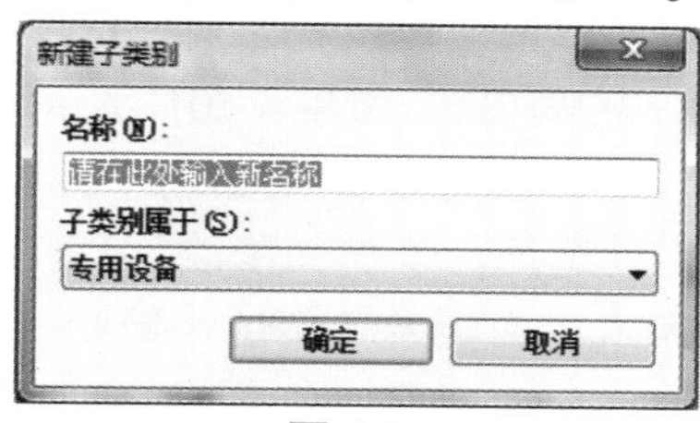

图 4-77

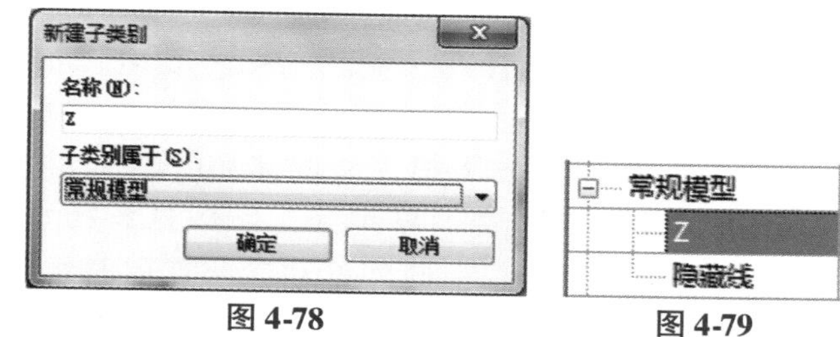

图 4-78　　图 4-79

接下来设置该子类别的线宽和颜色，如图4-80所示。单击“确定”按钮，使设置生效。选中刚才绘制的Z形模型线以及下方的指示线，在“修改|线”选项卡的“子类别”面板的下拉列表里。选择“Z[投影]”（图4-81），把刚才的设置指定给所选择的模型线，如图4-82所示。

类别	线宽 投影	线宽 截面	线颜色	线型图案
常规模型	1	1	黑色	
Z	3	1	RGB 020-100-200	实线
隐藏线	1	1	黑色	划线

图 4-80

图 4-81

观察构件现在的模型线，如图4-83所示，Z形线和指示线都已经是蓝色的了。再次打开“对象样式”对话框，添加X和Y的子类别，设为相同的线宽，颜色分别为绿色和红色，完成后，如图4-84所示。

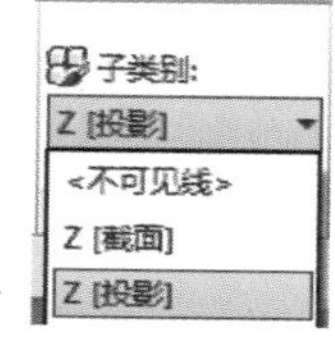

图 4-82

类别	线宽 投影	线宽 截面	线颜色	线型图案
常规模型	1	1	黑色	
X	3	1	RGB 230-040-050	实线
Y	3	1	RGB 030-190-050	实线
Z	3	1	RGB 020-100-200	实线

图 4-83　　图 4-84

用同样的方法，分别以自适应点的另外两个垂直平面为工作平面，添加参照点并偏移1000，用模型线做好记号“X”和“Y”，并给所有这些模型线指定对应的子类别。图4-85、图4-86和图4-87是添加参照点时选取的平面在东南方向的截图。

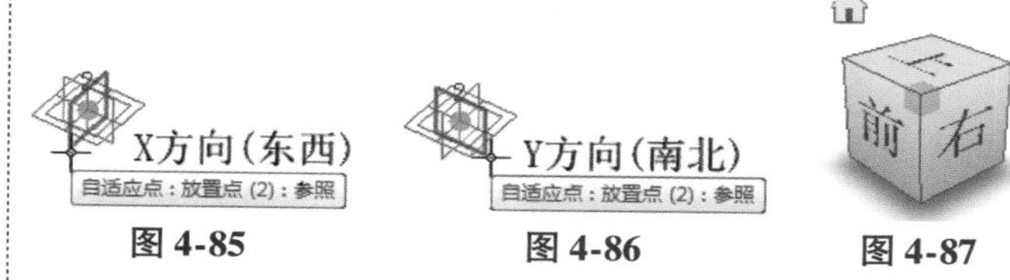

图 4-85　　图 4-86　　图 4-87

在3个方向都准备好以后（图4-88），单独选择这个自适应点，再检查一次，查看所做的记号是否与显示的三维控件一致，如图4-89所示（已经把该点的“显示参照平面”属性改为“从不”）。需要注意的是，加参照点的时候，是捕捉到自适应点后再单击添加，如图4-90所示。图4-91则是捕捉到了旁边的模型线，所以这条模型线已经蓝色高亮显示。在向外移动参照点的时候，注意移动的方向要垂直于放置它之前所设置的工作平面。

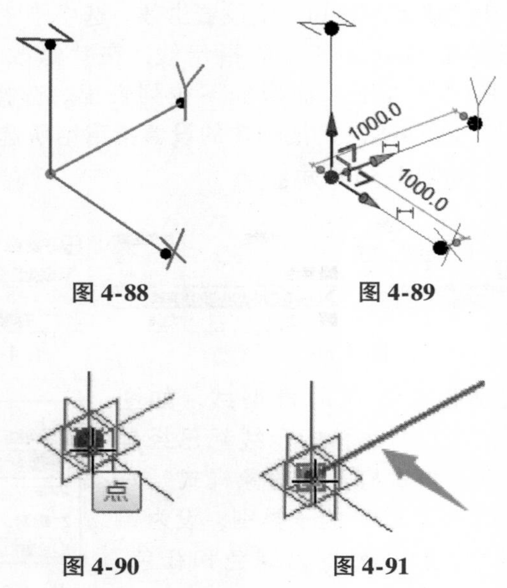

图 4-88　图 4-89

图 4-90　图 4-91

Step 04 选中3个自适应点，单击“通过点的样条曲线”，在它们之间创建一条模型线。现在构件已经准备好了，我们在概念体量环境中搭建两个不同的曲面，来测试“方向”属性对构件的影响效果。注意，这时因为已经有曲线通过自适应点，所以在点的属性里，之前是灰色显示的“控制曲线”属性，现在会转为黑色，并且后面多了“关联族参数”的按钮，还多了一个“仅显示常规参照平面”的属性。图4-92为有曲线通过的自适应点，图4-93为单独的自适应点。

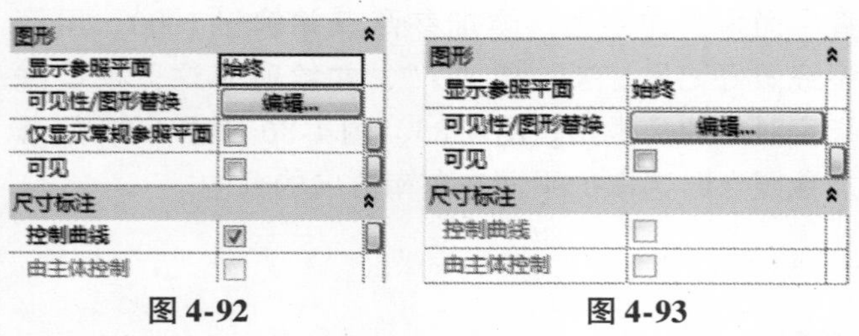

图 4-92　图 4-93

Step 05 新建族，选择“公制体量”样板，单击“创建”选项卡“工作平面”面板中的“设置”，在绘图区域中单击“中心（左/右）”参照平面，把它设为当前工作平面，如图4-94所示。单击“创建”选项卡“绘制”面板中的“起点-终点-半径弧”弧线绘制工具，按照“从上到下”的顺序绘制一段圆弧，如图4-95和图4-96所示。

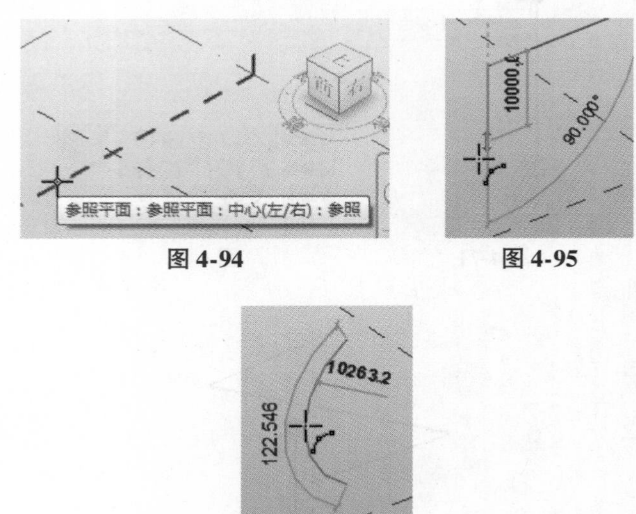

图 4-94　图 4-95

图 4-96

在圆弧的右侧，也是以“从上到下”的顺序绘制一条线段，如图4-97所示。框选这两个图形创建实心形状，单击“修改|线”选项卡“形状”中的“实心形状”（图4-98），在绘图区域下方会出现可生成结果的预览图像，因为我们是要在曲面上来观察构件的形态，所以选择左侧的旋转形状，如图4-99所示。

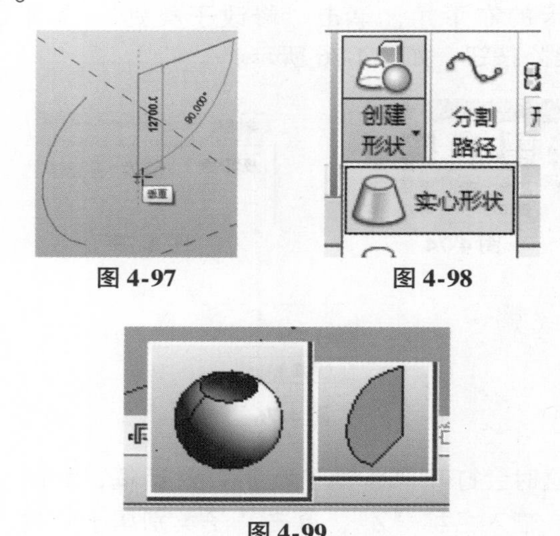

图 4-97　图 4-98

图 4-99

Step 06 光标指到旋转形状的表面，可被选择的部分将会以加粗的蓝色高亮外框作为指示（图4-100），单击一次选中它，单击“修改丨形式”选项卡“分割”模块中的“分割表面”，如图4-101所示。为了放置自适应构件，还需要打开分割表面节点的显示。保持对分割表面的选择，单击“修改|分割的表面”选项卡“表面表示”面板右下角的小箭头（图4-102），打开“表面表示”对话框。

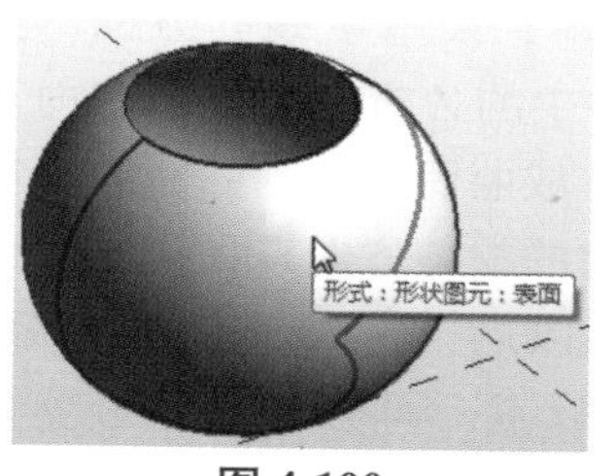

图 4-100

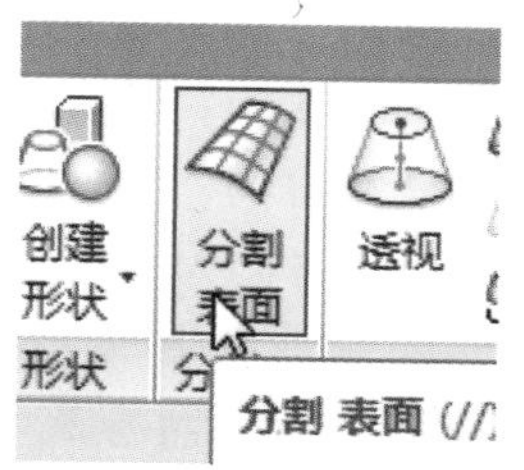

图 4-101

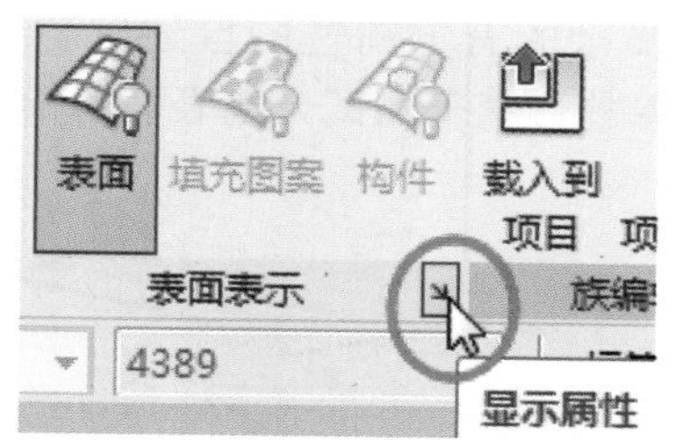

图 4-102

在对话框中的“表面”选项卡里，勾选“节点”(图 4-103)，这样可以在表面捕捉这些节点来放置刚才制作的自适应构件。按住 < Ctrl > 键保持不动，再按 < Tab > 键，切换到刚才的自适应族。如果打开了多个视图，则在保持按下 < Ctrl > 键的同时反复多按几次 < Tab > 键，直到返回为止。选中所有的自适应点，检查“属性”栏里关于“方向”的属性，确认为“主体（xyz)”(图 4-104)，单击菜单栏最右侧的“载入到项目”(图 4-105)，把这个自适应构件载入到体量族中。如果没有打开更多的项目，将会直接载入，如果同时有其他文件打开，会弹出“载入到项目中”对话框(图 4-106)，在其中勾选刚才创建的体量族再确定即可。

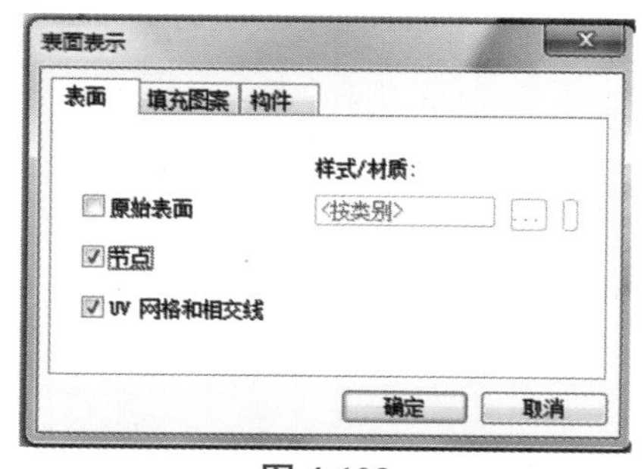

图 4-103

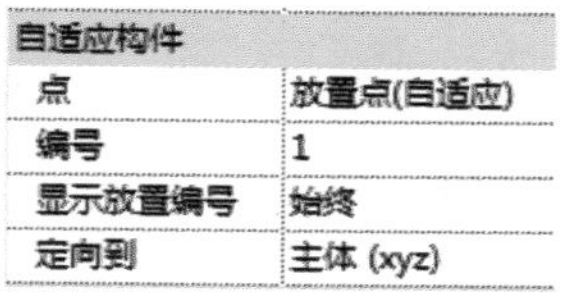

自适应构件	
点	放置点(自适应)
编号	1
显示放置编号	始终
定向到	主体 (xyz)

图 4-104

载入到项目　载入到项目并关闭　族编辑器

图 4-105

载入到项目中　选中打开的项目　族3　族4

图 4-106

Step07 自适应构件载入体量族以后，因为是首次载入，所以在光标的位置会有预览图像(图 4-107)，在分割表面上捕捉节点并按水平方向放置第一个构件。因为在构件内包含有 3 个自适应点，所以要单击鼠标左键 3 次，才可以完成一个构件的放置。在旁边的网格上再以垂直方向和对角线方向各放置一个，完成后如图 4-108 所示（已经隐藏了分割表面)。

图 4-107

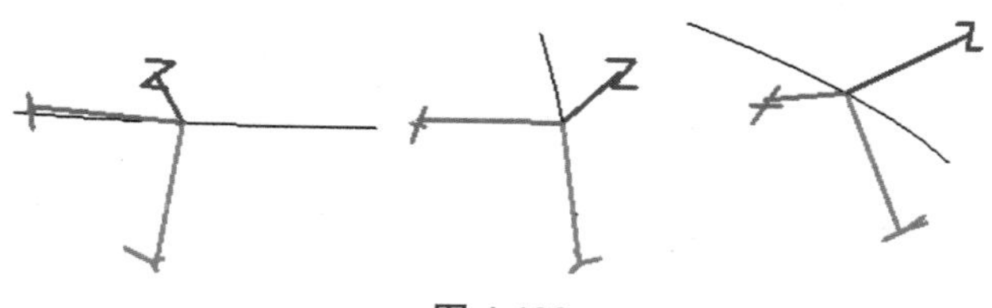

图 4-108

旋转视图观察构件，可以看到，构件中的 Z 方向为该表面的放置点位置的法线方向，X、Y 方向相当于该点沿横纵坐标方向的切线。

Step08 现在创建第二个曲面，还是在东南视角方向，按照“左下到右上”的顺序单击 4 次，绘制一条 S 形的样条曲线，如图 4-109 和图 4-110 所示。按 2 次 < Esc > 键结束绘制样条曲线命令。选中该曲线，单击“修改|线”选项卡“形状”面板中的“实心形状”(图 4-111)，以生成一个曲面。

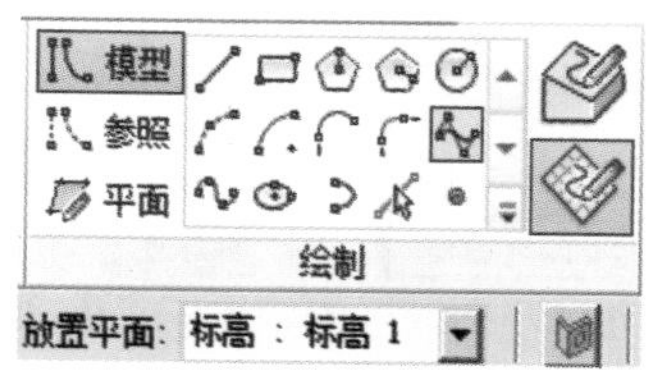

图 4-109

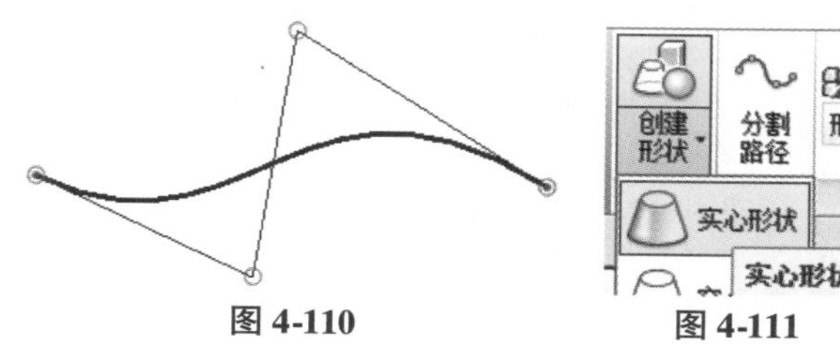

图 4-110　图 4-111

为了便于观察效果，还需要修改该曲面。移动光标靠近曲面的顶部边缘，注意光标附近的提示信息(图 4-112)，在只有顶部边缘转为蓝色高亮时单击选中它，这时会出现该边缘的三维控件以及控制点，如图 4-113 所示。按住蓝色的箭头向上拖动一段距离，使曲面的长宽方向均衡一些，如图 4-114 所示。

图 4-112

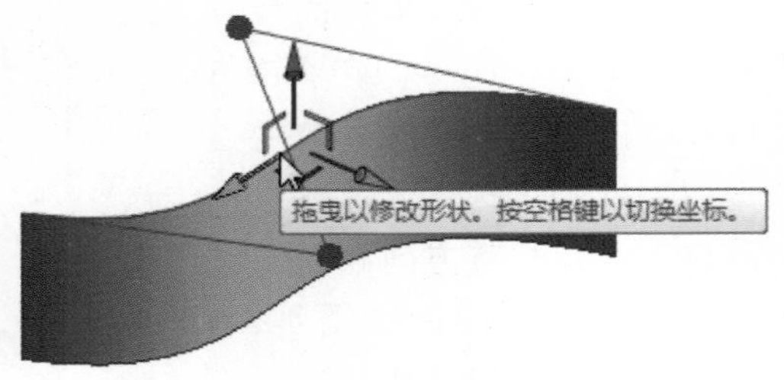

图 4-113

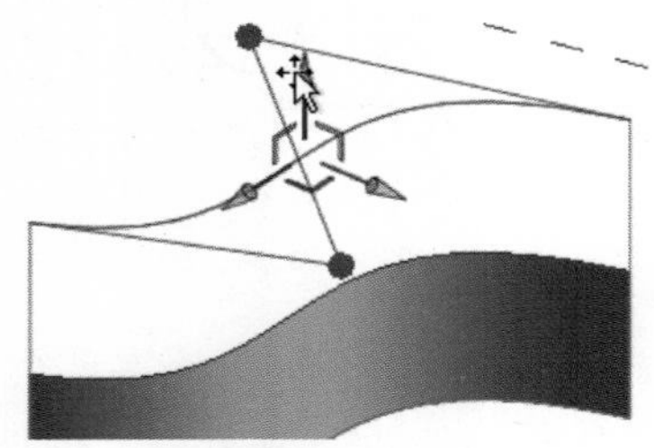

图 4-114

移动光标到黑色实心圆点上，待它转为蓝色时（图 4-115），单击选中它，会显示相应的三维控件，如图 4-116 所示。按住红色箭头向远处拖动（图 4-117），这样就修改了曲面的形状，同样把右侧的一个顶点也移动一段距离，如图 4-118 所示。

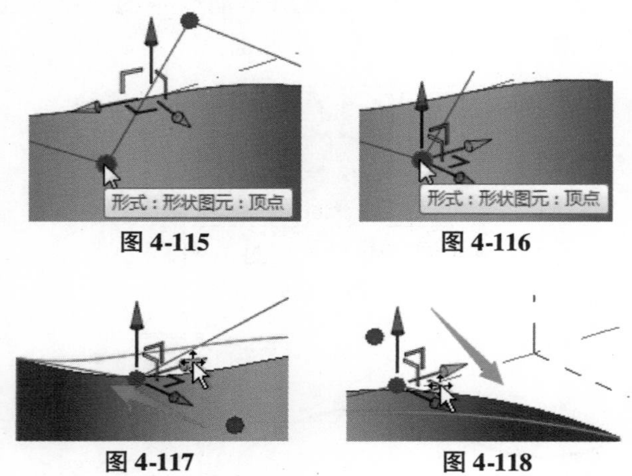

图 4-115　　图 4-116

图 4-117　　图 4-118

单击选中曲面表面（图 4-119），再单击“分割表面”，单击“表面表示”面板右下角的小箭头以打开“表面表示”对话框，勾选其中的“节点”（图 4-120），单击“确定”按钮。

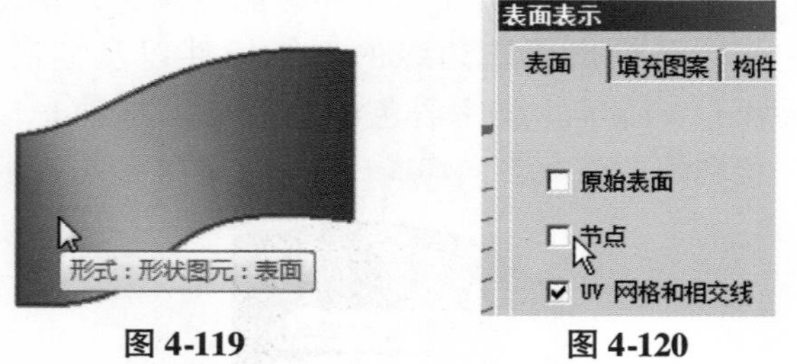

图 4-119　　图 4-120

在表面放置 3 个自适应构件，依次是水平、垂直、倾斜，转动视图，观察 3 条指示线的方向，如图 4-121 所示。会发现构件中的 Z 方向为曲面表面该点的法线方向，X 方向为生成曲面之前的曲线的绘制方向，Y 方向为生成曲面时的拉伸方向。如果依照原顺序绘制曲线并生成曲面以后，选择顶部的边缘，向下移动至参照标高平面以下，再分割表面放置自适应构件，则 X 方向保持不变，Z 方向转到曲面的另外一边，Y 方向则是朝下的，如图 4-122 所示。所以在制作比较复杂的有方向性的自适应构件时，最好是先做个简单的形状来测试分割表面的情况。

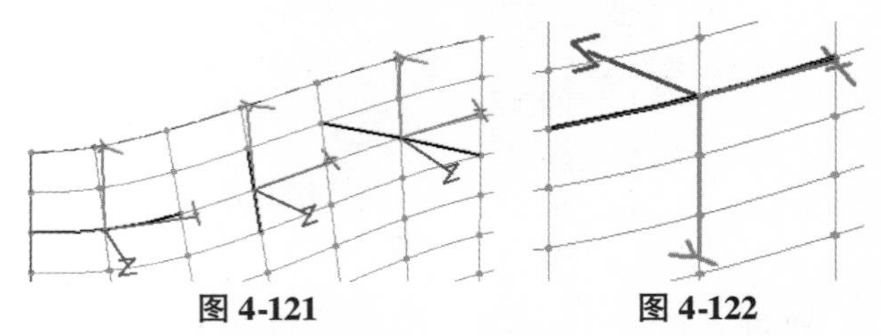

图 4-121　　图 4-122

以上是自适应点的“定向到”为“主体（xyz）”时的情况。

3. “定向到”属性——先全局（z）后主体（xy）

切换回自适应构件族中，选中 3 个自适应点，把“定向到”属性修改为“先全局（z）后主体（xy）”，单击菜单栏的“载入到项目”，选择“覆盖现有版本”，旋转视图观察构件，可以看到，构件中的 Z 方向始终保持为当前体量族的全局坐标系的 Z 方向，构件中的 X、Y 方向始终保持水平，如图 4-123 所示。放置在拉伸表面的构件则是调转了方向，X 方向是绘制曲线的方向，Y 方向指向曲面外侧，如图 4-124 所示。

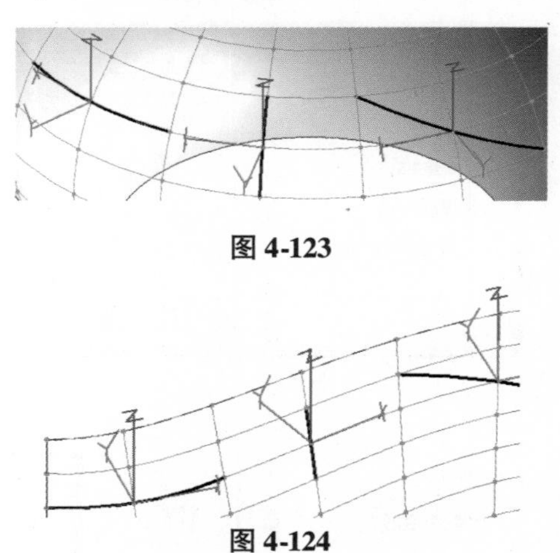

图 4-123

图 4-124

4. “定向到”属性——全局（xyz）

切换回自适应构件族中，选中 3 个自适应点，把“定向到”属性修改为“全局（xyz）”，单击菜单栏的“载入到项目”，选择“覆盖现有版本”，旋转视图观察构件，可以看到，不管在曲面的任何位置，构件族中的3个方向都始终和当前环境的全局坐标保持一致，如图4-125和图4-126所示。

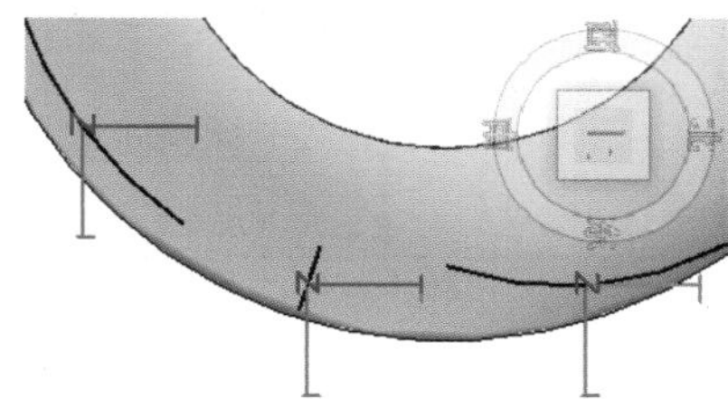

图 4-125

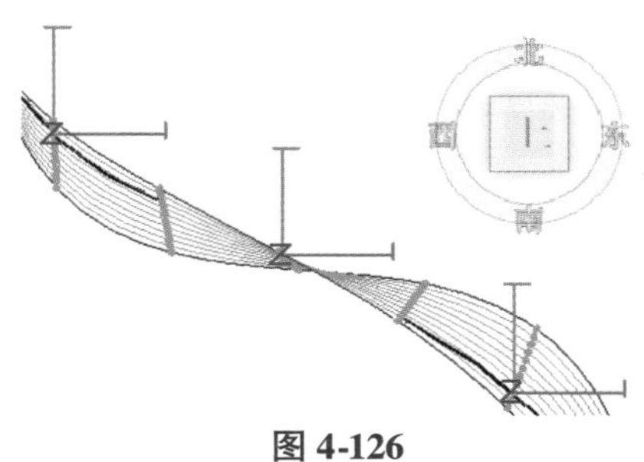

图 4-126

以上是自适应点方向属性中常用的3个选项，关闭这两个文件。

5. "仅显示常规参照平面"属性

新建族，选择"基于公制幕墙嵌板填充图案"样板，选择其中的任意一个点，观察"属性"栏，相比于前一部分内容的放置点（自适应）的属性，多了一项"仅显示常规参照平面"（图4-127），默认为不勾选的状态。如果勾选该属性，则本来默认显示的参照平面会消失，同时也不会显示新的参照平面，如图4-128所示，这样可能会影响观察，所以，一般情况下应该保持默认不勾选的状态。

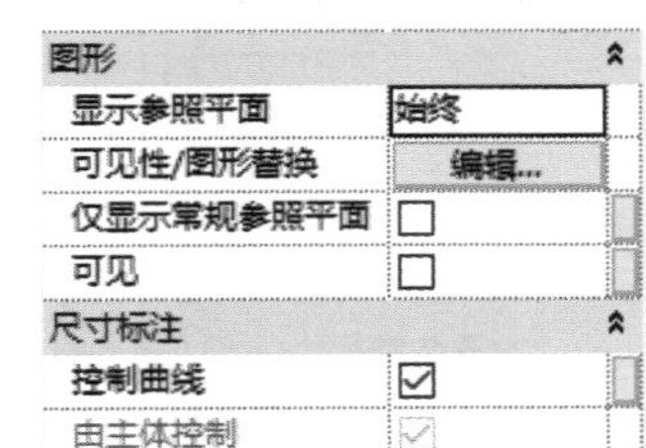

图 4-127

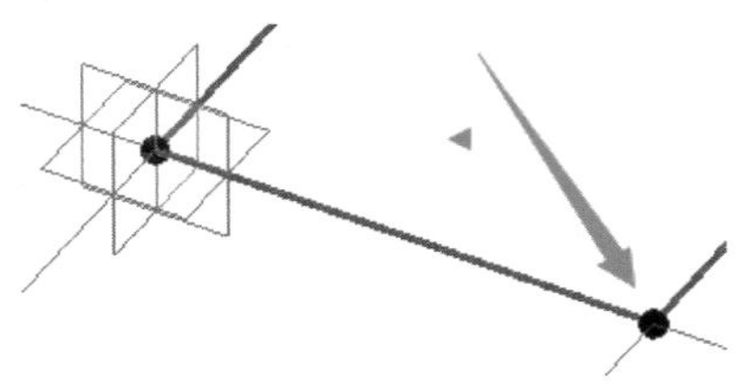

图 4-128

6. "控制曲线"属性及其他

在"属性"栏中取消对"控制曲线"的勾选，与该点连接的参照线会消失，点的显示也换为一个比较小的黑色圆点，如图4-129所示。可加参数的属性也只剩下了2个（"可见"和"名称"），同时"控制曲线"也变为灰色显示，如图4-130所示。可以使用"通过点的样条曲线"来连接该点和相邻的点（图4-131），会重新生成参照线，这样这个属性又可以恢复到原来的状态。

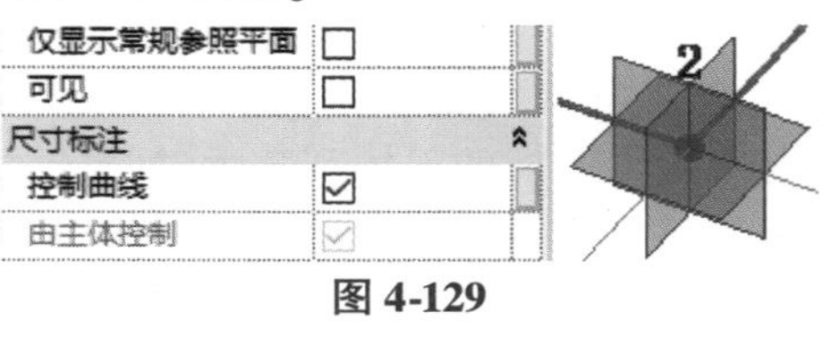

图 4-129

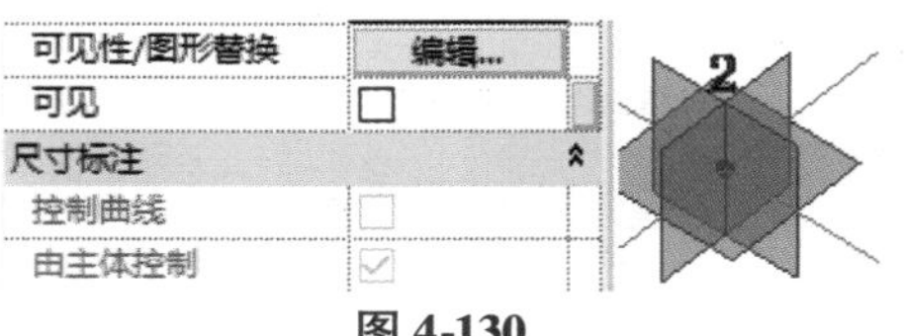

图 4-130

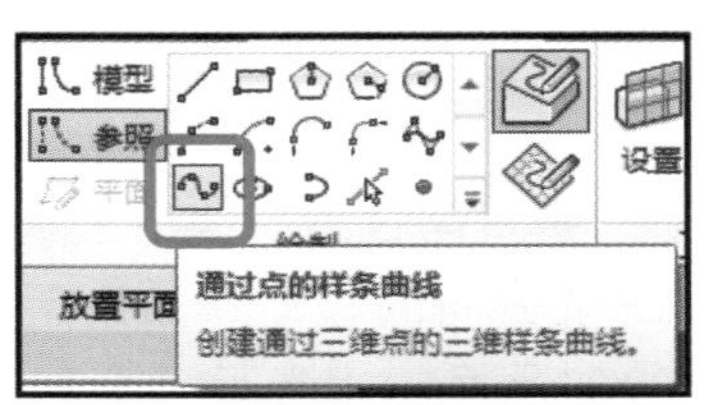

图 4-131

单击选中蓝色的网格，在选项栏会显示"将点重设为网格"，即把点都放回最初的默认位置上，如图4-132所示。

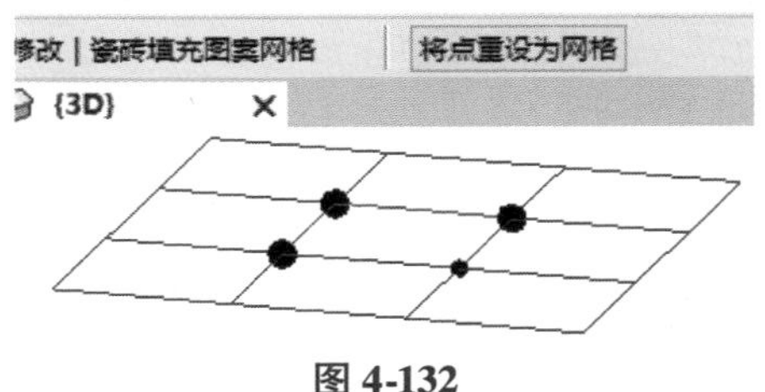

图 4-132

点的"属性"栏里有"限制条件""图形""尺寸标注""自适应构件""其他"等几个属性，可尝试修改后观察点的变化。例如将"显示参照平面"修改为"从不"，如图4-133所示，那么点的参照平面将不会显示。

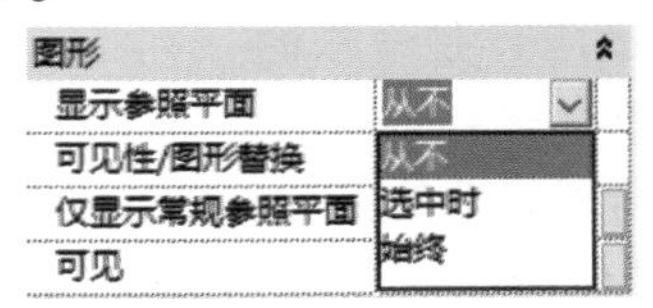

图 4-133

4.5 造型操纵柄点（自适应）

上一节的内容是放置点（自适应），另外还有一类自适应点是"造型操纵柄点（自适应）"，特点是在放置自适应构件时不会使用该点，在完成放置以后可以根据设计需要，使其留在原位，或者将它移动到某个主体从而接受主体的控制以带动自适应族中的形状进行变化。

造型操纵柄点（自适应）有一个"受约束"的属性，选中造型操纵柄点（自适应）以后，可以在"属性"栏"受约束"的下拉列表中进行选择，从而将点的移动范围限制在指定的平面以内，如图4-134所示。

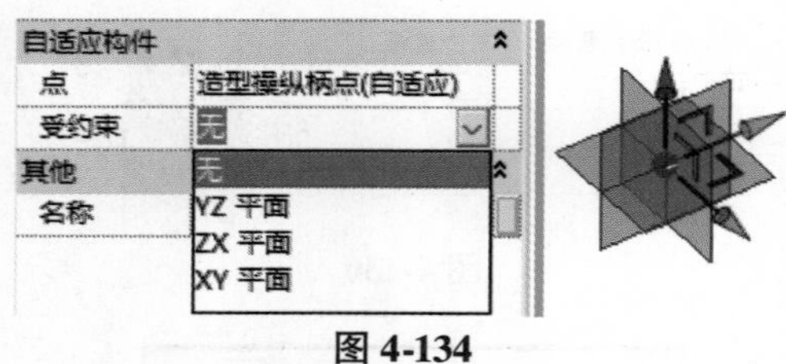

图 4-134

如图4-134所示，"受约束"的下拉列表中共有4个选择。"无"是自由状态，造型操纵柄点（自适应）可以进行三个方向的移动。如果是在当前族本身的环境下，"XY平面"相当于"参照标高"，"YZ平面"相当于"中心（左/右）"，"ZX平面"相当于"中心（前/后）"。但是在构件族的应用环境下的方向的设置，是以所拾取的主体的方向而言的，后面会有详细讲解。

4.6 造型操纵柄点的创建与属性

和上节的放置点（自适应）一样，造型操纵柄点只能在"自适应公制常规模型"环境里创建。下面通过一个练习，说明造型操纵柄点的属性和特点。

1. 造型操纵柄点的创建

新建族，选择"自适应公制常规模型"样板，发现并没有命令可以直接创建造型操纵柄点，只能从参照点开始，通过后续的修改来生成，这个特点和放置点（自适应）是一样的。

因为在菜单栏里并没有按钮来把参照点转换为造型操纵柄点，所以修改方法是：选中参照点以后，在"属性"栏里"自适应构件"下，展开"点"属性的下拉列表，选择其中的"造型操纵柄点（自适应）"，如图4-135所示。当然也可以先把参照点通过菜单栏的按钮转为自适应点，再在"属性"栏里将该点转为造型操纵柄点，但是显然这样就多了一步操作。

图 4-135

2. 造型操纵柄点与放置点（自适应）属性的区别

图4-136为造型操纵柄点（自适应）的属性，图4-137为放置点（自适应）的属性，对比这两类自适应点在属性上的区别。

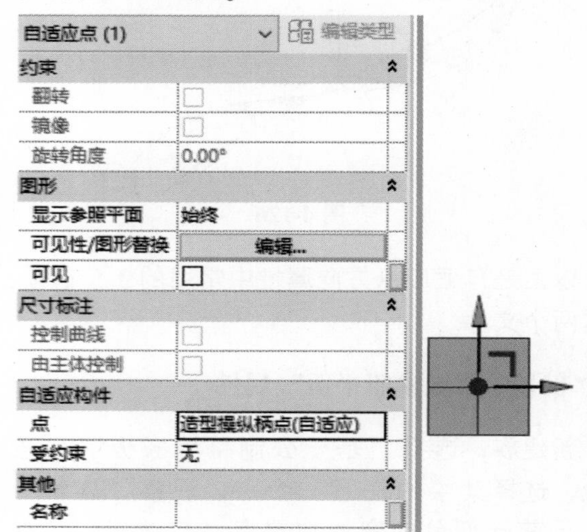

图 4-136

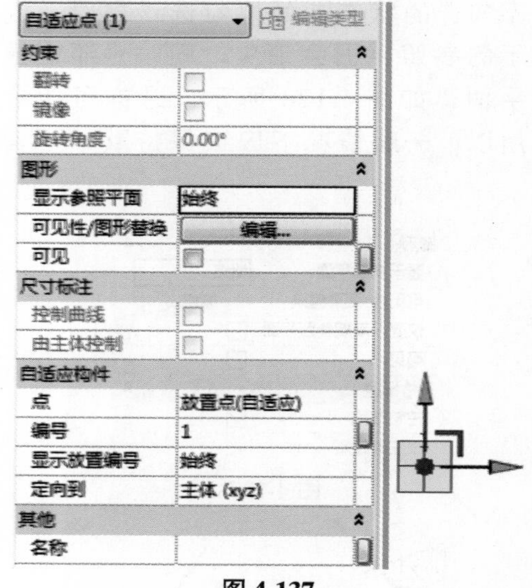

图 4-137

同时选中这两个不同的点，查看"属性"栏，如图4-138所示。从以上3个图中可以看出有以下的区别：

Step 01 放置点（自适应）没有"受约束"的属性，而造型操纵柄点有这个属性。

Step02放置点（自适应）有“编号”属性，造型操纵柄点没有。

Step03放置点（自适应）有“显示放置编号”属性，造型操纵柄点没有。

Step04放置点（自适应）有“定向到”属性，造型操纵柄点没有。

选中这两个点，查看“属性”栏，可以看到，在“类型选择器”里，这两个具有不同属性的点被归为了一类，都属于“自适应点”。

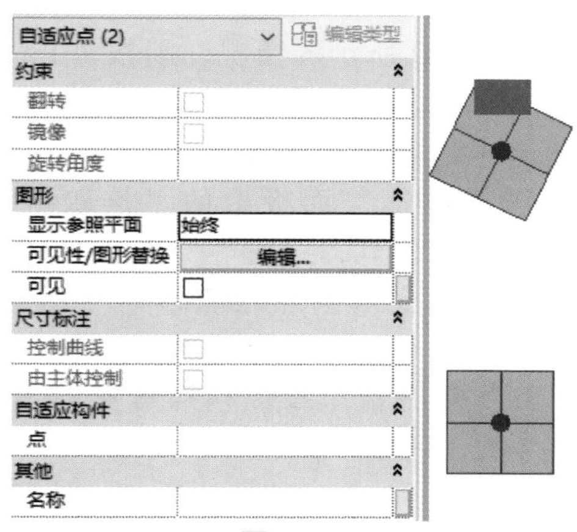

图 4-138

3. 造型操纵柄点的属性详解

Step01下面建立一个简单的构件，步骤是：删除已经放置的所有参照点，按照图4-139所示放置4个参照点，把靠近绘图区域中心的参照点转化为自适应点，其余的转为造型操纵柄点，如图4-140所示，并从左向右依次给造型操纵柄点命名为“1”“2”“3”。注意：参照点、自适应点和造型操纵柄点，都可以有自己的名称。

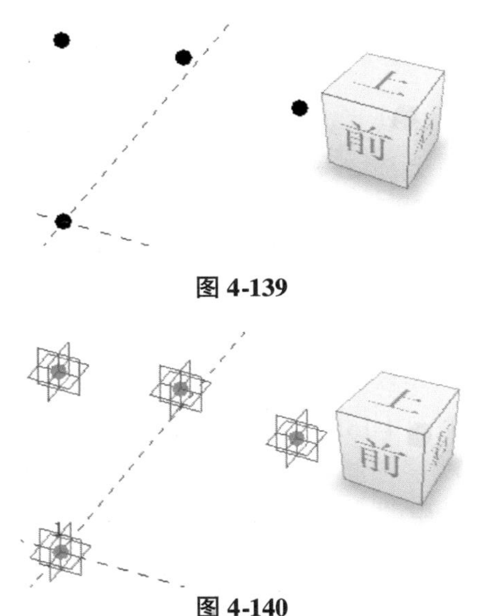

图 4-139

图 4-140

Step02选中一个造型操纵柄点，仔细观察，会发现在当前状态下，每个造型操纵柄点有两个属性可以加参数（“名称”和“可见”），如图4-141所示。选中这3个造型操纵柄点，单击“修改|自适应点”选项卡“绘制”面板中的“通过点的样条曲线”，这样就用模型线把这3个点连接起来了。在绘图区域的空白处单击，取消对它们的选择，再选中其中任意一个点，观察“属性”栏（图4-142），发现多了两个可以加参数的属性（“仅显示常规参照平面”和“控制曲线”）。选中这3个造型操纵柄点，在“属性”栏的“自适应构件”分组下，把“受约束”属性改为“XY平面”（图4-143），又多了两个可以加参数的属性（“主体U参数”和“主体V参数”）。

以上叙述说明，同样的图元，在不同状态下有不同的属性。

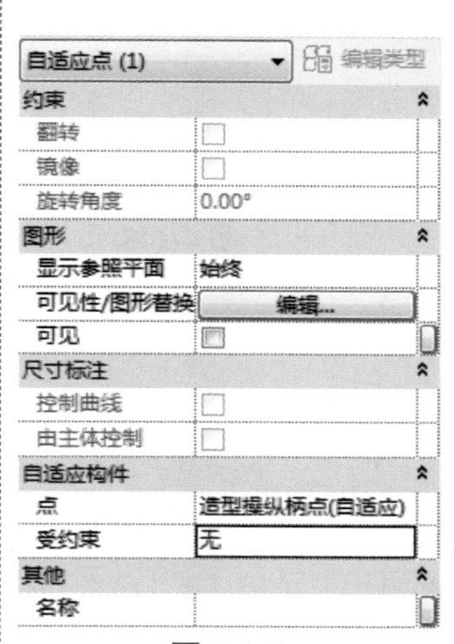

图 4-141

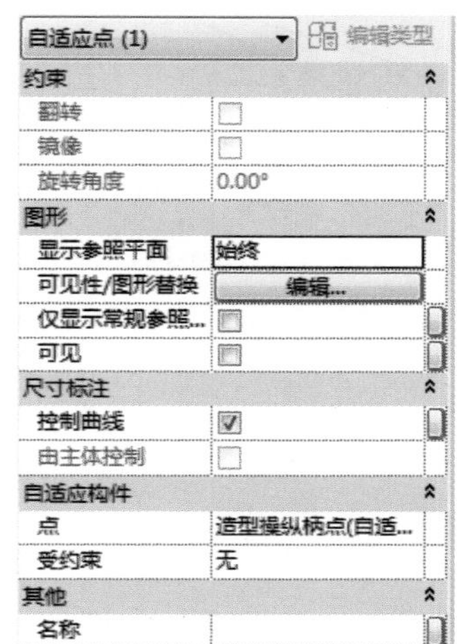

图 4-142

自适应点 (3)	编辑类型
约束	
翻转	☐
镜像	☐
旋转角度	0.00°
图形	
显示参照平面	始终
可见性/图形替换	编辑...
仅显示常规参照...	☐
可见	☐
尺寸标注	
控制曲线	☑
由主体控制	☑
主体 U 参数	
主体 V 参数	
自适应构件	
点	造型操纵柄点(自适...
受约束	XY 平面
其他	
名称	

图 4-143

Step03新建概念体量作为测试环境，在标高1画两条模型线，其中一条直线作为放置构件的路径，另外一条样条曲线作为轮廓控制线；在标高2画两条样条曲线，分布在该路径的两侧，也是作为轮廓控制线。注意，绘制方向都是从左下角到右上角。因为我们准备的构件有3个造型操纵柄点，每个点拾取一个主体，所以要准备3条轮廓控制线，如图4-144所示。注意，轮廓控制线要比路径更长一些。返回自适应族文件，选中3个造型操纵柄点，将“属性”栏“受约束”属性修改为“无”，自适应点的“定向到”属性为“主体(xyz)”，载入体量环境。注意观察，光标处的预览图像中，构件中黑色的大圆点是自适应点，造型操纵柄点现在是看不到的（图4-145），移动光标放在作为路径的模型线上（图4-146），模型线会以蓝色高亮的形式显示，光标附近会提示“最近点”，单击鼠标左键就完成一个构件实例的放置。

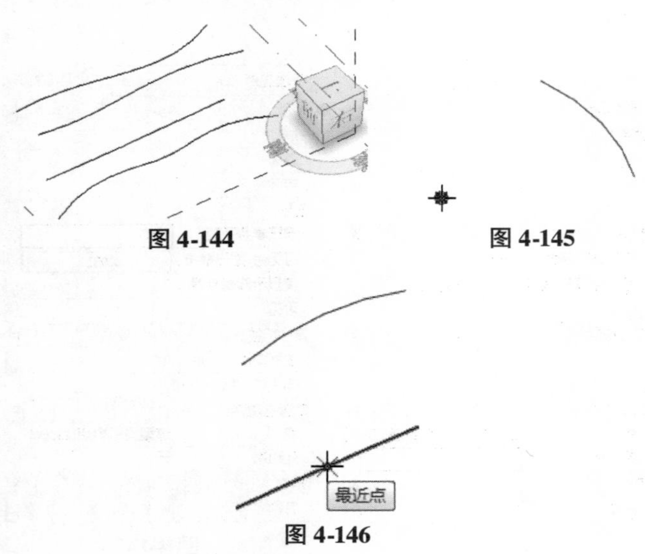

图 4-144　图 4-145

图 4-146

Step 04 放置这个构件后，移动光标靠近曲线左侧末端观察，造型操纵柄点会显示为蓝色的实心圆点，同时也会显示出受约束的情况和名称，如图4-147所示。值得注意的是，在构件族中的参照标高平面视图里，点的编号顺序是从左到右的，当构件放置到路径上以后，编号靠后的点在左侧，考虑到之前绘制路径的方向，所以构件定位的规律是这样的——“路径终点指向路径起点的方向相当于构件族中参照标高平面视图的方向”，如图4-148（自适应族）和图4-149（体量族）所示。本例中作为路径和轮廓控制线的模型线都是从南向北绘制的，三维视图中的截图是在东南视角方向。

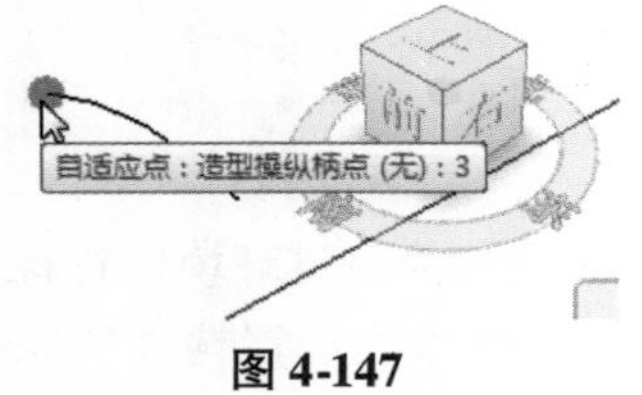

图 4-147

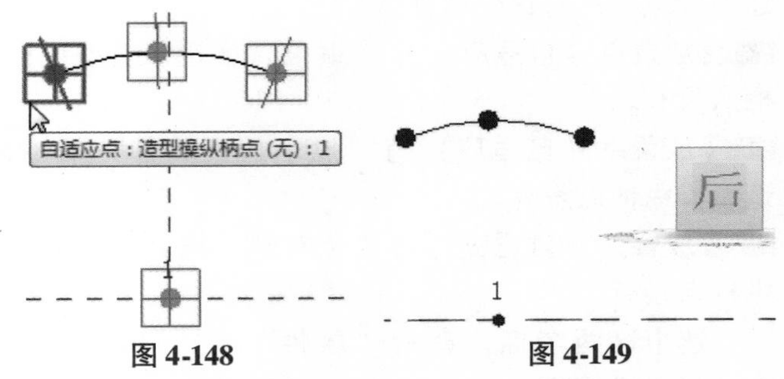

图 4-148　图 4-149

Step 05 转回东南视角方向，类似图4-147，移动光标靠近曲线末端，待出现提示时单击选中它。如果出现如图4-150所示的情况，则按 < Tab > 键来循环切换待选项，直到出现自适应点3的提示为止。单击选中它后，单击菜单栏“修改|自适应点”选项卡“主体”面板中的“拾取新主体”，并确保“放置”方式为“面”（图4-151），光标处会有一个黑色实心圆点跟随移动（图4-152），移动光标到模型线，线本身会蓝色高亮显示，单击拾取，这样就把造型操纵柄点放置到了模型线上，如图4-153所示。

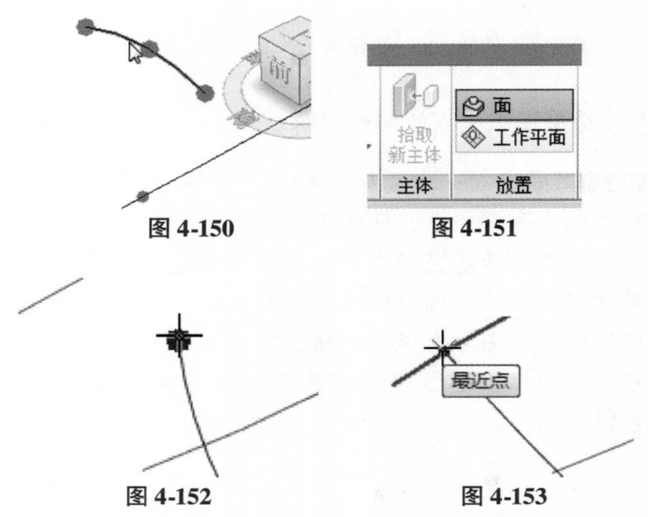

图 4-150　图 4-151

图 4-152　图 4-153

选中模型线，调整其形态，可以看到构件中模型线的端点会随之一起移动（图4-154），说明在把构件中的造型操纵柄点添加到用于体量环境控制轮廓的模型线以后，修改这条模型线会带动造型操纵柄点一起移动，同时也就带动构件中的模型线使之发生变化，从而达到修改造型的目的。接下来用同样的方法，把构件中的另外两个点也放到路径上，完成后类似图4-155，单击ViewCube的“上”，光标靠近构件观察它蓝色高亮时的样子（图4-156），可以看到构件中的一个自适应点和3个造型操纵柄点并不是共面的，造型操纵柄点的位置取决于在拾取新主体的时候，光标在轮廓控制线上单击的位置。

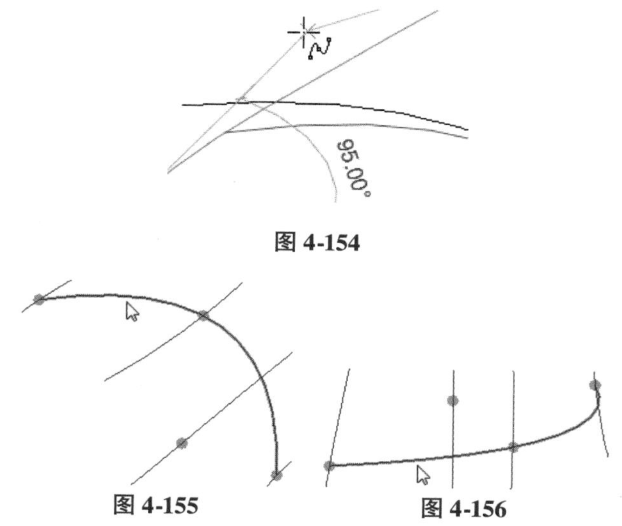

图 4-154

图 4-155　　图 4-156

返回自适应族文件，选中 3 个造型操纵柄点，在“属性”栏里修改它们的“受约束”属性为“XY 平面”（图 4-157），单击菜单栏的“载入到项目”，在弹出的“族已存在”对话框中选择“覆盖现有版本”，观察构件，对比图 4-158 和图 4-159，现在三个造型操纵柄点都和构件中的自适应点在一个平面上，这个平面取决于自适应点在路径上的位置，并和路径在该点的切线方向垂直。可以选中作为路径的模型线，移动其一侧的端点，观察构件的变化。

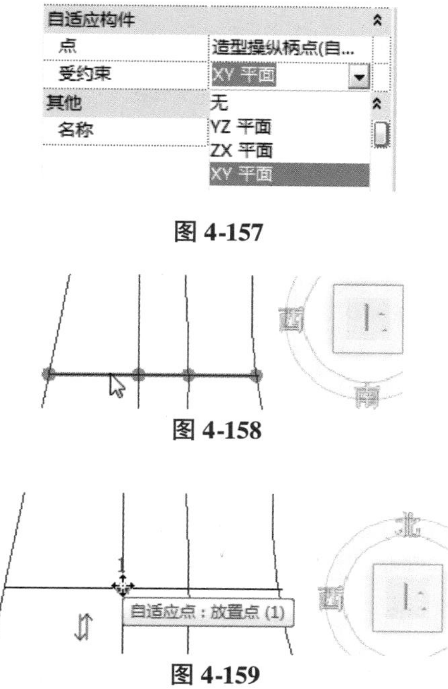

图 4-157

图 4-158

图 4-159

Step06 转回东南视角方向，单击选中这个构件，按住<Ctrl>键，移动光标靠近它，待出现符号时（图 4-160），拖动进行复制。复制多个以后，选中作为轮廓控制线的模型线，修改其形态，观察构件的变化，如图 4-161 所示。

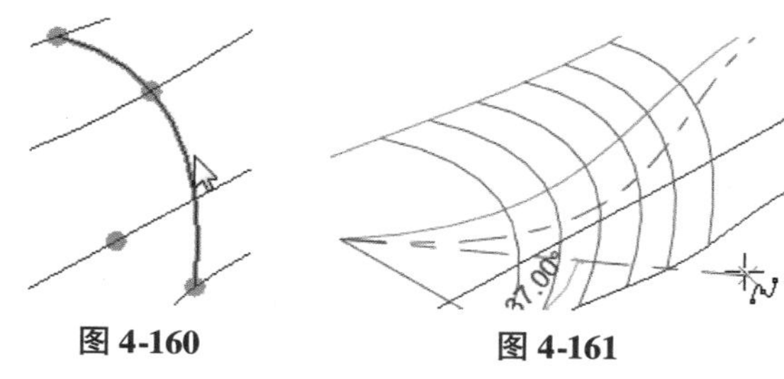

图 4-160　　图 4-161

因为轮廓控制线是以“样条曲线”工具在标高 2 绘制的，所以位于该曲线上的点，在 Z 方向的坐标值都是一样的。为了看到 Z 方向的变化，可以在标高 2 用“通过点的样条曲线”绘制新的路径作为轮廓控制线，将构件中的 2 号点放置到这个曲线上。

4.7 造型操纵柄点运用举例

继续使用上节的自适应族文件，首先选中 3 个造型操纵柄点，在“属性”栏中检查它们的“受约束”属性是否为“XY 平面”，如果不是，请修改至“XY 平面”。

Step01 选中左上角的一个造型操纵柄点，观察“属性”栏，有主体 U/V 参数的属性，是数值类型的，如图 4-162 所示，因为这 3 个点是随意摆放的，现在从数值上去看也没有规律可循。我们先把这些数值改为整数，然后观察绘图区域中构件的变化，看看有怎样的结果，如图 4-163 所示。

尺寸标注	
控制曲线	☑
由主体控制	☑
主体 U 参数	-3.749063
主体 V 参数	7.567210

图 4-162

尺寸标注	
控制曲线	☑
由主体控制	☑
主体 U 参数	-10.000000
主体 V 参数	20.000000

图 4-163

Step02 从图 4-164 可以看出，该点进行了移动，而且调整到了新的位置上，所显示的临时尺寸标注分别为 3048 和 6096，很明显，这是和英尺换算有关的两个数字。其中“主体 U 参数”的值表示相对于“中心（左/右）参照平面”向左偏移了 10 英尺，“主体 V 参数”的值表示相对于“中心（前/后）参照平面”向上偏移了 20 英尺，如图 4-165 所示。注意主体 U/V 参数是没有单位的，它指的是以英尺表示的距离的数字部分，不包含单位。U 参数表示东西方向的距离，右边是正值，V 参数表示南北方向的距离，上边是正值。选中自适应点，把它从参照平面的交点处拖开一段距离，再选中刚才的造型操纵柄点，观察其主体 U/V 参数和绘图区域的临时尺寸标注，如果没有变化，说明这个参数测量的是到参照平面的距离，不是到自适应点的距离。注意：把自适应点放在参照平面的交点位置，是为了在放置构件以后，测量中心和所在路径保持重合。

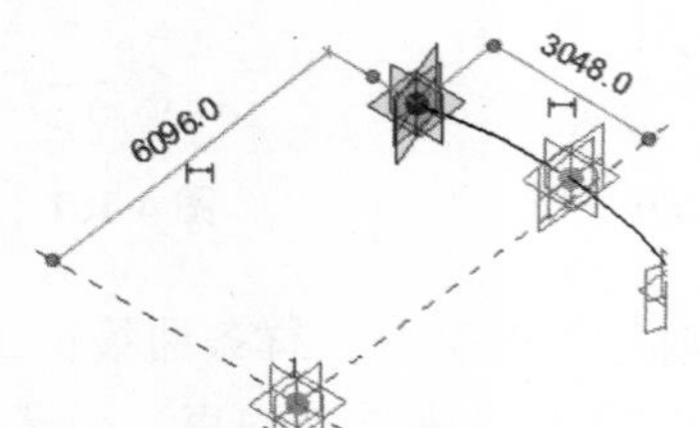

图 4-164

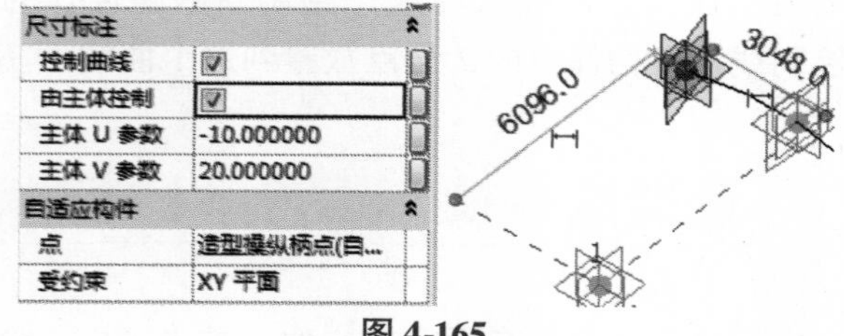

图 4-165

Step 03 选中模型线右侧的造型操纵柄点，在“属性”栏将主体 U/V 参数的值都改为 20，观察绘图区域的临时尺寸标注，可以看到，到平面的距离都是 6096，如图 4-166 所示。

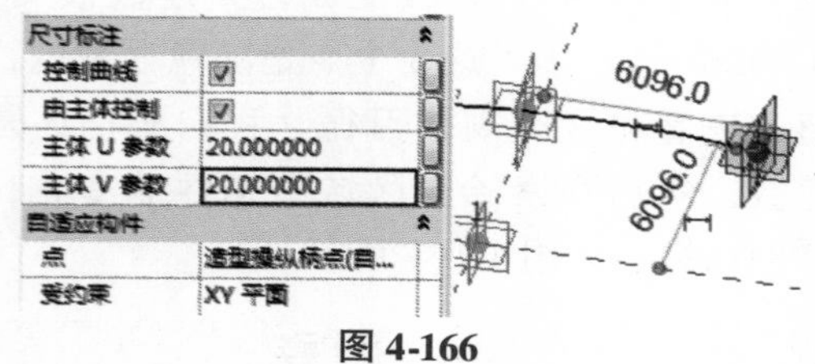

图 4-166

单击“创建”选项卡“工作平面”面板中的“设置”，在东南视角方向上，设置自适应点平行于“中心（前/后）参照平面”的那个平面为工作平面，如图 4-167 所示。

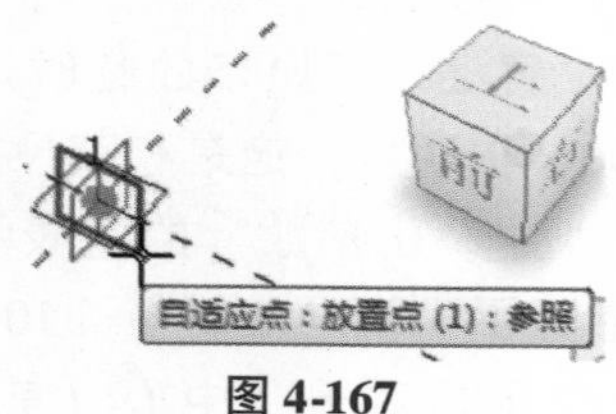

图 4-167

使用“对齐尺寸标注”工具（图 4-168），标注 3 号造型操纵柄点到自适应点的距离，完成后如图 4-169所示。选中这个尺寸标注，在功能区关联选项卡单击“创建参数”按钮（图 4-170），打开“参数属性”对话框。

图 4-168

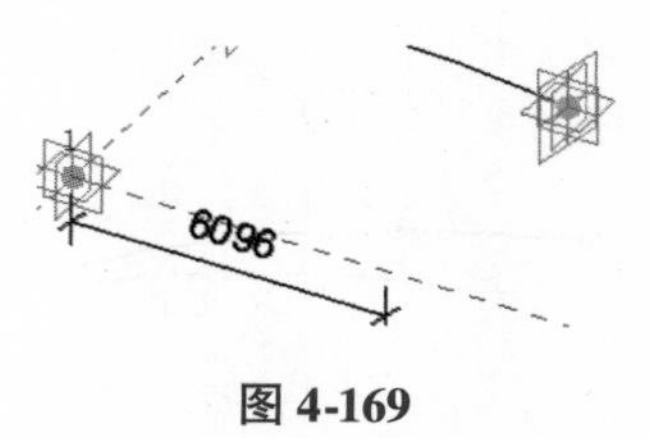

图 4-169

图 4-170

在“参数属性”对话框中的“参数类型”下，选择“共享参数”（图 4-171），因为使用“族参数”的类型会导致数据无法在明细表中统计，所以这里要选择共享参数。单击“选择”按钮，如果之前没有准备共享参数文件，就会弹出“未指定共享参数文件”对话框，提示选择新文件，如图 4-172 所示。选择“是”，打开“编辑共享参数”对话框（图 4-173），这时对话框里“参数”和“组”的分组按钮都是灰色的，无法使用，因为还没有指定有效的共享参数文件。单击对话框右上角的“创建”按钮，打开“创建共享参数文件”对话框，定位到一个合适的文件夹，输入文件名称，例如“4-3-2”如图 4-174 所示。

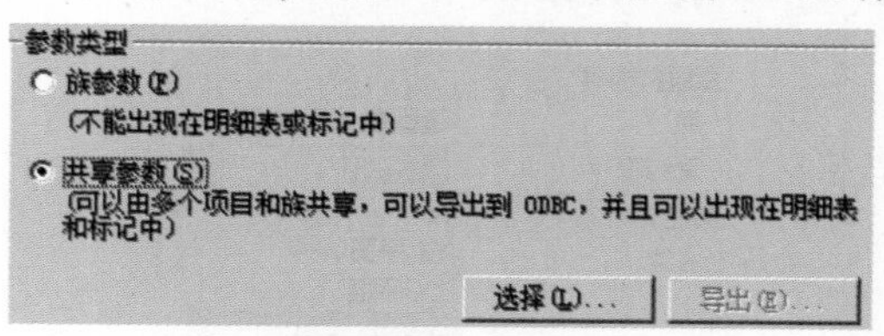

图 4-171

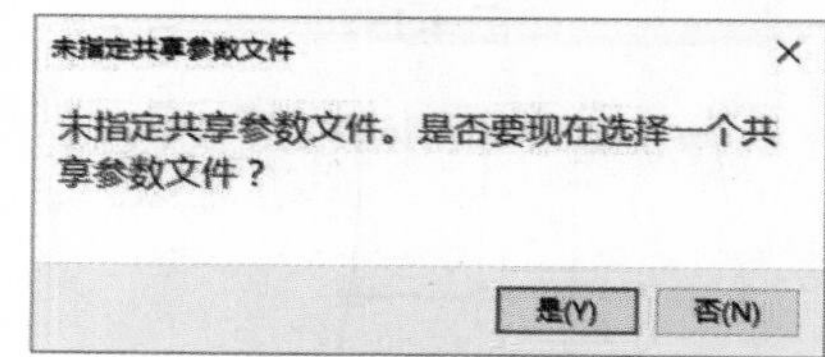

图 4-172

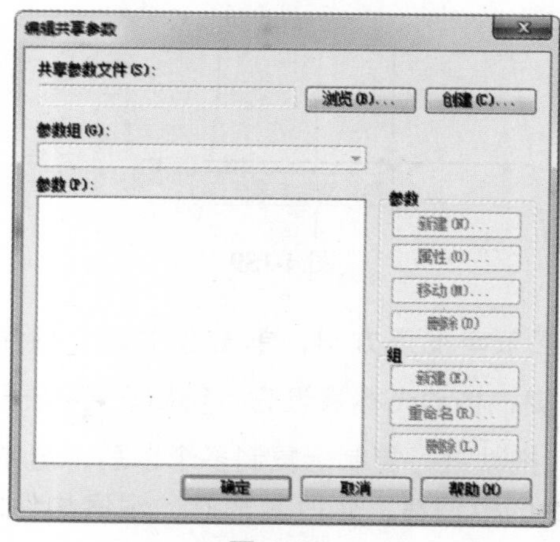

图 4-173

图 4-174

在建立了共享参数文件以后，对话框里的部分按钮就可以使用了，如图 4-175 所示。参数是归属于不同的参数组的，所以这里先建立参数组。单击图 4-175 中的“组”类别下的“新建”按钮，打开“新参数组”对话框（图 4-176），输入名称“4-3-2”，单击“确定”按钮，这时参数部分的按钮也可以使用了，如图 4-177 所示。单击图 4-177 中的“新建”，打开“参数属性”对话框（图 4-178），注意检查参数类型，因为该尺寸标注是“对齐尺寸标注”，所以可以使用默认的“长度”类型。注意：造型操纵柄点的 U/V 属性的类型是“数值”。为了与数值类型的主体 U/V 参数有所区别，所以将参数名称设置为“主体 U 方向”（图 4-179），单击“确定”按钮。按照同样的步骤添加“主体 V 方向”（图 4-180），单击“确定”按钮，关闭“编辑共享参数”对话框，返回“共享参数”对话框。

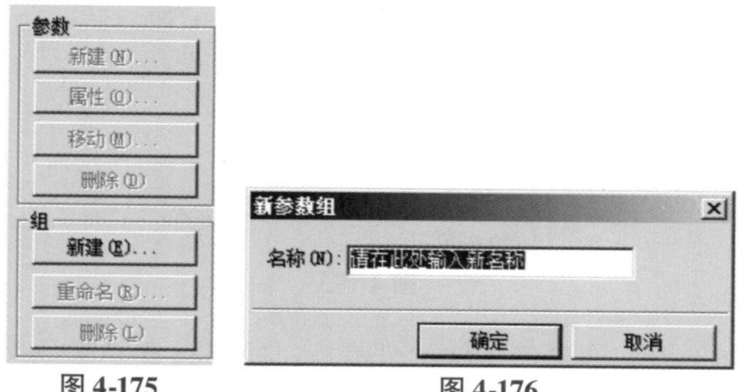

图 4-175　　图 4-176

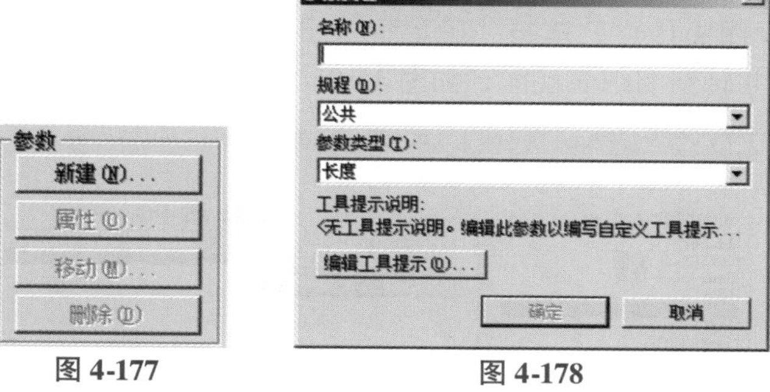

图 4-177　　图 4-178

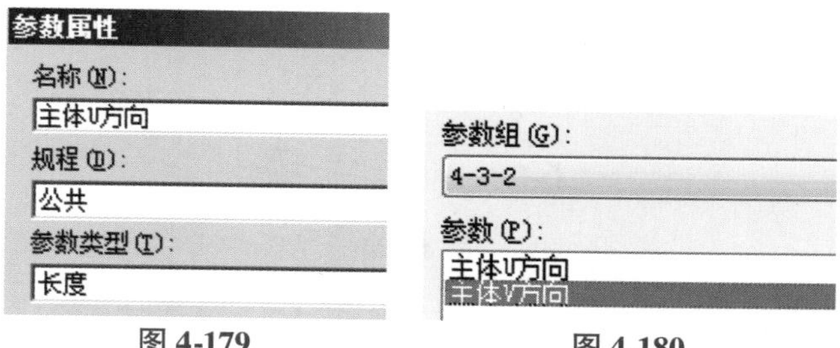

图 4-179　　图 4-180

在“共享参数”对话框中，选择“主体 U 方向”（图 4-181），单击“确定”按钮，回到了“参数属性”对话框，这样就把共享参数加给了这个尺寸标注。注意：在“参数数据”中勾选“实例”及其下面的“报告参数”（图 4-182），这一步很重要。

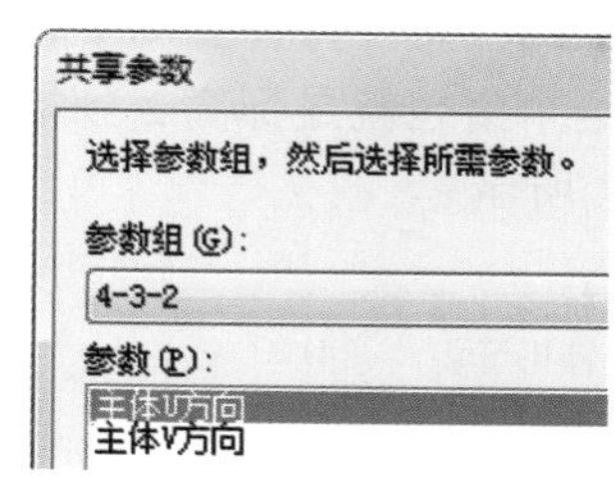

图 4-181

图 4-182

Step 04 单击“创建”选项卡“工作平面”面板中的“设置”，在东南视角方向上，设置自适应点平行于“中心（左/右）参照平面”的那个平面为工作平面（图 4-183 中自适应点上蓝色高亮显示的那个平面），使用“对齐尺寸标注”工具，标注 3 号造型操纵柄点到自适应点的距离，完成后如图 4-184 所示。选中这个尺寸标注，在功能区单击“创建参数”按钮，打开“参数属性”对话框，选择“共享参数”，单击“选择”按钮，打开“共享参数”对话框，选择其中的“主体 V 方向”，单击“确定”按钮，返回“参数属性”对话框，注意勾选“实例”和“报告参数”，单击“确定”按钮。这样该点横纵两个方向的参数就全部添加完毕了。

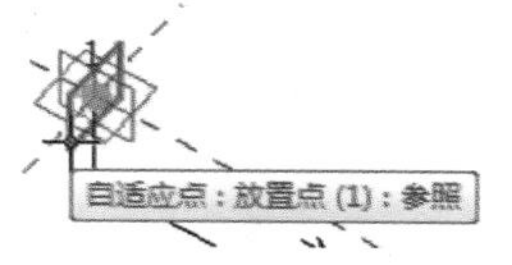

图 4-183

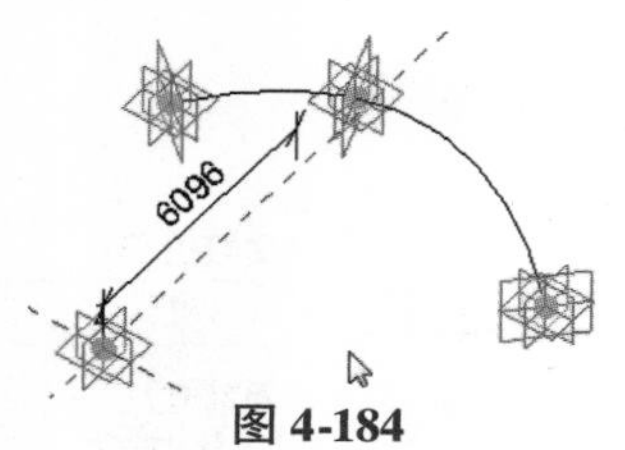

图 4-184

Step 05 单击菜单栏的“载入到项目”，覆盖之前的版本，选中其中的一个构件，观察“属性”栏。在“尺寸标注”分组下有关于这两个参数的信息（图 4-185），选择其他位置的构件，对比这两个参数的值（图 4-186）。其中“主体 U 方向”的值发生了变化，“主体 V 方向”的值没有变化，其原因是，作为轮廓控制线的模型线是使用“样条曲线”工具绘制在标高 2 上的，线上的任意位置在全局坐标的 Z 方向上具有一致的值，这个值也就是标高 2 到标高 1 之间的距离，如图 4-187 所示。

图 4-185

尺寸标注	
主体U方向	2035.3
主体V方向	10426.3

图 4-186

图 4-187

Step 06 新建一个项目，选择“建筑样板”，返回体量族，单击菜单栏的“载入到项目”，由于已经打开多个文件，因此会弹出“载入到项目中”对话框（图 4-188）。在其中选择刚才新建的项目，把体量族载入所选择的文件中，单击“确定”按钮，这时可能又会弹出一个对话框（图 4-189），直接关闭即可。这时，光标处会出现所要放置构件的预览图像，因为标高 1 平面视图的剖切面高度是 1200，和概念体量环境的设置不同，所以看到的图像和之前的会不一样，不过这个没关系。单击鼠标左键一次放置一个该体量族的实例，会弹出一个警告消息（图4-190），提示所放置的体量族不包含实心几何图形，直接关闭即可。我们在之前的操作中，只绘制了线条和一些点图元，并没有其他的具有体积的几何形状，所以出现该提示是正常的。

图 4-188

体量 - 显示体量已启用

Revit 已启用“显示体量”模式，因此新创建的体量将可见。

要临时显示或隐藏体量，请选择 体量和场地 功能区选项卡，然后在“体量”面板上单击“显示体量”按钮。

只有当“视图可见性/图形”对话框中的“体量”类别永久可见时，才能打印或导出体量。

不再显示此消息　关闭(C)

图 4-189

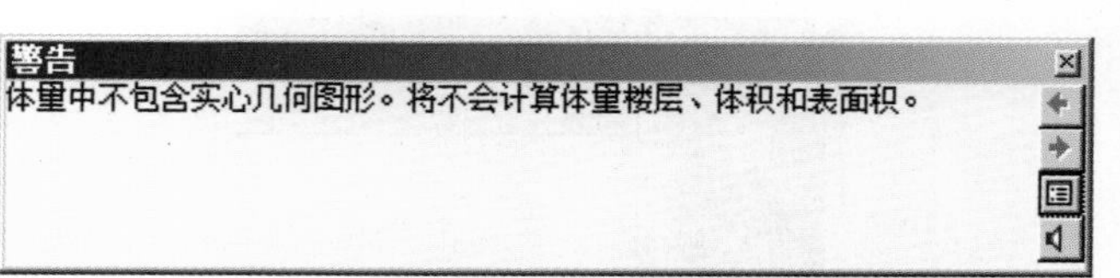

警告
体量中不包含实心几何图形。将不会计算体量楼层、体积和表面积。

图 4-190

Step 07 单击“视图”选项卡“创建”面板中的“明细表/数量”（图 4-191），在“新建明细表”对话框中的“类别”下选择“常规模型”后单击“确定”按钮（图 4-192），在打开的“明细表属性”对话框中，可以看到在“可用的字段”列表中已经有了我们所添加的两个共享参数(“主体 U 方向”和“主体 V 方向”)，如图 4-193 所示。

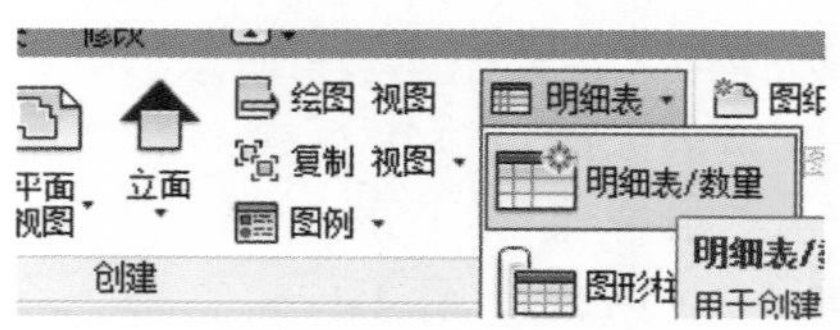

图 4-191

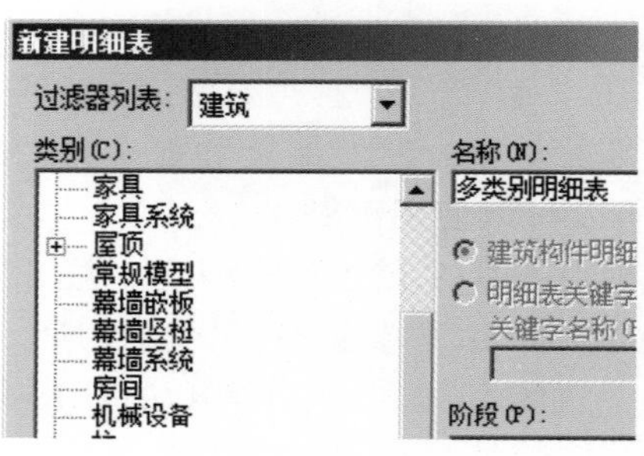

图 4-192

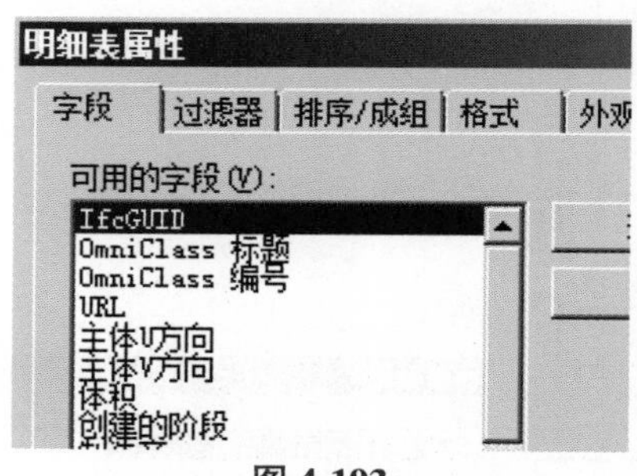

图 4-193

在“可用的字段”列表中，分别双击“族与类型”和“主体 U 方向”“主体 V 方向”这两个共享参数，把它们添加到右侧的“明细表字段”列表中（图 4-194），单击“确定”按钮，会立即生成明细表并转到明细表视图，如图 4-195 所示。

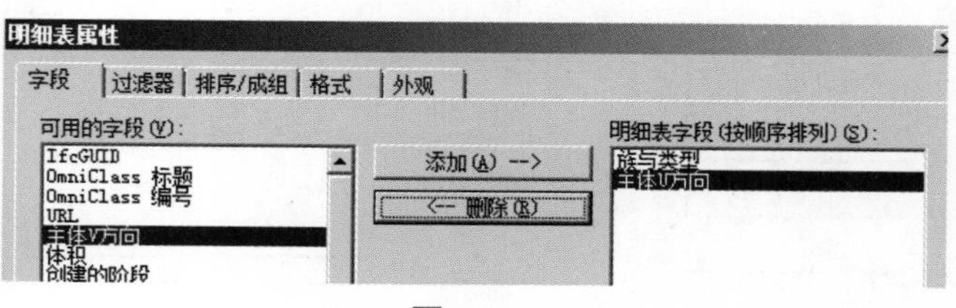

图 4-194

从图 4-195 可以看出，“主体 U 方向”反映了构件中的 2 号点在东西方向上的变化。

<常规模型明细表>		
A	B	C
族与类型	主体U方向	主体V方向
4-3-2 ZSY: 4-3-2	4123	10426
4-3-2 ZSY: 4-3-2	3163	10426
4-3-2 ZSY: 4-3-2	2035	10426
4-3-2 ZSY: 4-3-2	957	10426
4-3-2 ZSY: 4-3-2	618	10426
4-3-2 ZSY: 4-3-2	1278	10426
4-3-2 ZSY: 4-3-2	4685	10426

图 4-195

当移动标高 2 的轮廓控制线时，会发现，无论是在路径的左侧还是右侧，这两个共享参数始终为正值。有没有方法能够区分出构件相对于路径的位置，从而得到带有正负符号的结果呢？请读者仔细思考。

4.8 驱动点

驱动点是用于控制相关样条曲线几何图形的参照点。当使用自由点生成线、曲线或样条曲线时，通常会自动创建驱动点。

这里所说的“创建”，指的是该点具有了对线条的驱动作用，而不是在原有点的基础上又增加了一个新的点。这里，“驱动”的功能并没有反映在它的名称里。

选中一个驱动点后，会显示相关的三维控件。其中颜色为红绿蓝的 3 个箭头，分别代表了全局坐标系 xyz 的 3 个方向；颜色为红绿蓝的 3 个转角符号，代表的是分别与 3 个坐标轴垂直的平面，即 yz、xz、xy 平面。

可以从已放置的基于主体的点创建驱动点。基于主体的点可用于创建工作平面，然后在这个工作平面上添加其他的几何图形，这样这些几何图形就可以随主体图元一起移动。后面我们将会多次用这个特性来创建多种形式的构件。

1. 直接“通过点的样条曲线”创建驱动点

Step01 打开软件，在 Revit 初始界面中单击“新建概念体量”，选择“公制体量”族样板，单击菜单栏的“创建”选项卡下“绘制”面板中的“通过点的样条曲线”（图 4-196），在绘图区域逆时针方向单击鼠标左键 3 次，系统会自动在鼠标单击的位置创建驱动点，如图 4-197 所示。

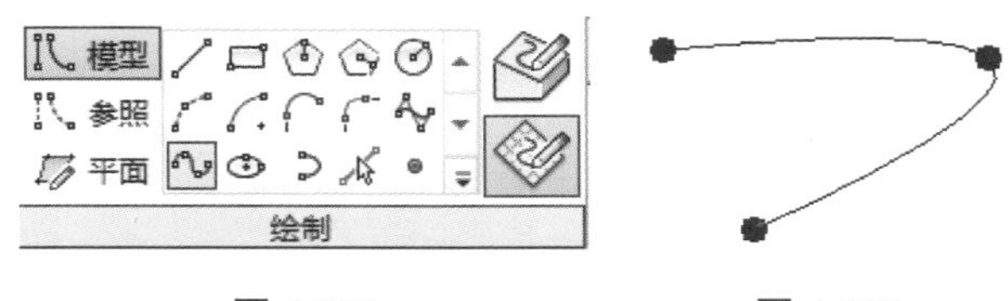

图 4-196　　图 4-197

Step02 选中曲线上的一个点，观察选项栏，它的“主体”属性显示为标高 1，如图 4-198 所示，因为在该族样板里，初始的默认工作平面就是标高 1 平面。单击“显示主体”，可以看到标高 1 的图形表示外框转为蓝色。

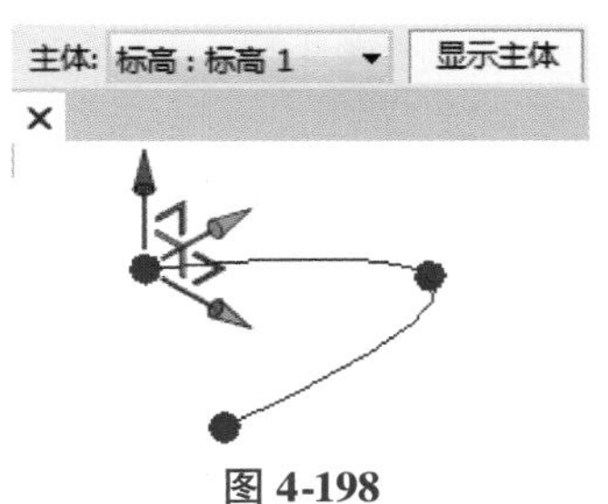

图 4-198

Step03 观察“属性”栏（图 4-199），并与一个单独放置的参照点的属性做对比（图 4-200），发现大部分内容是一样的。

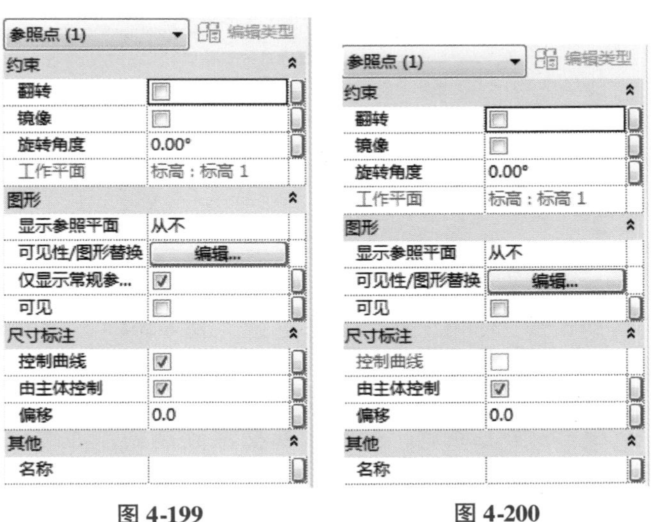

图 4-199　　图 4-200

2. 先放点，再“通过点的样条曲线”创建驱动点

Step01 在其他位置上再放置 4 个点，并用“通过点的样条曲线”连接它们。选中一个位于曲线上的点，取消对“控制曲线”的勾选，那么该点和曲线上所相邻的上下各一个点的连接将会断开，从曲线上脱离出来，成为独立的点。按住蓝色箭头向上拖动，曲线不会跟着变化，因为曲线已经基于其他的点重新生成了形状。在本例中，因为总共有 4 个点，所以在取消中间点的“控制曲线”属性以后，其余的 3 个点连成了一条新的曲线，见图 4-201 与图4-202的对比。

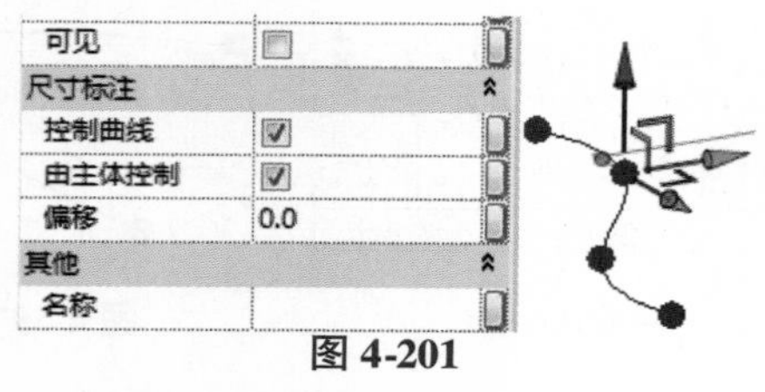

图 4-201

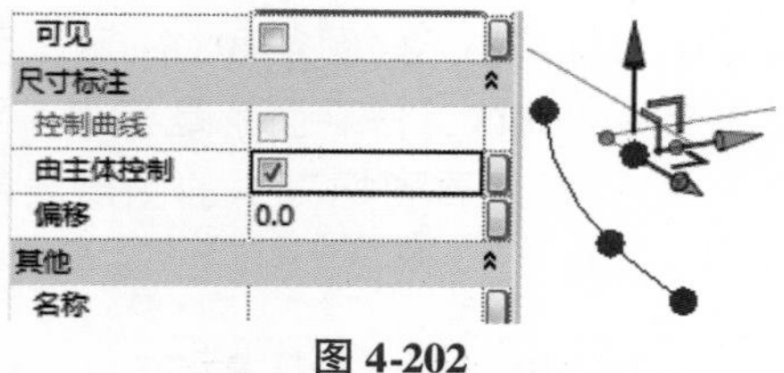

图 4-202

Step 02 选择之前曲线上的一个点，取消对“由主体控制”的勾选，选项栏里的主体属性会变为“不关联”，当把曲线上其他点的主体设为标高 2，再修改标高 2 的高度时，除了这个点之外的其他的点都会移动。但是它还是停留在曲线上并对曲线的形态有控制作用，见图 4-203 与图 4-204 的对比。

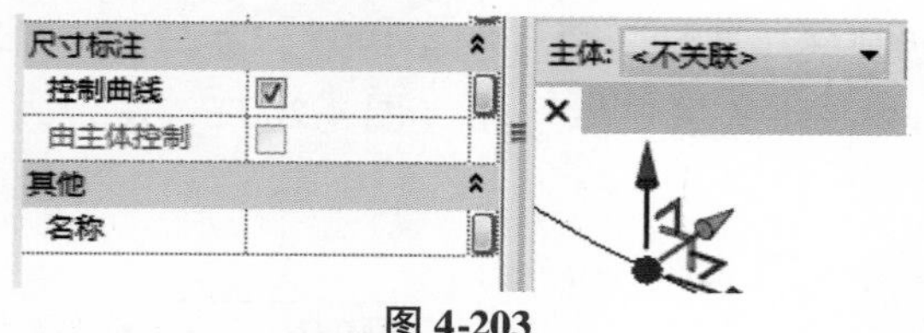

图 4-203

Step 03 在曲线上加点时，有两种方式，分别是“在面上绘制”和“在工作平面上绘制”，如图 4-205 所示。它们之间的区别是：在面上绘制，可以把点加到曲线上，点的默认图形表示为一个比较小的紫色圆点，只能沿着曲线移动；在工作平面上绘制，虽然光标捕捉到曲线，曲线也会蓝色高亮显示，但是放置的点并没有以曲线为主体，外观仍是较大的紫色圆点。以这两种方式，在曲线上添加 2 个参照点

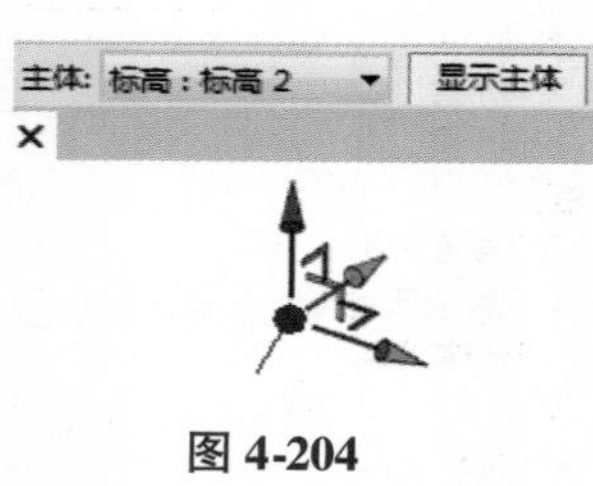

图 4-204

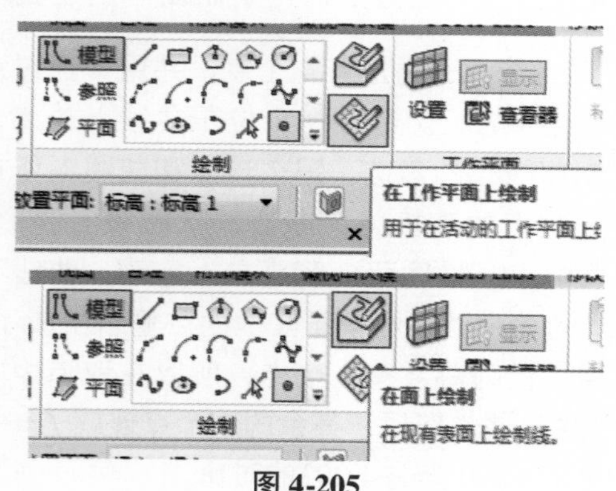

图 4-205

Step 04 分别选中曲线上的点进行观察，可以看到，小的圆点显示了一个与路径位置相垂直的工作平面、与相邻图元之间的临时尺寸标注，以及一个“翻转测量起始终点”的图标，如图 4-206 所示。大的圆点则显示了三维控件（图 4-207），拖动它，会离开曲线（图 4-208），选项栏上的信息也显示该点并不以曲线为主体，刚才只是和曲线在空间位置上重合了。

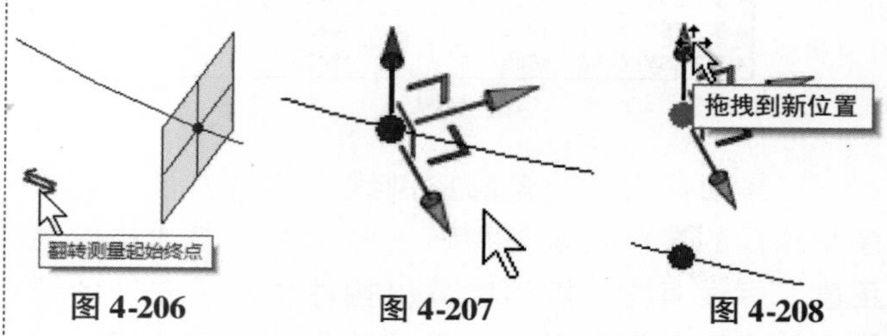

图 4-206　图 4-207　图 4-208

选中小圆点进行拖动，可以看到，它只能以曲线作为路径，沿着曲线来回移动，并不能修改曲线的形状，观察选项栏，出现了“生成驱动点”，如图 4-209 所示。单击“生成驱动点”，紫色小圆点变为紫色大圆点，同时有了三维控件，如图 4-210 所示。选中该紫色大圆点并拖动它，可以看到，不再沿着曲线移动，而是自由移动，如图 4-211 所示。同时会以自己的位置来影响曲线的形状，如图 4-212 所示。

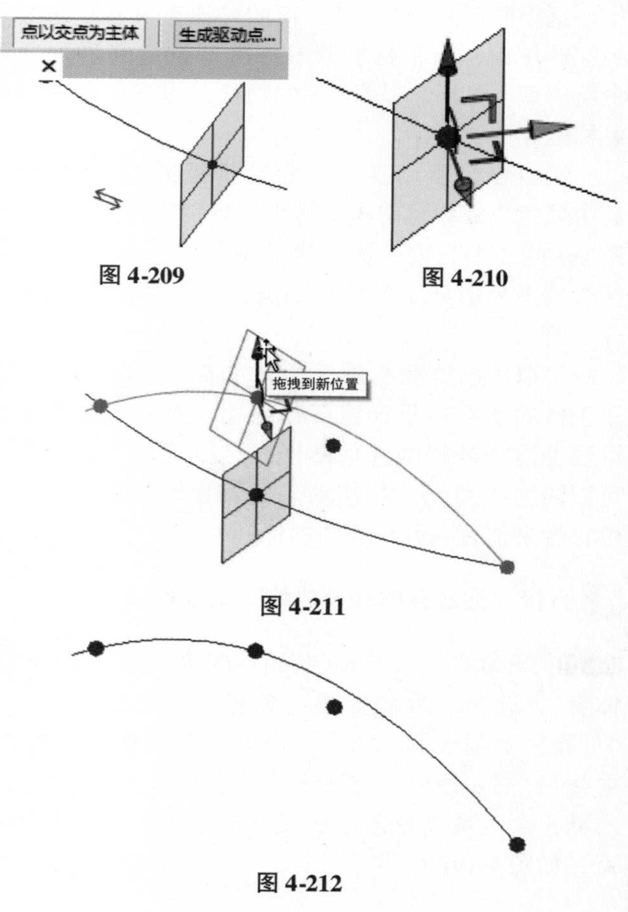

图 4-209　图 4-210

图 4-211

图 4-212

图 4-213 和图 4-214 分别是小圆点和大圆点的“属性”栏，大家可以自行比较一下它们的区别。

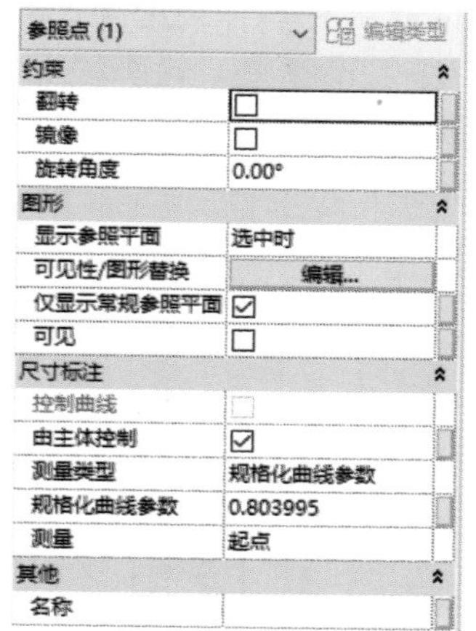

图 4-213

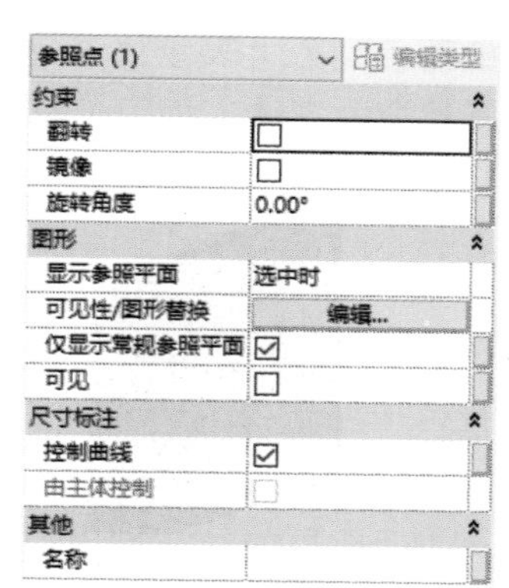

图 4-214

一共有两种方式创建带有驱动点的样条曲线：一种是本节开始时的“通过点的样条曲线”；另一种是先放置参照点到需要的位置上，然后选中这些点，再执行“通过点的样条曲线”命令。注意，后一种方式所生成的样条曲线都是模型线。如果需要的是参照线，那么还需要选中它，再勾选“属性”栏里的“是参照线”属性。

4.9 室内装饰墙案例

选择“自适应公制常规模型 . rft”作为样板，建立一个自适应构件族，其中的一个自适应点用于在路径上给整个构件定位，其余的 4 个造型操纵柄点用于拾取控制轮廓的样条曲线，从而实现“只需调整曲线就可以修改一组相关构件的形状”的目标，而且这些形状的几何特征保持连续。构件中把造型操纵柄点的“受约束”属性都设置为“XY 平面”，以保证构件自身的所有点都位于同一个平面，且在放置位置垂直于该路径。

Step 01 新建概念体量，在默认三维视图中复制标高 1 生成标高 2，选中标高 2，单击临时尺寸标注中的数字，输入高度“4000”。在“项目浏览器”中切换到楼层平面标高 1 视图，使用模型线绘制一条 S 形的样条曲线和两条直线，绘制方向为从上到下，其中曲线在最左边，两条直线排列在右侧，最右边的直线作为放置构件的路径，如图 4-215 所示。注意，用于控制外形轮廓的控制线都要比路径略长一点。在选项栏的“放置平面”下拉列表中选择“标高 2”平面，绘制如图 4-216 所示的另外一条样条曲线和一条直线，方向也是从上到下。切换回三维视图观察，如图 4-217 所示。

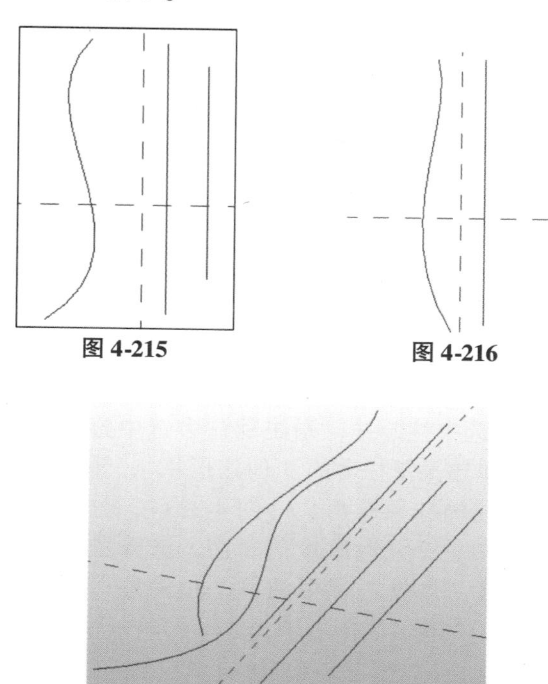

图 4-215　　图 4-216

图 4-217

Step 02 新建族，选择“自适应公制常规模型 . rft”作为样板，单击“创建”选项卡“绘制”面板中的“点图元”，注意检查选项栏里“放置平面”属性是否为“标高：参照标高”（图 4-218）。放置 5 个参照点，相互位置关系如图 4-219 所示。选中右下角的点，单击菜单栏的“使自适应”，把它转为自适应点，选中另外 4 个参照点，在“属性”栏中把它们的“点”属性改为“造型操纵柄点（自适应）”，“受约束”属性改为“XY 平面”，如图 4-220 所示。

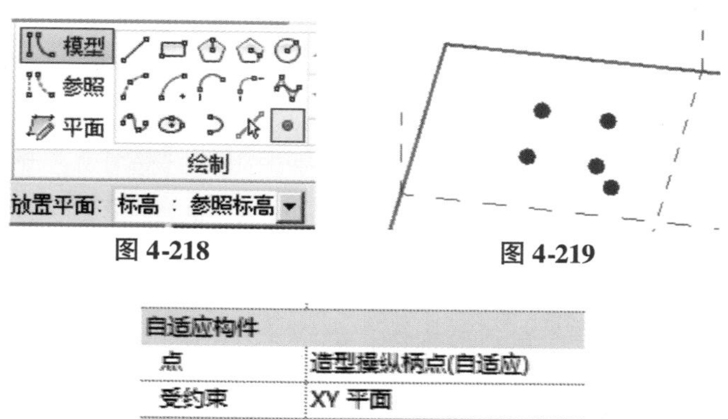

图 4-218　　图 4-219

自适应构件	
点	造型操纵柄点(自适应)
受约束	XY 平面

图 4-220

Step 03 单击“绘制”面板中的“参照”，使用“直线”工具，把 4 个造型操纵柄点连接起来，注意一定要勾选选项栏的“三维捕捉”复选框，如图4-221 所示。注意在连接完成以后要进行检查，方法是选中一个造型操纵柄点，把它拖动一段距离改变其位置，观察与之相连的参照线有没有跟着一起移动，如

图 4-222所示。

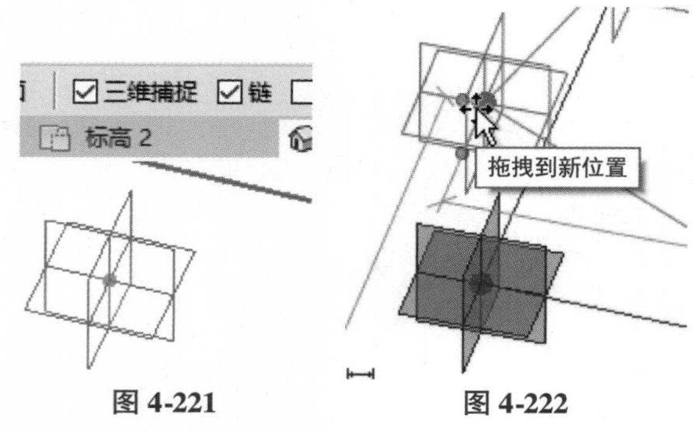

图 4-221　　图 4-222

Step04 单击选中参照线，系统默认会选中整个相连的线链，再单击菜单栏上的“创建形状”，预览图像提示可以生成的结果有两个（图 4-223），分别为实心拉伸形状和一个没有厚度的单面。选择左侧的实心形状，并在“属性”栏中调整“正偏移”属性的值为“100”，如图 4-224 所示。

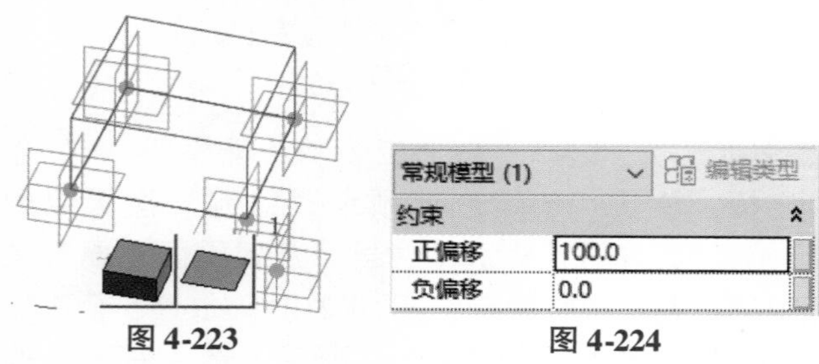

图 4-223　　图 4-224

Step05 单击菜单栏的“载入到项目”，如果软件只打开了刚才创建的体量族和正在操作的自适应构件，那么该自适应构件族就会直接载入到体量族里，同时因为是首次载入，所以在光标处会有这个族的预览图像。单击右侧作为路径的线段即可放置该构件族的一个实例。默认的放置方式为连续放置，按 < Esc > 键可以取消当前的放置命令。如果再次放置，可在体量族中单击“创建”选项卡下的“构件”，并确认放置方式为“放置在面上”，如图 4-225 所示，以保证在主体图元的选定面上进行放置。如果是曲线形式的路径，则单击直线路径上的任意一点，就可以放置一个自适应构件，如图 4-226 所示。

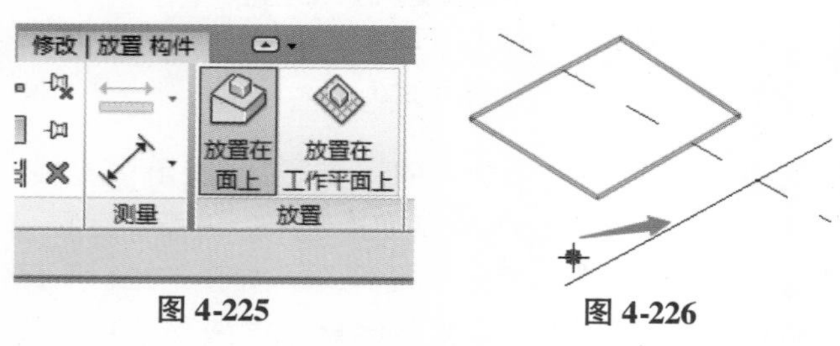

图 4-225　　图 4-226

Step06 放置后，移动光标靠近矩形板的端点位置，当只以蓝色高亮的方式显示单个实心圆点时单击选中它（图 4-227），同时出现提示信息，显示该点的类型和受约束情况。也可以配合 < Tab > 键单击选中它，选中以后再单击菜单栏的“拾取新主体”，如图4-228 所示，再移动光标至对应的那条轮廓线，轮廓线变成蓝色高亮（表示处于待选择的状态），单击即会将其拾取为主体，如图 4-229 所示 。

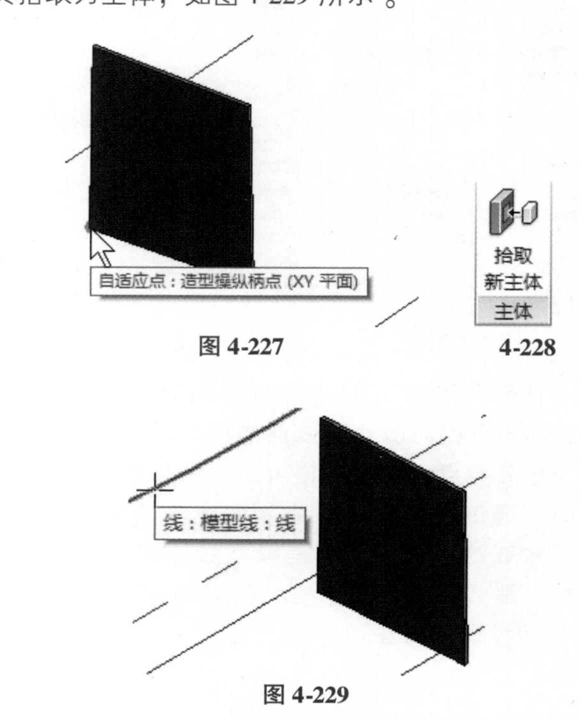

图 4-227　　4-228

图 4-229

构件的顶点也会立即移动到这条模型线上，并带动族中几何形状的改变，如图 4-230 所示。接着，依次操作其他的 3 个端点，拾取到对应位置的轮廓线上。如果将形状的端点拾取到不具有对应关系的轮廓线上时，软件可能会提示无法生成此族类型，所以要注意拾取主体时的顺序，原则是保持原有形状的点位顺序，避免产生交叉。完成后，当光标靠近族中形状的表面时，会以蓝色高亮的方式显示族中的几何形状的轮廓，可以看到在路径上的自适应点和在轮廓控制线上的造型操纵柄点，如图 4-231 所示。

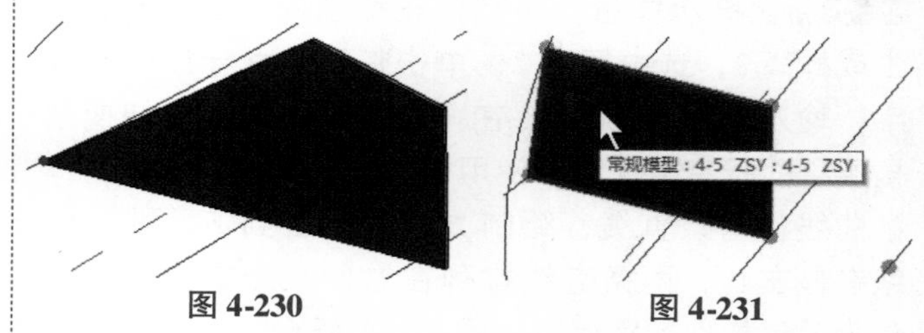

图 4-230　　图 4-231

Step07 选中构件，按住 < Ctrl > 键，在把光标放在构件表面后按住鼠标左键拖动，复制几个构件，会看到拉伸形状的 4 个角的顶点始终保持在轮廓控制线上，如图 4-232 所示。复制完成后可以进一步控制构件间的尺寸关系。单击“创建”选项卡“尺寸标注”面板中的“对齐尺寸标注”，将光标移动到路径上，移动时注意查看，当捕捉到自适应点时，该点会以蓝色高亮的方式显示为一个大圆点，单击即可开始标注，如图4-233所示。标注完成后尺寸标注会处于被选中状态，单击 EQ 符号可以给构件添加等分限制的约束条件，如图4-234所示。再加一个关于两端的构件的标注，对这个标注添加参数以后，就可以用这个参数来控制整个构件的总宽度。

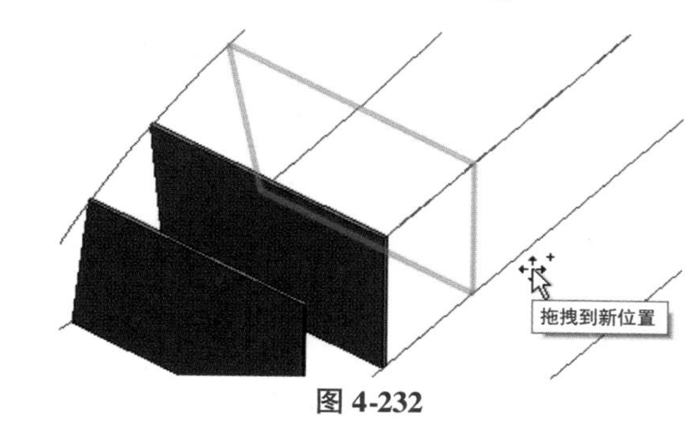

图4-232

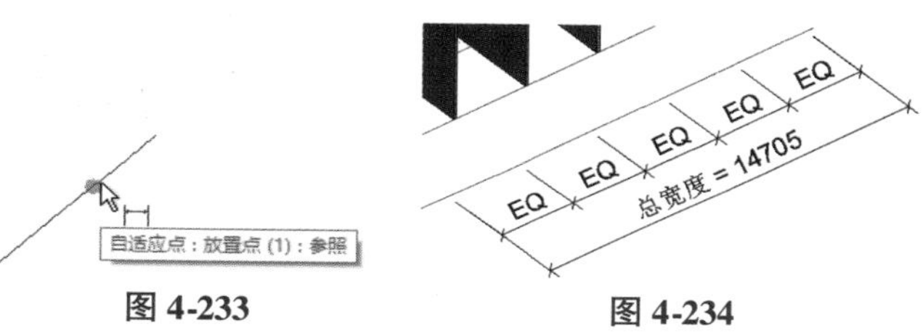

图4-233　　图4-234

Step08 注意，当在长度方向上路径长度大于轮廓线，选中一个放好的自适应构件，按住<Ctrl>键向路径的其中一端拖动复制时，比路径短的轮廓线上的造型操纵柄点会脱离轮廓线。为了使轮廓控制线能够始终全部控制路径上各个构件的形状，应该避免发生这种情况。

Step09 尝试测试由3个造型操纵柄点和5个造型操纵柄点控制的自适应构件装饰板，并将体量族载入项目中。载入前可以先选中全部的模型线，在“属性”栏中关闭模型线的可见性，以使辅助线在项目环境中不可见。图4-235中的装饰板构件，曲线一侧的边，是使用“通过点的样条曲线”连接各个造型操纵柄点来形成的，这样创建的装饰墙板的边缘呈流线型的连续变化，更具观赏性。

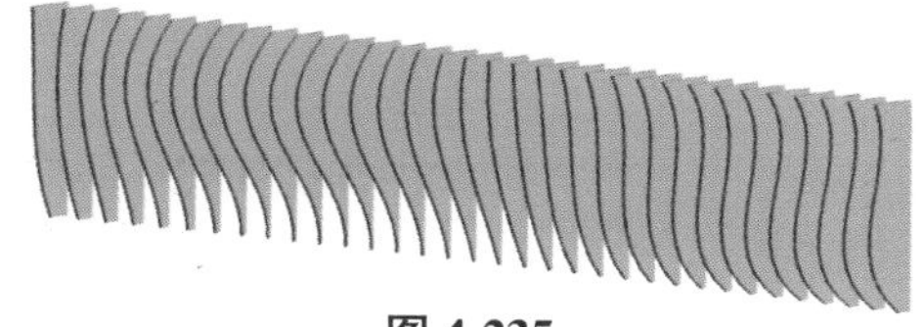

图4-235

Step10 注意选中造型操纵柄点后再去拾取控制轮廓线为主体时，状态栏会提示“拾取曲线，为点定义与给定面相交的主体交点”。若轮廓控制线在长度方向小于路径，放置在靠近路径端点一侧的构件的XY平面可能会与轮廓线没有交点，则光标移至控制线上不显示蓝色预选提示，如图4-236所示。

图4-236

本节总结起来，主要有以下几点：

Step01 路径用于给构件定位，轮廓控制线用于调整形状。

Step02 尝试在构件中增加造型操纵柄点的数量，也增加更多的轮廓控制线，使装饰墙的一侧有更丰富的变化。

4.10 地形表面中的放置点

在创建地形表面时，“放置点”是其中最基本的方式之一。

Step01 在项目环境下的三维视图或者场地平面视图中，单击“体量和场地”选项卡“场地建模”面板中的“地形表面”，会自动切换到“修改|编辑表面”选项卡，“工具”面板中的“放置点”默认为选中的状态。

Step02 在绘图区域单击鼠标左键即可创建放置点，其中位于边界的为“边界点”（图4-237），其他的都是“内部点”，如图4-238所示。

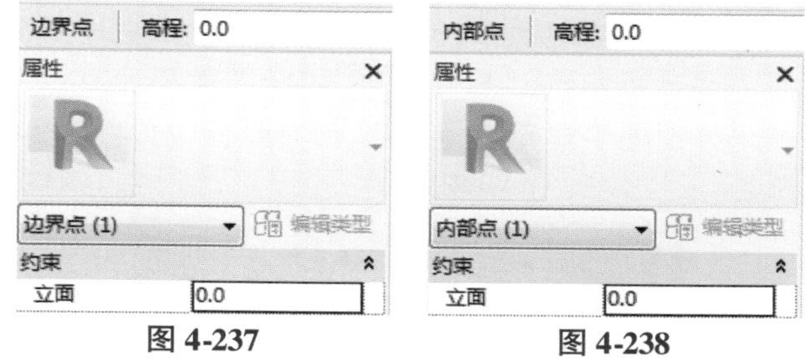

图4-237　　图4-238

Step03 点的属性比较简单，在选中点的状态下，可直接在选项栏“高程”文本框和“属性”栏“立面”文本框中输入数值重新调整点的高度。

4.11 房间计算点在族中的设置

Step01 新建一个公制常规模型，在“属性”栏里勾选“房间计算点”，这时在参照标高视图中的参照平面交点处，会出现一个绿色的实心圆点，如图4-239所示。单击选中它，拖动三维控件，移开一段距离，如图4-240所示，会看到计算点的尾部固定在参照平面交点上，首尾之间由绿色虚线连接。

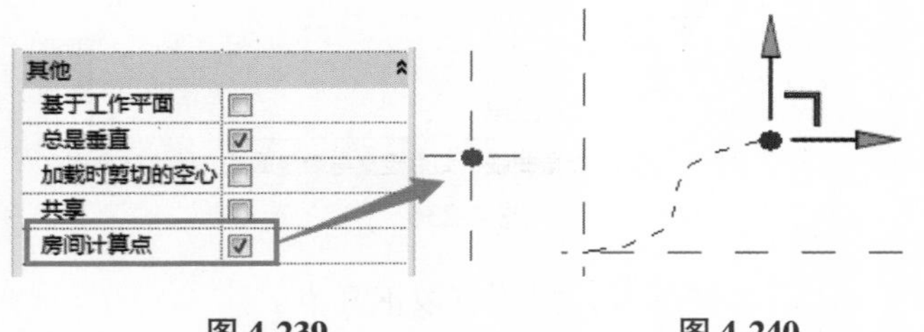

图 4-239　　图 4-240

Step02 进入前立面，房间计算点在默认状态下是沿着Z轴向上延伸一段距离，绿色虚线为S形状，底部落在参照标高上，如图4-241所示。在前立面观察，房间计算点位于参照平面“中心（左/右）参照平面”上。

Step03 通过修改视图窗口左下角视图比例，可以看到中间的绿色连接线的显示也发生了变化，如图4-242所示。

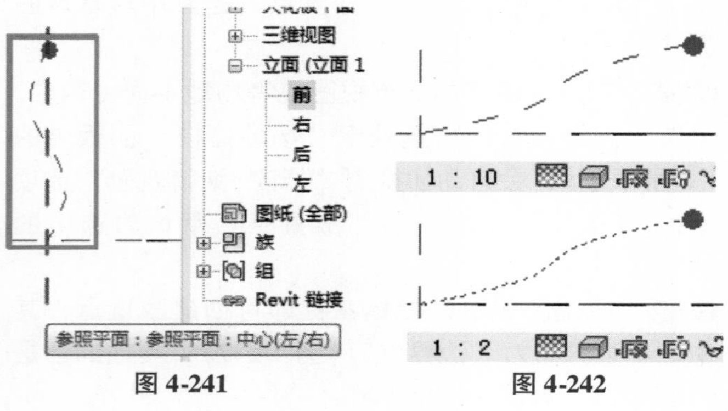

图 4-241　　图 4-242

Step04 在参照标高上创建一个拉伸，确认未选中任何图元，并已经勾选“属性”栏中的“房间计算点”，可在三维视图中显示房间计算点的位置，如图4-243所示。

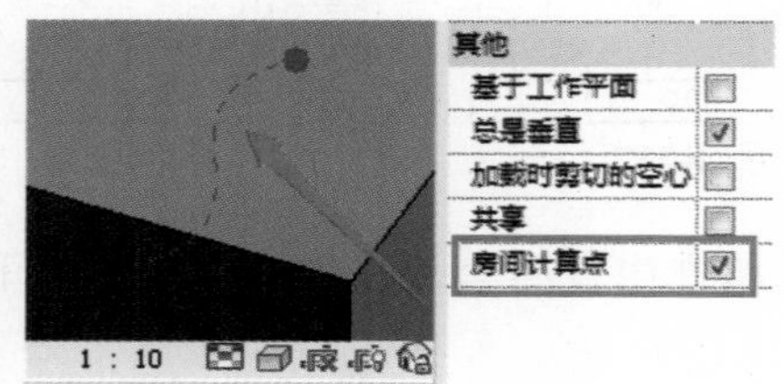

图 4-243

Step05 可以根据需要把计算点拖动到拉伸模型的外部，达到捕捉不同位置房间信息的目的。选择房间计算点时，可以用“修改”面板中的移动工具对其位置进行修改，也可以拖动房间计算点本身自带的三维坐标轴来修改其位置，如图4-244所示。

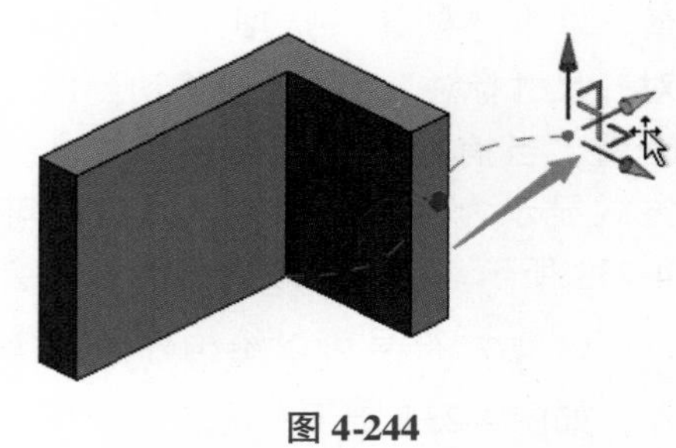

图 4-244

4.12 读取房间信息到明细表

Step01 新建一个项目，在标高1平面，绘制墙体、创建房间并标记。将常规模型族载入项目并放置，选中族后会显示房间计算点，如图4-245所示。房间计算点的位置决定着所读取相关信息的对应房间，如图4-246所示。

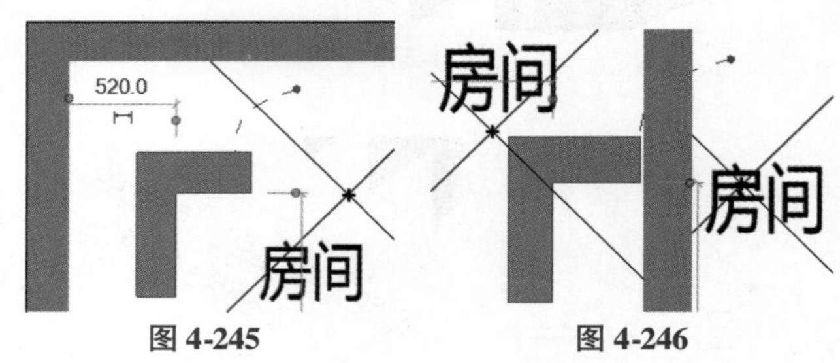

图 4-245　　图 4-246

Step02 选中房间后，在“属性”栏里依次更改3个房间的名称和基面面层，更改命名为：编号1房间1基面面层11，如图4-247所示；编号2房间2基面面层22，如图4-248所示；编号3房间3基面面层33，如图4-249所示。

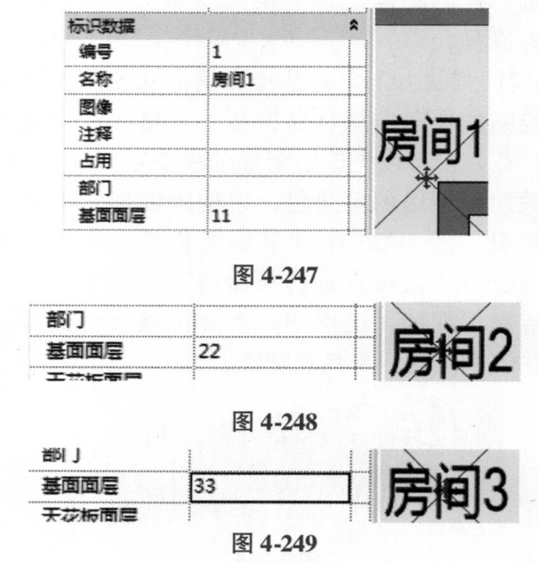

图 4-247

图 4-248

图 4-249

Step03 为了检验计算点的工作情况，在房间的不同位置放置这个常规模型族，依次是房间内、跨墙体和房间外3个位置，如图4-250所示。

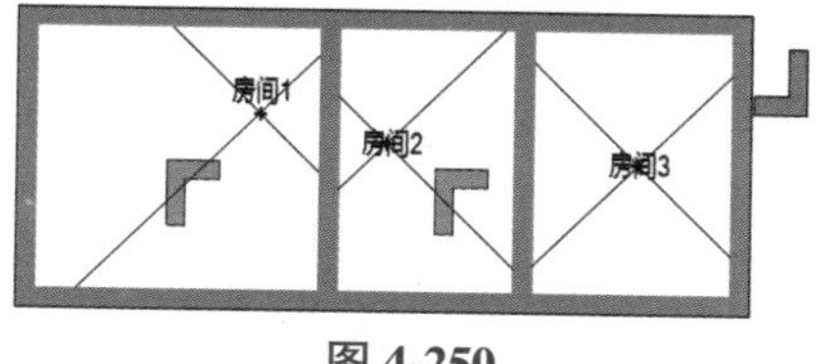

图4-250

Step04依次选中族，观察其房间计算点的位置，可以看到，房间1和房间3中的族房间计算点延伸出来到房间中，如图4-251和图4-252所示；房间2中的族房间计算点位于墙体内部，如图4-253所示。

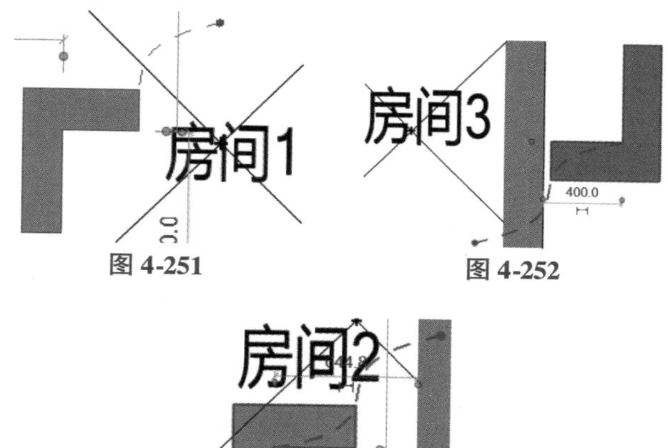

图4-251

图4-252

图4-253

Step05新建一个常规模型明细表，如图4-254所示，之后单击“确定”按钮，弹出“明细表属性”对话框。在“可用字段”中把“族与类型”添加进明细表字段中，再单击上方“选择可用的字段”的下拉列表，切换到“房间”。把“房间：名称”和“房间：基面面层”添加进明细表字段中，单击“确定”按钮创建好“常规模型明细表”，如图4-255和图4-256所示。

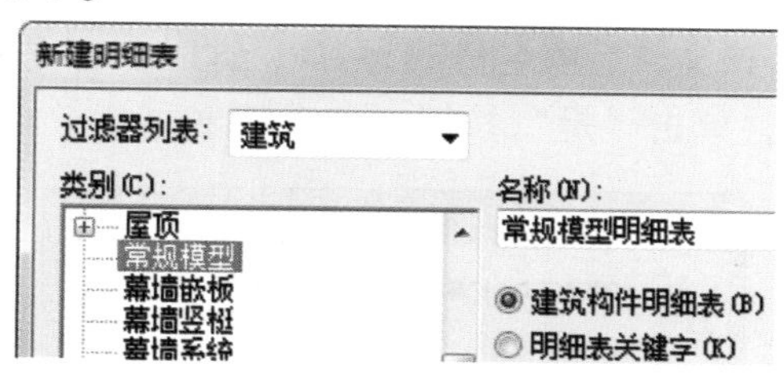

图4-254

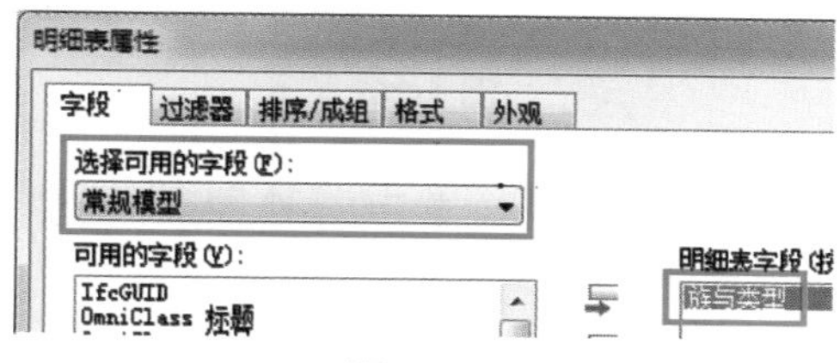

图4-255

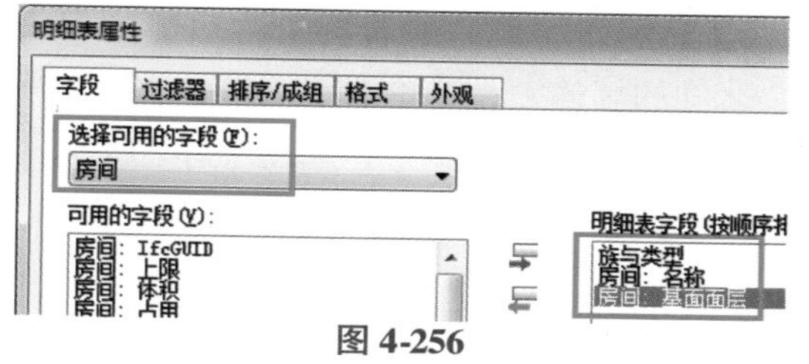

图4-256

Step06可以看到，放置在房间1和房间3的族可以显示房间名称及基面面层，放在房间2的族列表空白，如图4-257所示。原因是房间2的中族的计算点位于墙体内无法读取房间2的相关信息。同样的，如果房间计算点处于房间边界之外，明细表中也是无法统计到相关信息的，如图4-258所示。

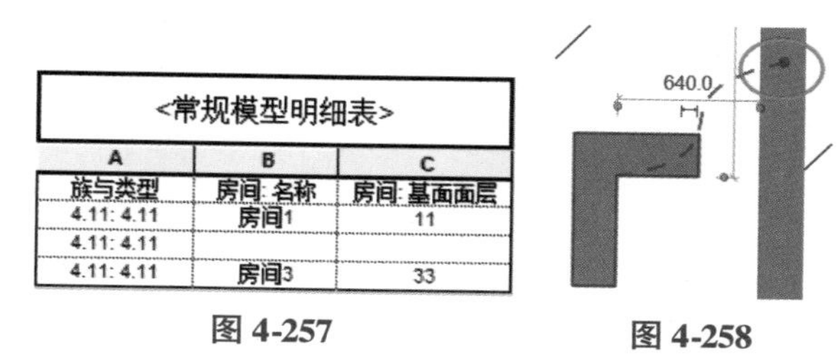

<常规模型明细表>

A	B	C
族与类型	房间：名称	房间：基面面层
4.11: 4.11	房间1	11
4.11: 4.11		
4.11: 4.11	房间3	33

图4-257

图4-258

4.13 “从房间”和“到房间”

Step01在项目中，窗是放置于墙体上的，而墙体构成了房间的边界，窗是有方向的。选中房间计算点，绿色的虚线的中间有一个翻转控件，单击即可翻转控件以重定向。新建一个公制窗模型（图4-259），然后勾选“属性”栏中的房间计算点，如图4-260所示。可将路径两端的箭头重新定位到可以清楚确定其所需房间的位置上。

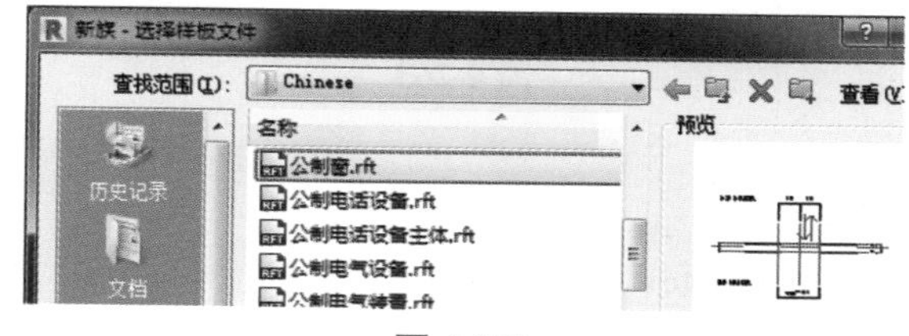

图4-259

图4-260

Step 02 将新建的窗族载入到项目中并放置在房间 1 和房间 2 之间的墙体上，选中窗族观察，此时房间计算点分别在房间 1 和房间 2 中，如图 4-261 所示。

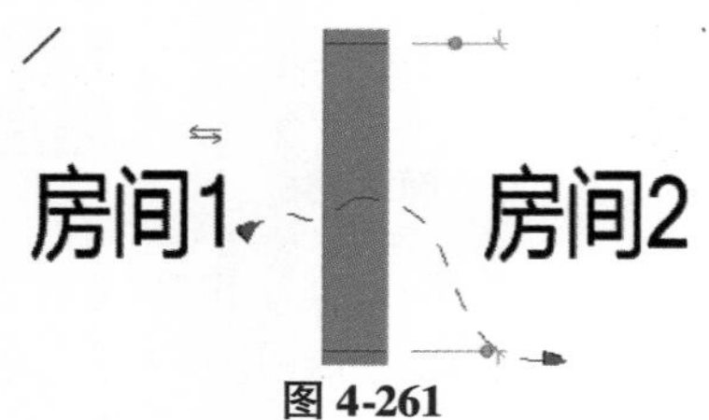

图 4-261

Step 03 在“视图”选项卡“创建”面板中单击“明细数量”，在弹出的“新建明细表”对话框中选择“窗”类别，单击“确定”按钮，如图 4-262 所示，弹出“明细表属性”对话框。在该对话框中，先添加窗的“族与类型”到明细表字段中（图 4-263），再单击“选择可用的字段”下拉列表，分别在“从房间”和“到房间”中添加“房间名称”和“房间基面面层”，如图 4-264 所示。

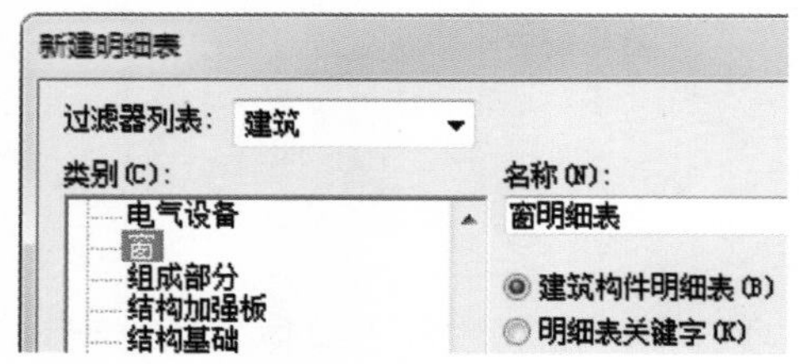

图 4-262

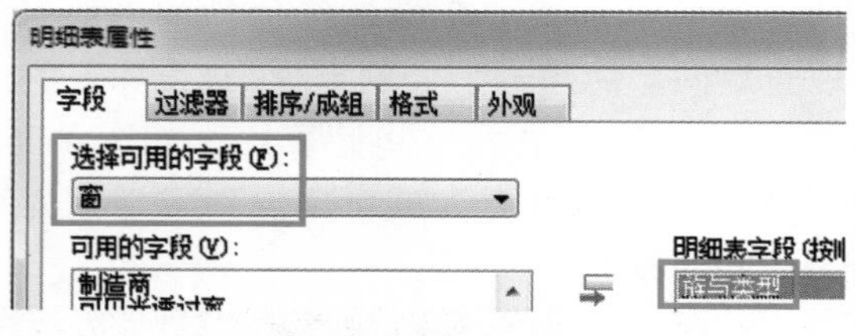

图 4-263

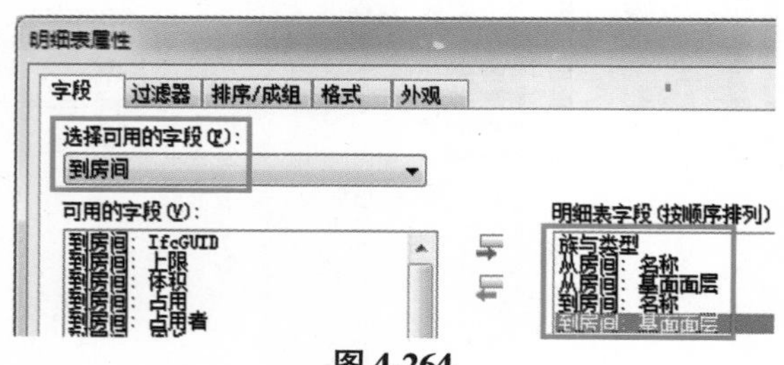

图 4-264

Step 04 单击“确定”按钮后观察明细表，可以看到从房间 1 到房间 2 的不同信息。本例中对于这个窗族，房间 2 为内部，房间 1 为外部，如图 4-265 所示。

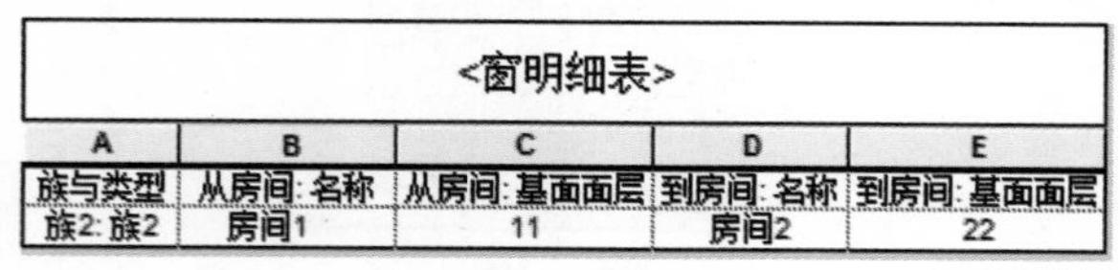

<窗明细表>

A	B	C	D	E
族与类型	从房间：名称	从房间：基面面层	到房间：名称	到房间：基面面层
族2：族2	房间1	11	房间2	22

图 4-265

在族编辑器中，房间计算点在默认状态下并没有勾选，需要在“属性”栏里勾选。勾选后的房间计算点会在视图中显示出来，此时可通过拖动操纵柄以到达指定位置。开启房间计算点的族载入到项目后，能读取房间计算点所在房间的相关信息。若房间计算点不在房间边界内，如房间计算点位于墙体内或房间边界之外，则读取信息失败。此时可以调整族的位置，或者返回到族编辑器中拖动房间计算点至合适位置后重新载入。

学完本节后，可进行以下拓展练习：

Step 01 尝试添加其他的房间可用字段到窗的明细表中。

Step 02 尝试使用门族的房间计算点读取相关信息到门明细表中。

4.14 在 txt 文件里创建地形点

Revit 能够识别 csv 文件和文本文件中的数据，从而生成地形表面。本节练习的内容为：创建 txt 文件，并在其中输入地形点的三维坐标，保存后把该文本文件的后缀名由 txt 改为 csv，再导入到 Revit 中，生成地形表面。

Step 01 创建 txt 文件，命名为 11。按照 X、Y、Z 这样的顺序，逐个输入数值，互相之间以逗号分隔，代表 Z 坐标的数字的后面可以没有逗号，在每行结束时按回车键，切换到下一行，如图 4-266 所示，输入完毕后，保存并关闭该文件。

图 4-266

Step 02 将该文件后缀名修改为 csv，这时会有提示（图 2-267），单击“是”按钮，完成修改。

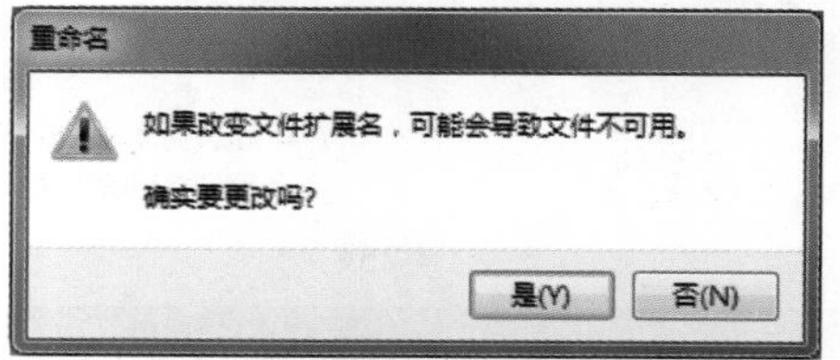

图 4-267

Step 03 新建 Revit 项目，单击“体量和场地”选项卡→“场地建模”面板中的“地形表面”→“工具”面板中的“通过导入创建”→“指定点文件”，如图 4-268所示。

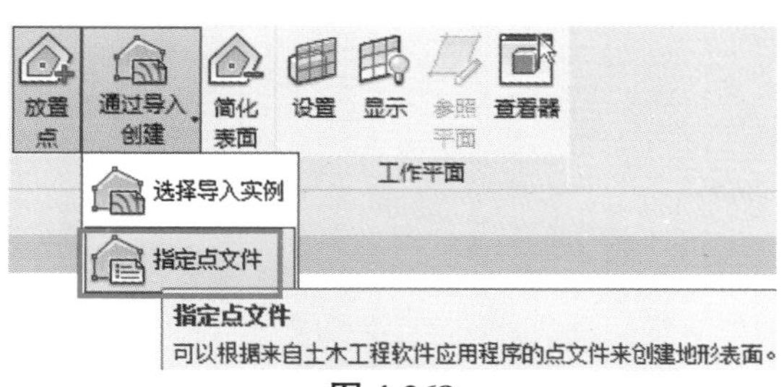

图 4-268

Step 04 弹出“打开”对话框，定位到刚才创建的 csv 文件，单击“打开”按钮，紧接着会弹出对话框以确认单位，因为我们刚才在 txt 文件里输入的数值很小，如果以 mm 为单位创建的话不便于发现，所以在下拉列表里选择“米”作为单位，如图 4-269 所示。单击“确定”按钮后再在绘图区域单击鼠标左键，会看到地形点已经添加完毕，并同时创建了地形表面。现在可以选中这些地形点，修改它们的数据，以继续调整地形表面。单击绿色对勾，如图 4-270 所示。切换到三维视图，进行观察。

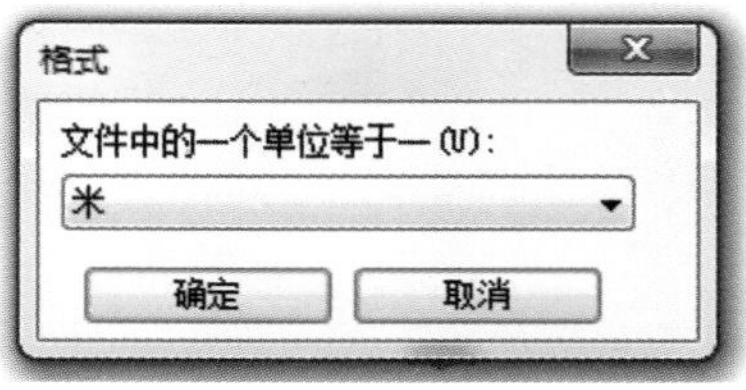

图 4-269

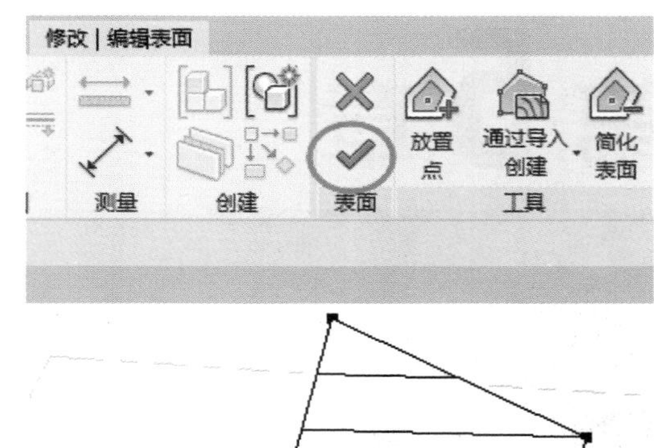

图 4-270

第5章

Revit中点图元的属性

概 述

参照点可以在概念设计中帮助构建、定向、对齐和驱动几何图形，可用于指定构件在三维工作空间中的位置，或者相对另一构件的位置。本章尝试对参照点的属性做一个简单的总结，涉及点的移动、转动比例等特点的属性，可能看上去是枯燥无趣的，但却是制作各种灵巧构件的基础。

5.1 当点的主体为参照平面时的属性

本节讨论的是放置在参照平面上的参照点。这些参照平面也包括标高、参照线、模型线，以及参照点自身携带的那些可用作工作平面的面。

1. 创建主体为参照平面的参照点

Step01 新建概念体量，在标高 1 平面上绘制模型线和参照线各一条，放置一个参照点，画一个参照平面，并将其命名为“AA”，选中标高 1 并复制一个新标高。

Step02 执行“点图元”命令，再单击 设置，光标移动到模型线的端点处，会看到有一个蓝色实心圆点，状态栏提示 线：模型线：参照，此时单击鼠标左键，光标处的预览图形会变为放置点的状态，状态栏提示为 单击以放置点。，然后在端点旁边单击鼠标左键，完成放置第一个参照点。这时拖动模型线的这个端点，会看到刚刚放置的参照点会跟随移动。选中这个参照点，在“属性”栏的“名称”一行中输入“模型线” 名称 模型线 。

Step03 对参照线也执行同样的操作，加一个参照点，并把名称设为“参照线”。在对第一轮放置的那个参照点加点时，工作平面选择垂直或者水平都可以，会有预览图像 参照点：参照点，按 <Tab> 键在 3 个平面之间切换，确认以后进入放置状态，会显示一个更大的外框，光标处出现浅色的预览图像，如图 5-1 所示。

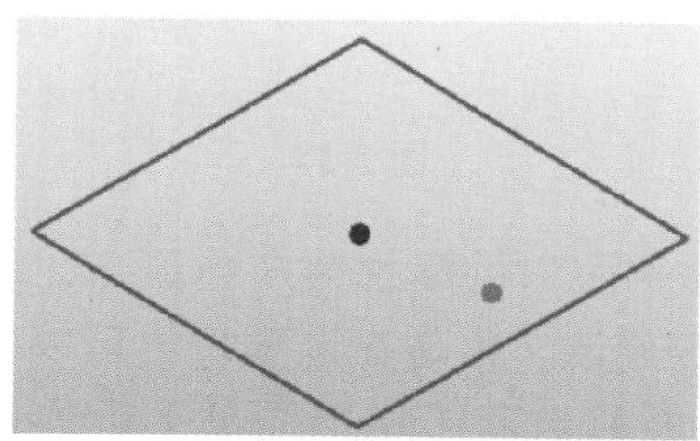

图 5-1

Step04 将后加的这个参照点名称设为“参照点”。也就是说，先前放置的参照点将作为后加的这个参照点的主体，带动它一起变化。

Step05 执行“点图元”命令，在选项栏中将“放置平面”切换为标高 2，加一个点，名称设为“标高 2”，如图 5-2 所示。

Step06 执行“点图元”命令，在选项栏选择开始时绘制的“参照平面：AA”，然后加一个点，再把点的名称改为“参照平面”，如图 5-3 所示。

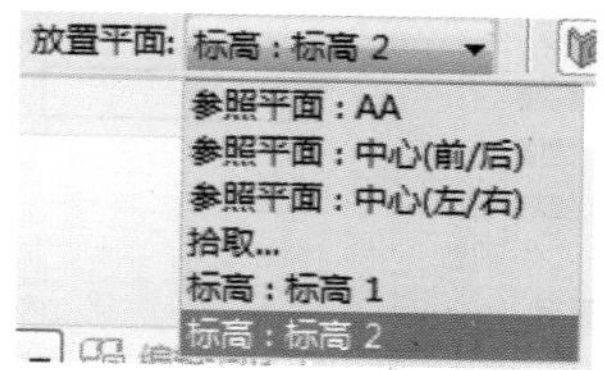

图 5-2

Step07 现在已经创建了 5 个参照点，而且它们分别位于不同的主体上。这 5 个参照点共同的特征是：虽然主体不同，但是都与主体的参照平面有关。接下来逐一选中，查看“属性”栏，观察它们互相之间的区别，如图 5-4 ~ 图 5-8所示。可以看出，除了名称和工作平面不同以外，其他参数没有任何区别。而这个名称是为了区别各自的主体，在放置以后才加上去的。所以本节之后的内容，就只用放在标高 2 的参照点来讨论其属性即可。其他主体的就不逐个去尝试了。

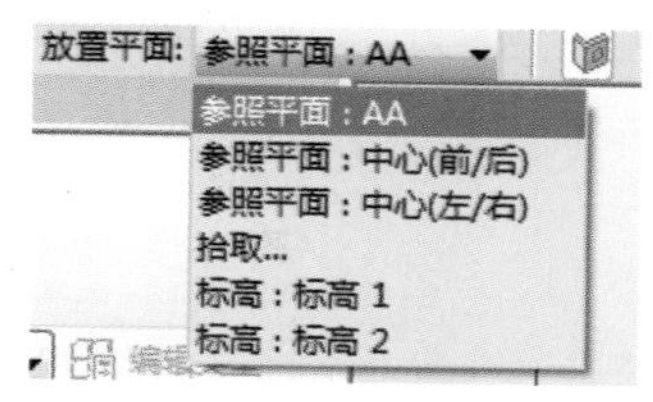

图 5-3

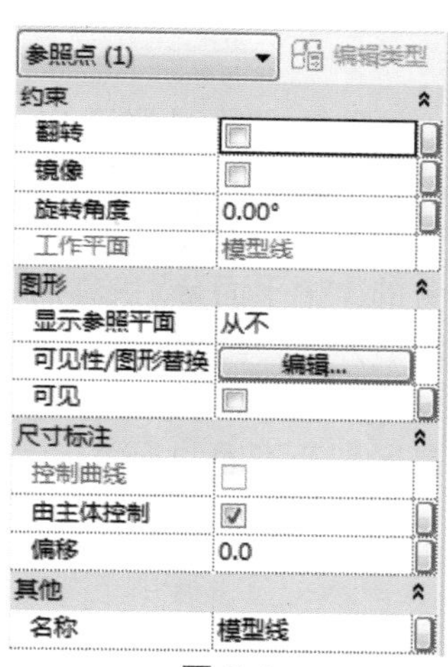

图 5-4

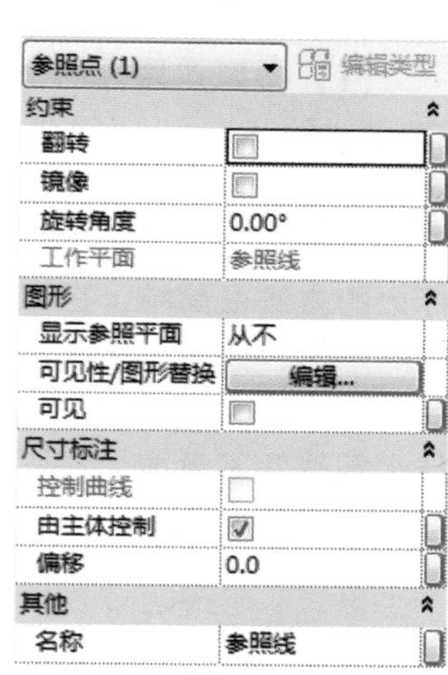

图 5-5

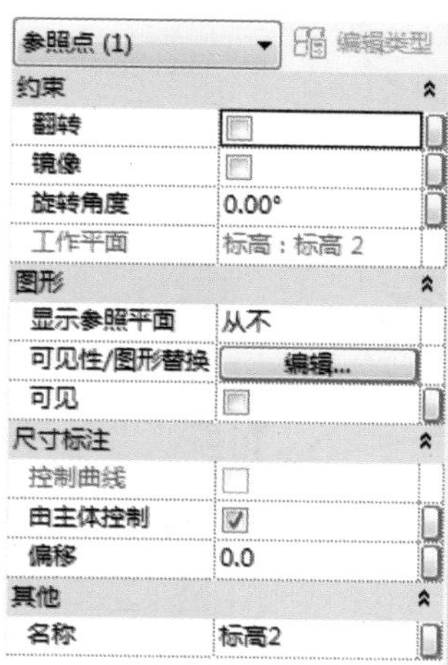

图 5-6

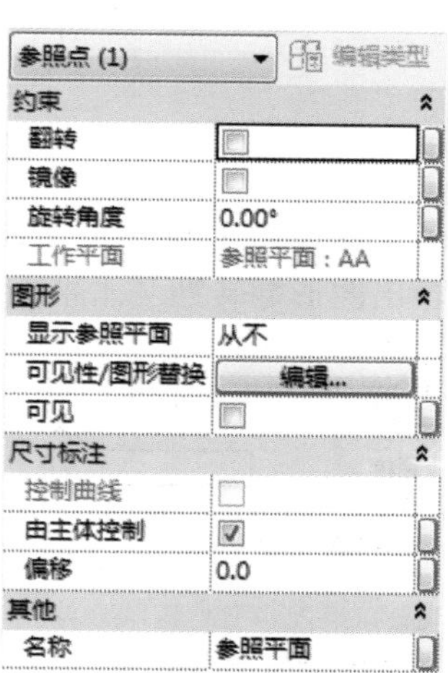

图 5-7

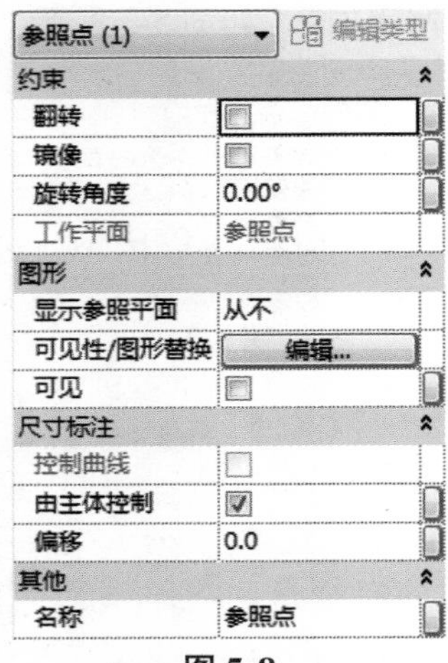

图 5-8

2. 参照点的属性及对其的影响

选中放在标高 2 的参照点，在“属性”栏修改它的“显示参照平面”属性为“始终”。从“属性”栏里可以看出，有 7 个属性后面有“关联族参数”的矩形按钮，其中常用的是“旋转角度”和“偏移”。下面逐一查看每个属性的含义及其对参照点的影响。

（1）参照点属性的含义

Step01 “翻转”和“镜像”。为了更好地观察变化，应先给参照点做个标记，否则可能很难知道它到底有没有变、怎么变，因为它的外观显然是对称的。标记的方法很简单，在它自身的 3 个平面分别绘制不同的图形，如图 5-9 所示，水平方向为两个圆形，前后方向为一个三角形，左右方向为两个矩形。绘制什么图形并不重要，重要的是区别开不同的平面。

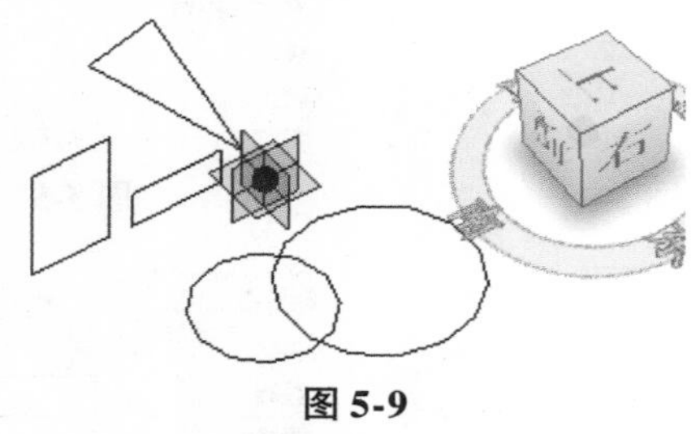

图 5-9

图 5-10 和图 5-11 是“翻转”属性的对比，可以看出图形翻转到了水平面下方。

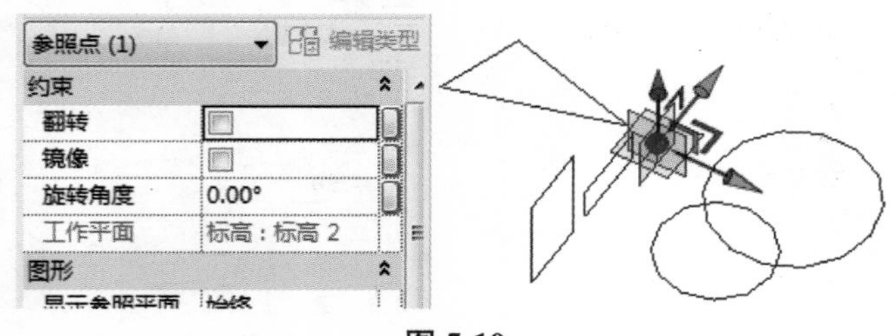

图 5-10

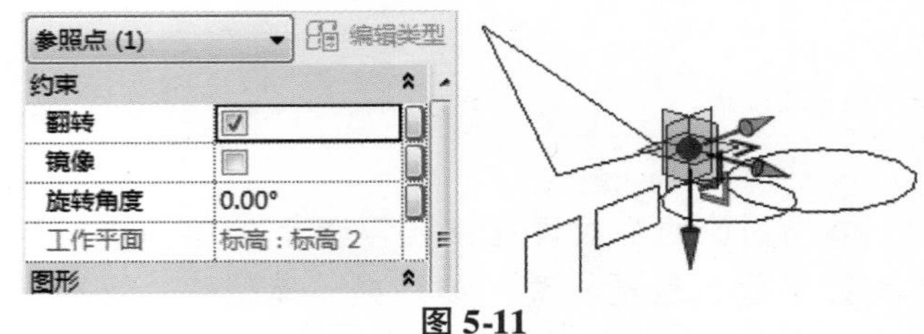

图 5-11

接下来对比镜像，发现是以南北方向为轴来镜像的，如图 5-12 和图 5-13 所示。

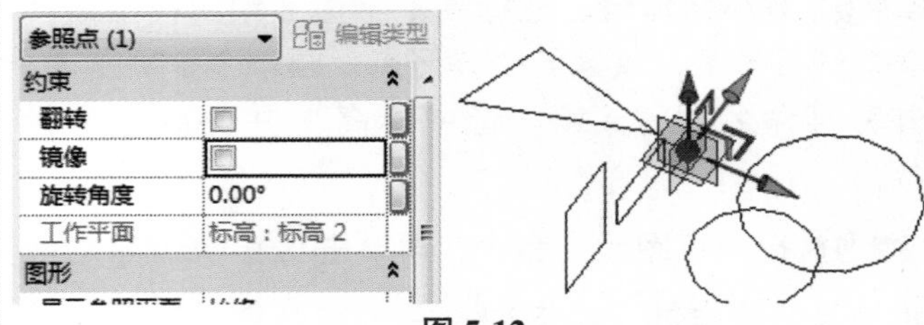

图 5-12

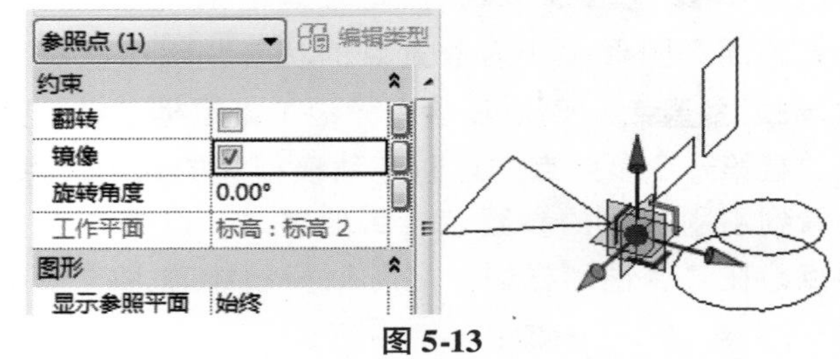

图 5-13

Step02 “旋转角度”属性中，将默认值“0”改为“15”，从顶视图观察，会发现对于输入的正值是沿逆时针方向旋转的，如图 5-14 所示。

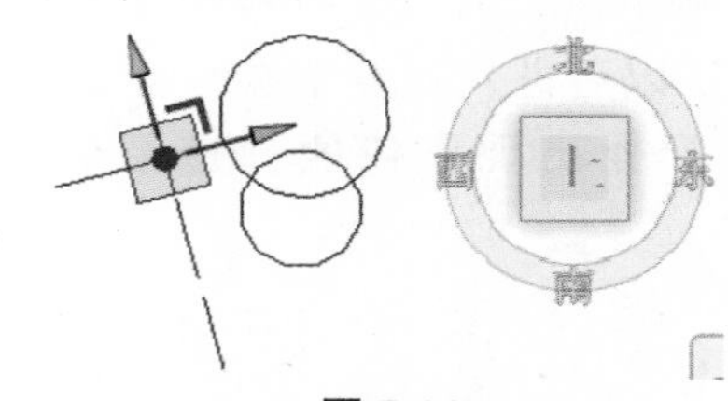

图 5-14

Step03 “工作平面”的属性为灰色显示，表示不能在“属性”栏里修改，但是在选项栏里可以修改，而且要求待选平面和当前工作平面是平行的关系，如图 5-15 所示。

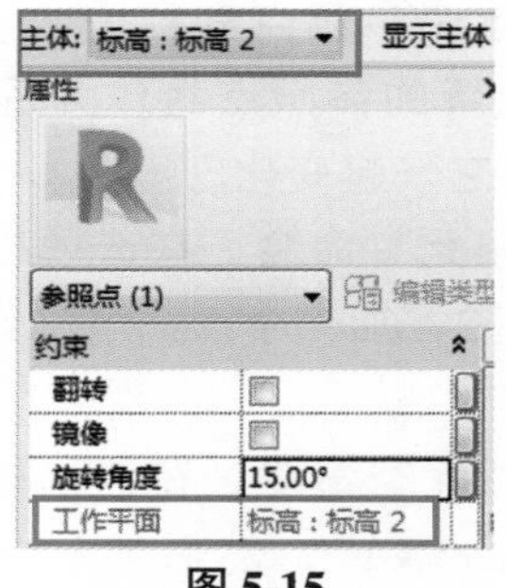

图 5-15

Step04 “显示参照平面”属性有3个可选项——“从不”“选中时”“始终”，以控制该参照点的工作平面显示情况，如图5-16所示。

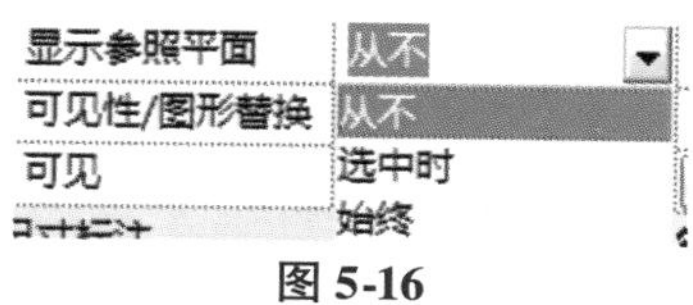

图5-16

Step05 “可见性/图形替换”属性分两个部分来决定参照点的显示情况，分类标准是视图性质和视图详细程度，如图5-17所示。

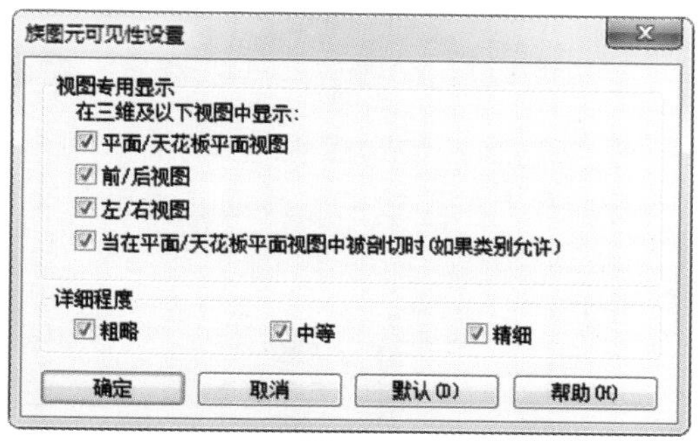

图5-17

Step06 “可见”属性默认没有勾选，表示在载入到项目环境以后，这个参照点不可见。这个属性是可以加参数的。

Step07 “控制曲线”属性。如果基于该参照点和别的参照点已经生成了曲线，那么该属性会是实体黑色显示表示，可用且保持勾选的状态，参照点对曲线的形状也具有控制作用。如果取消对该属性的勾选，则参照点会从曲线上脱离，曲线也会重新调整形状。对于独立的没有参与生成曲线的参照点来说，该属性灰色显示，表示当前状态下不可调整。

Step08 “由主体控制”属性。该属性表示参照点将会跟随主体的变化而一起变化。如果取消勾选，那么之前拾取的主体如果发生位移、旋转，该参照点将会保持不动，选中该参照点，选项栏的“主体”为“不关联” 主体: <不关联> 。

Step09 “偏移”属性。该属性表示该参照点到其主体平面垂直方向的偏移距离，具有正负两个方向。这个属性和“旋转角度”属性，是参照点常用的两个重要属性。后面章节的很多构件都利用了这两个属性来进行形体控制。

Step10 “名称”属性。该属性可以输入文字以描述参照点的性质功能，也可以加文字类型的参数。

（2）“旋转角度”属性和“偏移”属性对参照点的影响

Step01 关闭当前文件，不保存。新建另外一个概念体量，在标高1放置一个参照点，选中它，单击“属性”栏“旋转角度”后的“关联族参数”按钮 旋转角度 0.000° ，打开“关联族参数”对话框，如图5-18所示。单击“新建参数”按钮，弹出“参数属性”对话框，如图5-19所示。将参数名称设置为“an”，选择其作为实例参数 实例(I)，单击“确定”按钮两次，关闭对话框。

图5-18

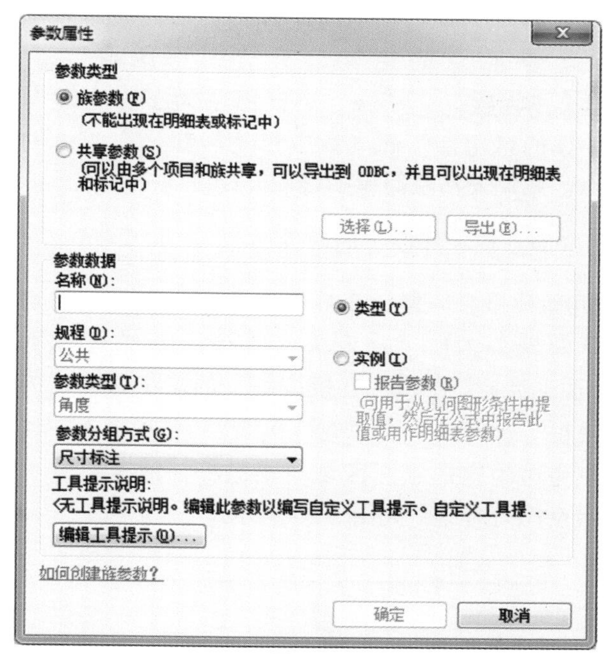

图5-19

Step02 单击“偏移”属性后的“关联族参数”按钮，打开“关联族参数”对话框，单击“添加参数”按钮，将参数名称设置为“h”，选择其作为实例参数 实例(I)，单击“确定”按钮，关闭对话框。

Step03 将“显示参照平面”属性改为“始终” 显示参照平面 始终 ，参照点显示为 的形式。

Step04 单击菜单栏的“族类型” ，打开“族类型”对话框，可以看到刚刚添加的两个参数——“h”和

“an”。因为是实例参数，所以在参数名称后面带有“（默认）” 尺寸标注 h (默认) 0.0 an (默认) 0.000°。修改参数的值，正值、负值都测试一下，观察参照点的变化。

Step05 按照 1）~4）的步骤，在概念体量环境下创建参照点，并以点的不同平面为工作平面，添加模型线和其他实心形状，对参照点的属性添加参数，包括但不限于角度和偏移，载入项目环境放置以后，修改参数，观察参照点的变化情况。

5.2 当点的主体为曲线时的属性

本节讨论的是放置在曲线上的参照点。这些线条可以是开放的，如线段、圆弧、样条曲线，也可以是闭合的，如圆、椭圆。这些线条作为参照点的主体，当图形发生改变时，将会带动参照点一起变化。同时，基于主体的点也只能在线条的范围内移动，不能脱离开曲线而存在，除非修改“由主体控制”的属性 由主体控制 ☑。但是这样修改以后，参照点的主体会变为“不关联”状态 主体: <不关联>，它已经成为了一个没有任何主体的自由点，而本章中讨论的都是有主体的参照点。我们先从最简单的线段开始。

1. 参照点加在线段上的属性

Step01 新建概念体量，在标高 1 平面从左向右绘制一条模型线。执行“点图元”命令，并确认方式为“在面上绘制”。在模型线上的左半边区域内单击鼠标，这样就在模型线上加了一个参照点，再在该点旁边的空白绘图区域单击鼠标，放置另外一个参照点作为对比，如图 5-20 所示。

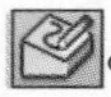

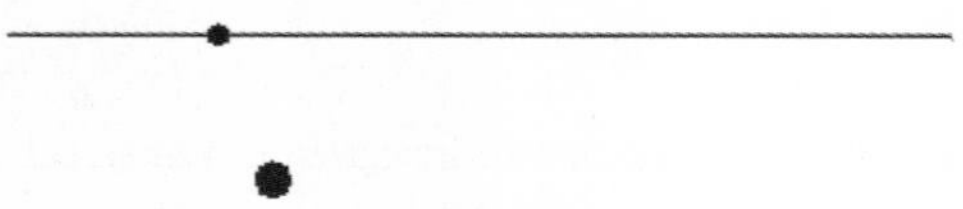

图 5-20

Step02 选中位于模型线上的参照点观察，再选中旁边的自由参照点观察。对比这两个参照点有何不同，如图 5-21 和图 5-22 所示。可以看出，模型线上的参照点在被选中以后只显示了自身的一个工作平面，这个平面垂直于它所在的模型线；自由放置的参照点在被选中以后显示了三维控件，可以自由地在三维空间中移动。为了区别这两个点，我们把第一个点的名称改为“模型线”，第二个点的名称改为“标高 1”。

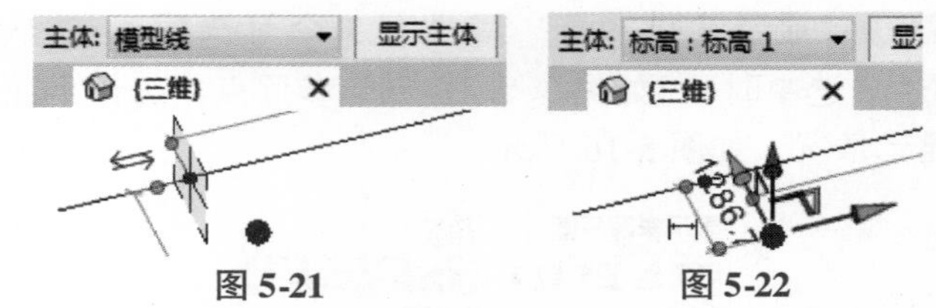

图 5-21　　图 5-22

Step03 接下来对比它们的属性信息，如图 5-23 和图 5-24 所示。可以看出，因为模型线上的参照点的当前主体是放置时选择的一条模型线，所以“工作平面”的属性没有了。而且图 5-23 中，在“图形”分组下多了一个属性——“仅显示常规参照平面”，默认是已经勾选的状态。取消勾选以后点的显示状态为 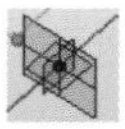 ，重新勾选以后是 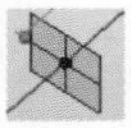 ，可以看出，在默认状态下位于模型线上的参照点在被单独选中以后，只显示它自身所具有的与该模型线垂直的那个平面。

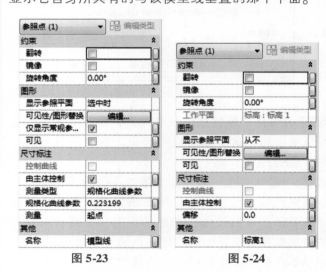

图 5-23

参照点 (1)	编辑类型
约束	
翻转	☐
镜像	☐
旋转角度	0.00°
工作平面	标高 : 标高 1
图形	
显示参照平面	从不
可见性/图形替换	编辑...
可见	☐
尺寸标注	
控制曲线	☐
由主体控制	☑
偏移	0.0
其他	
名称	标高1

图 5-24

Step04 模型线上的参照点在“尺寸标注”分组下有 3 个属性与自由放置的参照点是不同的。同时，在制作构件时，也经常会用到这 3 个属性。下面先介绍“测量类型”属性和“规格化曲线参数”属性。

Step05 需要注意的是：“规格化曲线参数”是随着“测量类型”的属性变化而变化的。默认的“测量类型”是“规格化曲线参数”，即该参照点到线段一端的距离与线段全长的比值。因为它是一个比值，所以没有长度单位，只是一个数值，而且最大为 1，最小为 0。当前例子中的是 0.223199，小于 0.5，是因为在放置的时候就放到了左边。该属性无法通过加参数的方式来控制，只能在做族的时候在族编辑器里手动设置。至于是从线段起点还是终点来开始测量，取决于“测量”属性的设置，默认为从线段的起点开始测量，也就是从现在这条线段的左侧端点开始测量。选中模型线，拖拽任意一侧的端点，可以看到参照点会跟着一起移动，之后再次选中参照点观察它的“规格化曲线参数”属性的值，会发现没有变化。也就是说，如果以“规格化曲线参数”作为“测量类型”，那么参照点在没有其他参数的影响下会自动保持它原来所具有的值，或者说参照点自动地保持相对于整条模型线的相对位置不变。

Step06 展开“测量类型”属性的列表，可以看到其他测量方式，如图5-25所示。排在最前面的是“非规格化曲线参数”，表示该参照点到线段端点最初位置的距离的数值。注意，仅仅是数值，并没有附带任何类型的长度单位。而且当拖拽线段端点时，该参照点并不会移动，“非规格化曲线参数”属性的值也保持原值。所以这是一个“记忆深刻”的测量类型，它存储了线段变化之前一个端点的位置。

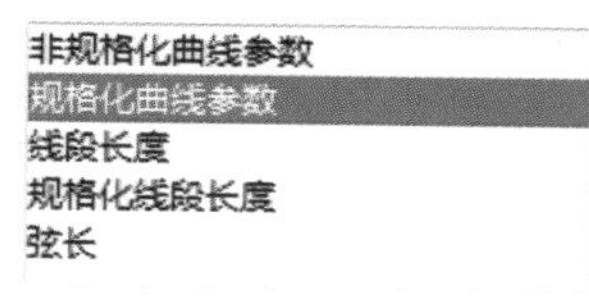

图 5-25

第3个测量类型是“线段长度”，表示该点到测量端点的距离，这是一个有单位的值，在本例中以毫米为单位。

“规格化线段长度”表示的仍然是一个比值，表示该参照点到线段端点的距离与线段全长的比值，取值范围也仍然是0到1。

最后一个是“弦长”，因为当前的主体是线段，所以它的值和“线段长度”属性的值是一样的。在后续的练习中，用得最多的是“规格化曲线参数”和“线段长度”，其中前者表示按照比例变化的情况，后者表示按照具体的一段距离变化的情况，如图5-26所示。

尺寸标注	
控制曲线	☐
由主体控制	☑
测量类型	规格化曲线参数
规格化曲线参数	0.500000
测量	起点
其他	
名称	模型线-线段

图 5-26

2. 参照点加在圆弧上的属性

以上是参照点加在线段上的属性，接下来看参照点加在圆弧上的属性（图5-27），还是先以截图的方式来对比一下，如图5-28和图5-29所示。可以看到，对于在圆弧上的参照点，“测量类型”属性里多了一个“角度”类型。

尺寸标注	
控制曲线	☐
由主体控制	☑
测量类型	规格化曲线参数
规格化曲线参数	0.300000
测量	起点
其他	
名称	模型线-圆弧

图 5-27

非规格化曲线参数
规格化曲线参数
线段长度
规格化线段长度
弦长

图 5-28

非规格化曲线参数
规格化曲线参数
线段长度
规格化线段长度
弦长
角度

图 5-29

对于在圆弧上的参照点，“线段长度”表示该参照点沿着圆弧到测量端点的距离，是一段弧长（测量类型 线段长度；线段长度 2560.3），“弦长”则是该参照点到测量端点的直线距离，比弧长短。“角度”是指该参照点到测量端点这一段弧所对的圆心角，如图5-30所示（其中圆弧段勾选了“中心标记可见”的属性 中心标记可见 ☑，然后分别从测量端点和参照点向圆心连线并标注其角度）。连接的时候如果很难捕捉弧上的参照点，可按<Tab>键进行切换，当 点 出现时，就可以绘制了，或者直接在圆心处和测量点处各放置一个参照点，如图5-31所示。

测量类型	角度
角度	41.232°
测量	起点

图 5-30

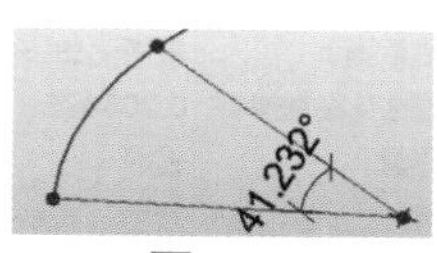

图 5-31

这些属性里，如果后面有“关联族参数”按钮，表示可以加参数。

3. 参照点在圆、半椭圆、椭圆上的属性

Step01 现在看一下参照点在圆上的情况，先与参照点在圆弧上进行对比，如图5-32和图5-33所示，可以看到参数都是一样的。

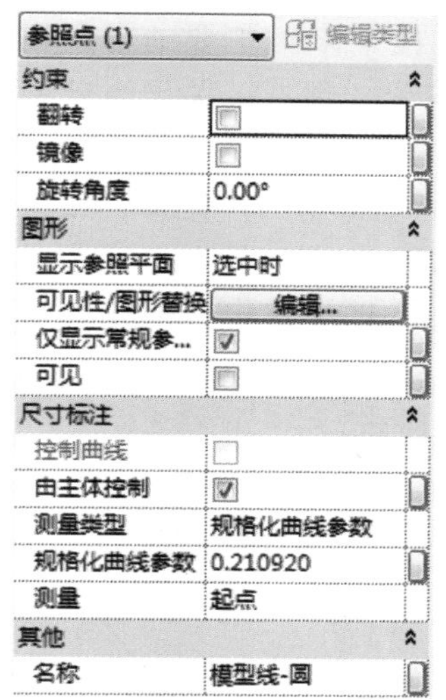

参照点 (1)	编辑类型
约束	
翻转	☐
镜像	☐
旋转角度	0.00°
图形	
显示参照平面	选中时
可见性/图形替换	编辑...
仅显示常规参...	☑
可见	☐
尺寸标注	
控制曲线	☐
由主体控制	☑
测量类型	规格化曲线参数
规格化曲线参数	0.210920
测量	起点
其他	
名称	模型线-圆

图 5-32

参照点 (1)	编辑类型
约束	
翻转	☐
镜像	☐
旋转角度	0.00°
图形	
显示参照平面	选中时
可见性/图形替换	编辑...
仅显示常规参...	☑
可见	☐
尺寸标注	
控制曲线	☐
由主体控制	☑
测量类型	规格化曲线参数
规格化曲线参数	0.300000
测量	起点
其他	
名称	模型线-圆弧

图 5-33

再对测量类型进行对比（图5-34和图5-35），可

以看出也是完全一样的。

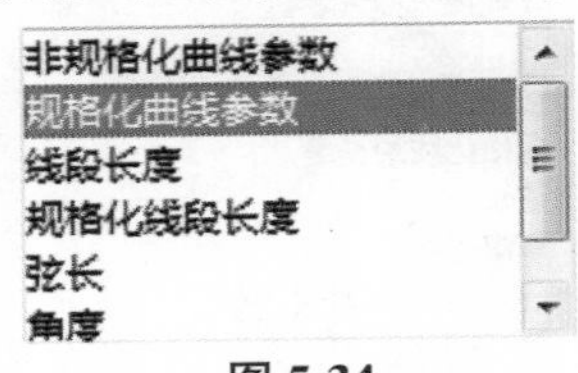

图 5-34

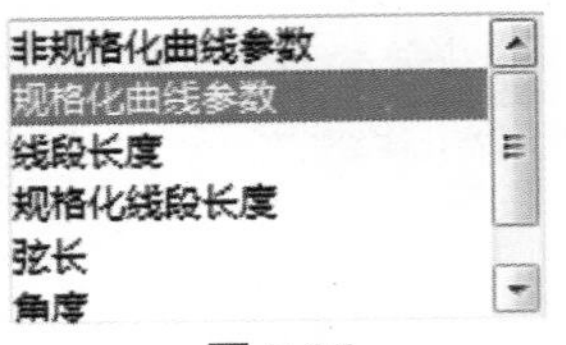

图 5-35

Step 02 再换半椭圆、椭圆，它们和圆、圆弧的差别仅仅是“测量类型”属性里少了“角度”，如图 5-36 ~ 图 5-39 所示。

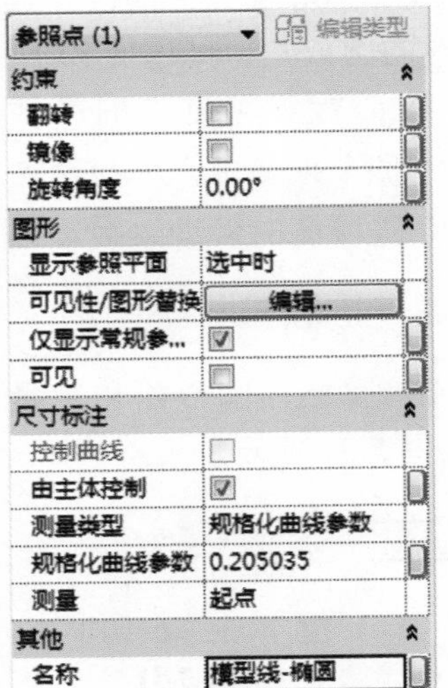

图 5-36

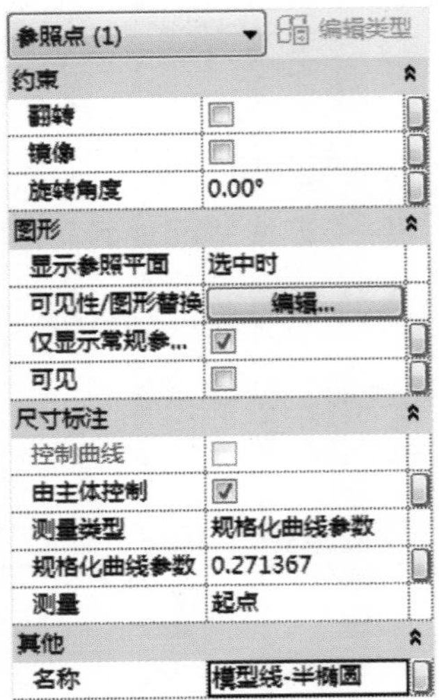

图 5-37

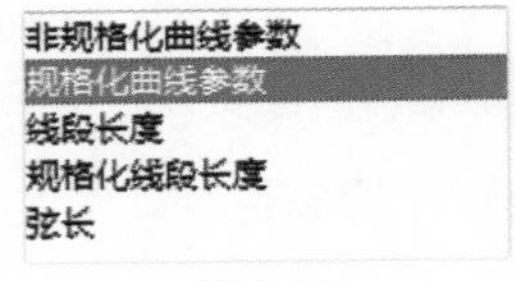

图 5-38

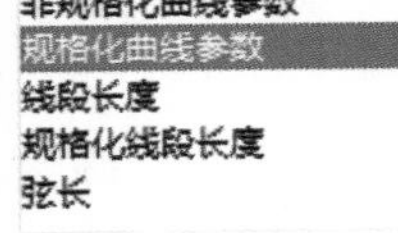

图 5-39

4. 对主要的常用属性添加参数

以上是对属性的介绍，接下来对主要的常用属性添加参数，并观察它们的变化情况。关闭当前的体量文件，新建另外一个体量文件。

Step 01 在标高 1 平面上以模型线绘制一个矩形，在旁边绘制一条单独的线段，如图 5-40 所示。在这 5 条模型线上都各加一个参照点，选中其中位于矩形对边的任意一对参照点，在“属性”栏修改其“测量”属性为“终点”，如图 5-41 所示。

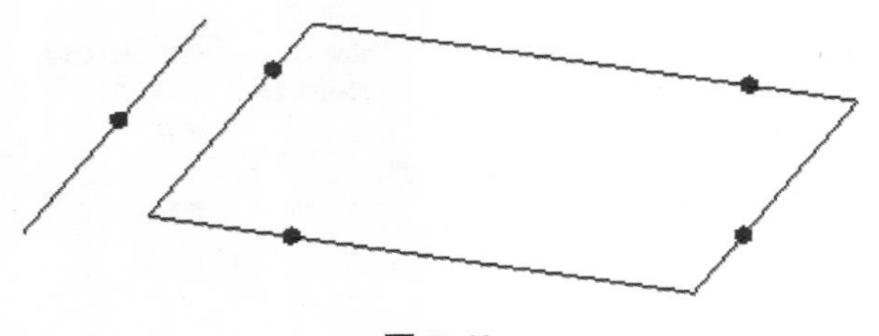
图 5-40

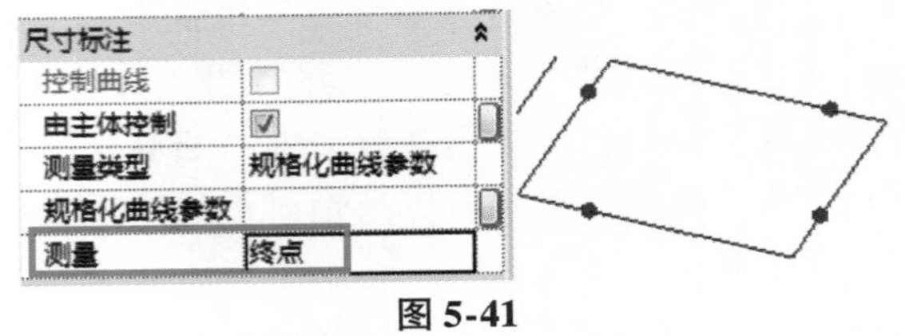

图 5-41

打开选项栏的“三维捕捉”，以“链”的方式把矩形上的 4 个参照点连接起来 ☑三维捕捉 ☑链，绘制完毕以后按 < Esc > 键两次退出绘制命令。选中矩形和线段上的 5 个参照点，在“属性”栏上方的下拉列表中 参照点 (5) 检查有没有多选其他图元，再单击 规格化曲线参数 的“关联族参数”按钮，打开“关联族参数”对话框，如图 5-42 所示。单击“新建参数”按钮，打开“参数属性”对话框，命名参数为“d”，如图5-43所示。单击“确定”按钮关闭对话框。我们会发现因为连线而

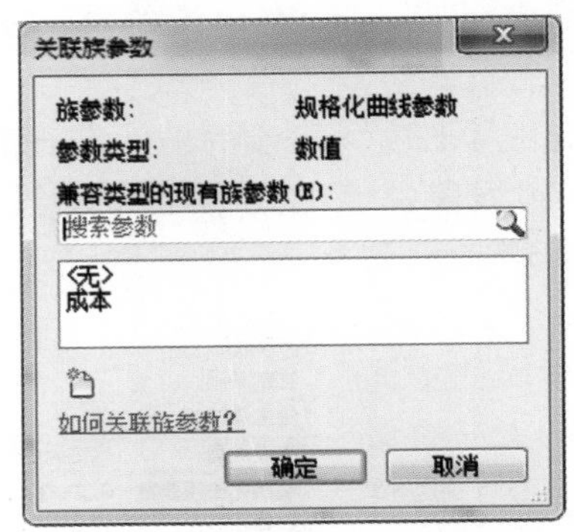

图 5-42

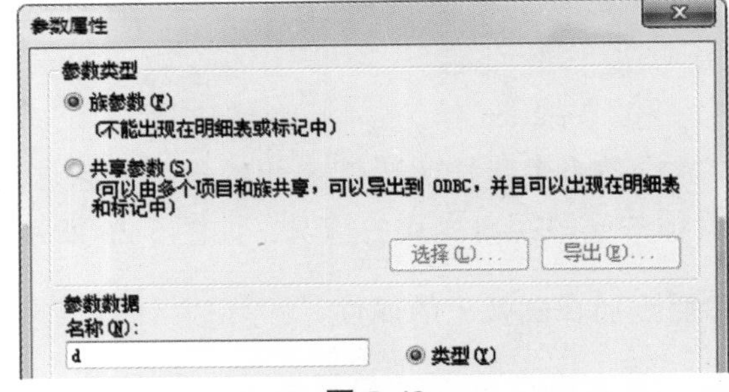

图 5-43

形成的四边形变成了旋转 45°的一个矩形。选中线段上的点移动位置，观察矩形的变化，如图 5-44 ~ 图 5-46 所示。

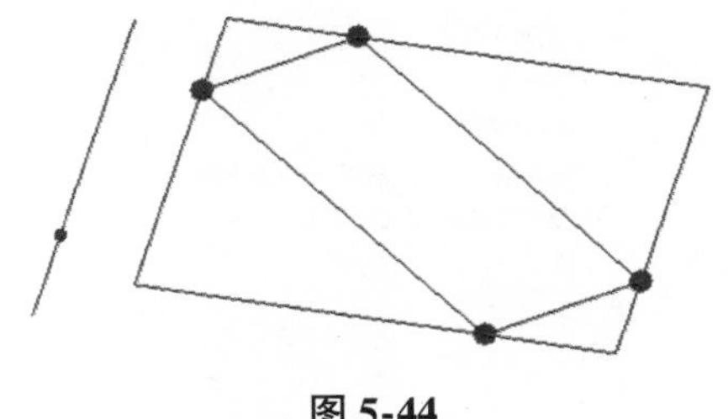
图 5-44

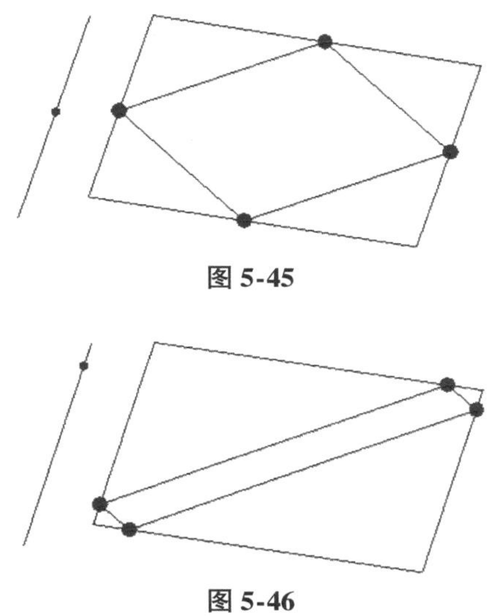

图 5-45

图 5-46

Step02选中矩形上的 4 个参照点，把“测量”属性都改为“起点”，选中线段上的点移动位置，观察矩形的变化，如图 5-47 ~ 图 5-49 所示。

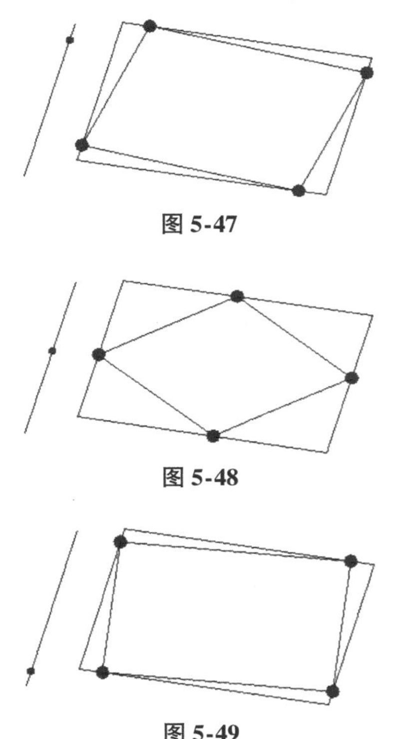

图 5-47

图 5-48

图 5-49

Step03在矩形内部以参照线绘制一个圆形，选中它，单击菜单栏“创建形状”下的“实心形状”，如图 5-50所示。选择预览图像中的圆柱，创建一个圆柱体，如图 5-51 所示，保持对圆柱体顶面的选择，在“属性”栏中单击“正偏移”属性后面的“关联族参数”按钮（图 5-52），打开“关联族参数”对话框，单击“新建参数”按钮，打开“参数属性”对话框，命名参数为“h”，如图 5-53 所示，单击“确定”按钮关闭对话框。注意在“关联族参数”对话框里，要选中这个刚刚添加的参数“h”，再单击“确定”按钮，如图 5-54 所示。

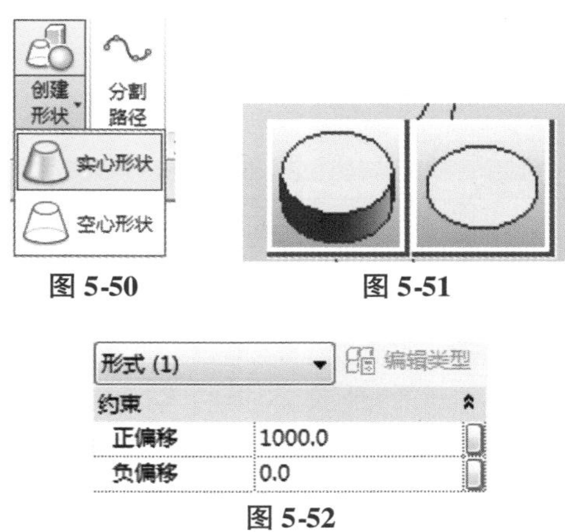

图 5-50

图 5-51

图 5-52

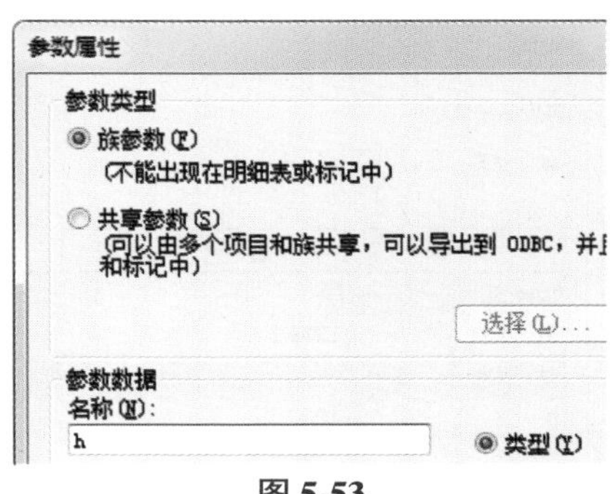

图 5-53

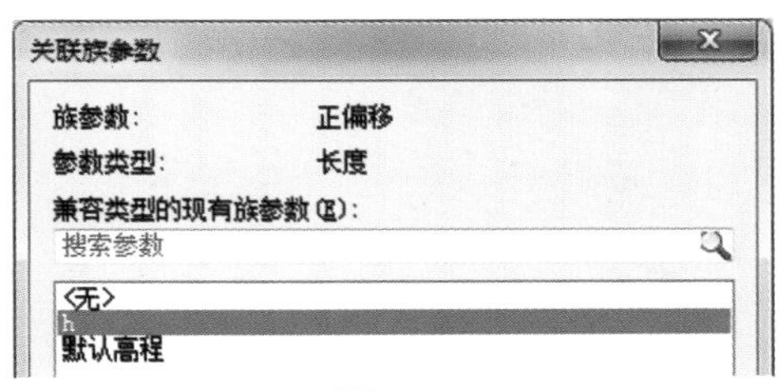

图 5-54

然后选中线段上的参照点，把它的测量类型改为“线段长度” 测量类型 线段长度 ，单击“线段长度”属性后面的“关联族参数”按钮，打开“关联族参数”对话框，单击“新建参数”按钮，命名参数为“xdcd”（表示“线段长度”），如图 5-55 所示。单击“确定”按钮关闭对话框，如图 5-56 所示。

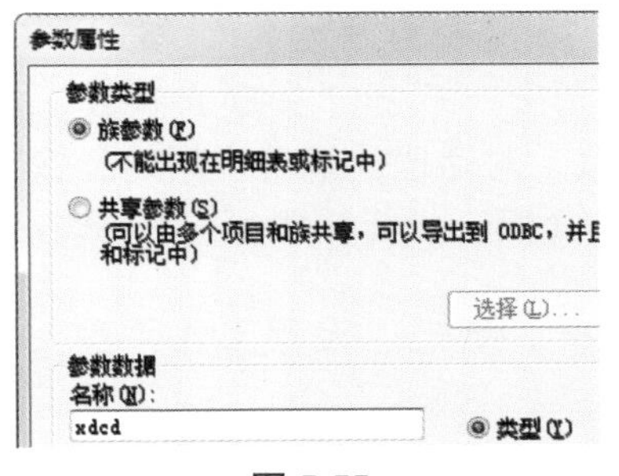

图 5-55

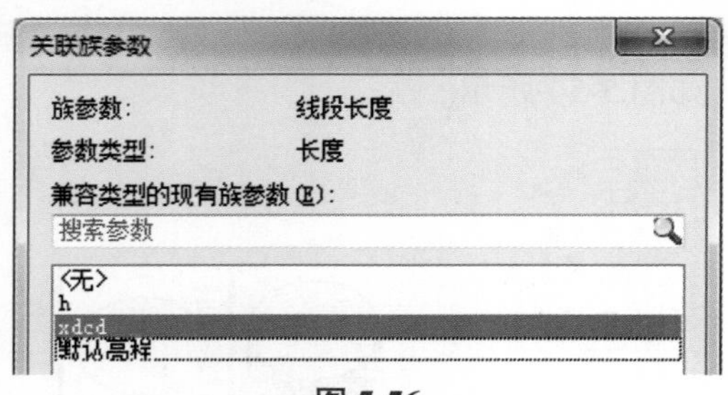

图 5-56

Step04单击 打开“族类型”对话框，在参数“h”后面的“=”号文本框中输入“xdcd”，如图 5-57所示，表示圆柱体的高度将受参数 xdcd 的控制。拖曳线段上的参照点，观察圆柱体的变化，如图 5-58 和图 5-59 所示。

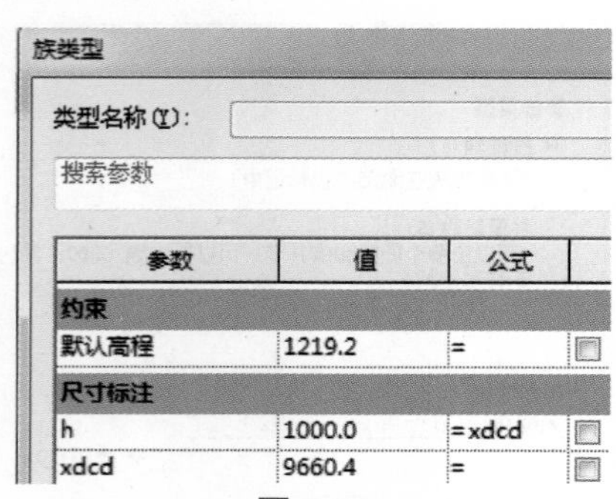

图 5-57

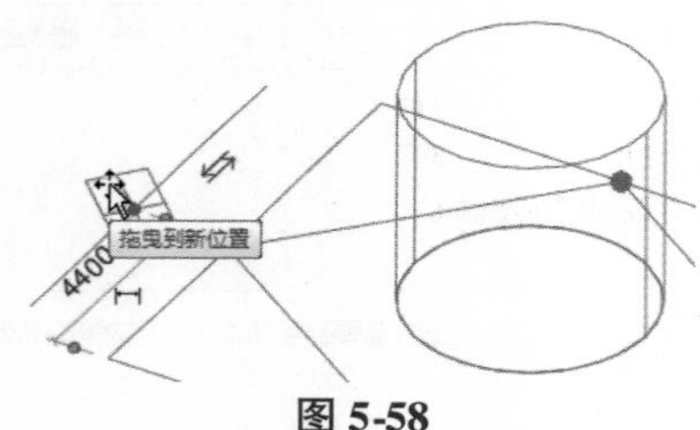

图 5-58

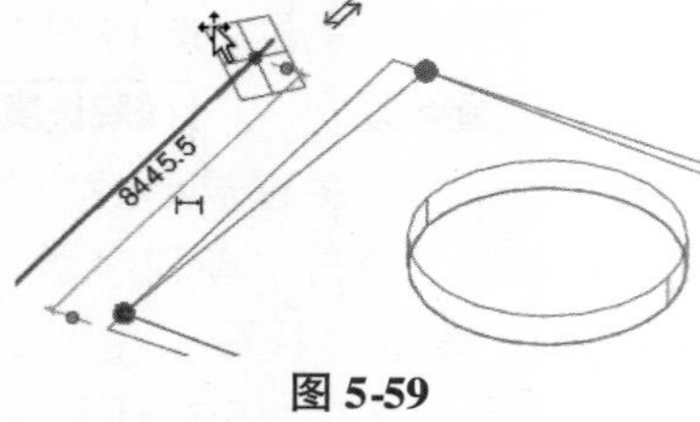

图 5-59

Step05在线段上再加一个参照点，选中它，把“显示参照平面”属性改为“始终” 显示参照平面 始终，单击“旋转角度”后的“关联族参数”按钮，打开“关联族参数”对话框，单击“新建参数”按钮，命名为“xzjd”（表示“旋转角度”），单击“确定”按钮关闭对话框。单击“设置工作平面” 设置，选择该参照点默认显示的平面为工作平面，以模型线随意画几个图形作为观察旋转效果的标记。

Step06单击 打开“族类型”对话框，在参数“xzjd”后面的“=”文本框中输入“xdcd /1mm * 1°”，即用“除以 1 毫米”先消去 xdcd 这个参数的长度单位，再用“乘以 1°”来加上角度的单位，这样，该公式的结果就能符合参数“xzjd”的要求。如果觉得转得太快，可以把“1mm”改为“200mm” xzjd 43.000° = xdcd / 200 mm * 1°。这里要注意汉字输入法状态下输入的数字和符号可能会导致公式错误，所以务必切换为英文输入法。

Step07拖曳线段上的第一个参照点，观察后放置的参照点的变化，会看到距离的变化通过公式传递给角度参数而产生了旋转的效果，如图 5-60 和图 5-61 所示。

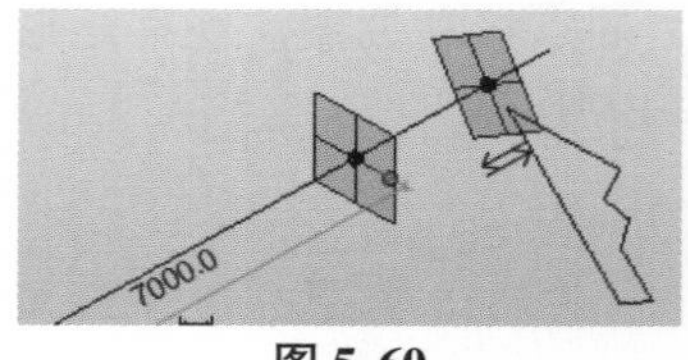

图 5-60　　图 5-61

通过上面的观察和练习，我们初步了解了参照点的主要属性。灵活运用这些属性，可以给工作带来极大的便利，也能使工作成果更加丰富多彩。

本节总结起来，主要有以下几点：

Step01单击各属性后的“关联族参数”按钮，观察每个属性的类型。

Step02尝试给属性加参数，并赋予参数值。

5.3 当点的主体为图元表面时的属性

本节讨论的是放置在图元表面上的参照点。这些表面作为参照点的主体，当形状发生改变时，将会带动参照点一起变化。同时，基于主体的点也只能在该表面的范围内移动，不能脱离开表面而存在，除非修改“由主体控制”的属性 由主体控制 ☑。但是这样修改以后，参照点的主体状态会变为“不关联” 主体: <不关联>，参照点已经成为了一个没有任何主体的自由点，而本章中讨论的都是有主体的参照点。它们在外观上很容易辨认，在没有被选中的状态下，较大的黑色圆点是自由点，被选中以后，基于表面的参照点会显示自身携带的平面，自由点会同时显示三维控件。

1. 点在矩形盒子表面的情况

我们先从最简单的一个矩形盒子的表面开始。

Step01 新建概念体量，在标高1平面上以模型线绘制一个矩形，点击顺序为“右上到左下”，选中它，单击菜单栏“创建形状”下的“实心形状”，生成一个盒子，再执行“点图元”命令，并确认方式为“在面上绘制”，在盒子的顶面和侧面各单击一次，分别放置一个参照点。

Step02 选中顶部的参照点，观察选项栏，它的主体信息显示为“形状图元” 主体: 形状图元 ，观察“属性”栏，可以看到其中的“约束”和“图形”中的属性名称和上一节的内容一样。再选中侧面的参照点，将顶部的点做对比，如图5-62和图5-63所示。

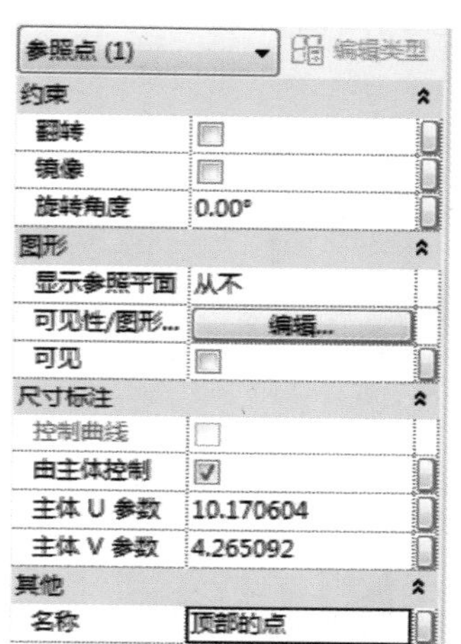

图5-62

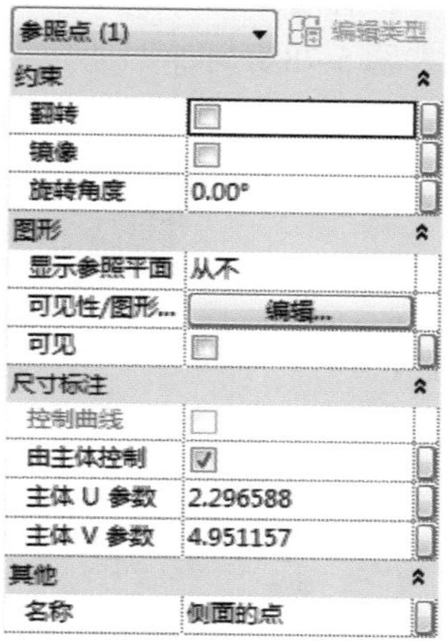

参照点 (1)
编辑类型
约束
翻转
镜像
旋转角度 0.00°
图形
显示参照平面 从不
可见性/图形... 编辑...
可见
尺寸标注
控制曲线
由主体控制
主体 U 参数 2.296588
主体 V 参数 4.951157
其他
名称 侧面的点

图5-63

对于“约束”和“图形”中的属性，这里不再叙述，读者按照上一节的方法，自行验证。在做标记时要注意，标记最好不要对称，否则不容易观察参数改变以后图形的变化。

Step03 如果取消“由主体控制”属性的勾选，参照点将会转为自由点，如图5-64所示。

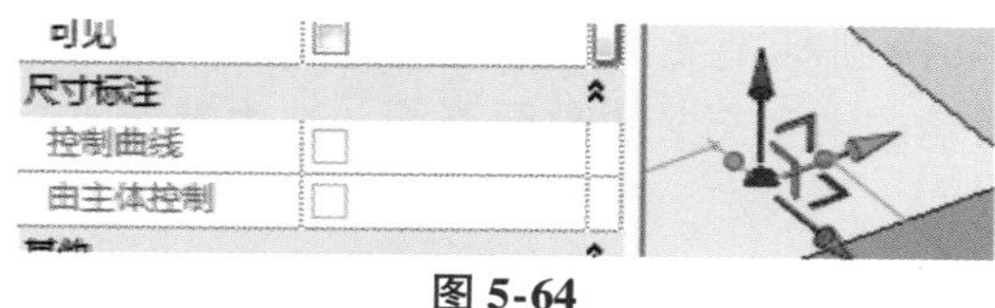

图5-64

Step04 “属性”栏里有两个之前没有出现过的属性，分别是“主体U参数”和“主体V参数”，单击后面的“关联族参数”按钮，可以看到这个属性是“数值”参数类型 族参数: 主体 U 参数 参数类型: 数值 ，我们通过修改属性值的方式，来观察参照点的变化，从而来理解该属性的意义和计算方式。

Step05 如图5-65和图5-66所示，选中位于顶部表面的参照点，把主体U、V参数值都改为0，对比修改之前和之后的位置。

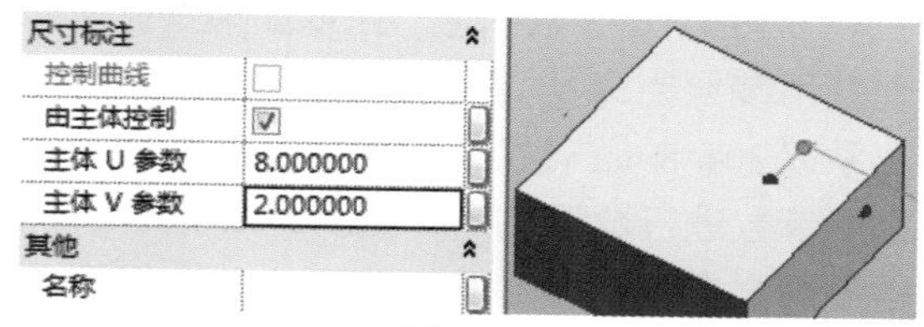

图5-65

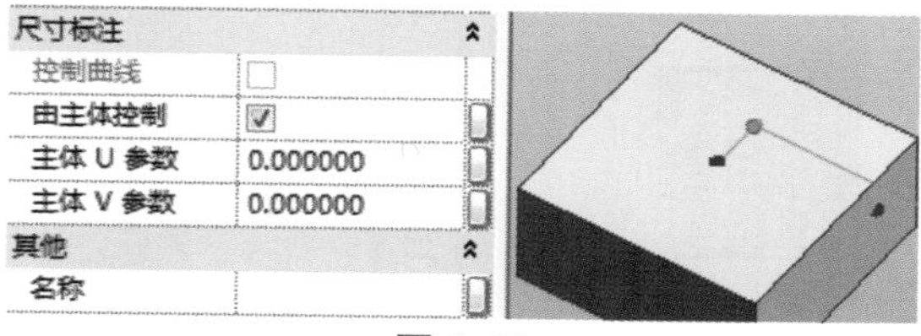

图5-66

Step06 单击ViewCube的顶面 ，切换到顶视图进行观察，可以看到参照点是位于顶部表面的中间，如图5-67所示。修改“主体U参数”属性的值为10，观察参照点的位置，它产生了一个向右的移动，如图5-68所示。继续修改“主体V参数”属性的值为10，观察参照点的位置，发现产生了一个向上的移动。所以，“主体U参数”表示参照点相对于所在表面中心位置的水平移动，“主体V参数”则表示参照点相对于该表面中心位置的垂直移动。

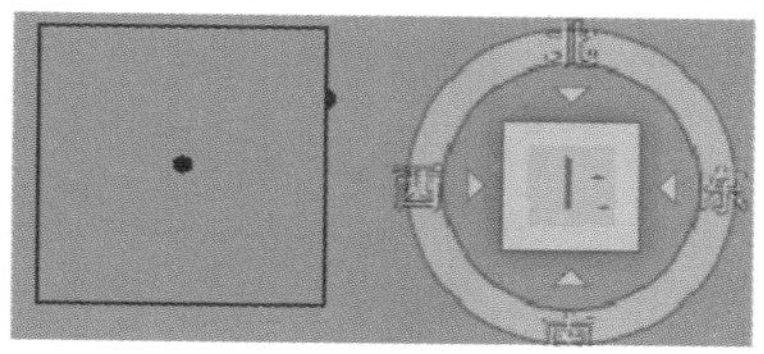

图5-67

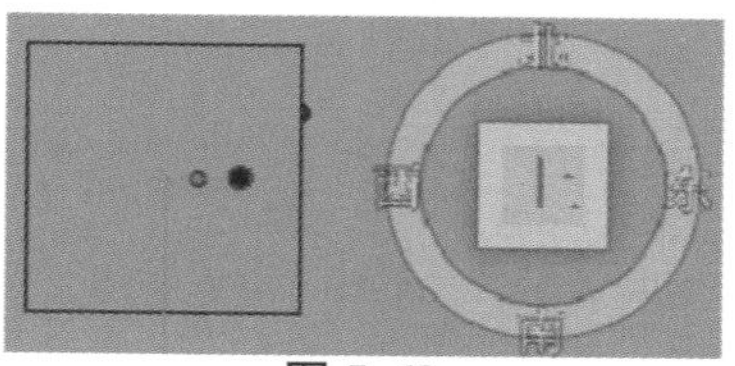

图5-68

Step07 为了验证这个结论，以及有可以方便测量的参照，现在向矩形盒的中间添加两个参照平面。切换到标高1平面，在“创建”选项卡中单击“参照平面” 平面 ，用光标捕捉矩形盒一条边的中点 中点 ，向对面的侧边方向绘制一个水平或者垂直的参照平面，完成后如图5-69所示。然后选中顶面的参照点，修改其U/V参数属性值分别为－10和－5。

Step08 观察点的位置和显示的临时尺寸标注，我们会发现，在该参数里，软件以英尺为单位换算了点到表面中心的偏移距离，也就是把公制单位表示的实际距离除以304.8mm，然后结果只保留数字，不保留单位，作为U/V参数的值。所以如果是在矩形盒子的顶面使用参照点来构建其他形状或是有别的用途，就需要乘以304.8mm转换为公制单位，再进行计算或者和别的参数进行数据交换，如图5-70所示。再尝试以其他不同方向绘制矩形后生成形状，进行同样的比较，例如“左上到右下”，会发现矩形的绘制方向，可以影响到形状表面的正方向。

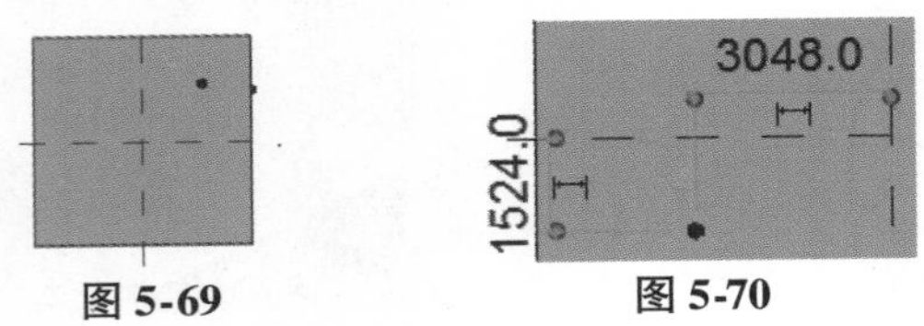

图5-69　　图5-70

Step 09 调整方向观察侧面，方法和刚才的一样，选中后先看看数值的情况，然后修改为具有明显特征的其他值，例如10、-10、-5，当然还有0（表示计算原点）。测试以后结果如图5-71和图5-72所示。我们发现，对于“主体V参数”没有负值，最小的值就是在底部的时候，该值为0，而“主体U参数”则和顶面的一样，面对这个表面的时候右边为正左边为负。切换到东立面，选中参照点，修改“主体U参数”的属性值为10，观察临时尺寸标注也是3048，如图5-73所示，所以计算规则也是一样的。

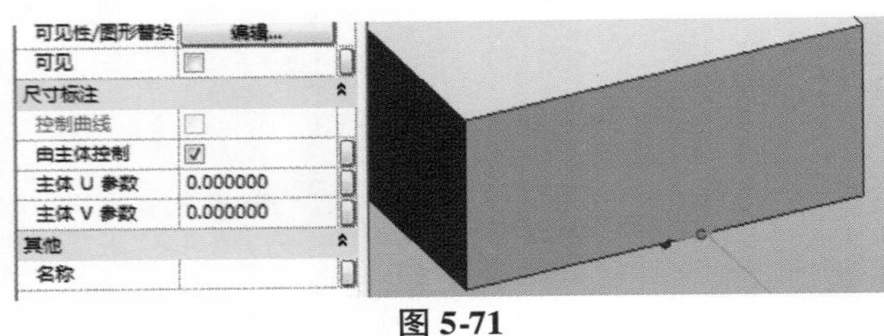

图5-71

由主体控制	☑
主体 U 参数	5.000000
主体 V 参数	-5

图5-72

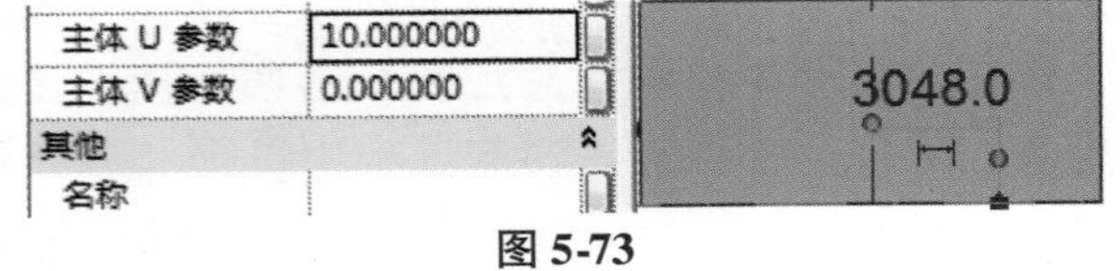

图5-73

2. 点在曲面的情况

（1）规则曲面的情况

Step 01 前面讨论的都是平面，现在创建一个圆柱体和一个球体，用来查看参照点在曲面的情况。以模型线绘制两个圆形，选中其中一个，单击菜单栏“创建形状”下的“实心形状”，在出现的两个预览图里（图5-74）选择球体，以同样的步骤创建圆柱体，如图5-75所示。

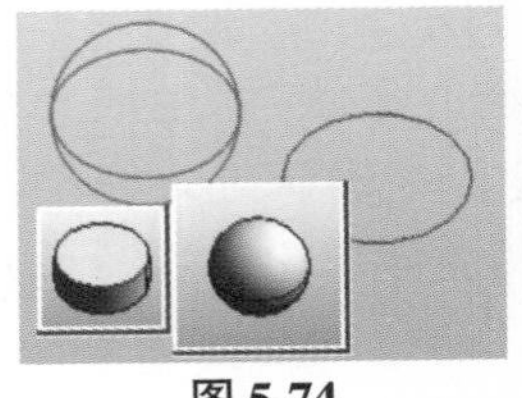
图5-74

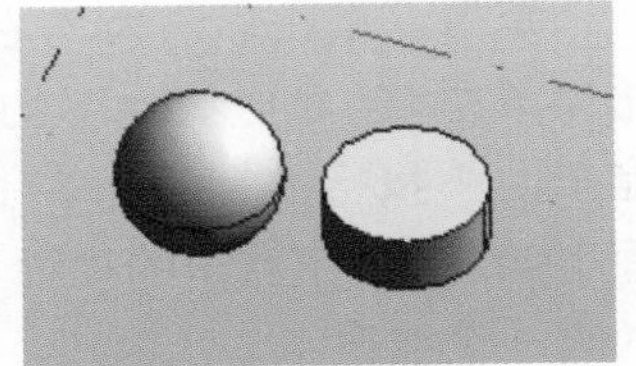
图5-75

Step 02 执行“点图元”命令，在圆柱体的顶面和侧面各放置一个参照点，如图5-76所示。选中顶部的参照点（图5-77），在“属性”栏修改其“主体U参数”和“主体V参数”的值为0，观察参照点的变化，会看到该点移动到了圆柱体顶部表面的中心，如图5-78所示。

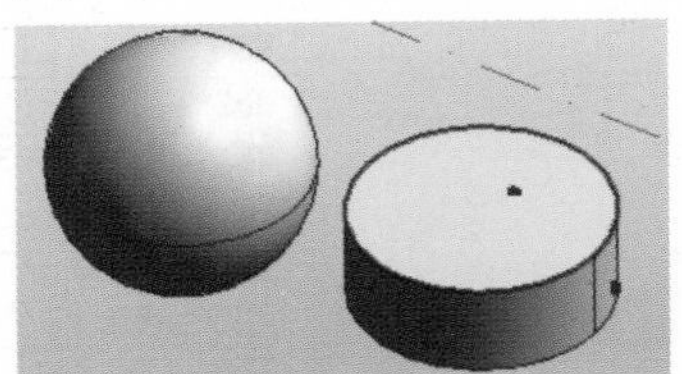
图5-76

图5-77

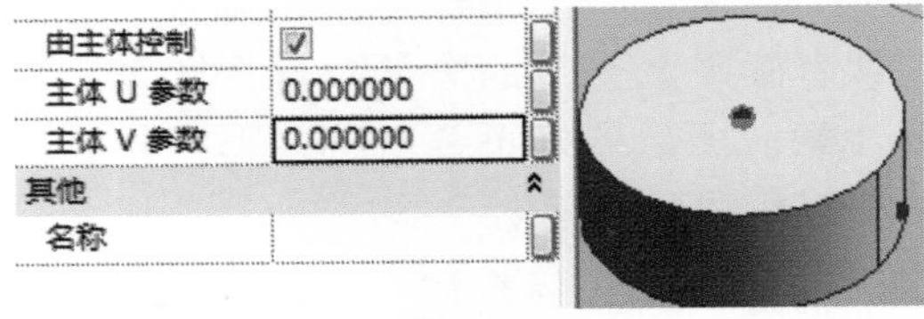

图5-78

Step 03 切换到标高1平面，在圆柱体中心添加如图5-79所示的十字交叉的参照平面。选中参照点，把它的“主体U参数”属性值改为10进行观察，可以看到显示的数字是3048，如图5-80所示。所以这个参数同之前的情况一样，表示的是公制单位的距离换为英尺以后的数字。

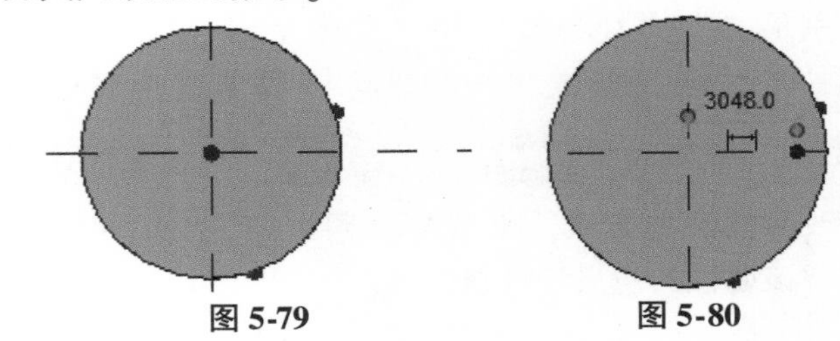

图5-79　　图5-80

Step04 这里要注意的是，绘制的圆形如果比较小，则可能输入10以后，参照点停留在顶面的边缘，如图5-81所示。同时输入“10”时，会变为一个小于10的数字，这是因为表面不够大，参照点已经到达了它所能够移动到的最远距离，如图5-82所示。

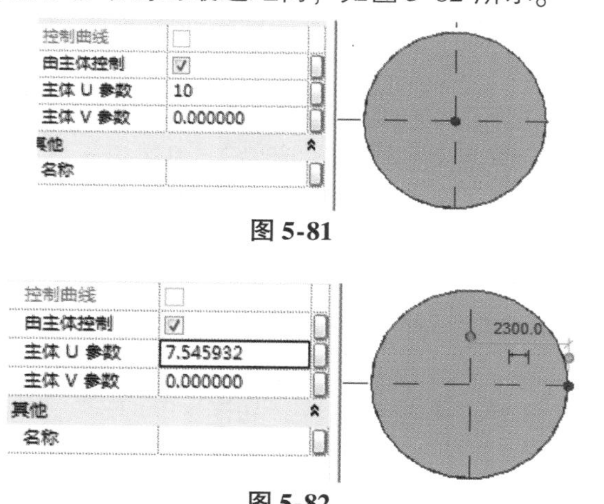

图 5-81

图 5-82

Step05 切换到三维视图，光标移动到圆柱体的表面（只是停留在表面，不必单击），可以看到这个圆柱体的半个侧面是蓝色高亮显示的，如图5-83所示。选中位于侧面的参照点，修改其属性“显示参照平面”为“选中时” 显示参照平面 |选中时，然后拖动这个参照点，会发现它的移动边界就是这半个圆柱体的四条边。将它的U/V参数都改为0，观察其位置，如图5-84所示。

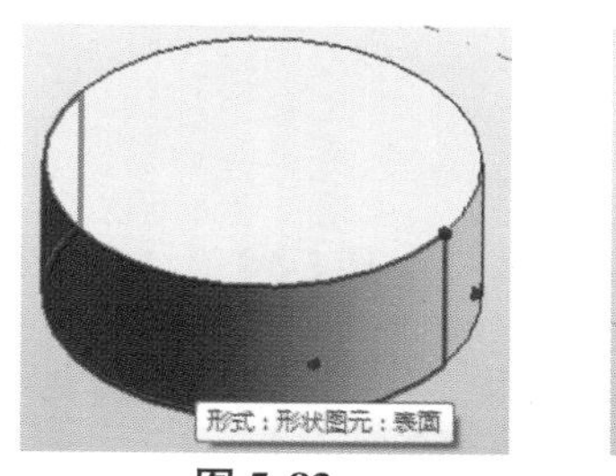

图 5-83

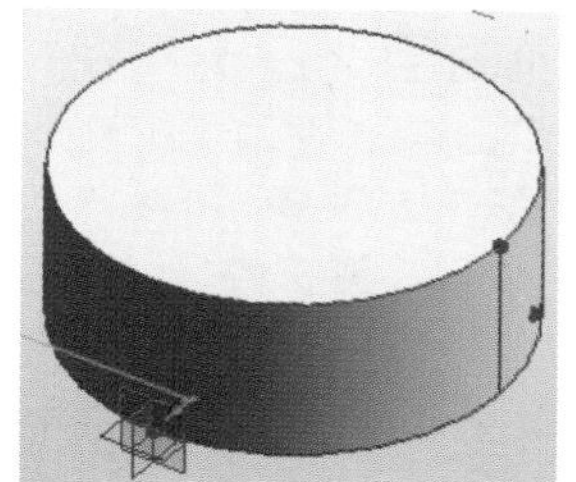

图 5-84

Step06 把该点的“主体V参数”改为1，切换到南立面，观察临时尺寸标注显示的是304.8，表示距离底部移动了304.8mm，如图5-85所示。所以V参数的值也是一个把公制单位的距离换算为英尺后的数字，下面我们检查水平移动的情况。

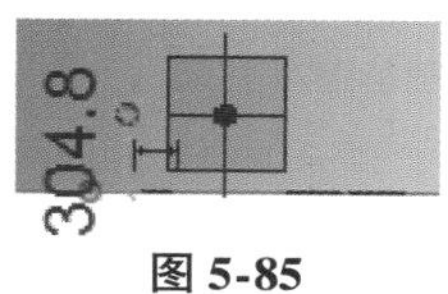

图 5-85

Step07 把该点拖到这个表面的右边界，“主体U参数”的值为1.570796，如图5-86所示。然后再拖到左边界，“主体U参数”的值为－1.570796，如图5-87所示。然后对另外半个柱面的参照点也执行同样的操作，观察它的“主体U参数”值，会发现对于柱面而言，总是左边为－1.570796，右边为1.570796，所以现在可以确定，软件是从左到右按照“－π/2→π/2”来表示点在柱面的水平位置。

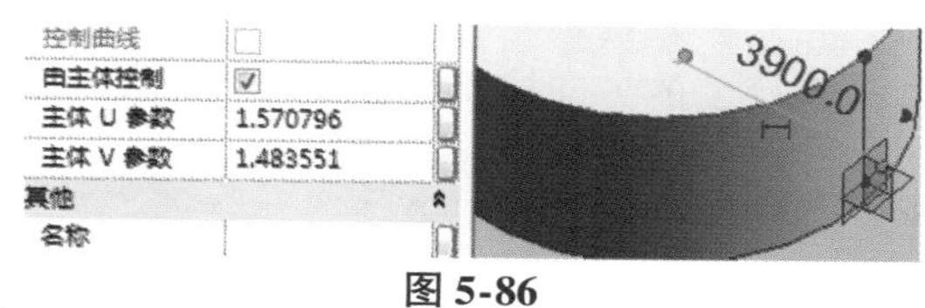

图 5-86

由主体控制 | ☑
主体 U 参数 | -1.570796
主体 V 参数 | 2.967713
其他

图 5-87

Step08 接下来测试点在球体表面的情况。单击ViewCube的顶面，以便在三维视图中俯视刚才绘制的球体，以十字交叉的形式在横纵方向各放置4个参照点，如图5-88所示。选中水平的那排参照点，观察“属性”栏，会看到“主体U/V参数”后面的属性值都是空白的，如图5-89所示，这是因为4个点的值不一样。依次修改“主体U参数”为6、5、4，观察参照点位置的变化，如图5-90所示。可以看出，“主体U参数”从上到下是逐渐变小的规律。

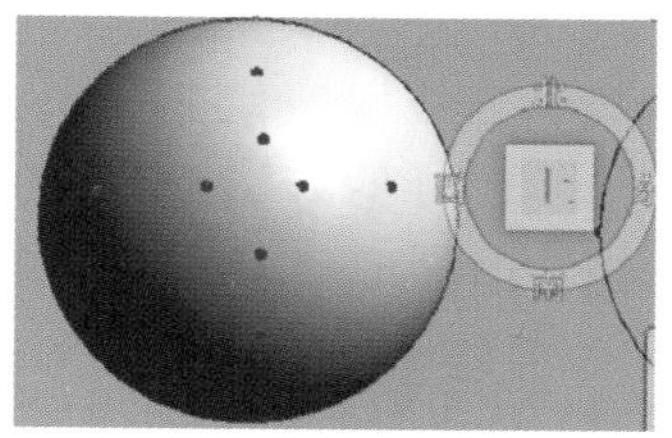

图 5-88

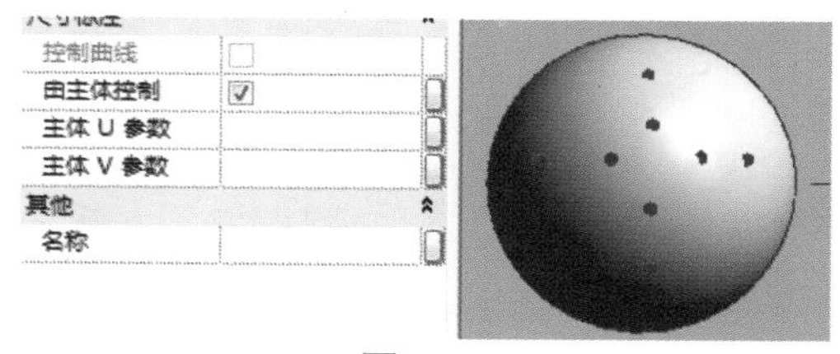

图 5-89

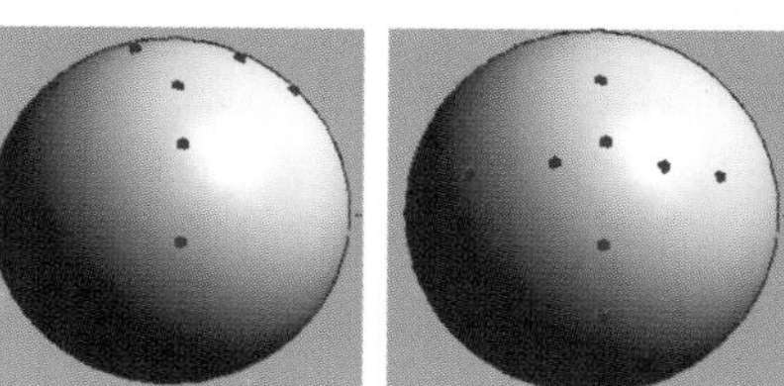

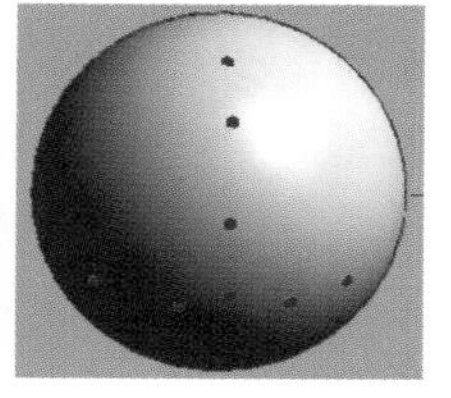

图 5-90

Step09 按住<Shift>键，框选4个点中的3个以取消对它们的选择，在“属性”栏把“显示参照平面”

属性的值改为“选中时”，把这个点拖动到半球表面的边界，观察“主体 U 参数”的变化范围。可以看到，在半球表面的下部，“主体 U 参数”始终为 3.141593，如图 5-91 所示；而在半球表面的上部，“主体 U 参数”始终为 6.283185，如图 5-92 所示。也就是说，如果俯视这个半球表面，“主体 U 参数”的值以从下到上的方向按照“π→2π”来变化。

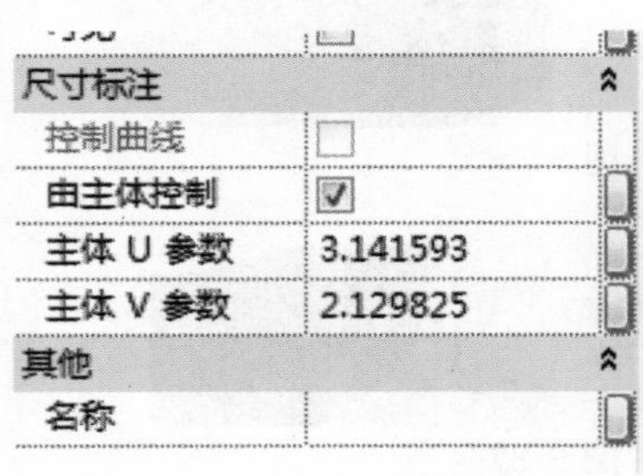

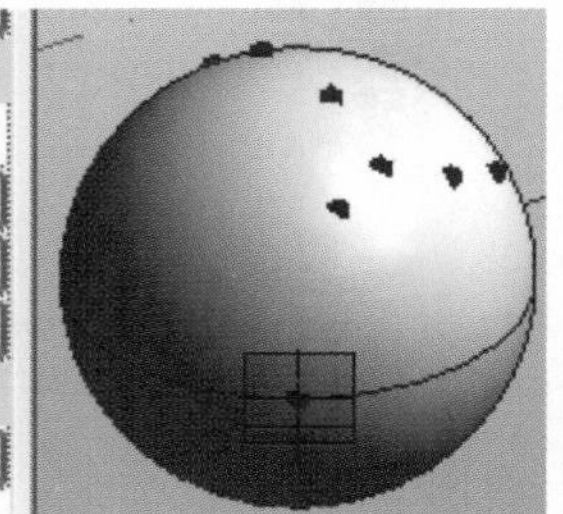

图 5-91

尺寸标注	
控制曲线	☐
由主体控制	☑
主体 U 参数	6.283185
主体 V 参数	1.862024
其他	
名称	

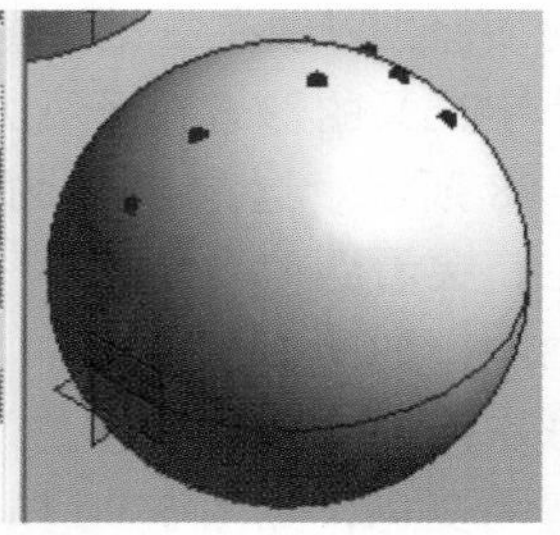

图 5-92

Step 10 单击 ViewCube 的“下”或者按住 <Shift> 键和鼠标中键以旋转三维视图，在下方的半球表面添加一个参照点，以同样的方法拖动它到边界，如图 5-93所示。观察它的“主体 U 参数”的变化，如图 5-94 所示。结论是：如果仰视这个半球表面，“主体 U 参数”的值以从上到下的方向按照“0→π”来变化。

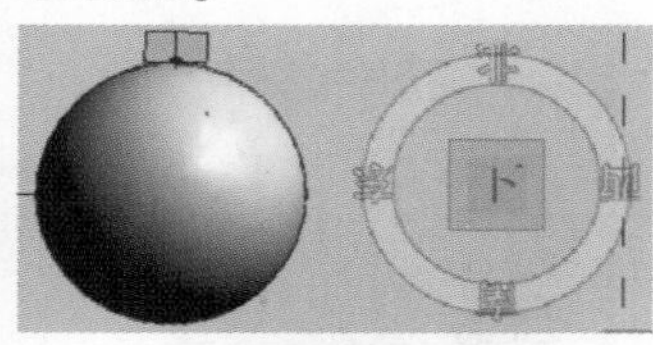

图 5-93

尺寸标注	
控制曲线	☐
由主体控制	☑
主体 U 参数	0.000000
主体 V 参数	1.596795

图 5-94

Step 11 根据上面的测试，总结一下“主体 U 参数”属性值的变化规律：“如果从东立面观察，以球体的右侧顶点为起始点，逆时针方向从 0 变化到 2π”。

Step 12 接下来以同样的方法测试垂直放置的那 4 个参照点，过程不再赘述。不过要注意的是，参照点无法靠调整“主体 V 参数”属性的值来定位到球体两端的顶点。总结一下“主体 V 参数”属性值的变化规律：“如果从南立面观察，以球体的右侧顶点为起始点到左侧顶点为终点，分别从上下两个方向从 0 变化到 π”，如图 5-95 和图 5-96 所示。

主体 U 参数	4.000000
主体 V 参数	0.000001

图 5-95

主体 U 参数	6.283185
主体 V 参数	3.141592

图 5-96

（2）不规则曲面的情况

Step 01 以上都是规则曲面的例子，现在看一下不规则曲面的情况。选择“模型”类型（图 5-97），在绘图区域以从左向右的方向绘制一条样条曲线，如图5-98所示。选中它，单击菜单栏的“创建形状”下的“实心形状”，会生成一个单面的形状。用光标靠近它的顶部，会以蓝色高亮显示位于顶部的边缘。同时在光标附近有信息提示，如图 5-99 所示。可以使用 <Tab> 键在待选择的形状的子图元之间进行切换。选中这个边缘，会出现外观为黑色实心圆点的控制点，单击其中的一个点，出现三维控件以后（图 5-100），选择任意一个箭头，拖动箭头调整一下该点的位置，本例中拖动了蓝色和绿色两个方向的箭头，如图 5-101 所示。并不是必须选择形状的边缘才可以选择控制点，光标在附近移动的时候，如果接近控制点，会有预览图像（图 5-102 和图 5-103），只是这样的方式耗费时间，需要不断地移动光标在附近寻找，不如前一个方法直观、方便。

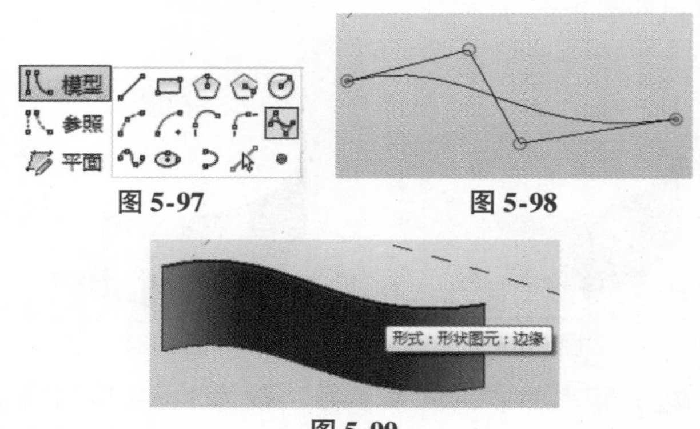

图 5-97　图 5-98

图 5-99

图 5-100

图 5-101

图 5-102

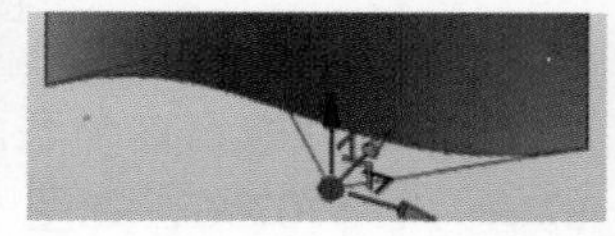

图 5-103

Step 02 执行“点图元”命令，在形状表面加一个参照点，选中它，观察“属性”栏，可以看到和前面球体表面的情况一样。还是以同样的方法，修改数值，观察移动的情况，或者拖动到边界观察属性值是多少。经过对比会发现，虽然属性名称为“主体 U/V 参数”，但本质是类似于“规格化曲线参数”的一个比值（图 5-104），在靠近曲面的起始部分——曲线起点的位置是最小值 0（图 5-105），最远端是最大值 1，如图 5-106 所示。

主体 U 参数	0.139996
主体 V 参数	0.571510

图 5-104

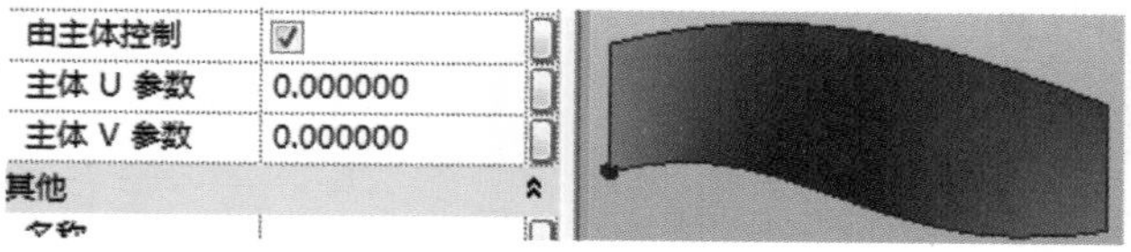

由主体控制
主体 U 参数
0.000000
主体 V 参数
0.000000
其他

图 5-105

由主体控制
主体 U 参数
1.000000
主体 V 参数
1.000000
其他

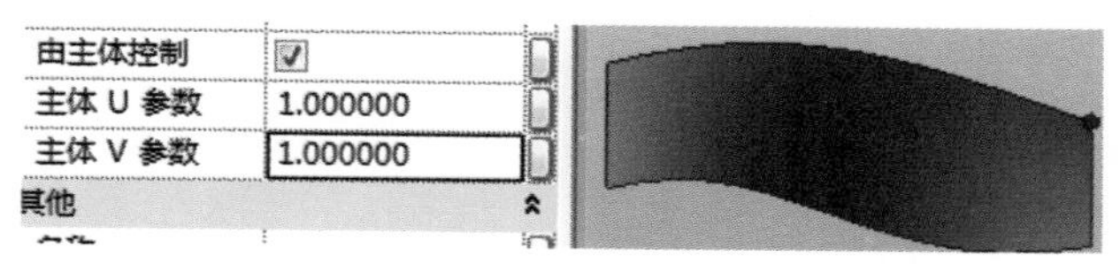

图 5-106

本节总结起来，主要有以下几点：

Step 01 单击属性后的“关联族参数”按钮，观察可以添加哪些类型的参数。

Step 02 尝试控制构件在柱面或者球面的位置：在球体或者柱体表面添加参照点，并做一个自适应构件放到参照点上，然后关闭球体或者柱体的可见性，将“主体 U/V 参数”的属性都添加参数以后，把这个体量族载入到项目环境中，观察自适应构件的位置变化。

Step 03 尝试将 2）中所设置的参数转换为柱面坐标和球面坐标的格式。

第6章

Revit中线图元的属性

概 述

参照线是在创建族时常用的基准对象。被选中后，它们会显示多个平面，这些平面可以作为创建其他形状时的参照。单段的一条直参照线能够提供4个用于绘制的平面：一个平行于该参照线的工作平面、一个垂直于该平面的平面、在线段两端且垂直于线段自身的平面。当选择或高亮显示参照线或使用“设置工作平面”工具时，光标靠近参照线时这些平面就会显示出来。预览时显示这些平面的蓝色虚线外框，选中以后，这些平面会以半透明的蓝色显示。选择“设置工作平面”工具后，将光标靠近参照线，可以按<Tab>键在这四个面之间切换。也可以创建弧形参照线，但是只在弧形的端点处有平面，沿弧长方向没有平面。

6.1 参照线

Step 01 新建概念体量，在打开的对话框中选择“公制体量.rft”并打开，单击“绘制”面板中的“参照”，默认的绘制工具是直线，选择绘制方式为“在面上绘制”，采用的工作平面会在选项栏上显示出来。如果需要设置新的工作平面，在绘制参照线前要单击“工作平面”面板中的“设置”，并移动光标至想要设定的平面，直至出现所需平面的预览图像以后，单击即设置此平面为新的工作平面，如图6-1所示。

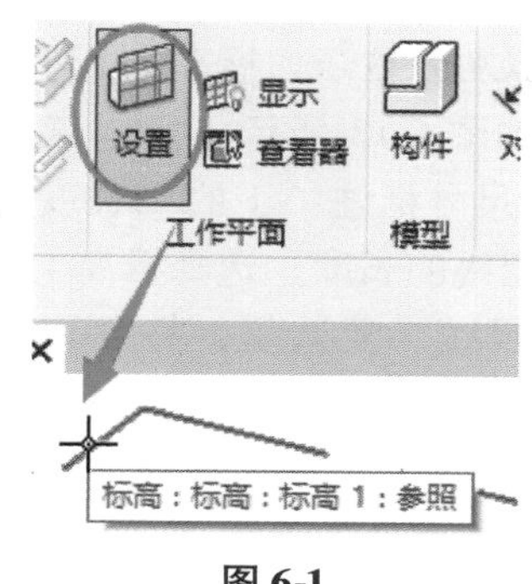

图 6-1

Step 02 在选定的工作平面上绘制一条参照线，单击<Esc>键两次退出绘制模式，观察参照线是紫色的。再次选中参照线观察选项栏，单击选项栏的“显示主体”按钮，会有蓝色方框来显示当前主体，如图6-2所示。也可在“主体”下拉列表中选择或拾取新主体。

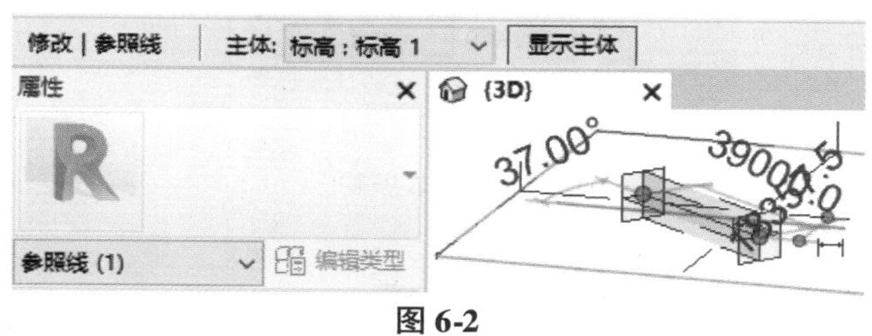

图 6-2

Step 03 选中标高1，单击菜单栏“修改|标高”选项卡“修改”面板中的“复制”，然后观察左下角的状态栏，在绘图区域任意一处单击鼠标左键作为复制时移动距离的起点，再次查看状态栏，提示再单击鼠标左键一次以确定终点，所以垂直移动鼠标至合适位置并单击以确定标高2的位置。如果移动时满足垂直的条件，则临时角度会显示标注为90°，同时在垂直方向上会有一条浅色虚线，如图6-3所示。光标处的符号也会有区别，垂直的时候显示为双向空心箭头，不垂直的时候是细线的“×”。

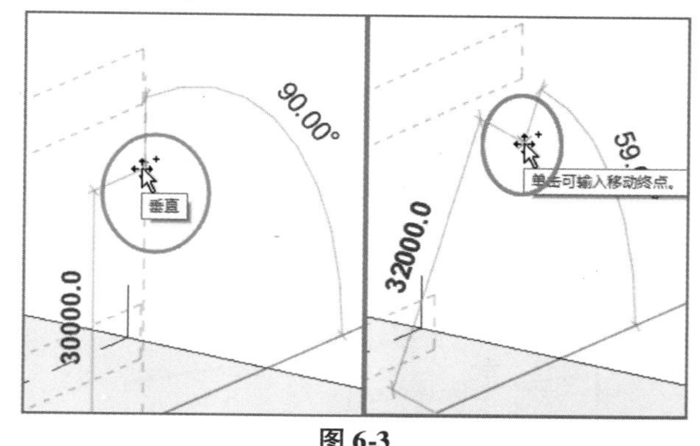

图 6-3

选中参照线，从选项栏上主体下拉列表里选择标高2，参照线将会移至标高2平面，如图6-4所示。选中参照线，从“主体”下拉列表里选择“拾取”，拾取标高1，参照线再次返回标高1，如图6-5所示。需要注意的是，不能拾取与原有平面标高不平行的平面。

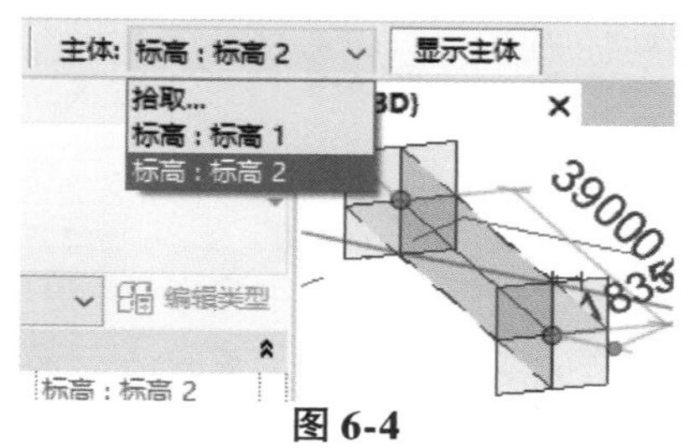

图 6-4

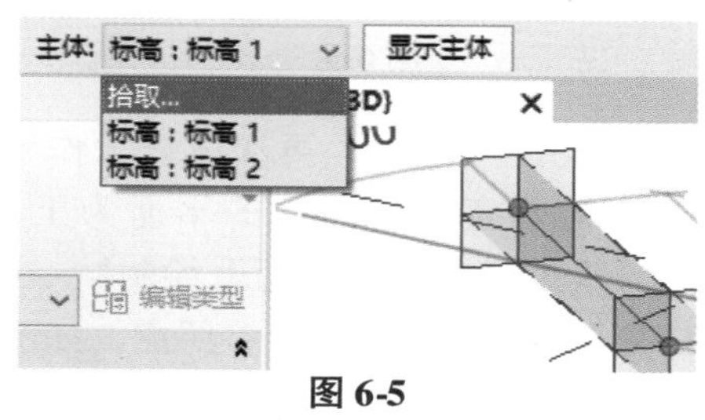

图 6-5

Step 04 再以参照线绘制一条直线，选中它后观察，可以看到有4个半透明的淡蓝色显示的参照平面。执行“点图元”命令，再设置工作平面，鼠标预选工作平面时会显示虚线外框，如图6-6所示。单击选定以后进入绘制状态，选定的工作平面会以实线显示一个外框，注意这个外框不是表示边界的意思，如图6-7所示。注意进入绘制状态后，在“工作平面”面板中有“在面上绘制”和“在工作平面上绘制”两个选项，此时单击“在工作平面上绘制”，参照点将放置在设置的工作平面上；单击“在面上绘制”，参照点会放置在现有图元的表面上。这里单击“在面上绘制”，在参照线上放置3个点，如图6-8所示。选中参照线并拖动一端的蓝色圆点，会带动这3个参照点一起移动，如图6-9所示。

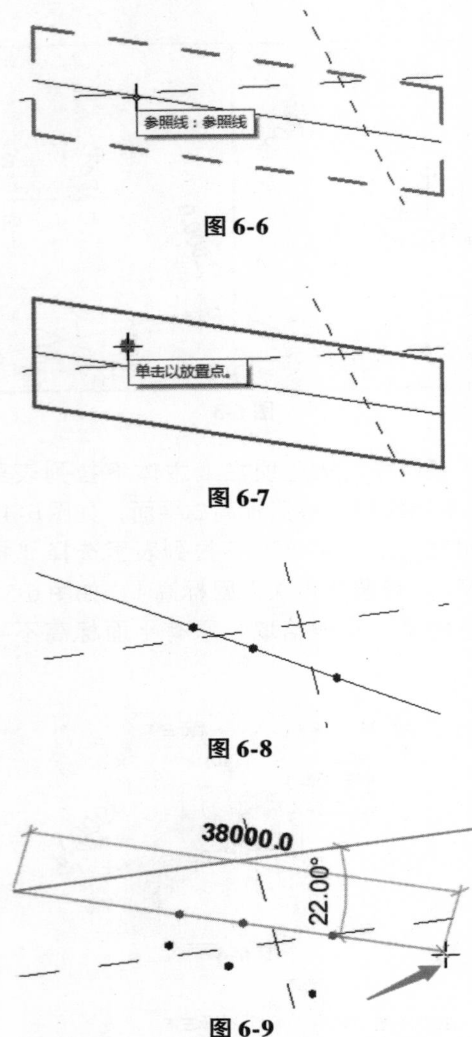

图 6-6

图 6-7

图 6-8

图 6-9

Step 05 执行“点图元”命令，再次设置工作平面，选择参照线端点的垂直于参照线的平面为工作平面，并确认绘制方式为“在工作平面上绘制”，在工作平面的不同位置单击 3 次放置 3 个参照点，如图 6-10所示。用同样的方式在另一端放置 3 个参照点。完成后拖动参照线的端点改变线的长度，发现端点的位置改变和参照线的长度改变时，放置在两端的参照点相对其所在的工作平面的位置不会发生改变，如图 6-11 所示。选中其中的一个参照点，单击选项栏上的“显示主体”，观察点的主体为参照线，如图6-12 所示。

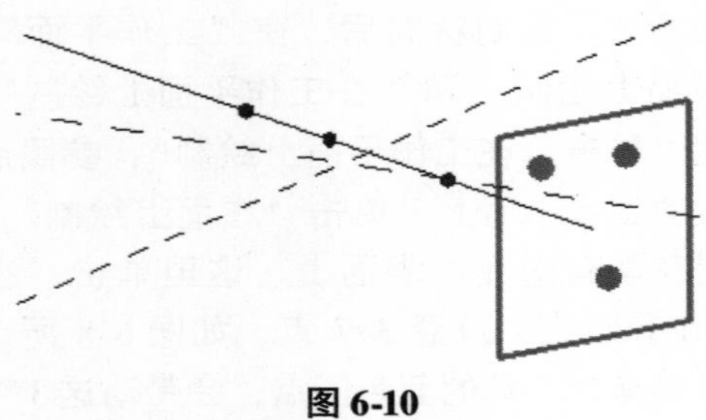

图 6-10

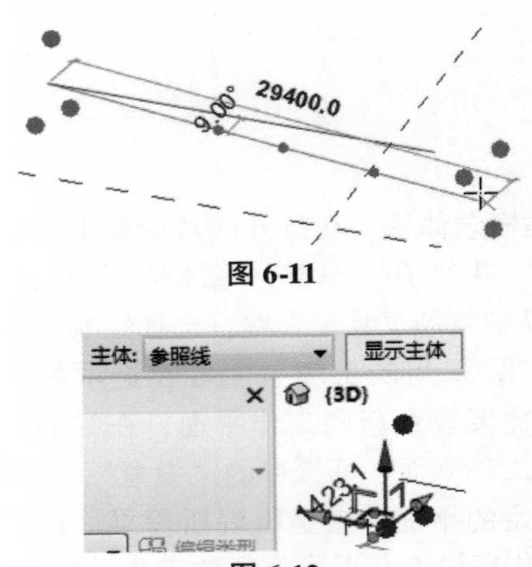

图 6-11

图 6-12

Step 06 在标高 2 绘制 1 条模型线并选中，观察“属性”栏，工作平面以灰色显示为标高 2。可单击“关联族参数”按钮，如图 6-13 所示，用以查看现有参数和添加新参数。“尺寸标注”下的“长度”参数的数值是当前选中模型线的长度。选择标高 1 的参照线，取消勾选“是参照线”复选框，将会有一个警告消息提示“高亮显示的几何图形不再确定一个平面”，如图 6-14 所示，单击“确定”按钮后参照线转变成模型线。这时选中端点处的参照点，会发现它已经没有主体了，选项栏显示“主体 <不关联>”，拖动模型线端点时，两侧的参照点不再一起移动，如图 6-15 所示。若选中模型线，勾选“是参照线”复选框，模型线将再次转变成参照线。

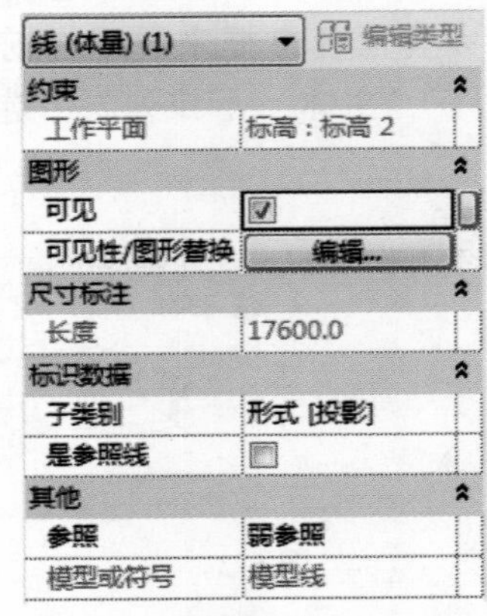

图 6-13

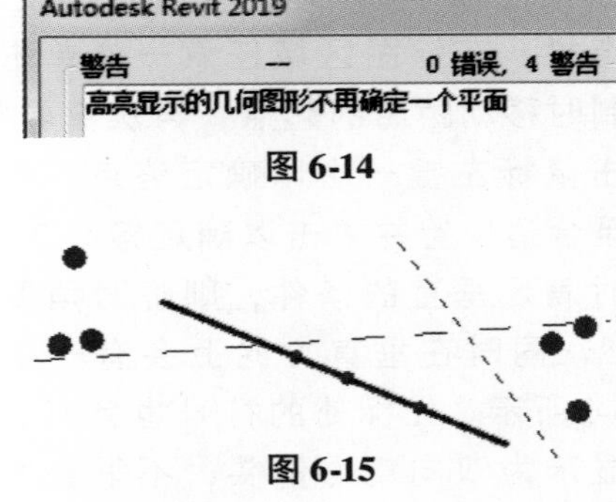

图 6-14

图 6-15

Step 07 选中参照线一侧的 3 个参照点，观察在选项栏中主体下拉列表中显示的是不关联，单击“拾取”，如图 6-16 所示。移动鼠标至参照线的一端发现无法拾取。注意此时左下角的状态栏，提示“拾取平行平面”，如图 6-17 所示。因为上述放置参照点选择的原始工作平面已经不平行于选中参照点现在所在的面，所以无法拾取。

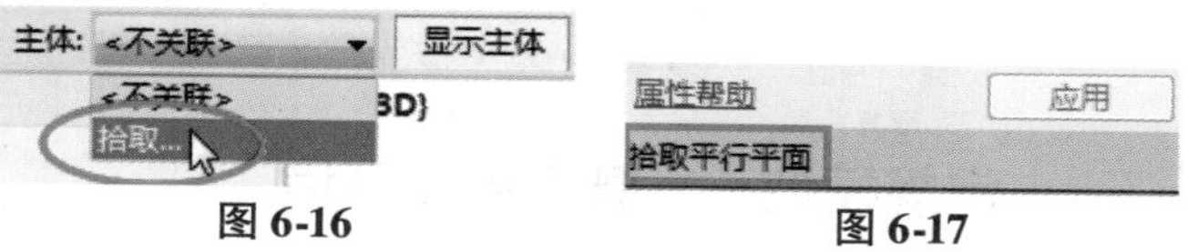

图 6-16　图 6-17

Step 08 单击“参照线”，在选项栏显示工作平面为标高 2，绘制另一条参照线。选中一个参照点，在属性栏中把图形分组中的显示参照平面修改为始终，以便将新的参照线与 3 个参照点所在的平面对齐平行。单击“对齐”，先选择 3 个参照点所在的参照面，如图 6-18 所示，再单击参照线。选择参照平面时配合 < Tab > 键进行切换，如图 6-19 所示。注意，对齐时也可以选择与 3 个参照点所在的平面互相垂直的竖向参照平面作为对齐目标，只不过对齐后，选中 3 个参照点的重拾主体时，只能拾取参照线两端的且与其垂直的参照平面。

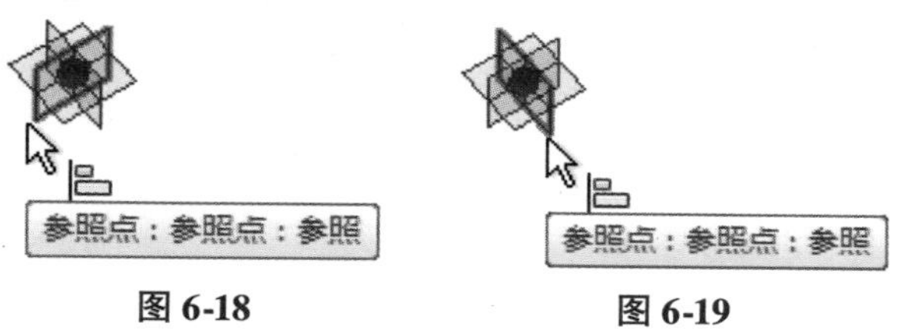

图 6-18　图 6-19

Step 09 “对齐”命令执行完毕后出现挂锁标记，提示创建或删除长度或对齐约束，这里不创建约束，如图 6-20 所示。选择 3 个参照点，并选择选项栏“主体”下拉列表中的“拾取”，将鼠标移到参照线上，会有蓝色的虚线方框显示，如图 6-21 所示。表示此参照平面与 3 个参照点所在平面的平行，单击即完成主体的重新指定。

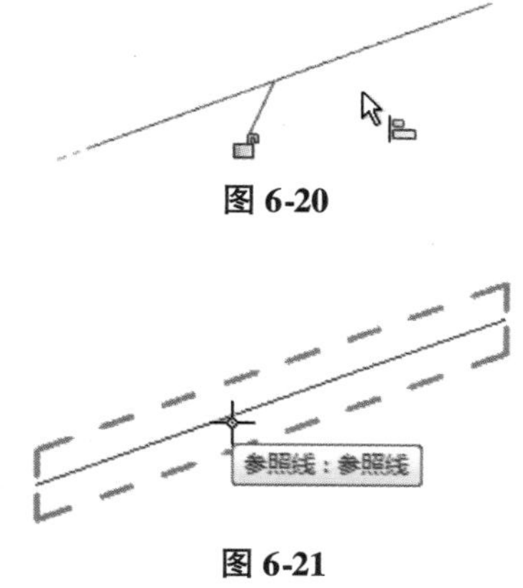

图 6-20

图 6-21

Step 10 参照线本身长度越长，所显示的可用工作平面虚线方框也会越大，如图 6-22 所示

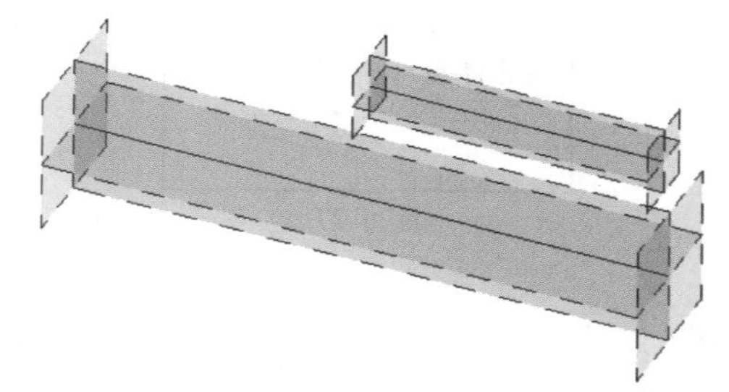

图 6-22

Step 11 角度的约束。参照线是有两个端点的，在添加约束条件以后可以绕端点旋转，如图 6-23 所示。利用这个特性，在制作旋转构件的时候，经常使用参照线来作为主体创建形状和控制这些形状的行为，详见后续章节。

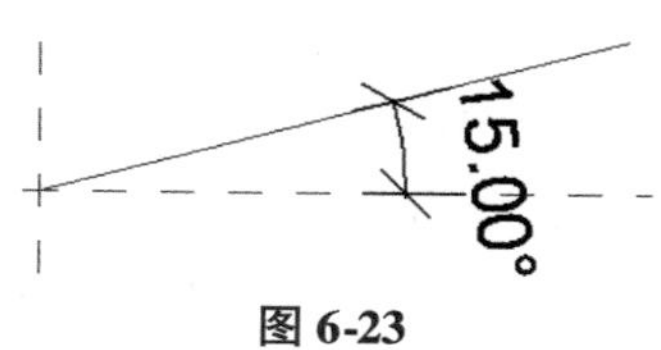

图 6-23

Step 12 绘制其他类型的参照线，在选中状态下观察，弧线有 2 个参照平面，如图 6-24 所示；矩形有 16 个参照平面，如图 6-25 所示；圆和椭圆没有参照平面，如图 6-26 所示，配合 < Tab > 键可以在线链中选择单段的参照线。

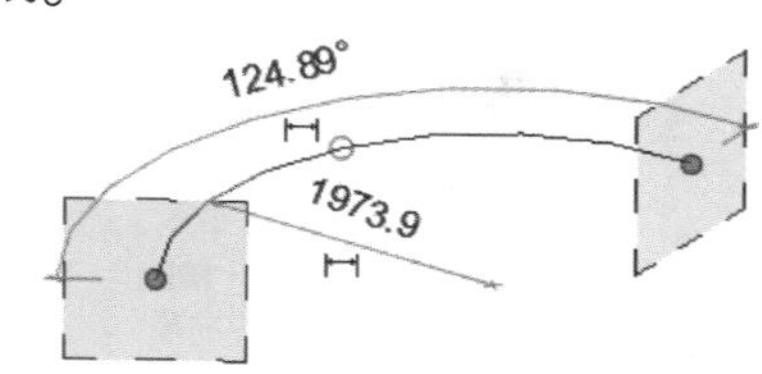

图 6-24

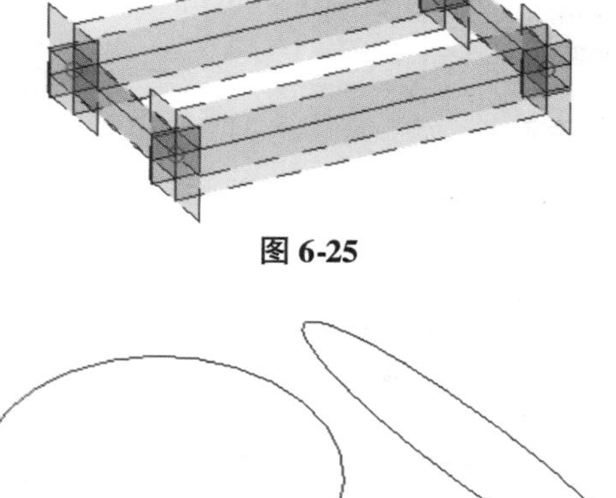

图 6-25

图 6-26

Step 13 在概念体量环境下的参照线是紫色的，如图 6-27所示。在内建环境和族环境中，绘制完成后皆为绿色，如图 6-28 和图 6-29 所示。

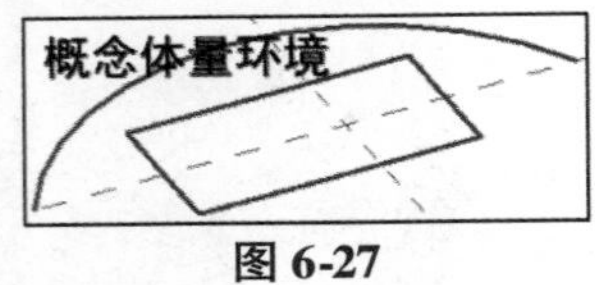

图 6-27

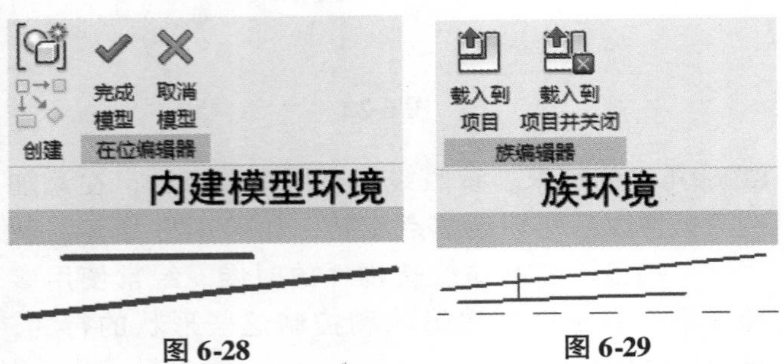

图 6-28　　图 6-29

Step 14 在公制常规模型环境中，参照线绘制命令位于“创建”选项卡的“基准”面板中，如图 6-30 所示。在默认的参照标高视图中，切换到“创建”选项卡，单击“基准”面板中的“参照线”，绘制一条直线后选中它，如图 6-31 所示，在“属性”栏会显示其工作平面为参照标高。单击“修改 | 参照线”选项卡下的“编辑工作平面”，在弹出的“工作平面”对话框里，指定新的工作平面，有“名称”“拾取一个面”“拾取线并使用绘制该线的工作平面”3 种方式，如图 6-32 所示。

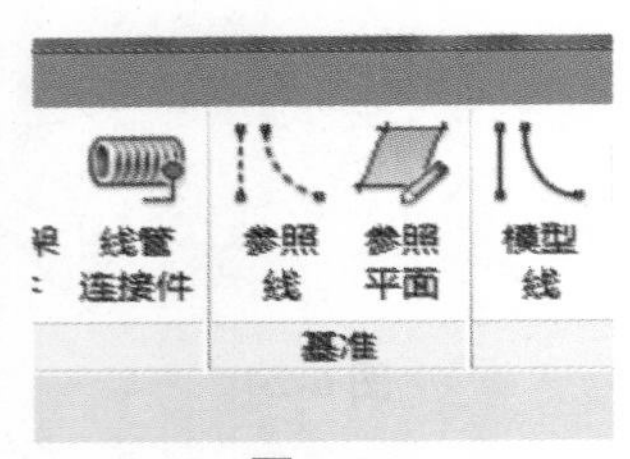

图 6-30

图 6-31

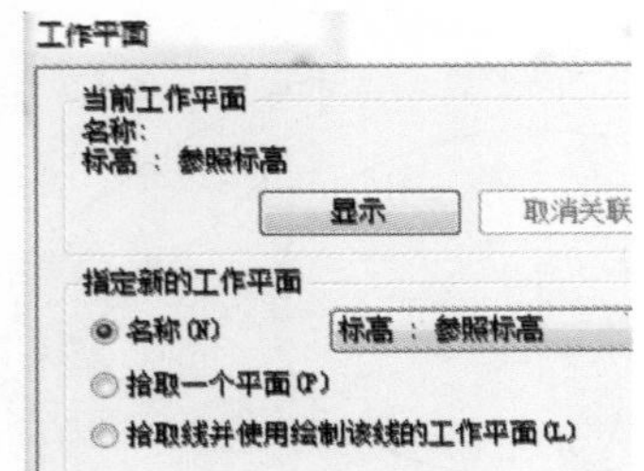

图 6-32

本节总结起来，主要有以下几点：

Step 01 基于主体的参照点会自带平面，可用于添加更多随主体图元移动的其他图形。

Step 02 不同环境下，“参照线”命令所在的面板位置有所区别，如图 6-33 所示。

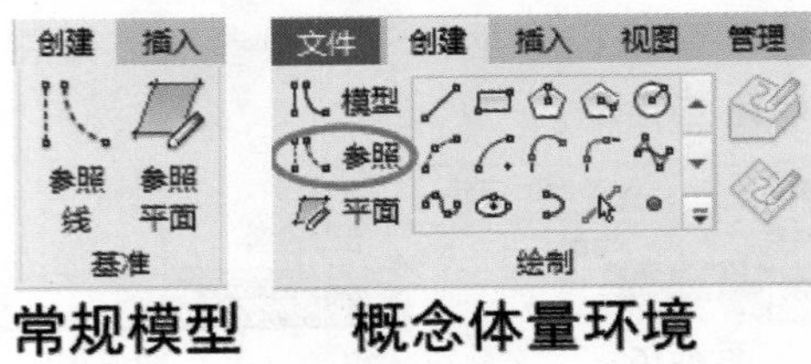

图 6-33

学完本节以后，可进行以下拓展练习：

Step 01 尝试在参照线上添加点，再以参照点的一个面为工作平面绘制图元，拖动参照线一端，观察图元是否会与之关联。

Step 02 尝试在“对象样式”对话框里给参照线设置不同的颜色，如图 6-34 所示。

图 6-34

6.2 模型线

Step 01 新建概念体量，展开“项目浏览器”中的楼层平面视图，打开标高 1 平面视图。单击“模型线”，逐个执行“绘制”面板中的命令，在标高 1 平面上绘制线图元，调整确认视图比例为 1∶500 时，如图 6-35所示。执行“视图”选项卡“图形”面板中的“细线”命令，对比视图比例同为 1∶500 时，非细线与细线下视图显示的区别，如图 6-36 所示；同为非细线模式下，对比视图比例 1∶200 与 1∶1000 视图显示的区别，如图 6-37 和图 6-38 所示。

图 6-35

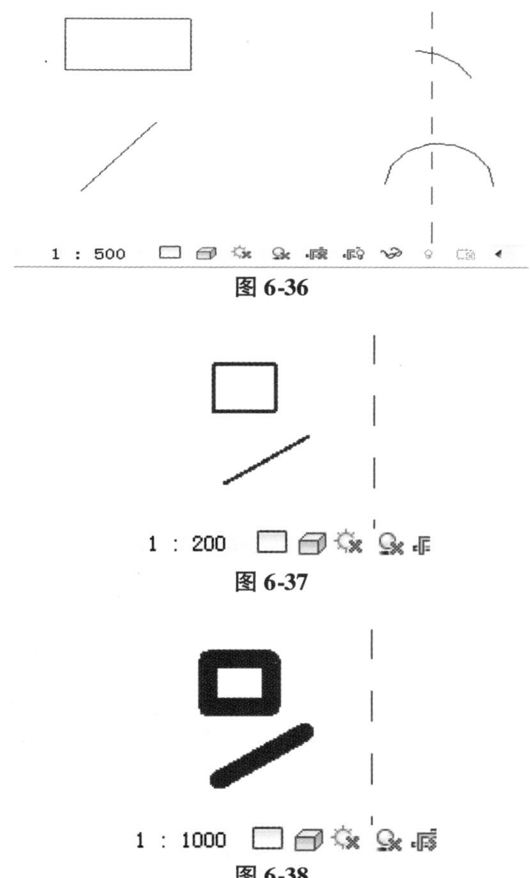

图 6-36

图 6-37

图 6-38

Step02可按照个人习惯修改细线的快捷方式，此处不做修改。注意，可以对同一个命令指定多个快捷方式。如果一个快捷方式已经被指定给了一个命令，若继续指定这个快捷方式给其他命令，则软件弹出提示消息“快捷方式重复”，如图 6-39 所示。若允许重复，按箭头键可循环浏览状态栏中显示的所有匹配项，按空格键可执行这些匹配项，如图 6-40 和图 6-41 所示。

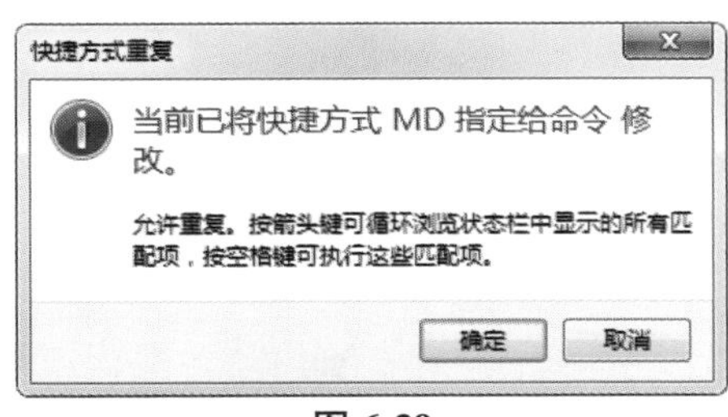

图 6-39

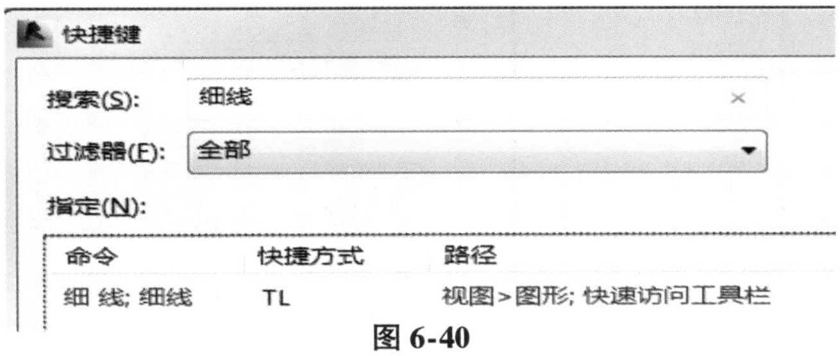

快捷键

搜索(S): 细线

过滤器(F): 全部

指定(N):

命令	快捷方式	路径
细 线; 细线	TL	视图 > 图形; 快速访问工具栏

图 6-40

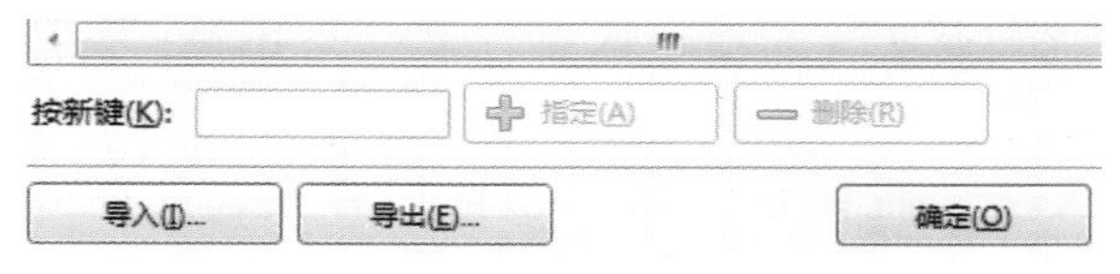

图 6-41

Step03按快捷键 < WT > 平铺三维视图和标高 1 平面视图，在平面视图中修改任意一个图元的形状，在其他视图中会立刻反映出来，如图 6-42 和图 6-43 所示。

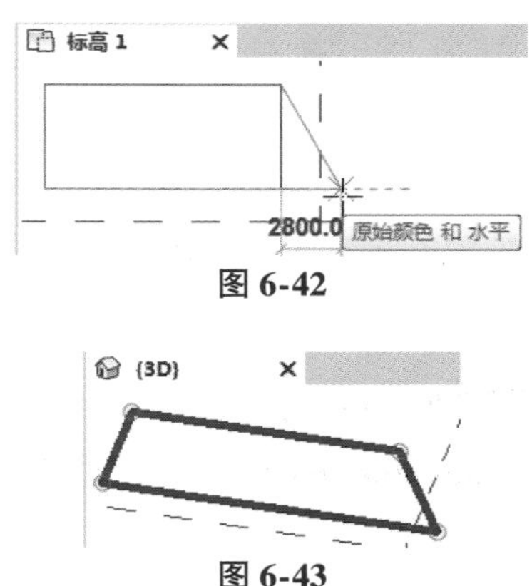

图 6-42

图 6-43

Step04新建族，选择自适应公制常规模型族样板，分别用模型线和参照线绘制 4 个图形，如图 6-44 所示。图形互相之间要有区别，之后载入体量，平铺视图进行对比，如图 6-45 所示。

图 6-44

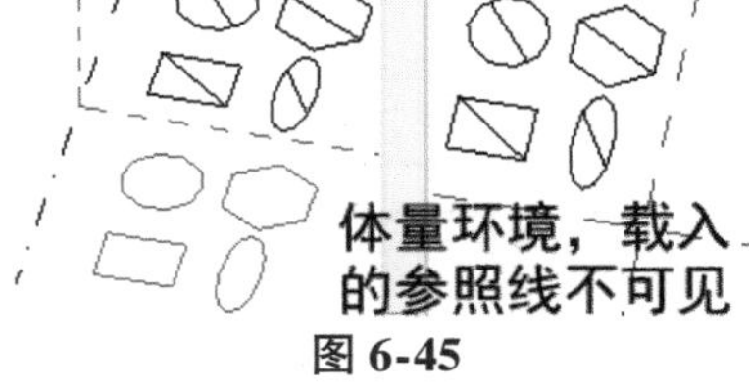

图 6-45

Step05对比在不同的线类型下，圆所生成的形状的区别，如图 6-46 和图 6-47 所示。

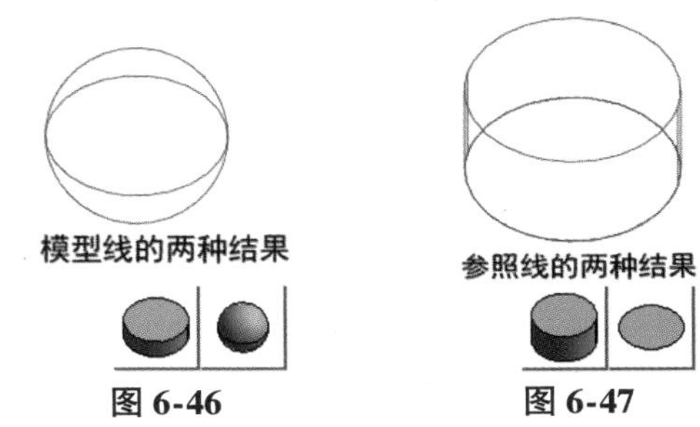

图 6-46

图 6-47

Step 06 用参照线和模型线各绘制一个矩形，选中并创建形状，会发现，模型线在生成形状以后自身消失了，而绿色参照线还依旧存在，如图 6-48 所示。

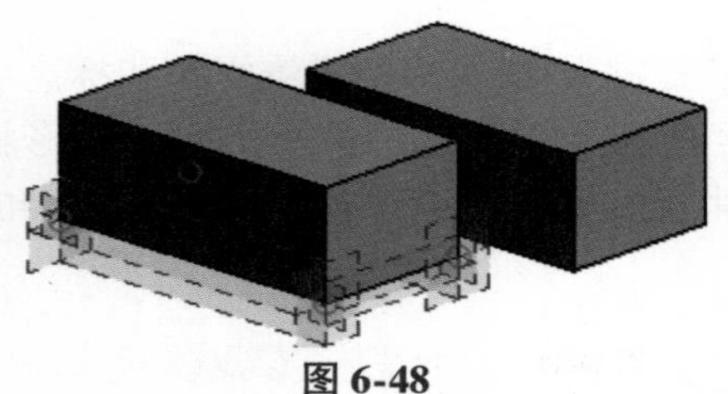

图 6-48

Step 07 在体量环境中单击“模型线”，在标高 1 平面上绘制两条直线，如图 6-49 所示。之后载入到一个项目里，平铺标高 1 平面视图与三维视图，模型线可见，如图 6-50 所示。

图 6-49

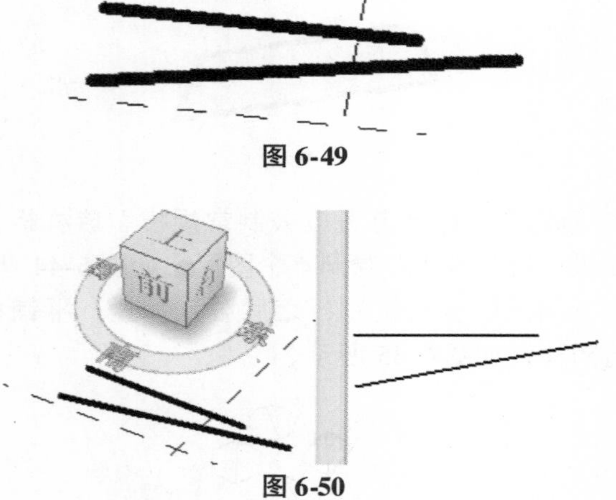

图 6-50

Step 08 按 <Ctrl + Tab> 组合键切换至体量，选中一条模型线并取消勾选其“属性”栏的“可见”，如图 6-51 所示。再次载入，视图中可见的模型线只有一条，未勾选可见的模型线不显示，如图 6-52 所示。

图 6-51

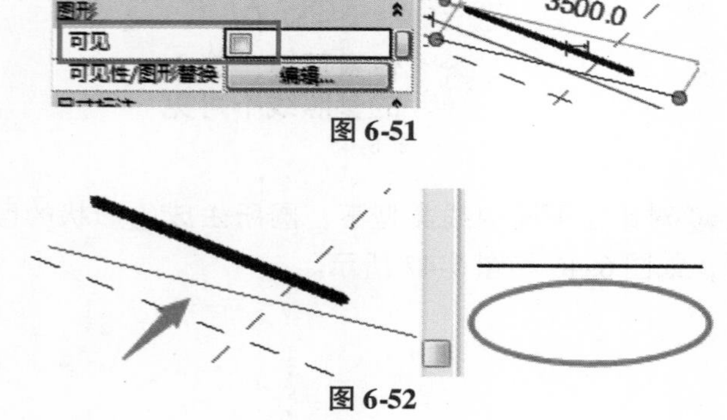

图 6-52

本节总结起来，主要有以下几点：

Step 01 在软件操作过程中设置快捷键能提高效率，因此要养成良好的操作习惯。

Step 02 通过“属性”栏中“是参照线”的勾选与否可相互转化模型线与参照线。

学完本节以后，可进行以下拓展练习：

用参照线和模型线分别绘制其他图形并创建形状，选中形状并观察它们之间的差别。

6.3 详图线

Step 01 项目环境下，在“注释”选项卡的“详图”面板里，可以看到，“详图线”是详图工具中的一种，如图 6-53 所示。

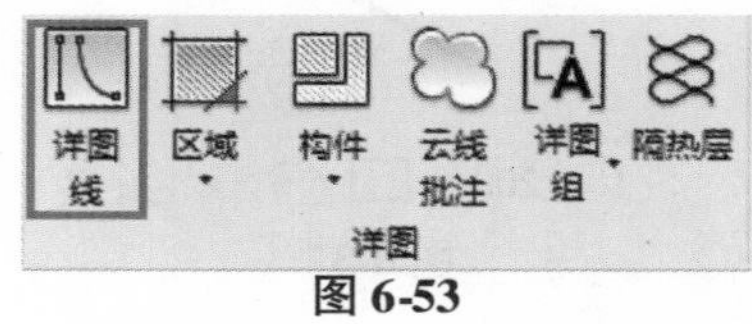

图 6-53

Step 02 单击“详图线”开始绘制，在选项栏中有 3 个属性可以设置，如图 6-54 所示。“偏移”是指在顺时针方向绘制的时候，会以输入的距离偏移到绘制路径的外侧；“半径”是指绘制时自动按照输入的数值作为半径在转角的位置进行倒圆角的处理；“链”是指连续绘制时，第一条线的终点自动成为第二条线的起点，例如，单击 3 次以后按 <Esc> 键两次退出绘制命令，画出来的是两条首尾衔接的线条，如图 6-55 所示。

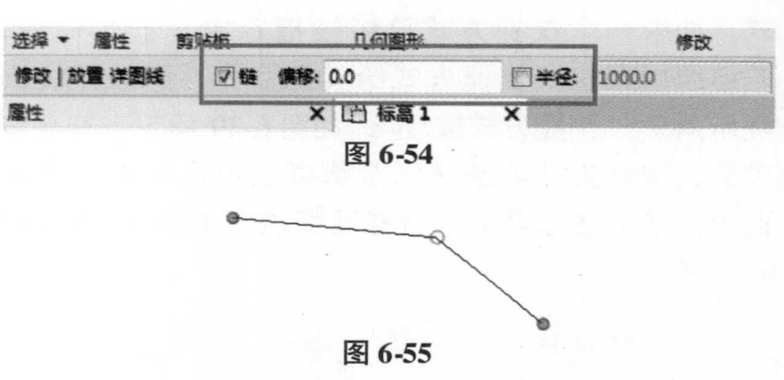

图 6-54

图 6-55

Step 03 绘制时可以在“线样式”下拉列表里选择需要的线样式，如图 6-56 所示，也可以在“属性”栏里修改，如图 6-57 所示。

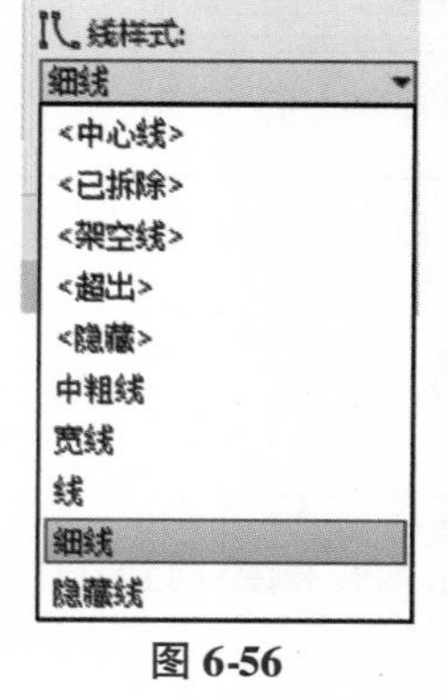

图 6-56

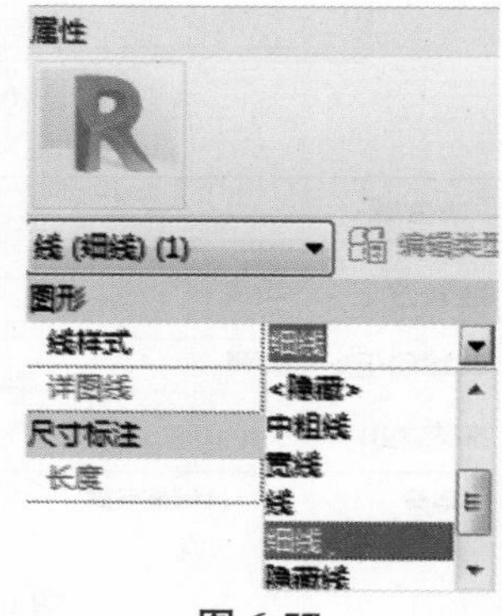

图 6-57

Step 04 详图线是视图专有图元，在别的视图里会看不到。在当前视图里已经绘制的详图线的附近再绘制几条不同的模型线作为对比，切换到默认三维视图观察，如图 6-58 所示。

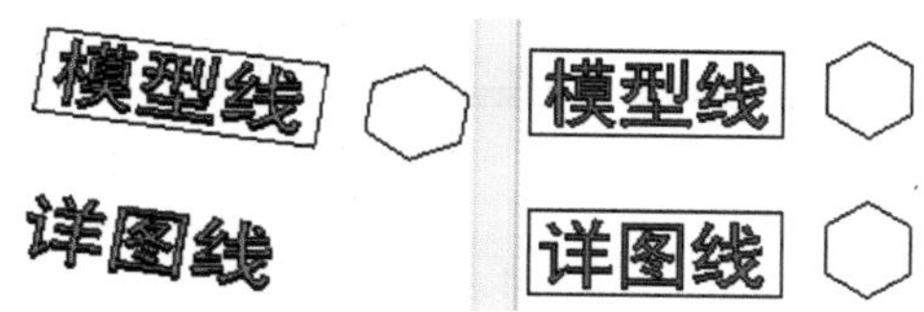

图 6-58

Step 05 详图线可以转换为模型线，模型线也可以转换为详图线。回到平面视图，选中详图线，单击“修改 | 线”选项卡下“编辑”面板中的“转换线”，就会变成模型线，如图 6-59 所示。这时，就可以在三维视图看到这几条转换后的线了，如图 6-60 所示。

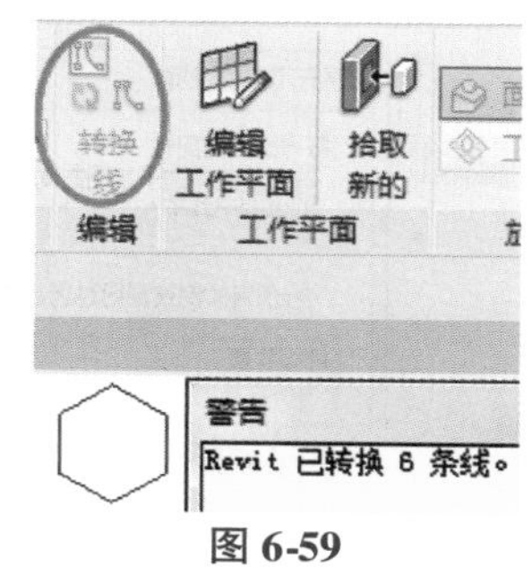

图 6-59

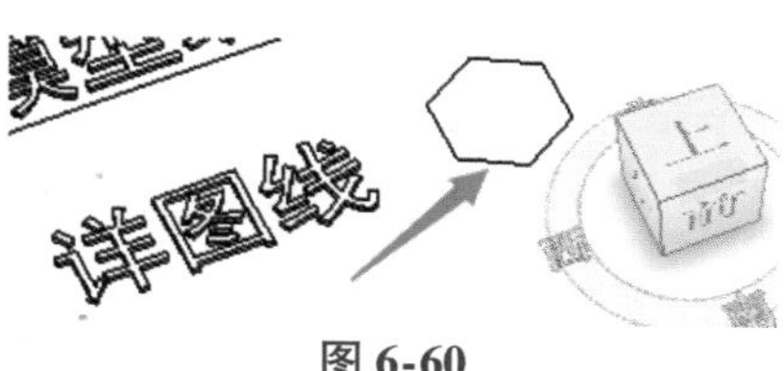

图 6-60

Step 06 注意，转换的时候，会在当前视图生成新的线，例如画在标高 1 的模型线（图 6-61），在标高 2 选中并转换，所生成的详图线属于标高 2 平面视图，如图 6-62 所示。

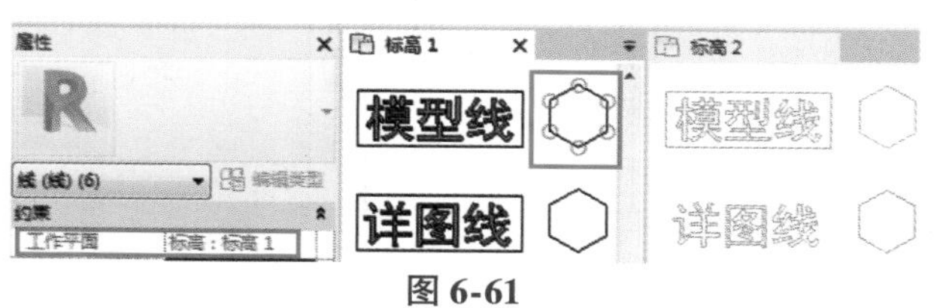

图 6-61

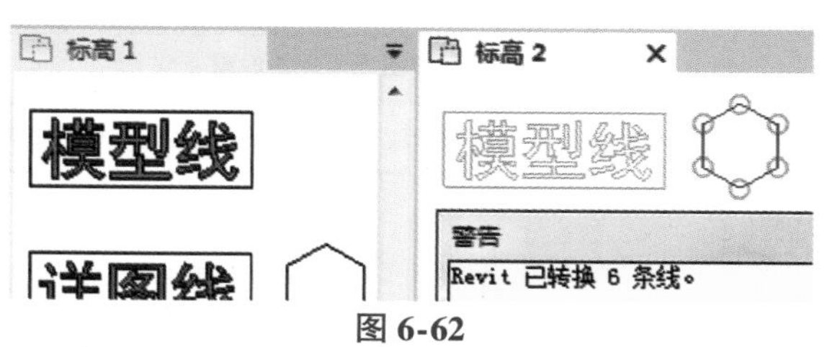

图 6-62

Step 07 如果活动视图不支持转换后的线类型，那么“转换线”命令将不可用，如图 6-63 ~ 图 6-67 所示。

图 6-63

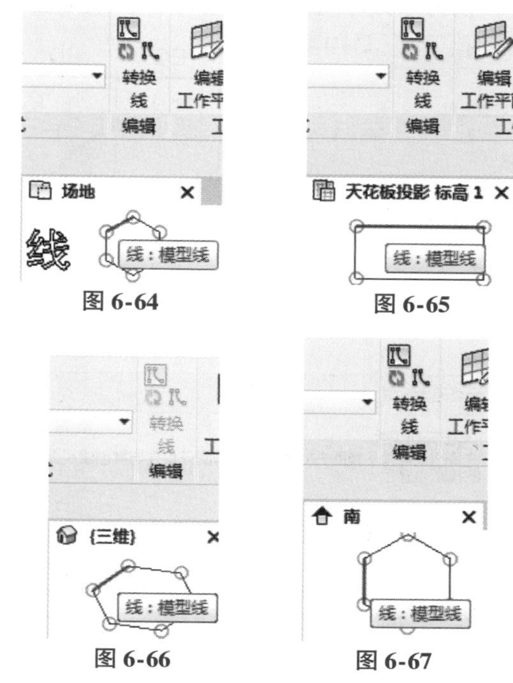

图 6-64 图 6-65 图 6-66 图 6-67

本节总结起来，主要有以下几点：

Step 01 详图线在表达构件细部时有很大用处，例如在截面里直接绘制详图线表达构造。

Step 02 在三维视图中无法把模型线转换为详图线。

学完本节以后，可进行以下拓展练习：尝试在某一构件剖面中，绘制详图线表达内部构造。

6.4 符号线

Step 01 新建族，选择“公制门 . rft”作为样板，初始界面默认为参照标高平面。单击菜单栏“注释”选项卡“详图”面板中的“符号线”（图 6-68），再在“绘制”面板中选择“圆心-端点弧”工具，捕捉到如图 6-69 所示的位置为圆心，从洞口的另外一侧端点开始，绘制一个半径等于洞口宽度的四分之一圆弧。

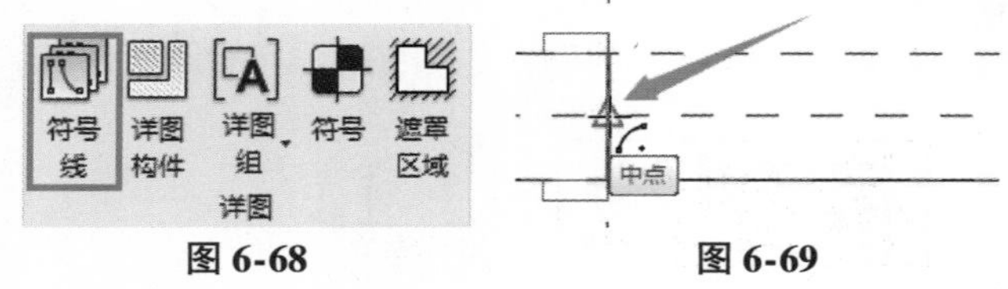

图 6-68　　图 6-69

Step02选中这段圆弧，单击“属性”栏里“可见性/图形替换”属性后面的“编辑”按钮（图6-70），打开“族图元可见性设置”对话框（图6-71），在“仅当实例被剖切时显示”前打勾，表示仅当族实例被剖切时，该符号线才可见。

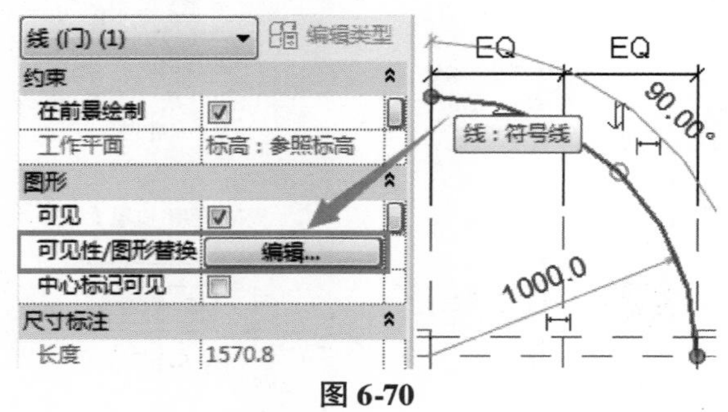

图 6-70

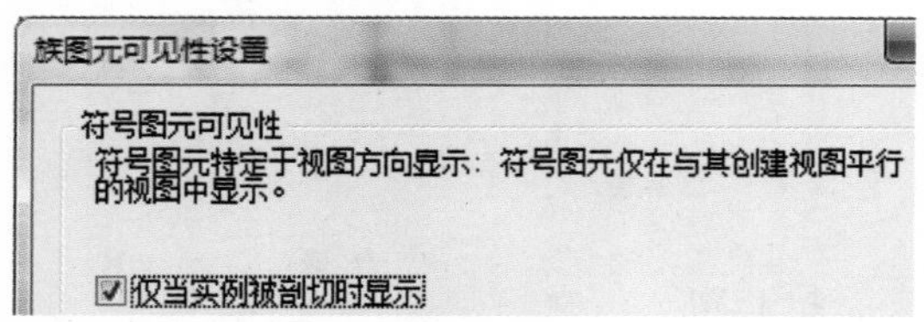

图 6-71

Step03新建一个项目，选择建筑样板，在其中绘制两道墙体，按<Ctrl + Tab>组合键返回“族编辑器”，单击菜单栏的“载入到项目中”，将这个门族载入并在两道墙体上各单击一次以放置一个实例，打开三维视图，进行观察，会发现该符号线在平面视图中是可见的，在三维视图中不是可见的，如图6-72和图6-73所示。

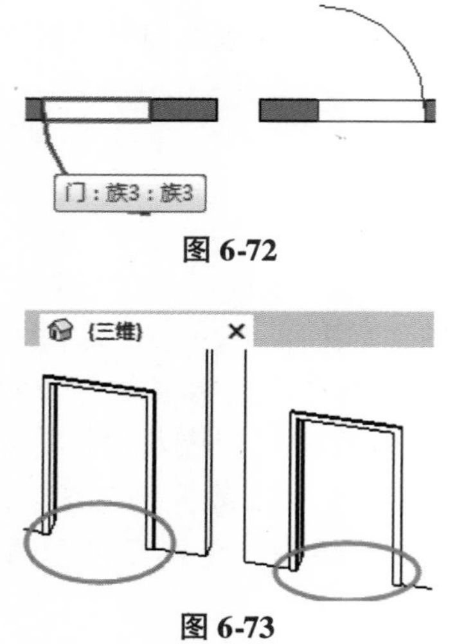

图 6-72

图 6-73

Step04作为对比，返回族环境，加一条模型线，再次载入，覆盖原来的族观察对比，会发现在楼层平面视图和三维视图，模型线都是可见的，如图6-74所示。

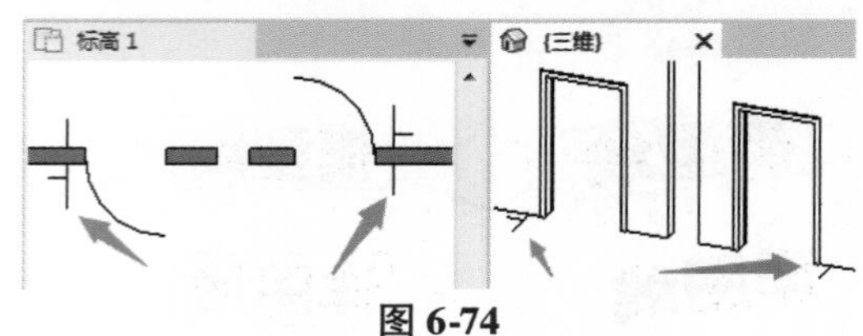

图 6-74

Step05接下来练习对符号线进行详细程度的设置。选中符号线，单击属性栏里“可见性/图形替换”属性后面的“编辑”按钮，打开“族图元可见性设置”对话框，取消“粗略”和“中等”前面的复选框的勾选（图6-75），之后将族载入到项目中，覆盖之前的版本，改变视图的详细程度进行观察，如图6-76～图6-78所示。

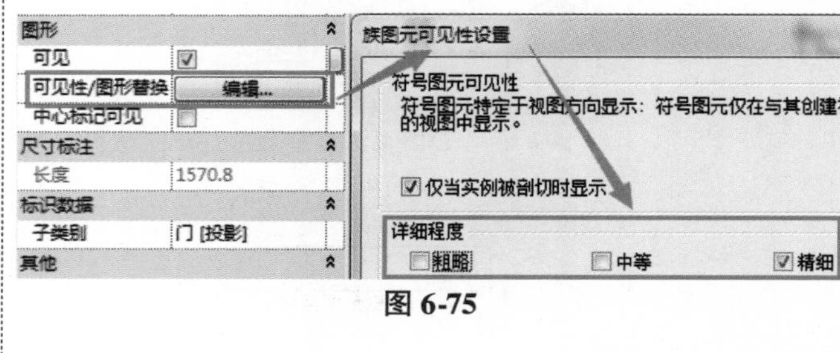

图 6-75

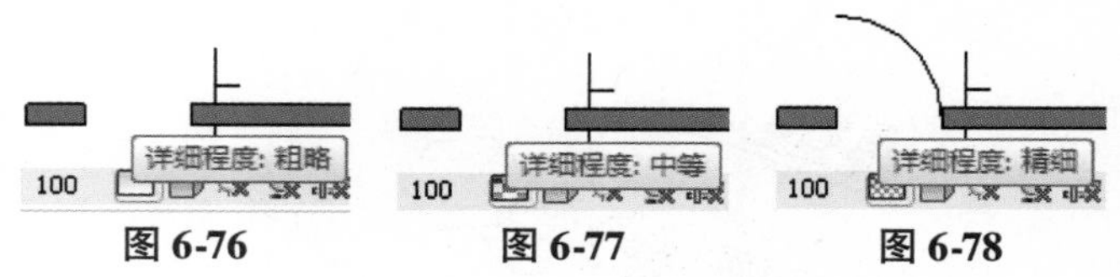

图 6-76　　图 6-77　　图 6-78

Step06返回族环境，修改详图线在“剖切”时的显示设置，分别在项目中修改视图范围，查看门被剖切和未被剖切时的显示情况，如图6-79～图6-85所示。

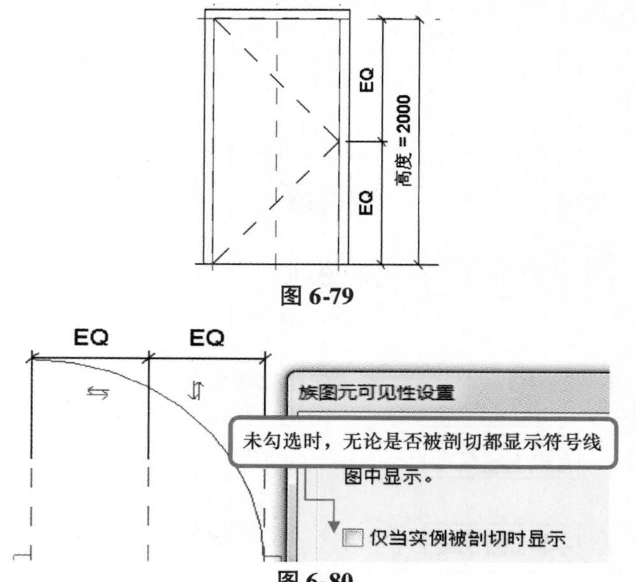

图 6-79

图 6-80

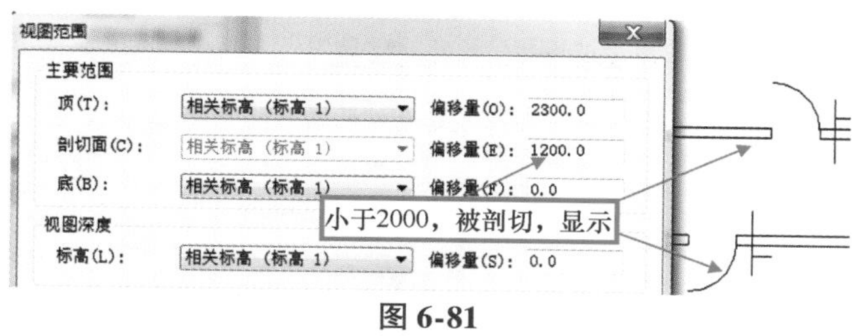

图 6-81

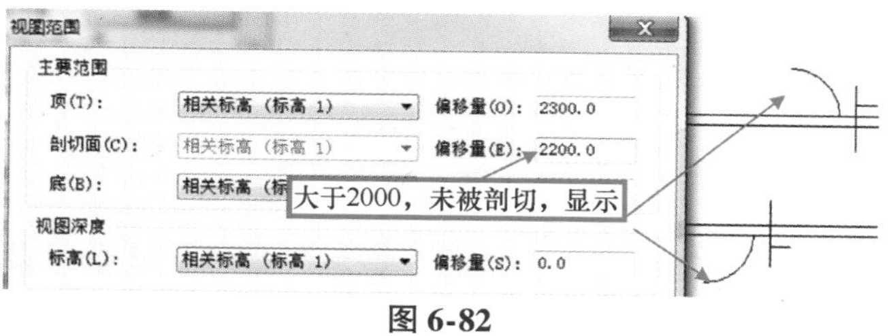

图 6-82

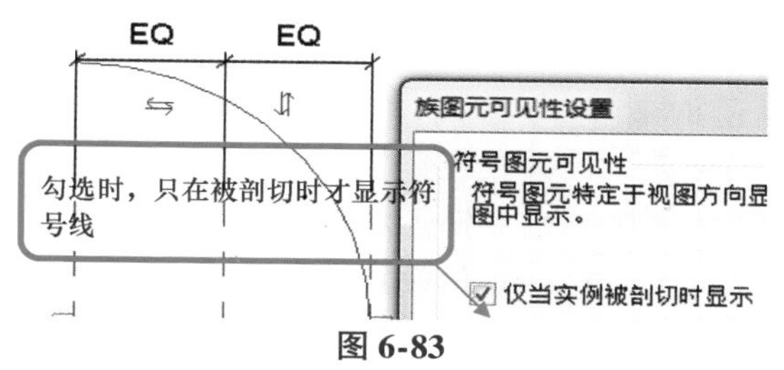

图 6-83

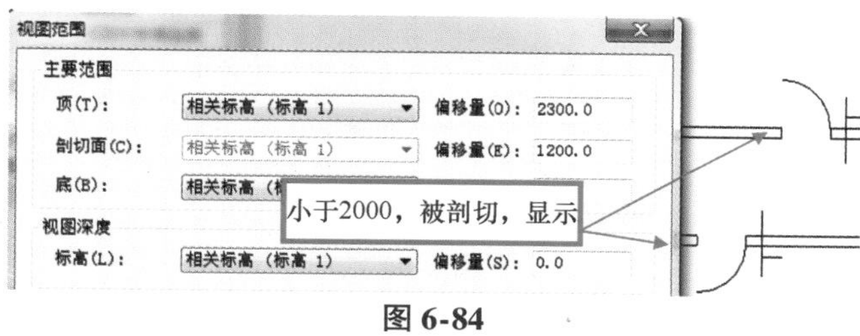

图 6-84

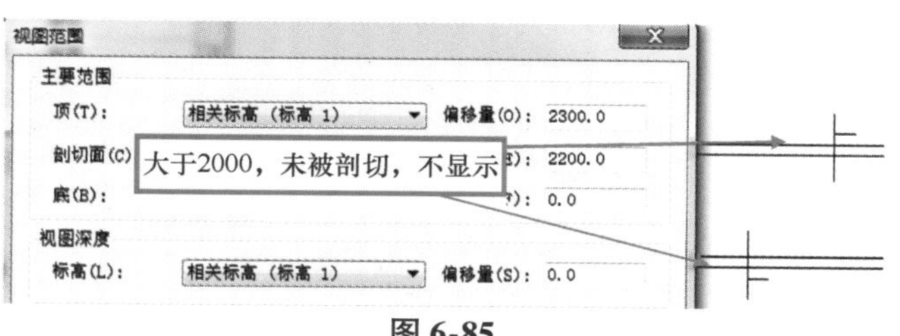

图 6-85

Step07同样的，模型线也可以进行可见性设置，注意，第一个选项与第四个有关联，如图 6-86 所示。

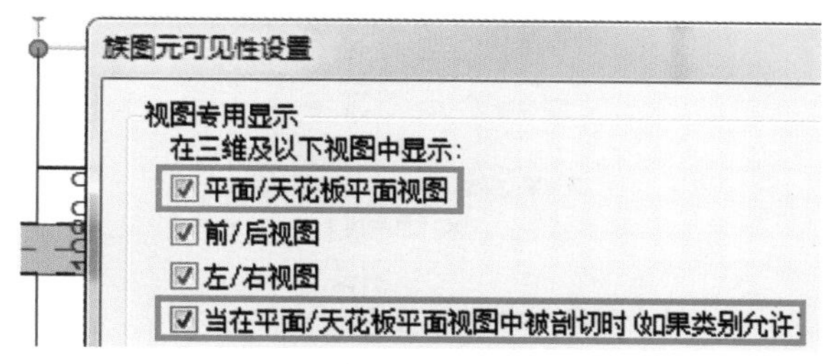

图 6-86

本节总结起来，主要有以下几点：

Step01对各种线条进行可见性设置有利于更清晰地表达视图的主要内容。

Step02符号线不是族实际几何图形的任何部分。

学完本节以后，尝试在族中的平面和立面中绘制模型线，并对其可见性进行不同的设置。

6.5 “绘制”面板工具详解

Step01在概念体量环境下，分别绘制模型线和参照线，注意，绘制前会蓝色显示放置平面，可以在选项栏的下拉列表里修改这个放置平面。通过复制中心参照平面生成的参照平面的“名称”属性是空的，所以不会出现在下拉列表里。如果需要选择这样的参照平面，可以采用拾取的方式，如图 6-87 所示。

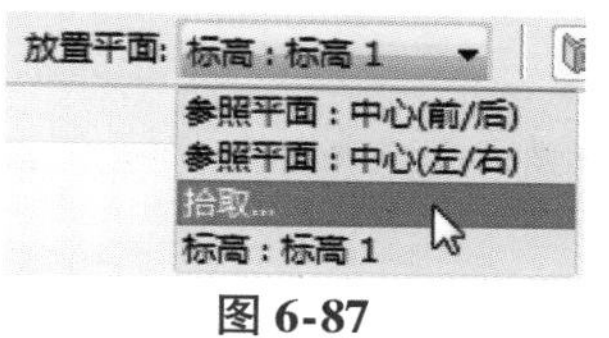

图 6-87

Step02用模型线绘制一个三角形，单击选中它，观察“属性”栏，有 3 条线（体量），打开“过滤器”，也是 3 条线（体量），“约束”属性中列出的标高 1（图 6-88），就是绘制时的工作平面。

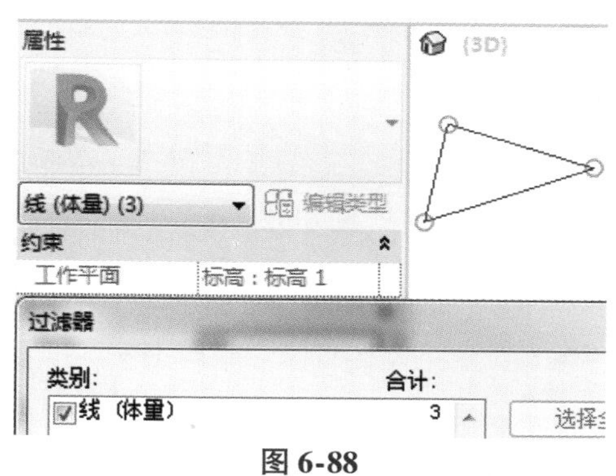

图 6-88

Step03复制标高 1，选中三角形，在选项栏的“主体”属性下拉列表里更换三角形的主体，然后单击“显示主体”，观察绘图区域的变化，可得出主体的替换只能在平行平面进行的规律，如图 6-89 所示。

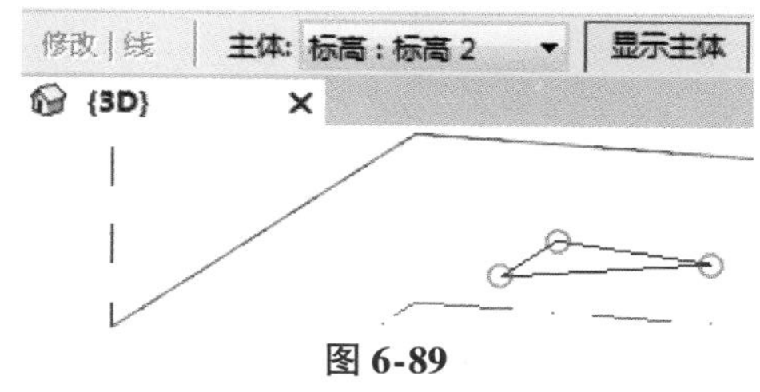

图 6-89

Step 04 接下来演示一种创建体量面模型的特殊方法。单击“矩形”绘制工具，选择“在面上绘制”，并勾选选项栏上的“根据闭合的环生成表面”，在标高1平面上绘制任意尺寸的矩形，绘制完毕时面模型自动生成，完成后，按两次<Esc>键退出，再选中生成的体量面模型，观察“属性”栏，发现显示为“形式（1）”，如图6-90所示。打开“三维捕捉”绘制1条参照线，发现不仅创建了参照线，同时还生成了参照点，如图6-91所示。单独选中一条线，发现没有约束和主体，如图6-92所示；单独选中点，有主体，如图6-93所示。

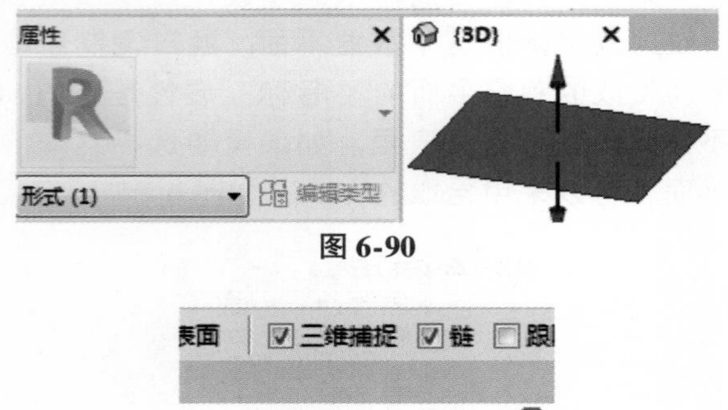

图 6-90

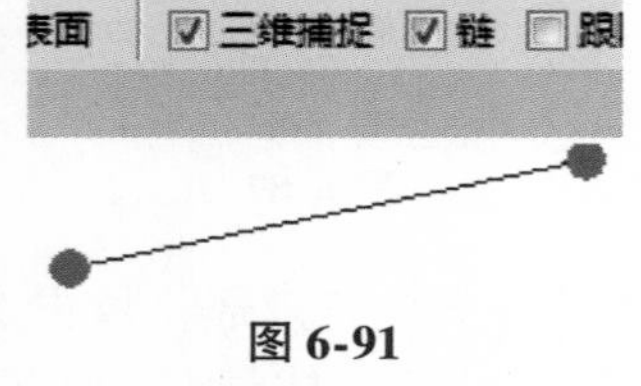

图 6-91

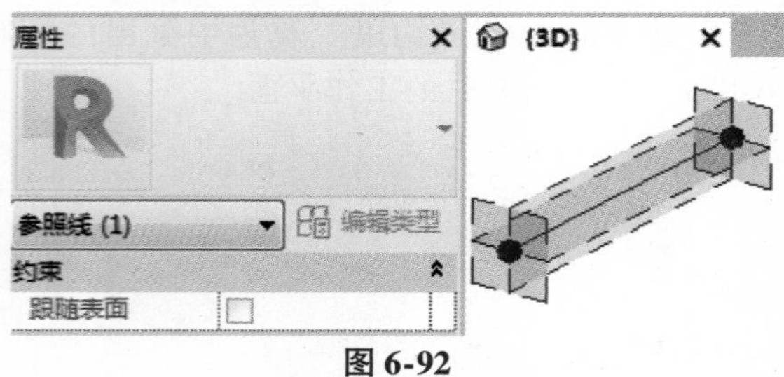

图 6-92

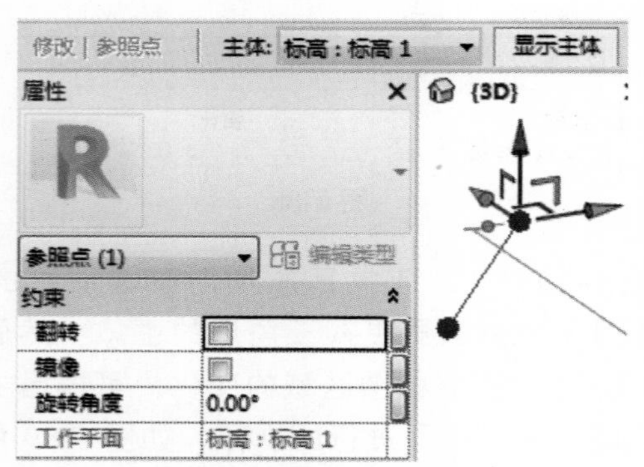

图 6-93

Step 05 “链”，即连续绘制之意。如图6-94所示，执行“直线”命令依次从左到右单击折线的起点、转角、终点，此时若勾选“链”，则中间线段会首尾连续。若没有勾选“链”，中间线段就不连续，如图6-95所示。

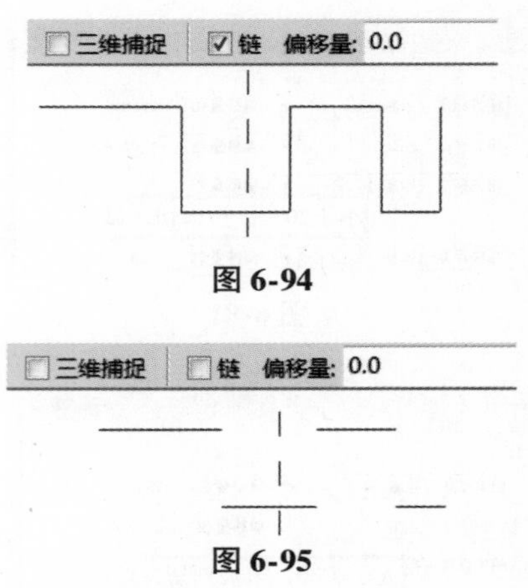

图 6-94

图 6-95

Step 06 熟练使用选项栏上的“偏移、半径”功能能够提高工作效率，不过偏移和半径在这里只能“二选一”。设置偏移量为“2000”，绘制直线时，若是顺时针方向绘制，线在外侧，预览图像如图6-96所示；若是逆时针方向绘制，线在内侧，预览图像如图6-97所示。此外，在绘制封闭图形时，如果设置了正数偏移值，也会使形状产生向外侧偏移的预览图像。这里注意，如果设置的偏移量为负数，效果则恰恰相反。

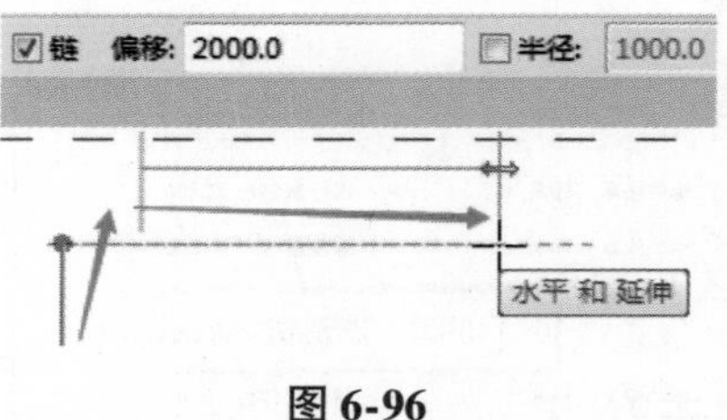

图 6-96

执行“直线”命令开始绘制，在偏移量为0、“半径”未勾选时，绘制两条线构成直角，再单击“绘制”面板中的“圆角弧”，将夹角修改为倒角，如图6-98所示。此外，如果绘制时勾选选项栏上的“半径”，输入数值即可在绘制直线时直接生成圆弧，而且半径也可以通过选中它时出现的临时尺寸来更改，如图6-99所示。

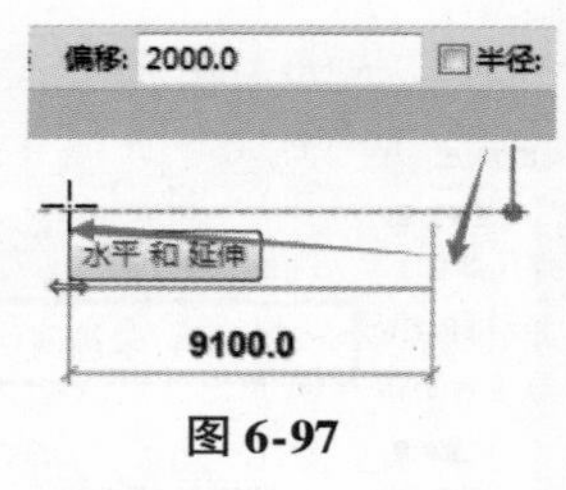

图 6-97

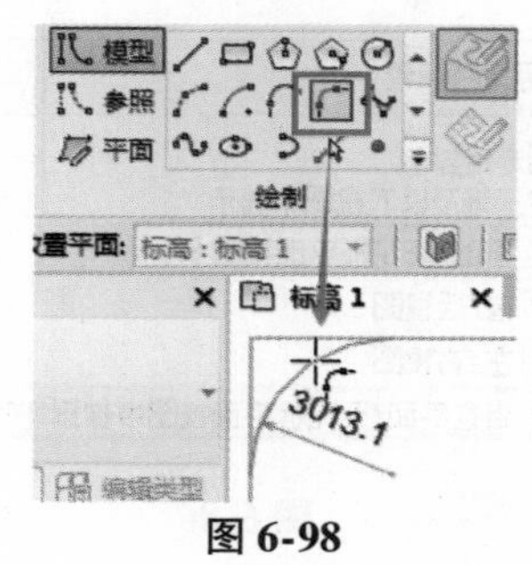

图 6-98

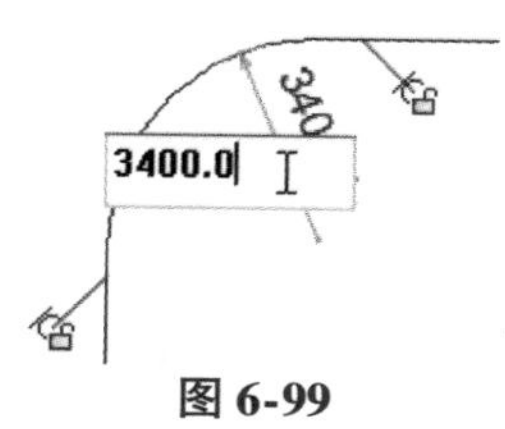

图 6-99

Step07 用参照线再绘制一次，需要注意的是，在生成形体之后，线条仍然会保留，如图 6-100 所示。

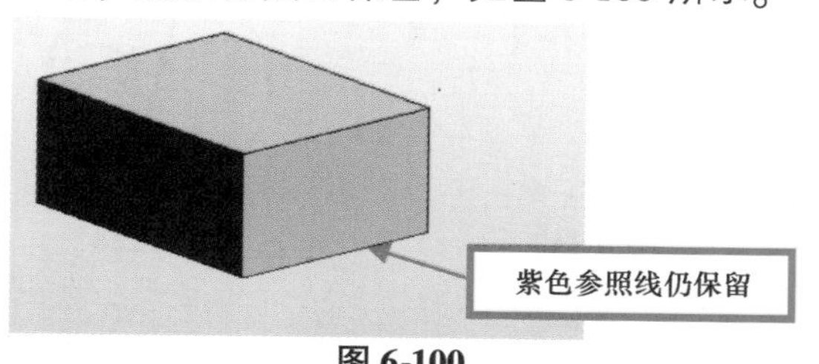

图 6-100

Step08 绘制时会捕捉到与相近图元的特殊关系并提示，如延伸、垂直或者平行，如图 6-101 和图 6-102 所示，还可按提示输入长度。

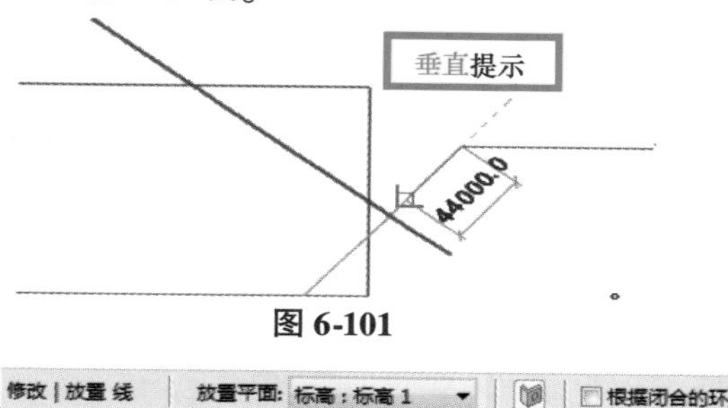

图 6-101

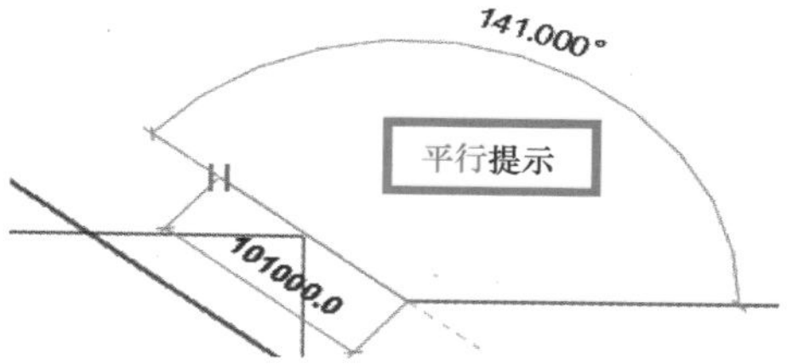

图 6-102

Step09 可以移动临时尺寸标注的界限来检查互相之间的几何关系，如图 6-103 和图 6-104 所示。

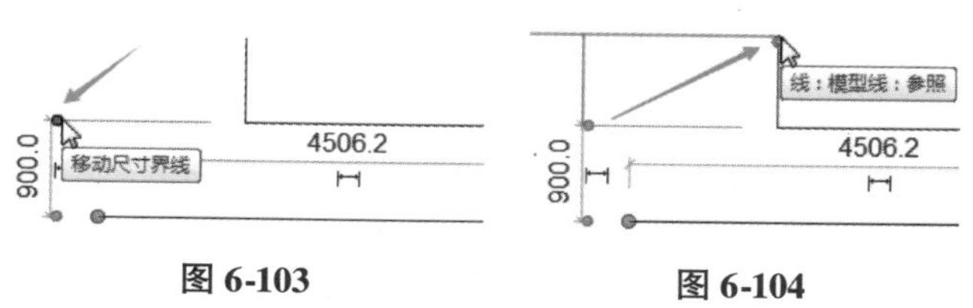

图 6-103

图 6-104

Step10 在体量里，选用模型线，当执行“矩形”“多边形”或者“直线”等绘制命令时，软件在选项栏上显示差别不大，都是“修改 | 放置线”，如图 6-105～图 6-107 所示。这里，如果选用参照线，亦是如此。不过要注意，“偏移”命令对于这三者作用如前面叙述一样，而“半径”不同，绘制直线或矩形时，半径作用是形成倒圆角，对于内接或者外切多边形而言，半径定义的是圆的半径数值，如图 6-108

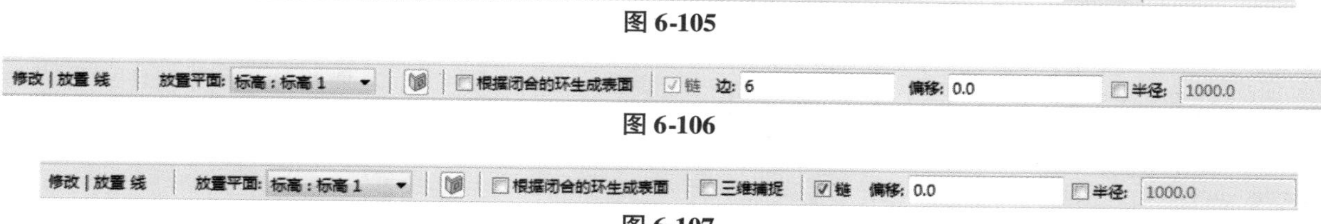

图 6-105

图 6-106

图 6-107

和图 6-109 所示。并且在绘制多边形时，选项栏上“边”的值是介于 3 和 36 之间的整数，如图 6-110 所示。

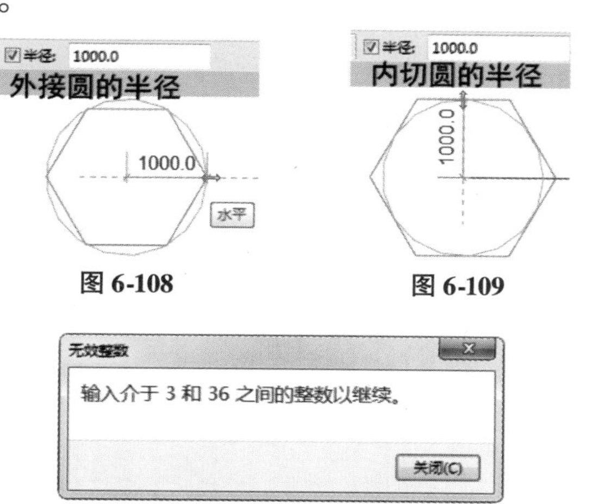

图 6-108

图 6-109

图 6-110

本节总结起来，主要有以下几点：

Step01 绘制形状时要特别注意设置好任务栏处的选项，减少后续修改步骤。

Step02 参照线和模型线的区别很大，但是能互相转化。

学完本节以后，可进行以下拓展练习：

Step01 用参照线和模型线分别绘制圆来创建形状。

Step02 移动临时尺寸标注的界限控制点，调整被捕捉测量图元的位置。

6.6 圆形、圆弧

1. 圆形

Step01 首先我们先了解一下圆形的起点和方向，也就是说，作为一个闭合图形，它是从哪个位置开始的，以及这个位置和绘制方式有没有关系。在体量环境里，可以不同的4个方向进行绘制，如图6-111～图6-114所示。逐个选中进行观察，发现空心小圆圈始终在同一个位置——左侧。

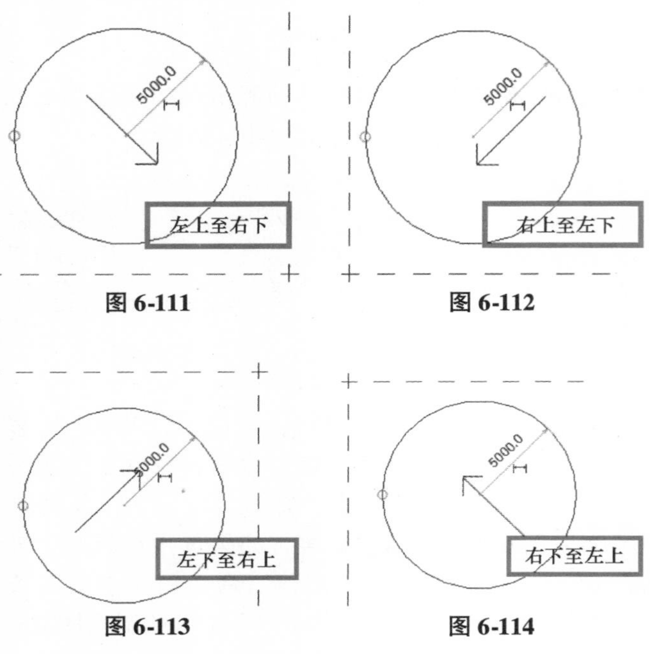

图6-111　图6-112

图6-113　图6-114

Step 02 各加一个参照点，选中点，把“规格化曲线参数”改为0，归到零位，发现，点始终在右侧，如图6-115所示。

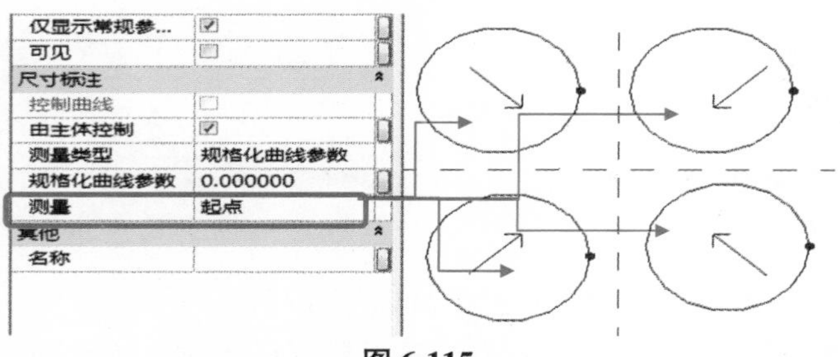

图6-115

Step 03 选中左下角圆上的参照点，在“属性”栏中，将“规格化曲线参数”添加实例参数“a”，打开“族类型”对话框修改参数“a”，观察点的位置，如图6-116所示。

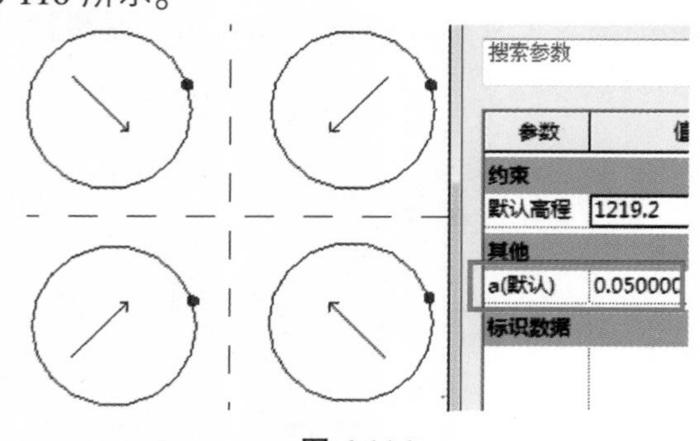

图6-116

Step 04 把参数a的值改为0，表示出0点的位置，旋转这个圆进行观察，如图6-117所示。选中参照点，单击选项栏中的“显示主体”，观察，如图6-118所示。

Step 05 关于“长度”属性。把圆的半径改为5000，看看长度的数值，似乎可以联想到圆周率，如图6-119所示。

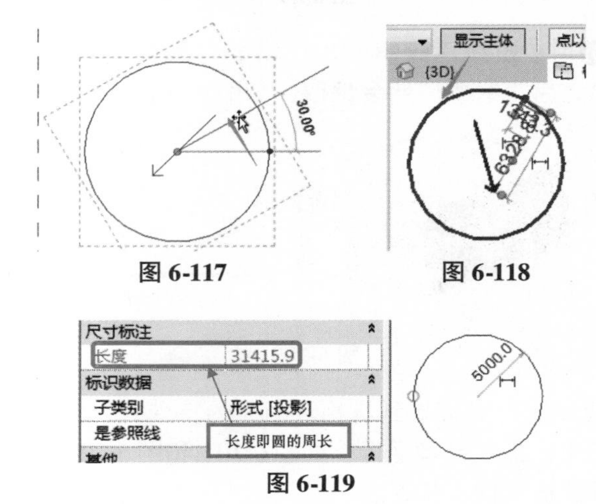

图6-117　图6-118

图6-119

Step 06 参照线和模型线在生成形状时是不同的。例如使用参照线绘制一个椭圆，选中椭圆创建实心形状，在生成形状时可以选择椭圆柱或椭圆面。如果是模型线，则直接生成椭圆柱，如图6-120和图6-121所示。

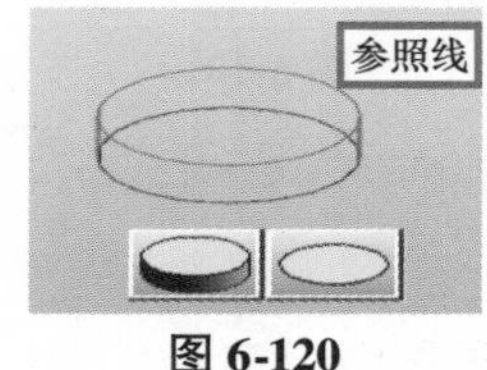

图6-120

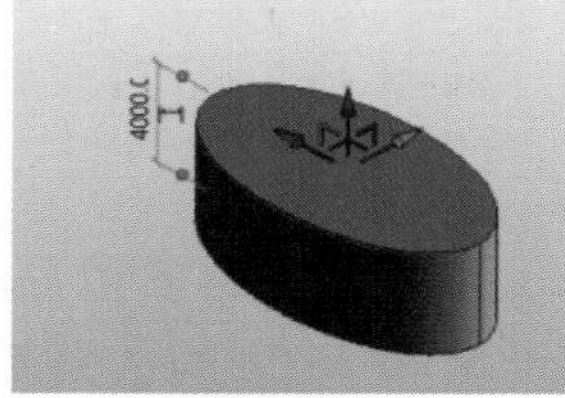

图6-121

2. 圆弧

在体量环境里，圆弧有两种绘制方式，如图6-122和图6-123所示。

图6-122

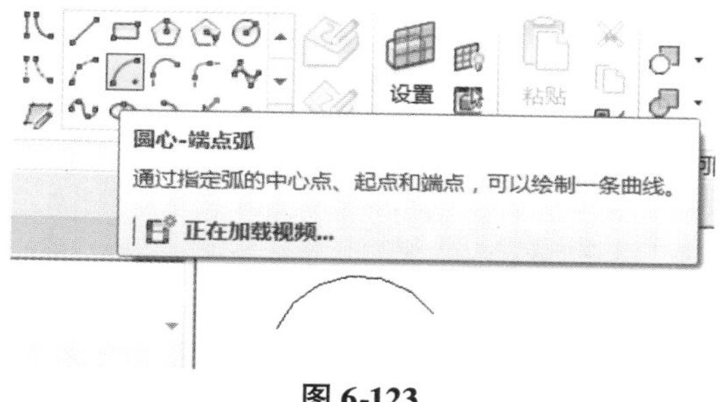

图 6-123

Step01在平面上绘制，若与其他面相切，会有蓝色虚线提示相切（图 6-124），绘制过程中可以单击“绘制”面板中的“直线”来切换为直线，如图 6-125 所示。

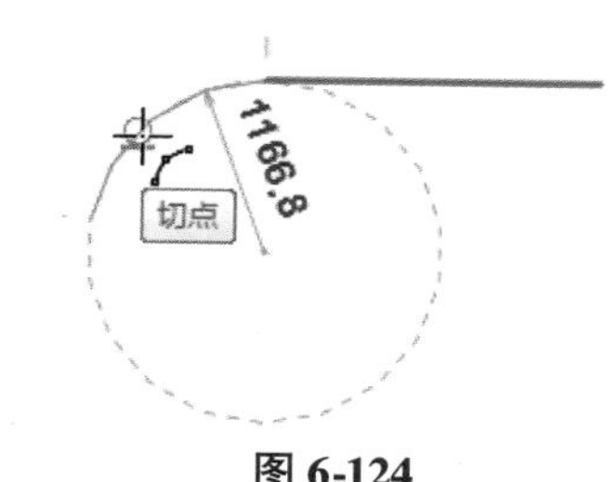

图 6-124

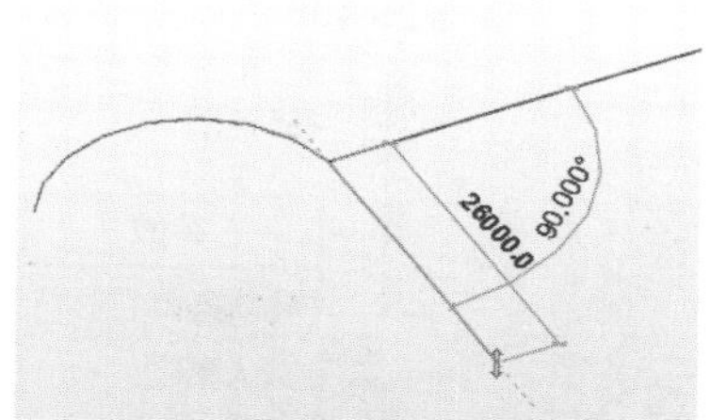

图 6-125

Step02在选项栏，如果勾选了“改变半径时保持同心”，那么当拖动圆弧端点时，圆弧会保持圆心和圆心角不变；如果取消勾选，则是端点不动圆心改变，对比如图 6-126 ~ 图 6-128 所示。

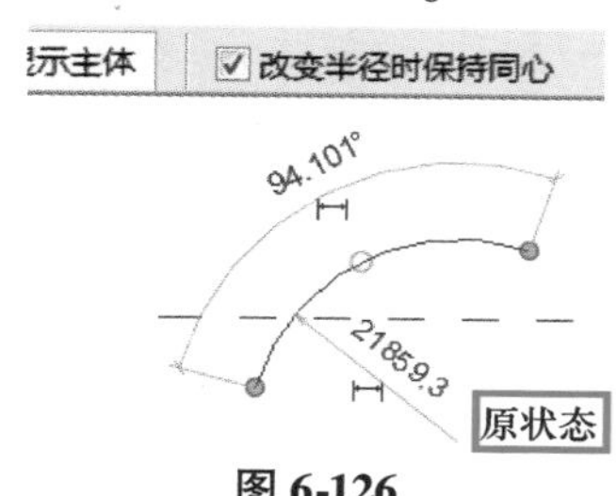

图 6-126

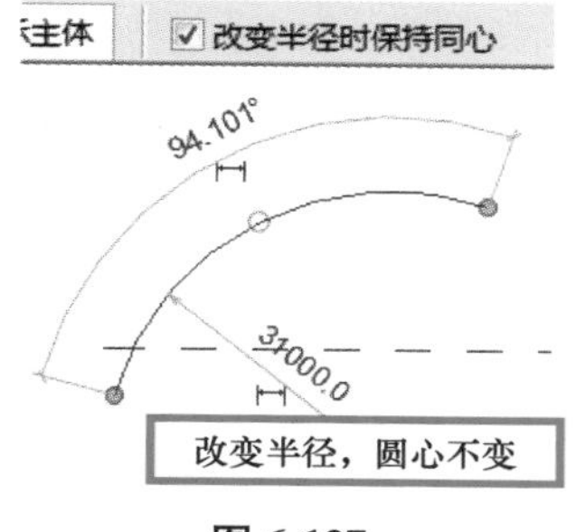

图 6-127

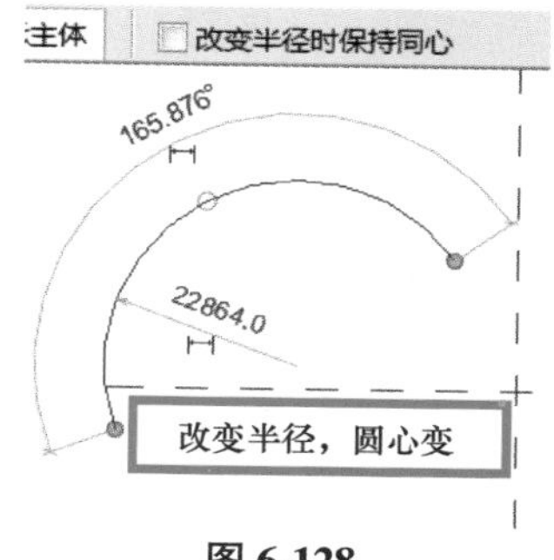

图 6-128

Step03绘制其他图形时，捕捉到圆心时会有紫色空心的圆圈作为指示，如图 6-129 所示。半径的方向是蓝色箭头，如图 6-130 所示。如果勾选了“属性”栏的“中心标记可见”，那么在圆心位置会有一个十字叉。

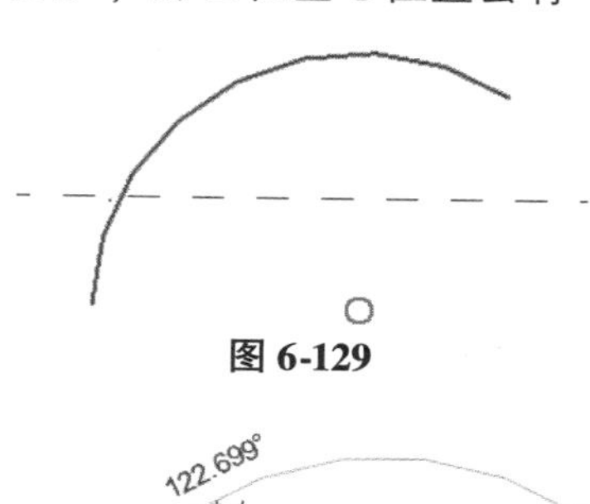

图 6-129

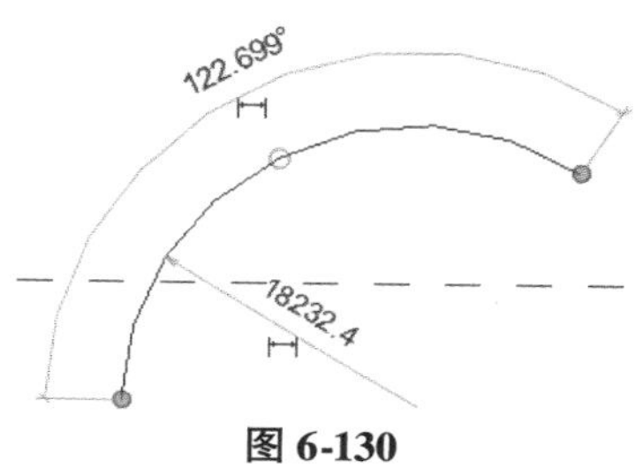

图 6-130

Step04绘制一段圆弧，在“属性”栏中查看弧长，如图 6-131 所示。

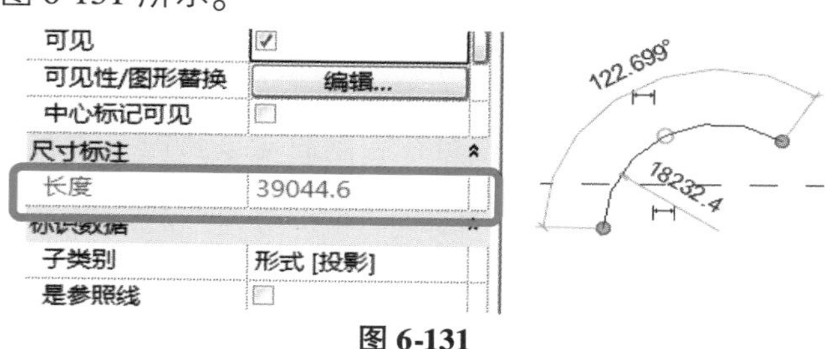

图 6-131

Step05使用参照线绘制一条圆弧，选中它，可以看到在端点处有两个工作平面，如图 6-132 所示。

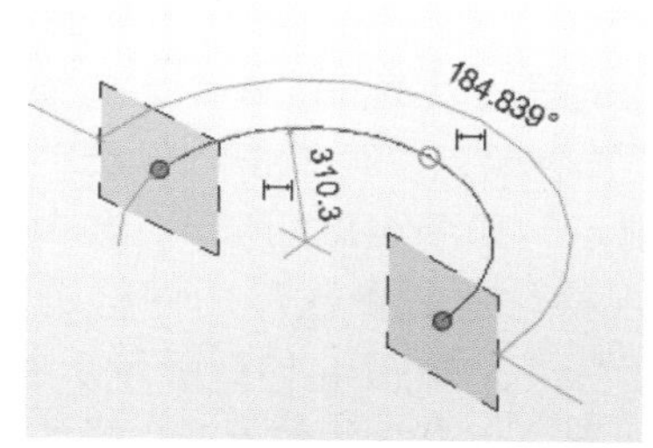

图 6-132

Step 06 先画圆心再画弧，到 90°时会有蓝色虚线的提示，如图 6-133 所示，画完以后可以修改度数使其超过 180°，如图 6-134 所示。

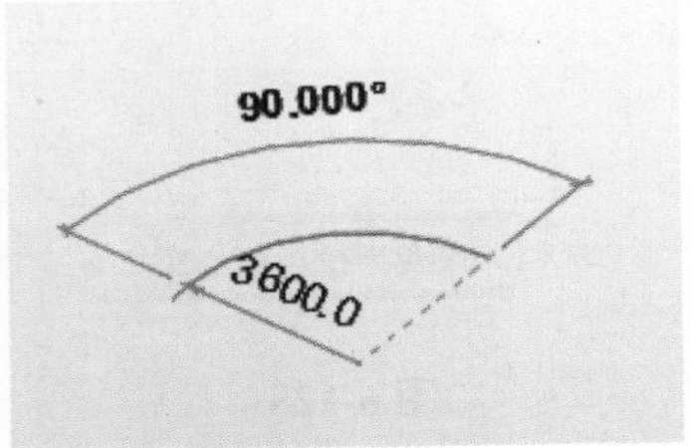

图 6-133

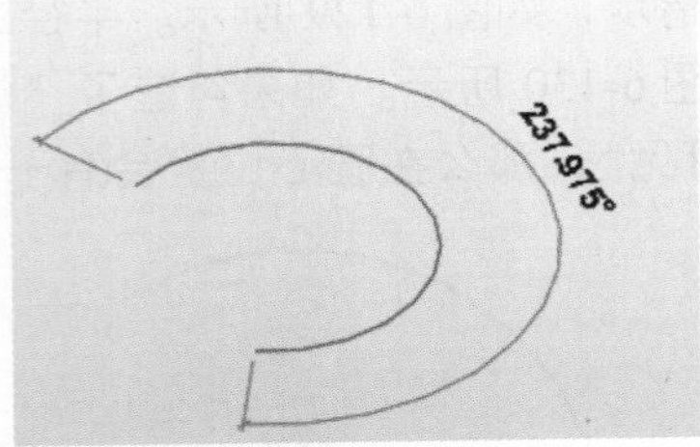

图 6-134

Step 07 在圆弧附近绘制其他几何图形时，当圆弧被选中，圆弧周围图元和圆弧间的空间几何关系就会自动地以蓝色虚线显示，如图 6-135 所示，图中显示的是圆弧的延长线。

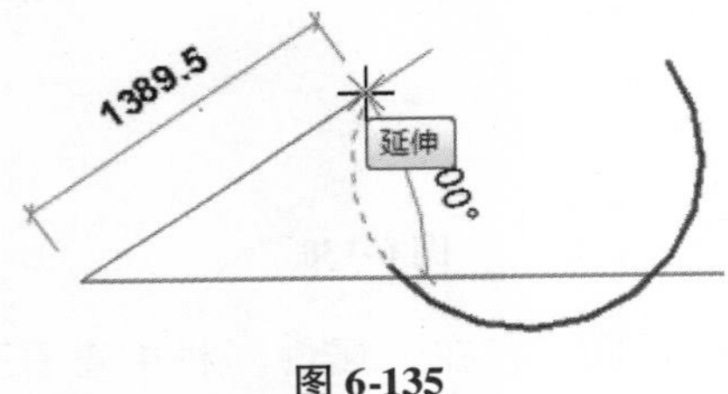

图 6-135

本节总结起来，主要有以下几点：

Step 01 绘制圆弧时，不能使用“圆心-端点弧”方法指定大于 180°的弧，但是可在绘制后对该弧进行修改。

Step 02 圆作为一类闭合图形，也是有自己方向的。

6.7 椭圆、半椭圆

1. 椭圆

Step 01 跟上节一样，我们先了解一下椭圆的起点和方向。在体量环境里，以不同的 4 个方向绘制椭圆，然后在椭圆上添加参照点，再单击“显示”（图6-136），将工作平面显示，如图 6-137 所示。选中全部点，修改它们的“规格化曲线参数”为同样的值，并添加统一的参数“a”，如图 6-138 所示。找到起点和 0.25 的位置，按图 6-139 和图 6-140 修改 a 的值，观察点的变化。

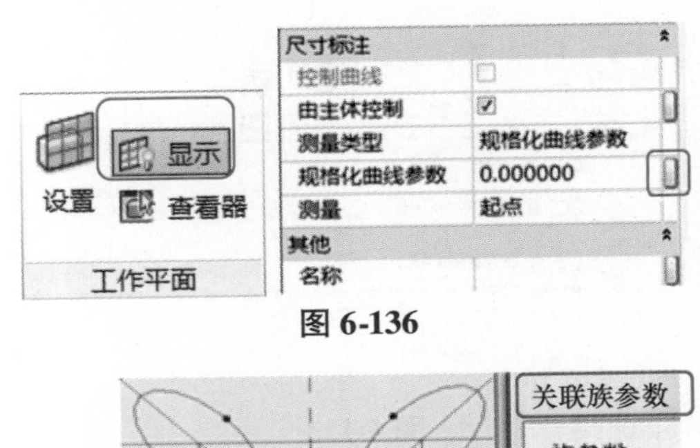

图 6-136

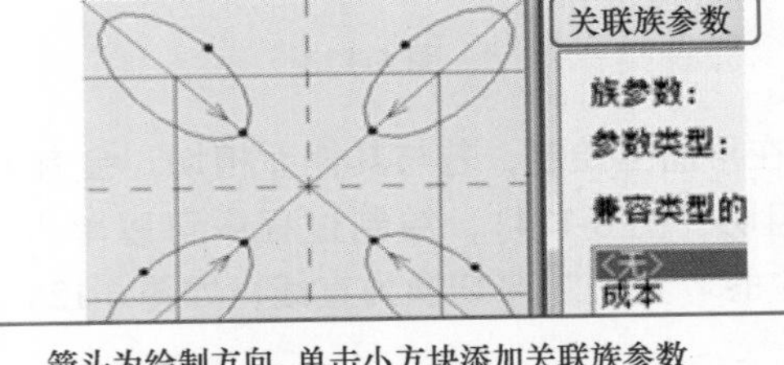

图 6-137

图 6-138

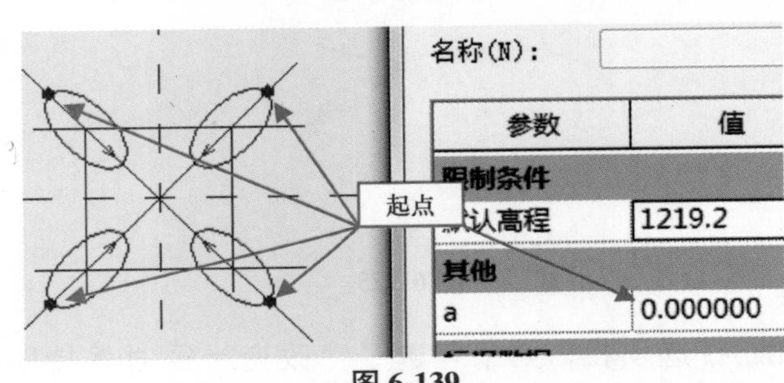

图 6-139

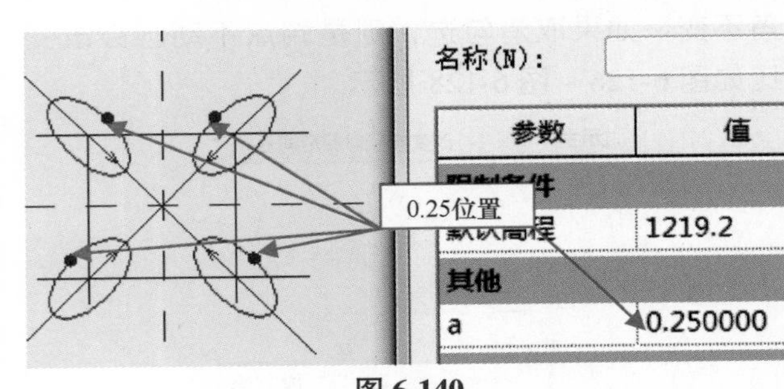

图 6-140

Step 02 再加第二个点，找出 0.5 的位置，如图 6-141 所示。

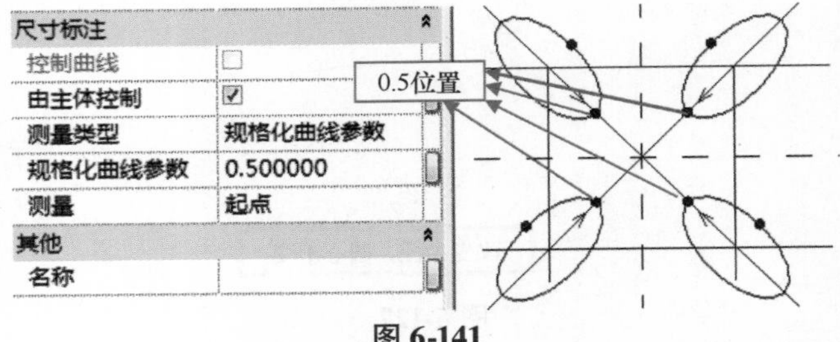

图 6-141

总结以上规律有：绘制椭圆时所单击的第一点和第二点连线的反方向是起点位置，第三点是0.25的方向，如图6-142所示。

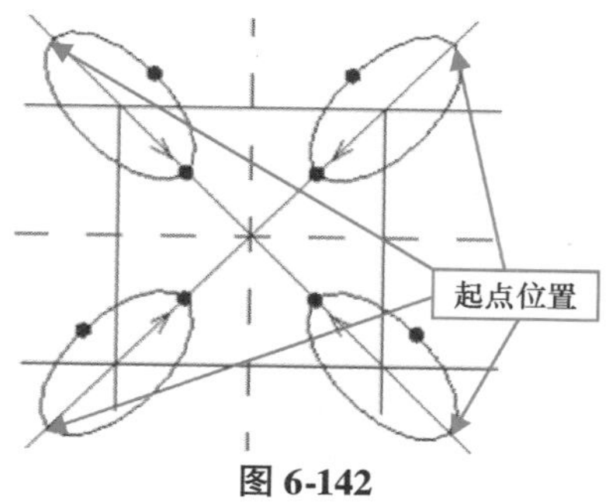

图 6-142

Step 03 选中椭圆以后有4个小圆圈，可以拖动以修改椭圆的大小，选项栏里有“修改时保持比例”的属性，勾选以后，再拖动修改大小时，长、短轴将保持比例一起变化，如图6-143所示。

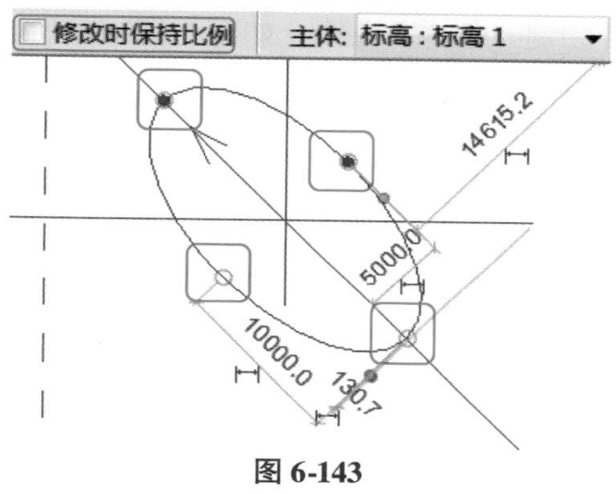

图 6-143

2. 半椭圆

对于半椭圆执行同样的操作，加参照点，观察参数的变化，如图6-144所示。可以看到起点就是零位，终点是1，如图6-145所示。

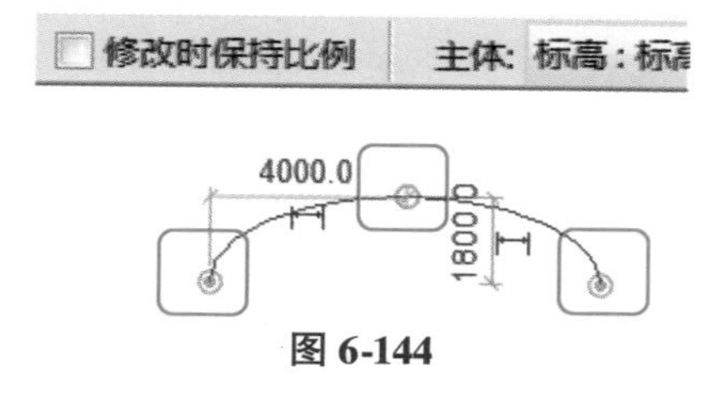

图 6-144

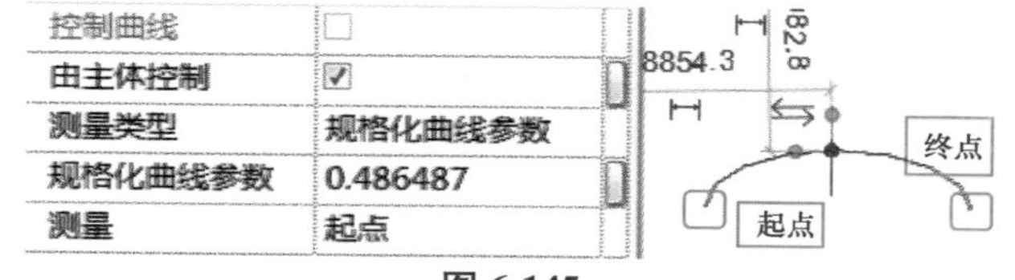

图 6-145

本节总结起来，主要有以下几点：

Step 01 椭圆上的点的规格化曲线参数值，表示该点与椭圆起始点的距离占整个椭圆周长的比例。在绘制椭圆、半椭圆时需要注意绘制方向。

Step 02 半椭圆与椭圆属性基本相似，也有4个控制柄，每个象限点对应一个控制柄，用于控制轴端点。此外，两端还有两个控制柄，控制线端点。

6.8 样条曲线

样条曲线的创建方式有两种，一种是“样条曲线”，另一种是“通过点的样条曲线”（三维）。

1. 创建经过或靠近指定点的平滑曲线

Step 01 新建概念体量，在“创建”选项卡的“绘制”面板中，可以看到有两种绘制样条曲线的方式，如图6-146和图6-147所示。注意，单一的样条曲线无法闭合，至少需要两条，如图6-148所示。这里选择图6-146的方法在绘图区域单击数次绘制两条样条曲线。

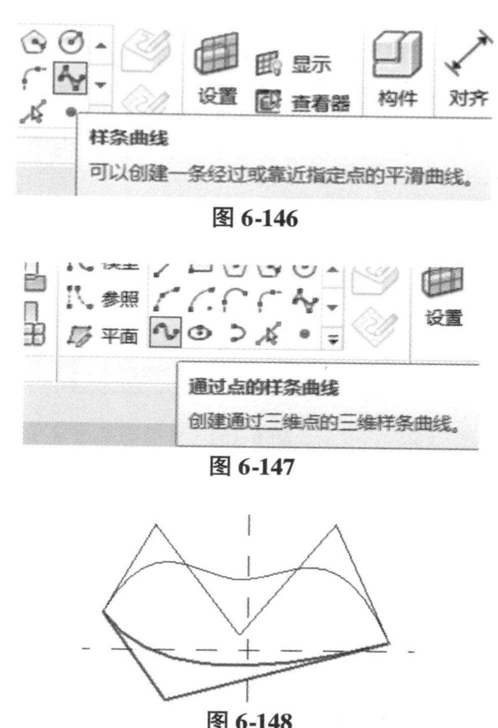

图 6-146

图 6-147

图 6-148

Step 02 如果要在两条曲线之间保持相切的效果，绘制时注意观察光标附近的显示情况。第二条曲线的第一次单击一定要捕捉到第一条曲线的端点，如图6-149所示。关键是第二条曲线的第二次单击，光标在移动的时候注意观察附近的提示信息，当出现图6-150中图标和文字的时候，放置第二个控制点，这样在它们相接的位置可以保持相切的关系。

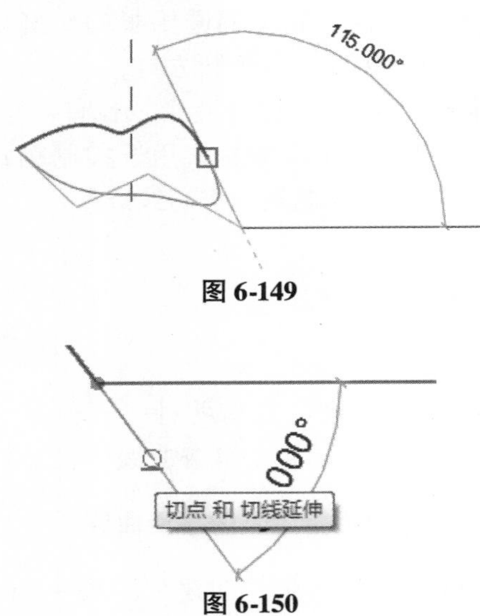

图 6-149

图 6-150

在调整样条曲线的形态时，首先选中曲线，这时曲线本身转为蓝色高亮显示，同时周围会出现它的控制点，如图 6-151 所示。拖动中间的控制点就可以移动曲线，对于端部的点则需要按 <Tab> 键来辅助切换选择对象（图 6-152），直接拖曳端点，整条曲线就会一起变化，呈等比例放大或者缩小，如图 6-153 所示（<Tab> 键选择端点拖曳则只改变这一端的位置）。绘制完成以后还可以再向曲线添加和删除控制点，如图 6-154 所示。

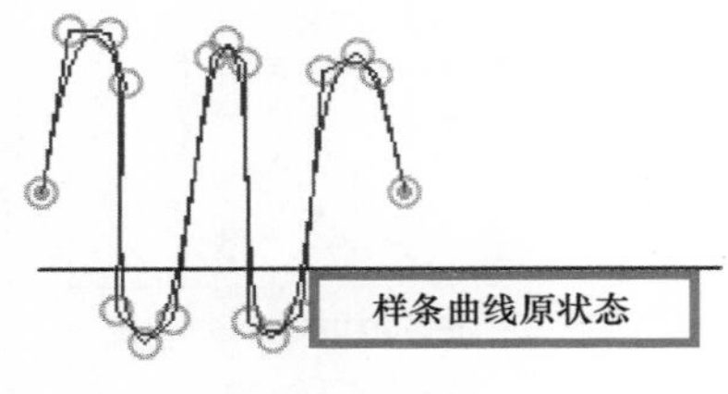

图 6-151

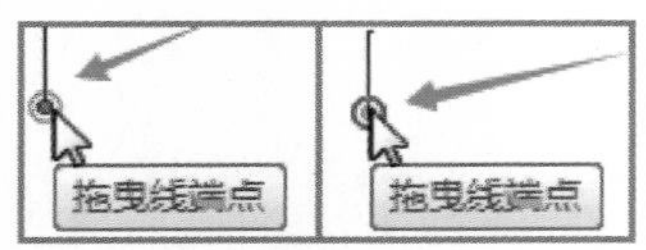

图 6-152

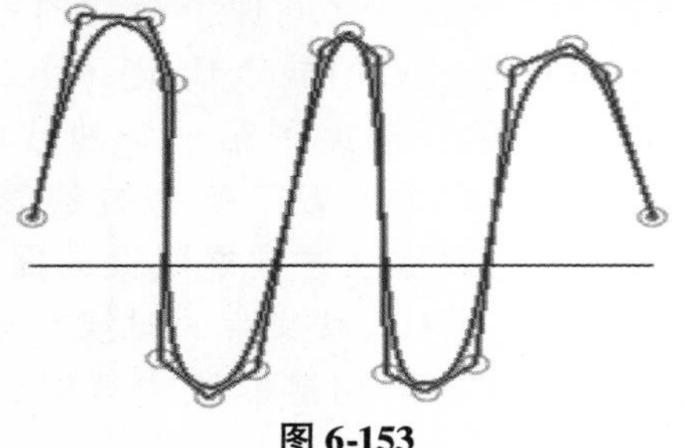

未用<Tab>键选择时，曲线整体扩大；用<Tab>键选择端点后，可单独调整

图 6-153

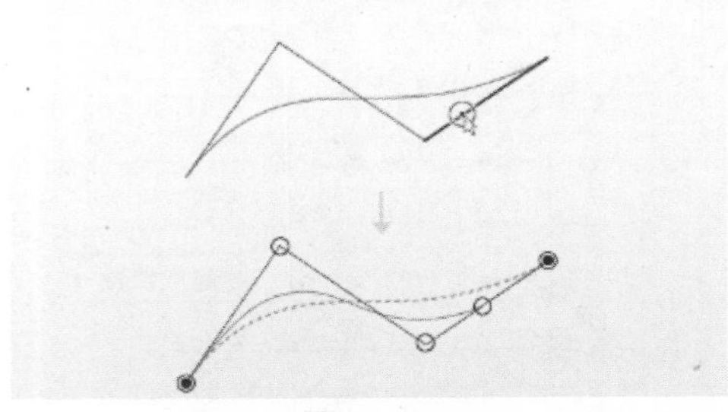

添加 控制点
可以将控制点添加到样条曲线中。
将光标放置在一条样条曲线弦上，并单击鼠标以放置控制点。然后可以将控制点拖曳到新的位置以修改样条曲线。

图 6-154

2. 创建通过点（三维）的三维样条曲线

以上是样条曲线的第一种绘制方式。

Step01 第二种绘制方式是：先放置参照点（图6-155），然后选中所有点，再单击“通过点的样条曲线”（图 6-147）绘制一条样条曲线，如图 6-156 所示。

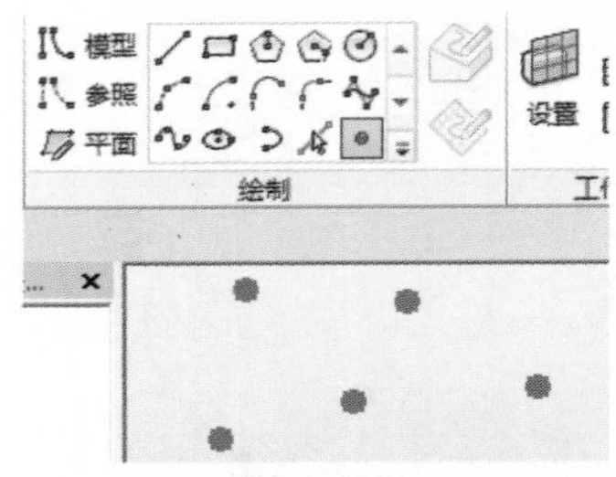

图 6-155

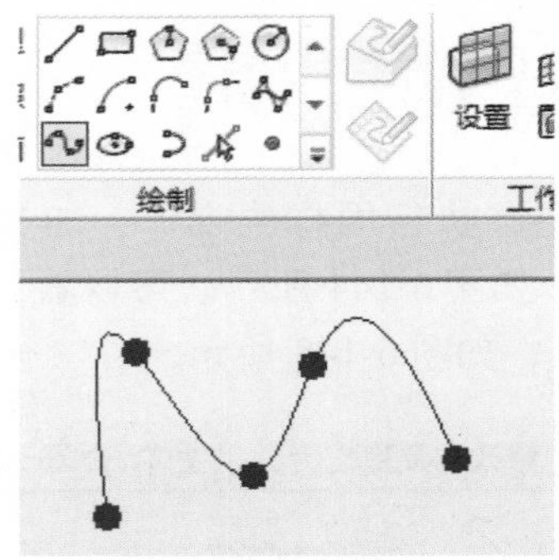

图 6-156

Step02 参照线类型的样条曲线的绘制方法同模型线一样，完成后参照线两端会带有工作平面，如图 6-157 所示。

图 6-157

Step03 在项目环境下画模型线时，少了“通过点的样条曲线”，如图6-158所示。同样的，也无法通过一条样条曲线绘制一个闭合图形，如图6-159所示。

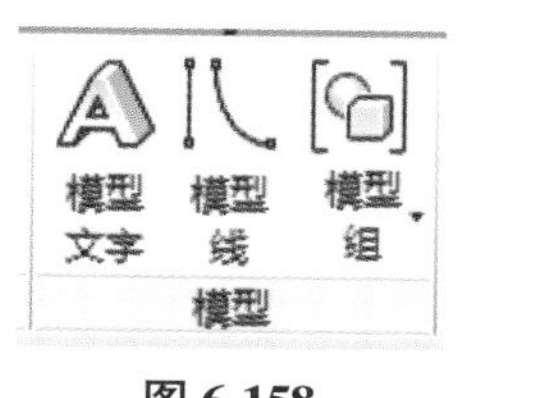

图 6-158

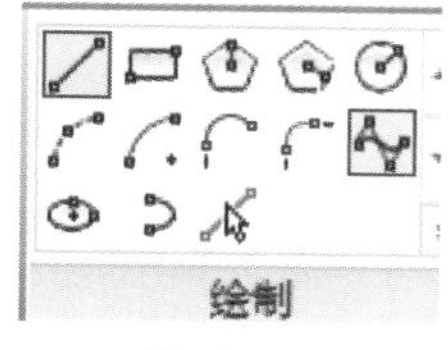

图 6-159

Step04 可以对由参照点生成的曲线进行融合，删除曲线但是保留之前的点。选中曲线，在“修改 | 线”选项卡下的“修改线”面板中单击“融合”即可，如图6-160所示。

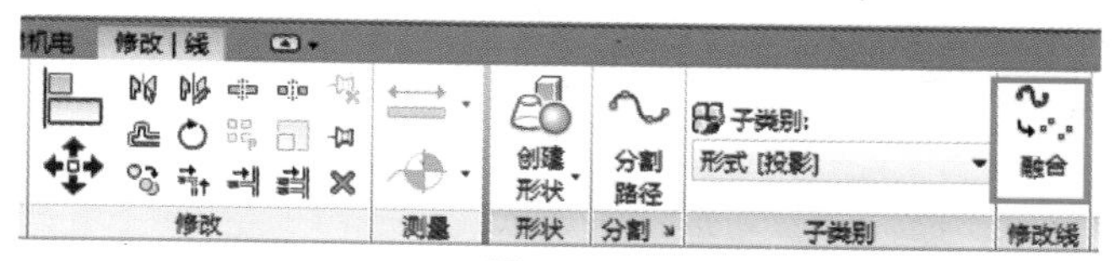

图 6-160

本节总结起来，主要有以下几点：

Step01 在必须使用样条曲线创建图形时，应尽量少使用控制点，以降低处理时间。

Step02 <Tab>键在操作过程中很有用处，特别是在图元有重合的情况下。

学完本节以后，可进行以下拓展练习：

Step01 练习用“通过点的样条曲线”生成一个双曲面图形。

Step02 用点的正交坐标移动并控制样条曲线的形态。

第7章

Revit图元中关于面的一些属性

概 述

本章介绍Revit中关于面的一些属性。其中有几何形状的表面、族样板中主体的表面，也有系统族中结构的不同材质间分层的面。除以上内容之外，当然还有很多其他的与表面有关的属性，读者可以在自己的工作中继续验证和整理，期待与大家进行交流和学习。

7.1 公制窗族样板中的主体表面

本节的整体思路是，在窗族中添加代表过梁的拉伸形状，并使它能够随窗族中的内置主体图元变化而改变自身厚度，之后通过报告参数和公式，在明细表中统计过梁体积。本节只需要理解窗族中的主体图元变化导致关联的图元改变即可，有关过梁体积统计的具体操作请参阅10.6节。

共享参数是根据需要添加到族或项目中的。共享参数定义保存在与任何族文件或Revit项目文件不相关的文本文件中，这样可以从其他族或项目中访问此文件。共享参数是一个信息容器定义，其中的信息可用于多个族或项目。

报告参数是一种参数类型，其值由族模型中特定的几何图形条件来确定。报告参数可从几何图形条件中提取值，然后使用它向公式报告数据或用作明细表参数。当族由基于放置的族实例（如门或窗框架对应的幕墙嵌板或墙宽度）中的上下文信息更新的外部参照来驱动时，报告参数非常有用。对于几何图形取决于单个族实例放置的特定条件的外部参照案例而言，可以使用报告参数在族参数中保存和报告尺寸标注值。仅当尺寸标注参照对应族（如标高、幕墙嵌板边界参照平面）中的主体图元时，才能在公式中使用报告参数。任何尺寸标注参照对应的族几何图形，都可以用报告参数来标记尺寸标注，但是不能在公式中使用此参数。在10.6节中，标注墙体厚度要选到墙体表面，且添加的参数是报告参数，如图7-1和图7-2所示。

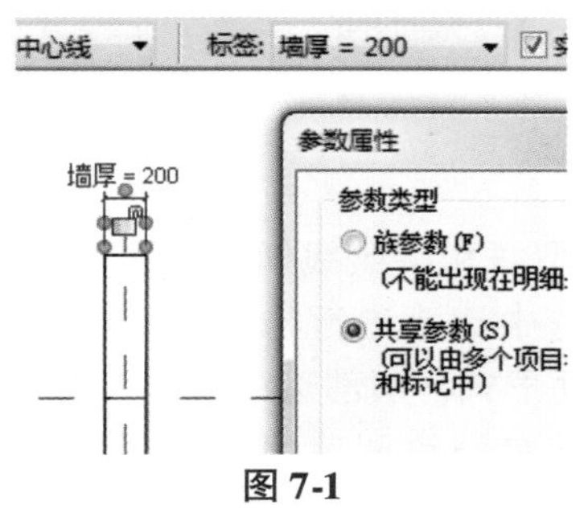

图7-1

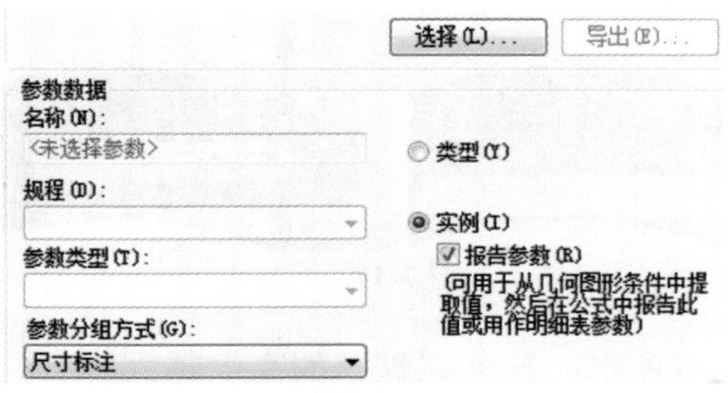

图7-2

选择“公制窗”族样板，新建一个窗族，在立面视图修改“洞口剪切”的草图，留出过梁位置。洞口绘制好后，再执行“拉伸”命令绘制形状，将草图线与参照平面进行锁定（图7-3），并切换到右立面，将形状的拉伸起点与拉伸终点与墙体进行锁定，如图7-4所示。这样，既能保证过梁随墙体厚度发生变化，又可提取数值参与计算。

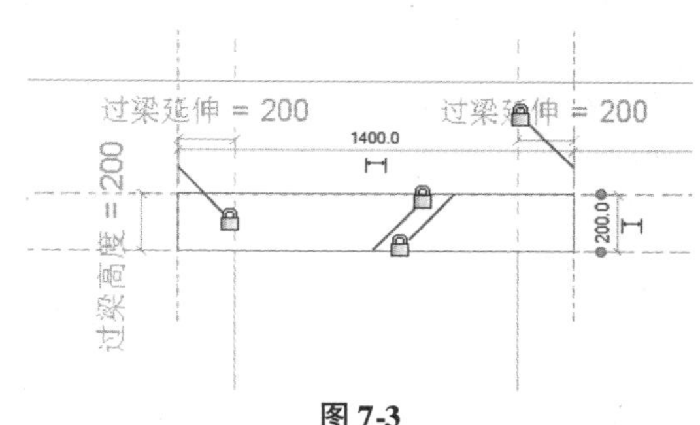

图7-3

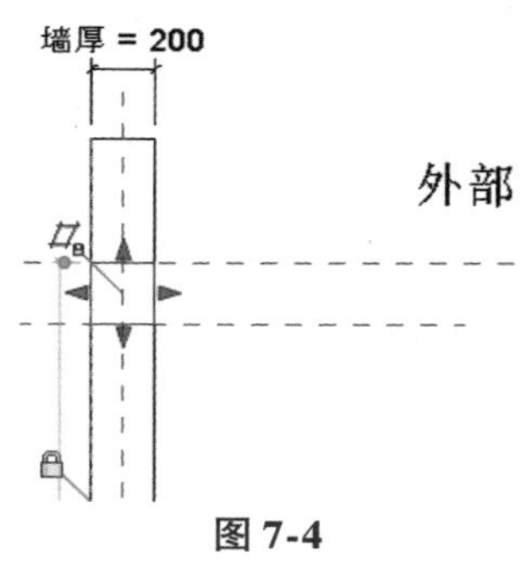

图7-4

7.2 模型线和参照线生成面的特点

Step01 新建概念体量，选择“公制体量.rft”并打开。

Step02 执行“绘制”面板中的“模型线”命令绘制一个矩形方框，如图7-5所示。

Step03 执行“绘制”模块中的“参照”命令再绘制一个矩形方框，如图7-6所示。

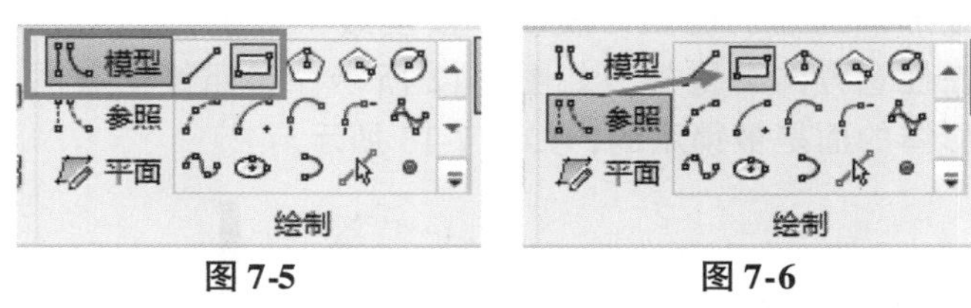

图7-5　　图7-6

Step04 选中模型线和参照线绘制的矩形方框，两者之间的不同之处为：模型线默认显示颜色为黑色，参照线默认颜色为紫色；选中模型线和参照线矩形框的时候，模型线矩形方框仅仅只有蓝色高亮显示，参照线矩形方框会显示出每一条参照线的参照平面，如图7-7所示。

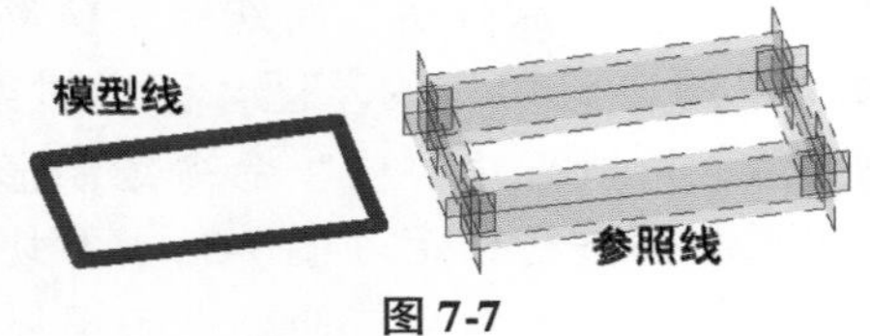

图 7-7

Step05 分别选中模型线矩形方框和参照线矩形方框，利用“创建形状”的命令创建长方体，如图 7-8 所示。

注意：在单独选中参照线矩形框创建实心形状时，系统会提示创建体还是创建面，如图 7-9 所示，这里选择创建体。单独选中模型线创建实心形状时，会直接生成一个长方体。

图 7-8

图 7-9

Step06 在生成形状以后，选择绘制的矩形方框会发现：用模型线绘制的矩形方框已经消失，此时选中的仅仅只是长方体的棱，如图 7-10 所示；用参照线绘制的矩形方框还存在，如图 7-11 所示。

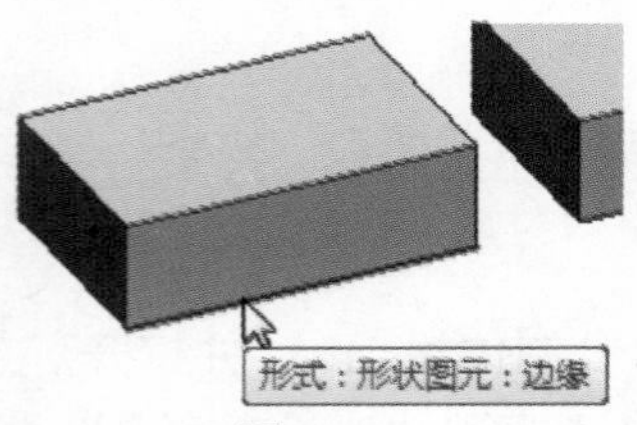

图 7-10

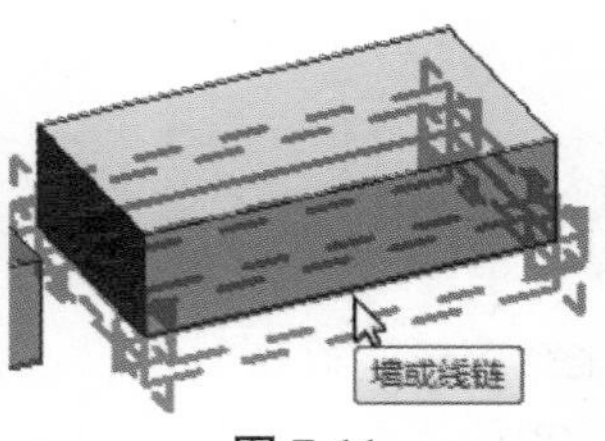

图 7-11

Step07 将光标放到长方体上面，依次按 <Tab> 键，直到选中长方体的某一个面，观察模型线和参照线生成形体的面的区别，发现：模型线生成的形体可以在任意方向上拖拽，如图 7-12 所示；参照线生成的形体的面是被锁定的，如图 7-13 所示。

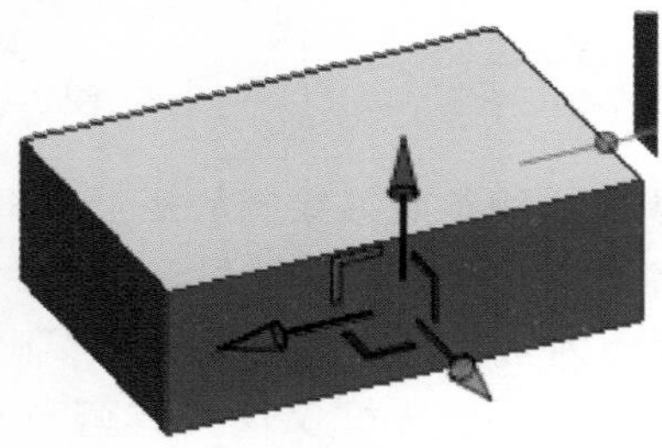
图 7-12

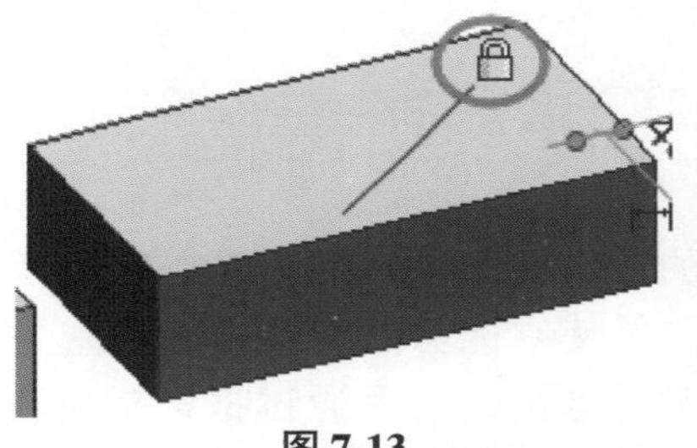
图 7-13

Step08 也能利用其他命令创建不同的实心形状来验证模型线和参照线创建形体的面的区别，比如多边形，如图 7-14 所示。

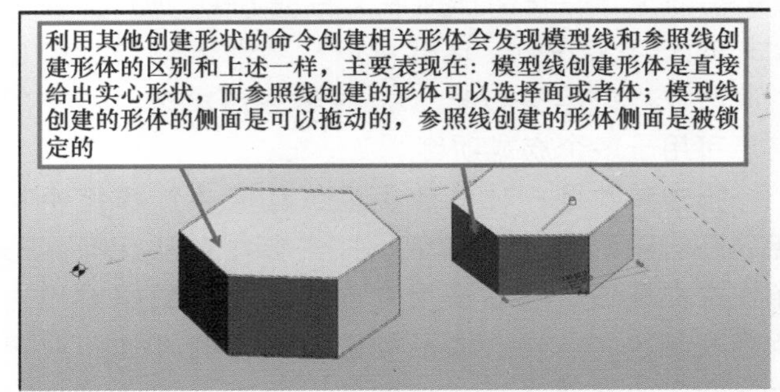

利用其他创建形状的命令创建相关形体会发现模型线和参照线创建形体的区别和上述一样，主要表现在：模型线创建形体是直接给出实心形状，而参照线创建的形体可以选择面或者体；模型线创建的形体的侧面是可以拖动的，参照线创建的形体侧面是被锁定的

图 7-14

Step09 利用模型线创建圆的实心形体可以得到圆柱和球体，如图 7-15 所示；利用参照线创建圆的实心形体可以得到圆柱和圆面，如图 7-16 所示。

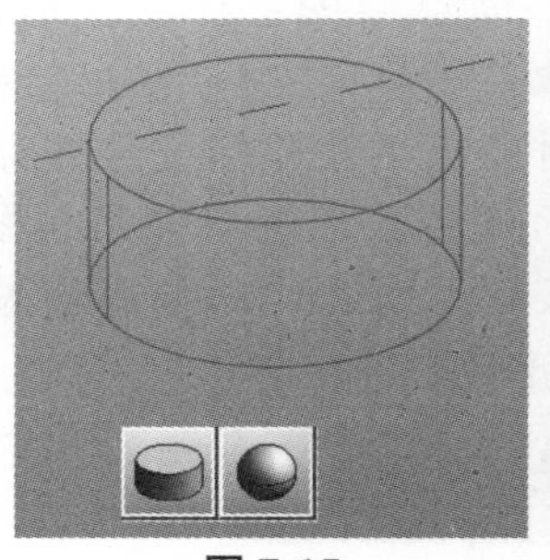
图 7-15

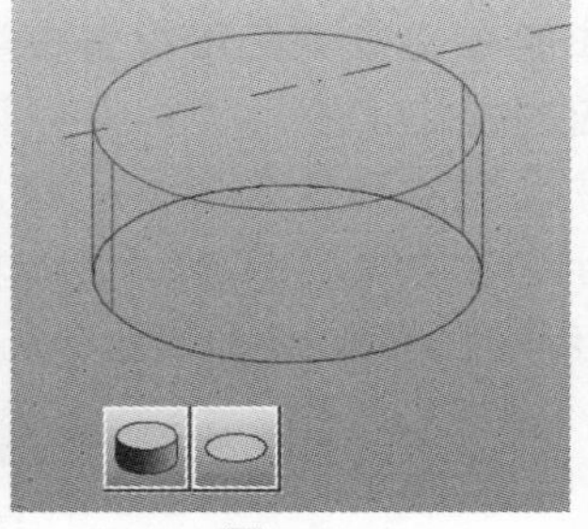
图 7-16

Step10 利用模型线和参照线创建圆弧所得到的表面形式，在分别选中边缘进行拖拽的时候会发现：模型线创建的表面形式，顶部边缘有 2 种修改方式，如图 7-17 所示；而参照线创建的表面形式，边缘和表面都是被锁定的，如图 7-18 所示。

图 7-17

Step11 越大的图形，拉伸时默认的高度越大。

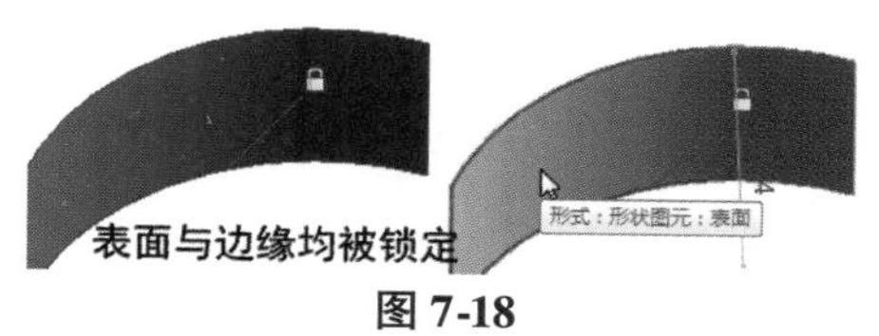

图 7-18

7.3 用<Tab>键切换参照平面

打开软件，新建概念体量，选择“公制体量.rft”样板并打开。绘制一条模型线，并且在该模型线上面放置一个点，然后在模型线的外侧也放置一个点，如图 7-19 所示。分别利用“设置”命令选中这两个点的参照平面，如图 7-20 所示，同时利用<Tab>键切换观察点的 3 个平面，会发现：在模型线上面的点的 3 个参照平面是基于模型线设定的，如图 7-21 所示；而模型线外面的点的 3 个参照平面是基于系统给定的标高 1 平面和与标高 1 平面垂直的两个正交平面相关的，如图 7-22 所示。可以修改参照点的“显示参照平面”属性，便于观察，如图 7-23 所示。

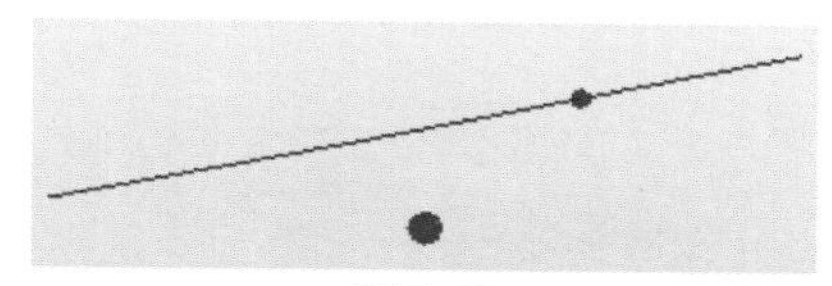

图 7-19

图 7-20

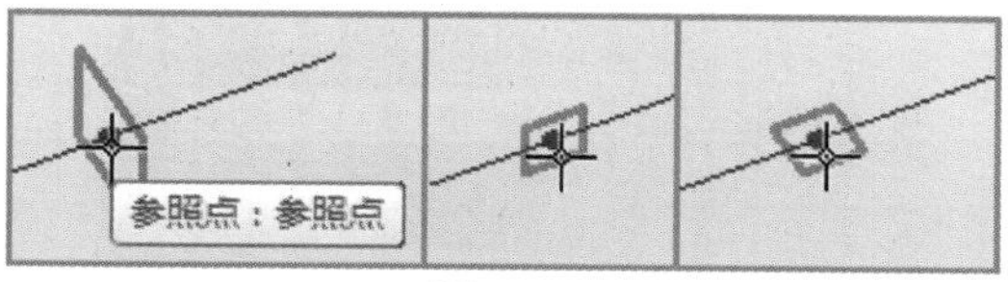

参照点：参照点

图 7-21

参照点：参照点 参照点：参照点 参照点：参照点

图 7-22

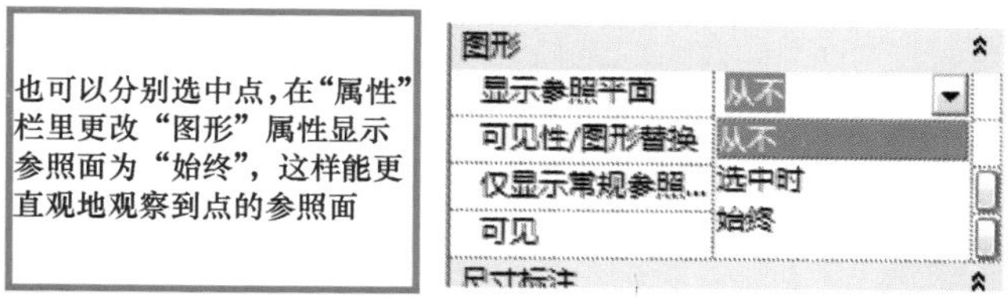

也可以分别选中点，在“属性”栏里更改“图形”属性显示参照面为“始终”，这样能更直观地观察到点的参照面

图形	
显示参照平面	从不
可见性/图形替换	从不
仅显示常规参照...	选中时
可见	始终
尺寸标注	

图 7-23

7.4 应用自适应构件到表面

Step01 新建概念体量，打开“公制体量.rft”，使用“起点-终点-半径弧”命令，在参照标高平面绘制一段圆弧，如图 7-24 所示。

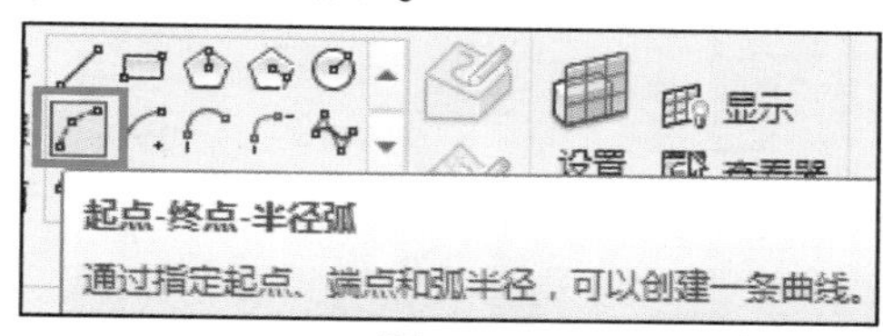

图 7-24

Step02 选中曲线，单击“创建形状”（实心），如图 7-25所示。选中所创建的形体，然后单击“分割表面”，如图 7-26 所示。分割后的表面可在选项栏上设置 UV 网格的分割数量，如图 7-27 所示。选中被分割的表面，点击“表面表示”面板标题右侧的小箭头，打开“表面表示”对话框，勾选“节点”，单击“确定”按钮，如图 7-28 所示。

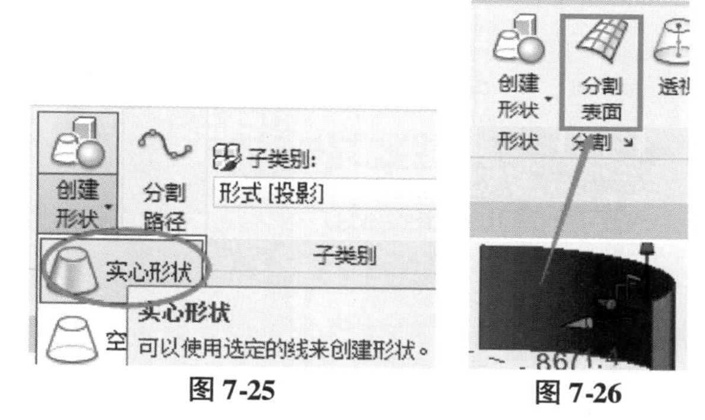

图 7-25 图 7-26

图 7-27

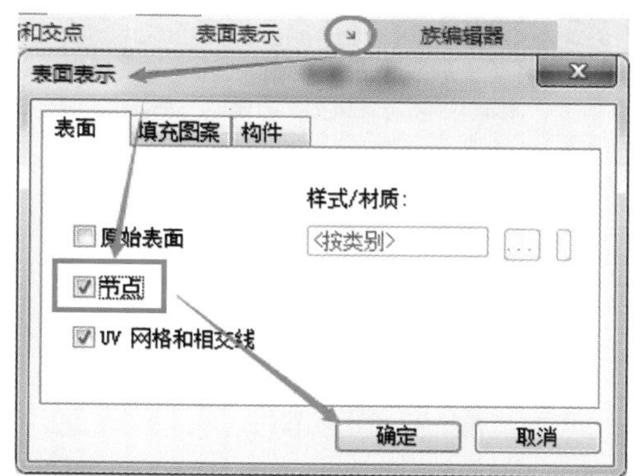

图 7-28

Step03 新建一个族，选择“自适应公制常规模型.rft”族样板，在参照标高平面上以顺时针方向放置 4 个参照点，选中这些点，然后单击“使自适应”，让其变

为自适应点，如图 7-29 所示。

Step 04 分别在每个自适应点上面拾取水平面作为工作平面，之后再放置一个参照点，如图 7-30 所示。筛选出这些参照点，然后给它们定义 500 的偏移量，如图 7-31 所示。

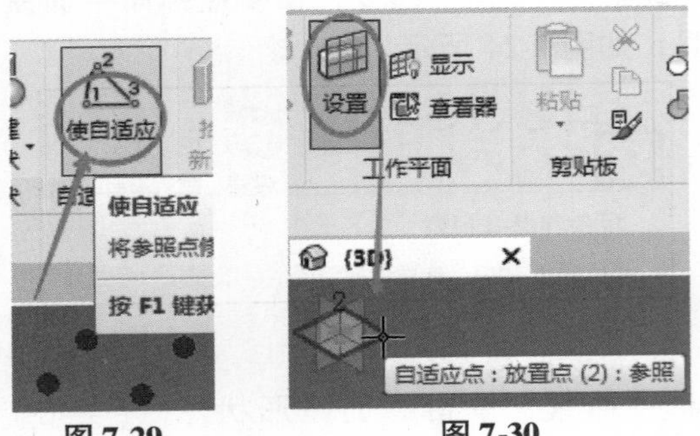

图 7-29　　图 7-30

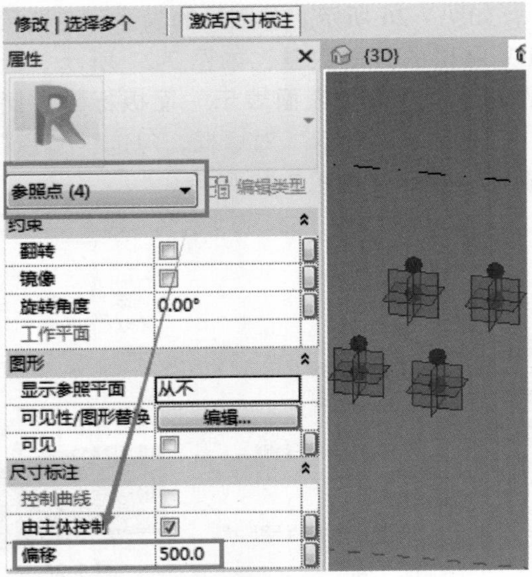

图 7-31

Step 05 用参照线把这些点连起来（图 7-32），注意打开选项栏的“三维捕捉”。然后选中两个矩形参照线创建实心形状，如图 7-33 所示。

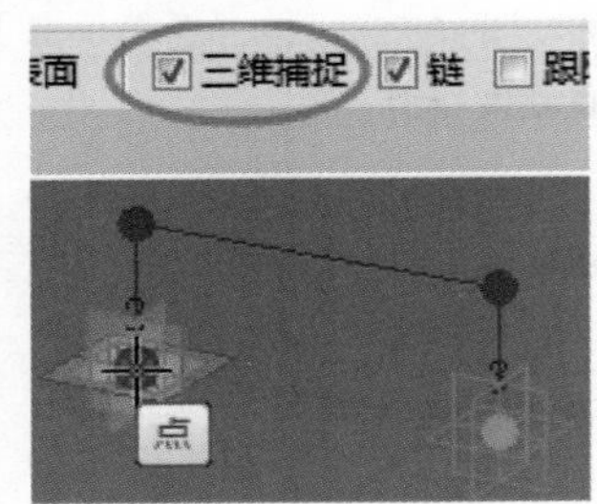

图 7-32

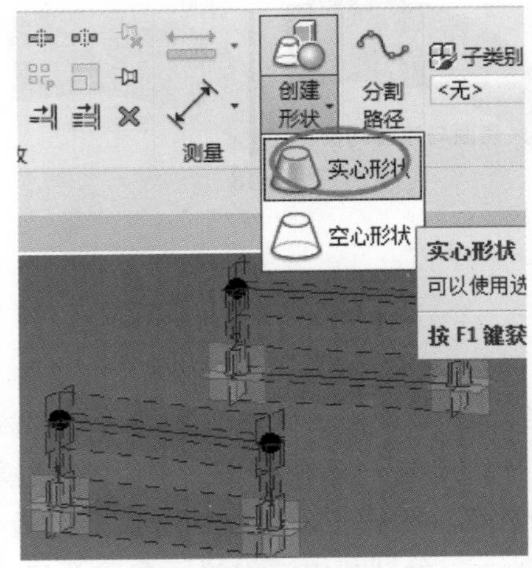

图 7-33

Step 06 将“自适应公制常规模型”族载入公制体量里面，并且从左上角开始选中 4 个节点，如图 7-34 所示，按照顺时针方向依次把公制常规模型的自适应点放置在这些节点上面。当放置完毕以后会出现一个实心形体，选中这个实心形体，执行“重复”命令，如图 7-35 所示，让实心形体平铺在网格上面，得到整块的体量构件，如图 7-36 所示。

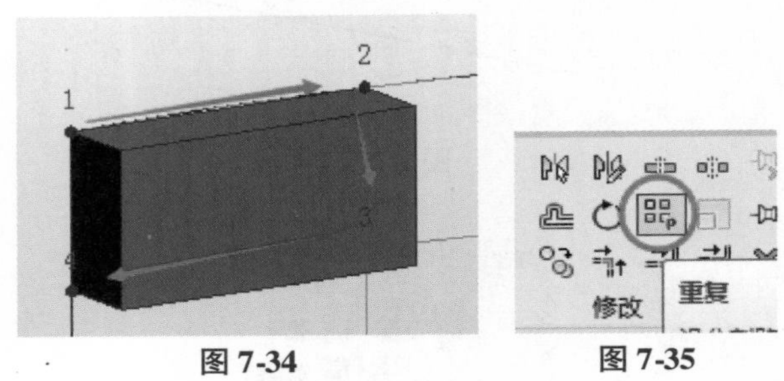

图 7-34　　图 7-35

图 7-36

第8章

Revit支持的函数

概 述

Revit支持一些常用的函数，可以满足建筑工程应用中的大部分需求。本章将对这些函数的表示方法和使用时的注意事项做一个具体的介绍。

8.1 指数函数、幂函数、对数函数

在建筑工程项目中，用到这三种函数的地方其实比较少。我们在这里主要是熟悉一下他们的表示方法。以下讲解，都是在族环境中的“族类型”对话框中进行的，可以建立一个公制常规模型族或者体量族来练习。注意：这一节当中的 3 个函数，参数类型都是“数值”。

1. 指数函数

Step01 其表示形式如图 8-1 所示，意义为“a 的 x 次方”。a 作为底数，是常量，指数 x 作为变量。公式的结果，即 y 的值由公式本身以及其中两个参数的取值所决定，所以其参数名称及参数值都是灰色显示。

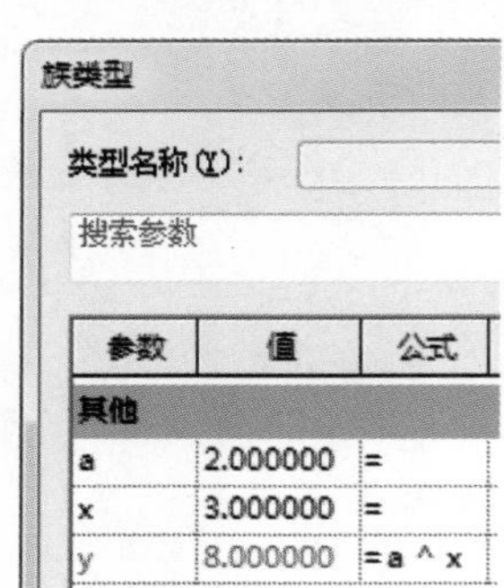
族类型
类型名称(Y)：
搜索参数

参数	值	公式
其他		
a	2.000000	=
x	3.000000	=
y	8.000000	=a ^ x

图 8-1

Step02 其中字符“^”需要按 < Shift + 数字键 6 > 来输入，如图 8-2 所示。

y	0.125000	=a ^ x
x	-3.000000	=
a	2.000000	=

图 8-2

Step03 如图 8-3 所示，公式的定义域和值域，取决于公式的内容，否则软件会报错。图 8-4 无法求值的原因是：不能对负值取平方根。

y	-0.125000	=a ^ x
x	-3.000000	=
a	-2.000000	=

图 8-3

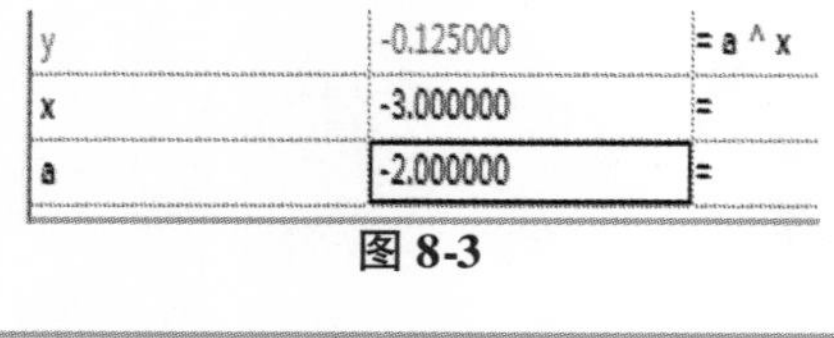

y	-0.125000	=a ^ x
x	0.500000	=
a	-2.000000	=

Revit
无法求函数的值

图 8-4

2. 幂函数

其表示形式如图 8-5 所示，意义为“x 的 a 次方”。x 作为底数，是自变量，指数 a 作为常量。y 的值由公式本身以及其中两个参数的取值所决定，灰色显示。公式的定义域和值域，同指数函数一样，取决于公式结构和参数的取值。

参数	值	公式
其他		
a	2.000000	=
x	0.500000	=
y	1.414214	=a ^ x
幂函数	0.250000	=x ^ a

图 8-5

3. 对数函数

Step01 其表示形式如图 8-6 所示。“log(　)”是以 10 为底的对数。

参数	值	公式
其他		
a	2.000000	=
x	0.500000	=
y	1.414214	=a ^ x
对数函数	-0.602060	=log(幂函数)
幂函数	0.250000	=x ^ a

图 8-6

这里要注意，软件不支持中文输入法状态下的括号。例如，把“幂函数”右侧的括号改为中文输入法状态下的右括号，单击“应用”或“确定”按钮，会立即弹出提示对话框，如图 8-7 所示。

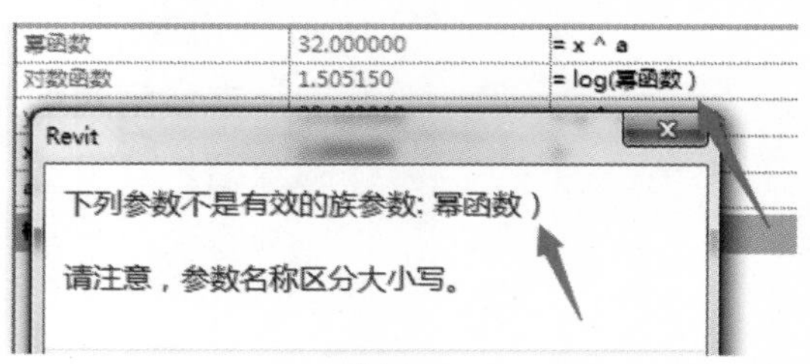

幂函数	32.000000	=x ^ a
对数函数	1.505150	= log(幂函数)

Revit
下列参数不是有效的族参数: 幂函数)
请注意，参数名称区分大小写。

图 8-7

Step02 自然对数的表示方法为“ln(　)”，如图 8-8 所示。因为函数名称是固有的关键字，所以即使在这里输入大写的“LN”，软件也会将其转化为小写的“ln”。

参数	值	公式
其他		
自然对数	2.484907	=ln(a)
a	12.000000	=

图 8-8

注意：在添加参数和公式时，应逐步地分批添加，对于已经添加完毕的部分，及时单击“应用”按钮使其生效，之后再继续添加其余的部分。一次性添加参数和公式过多，有时会出现这样的报错信息——“无法得出类型公式的解”，但公式和参数的数值本身并没有什么错误。只要退出后，分批添加并应用，就可以解决该问题。

8.2 平方根、圆周率

在实际工作中，会经常用到开平方的计算，本节将讨论它的表示方法及常见问题，我们先来看它的写法。本节还是在“族类型”对话框中进行讲解。

1. 平方根

平方根有两种表示方法，如图 8-9 所示，这两个参数的类型仍然都是“数值”。

参数	值	公式
其他		
平方根01	5.000000	=sqrt(x)
平方根02	5.000000	=x ^ 0.5
x	25.000000	=

图 8-9

参数“平方根 01”的公式为 sqrt(x)，表示对括号内部执行开平方的计算，参数“平方根 02”的公式为 x^0.5，表示对 x 执行 0.5 次方的计算。他们的计算结果是相同的。

实际项目中所遇到的参数，很多都是长度类型的，所以为了方便操作，可以在运算之前先消去其单位，运算以后再补回去，这样就避免了处理类似“mm^0.5”这样的单位。如图 8-10 所示，其中的 a 和 c 都是长度类型的参数，在执行了开平方的运算以后，右侧单位已经是“mm^0.5”，而左侧的仍然是“mm^1”，也就是说，左边是长度的一次方，右边是长度的 0.5 次方，是不一致的，所以 Revit 给出了一个警告消息。采取“先消再补”的方式就可以解决这个问题，如图 8-11 所示。

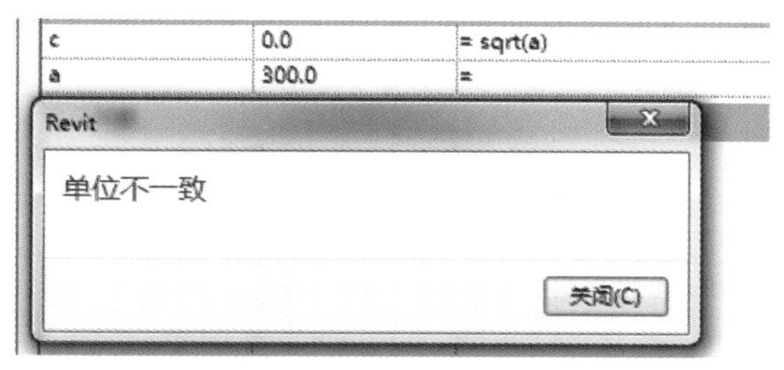

图 8-10

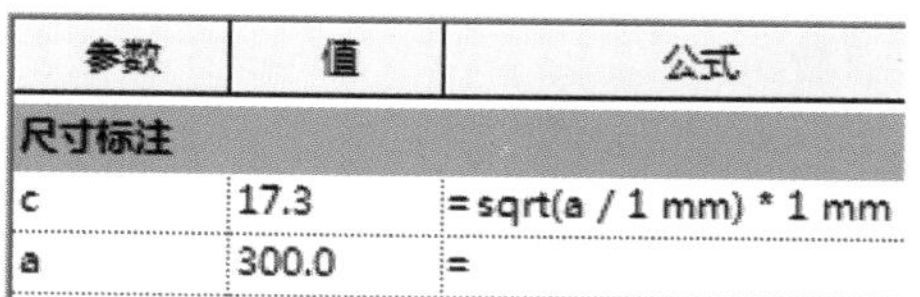

参数	值	公式
尺寸标注		
c	17.3	=sqrt(a / 1 mm) * 1 mm
a	300.0	=

图 8-11

2. 圆周率

关于圆周率，表示方法是固定的格式：“pi()”，其中，括号内部不需要输入任何数值，否则会报错，如图 8-12 所示。同时，字母组合“pi”是软件保留的公式关键字，在创建新的参数时不能使用该名称，无论是大写、小写还是大小写的组合都不可以，如图 8-13 所示。

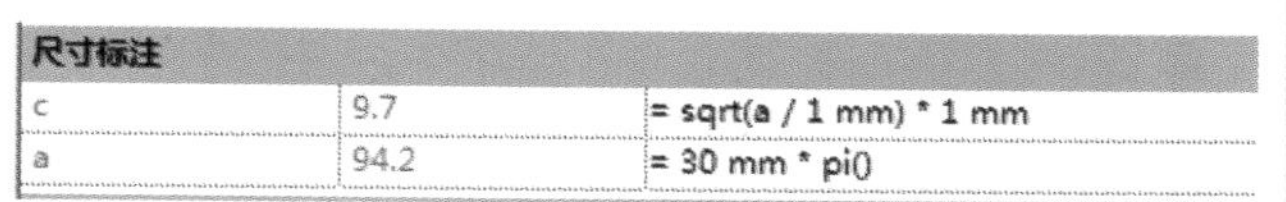

尺寸标注		
c	9.7	= sqrt(a / 1 mm) * 1 mm
a	94.2	= 30 mm * pi()

图 8-12

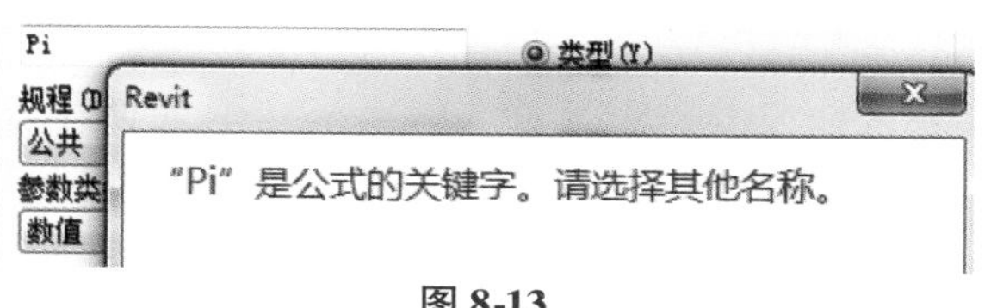

图 8-13

8.3 三角函数及反三角函数

三角函数在实际工程当中也经常用到，在软件当中，三角函数的名称也都是保留字段，我们新建的参数不能使用这些名称。因为三角函数自身的特点，我们在制作构件的时候，要选取合适的形式，例如，正弦函数在 0°～180°范围内的结果都是非负值，反正弦函数的结果在 −90°～+90°之间，反余弦函数的结果在 0°～180°之间。同时还要注意的是其自身的周期性。

1. 正弦函数

表示方法为 sin(　)，括号为英文格式，支持单位为“角度”类型的参数，也可以直接输入数字，通常软件会自动加上表示度数的角标。运算结果为“数值”类型，是一个没有单位的数字，范围在 −1～1 之间。

2. 余弦函数

表示方法为 cos(　)，主要特征同正弦函数。

3. 正切函数

表示方法为 tan( )，主要特征同正弦函数，差别是定义域和值域不同，如图 8-14 所示，不支持正负 90°及其倍数，如图 8-15 所示。

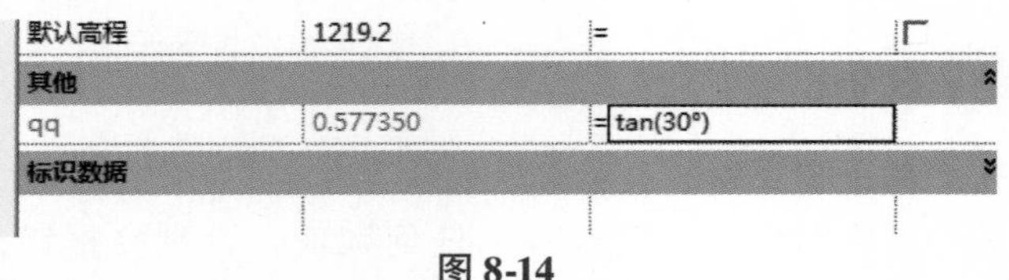

默认高程	1219.2	=
其他		
qq	0.577350	=tan(30°)
标识数据		

图 8-14

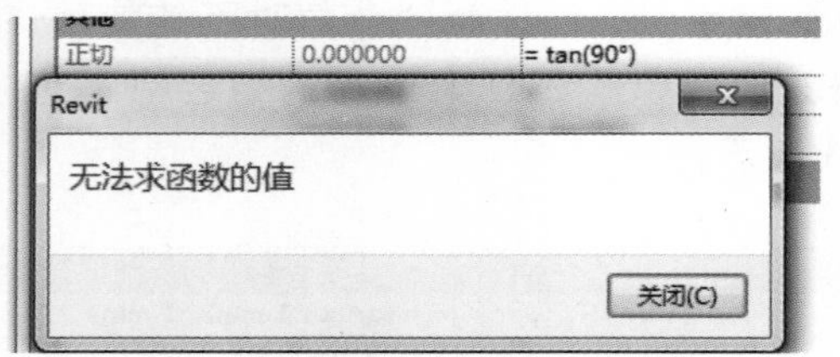

图 8-15

4. 反三角函数

根据输入值输出角度，表示方法是在原函数名称前面加字母“a”，如图 8-16 和图 8-17 所示。注意输出范围和取值范围，如图 8-18 和图 8-19 所示。

尺寸标注		
反正弦函数	0.000°	= asin(取值)
反正切函数	0.000°	= atan(取值)
反余弦函数	90.000°	= acos(取值)
其他		
取值	0.000000	=

图 8-16

尺寸标注		
反正弦函数	90.000°	= asin(取值)
反正切函数	45.000°	= atan(取值)
反余弦函数	0.000°	= acos(取值)
其他		
取值	1.000000	=

图 8-17

尺寸标注		
反正弦函数	-90.000°	= asin(取值)
反正切函数	-45.000°	= atan(取值)
反余弦函数	180.000°	= acos(取值)
其他		
取值	-1.000000	=

图 8-18

反正弦函数	30.000°	= asin(取值)
反正切函数	26.565°	= atan(取值)
反余弦函数	60.000°	= acos(取值)
其他		
取值	0.500000	=

图 8-19

8.4 取整函数及练习

很多时候，构件是按照一定的规律以特定的模数进行变化。所以我们需要把输入值按照需要的规律进行整理转换以后，再作为参数输出。这时就要用到一个比较有趣的函数，它的功能就是我们所熟悉的“四舍五入”。

在 Revit 中，“四舍五入”的功能被细化为 3 种不同的方式：“向上取整”“向下取整”“四舍五入”。对应的名称分别是 roundup、rounddown、round，如图 8-20 所示。新建一个族，使用“公制常规模型”族样板，打开“族类型”对话框，添加 4 个“数值”类型的参数，名称为 a、b、c、d，其中 d 是输入值，之后我们给 d 赋予不同的值（图 8-21 ~ 图 8-23），比较这 3 个函数处理结果的差异。

d	3.490000	= 3.49
c	3.000000	= round(d)
b	3.000000	= rounddown(d)
a	4.000000	= roundup(d)

图 8-20

d	3.510000	= 3.51
c	4.000000	= round(d)
b	3.000000	= rounddown(d)
a	4.000000	= roundup(d)

图 8-21

d	3.010000	= 3.01
c	3.000000	= round(d)
b	3.000000	= rounddown(d)
a	4.000000	= roundup(d)

图 8-22

d	3.990000	= 3.99
c	4.000000	= round(d)
b	3.000000	= rounddown(d)
a	4.000000	= roundup(d)

图 8-23

Step 01 下面我们练习对长度类型的参数进行处理。假设某种情况下，根据所输入的 e 值，长度 f 同步地进行变化，规则是当 e 值每增加到 200mm 的整数倍时，f 的值就增加 60mm，如图 8-24 所示。因为是“增加到 200mm”，所以我们选用向下取整来处理输入值，先把输入的参数和“200mm”的这个标准进行比较，再把比较结果处理为整数，最后把这个整数和“60mm”的变化幅度关联起来，赋予参数 f。具体格式为“rounddown（e/200mm）* 60mm”，结果如图 8-25所示。

f	60.0	= rounddown(e / 200 mm) * 60 mm
e	350.0	=

图 8-24

f	120.0	= rounddown(e / 200 mm) * 60 mm
e	410.0	=

图 8-25

Step 02 再练习另外一种情况。假设规则是这样的，每千米（公里）计价 6 元，不足 1 千米（公里）每 300 米 3 元，不足 300 米的按照 300 米对待。输入值以“米”为单位。为了操作方便，添加两个“数值”类型的参数，g 表示要计算的长度的数值，h 表示最后的运费值。

首先我们要处理的是满足单位为千米（公里）时的整数部分，所以在按照 1000 处理以后，向下取整来得出运费的第一部分，公式为“rounddown（g/1000）*6”。第二部分是关于“300 米”的处理，稍微麻烦一点，我们在前面已经计算过整数千米（公里）的基础上，用总长度相减就可以了，即“g-rounddown（g/1000）*1000”，其中 g 是总的长度，后半部分是单位为千米（公里）时的整数部分，可以简单理解为“除以千米（公里）取整后再恢复为千米（公里）”，这样就消除了单位为千米（公里）时的小数点后面的数字。这个相减的结果再去和“300 米”进行比较，方法和前面的一样（“除以 300 后取整再乘以单位距离的运费”），写为“roundup（……/300）*3”，其中省略的部分，就是去掉整数千米（公里）的那部分。完整的公式如图 8-26 所示。务必多输入几个数字测试一下，看是否满足规则的要求：如图 8-27 和图 8-28 所示。

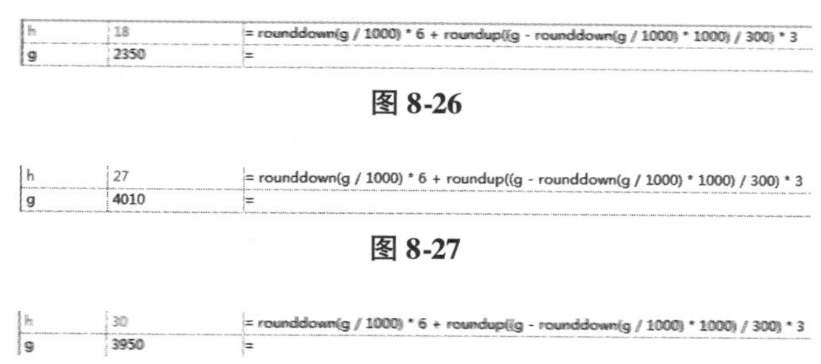

h	18	= rounddown(g / 1000) * 6 + roundup((g - rounddown(g / 1000) * 1000) / 300) * 3
g	2350	=

图 8-26

h	27	= rounddown(g / 1000) * 6 + roundup((g - rounddown(g / 1000) * 1000) / 300) * 3
g	4010	=

图 8-27

h	30	= rounddown(g / 1000) * 6 + roundup((g - rounddown(g / 1000) * 1000) / 300) * 3
g	3950	=

图 8-28

这时会发现一个奇怪的现象：距离短反而价格高。这是由规则里的计算方法而导致的，我们检查一下 950 和 1010 就可以看出来，950 米时计算结果是 3*4=12，1010 米时是 6+3*1=9，所以这个不合理的结果是从规则内部产生的，而不是计算公式。

学完本节以后，可进行以下拓展练习：

Step 01 修改最后一个练习的规则，比如，每千米（公里）计价 10 元，不足 1 千米（公里）每 300 米 3 元，不足 300 米的按照 300 米计算。

Step 02 把长度的变化转换为一个角度参数的变化。

8.5 文字与整数

1. 文字参数

在项目环境下，可以向系统族添加文字参数来记录相关信息；同样的，也可以给可载入族添加文字参数。这些参数所携带的文字内容，可以设置成根据条件的不同而变化，也可以手动输入来记录需要的内容。

Step 01 新建一个公制常规模型族，如图 8-29 所示。创建“模型文字”，如图 8-30 所示。

图 8-29

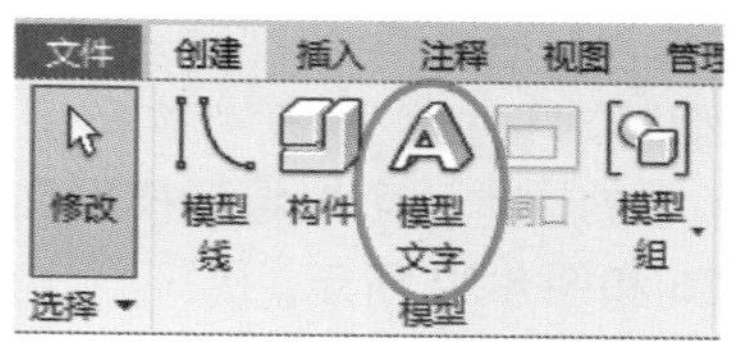

图 8-30

Step 02 在弹出的对话框中以输入默认的“模型文字”为内容，如图 8-31 所示，单击“确定”按钮后放置到参照标高中，如图 8-32 所示。

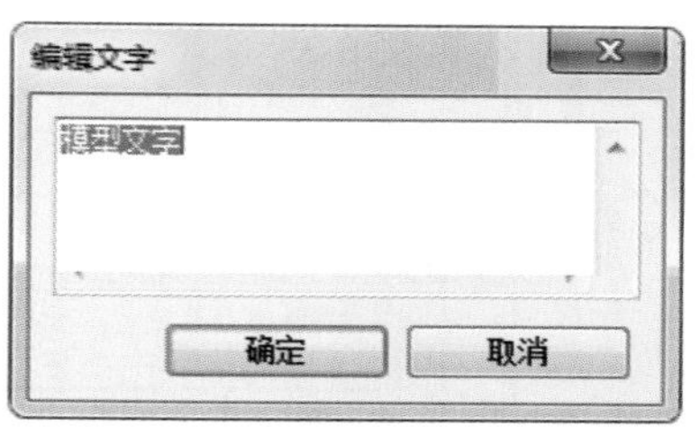

图 8-31

模型文字

图 8-32

Step 03 选中放置好的模型文字，在左侧“属性”栏中单击“文字”一栏后的小方块（图 8-33），弹出“关联族参数”对话框，单击“新建参数”按钮，弹出“参数属性”对话框，按图 8-34 进行设置，设置完毕后单击“确定”按钮。

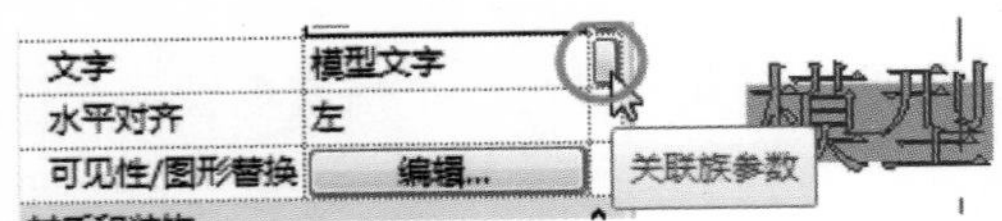

图 8-33

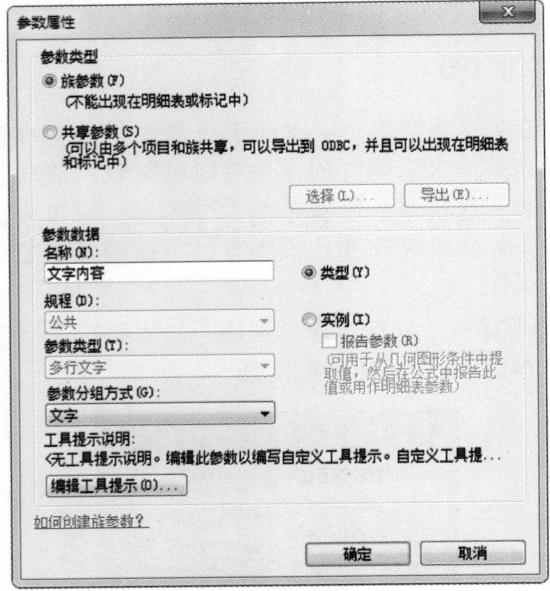

图 8-34

Step04单击“属性”面板中的“族类型”（图 8-35）打开“族类型”对话框，修改“族类型”对话框里“文字内容”中的文本，可以看到模型文字发生了改变，如图 8-36 和图 8-37 所示。

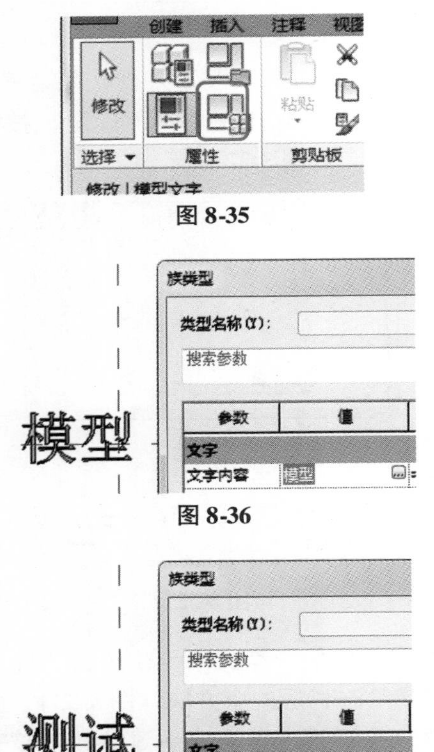

图 8-35

图 8-36

图 8-37

2. 整数参数

族进行阵列的时候通常会要求对阵列个数进行设置，阵列的个数必须是介于 2 和 200 之间的整数。下面来学习一下为阵列族添加阵列个数参数。

Step01新建“公制常规模型”。

Step02打开“族类型”对话框，单击“新建参数”按钮，弹出“参数类型”对话框。在该对话框中，名称为“N”，参数类型为“整数”，参数分组方式为“图形”（图 8-38），然后单击“确定”按钮，如图 8-39所示。

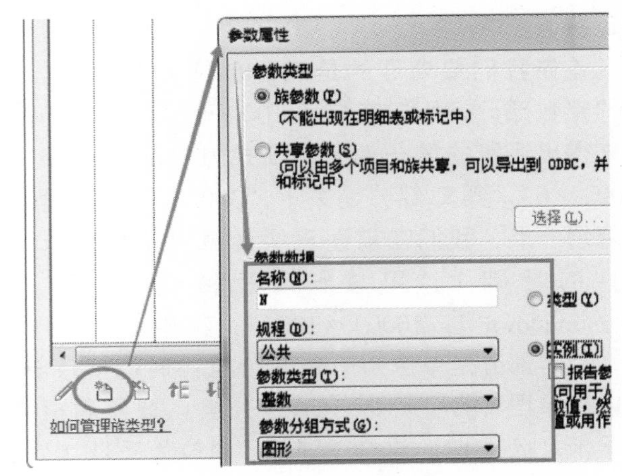

图 8-38

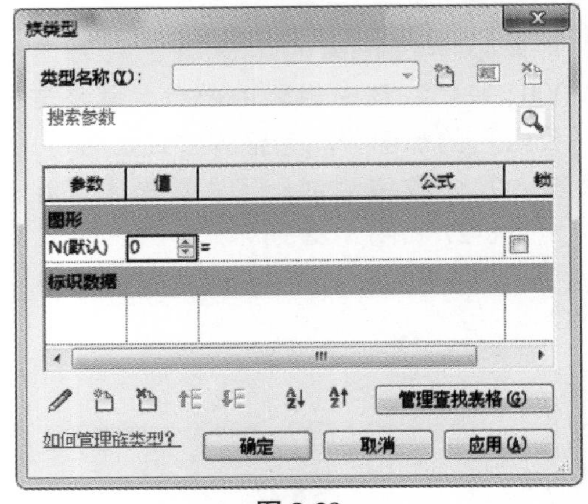

图 8-39

Step03新建第二个“公制常规模型”，在参照标高平面视图中创建一个拉伸形状（图 8-40），边长均为 400mm，如图 8-41 所示。

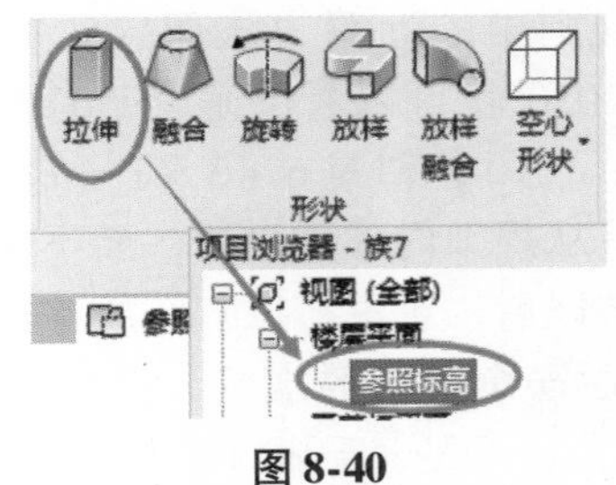

图 8-40

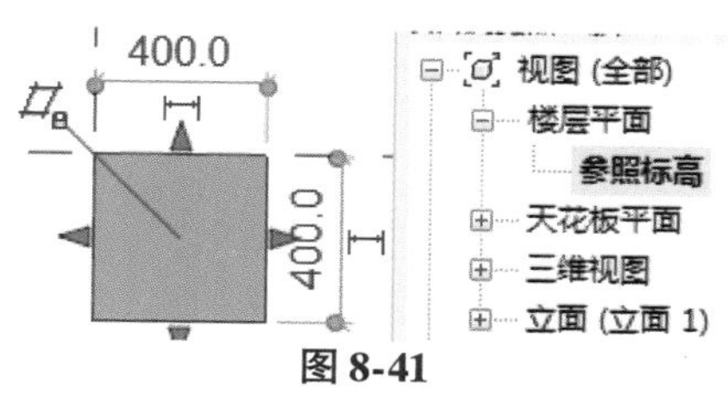

图 8-41

Step 04 创建后单击右上角的“载入到项目”（图 8-42），载入到第一个公制常规模型族中，并放在参照标高平面的中心位置上，如图 8-43 所示。放置后，选中该实例，单击上方“修改”面板中的“阵列”，如图8-44所示。勾选“成组并关联”复选框后，更改项目数（即阵列数）为“5”，默认移动到第二个然后进行横向阵列，在水平向右 720mm 处单击，如图 8-45 所示。完成后如图 8-46 所示。

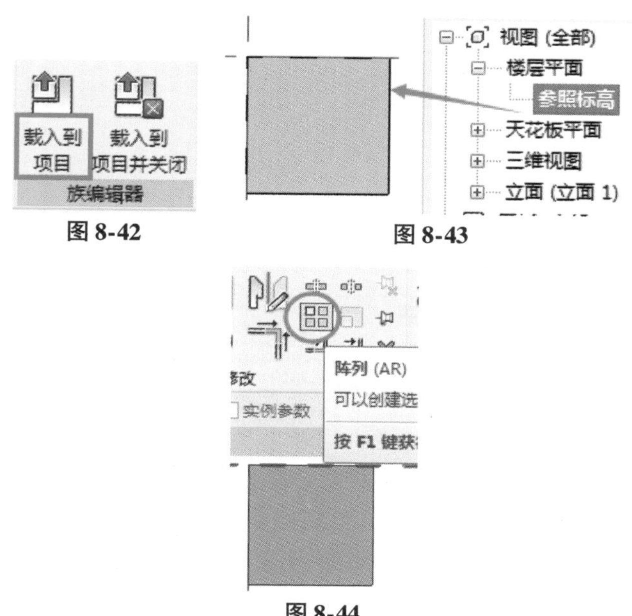

图 8-42

图 8-43

图 8-44

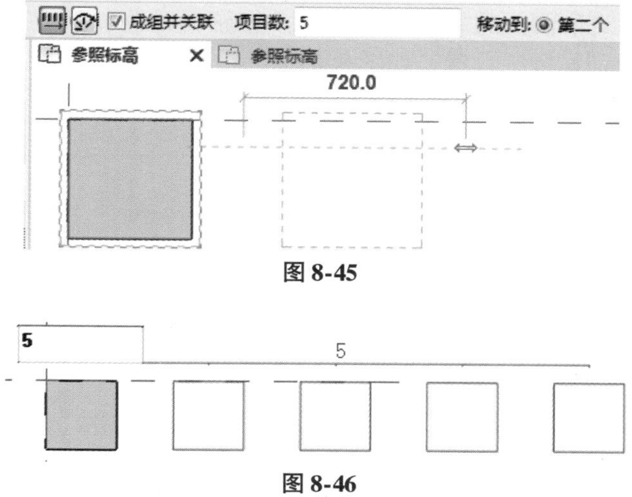

图 8-45

图 8-46

选择阵列中任意一个对象（模型组）后，在上方会显示蓝色横线，如图 8-47 所示。选中蓝色横线，为阵列个数添加参数，如图 8-48 所示（这里的 N 就是之前新建的整数参数，默认为 0，指定后即可自动识别当前的阵列参数为 5），如图 8-49 所示。

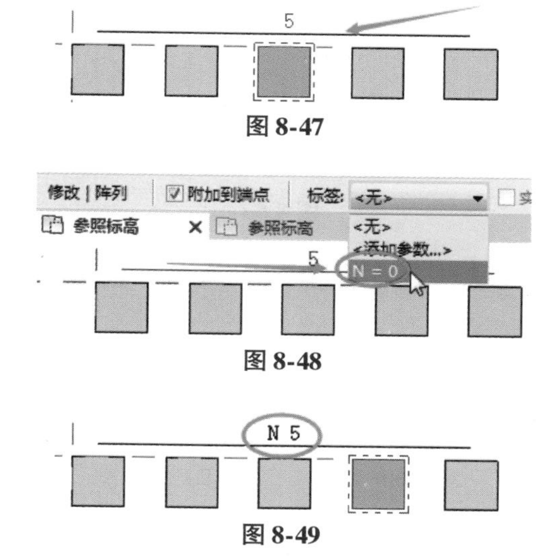

图 8-47

图 8-48

图 8-49

Step 05 打开“族类型”对话框，对参数 N 进行调整，如图 8-50 所示。观察族阵列的变化，如图 8-51 所示。

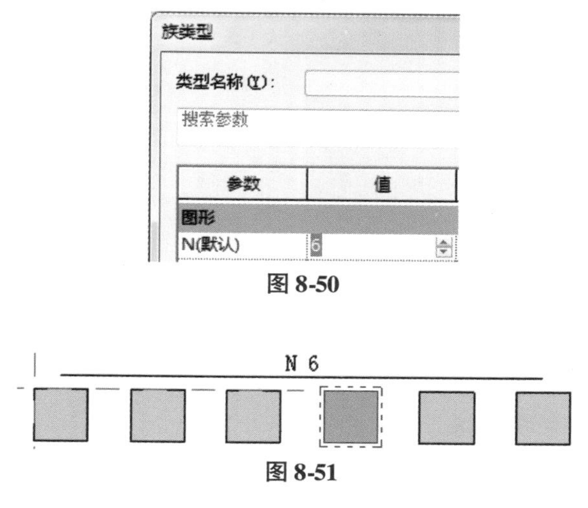

图 8-50

图 8-51

Step 06 可以再添加一个间距参数来控制阵列族中各族之间的间距。在前两个阵列族之间添加一个参照平面，并标注该参照平面到中心参照平面的距离，添加该距离为实例参数“S”，如图 8-52 所示。

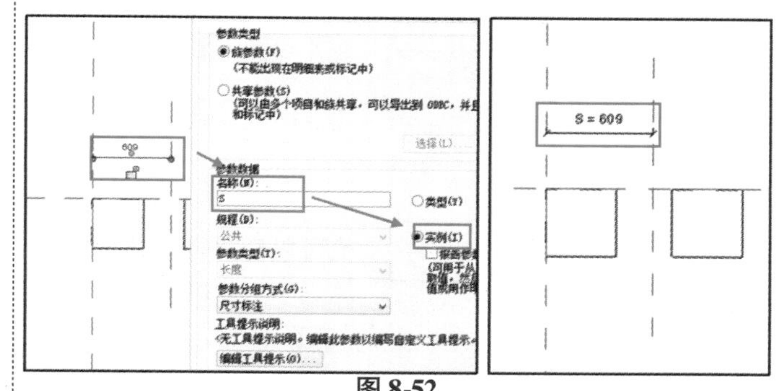

图 8-52

将阵列出的第二个族锁定到刚刚绘制的参照平面上，此时阵列族的间距已经发生变化，如图8-53所示。

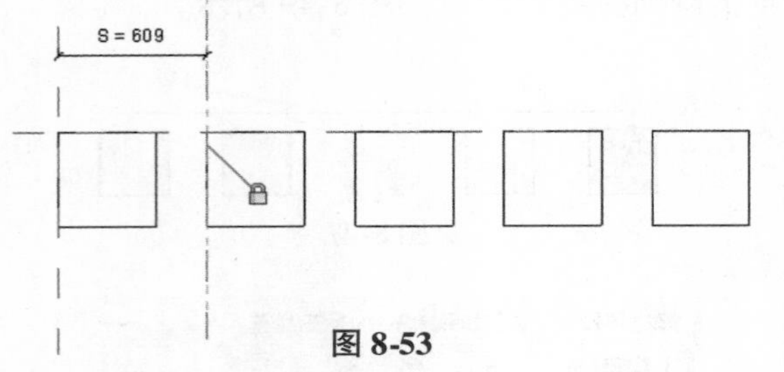

图 8-53

Step 07 新建一个项目文件（图8-54），把添加完参数的阵列族载入到项目中，并放置两个，如图8-55所示。

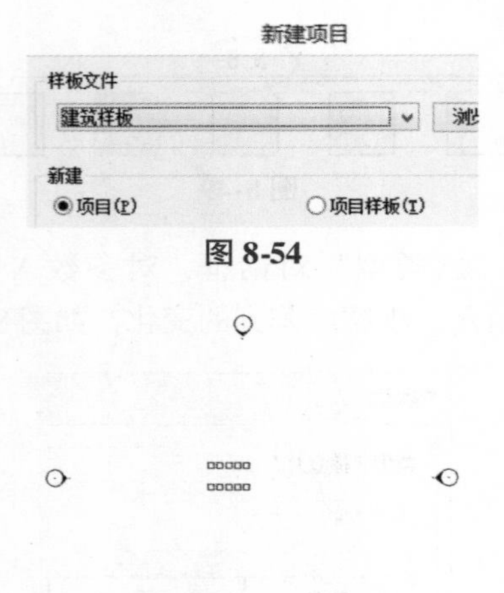

图 8-54

图 8-55

选中第一个族可以看见，左侧的“属性”栏中会出现之前添加的两个参数（“N”和“S”），如图8-56所示。分别更改这两个参数来观察结果，如图8-57和图8-58所示。

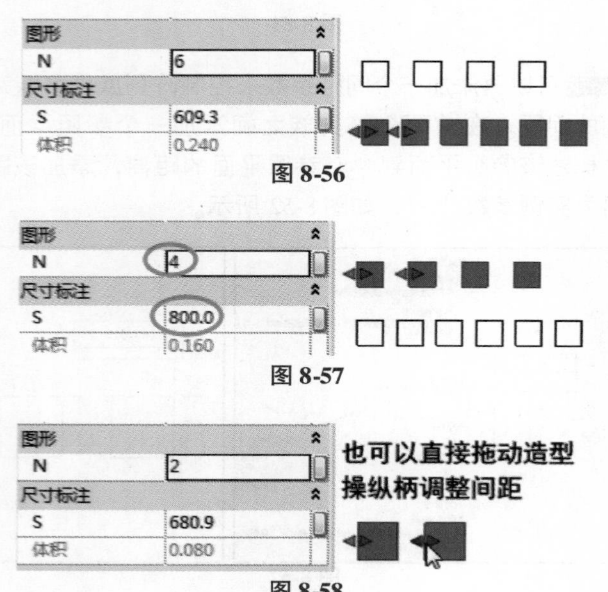

图 8-56

图 8-57

图 8-58

8.6 材质参数

Step 01 新建族，选择“公制常规模型.rft”并打开。

Step 02 主要目标为练习材质参数，绘制任意形状图元都可以，这里准备了一个图案。这个图案分为4块，各添加不同的材质，关联4个材质参数，如图8-59所示。选中其中一块，在“属性”栏中找到“材质和装饰”，在“材质”一栏中单击右侧的“<按类别>”，再单击右侧显示的小按钮打开“材质浏览器”进行操作，如图8-60所示。

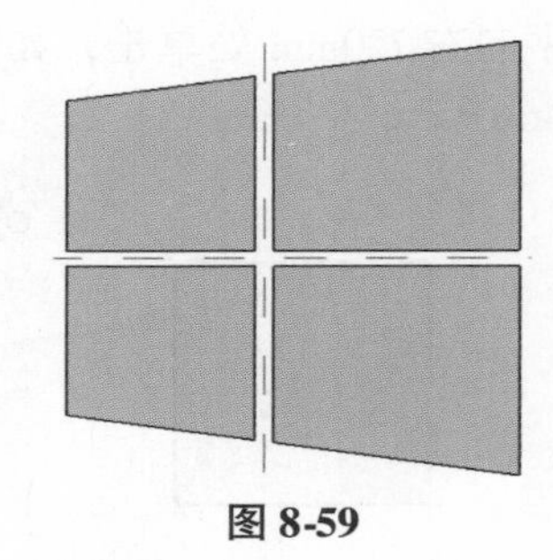

图 8-59

图 8-60

Step 03 在“材质”一栏中，最右边的“关联族参数”按钮（小方块）才是主角。单击它，弹出“关联族参数”对话框，单击“新建参数”，如图8-61所示。这时系统会自动默认匹配好参数类型与分组方式，只需添加名称即可，如图8-62所示。这里共有4个，所以依次添加名称后，打开“族类型”对话框就能看到刚刚设置好的材质参数。在这里请为材质参数分别设置参数值，如图8-63所示。最终颜色可参考图8-64。

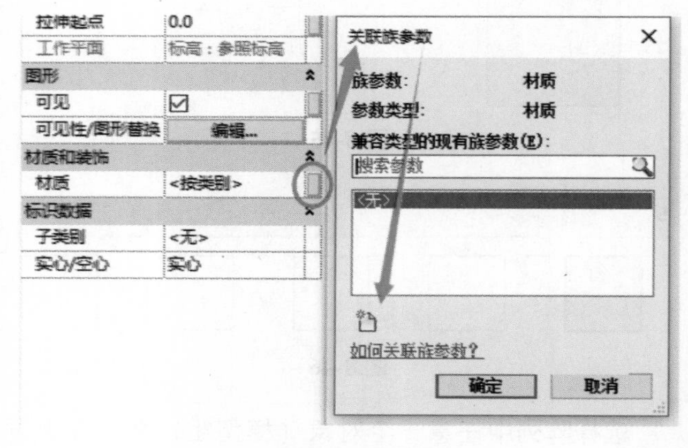

图 8-61

参数属性

参数类型
◉族参数(F)
(不能出现在明细表或标记中)
○共享参数(S)
(可以由多个项目和族共享，可以导出到 ODBC，并且可以出现在明细表和标记中)
选择(L)... 导出(E)...
参数数据
名称(N):
○类型(Y)
规程(D):
公共
◉实例(I)
参数类型(T):
材质
□报告参数(R)
(可用于从几何图形条件中提取值，然后在公式中报告此值或用作明细表参数)
参数分组方式(G):
材质和装饰
工具提示说明:
<无工具提示说明。编辑此参数以编写自定义工具提示。自定义工具提...
编辑工具提示(O)...
如何创建族参数?
确定 取消

图 8-62

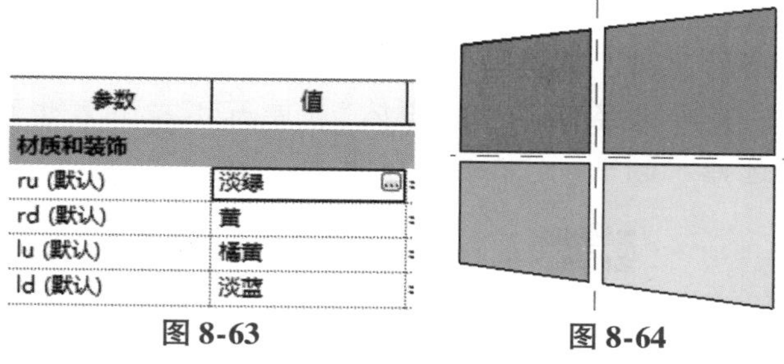

参数	值
材质和装饰	
ru (默认)	淡绿
rd (默认)	黄
lu (默认)	橘黄
ld (默认)	淡蓝

图 8-63　　图 8-64

添加实例性质的材质参数以后，再将这个构件载入到其他环境下，能直接在当时环境内修改这个构件的材质属性，或者在嵌套族中关联到其他材质参数。

将构件载入到项目中，之后选中该构件，因为已经把材质参数设为“实例”，所以在属性栏中可以看到之前设置的4个材质参数，而且可以直接修改其材质，如图8-65所示。

图 8-65

如果当初选择添加参数为“类型”属性，如图8-66所示，那么材质参数就会出现在构件的“类型属性”对话框中，如图8-67所示。

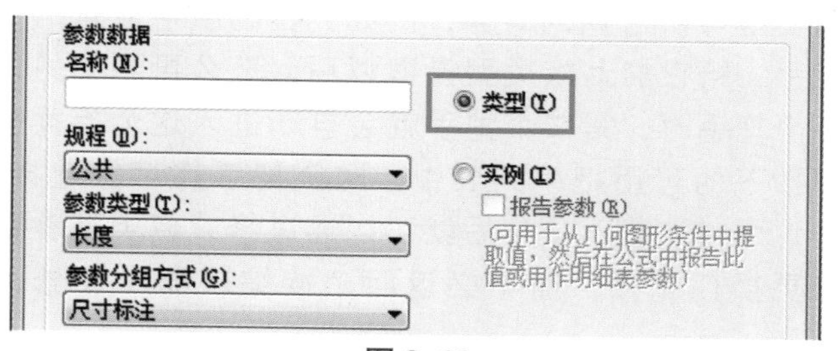

图 8-66

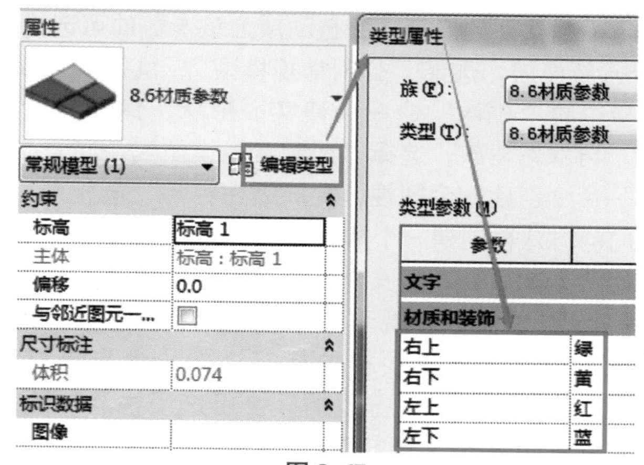

图 8-67

注意：材质参数并非对构件的材质外观、物理系数、标识数据、热度、图形等这些属性的值进行直接控制，而是调出“材质浏览器”，由用户来选择材质之后，再定义编辑材质属性。

本节主要介绍了在一些情况下为构件添加或修改材质的一个较方便的方法——关联材质参数，即材质会随着构件族载入到其他环境中。否则，每次需要修改材质的时候都必须回到“族编辑器”中才能进行修改，会比较麻烦。

在“材质浏览器”中，常常会使用“外观”标签来修改外观颜色、图案及浮雕等许多自定义的信息。单击“图像”，弹出“纹理编辑器”，用户可以在该对话框中重新定义材质的贴图，并对贴图应用尺寸进行编辑，这点对于新建材质后的外观表现很有帮助。

8.7 族类型参数

族类型参数可以用来创建在添加到模型中时具有可互换嵌套构件的族。在嵌套族中要控制嵌套族的类型，可以通过创建族类型参数来控制嵌套族的族类型，这个参数可以是实例参数或者类型参数。给嵌套族加上族类型参数后再载入项目中，则随后载入该项目的同类型的族就会自动成为可互换的族，而无须进行进一步的操作。族类型参数用于有多个族类型可供选择的时候，例如：在门族中放置一个把手，给它加上族类型参数以后，那么再添加另外一个把手时，第二个把手就会自动进入这个族类型参数下的可用把手列表中，两个把手都可供选择，把这个门族载入项目后就可以通过修改族类型参数来更换门把手，而不必返回“族编辑器”去修改门族。

族类型参数就是利用参数来调用已载入的嵌套族，相同类型的嵌套族会自动成为该参数的可选值。

Step 01 新建族，选择“公制常规模型”。执行“绘制”面板中的“拉伸”命令创建实心形状，保存为“族1”。再次新建族，选择“公制常规模型”，执行“拉伸”命令创建一个圆柱，完成后保存为“圆柱”。用相同的方法再创建一个族，保存为“立方体”，将后做的两个族都载入第一个族中，如图8-68所示。

Step 02 族类型参数，既可以在放置好嵌套构件后选择嵌套构件通过选项栏的标签添加，也可以打开“族类型”对话框进行添加。使用选项栏添加族类型参数的方式是，先打开族1，放置一个圆柱并选中，单击选项栏上标签旁边的下拉列表，单击其中的<添加参数...>（图8-69），这时参数类型会自动指定为“族类型：常规模型”，命名参数名称为“形体”，以及选择参数分组方式为“图形”（图8-70），单击“确定”按钮完成后，打开“族类型”对话框检查“形体”的参数值，可以看到其中有“立方体”，完成后保存族1，如图8-71所示。

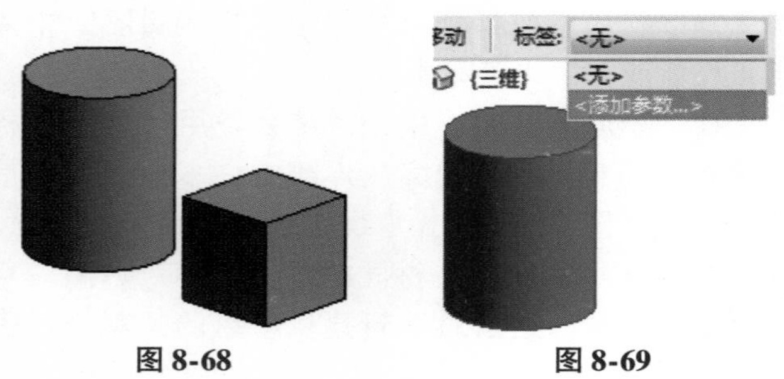

图 8-68　　图 8-69

图 8-70

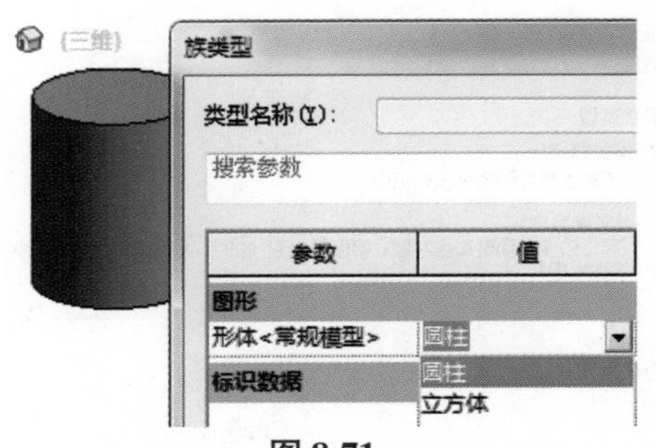

图 8-71

Step 03 在“族类型”对话框中添加族类型参数。选择“公制常规模型”新建一个族，保存为族2，将两个测试族即圆柱和立方体，载入族2。打开族2的“族类型”对话框，单击对话框底部的“新建参数”按钮，选择“参数类型”为族参数，将参数名称命名为“形体”，参数分组方式为“图形”。当“参数类型”选择为“族类型”时（图8-72），会弹出“选择类别”对话框，如图8-73所示。根据需要选择，这里选择“常规模型”，单击“确定”按钮后返回“族类型”对话框，查看“形体”参数值，其中已经有了“立方体”，展开下拉列表也可以选择“圆柱”，如图8-74所示。

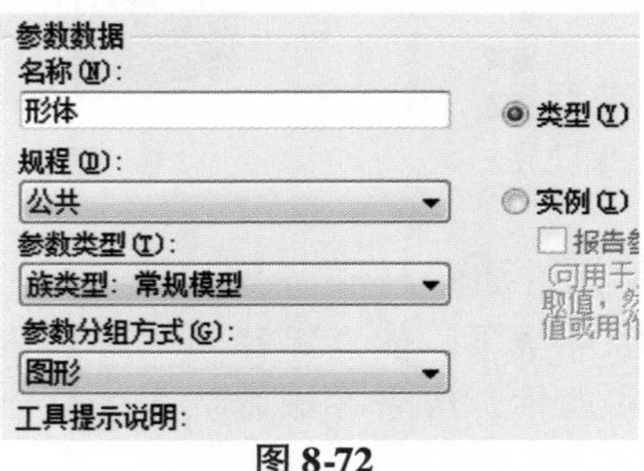

图 8-72

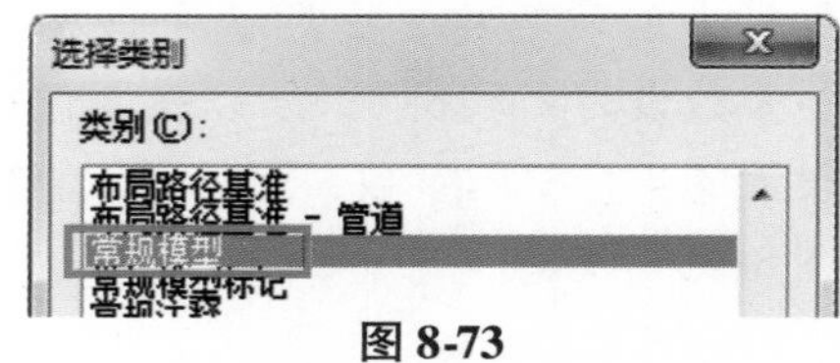

图 8-73

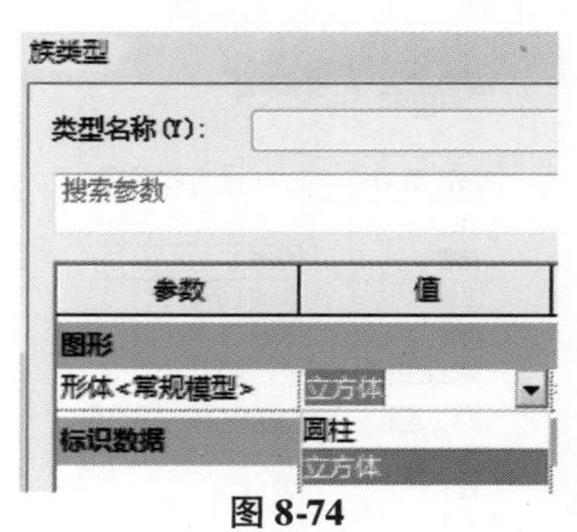

图 8-74

Step 04 新建项目文件，选择建筑样板，将族1或族2载入项目中，选择“建筑”选项卡下“构建”面板中的“放置构件”工具，放置一个常规模型实例。

选中该实例，单击“属性”栏的“编辑类型”，打开“类型属性”对话框，修改图形下“形体”的参数值，单击“应用”按钮，观察绘图区域中族实例的变化，如图8-75所示。

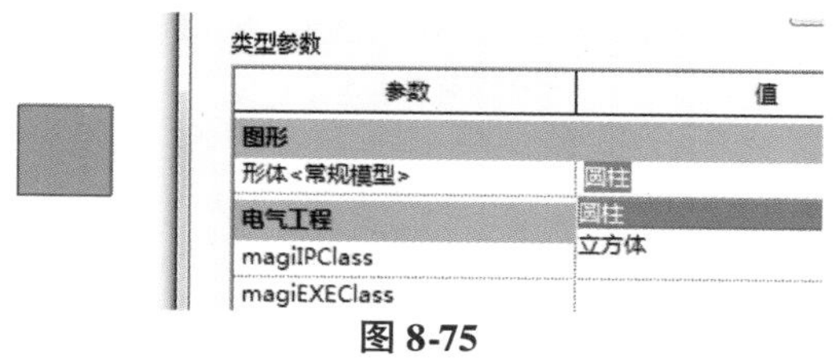

图 8-75

8.8 族的类型目录

有时候，可载入族可能会因为存在过多的类型而显得十分繁冗。这样的族载入到项目中以后，那些未被使用的族类型就会使项目文件的大小迅速增加。解决这个问题的方法之一就是为这个族创建类型目录，在其中存储该族的类型。

类型目录列出了该族中的所有类型，这样用户在载入族时可以仅选择当前项目所需要的类型，从而产生体积较小的项目文件，提高效率。该方法有助于减小项目文件的大小，并在选择族类型时最大限度地缩短类型选择器列表的长度。在将所有类型载入项目之前，类型目录可以对其进行排序和选择。

要创建类型目录，首先要创建一个外部文本文档，文本文档的具体内容为参数、参数值及分隔符“逗号”。创建这样的文件有很多方法，可以用记事本的文本编辑器进行处理，可以使用数据库或Excel表格来自动处理，也可以使用ODBC将项目导出到数据库中，然后以逗号分隔的格式下载图元类型表格。

Step 01 新建族，选择“公制常规模型.rft”并打开。

Step 02 在参照标高平面绘制4个参照平面并围成一个矩形，如图8-76所示。单击“形状”面板中的“拉伸”，在参照线内绘制一个矩形，将矩形的4条边与参照平面锁定，完成后，如图8-77所示。

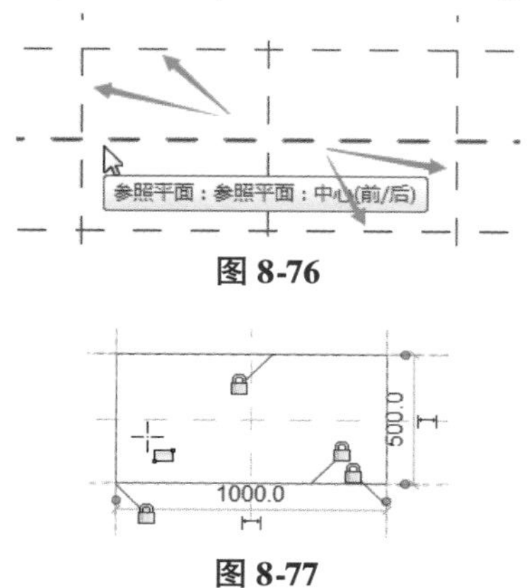

图 8-76

图 8-77

Step 03 切换到前立面，在参照标高上方添加一个参照平面，将拉伸形状的上下面分别与上下参照平面锁定，如图8-78所示。

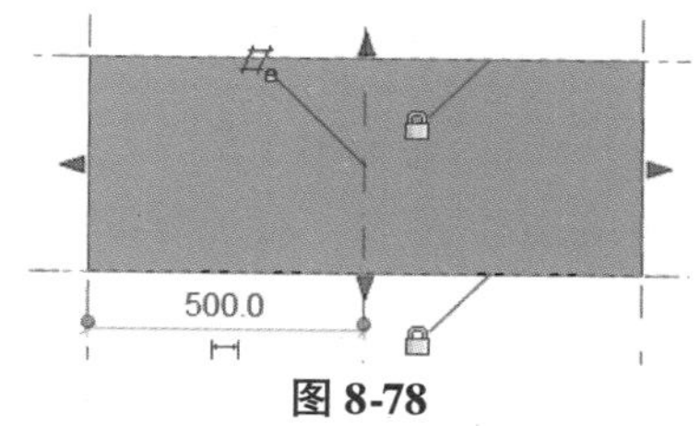

图 8-78

Step 04 单击“修改”选项卡“尺寸标注”面板中的“对齐”，在前立面为控制拉伸形状高度的2个参照平面添加名称为“c”的类型参数（图8-79），切换到参照标高，为拉伸形状的长度和宽度添加名称为“a”“b”的参数，如图8-80所示。注意：参照平面一定要与拉伸形状的各面锁定。将族保存，命名为“123”。

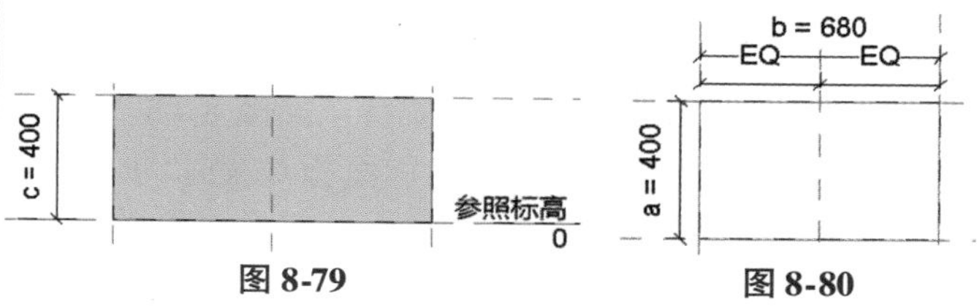

图 8-79　　图 8-80

Step 05 接下来用Excel表格创建文本文档。在表格第一列输入参数类型名称，这里用尺寸表示类型名称，分别为“1010”“1020”“1030”；从第二列开始往后的表格首行则为参数声明，格式为“参数名称##参数类型##单位”。在表格中输入拉伸形状的参数：“a##length##centimeters”“b##length##centimeters”“c##length##centimeters”，如图8-81所示（当载入族时，Revit会将项目单位设置应用到类型目录中）。

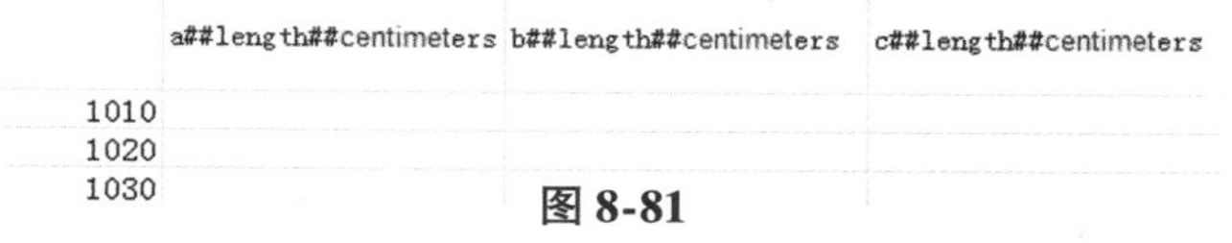

	a##length##centimeters	b##length##centimeters	c##length##centimeters
1010			
1020			
1030			

图 8-81

Step 06 分别输入a、b、c的值，如图8-82所示。

	a##length##centimeters	b##length##centimeters	c##length##centimeters
1010	100	100	30
1020	100	200	60
1030	100	300	70

图 8-82

Step 07 将该表格保存，名称要与族名称相同且在同一文件夹下，文件名为“123”，格式选择为“csv”，出现提示对话框，单击“确定”按钮即可，如图8-83所示。然后把表格再另存为一个同名的xls文件，方便以后修改数据。找到刚才保存的csv文件，直接把后缀“csv”改为“txt”，会出现一个警告对话框，单击“确定”按钮退出即可，如图8-84所示。

图 8-83

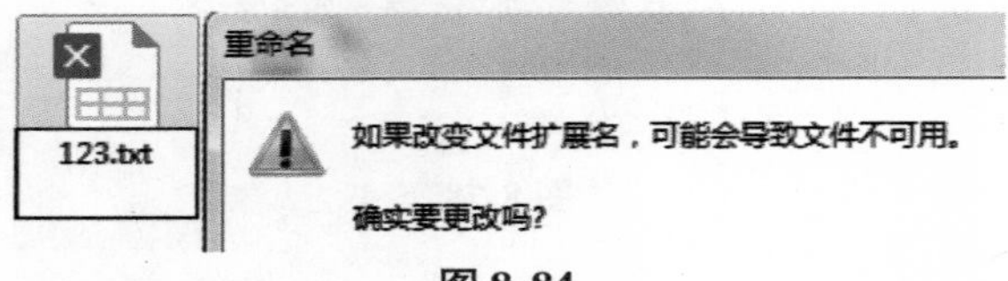

图 8-84

Step 08 打开txt格式的文本文档，观察里面的内容，表示格式为用逗号分隔的数据，如图8-85所示。

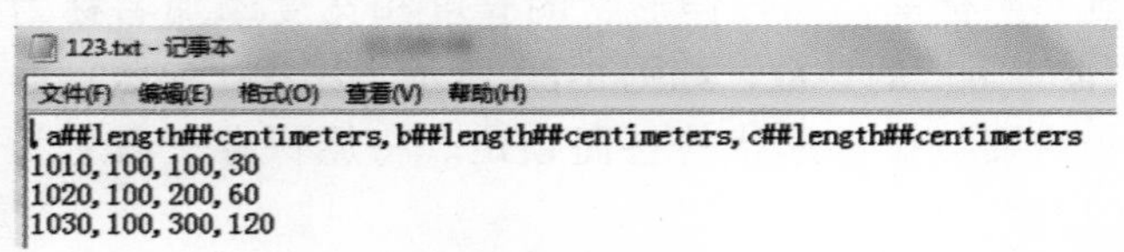
123.txt - 记事本

文件(F) 编辑(E) 格式(O) 查看(V) 帮助(H)

```
a##length##centimeters,b##length##centimeters,c##length##centimeters
1010,100,100,30
1020,100,200,60
1030,100,300,120
```

图 8-85

Step 09 使用建筑样板新建一个项目，如图8-86所示。单击“管理”选项卡“设置”面板中的“项目单位”，确定“项目单位”对话框中项目的长度单位为毫米，如图8-87所示。

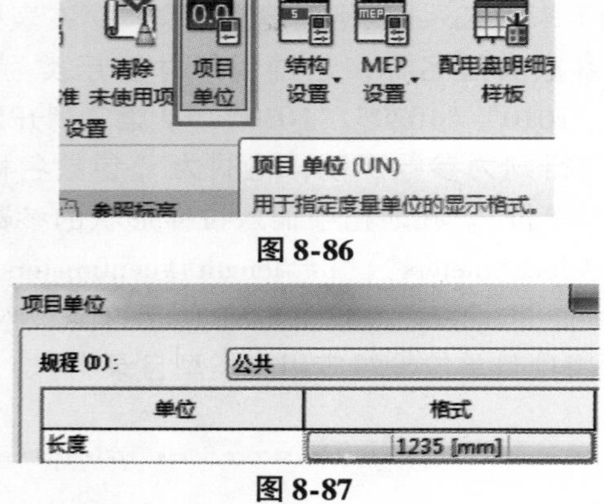

图 8-86

图 8-87

Step 10 单击“插入”选项卡“从族库中载入”模块中的“载入族”，选择“123”族，打开后会出现“指定类型”对话框，可以选择其中任意一种类型，也可以选择所有类型，这里选择全部类型，单击“确定”按钮，载入族，如图8-88所示。

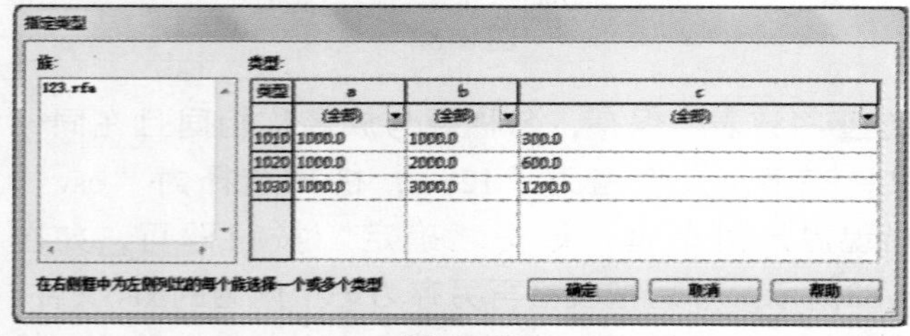

类型	a	b	c
	(全部)	(全部)	(全部)
1010	1000.0	1000.0	300.0
1020	1000.0	2000.0	600.0
1030	1000.0	3000.0	1200.0

图 8-88

Step 11 在“项目浏览器”里的“族”中找到“常规模型”，可以看到类型目录中的参数类型，如图8-89所示。

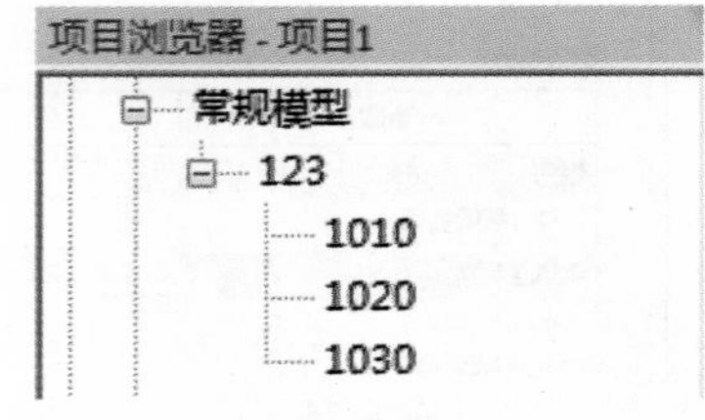

图 8-89

Step 12 将视图切换到三维视图，把3种类型都拖入视图中，可以看到3个大小不同的拉伸形状，如图8-90所示。

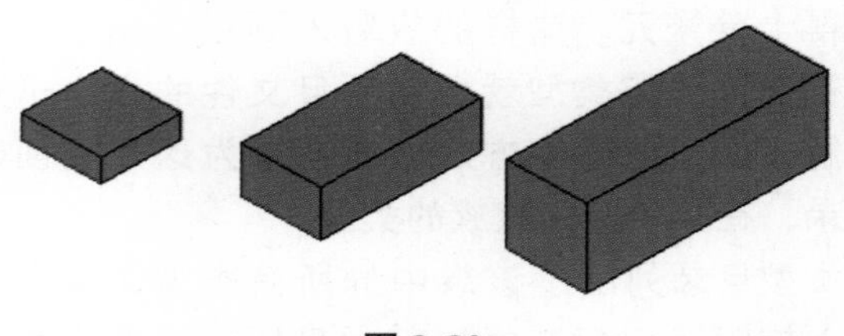

图 8-90

Step 13 为拉伸形状标注尺寸（图8-91），可以看到单位是毫米，长、宽、高的值与类型目录中的参数一致，如图8-92所示。

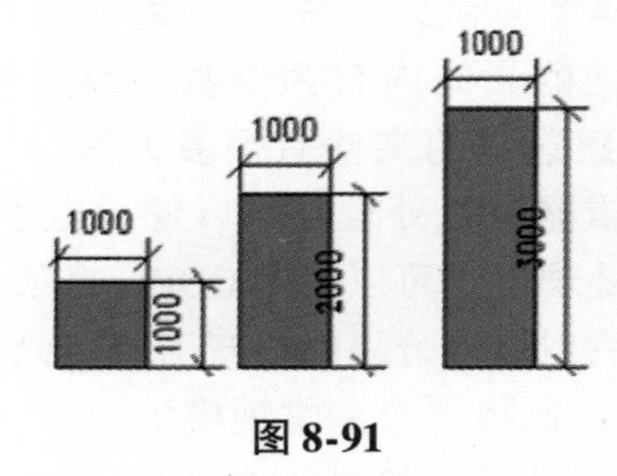

图 8-91

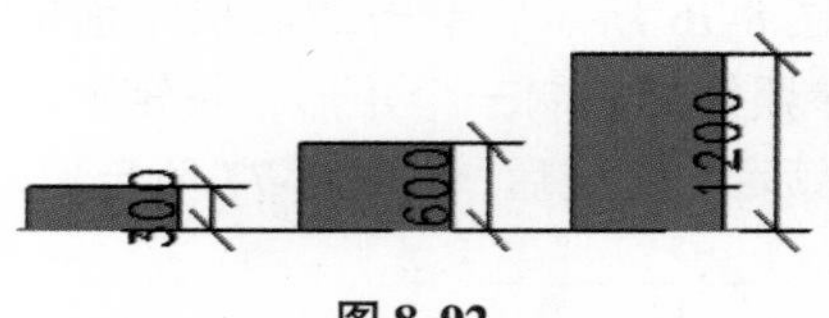

图 8-92

本节总结起来，主要有以下几点：

Step 01 创建类型目录的文本文档时，一定要注意语法，并按照要求来创建参数。

Step 02 不同的参数有不同的名称及格式，表8-1为类型目录中支持的参数类型示例。

Step 03 使用族类型参数可以在项目中实现更加灵活方便的选择。

表 8-1　类型目录中支持的参数类型示例

参数类型	参数声明	注　释
文字	param_name##OTHER##	
整数	param_name##OTHER##	
编号	param_name##OTHER##	
长度	param_name##LENGTH##FEET	
面积	param_name##AREA##SQUARE_FEET	
体积	param_name##VOLUME##CUBIC_FEET	
角度	param_name##ANGLE##DEGREES	
坡度	param_name##SLOPE##SLOPE_DEGREES	
货币	param_name##CURRENCY##	
URL	param_name##OTHER##	
材质	param_name##OTHER##	
是/否	param_name##OTHER##	定义为 1 或 0；1 相当于“是”，0 相当于“否”
族类型	param_name##OTHER##	族名称：不含文件扩展名的类型名称
	元数据参数：	
注释记号	Keynote##OTHER##	
模型	Model##OTHER##	
制造商	Manufacturer##OTHER##	
类型注释	Type Comments##OTHER##	
URL	URL##OTHER##	
说明	Description##OTHER##	
部件代码	Assembly Code##OTHER##	
成本	Cost##CURRENCY##	

第9章

公式与函数

概 述

我们可以在尺寸标注和参数中使用公式来驱动和控制模型中的参数化内容，也可以在公式中使用条件语句来定制参数中的信息。

9.1 初步使用公式

1. 在修改图元时直接使用公式

Step01 选择建筑样板，新建一个项目，在标高 1 平面绘制墙体，如图 9-1 所示。选中墙体，会出现临时尺寸标注，单击标注中的蓝色数字（图 9-2），会将其激活进入可编辑状态，输入“=6900/3”（图 9-3），在绘图区域空白处单击，可以看到，墙的长度会立即变为 2300，如图 9-4 所示。注意务必以等号开头，否则软件会出现警告提示，如图 9-5 所示。

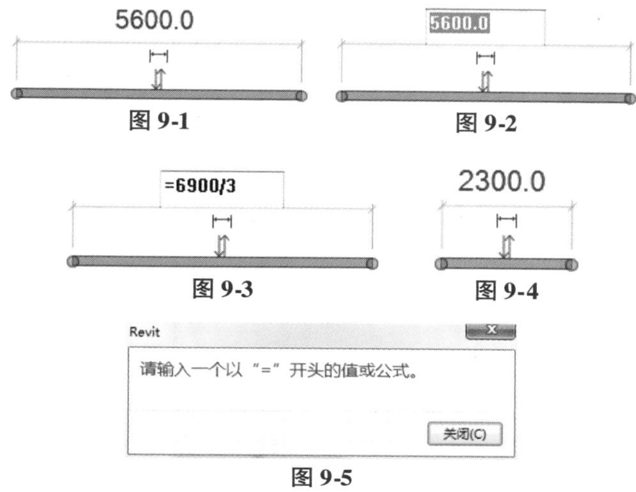

图 9-1　图 9-2　图 9-3　图 9-4　图 9-5

Step02 切换到南立面，单击菜单栏“插入”选项卡“导入”中的“图像”，打开“导入图像”对话框，定位到相关图片（可使用 JPG 格式的图片），单击“打开”按钮，会看到以光标为中心出现了一个虚线组成的十字叉，四个角有蓝色实心圆点（图9-6），单击鼠标左键后完成放置，如图 9-7 所示。

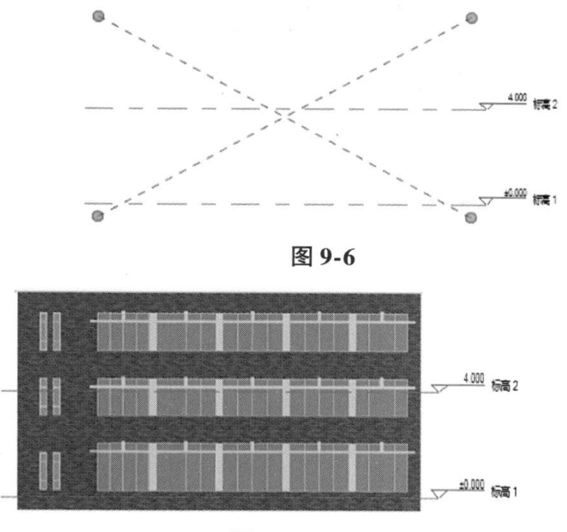

图 9-6　图 9-7

Step03 假设这是取自某照片的立面图，其中，已知其高度约为 12m，需要把这个图片调整到合适大小以后开始创建概念体量。

Step04 单击“快速访问工具栏”中的“测量两个参照之间的距离”，沿着垂直方向单击鼠标左键两次（图 9-8），可以看到当前高度 8185.7mm，舍去末尾的 5.7mm，用 8180mm 来进行计算。光标移到图像范围内，它周边会出现蓝色外框，这时单击图像本身选中它。拖动四角的圆点也是可以进行缩放的，如图 9-9 所示，但是这样做不够直接、快速，每次拖动之后都需要去测量检查。所以我们在“属性”栏中利用公式来调整图像的大小。

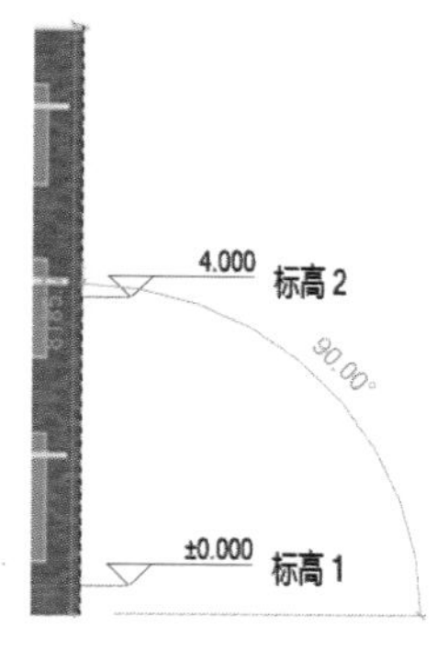

图 9-8

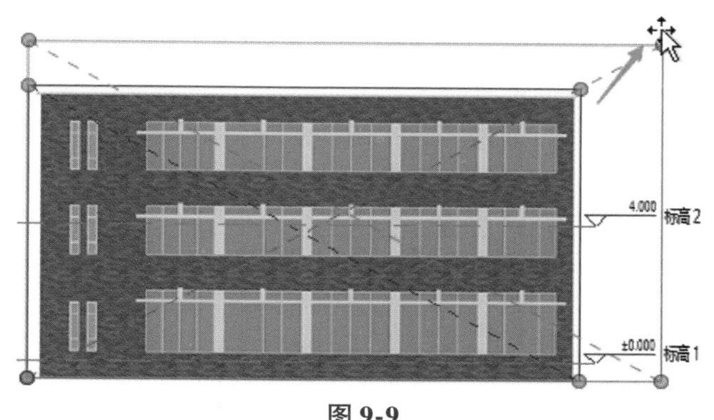

图 9-9

Step05 选中图像以后，查看“属性”栏的信息，其中有“宽度”“高度”“固定宽高比”，如图 9-10 所示。因为刚才我们测量的是立面的高度，所以单击“高度”属性后面的输入框，利用原有数字，输入“=8466.7/8180*12000”。当光标移到绘图区域时，软件会自动对公式进行计算并应用结果，可以看出图像已经放大了。用刚才的测量方式检查立面高度，为 12003mm，有一些偏差，但是作为底图已经合格了。这样我们就利用公式快速对图元按需要进行了调整，如图 9-11 所示。

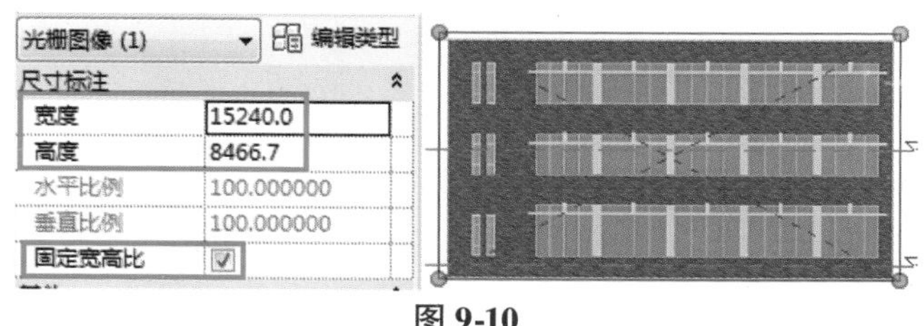

图 9-10

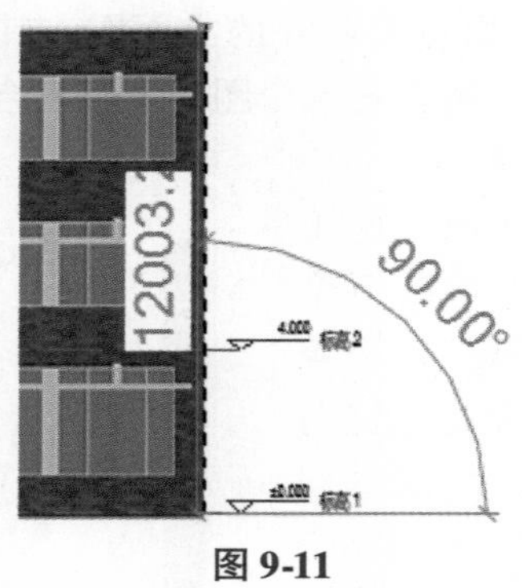

图 9-11

2. 练习可载入族中的公式

Step 01 新建族，选择“公制常规模型”族样板，在参照标高平面视图中，绘制两个参照平面（图 9-12、图 9-13），分别添加尺寸标注，如图 9-14 所示。

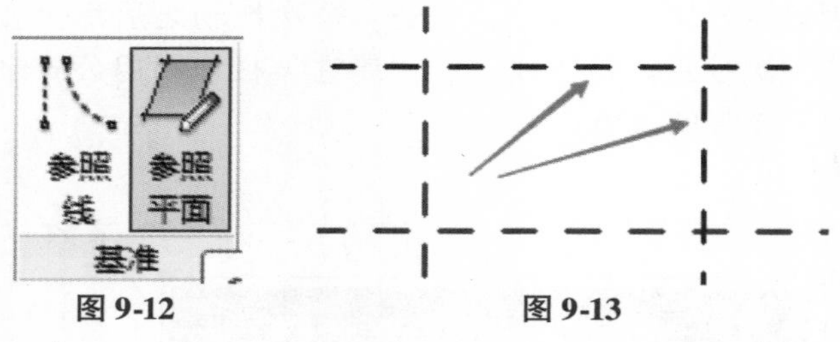

图 9-12　　图 9-13

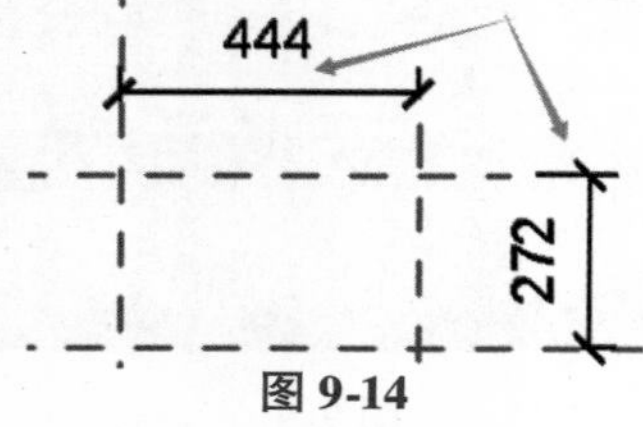

图 9-14

Step 02 依次选中尺寸标注，添加参数 a 和 b，如图9-15 所示，以此来控制形状的宽度和深度。注意，a 和 b 都是实例参数，如图 9-16 所示。添加参数完毕后如图 9-17 所示。

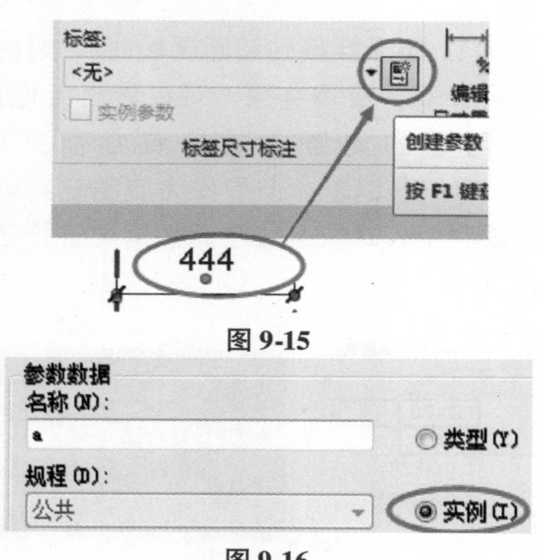

图 9-15

图 9-16

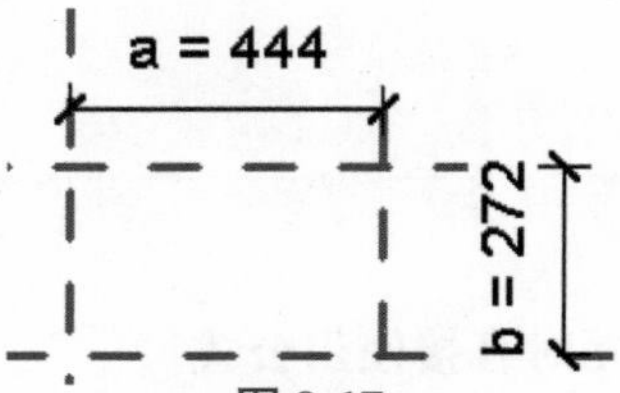

a = 444

b = 272

图 9-17

Step 03 接下来创建一个拉伸形状，锁定到已经有参数控制的参照平面，然后再在“族类型”对话框里为参数添加公式。单击菜单栏“创建”选项卡中的“拉伸”，选择“绘制”面板中的“矩形”工具，捕捉到参照平面的交点，第一次捕捉位置如图 9-18 所示，第二次如图 9-19 所示。这时会出现 4 个锁形标记，依次单击（图 9-20），把它们从打开的状态改为锁定的状态，如图 9-21 所示。单击✔，完成形状的创建，如图 9-22 所示。

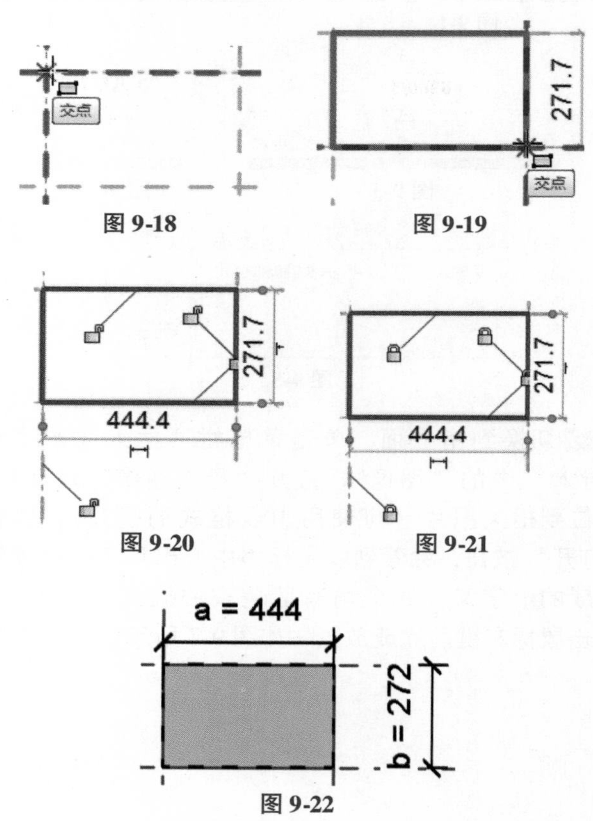

图 9-18　　图 9-19

图 9-20　　图 9-21

图 9-22

Step 04 单击菜单栏的“族类型”，打开“族类型”对话框，里面已经列出了我们刚才添加的两个参数，因为是实例性质的，所以在名称后面有“默认”两字，如图 9-23 所示。在参数 b 的公式栏中输入“a * 2”，如图 9-24 所示，在空白处单击，公式会立即生效。修改 a 的数值为 600，单击“确定”按钮退出“族类型”对话框。这时刚才创建的形状已经发生了改变，如图 9-25 所示。

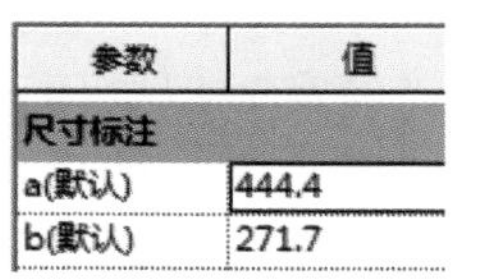

参数	值
尺寸标注	
a(默认)	444.4
b(默认)	271.7

图 9-23

参数	值	
尺寸标注		
a(默认)	444.4	=
b(默认)	271.7	=a*2

图 9-24

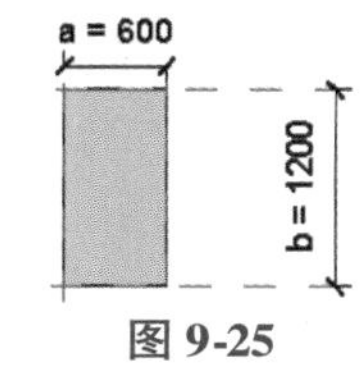

图 9-25

Step05 新建一个项目文件，选择“建筑样板”，按<Ctrl + Tab>键，切换回刚才的族文件，单击菜单栏的“载入到项目”，放置两个作为对比，如图 9-26 所示。拖动其中一个的右侧造型操纵柄，会发现，虽然是水平拖动，但是它的高度也会随着一起成比例地改变。观察“属性”栏，参数 b 的值始终为 a 参数的两倍，而且是灰色的，因为它的值是由公式控制的，不能直接手动输入，如图 9-27 所示。

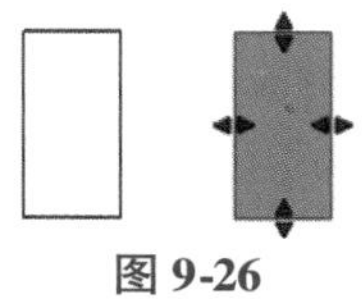

图 9-26

b	1281.8
a	640.9
体积	0.205

图 9-27

Step06 公式栏里支持“a＊2”这样的表示，也可以包含更多其他参数，以及仅有数字作为常量。

灵活地运用公式，可以帮助我们更快更好地处理参数之间的关系，从而节约时间，提高效率。

9.2 对参数使用公式

这一节我们继续练习公式的使用，进行更多类型的计算。依次练习以下内容：计算几何图形的面积和体积。

Step01 单击“创建”选项卡下的“拉伸”，选择“矩形”工具，捕捉参照平面的交点，单击两次，完成草图绘制。这时会出现 4 个锁形标记，依次单击，把它们从打开的状态改为锁定的状态。然后添加尺寸标注，再为尺寸标注添加参数，注意都是实例参数。完成后如图 9-28 所示。

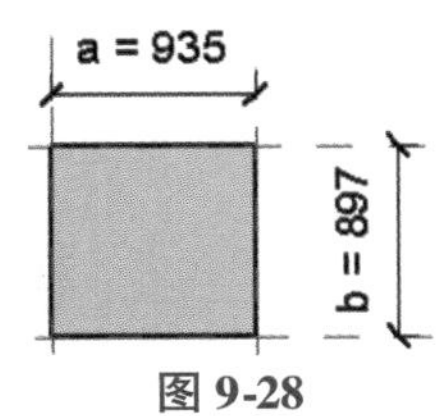

图 9-28

Step02 切换到前立面，在参照标高上方绘制一条水平的参照平面，如图 9-29 所示。标注它到参照标高的距离为 h，如图 9-30 所示。打开“族类型”对话框，添加参数“S”表示面积，注意它属于“面积”类型，为实例参数，然后再添加参数“V”表示体积。

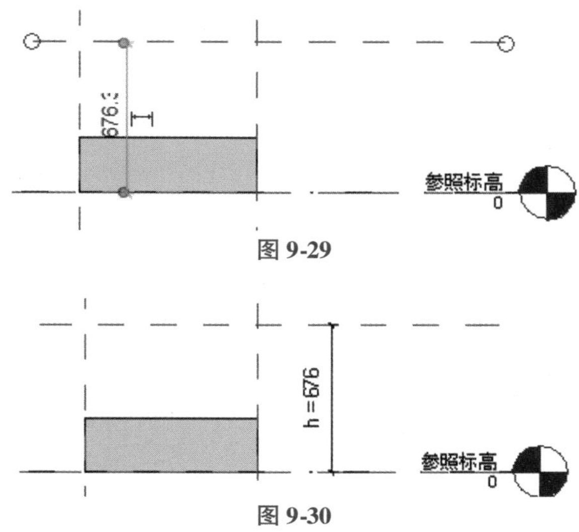

图 9-29

图 9-30

Step03 接下来给这两个参数添加公式。面积为“a＊b”，体积为“a＊b＊h”，如图 9-31 所示。因为参数的值是由公式决定的，且公式中的变量多于一个，所以它们的名称和值都显示为灰色。Revit 会自动换算它们的单位，公式中参加计算的参数都是以 mm 为单位的，它们的计算结果分别是以 m^2 和 m^3 为单位。

S (默认)	0.679	=a * b
V (默认)	0.459	=a * b * h

图 9-31

Step04 为了看起来方便，我们现在把这 3 个类型的单位符号都加上，如图 9-32 所示。单击“管理”选项卡“设置”面板中的“项目单位”，打开“项目单位”对话框，单击“长度”右侧的长条按钮，打开“格式”对话框，把其中的单位符号切换为“mm”，单击“确定”按钮两次，退出对话框。打开“族类型”对话框，可以看到，尺寸标注和参数都已经有了“mm”的单位。继续以上步骤调整项目单位显示效果，使面积参数和体积参数的单位显示出来，如图 9-33 所示。

h = 676 mm

a (默认)	768.1 mm
b (默认)	883.6 mm
h (默认)	676.3 mm

图 9-32

S (默认)	0.679 m²	=a * b
V (默认)	0.459 m³	=a * b * h

图 9-33

Step05 现在参数和公式都准备好了，但是形状的上表面还没有锁定到上方参照平面，所以此时的体积参数反映的还不是构件的真实体积。

Step06 选中该拉伸形状，将形状顶部的造型操纵柄（图9-34）拖向上方的参照平面，当距离参照平面大约2mm时，造型操纵柄会自动地捕捉过去，同时参照平面会以蓝色高亮加粗显示，放开鼠标左键，会出现一个打开的锁形标记，单击它，使它变为闭合就可以把形状顶部的面锁定到参照平面，如图9-35所示。

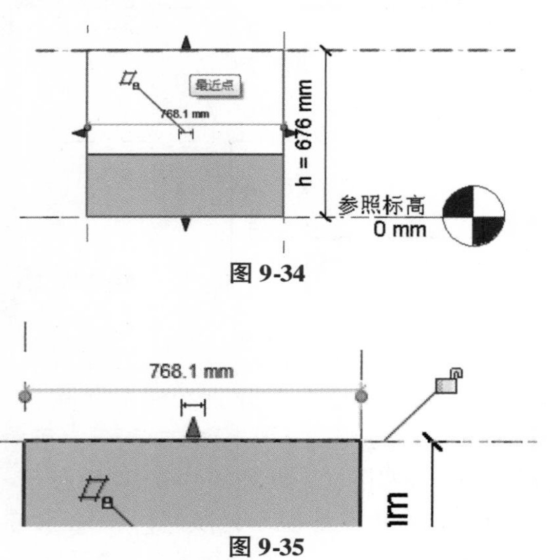

图9-34

图9-35

Step07 打开“族类型”对话框，修改a、b、h的值为整数（图9-36），观察V和S的变化，如图9-37所示。

尺寸标注		
a (默认)	700.0 mm	=
b (默认)	800.0 mm	=
h (默认)	500.0 mm	=
分析结果		
S (默认)	0.560 m²	=a * b
V (默认)	0.280 m³	=a * b * h

图9-36

尺寸标注		
a (默认)	1000.0 mm	=
b (默认)	500.0 mm	=
h (默认)	800.0 mm	=
分析结果		
S (默认)	0.500 m²	=a * b
V (默认)	0.400 m³	=a * b * h

图9-37

9.3 创建模型文字，添加参数

Step01 新建一个族，选择“公制常规模型.rft”并打开，进入前立面视图中，单击“创建”选项卡→“模型”面板→“模型文字”，打开“编辑文字”对话框，不修改其中的默认内容，单击“确定”以关闭对话框，这时会看到在光标处有“模型文字”的预览图像，单击放置在任意位置均可，这样就创建了一个模型文字，如图9-38所示。使用“对齐”命令将模型文字的底部对齐至“参照标高”，左侧对齐到“中心（左右）”参照平面（第二次对齐的时候要与参照平面锁定），如图9-39所示。

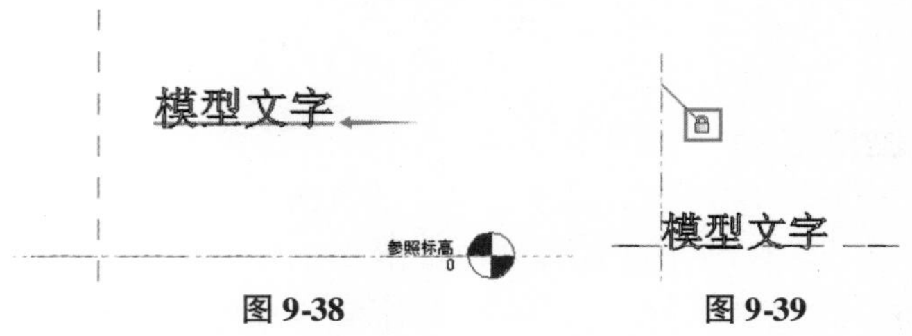

图9-38　　图9-39

打开“族类型”对话框，单击“新建参数”，设置参数名称为“结果”，参数类型为“文字”，设为实例参数，单击两次“确定”按钮。还可以根据需要关联其他参数：选中模型文字，将其关联为“结果”。在“属性”栏中，“文字”的下一行有“水平对齐”的属性设置，显示为“左”，意思是在修改文字内容的时候，左端位置固定不变。

Step02 新建一个族，选择“公制常规模型.rft”，在参照标高平面绘制一个矩形拉伸形状，之后将模型文字载入进来（图9-40），在平面视图中放置在拉伸形状的旁边。现在进入前立面视图，在参照标高的上方以水平方向绘制一个参照平面，使用“对齐尺寸标注”标注该参照平面与参照标高之间的距离，并添加参数h，如图9-41所示。将拉伸形状的顶部锁定到这个参照平面，同样将文字模型的底边锁定到该参照平面，如图9-42所示。拖拽参照平面改变它的高度，观察构件的变化情况，如图9-43所示。

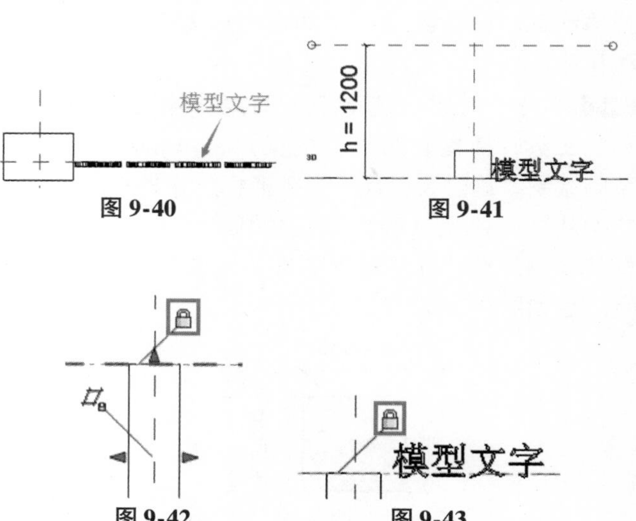

图9-40　　图9-41

图9-42　　图9-43

接下来，选中模型文字单击鼠标右键，选择“创建类似实例”（或选中后拖拽）到平面视图中放置，再回到立面视图，和之前一样对齐到参照平面，如图9-44所示。用同样的方法为第 2 个模型文字图元关联族参数并命名（如：姓名），同样也是实例参数，如图 9-45 所示。接着打开“族类型”对话框，可以看到有之前创建的三个参数：“h”“结果”“姓名”。在参数“结果”的公式中输入 = if（h < 1500mm，“加班”，if（h > 2500mm，“放假”，“调休”），即：当 h 小于 1500mm 时结果显示为加班，当 h 大于或等于 1500mm 且小于或等于 2500mm 时显示为调休，超过 2500mm 显示为放假。参数“姓名”中的值我们可以在项目中修改，如图 9-46 所示。

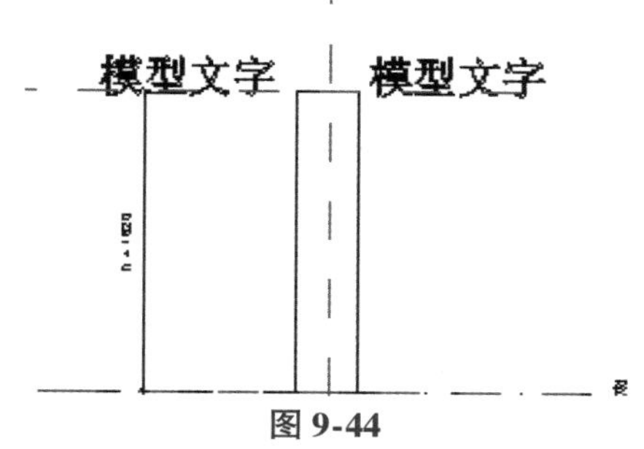

图 9-44

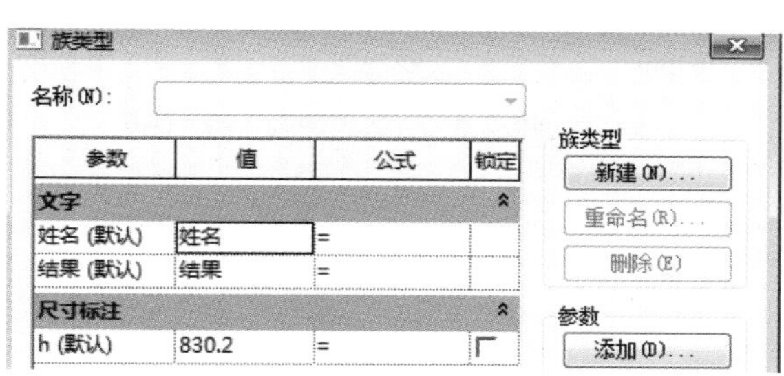

图 9-45

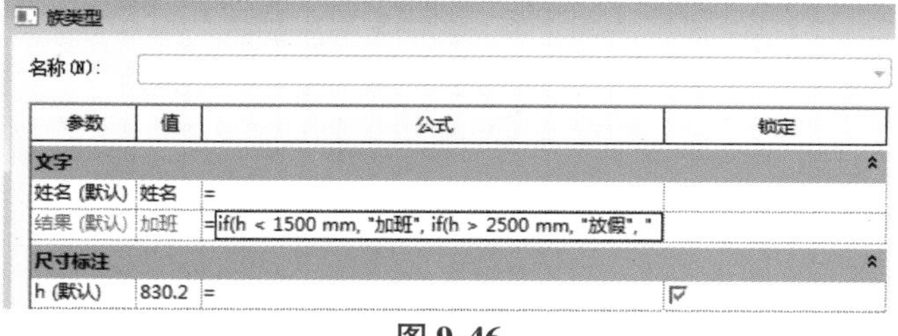

图 9-46

注意：公式中需引用文字时要在左右加引号，除了文字输入之外都是英文状态下输入。修改 h 的值，先测试一下文字内容的变化情况是否正常，然后保存。

Step 03 新建一个项目文件，使用建筑样板。将族载入到项目中，并排放置 3 个以便对比。选中其中一个，在“属性”栏中找到文字类型下的姓名参数，这里可以自定义命名，如图 9-47 所示。再分别修改 h 值使之产生 3 种不同的情况，如图 9-48 所示。

图 9-47

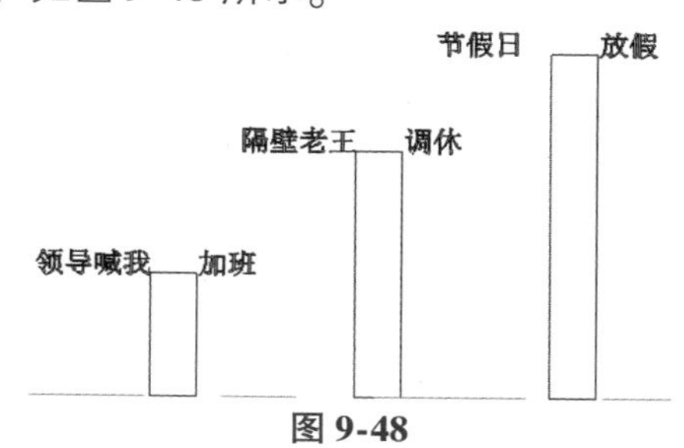

图 9-48

在使用对齐尺寸标注捕捉模型文字的自身参照时，可捕捉到水平方向的上、中、下 3 个参照，以及竖直方向的左、中、右 3 个参照。但是模型文字不能两个方向同时被锁定，所以使用嵌套族的方式来解决位置的问题。此外，如果是直接嵌套进去，会发现无法准确捕捉，常常只是拾取到了文字的笔画边界，而之前的 6 个位置却没有响应，所以作为嵌套族使用的时候还需要在特定位置添加有参照性质的参照平面。

9.4 返回 3 个参数中的最大值

Step 01 新建概念体量，选择“公制体量.rft”并打开。

在标高 1 视图放置 4 个参照点（图 9-49），并标注 4 个点的距离，如图 9-50 所示。

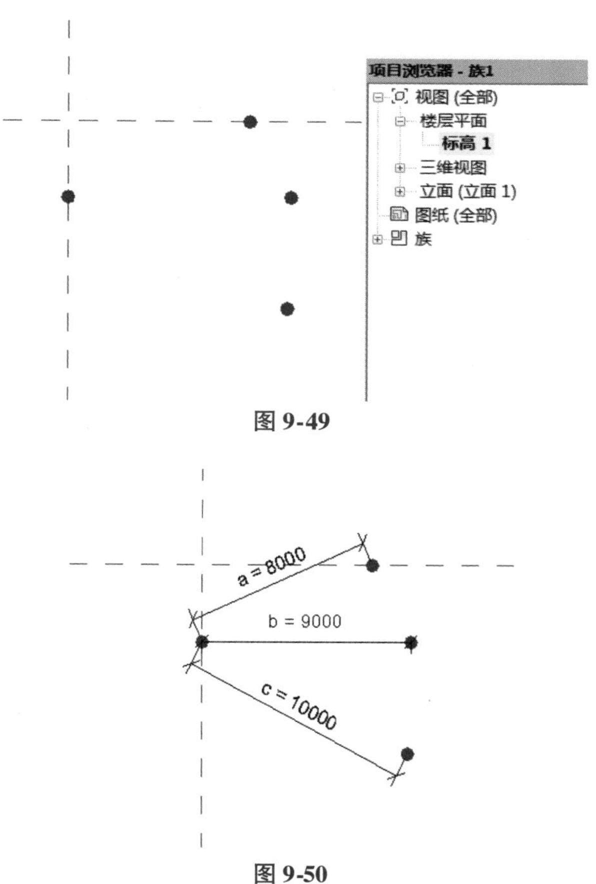

图 9-49

图 9-50

选中尺寸标注，单击功能区“标签”右侧的“创建参数”（图 9-51），在“参数属性”对话框中，分别添加参数 a、b、c，如图 9-52 所示。

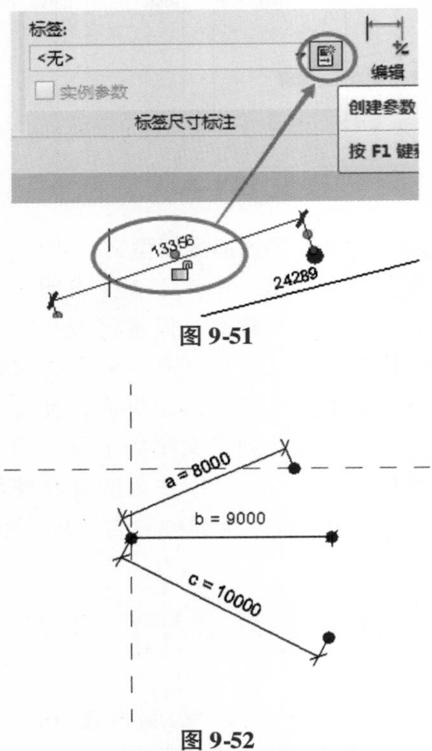

图 9-51

图 9-52

Step02 在参照点的左右两边，绘制两个圆，如图 9-53 所示。分别为两个圆添加半径为 R1 和 R2 的类型参数，如图 9-54 ~ 图 9-58 所示。

Step03 打开“族类型”对话框。先为半径 R1 添加 if 条件语句来提取 a 和 b 中的最大值。公式为“if（a > b，a，b）”，公式的意思是“如果 a 大于 b，则 R1 取值为 a，反之则取值为 b”，如图 9-59 所示。

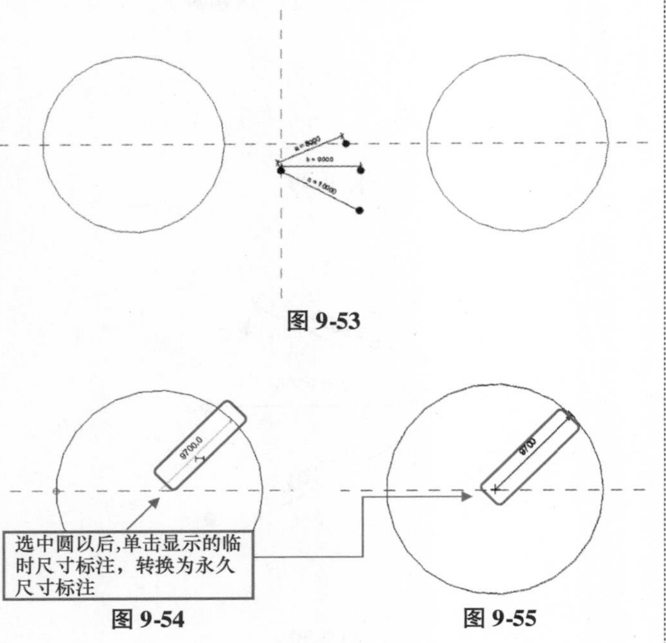

图 9-53

图 9-54

图 9-55

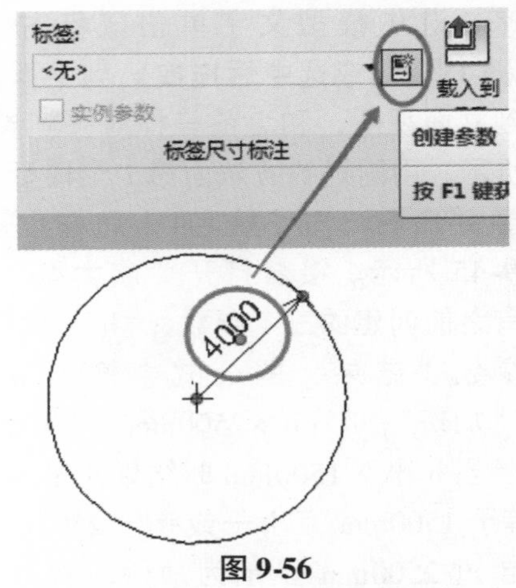

图 9-56

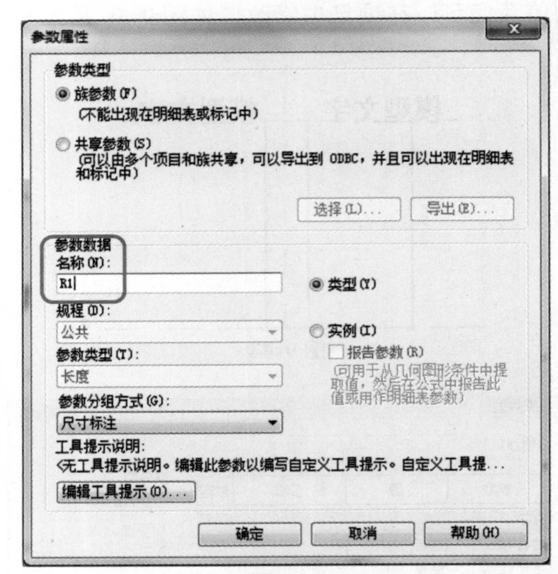

图 9-57

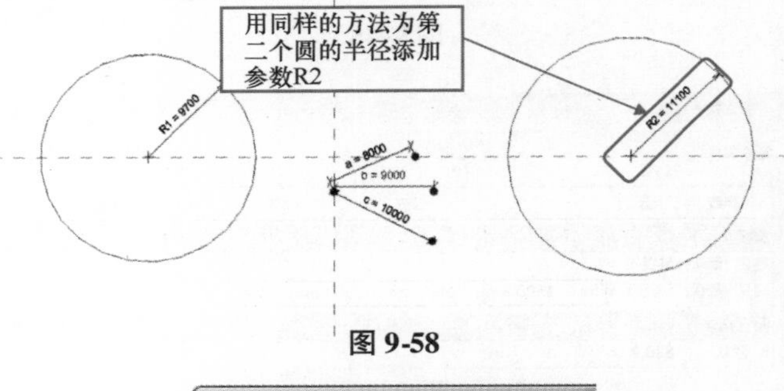

图 9-58

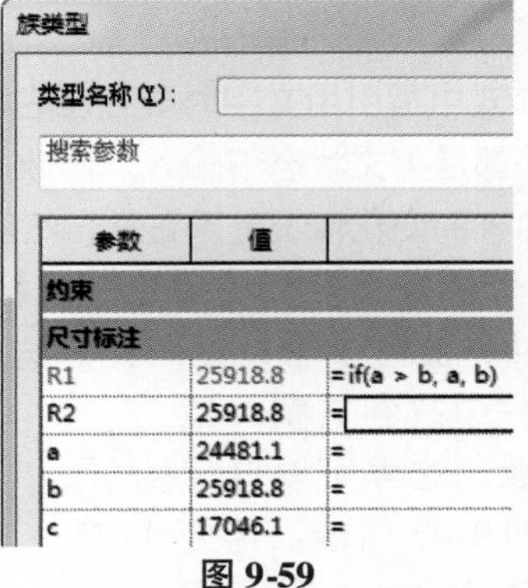

参数	值	
约束		
尺寸标注		
R1	25918.8	=if(a > b, a, b)
R2	25918.8	=
a	24481.1	=
b	25918.8	=
c	17046.1	=

图 9-59

Step 04 为 R2 添加条件语句来提取 a、b、c 3 个参数中的最大值。公式为“if（a>c，if（a>b，a，b），if（b>c，b，c））”，公式的意思是“当 a 大于 c 时，c 值就不考虑，则让 a 和 b 进行比较并输出值；当 a 小于 c 时，a 值就不考虑，则让 b 和 c 进行比较并输出值”。通过两两之间的比较判断，输出最大值，如图 9-60 所示。

族类型

类型名称(Y):

搜索参数

参数	值	公式
约束		
尺寸标注		
R1	25918.8	=if(a > b, a, b)
R2	25918.8	=if(a > c, if(a > b, a, b), if(b > c, b, c))
a	24481.1	=
b	25918.8	=
c	17046.1	=

图 9-60

此时，a、b、c 3 个参数中 b 值最大，所以 R2 的取值为 b 值，如图 9-61 所示。下面任意拖动参照点，观察圆的变化，如图 9-62 所示。

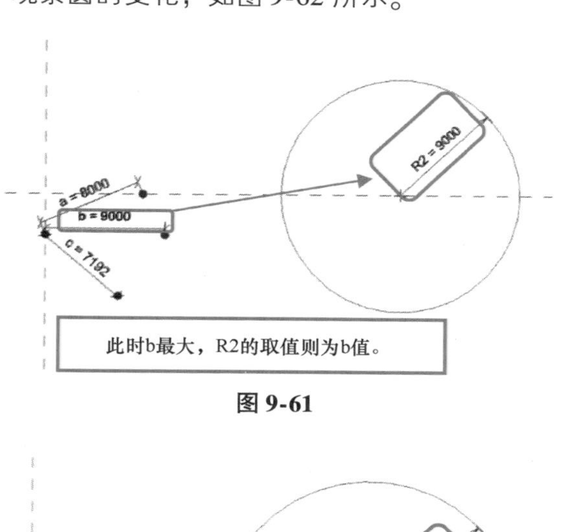

图 9-61

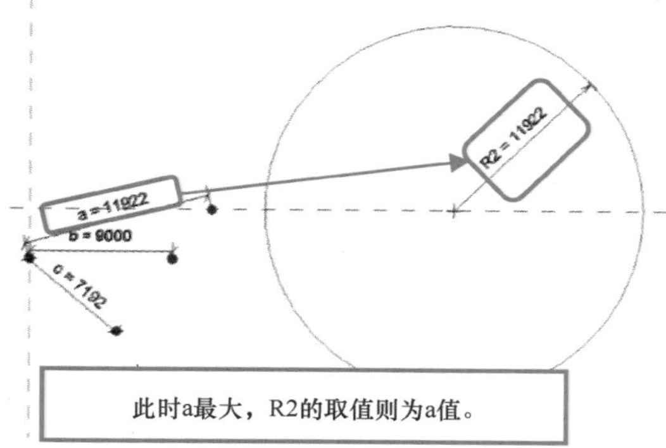

图 9-62

Step 05 打开“族类型”对话框，新建一个中间值 mid 来表示 a 和 b 的大小比值；再新建一个圆，用半径 R3 来表示 mid 和 c 的大小比值，如图 9-63 所示。公式为“mid = if（a > b，a，b）”和“R3 = if（mid > c，mid，c）”，如图 9-64 所示。

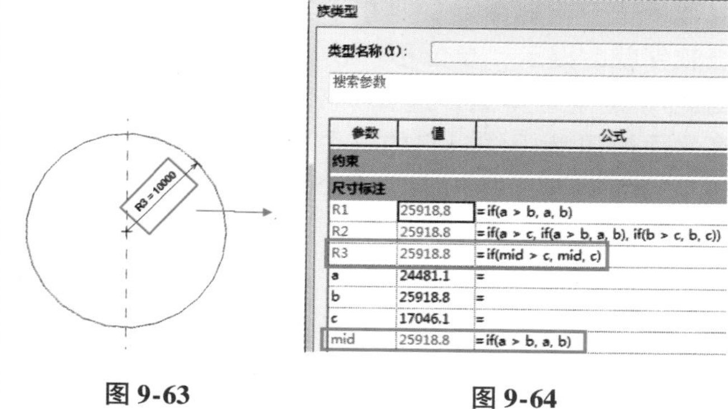

参数	值	公式
约束		
尺寸标注		
R1	25918.8	=if(a > b, a, b)
R2	25918.8	=if(a > c, if(a > b, a, b), if(b > c, b, c))
R3	25918.8	=if(mid > c, mid, c)
a	24481.1	=
b	25918.8	=
c	17046.1	=
mid	25918.8	=if(a > b, a, b)

图 9-63　　图 9-64

此时 R3 读取的最大值是 c 值。单击“项目浏览器”中的“三维视图”，分别拖动 3 个参照点，观察 R1、R2 和 R3 的值。

本节中比较 3 个数值的大小，主要是先通过比较第一个和第二个数值，再把它们中的较大值与第三个数值进行比较，最终输出 3 个数中的最大值。读者还可绘制不同形状，在尺寸标注上添加数值，并用 if 条件语句比较出最大值。

常见错误原因及解决办法如下：

Step 01 原因：括号数目不对。解决办法：仔细数一遍。因为括号都是成对出现的，如果括号的总数是奇数，或者左括号和右括号数目不一致，那就是输入有误了。

Step 02 原因：单位不一致。解决办法：统一单位，使之一致。

Step 03 原因：条件顺序不一致。当条件的变化没有保持同一个方向而打乱顺序时，结果可能就会发生错误。例如要表达 a<2000，b=1000；2000≤a<4000，b=2000；4000≤a<5000，b=2500；5000≤a<9000，b=4500；9000≤a，b=6000）。

错误的公式：

b=if（a<2000，1000，if（a<9000，4500，if（a<5000，2500，if（a<4000，2000，6000））））。

解决办法：正确的公式为 b=if（a<2000，1000，if（a<4000，2000，if（a<5000，2500，if（a<9000，4500，6000））））。

因为在错误的公式中，9000 的分段界限安排在了 4000 和 5000 的前面，当 a 的值在 2000 到 9000 之间时，会始终取 4500 作为结果，而不去执行后面的 4000 和 5000 的分段界限。

9.5 不同单位类型的转换

有时我们需要把某个类型的参数的值传递给其

他类型的参数，例如一个角度类型的参数和另外一个长度类型的参数值有一定的关联关系，这时必须处理的一个问题就是这些参数的单位，如果处理不当软件就会提示“单位不一致”。

Step 01 新建概念体量，选择“公制体量”，在参照标高平面创建参照线。它的一个端点位于两个中心参照平面的交点，对齐锁定这个端点到参照平面。接下来标注这条参照线和参照平面的夹角，并添加参数，如图9-65所示。

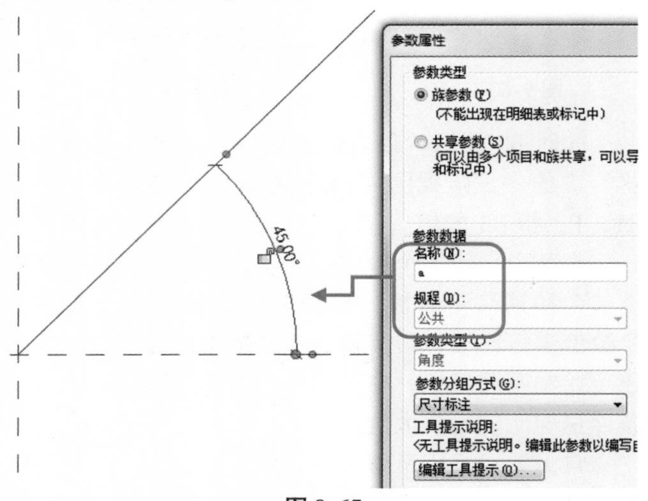

图 9-65

Step 02 然后在参照平面下方绘制一条模型线，并在线上添加两个参照点，标注两个参照点的距离为D，如图9-66所示。

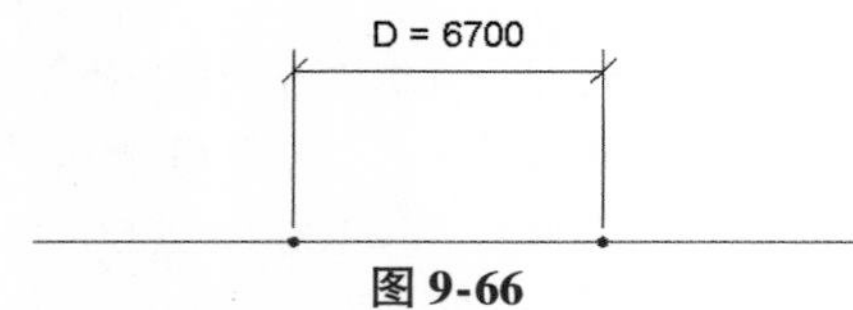

图 9-66

Step 03 打开“族类型”对话框，对角度a添加公式“a = D/200mm＊1°”，角度值会根据D值进行变化，就达到了用D值控制旋转角度的目的，如图9-67所示。

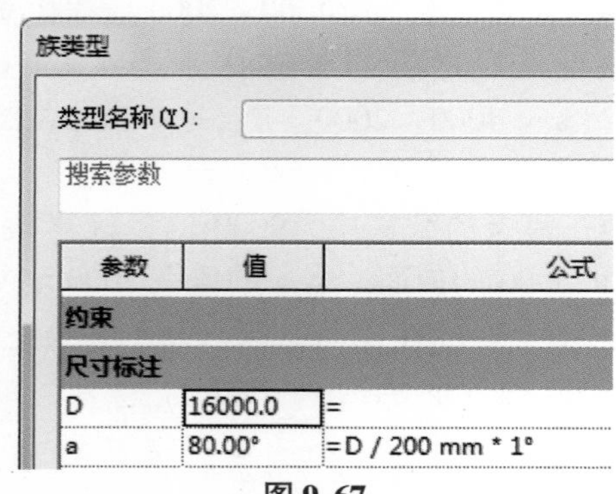

图 9-67

切换到三维视图，拖动参照点观察角度旋转，如图9-68、图9-69所示。

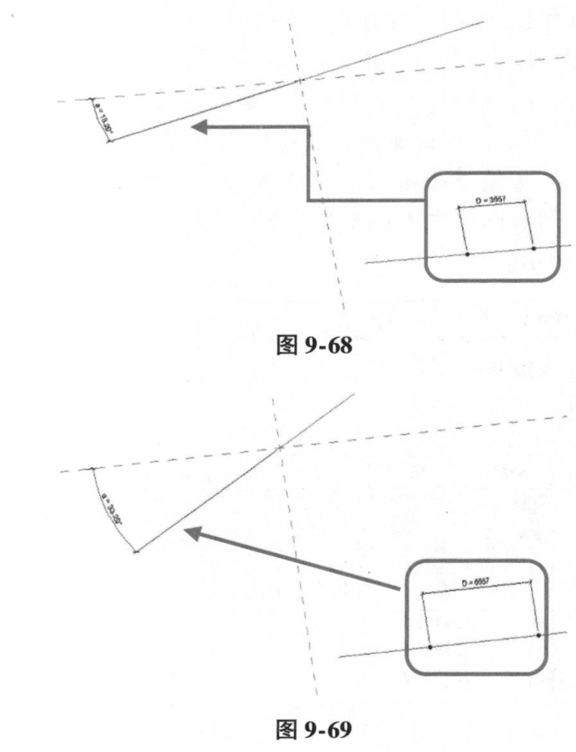

图 9-68

图 9-69

Step 04 接下来练习用角度参数控制椭圆的旋转。如图9-70所示，拾取中心左/右参照平面，在参照平面上建一条模型线，如图9-71所示。

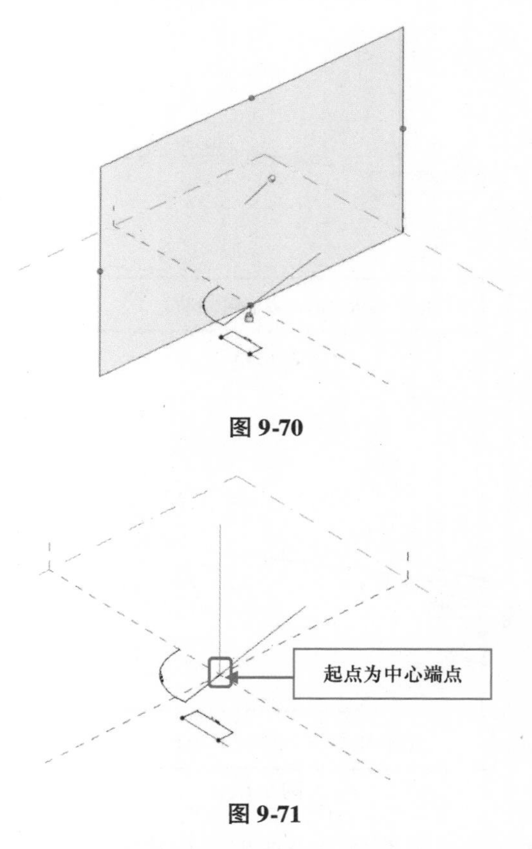

图 9-70

图 9-71

在模型线上添加参照点，设置参照点的水平面为新的工作平面（图9-72），绘制椭圆（图9-73），并创建形状，如图9-74所示。

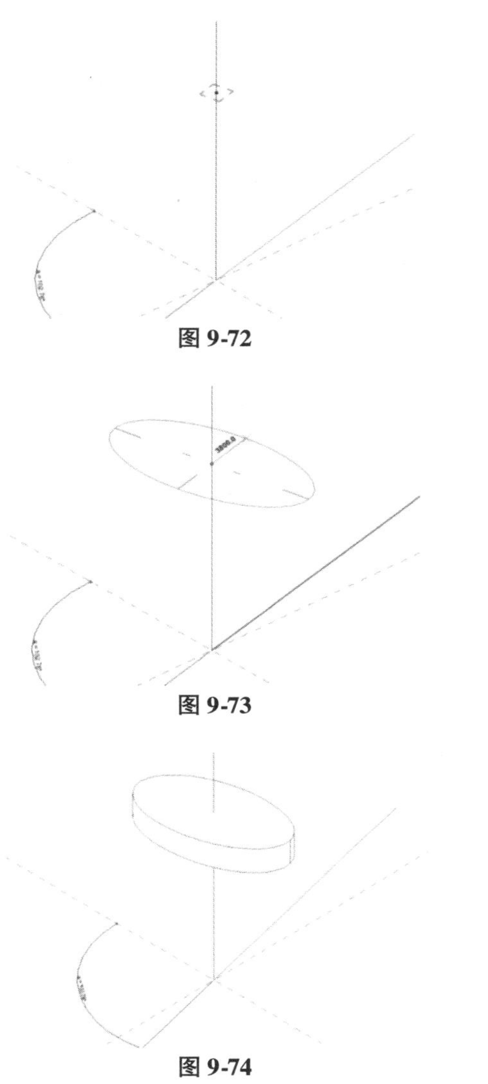
图 9-72

图 9-73

图 9-74

选中并隐藏新建的椭圆，单击参照点，在“属性”栏里把“旋转角度”关联至参数a，单击“确定”按钮，如图9-75所示。

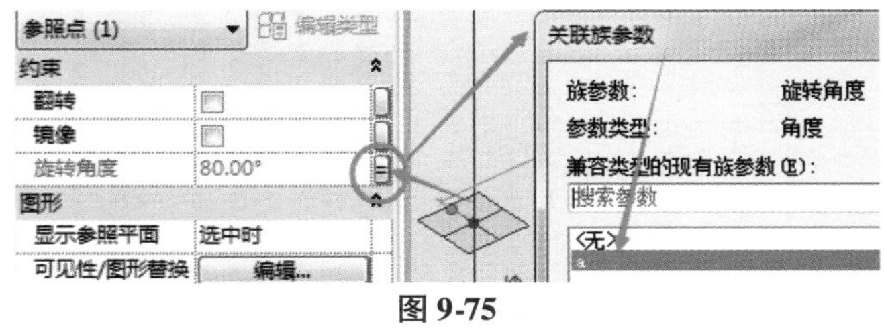

图 9-75

然后显示刚才隐藏的椭圆，拖动模型线上的参照点（图9-76），观察这个拉伸形状的变化，如图9-77所示。

不同单位类型的转换方法是：先把具有某个单位的参数除以具有相同单位的值为1的一个常量，然后再乘以具有所需要单位的值为1的另外一个常量即可。如果仅需得到数值类型的结果，只要把参数除以具有相同单位的值为1的一个常量即可。

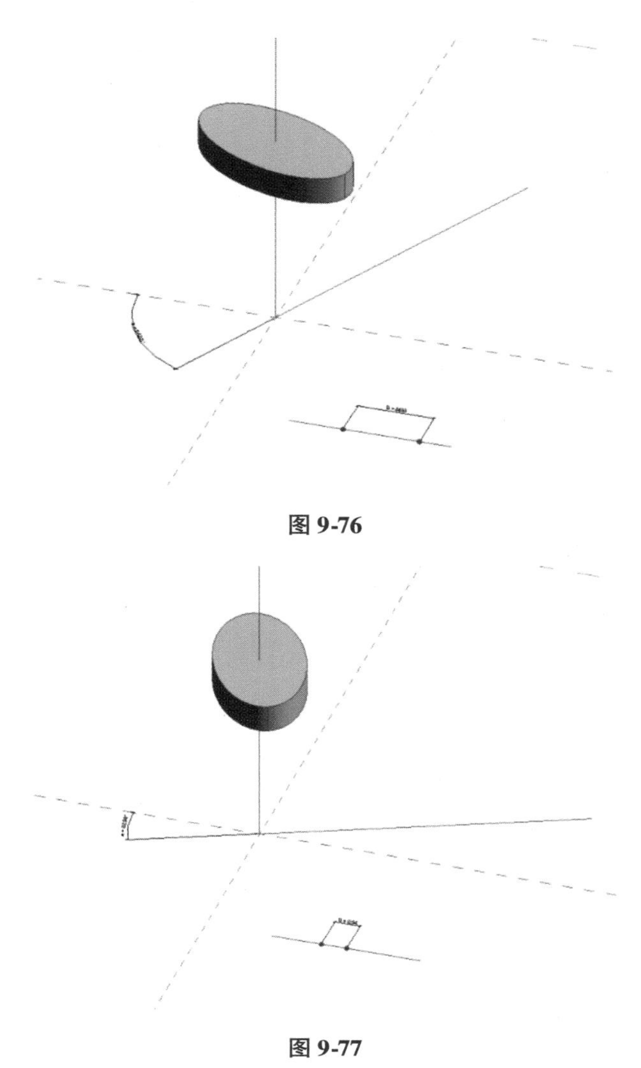
图 9-76

图 9-77

9.6 长度参数之间的关联

1. 新建“公制常规模型”

创建长度参数关联的方法有多种，我们新建一个矩形拉伸（构件A），在“属性”栏中单击构件拉伸终点处的“关联族参数”按钮，如图9-78所示，添加参数控制该构件长度“a”。再次做一个拉伸（构件B），用同样的方法关联拉伸终点参数“b”。有了两个参数后，打开“族类型”对话框，尝试第一种关联——系数关联，单击“新建参数”按钮，如图9-79所示。

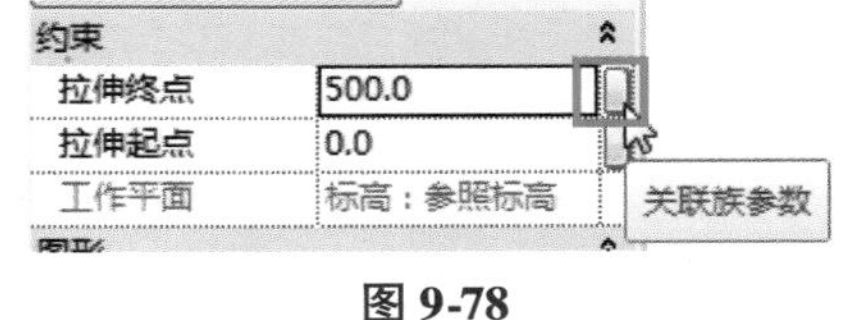

图 9-78

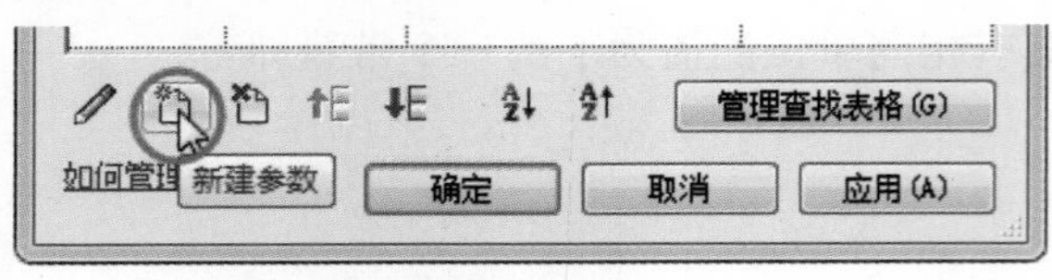

图 9-79

2. 系数关联

在 b 值的公式中输入 a，则表示这两个构件将同时变化且数值上保持一致，如图 9-80 所示。在 b 值公式中的 a 上添加一个系数如 "2 * a" 或 "0.5 * a"，这么一来，构件 B 随构件 A 的高度变化而产生或剧烈或缓慢的变化。到三维视图中，拖拽造型操纵柄，可以直观地看到变化。这是简单的系数关联，如图 9-81 所示。

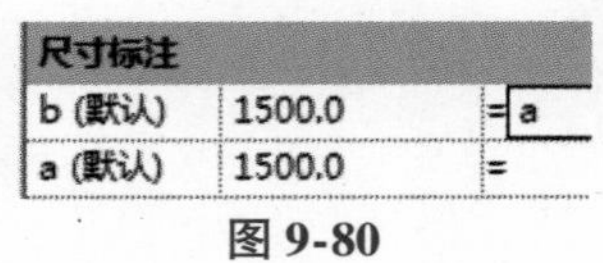

尺寸标注		
b (默认)	1500.0	= a
a (默认)	1500.0	=

图 9-80

尺寸标注		
b (默认)	3000.0	= 2 * a
a (默认)	1500.0	=

图 9-81

3. 模数关联

采取和之前一样的操作，在附近新绘制一个拉伸形状（构件 C），对应拉伸终点关联参数 "c"。接着开始应用第二种关联方式：模数关联。这里要让 C 的高度随 A 的变化而产生阶段性变化，当 A 的变化高度累计到一定量后，C 便变化一次，且有固定的变化量。

打开"族类型"对话框，可以看到 a、b、c 这 3 个参数，在参数 c 中，输入公式 = roundup（a/300mm）* 500mm，如图 9-82 所示。公式含义是指对（a/300mm）的结果向上取整（例：结果 = 1.03 向上取整后结果 = 2），然后将取整后得到的结果 × 500mm，就能达到节节升高的效果。切换到三维视图中，拖动 A 的选型操纵柄改变其高度，观察 B、C 构件的高度变化。

尺寸标注		
c (默认)	2500.0	= roundup(a / 300 mm) * 500 mm
b (默认)	3000.0	= 2 * a
a (默认)	1500.0	=

图 9-82

4. 特定值关联

接下来开始应用第三种关联方式——特定值。同样地在之前几个构件附近再次绘制一个拉伸，使拉伸终点关联参数为 "d"。打开"族类型"对话框，我们有了先前的过程后，可以直接输入公式：d = if（a < 2000mm，1020mm，if（a < 6000mm，8000mm，if（a < 8000mm，5000mm，if（a < 12000mm，10000mm，－5000mm））））如图 9-83 所示。

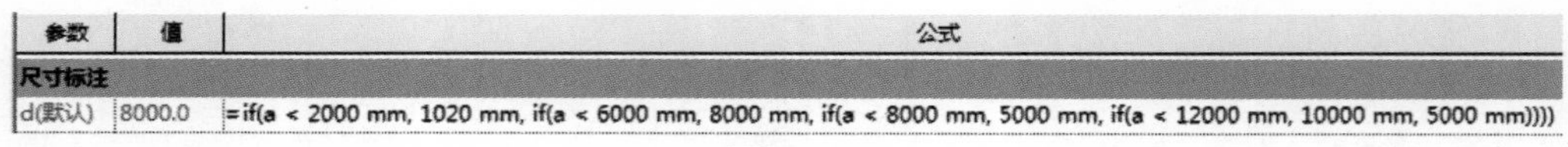

参数	值	公式
尺寸标注		
d(默认)	8000.0	= if(a < 2000 mm, 1020 mm, if(a < 6000 mm, 8000 mm, if(a < 8000 mm, 5000 mm, if(a < 12000 mm, 10000 mm, 5000 mm))))

图 9-83

公式虽长，却不难看出公式的用途。本章从简单基础的系数类，过度到进阶模数类，再到相对复杂的特定值，希望读者能够熟练掌握这三种最常见、最为广泛使用的类型。

各位读者学习到这里，应该掌握了对于参数控制时如何对齐约束的大致流程。但是要注意细节步骤，比如将形体的表面对齐锁定至参照平面，再对参照平面标注添加实例参数，如图 9-84 所示。载入项目中放置一个实例，选中会显示三角形的操纵柄，如图 9-85 所示。如果只是直接对表面标注并添加实例参数，载入项目将不会显示操纵柄，那样就只能在"属性"栏里进行修改了。这里涉及参照平面"参照强度"的设置，后续会详细讲解。

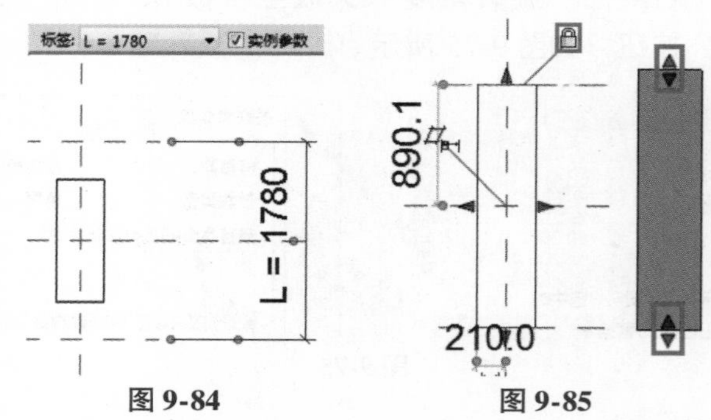

图 9-84　　图 9-85

第10章

共享参数与明细表

概 述

本章将介绍共享参数的创建和使用方法。

10.1 共享参数统计

本节主要介绍共享参数的一般使用方法。

Step01 新建一个族，使用“基于公制幕墙嵌板填充图案”族样板，设置自适应点之间参照线的水平面作为工作平面，这样在标注时能反映出点之间的直线距离，分别选中两个标注并添加共享参数“a”和“b”，设为“实例属性”，勾选报告参数，如图 10-1 所示。注意：如果未正确设置工作平面，则标注的结果不能正确反映点的位置关系，如图 10-2 所示。如果是首次添加共享参数，还需新建文本文件，用来存储共享参数，具体步骤参考 10.6 使用报告参数统计过梁体积。

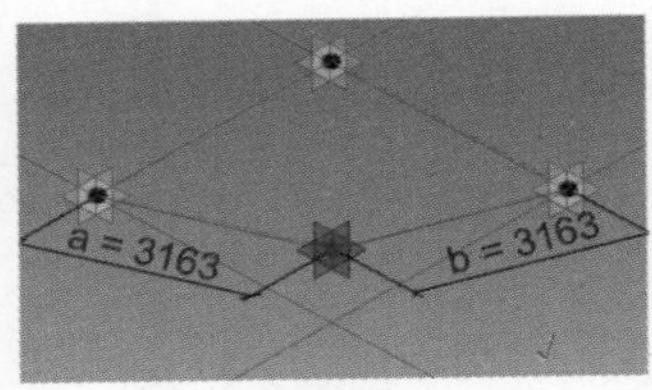

图 10-1

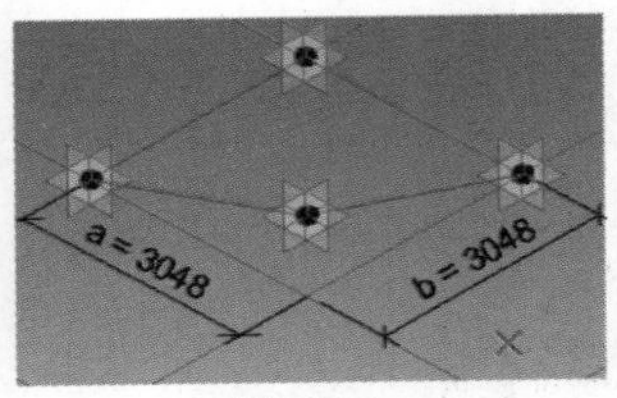

图 10-2

Step02 标注角度（a 和 b 的夹角）的方法，设置合适的工作平面。在两边的参照线上各放一个参照点，使之与顶点围成一个三角形，用参照线连接这三个点（打开“三维捕捉”），如图 10-3 所示，并生成一个三角面，我们便以此作为参照平面。再标注角度，并添加共享参数，如图 10-4、图 10-5 所示。

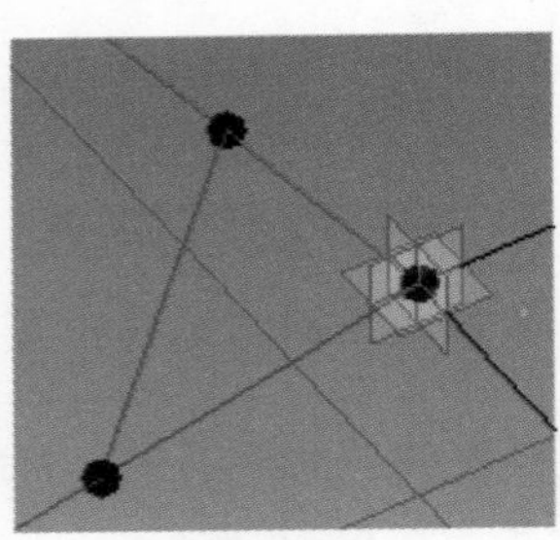
图 10-3

图 10-4

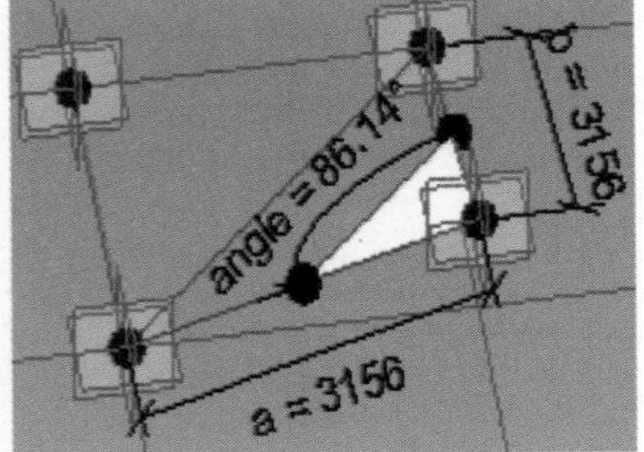

图 10-5

Step03 选择最外侧的参照线，创建形状，如图 10-6 所示。

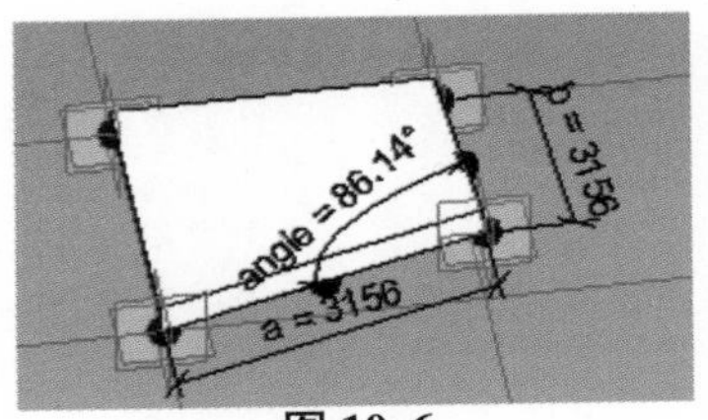

图 10-6

Step04 手动添加一个共享参数，参数类型为“面积”（图 10-7），勾选“实例参数”。打开“族类型”对话框，在公式中输入 area (默认) 4.969 m^2 =0.5 * a * b * sin(angle)。

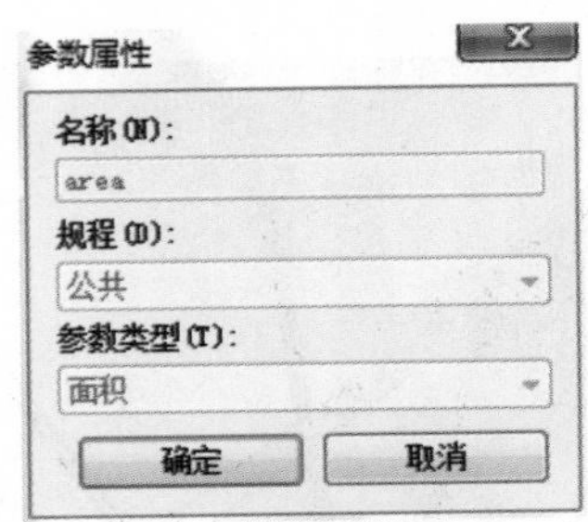

图 10-7

Step05 新建概念体量，执行“模型线”命令绘制一条弧线并生成形状，如图 10-8 所示。拖拽顶部边调整高度，且适当修改顶部边缘的半径，完成之后，分割表面（图 10-9），将嵌板族载入其中并应用到分割表面，如图 10-10 所示。

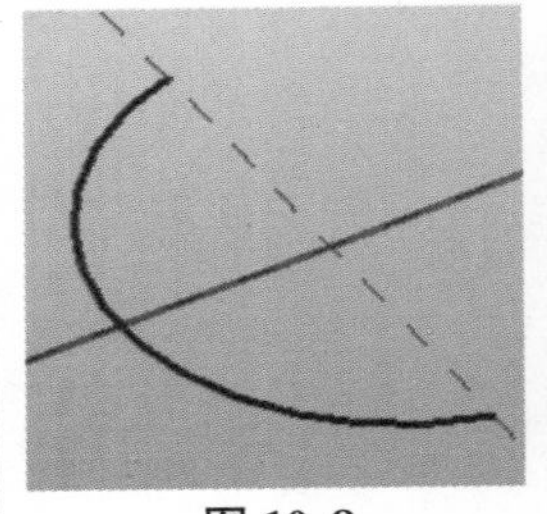
图 10-8

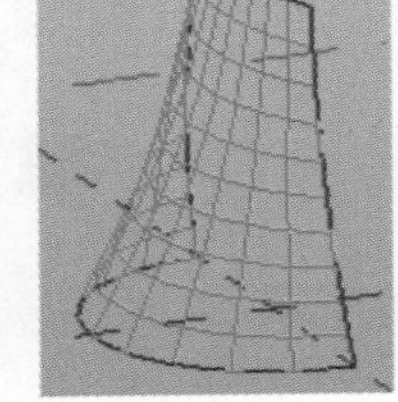
图 10-9

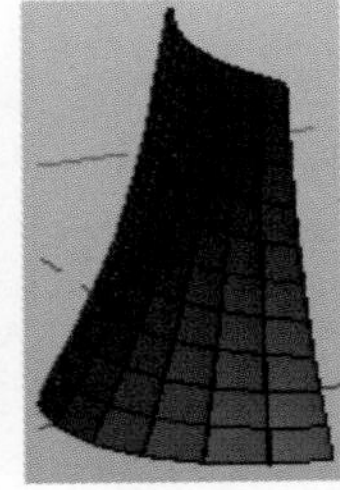
图 10-10

Step06 新建项目文件，将体量族载入其中，新建明细表，选择“幕墙嵌板”，添加字段，找到之前添加的共享参数，还有嵌板属性自带的面积，部分截图如图10-11所示。以上是共享参数与明细表之间的使用。

<幕墙嵌板明细表>

A	B	C	D	E
a	b	angle	area	面积
3906	2204	87.88°	4.30	8.11
3909	2308	82.31°	4.47	8.40
3912	2429	80.78°	4.69	8.84
3914	2520	81.95°	4.88	9.27
3914	2553	84.53°	4.97	9.54
3914	2520	87.47°	4.93	9.54
3913	2431	89.71°	4.76	9.29
3912	2311	90.07°	4.52	8.86
3909	2210	87.17°	4.31	8.42
3905	2197	80.09°	4.23	8.13

图 10-11

Step 07 接下来我们尝试与之前不一样的过程，我们这次在嵌板族的相邻两条参照线上各放置一个参照点，使用通过点的样条曲线把这两个点和相邻顶点两两“连接在一起”，并将生成的线条改为参照线。设置好工作平面，之后将两个点之间的距离标注出来，并添加共享参数 d，接着将这两个参照点分别与自适应点进行尺寸标注（图 10-12），添加共享参数 e 和 f，如图 10-13 所示。注意：两个参照点的位置处于各参照线的中心位置，选中该点，其规格化曲线参数为 0.5。

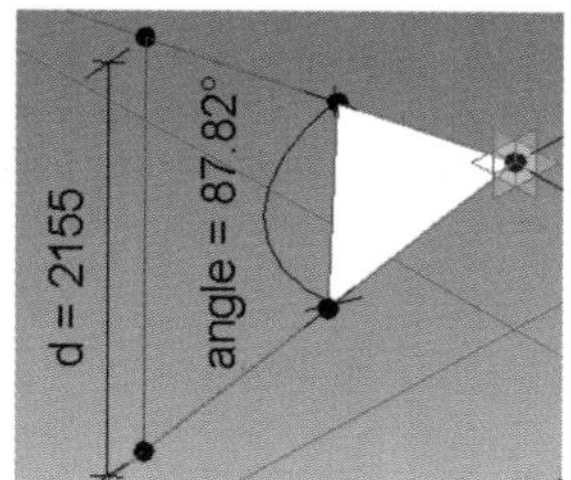

图 10-12

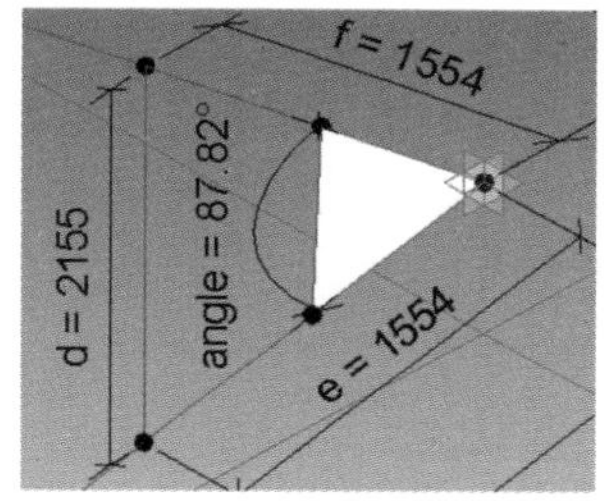

图 10-13

这次的标注与之前的区别便是这次标注的参照对象有非主体图元，即我们自己添加的那两个参照点。同理，我们可以尝试计算这个小三角形的面积，如图 10-14 所示。可见，当没有标注到主体图元时，这些共享参数不能参与公式的计算，那对于明细表又是怎样的表现呢？接下来我们载入到项目中，进入明细表，添加字段观察一下，如图10-15所示。

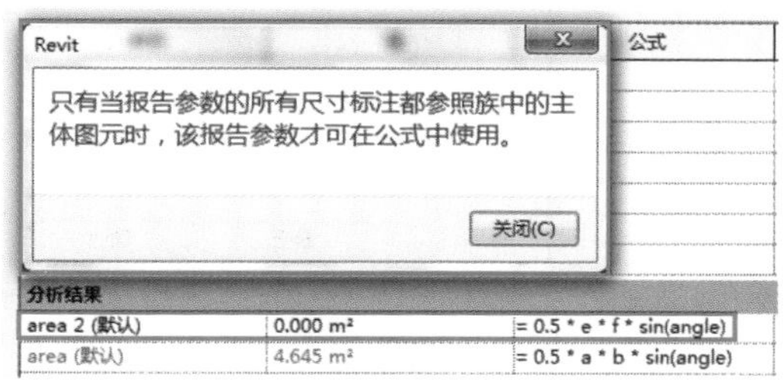

图 10-14

<嵌板明细表>			
A	B	C	D
d	e	f	angle
2204	2037	1182	81.76°
1993	1820	1226	79.10°
1899	1686	1266	78.68°

图 10-15

由此可见，共享参数即使在没有标注到主体图元的情况下，也可以被统计到明细表。转换一下思路，虽然这些参数不能在族中的公式里应用，却可以在明细表中计算。在明细表视图，单击属性栏“字段”右侧的“编辑”按钮，展开后可以看到“添加计算参数”，可以添加自定义公式来计算新参数的值，如图 10-16、图 10-17 所示。

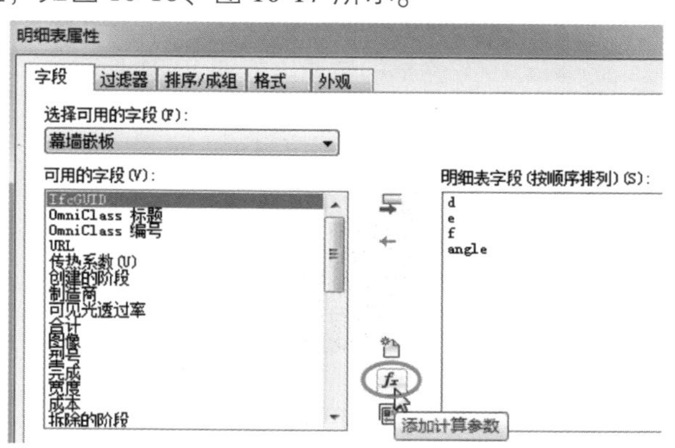

图 10-16

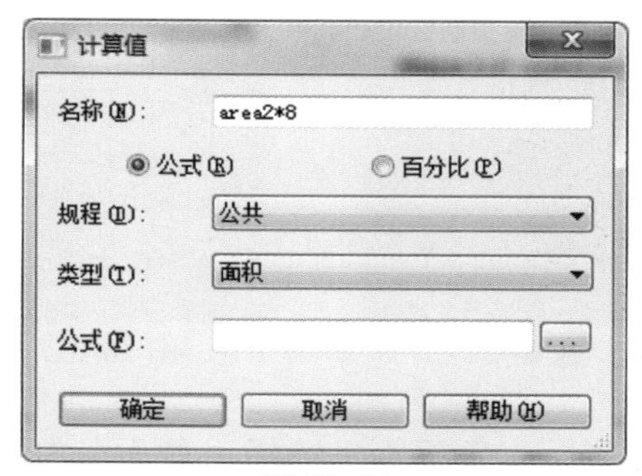

图 10-17

我们在如图 10-17 所示的公式一栏中输入：0.25 * sqrt((d+e+f) * (d+e−f) * (d+f−e) * (e+f−d)) * 8，该公式的计算基础是嵌板图形的一角，约占八分之一的比例，因为嵌板图形是不规则四边形，所以这种算法得到的是嵌板面积的近似值，我们再添加“面积”字段做个对比，如图 10-18 所示。

<嵌板明细表>					
A	B	C	D	E	F
d	e	f	angle	area2*8	面积
2204	2037	1182	81.76°	9.54	8.97
1993	1820	1226	79.10°	8.76	8.30
1899	1686	1266	78.68°	8.37	7.99
1874	1604	1298	79.69°	8.19	7.86
1888	1560	1318	81.50°	8.13	7.85

图 10-18

通过这样的方法，对于那些在族文件里统计不到的参数，可以在明细表中进行手动添加。标注在主体图元上的角度、长度等共享参数可以参与公式的计算并反映到明细表中，没有标注在主体图元上的共享参数不能参与公式计算，但还是能反映到明细表中，如果需要计算，则可以在明细表中添加计算参数。

10.2 直观区分嵌板属性

Step 01 新建概念体量，执行“模型线”命令绘制一个弧线并生成形状，如图 10-19 所示。完成后修改顶部轮廓的半径大小，如图 10-20 所示。选中该形体，分割表面，可以适当修改 U/V 网格的数量，如图 10-21 所示。

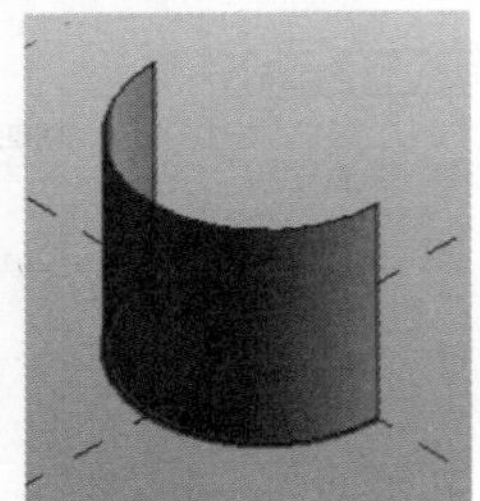
图 10-19

图 10-20

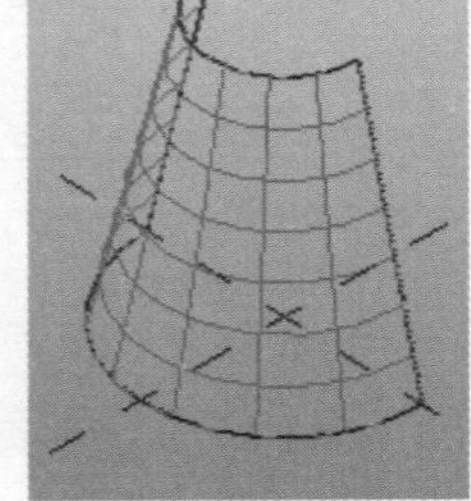
图 10-21

Step 02 准备嵌板。新建族，选择“基于公制幕墙嵌板填充图案 . rft”，选中连接自适应点的 4 条参照线（图 10-22），创建形状生成一个表面，如图 10-23 所示。完成后存为“嵌板”。

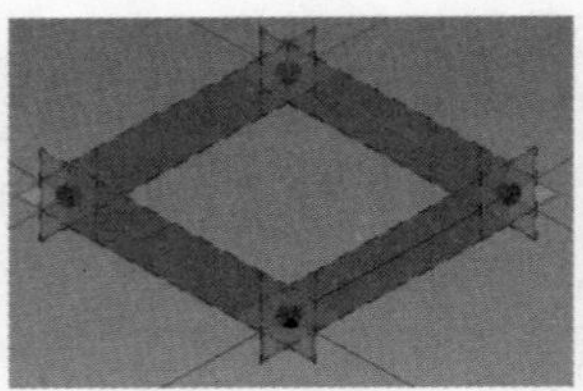
图 10-22

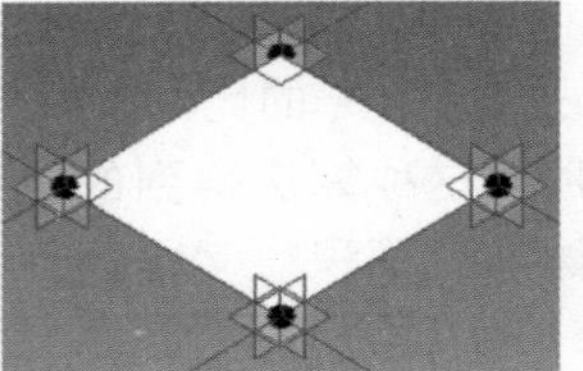
图 10-23

将刚保存的嵌板族载入到概念体量中，选择体量环境中的“分割表面”，将填充图案替换成嵌板族（图 10-24），用鼠标左键配合 < Tab > 键选中其中一块嵌板，在“属性”栏中可以观察到嵌板的面积，如图 10-25 所示。

图 10-24

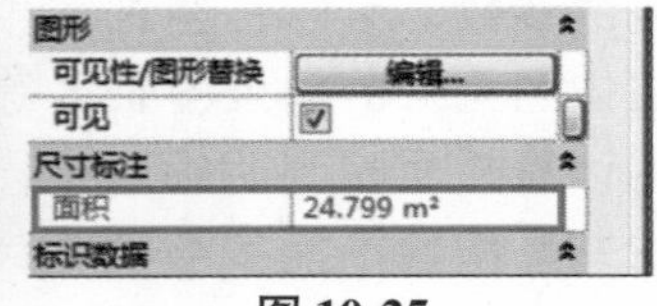

图 10-25

Step 03 新建项目，将体量载入到项目中，为了在项目中直观地区分嵌板属性，所以可以先统计这些嵌板的属性。在“视图”选项卡下新建明细表，选择类型为“幕墙嵌板”，添加统计字段“面积”。在明细表中可以选中其中一块面积进行查看，如图 10-26 所示。

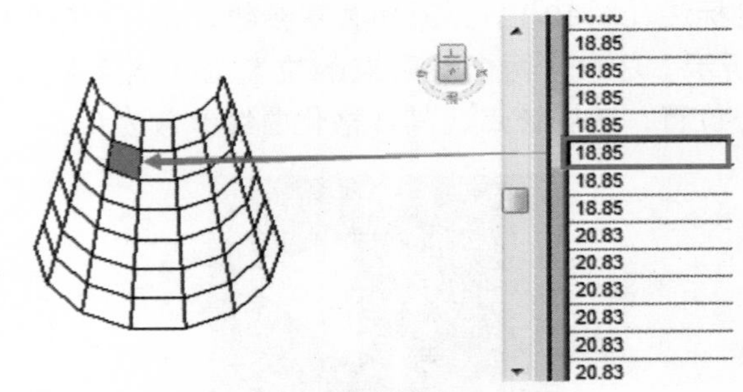

图 10-26

Step 04 在“视图”选项卡中单击“可见性/图形”或按键盘上的快捷键 < VV >，打开“可见性/图形替换”对话框，切换至“过滤器”选项卡，单击“编辑/新建”按钮，新建过滤器，如图 10-27 所示。弹出“过滤器”对话框，单击左下角的新建按钮，手动添加过滤器，在弹出的“过滤器名称”对话框中直接单击“确定”按钮返回“过滤器”对话框（图 10-28），在“类别”一栏中勾选“幕墙嵌板”（图 10-29），“过滤条件”中选择“面积”（图 10-30）。

图 10-27

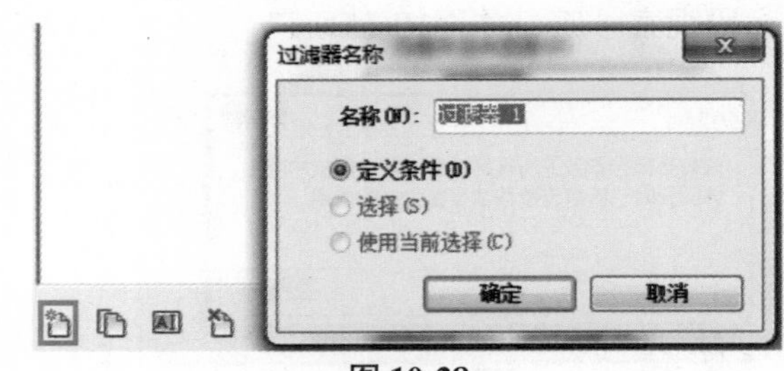

图 10-28

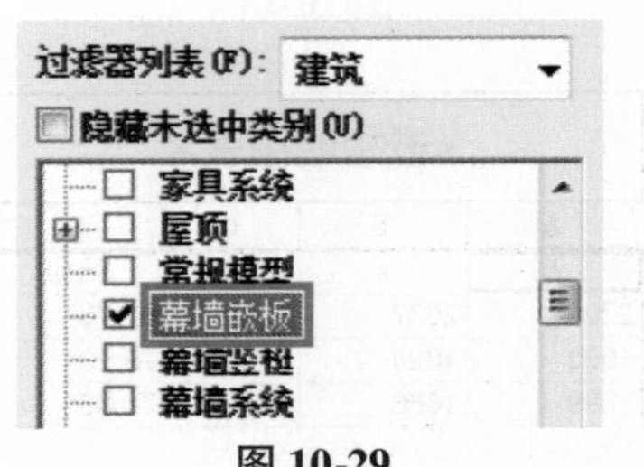

图 10-29

图 10-30

单击“确定”按钮后返回“可见性/图形替换”对话框，发现“过滤器 1”并没有直接添加到过滤器列表中，需要手动添加。单击“添加”按钮添加之前新建的“过滤器 1”，如图 10-31 所示。之后可以在列表中看到它了，如图 10-32 所示。单击“投影/表面”一栏中“填充图案”下的“替换”，弹出“填充样式图形”对话框，在前景“填充图案”下拉列表中选择“实体填充”，在“颜色”一栏中选择淡蓝色（任意皆可），如图 10-33 所示。单击“确定”按钮直至退出“可见性/图形替换”对话框，回到三维视图就可以发现符合条件的嵌板实例都被显示了对应的颜色，如图 10-34所示。

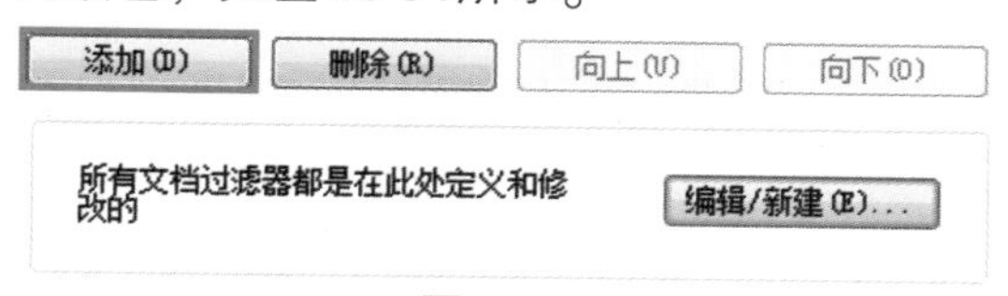

图 10-31

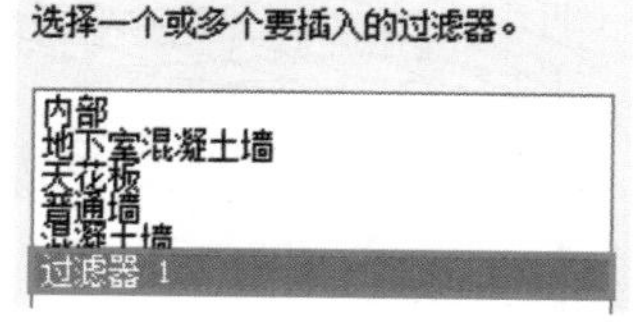

图 10-32

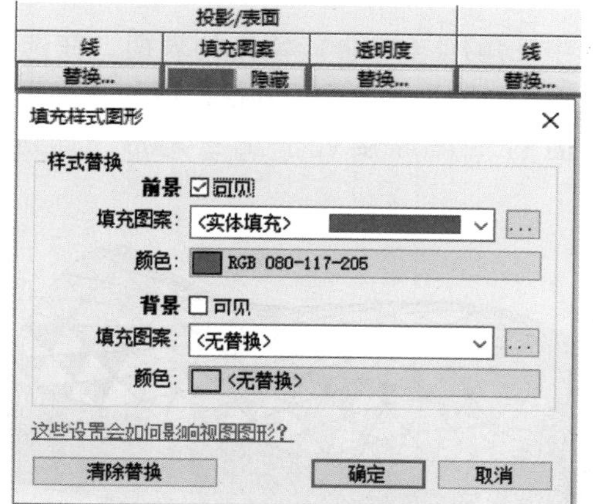

图 10-33

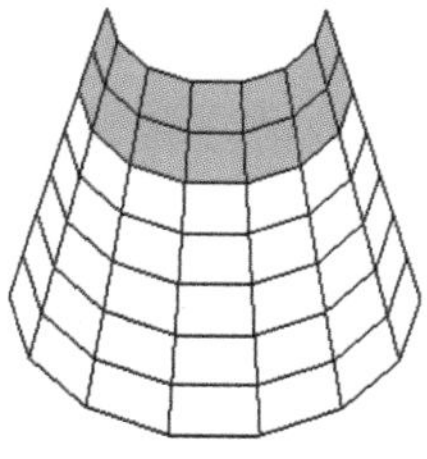

图 10-34

值得注意的是：通过这样上色的图元不受视觉样式的影响（）。重复以上操作，设置不同的面积过滤条件，并手动添加过滤器，修改填充图案及颜色，如图 10-35 和图 10-36 所示。

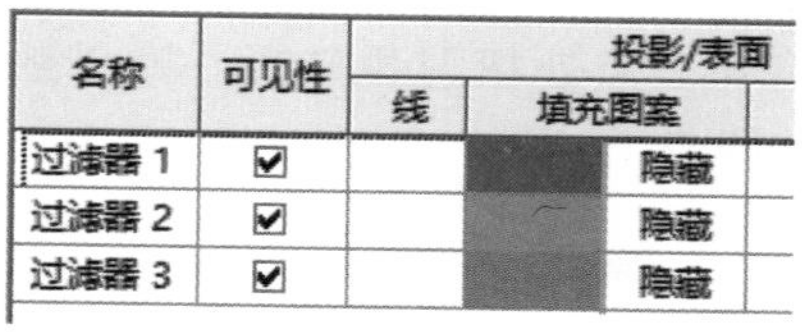

名称	可见性	投影/表面		
		线	填充图案	
过滤器 1	☑			隐藏
过滤器 2	☑			隐藏
过滤器 3	☑			隐藏

图 10-35

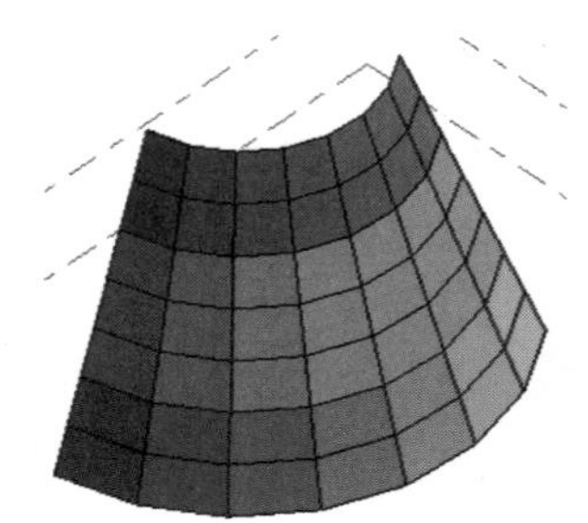

图 10-36

本节主要介绍了利用嵌板自带的面积属性对视图添加过滤器。当然在过滤时，也可以选择其他有较大区别的属性作为过滤条件。

10.3 闭合、带嵌套的嵌板

Step 01 本节练习将自定义嵌板应用到一个分割曲面的做法，如图 10-37 所示。新建一个概念体量族，切换到南立面视图，以参照平面“中心（前/后）”为工作平面，绘制一个矩形和一个圆弧，如图 10-38 所示。

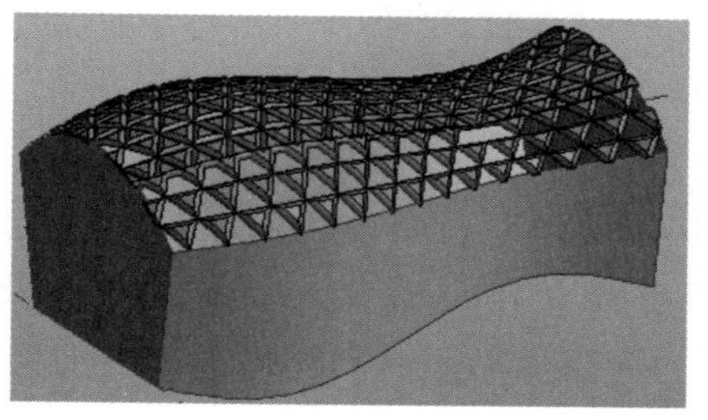

图 10-37

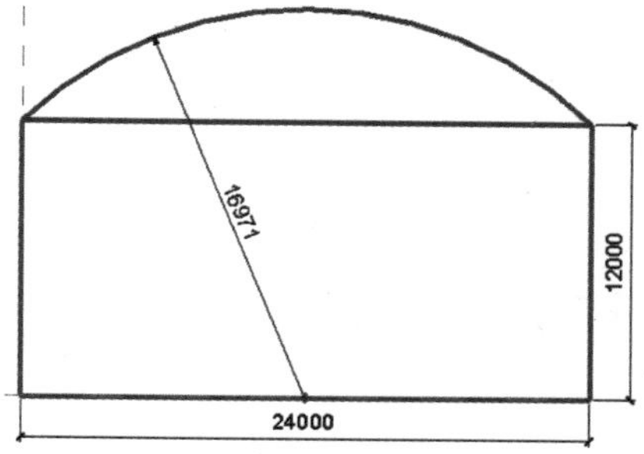

16971

12000

24000

图 10-38

Step02在圆弧上放置两个参照点，选中第一点，在“属性”栏中将其“规格化曲线参数”改为0.25，同样的，将第二点的“规格化曲线参数”改为0.75，这样就在圆弧1∶2∶1的位置处做好了标记。单击“修改”选项卡→“修改”模块中的“拆分图元”，在第一点和第三点处把圆弧打断，将圆弧分成3段，如图10-39所示。

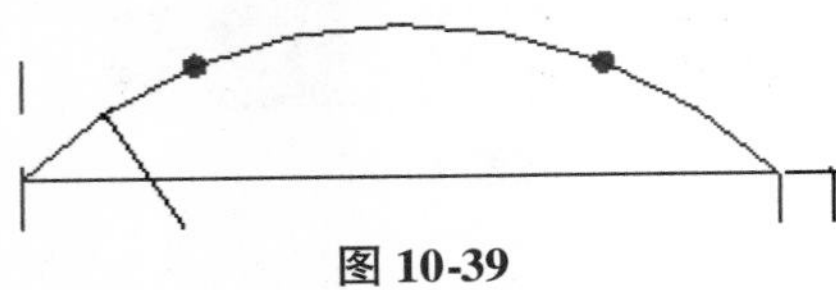

图 10-39

Step03将矩形下方的两个角点沿底边向里拖动3m，删除矩形和圆弧中间的矩形长边，如图10-40所示。

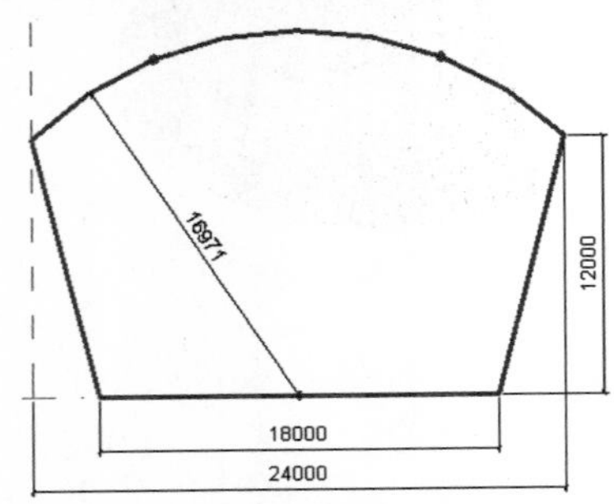

图 10-40

Step04选中整个轮廓，创建实心形状。保持对拉伸形状端部表面的选择，切换到三维视图，沿Y轴将体量形状拉长，如图10-41所示。

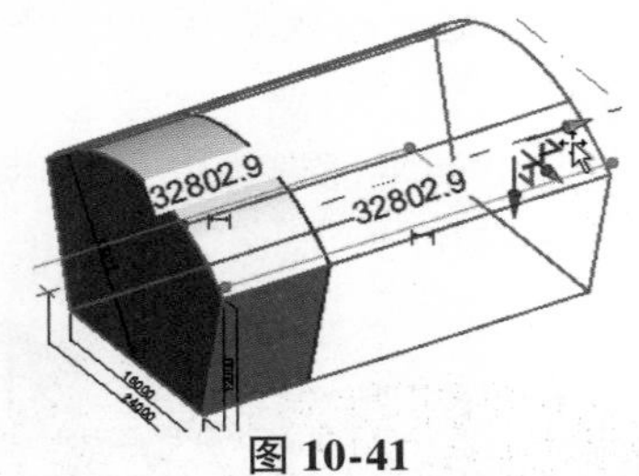

图 10-41

Step05选中体量形状，单击“形状图元”面板中的“透视”，将显示模式转换为透视模式。继续单击“形状图元”面板的“添加轮廓”，添加两个轮廓，将两个轮廓分别添加到体量形状的两端，如图10-42所示。

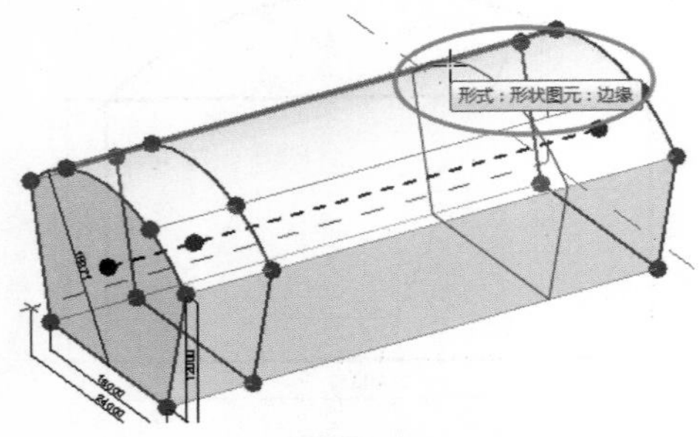

图 10-42

Step06借助于<Tab>键单独选中添加的第一个轮廓，单击“修改”选项卡“修改”面板中的“缩放”，以图形底部为基点，将第一个轮廓放大，如图10-43所示。然后将第二个轮廓缩小。

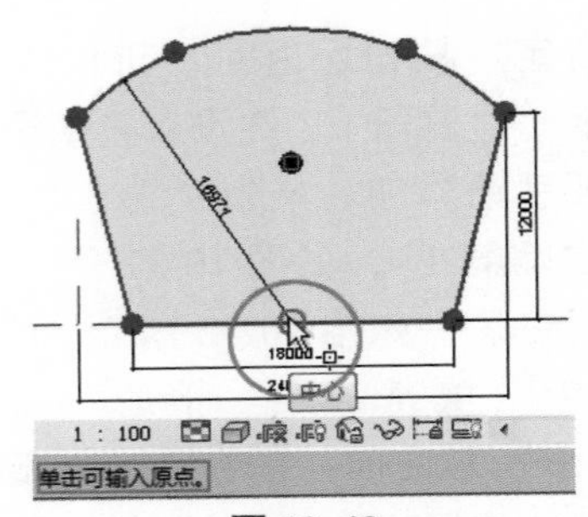

图 10-43

Step07关闭透视模式，选中体量形状上体量面的中间表面和旁边的表面，单击“分割”面板的“分割表面”，对这两个表面进行分割处理。选中中间的分割表面，在“类型选择器”中将其分割表面的类型改为“三角形（弯曲）”，另外一个分割表面的类型改为“三角形棋盘（弯曲）”，如图10-44所示。

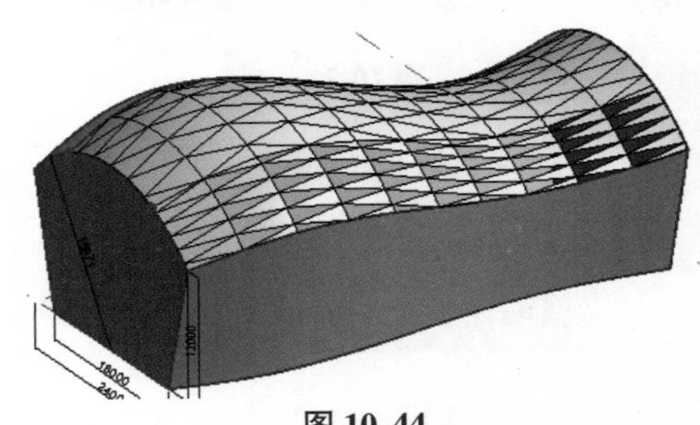

图 10-44

Step08选中三角形（弯曲）填充的表面，在选项栏修改其U、V网格的“编号”属性，调整数字大小，使分割表面的三角形接近于正三角形，如图10-45所示。

图 10-45

Step09下面我们为表面制作嵌板。我们选择“自适应公制常规模型”为样板新建嵌板族。

Step10单击“绘制”面板中的“点图元”，在平面上放置3个点。选中三个点，单击“自适应构件”面板的“使自适应”（图10-46），将点变为自适应点，如图10-47所示。

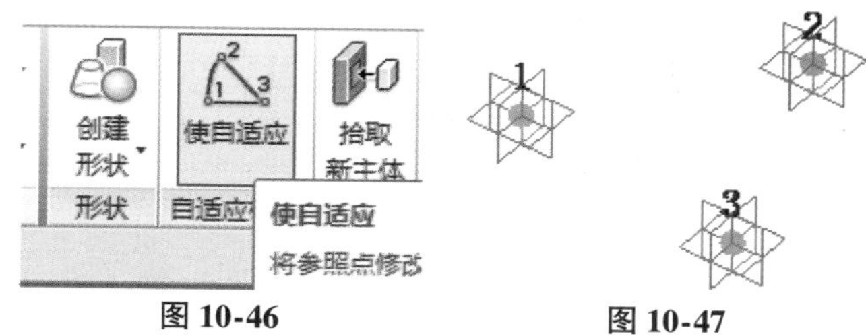

图 10-46　　图 10-47

Step 11 单击“绘制”面板中的“参照”（图10-48），勾选选项栏中的“三维捕捉”（图10-49），将3个点依次连接形成三角形，如图10-50所示。

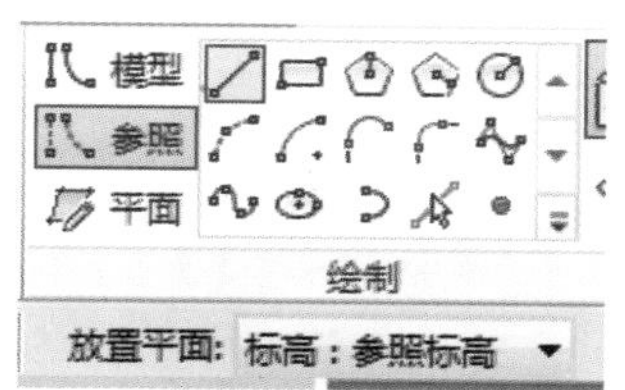

图 10-48

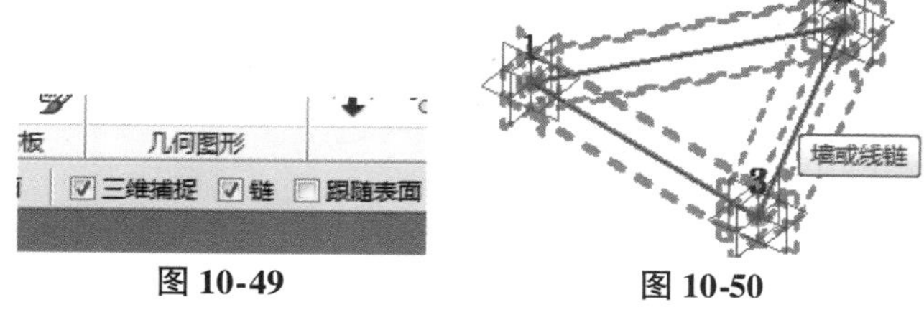

图 10-49　　图 10-50

Step 12 接下来找三角形的重心。在三角形一条边的中点上放置一个参照点，将点与边的对角用参照线连接（参照线从对角向中点连接，便于调节参照线上点的规格化曲线参数），便得到中线。在中线上再放置一个参照点，选中参照点，在“属性”栏里将点的“规格化曲线参数”改为0.66667，便得到三角形的重心，如图10-51所示。

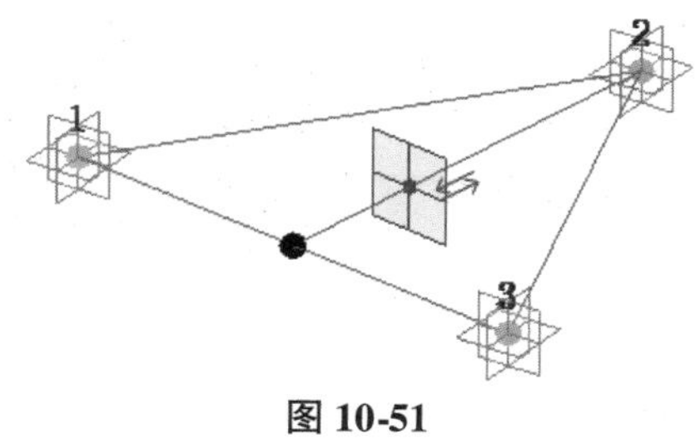

图 10-51

Step 13 单击“绘制”面板中的“点图元”，设置重心位置处参照点水平面为工作平面，将参照点放置在重心的水平面上并与重心重合。此时会弹出警告对话框，单击“确定”按钮关闭即可。选中新的参照点，将点向上拖动足够的高度，如图10-52所示。

Step 14 自下而上用参照线连接两点，在新的参照线上再次放置两点。为了便于控制两点的高度与三角形

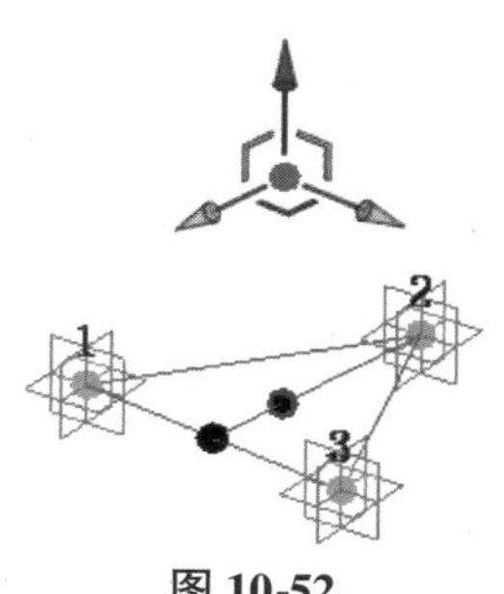

图 10-52

协调，将点与三角形的边关联。选中两点，将“属性”栏“尺寸标注”下的“测量类型”改为“线段长度”，如图10-53所示。然后同样自下而上将底部三角形3个顶点分别与两个参照点连接，得到两个三棱锥，如图10-54所示。

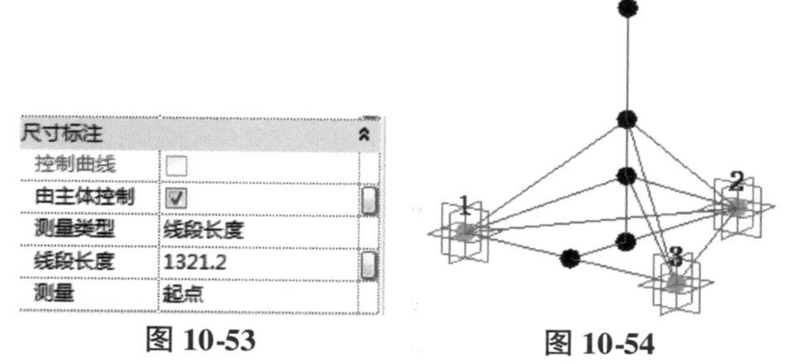

尺寸标注	
控制曲线	☐
由主体控制	☑
测量类型	线段长度
线段长度	1321.2
测量	起点

图 10-53　　图 10-54

Step 15 分别为两个三棱锥的3条棱各添加一点，如图10-55所示。

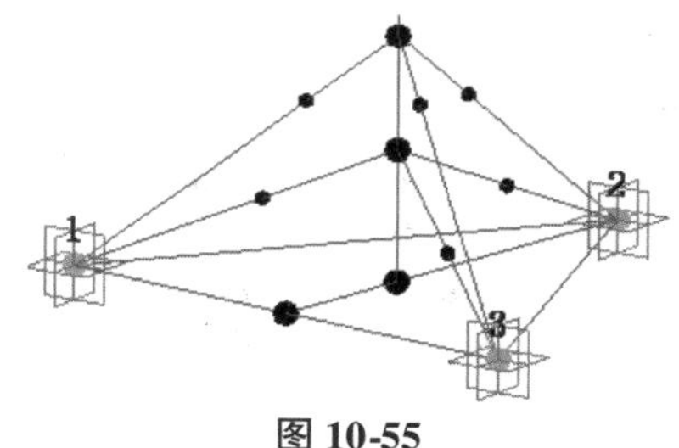

图 10-55

Step 16 为底部三角形其中一边添加参数。单击“绘制”面板中的“设置”，设置底部其中一边的水平面为工作平面，用“测量”面板中的“对齐尺寸标注”为这一边添加尺寸标注（为尺寸标注添加名称为“d”的类型实例报告参数）。选中这一边的一个端点，拖动此端点，使这一边的长度接近6000，如图10-56所示。

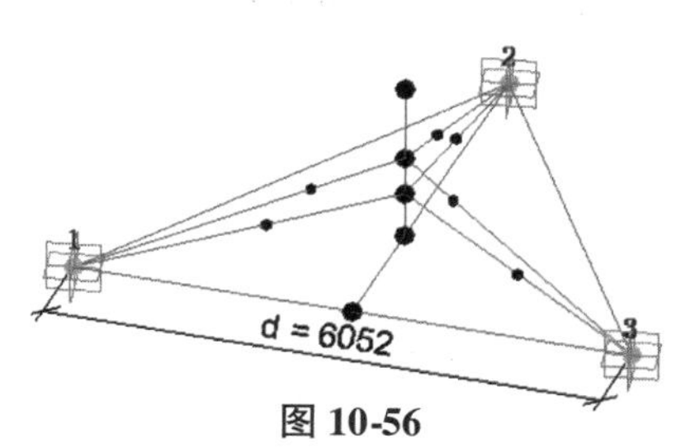

图 10-56

Step17为三棱锥三条棱上的参照点添加参数。选中外层三棱锥三条棱上的3个点，用“属性”栏里“尺寸标注”下的“规格化曲线参数”为3个点添加名称为“a”的类型参数。单击菜单栏的“族类型”（图10-57），修改参数“a”的数值，改为“0.17”，如图10-58所示。

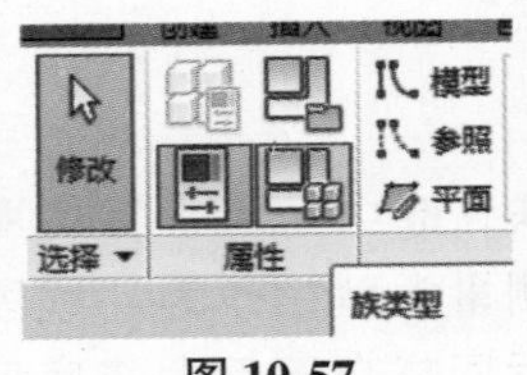

图 10-57

参数	
尺寸标注	
d (报告)	6008.3
其他	
a	0.170000

图 10-58

Step18将外层三棱锥三条棱上的3个点依次用参照线连接，形成第二层三角形，如图10-59所示。

Step19同理处理里层三棱锥的3个点，添加名称为“b”的类型参数，把“b”改为0.5，依次连接形成第三层三角形，如图10-60所示。

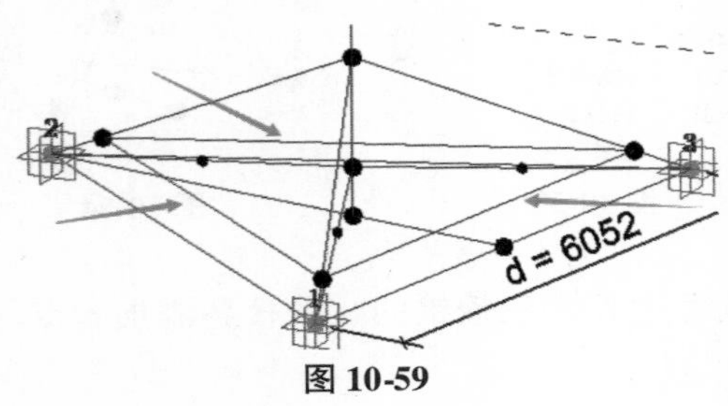

图 10-59

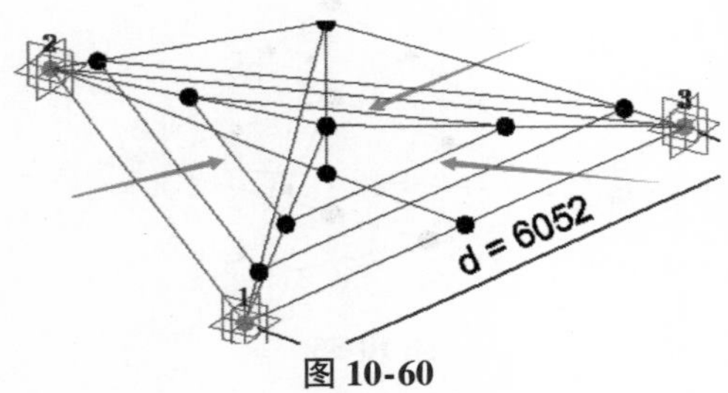

图 10-60

Step20选中三层三角形，创建实心形状，如图10-61所示。

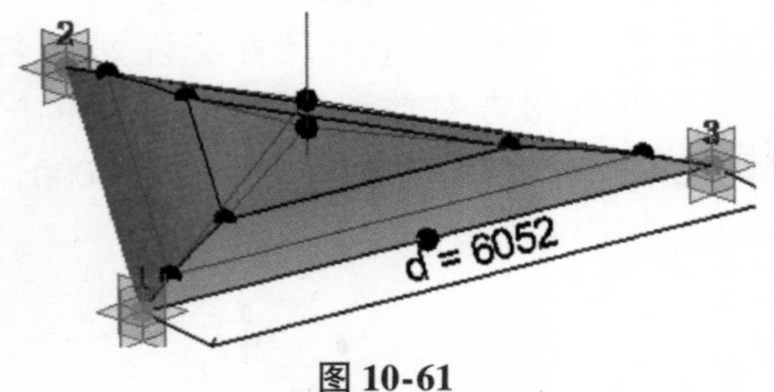

图 10-61

Step21选中整个图形，单击“属性”栏的“材质”后的小方块，为图形添加材质参数。单击“属性”面板的“族类型”，修改其材质为“塑料，不透明的白色”，如图10-62所示。

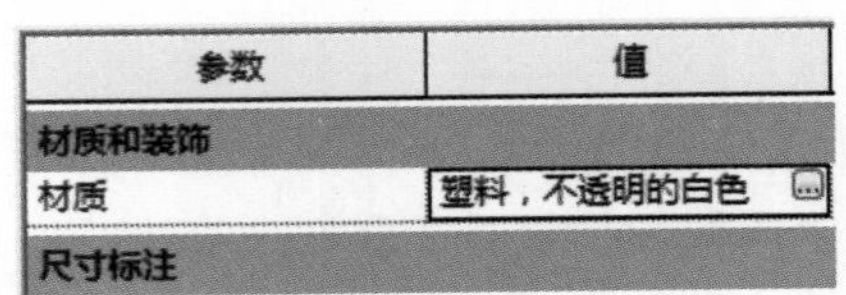

参数	值
材质和装饰	
材质	塑料，不透明的白色
尺寸标注	

图 10-62

Step22新建“基于公制幕墙嵌板填充图案”族，选中网格，在“类型选择器”中将其类型修改为“三角形（弯曲）”，如图10-63所示。将自适应族载入嵌板族中，依次单击嵌板族中三角形的1、2、4这3个点放置图形，如图10-64所示。

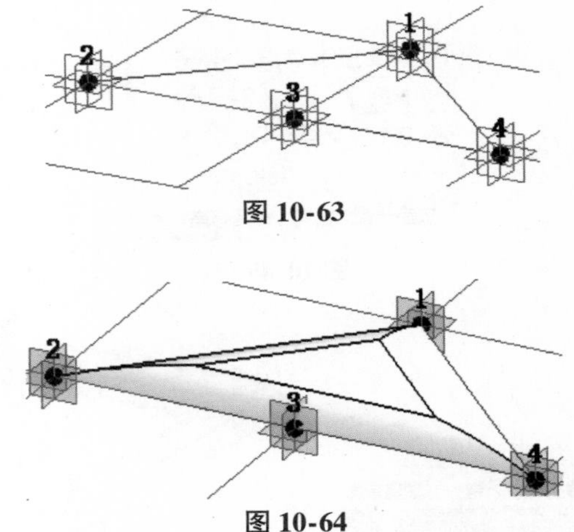

图 10-63

图 10-64

Step23再将嵌板族载入到体量中，选中体量中“三角形（弯曲）”嵌板，在“类型选择器”中，将嵌板类型改为刚刚载入的嵌板族。

Step24再次新建“基于公制幕墙嵌板填充图案”族，选中网格，将其类型改为“三角形棋盘（弯曲）”，把自适应族载入其中放置，再将嵌板族载入到体量中。体量中“三角形棋盘（弯曲）”类型改为刚刚载入的嵌板族，如图10-65所示。

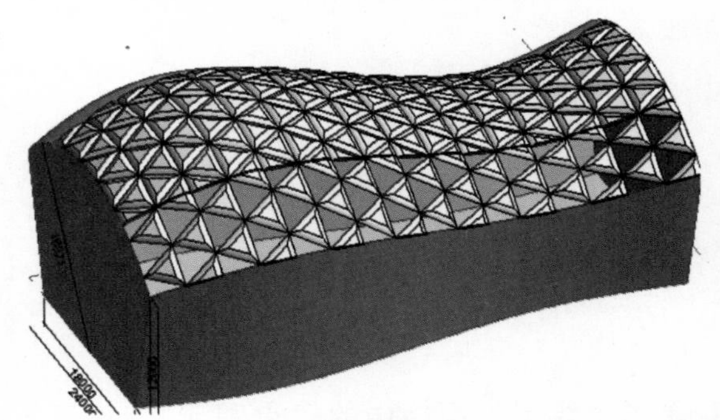

图 10-65

Step25三角形棋盘类型的嵌板有空嵌板，我们可以把空嵌板改为玻璃。选中三角形棋盘弯曲嵌板，单击“修改”选项卡下“表面表示”面板中“表面”（图10-66），将表面打开。单击“表面表示”旁边的小箭头，弹出“表面表示”对话框，切换至“表面”

选项卡，勾选“原始表面”，将其材质改为“玻璃”（图 10-67），设置好后单击“确定”按钮，如图 10-68所示。

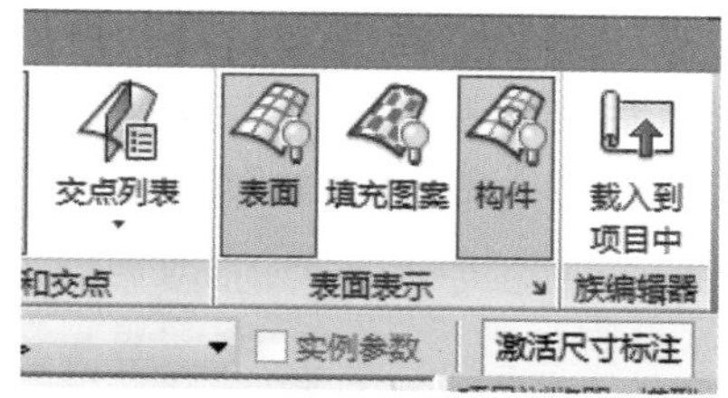

图 10-66

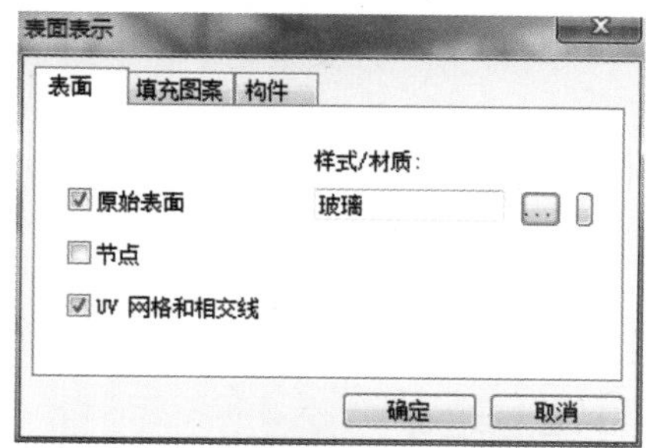

图 10-67

图 10-68

本节总结起来，主要有以下几点：

绘制这一类型的嵌板相对复杂一点，注意自适应族中点的“规格化曲线参数”对线段的连接有顺序要求（以绘制线的方向为正方向）。

10.4 嵌板气泡

Step01 新建概念体量。

Step02 创建一个简单的体量形状。在标高 1 平面中心绘制一个半径为 10000 的圆（图 10-69），选中标高 1 及圆向上拖动复制，将圆半径改为 15000，并且顺时针旋转 30°，将标高 2 高度改为 7500。再选中标高 2 及圆，向上拖动复制，将标高 3 上的圆半径改为 12000，并顺时针旋转 60°。标高 3 相对标高 2 高度改为 6500，如图 10-70 所示。

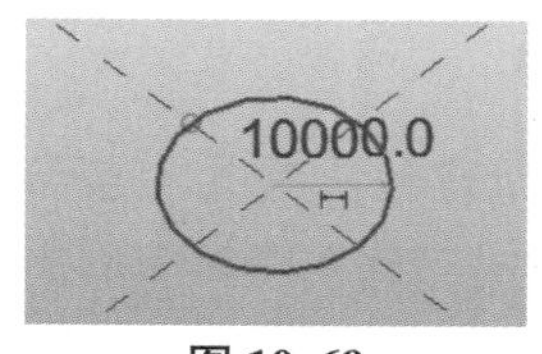

图 10-69

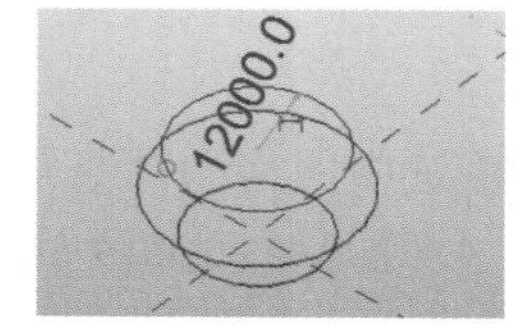

图 10-70

Step03 选中 3 个圆，单击“形状”面板中的“创建实心形状”，创建出如图 10-71 所示的体量形状。可以看到，由于标高 2 和标高 3 的圆是旋转过的，所以体量形状也是旋转而上的。

Step04 选中体量形状的一个侧表面，单击“分割”面板中的“分割表面”，将体量形状表面分割，如图 10-72所示。

图 10-71

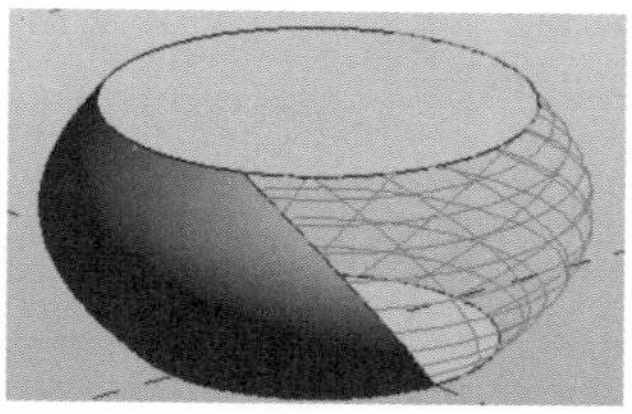

图 10-72

Step05 新建族，选择“基于公制幕墙嵌板填充图案 . rft”族样板。

Step06 默认进入三维视图，由于从模型分割表面计算得到的分割的网格长宽比为 2∶1，所以选中填充图案的网格，在“属性”栏中将网格长宽分别改为 2000、1000，如图 10-73 和图 10-74 所示。

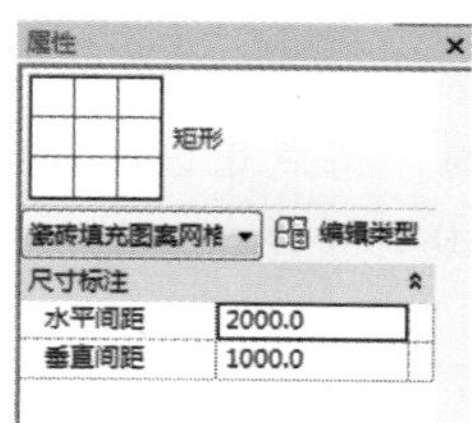

图 10-73

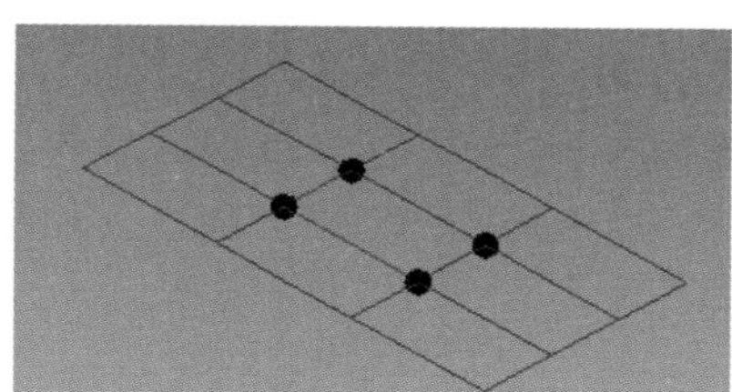
图 10-74

Step07 单击“绘制”面板中的“点图元”，选择“在面上绘制”（图 10-75），然后在相对的两条长边的中点上放置两点（如果选择在工作平面上绘制，则点就不能绘制在线上），如图 10-76 所示。

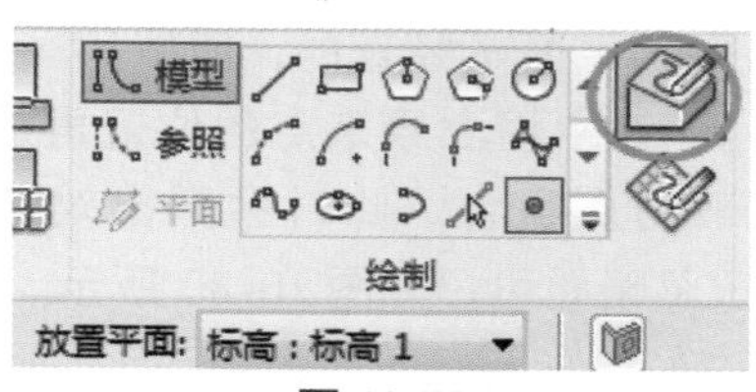

图 10-75

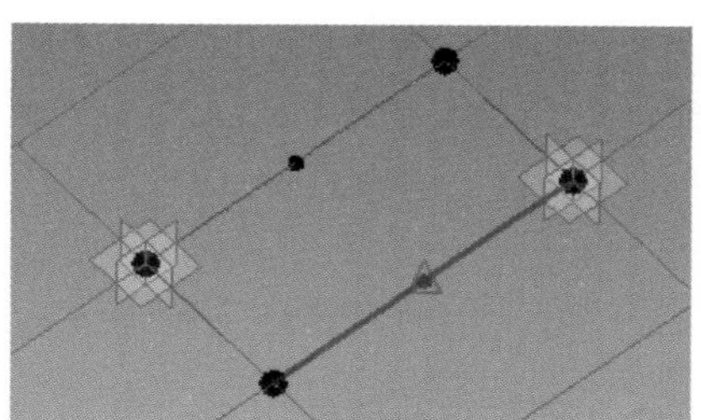
图 10-76

Step 08 选中这两个点，单击“绘制”面板的“通过点的样条曲线”，创建一条直线，用此方法创建的线为模型线，或者执行“直线”命令直接绘制一条通过两中点的参照直线，如图 10-77 所示。在这里用第一种方法，创建为模型线。通过拖动网格四个角点中的任意一点来检查创建的直线端点是否在网格线上，如果线段跟随网格角点变动如图 10-78 所示，则创建正确，如果没有变动就需要重新创建。

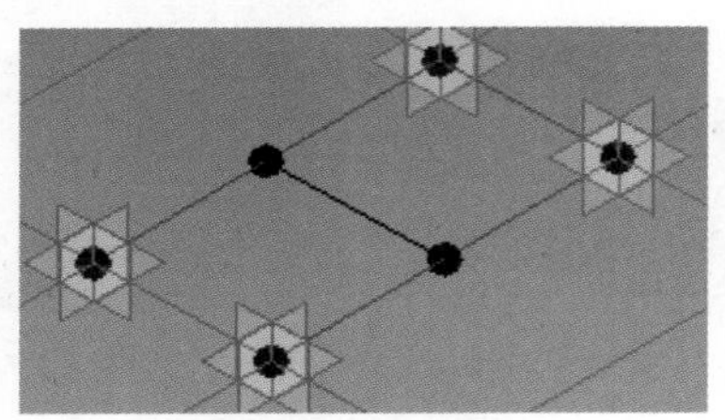

图 10-77

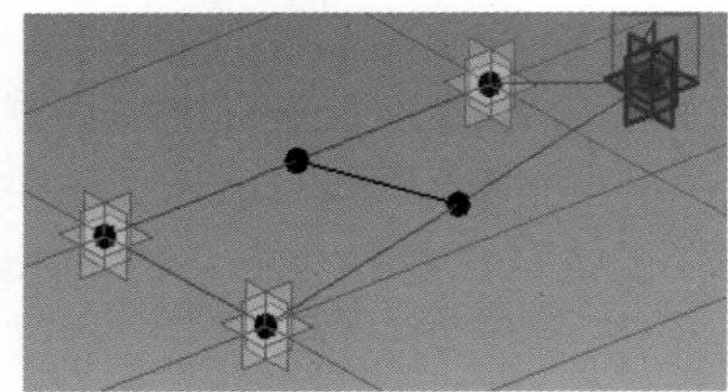

图 10-78

Step 09 选中九宫格，单击选项栏上的“将点重设为网格”，被拖动的点回到原位，如图 10-79 所示。

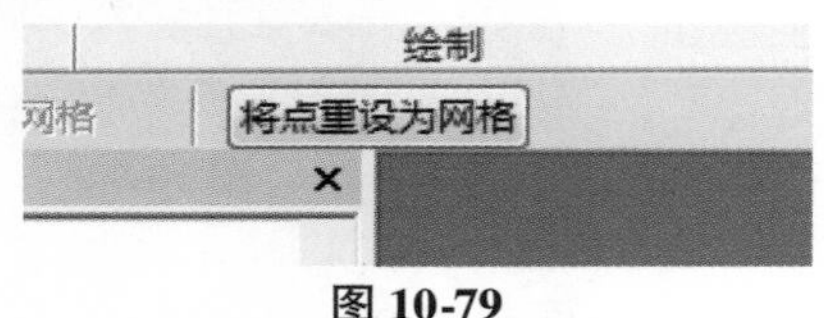

图 10-79

Step 10 单击“绘制”面板中的“点图元”，在已绘制直线的中点上放置一个参照点，然后单击“设置”（设置工作平面），用 < Tab > 键选择新建的参照点的水平平面（默认平面是竖直的，所以用 < Tab > 键选择水平平面），在平面上原来点的位置再放置一个参照点，与原来的点重合。此时会弹出对话框，单击“确定”按钮忽略即可，如图 10-80 所示。

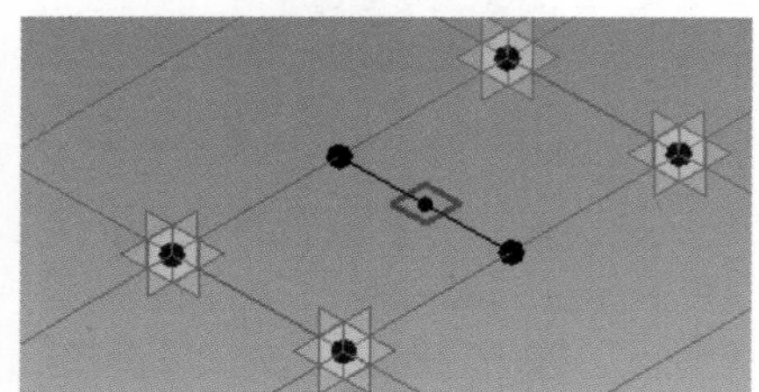

图 10-80

Step 11 用 < Tab > 键选中新的参照点，单击后会出现三色箭头，即代表新点，如果没有三色箭头则不是新加的参照点，如图 10-81 所示。单击方向朝上的坐标轴将点往上拖，在“属性”栏修改其偏移量为 300，如图 10-82 所示。单击 300 旁边的小方块为其添加高度参数，选择“类型”参数（如果添加的为实例参数则载入项目后修改参数时只有选择的那一块嵌板会变化，其他的不会变化），如图 10-83 所示。

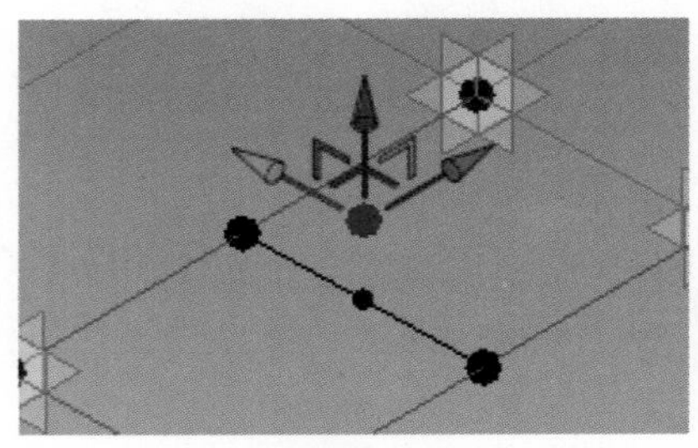

图 10-81

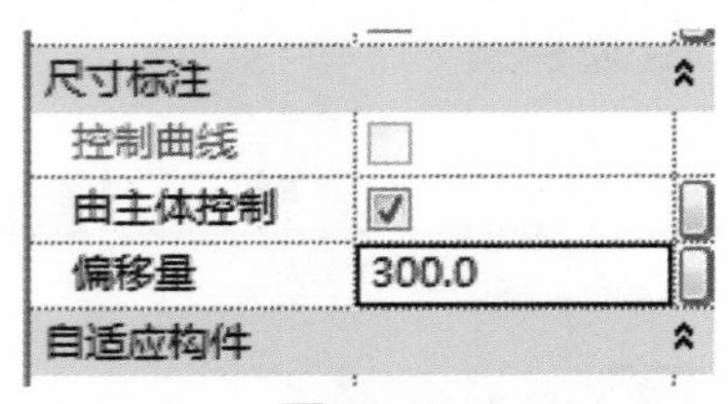

图 10-82

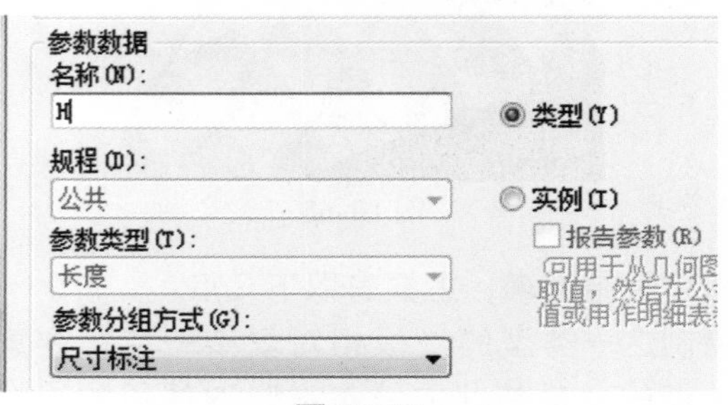

图 10-83

Step 12 单击“绘制”面板中的“通过点的样条曲线”绘制通过这 3 个点的样条曲线，绘制的样条曲线应采用“参照线”的形式，如图 10-84 所示。同样拖动网格角点，检查是否绘制无误。

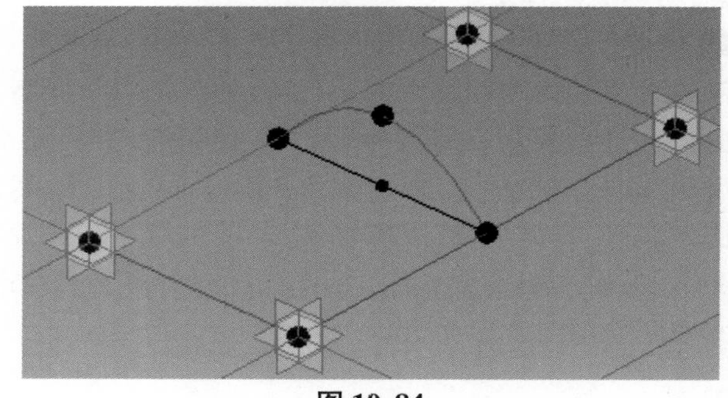

图 10-84

Step 13 选中网格的两条短边及新建的曲线共 3 条参照线，创建形状，如图 10-85 所示。载入体量中应用到分割表面，如图 10-86 所示。

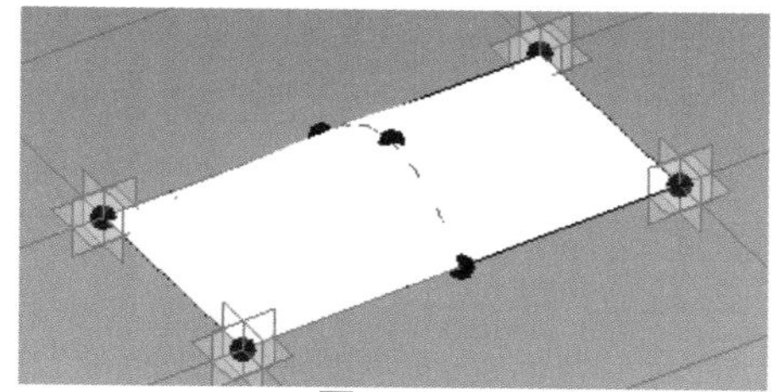

图 10-85

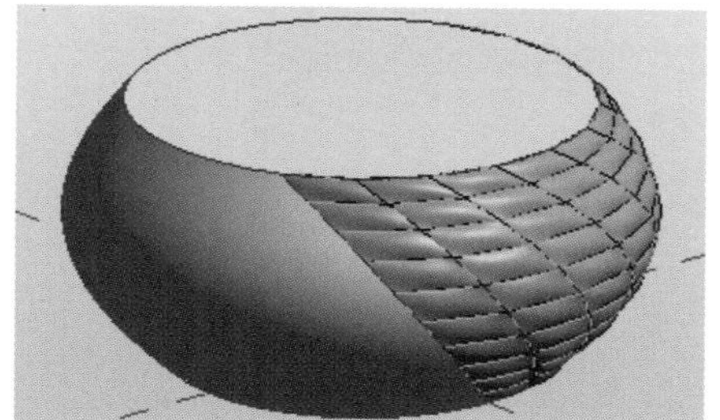

图 10-86

10.5 分割路径

Step01 新建概念体量，执行“模型线”命令，绘制一条线段，使用“对齐尺寸标注”标注出线段两端的间距，如图 10-87 所示。

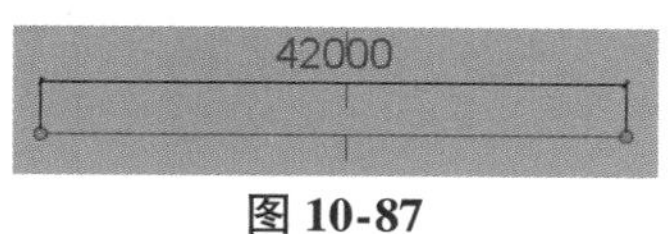

图 10-87

选中该模型线，在“分割”面板中单击“分割路径”，选中路径，在属性栏展开“布局”，可以看到其余选项，如图 10-88 所示。同时，在属性栏中还可以看到路径的测量类型、起始与末尾缩进、显示节点编号以及翻转方向，如图 10-89 所示。勾选“显示节点编号”，此时线段上会显示数字标号，并且顺序与绘制该线时的方向一致，如图 10-90 所示。再在“起始缩进”文本框中输入“4000”，此时节点 1 向里缩进了 4000，如图 10-90 所示；再勾选“翻转方向”，发现“本末倒置”了，如图 10-91 所示。

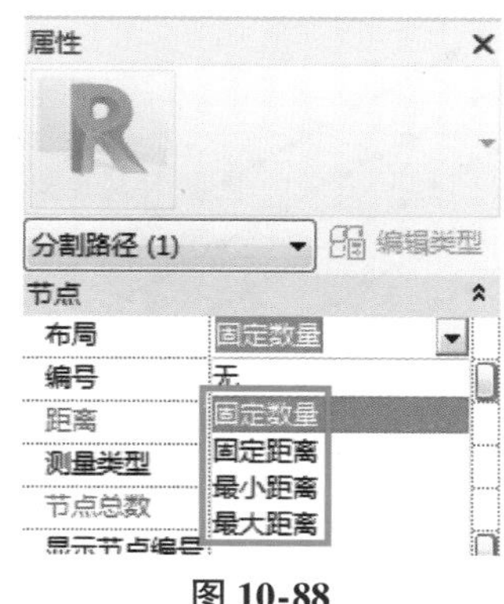

图 10-88

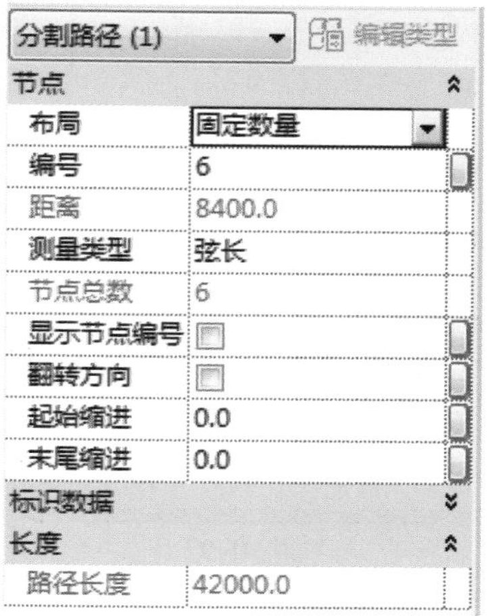

分割路径 (1)　编辑类型

节点	
布局	固定数量
编号	6
距离	8400.0
测量类型	弦长
节点总数	6
显示节点编号	☐
翻转方向	☐
起始缩进	0.0
末尾缩进	0.0
标识数据	
长度	
路径长度	42000.0

图 10-89

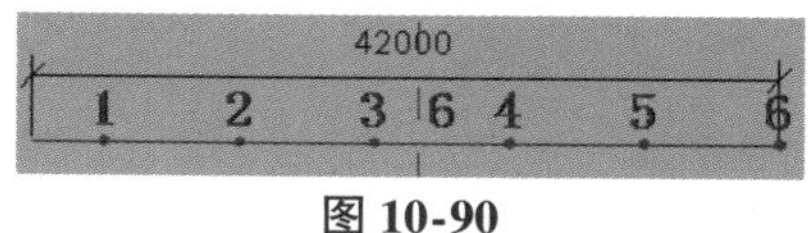

图 10-90

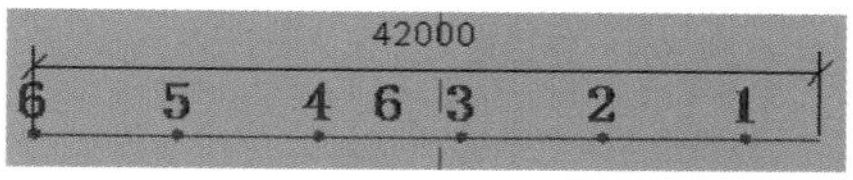

图 10-91

Step02 使用“自适应公制常规模型”样板新建两个族，以及一个概念体量族和一个项目文件。

自适应族一：以两个中心参照平面的交点为圆心，以 30cm 为半径，使用“模型线”命令绘制一个圆，创建一个球体形状。自适应族二：放置两个参照点，选中两点使之成为自适应，使用“通过点的样条曲线”连接两个自适应点，选中生成的模型线，分割路径，在属性栏中将“起始缩进”与“末尾缩进”都设置为“800”，单击“编号”右侧的“关联族参数”按钮，打开“参数属性”对话框，为节点数量添加共享参数“N”，“参数类型”为“整数”，完成后“编号”一栏灰显且后面按钮上显示等号，则表示参数添加成功，如图 10-92 和图 10-93 所示。

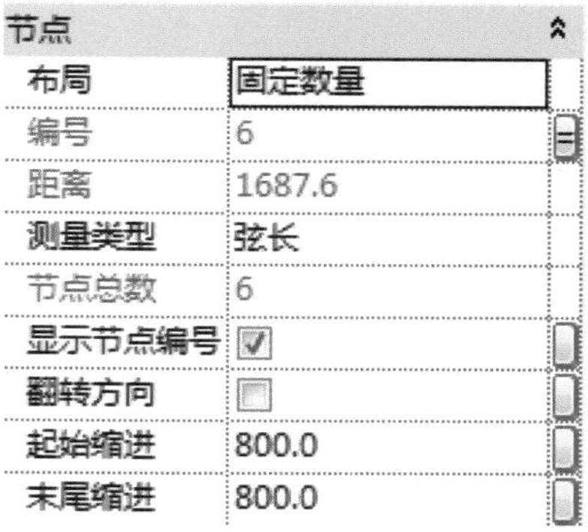

节点	
布局	固定数量
编号	6
距离	1687.6
测量类型	弦长
节点总数	6
显示节点编号	☑
翻转方向	☐
起始缩进	800.0
末尾缩进	800.0

图 10-92

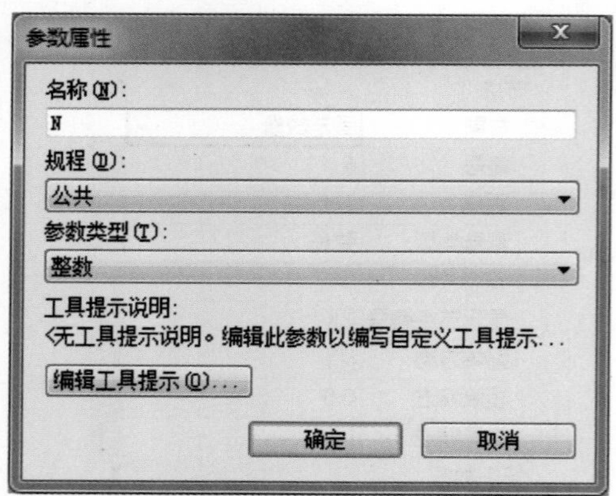

图 10-93

将自适应族一载入到自适应族二中，以“放置在面上”的方式，将自适应族一捕捉并放置在路径节点上。再选中放好的球体，单击“修改|常规模型”选项卡下的“重复”命令，路径上每个节点都会生成一个自适应族一的实例。选择任意一个自适应点并拖动，改变线段长度使得节点间距发生变化，那么球体也会随之移动，如图 10-94 所示。

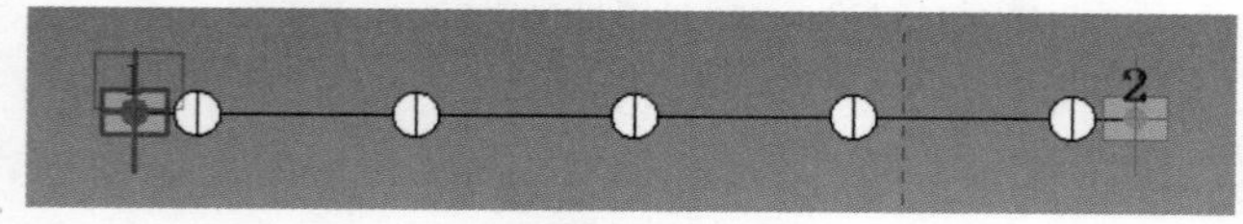

图 10-94

使用“对齐尺寸标注”工具，将两自适应点间的距离标注并添加族参数“L”作为实例报告参数，如图 10-95 所示。打开“族类型”对话框，看到参数“L”和“N”，在“N”的公式中输入 =“round(L/2333mm)”，即确定节点间间距为 2333mm（间距适当即可），如图 10-96 所示。回到三维视图中，拖动一自适应点改变间距，观察构件数量增减或间距变化。

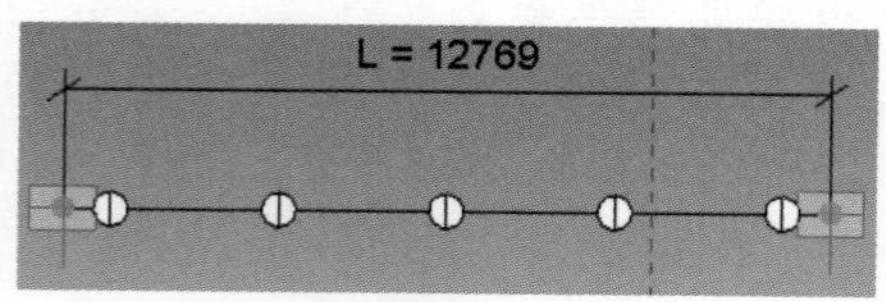

图 10-95

参数	值	公式
尺寸标注		
L (报告)	10113.1	=
其他		
N(默认)	4	=round(L / 2333 mm)

图 10-96

在概念体量环境中，设置“标高 1”作为工作平面，绘制两条不平行的模型线，选中两条线创建表面形状，选中平面形状分割表面，如图 10-97 所示。再选中表面其中一个端点，修改端点的垂直高度，使之与其他三个端点不在一个平面上，如图 10-98 所示。修改 U/V 网格的编号属性，使其中一个数量为 1，并打开分割表面的节点显示，调整如图 10-99 所示。

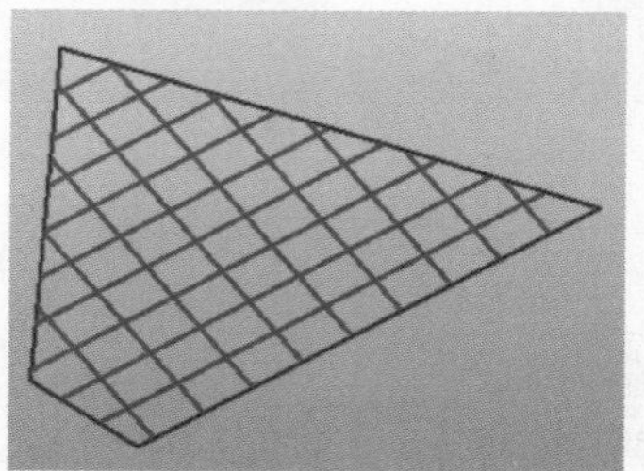

图 10-97

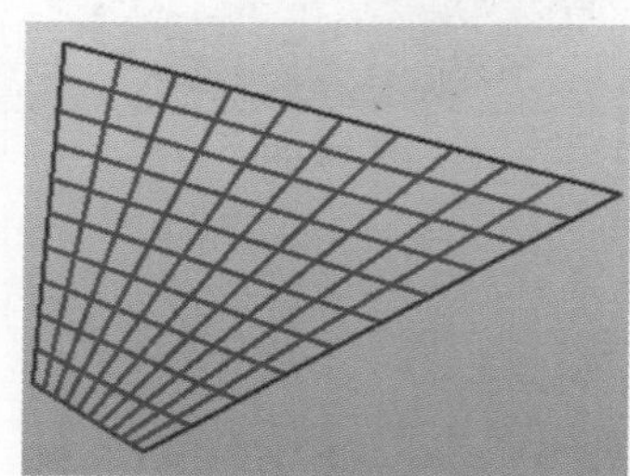

图 10-98

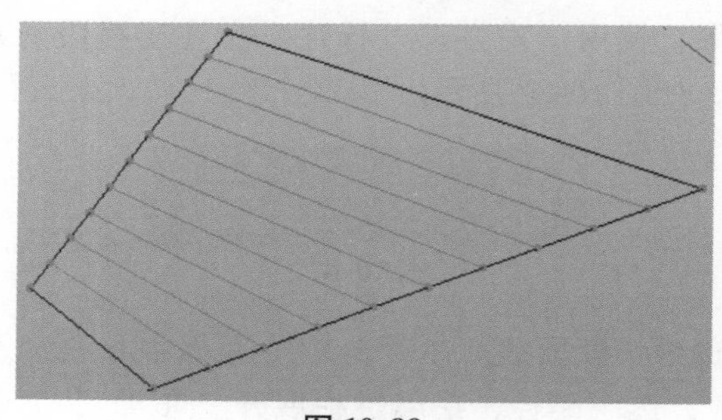

图 10-99

将自适应族二载入到体量中，单击“放置在表面上”，捕捉到边线上的点，选中构件，单击“修改|常规模型”选项卡下的“重复构件”，完成后如图 10-100 所示。接着把体量族载入到项目中，放置一个实例，再创建明细表，对常规模型这一类别进行统计，注意添加字段“N”统计到明细表中，效果如图 10-101 所示。

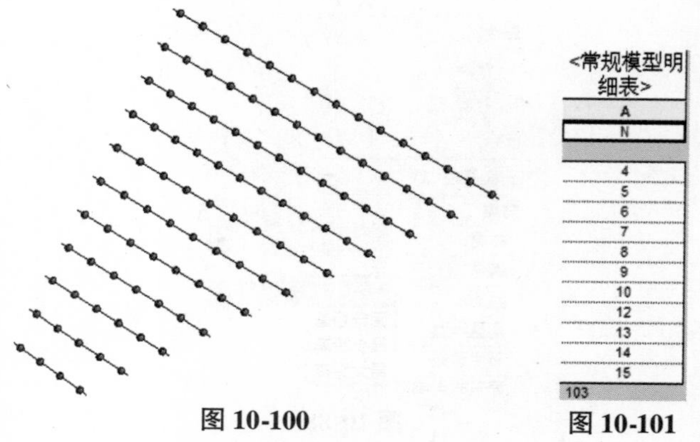

图 10-100　　图 10-101

Step 03 新建概念体量，执行“模型线”命令分别绘制矩形、圆形、椭圆，如图10-102所示。分别选中，逐一分割路径后查看效果。勾选“显示节点编号”以后可以看到，这3个封闭图形的分割路径首尾节点，并没有重合在一起，整个图形被6个节点分成6段。单独对矩形的一条边分割路径时，首尾的分割节点位于开放路径的起点和终点，整条线段被6个节点分成5段，如图10-103所示。

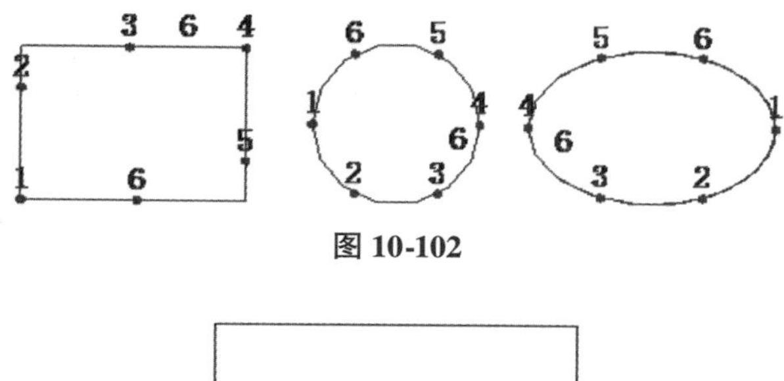

图 10-102

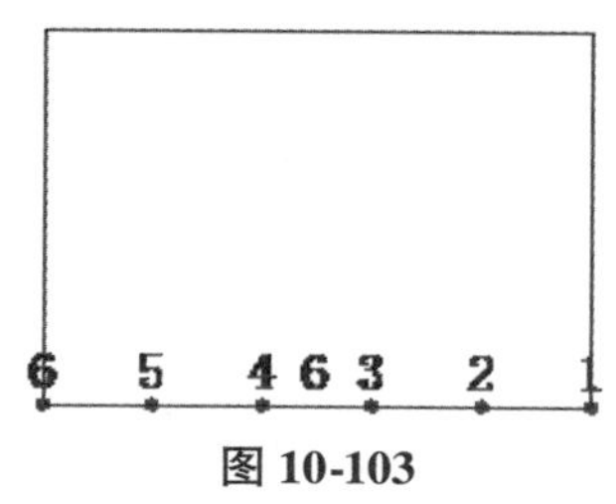

图 10-103

在分割路径或形状表面时，还可以选择“交点”的方式。执行“模型线”命令绘制一条水平线段，再绘制与之垂直的参照平面、参照线、模型线，相交和不相交各一组。对水平线段分割路径，单击“交点”，如图10-104所示。执行“交点”命令，再配合<Ctrl>键全选刚才绘制的模型线、参照线、参照平面，选好后单击✔，结果如图10-105所示。注意：在图10-105中可以看到，在以“交点”方式生成节点时，只对与分割图元相交的参照线和模型线有效。

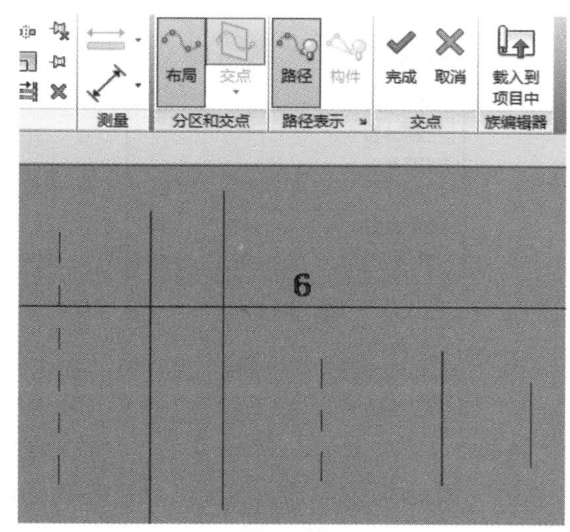

图 10-104

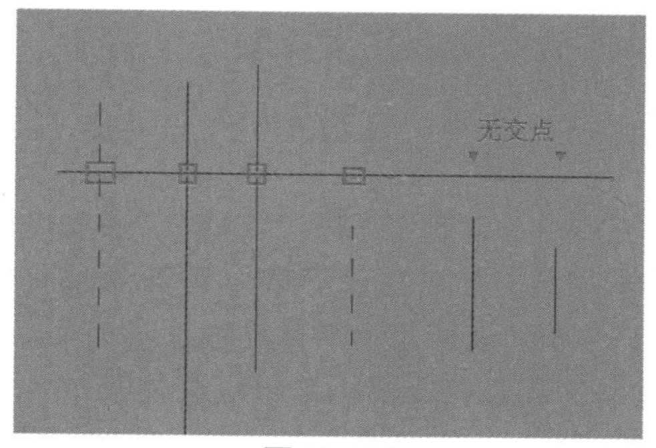

图 10-105

单击“交点”下面的下拉箭头（图10-104），再单击“交点列表”，会弹出“相交命名的参照”对话框，在这里可以选择已经命名的参照平面或标高，来参与分割图元生成相交节点。同样，先绘制一条模型线，然后绘制几个与其相交的参照平面，在参照平面的“属性”栏中，为每个参照平面输入一个“名称”，如“1”“2”“3”，如图10-106所示。接着对模型线分割路径，单击“交点”下面的下拉箭头，选择“交点列表”，打开“相交命名的参照”对话框，勾选刚命名的几个参照平面（图10-107），单击“确定”按钮，生成节点，如图10-108所示。

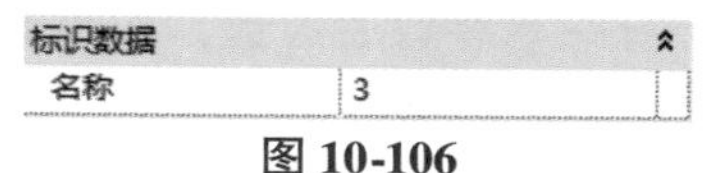

图 10-106

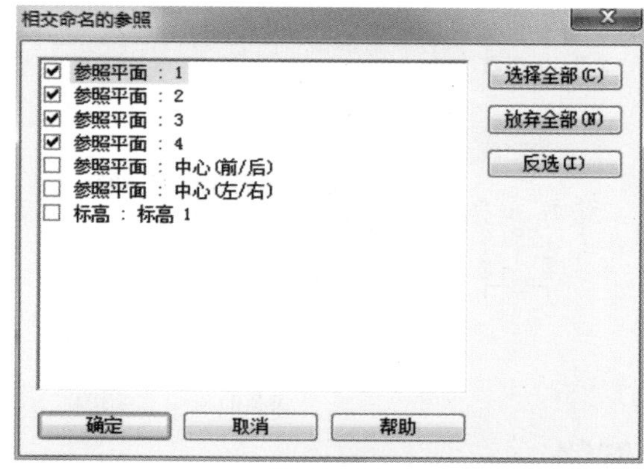

图 10-107

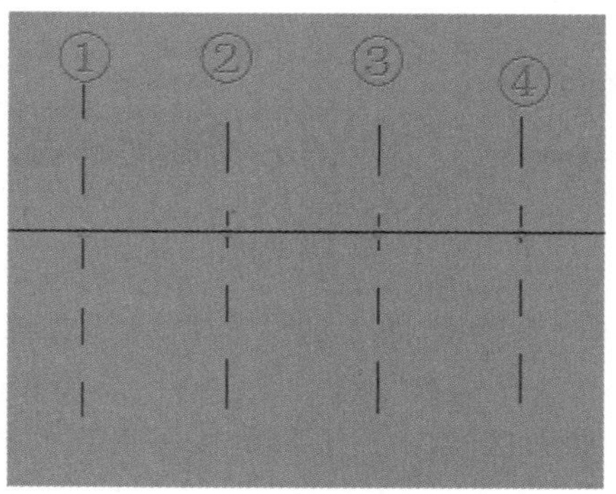

图 10-108

10.6 使用报告参数统计过梁体积

本节将在公制窗族样板中对默认基本墙的厚度添加报告参数。如需在明细表中统计添加其他参数和属性，也需将其添加为共享参数。

Step 01 过梁位于窗户顶部，这里过梁体积统计选用的是公制窗族样板。打开族样板，默认绘图区域为参照标高平面。单击“项目浏览器”中“立面”分组下的“右”，使用“对齐标注”工具，配合 <Tab> 键标注默认基本墙的厚度，此处务必标注墙的内部面和外部面。注意标注墙厚时，若视图中有参照平面与墙体的内部面和外部面重叠，则需将其临时隐藏以便准确标注。

Step 02 选中尺寸标注，在选项栏的“标签”右侧单击“创建参数”，在弹出的“参数属性”对话框中选择“共享参数”，如图 10-109 所示。还可以通过“族类型”对话框中的“添加”按钮进入此对话框。报告参数创建前需要创建共享参数文件、组和参数。在“参数数据”中选择“实例”，并勾选“报告参数”，也可以在选定好共享参数后勾选，如图 10-110 所示。

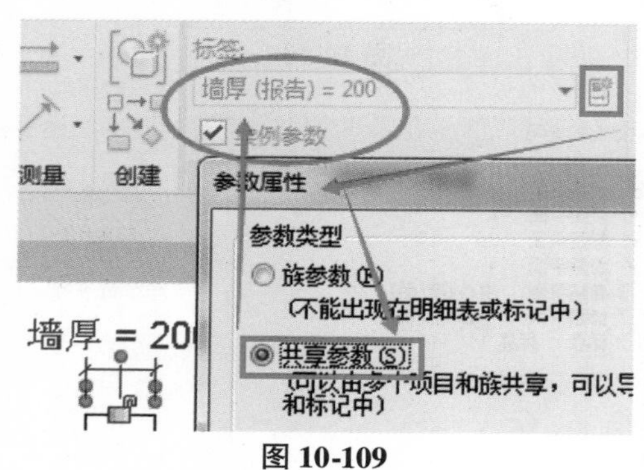

图 10-109

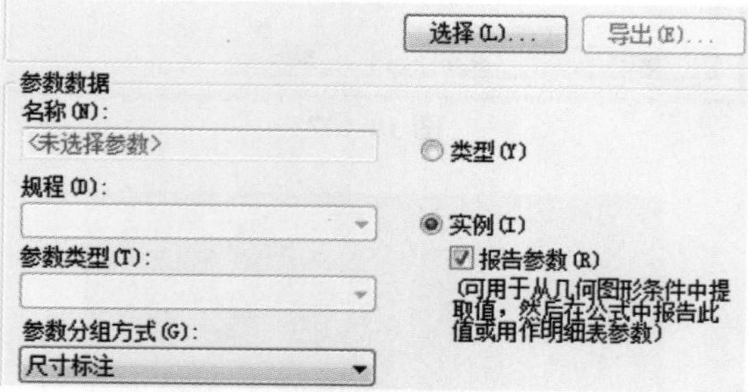

图 10-110

Step 03 单击“参数属性”对话框中的“选择”按钮，弹出“编辑共享参数”对话框，提示选择参数组，然后选择所需参数。由于共享参数保存在文本文件中（可以放置到网络的共享区域以允许其他项目访问该参数），因此读者在创建共享参数前，需要创建文本文件。单击“浏览”按钮，找到需要选择的文本文档（文本文件已提前创建好）或单击“创建”按钮创建共享参数文本文档，如图 10-111 所示。

图 10-111

Step 04 在“编辑共享参数”对话框中，单击“创建”按钮，在弹出的“创建共享参数文件”对话框中的“文件名”文本框中输入“101”保存，即创建好了文本文件（101.txt）。接下来要新建参数组与参数，由于参数存在于参数组中，所以在创建参数组前，新建参数为灰色显示。单击“新建”按钮创建参数组，命名为“101-1”，然后分别添加参数“过梁宽度”“过梁延伸”“过梁高度”和“过梁体积”，注意过梁体积参数类型是“体积”，如图 10-112 和图 10-113 所示。注意，此时共享参数不能直接指定为实例或类型，需要将参数添加到族或项目中时再依据需要决定。共享参数的创建也可以直接单击菜单栏上“管理”选项卡“设置”面板中的“共享参数”。

图 10-112

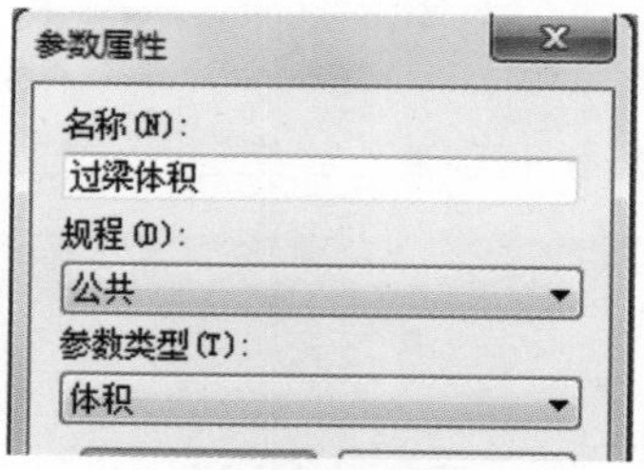

图 10-113

Step 05 单击“编辑共享参数”对话框中的“确定”按钮，弹出“共享参数”对话框，选择“过梁宽度”，单击“确定”按钮返回“参数属性”对话框。在“参数属性”对话框中勾选“实例”，并确认已勾选“报告参数”。左边“参数数据”中“名称”“规程”“参数类型”都是灰显，表示能报告墙体厚度的共享参数已经添加成功，如图10-114所示。

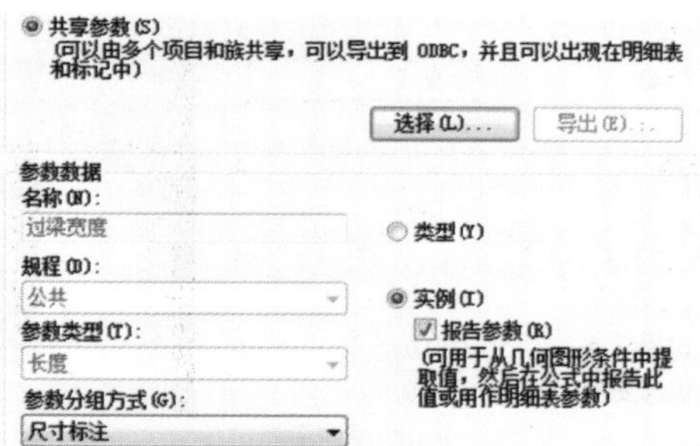

图 10-114

Step 06 进入“立面”分组中的“内部”，在洞口上方绘制3个参照平面，并用对齐标注分别标注，用<Ctrl>键配合选择两个端部标注，单击选项栏上“标签”右侧的“创建参数”，在弹出的“参数属性”对话框中勾选“共享参数”，单击“选择”按钮，弹出“共享参数”对话框，选择参数组101-1中的“过梁延伸”，返回“参数属性”对话框，勾选“实例参数”，单击“确定”按钮，如图10-115所示。继续选中过梁顶部的标注，执行与“过梁延伸”一样的操作，选择“过梁高度”完成即可，如图10-116所示。注意“过梁延伸”和“过梁高度”选择“实例”类型，参数分组方式都默认为“尺寸标注”，不勾选“报告参数”。

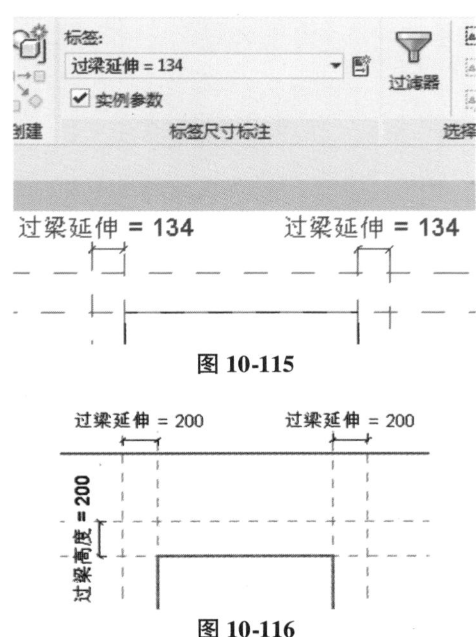

图 10-115

图 10-116

Step 07 打开“族类型”对话框，“过梁高度”和“过梁延伸”后带有“默认”，表明前文中添加的参数为“实例”类型。单击对话框底部的“新建参数”按钮，打开“参数属性”对话框，勾选“共享参数”，单击“选择”按钮，选择“101-1”参数组中的“过梁体积”后单击“确定”按钮返回，勾选“实例”，“参数分组方式”选择“构造”，如图10-117所示，单击“确定”按钮后返回“族类型”对话框。

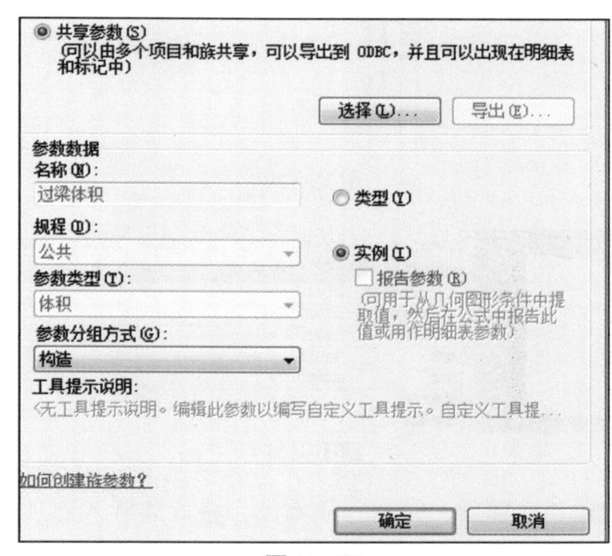

图 10-117

Step 08 对“构造”分组中的“过梁体积”添加公式“(宽度+2*过梁延伸)*过梁高度*过梁宽度”，如图10-118所示，其中宽度指的是窗户洞口宽度。注意：在编辑公式时，输入符号应当切换为英文输入法，否则提示“下列参数不是有效的族参数，参数名称区分大小写”。编辑无误后修改各个参数值，单击“应用”按钮，观察视图区域相关的参照平面是否被正常驱动。

参数	值	公式
构造		
过梁体积 (默认	0.097	= (宽度 + 2 * 过梁延伸) * 过梁高度 * 过梁宽度
墙闭合	按主	=
构造类型		=
尺寸标注		

图 10-118

Step 09 接下来绘制过梁形状。在立面视图选择洞口剪切，编辑草图，绘制过梁的边界，并与参照平面锁定，如图10-119所示。接下来，在同样的位置执行“拉伸”命令绘制形状，同样将各边与参照平面进行锁定，并切换到右立面，将形状的拉伸起点、拉伸终点与墙体进行锁定，如图10-120所示。完成后的过梁如图10-121所示。

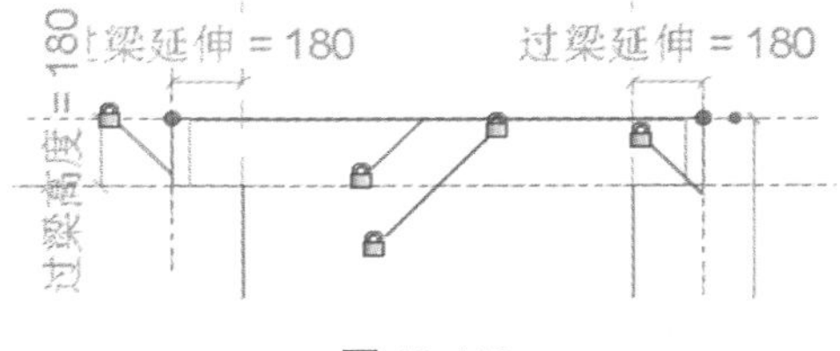

图 10-119

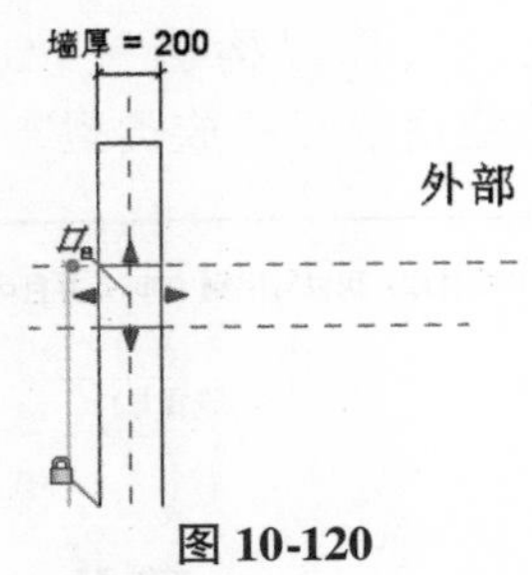

图 10-120

过梁体积(默认) 0.049 =(宽度 + 2 * 过梁延伸) * 过梁高度 * 过梁宽度
尺寸标注
过梁宽度 (报告) 200.0 =
过梁延伸(默认) 180.0 =
过梁高度(默认) 180.0 =
高度 1500.0 =
宽度 1000.0 =
粗略宽度 =
粗略高度 =

图 10-121

Step 10 新建项目，绘制一段墙体，将此族载入到项目中并放置多个，如图 10-122 所示。分别选中，改变过梁高度和过梁延伸。之后创建明细表，将共享参数添加进来，统计过梁体积，如图 10-123 所示。

图 10-122

<窗过梁明细表>

A	B	C	D	E	F	G
标记	高度	宽度	过梁高度	过梁宽度	过梁延伸	过梁体积
1	1500	1000	180	200	180	0.05
2	1500	1000	240	200	240	0.07
3	1500	1000	180	300	180	0.07
4	1500	1000	240	300	240	0.11
5	1500	1000	180	350	180	0.09
6	1500	1000	240	350	240	0.12
总计: 6						0.51

图 10-123

Revit参数化典型案例篇

第11章

参数化V形柱、牛腿和角度控制

概 述

由于实际项目需要，构件通常会有不同的尺寸，这时可以使用常规模型的参数化方法创建构件来满足要求。

11.1 参数化构件V形柱

这里采用的V形柱创建顺序是先创建梯形拉伸模型，再在梯形模型基础上剪切掉一个三角形的部分后形成V形柱，通过预先添加的参数使形状产生联动。

1. 创建梯形拉伸模型

Step01 新建族，选择“公制常规模型.rft”作为族样板。

Step02 在参照标高平面视图里，中心（前/后）参照平面的上、下位置各添加1个水平参照平面，然后对这3个参照平面添加等分约束，使参照平面间距相等。再次标注两个参照平面，选择尺寸标注，并添加参数，命名为“柱厚”，如图11-1所示。

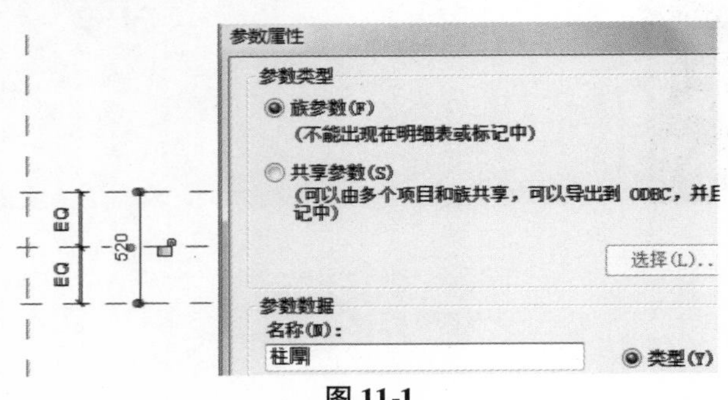

图11-1

Step03 接下来切换到前立面，在参照标高上方添加1个水平参照平面，并标注它到参照标高的距离，添加参数，命名为“柱高”。

Step04 由于构件的形状是梯形，所以它的拉伸边界就用4个参照平面来限定。在中心（左/右）参照平面的两侧各绘制1个参照平面，完成后添加尺寸标注和相应的参数，如图11-2所示。

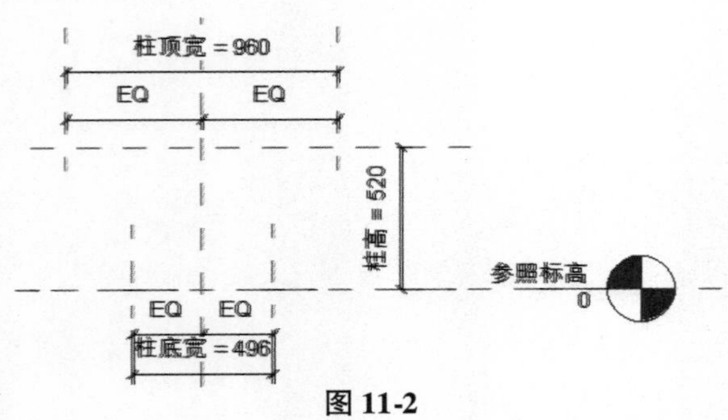

图11-2

Step05 用拉伸来创建梯形柱。执行“拉伸”命令，在前立面绘制梯形柱轮廓，并把边线锁定到参照平面上，如图11-3所示。轮廓完成后切换到参照标高视图，对梯形柱的厚度进行锁定，如图11-4所示。这样梯形柱就创建完成了，切换到三维视图，对参数值进行修改验证，可以看到形状会随着数值的变化而变化。

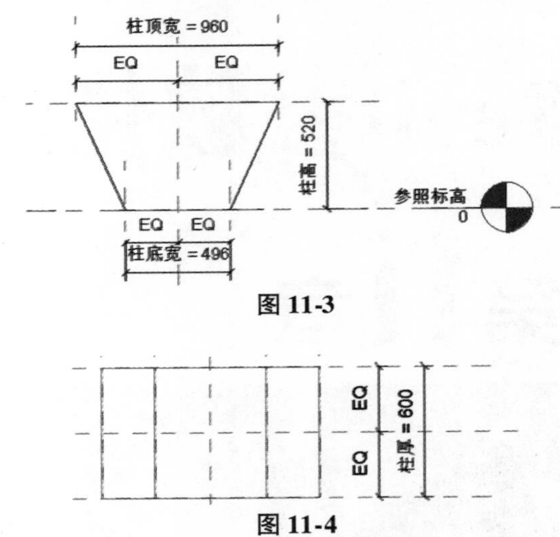

图11-3

图11-4

2. 创建空心三角体并对梯形柱进行剪切

回到前立面，在柱顶中间位置两侧添加参照平面，并为间距添加参数“V柱宽”和等分约束，在参照标高上方添加1个水平参照平面，添加参数，命名为“V柱深”，如图11-5所示。

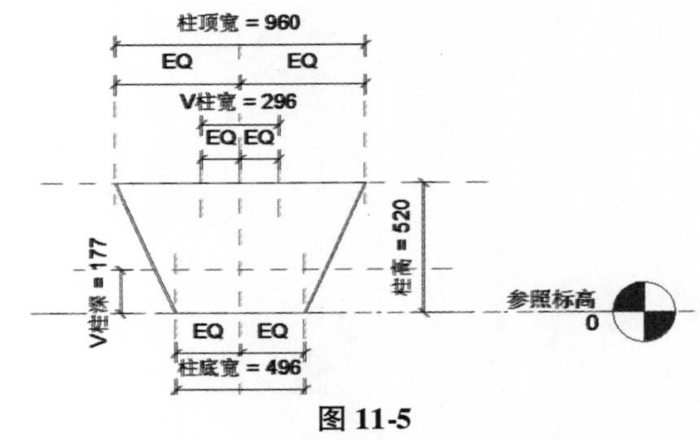

图11-5

添加完成后，接着创建一个倒三角形拉伸形状，并把三角轮廓的底部顶点锁定在刚刚绘制的参照平面上。两条边线分别连接到V柱顶部参照平面与控制V柱宽度的两个垂直参照平面的交点上进行锁定，并在“属性”栏中选择“空心”，如图11-6所示。

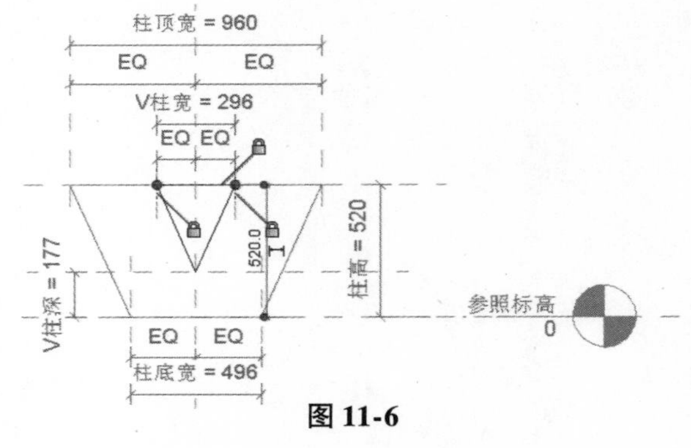

图11-6

轮廓完成后切换到参照标高视图，对 V 柱的厚度进行锁定并完成创建，打开三维视图，执行“修改”选项卡下的“剪切几何图形”命令，剪切出 V 形柱。

3. 对参数添加公式

要求为：柱身的四条边两两平行，并且调整族属性里的参数后依然保持这种平行关系且有联动效果。所以使用公式来保证参数间的等比例关系，如图 11-7 所示。

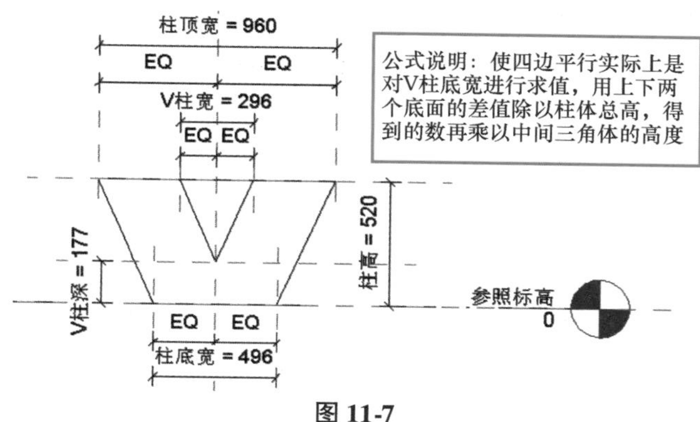

图 11-7

通过图 11-7 的公式说明我们可以把公式整理出来：V 柱宽 =（柱顶宽 – 柱底宽）/柱高 ×（柱高 – V 柱深）

接下来把公式添加到参数中，打开“族类型”对话框，在“V 柱深”后面的公式栏输入公式后单击“确定”按钮，并在三维视图中验证参数，可以看到 V 柱体随着参数的改变而进行联动变化，如图 11-8 所示。

族类型

类型名称（Y）：

搜索参数

参数	值	公式
尺寸标注		
V柱宽	844.4	=(柱顶宽 - 柱底宽) / 柱高 * (柱高 - V柱深)
V柱深	800.0	=
柱厚	500.0	=
柱底宽	600.0	=
柱顶宽	1800.0	=
柱高	2700.0	=

图 11-8

通过本节学习，我们从绘制参照平面添加参数开始，到最后的创建形状、检验参数来完成模型，对 V 形柱如何构建有了认识，重点在于对所添加参数的理解和运用。

11.2 参数化牛腿

Step 01 新建族，选择“公制常规模型 . rft”作为族样板。在“参照标高”平面视图下，在“中心（左/右）”参照平面的左侧添加一个参照平面，标注尺寸，并添加类型参数“a”，如图 11-9 所示。

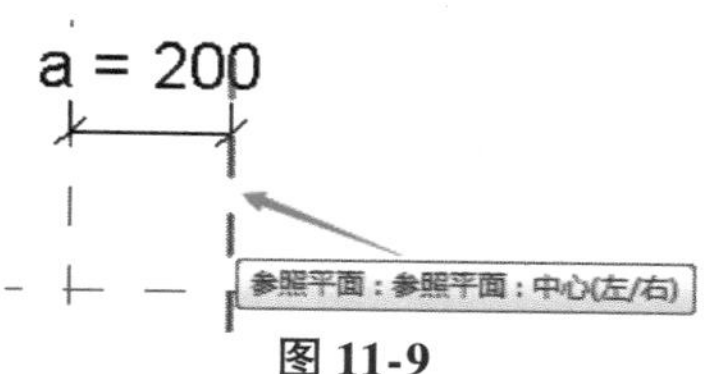

图 11-9

Step 02 切换到右立面，绘制 4 个水平参照平面，标注并添加类型参数为“H1”“H2”“h1”“h2”，如图 11-10 所示。再绘制两个垂直的参照平面，标注并添加类型参数“w1”“w2”，如图 11-11 所示。打开“族类型”对话框输入参数对应数值，如图 11-12 所示。

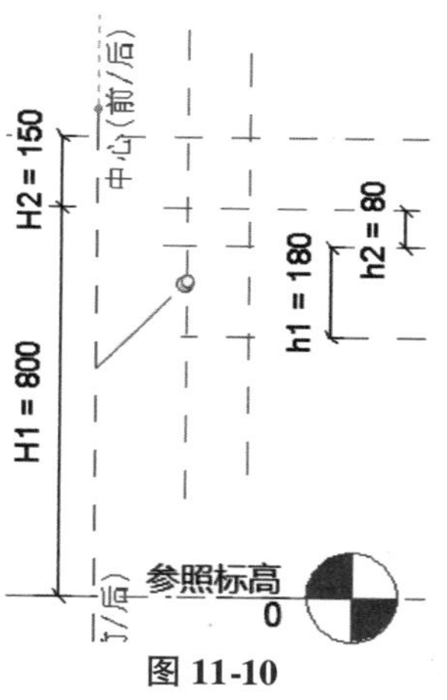

图 11-10

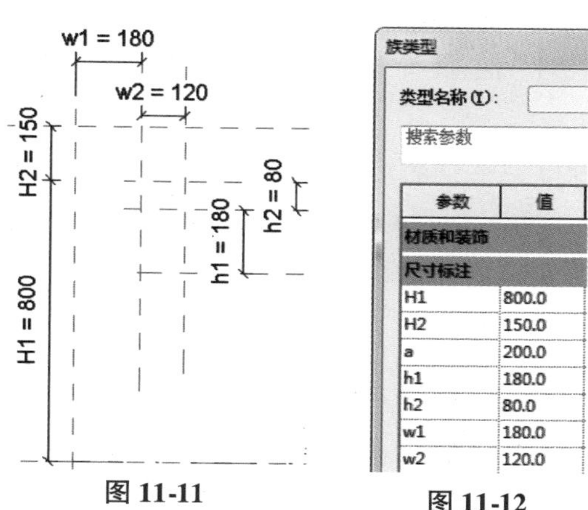

族类型

类型名称（Y）：

搜索参数

参数	值
材质和装饰	
尺寸标注	
H1	800.0
H2	150.0
a	200.0
h1	180.0
h2	80.0
w1	180.0
w2	120.0

图 11-11　　图 11-12

Step 03 创建拉伸，绘制完毕以后，把各条线对齐锁定到参照平面，如图 11-13 所示。切换到参照标高平面视图，选中拉伸形状，拖动造型操纵柄，把两侧的面锁定到控制厚度的参照平面上，如图 11-14 所示。

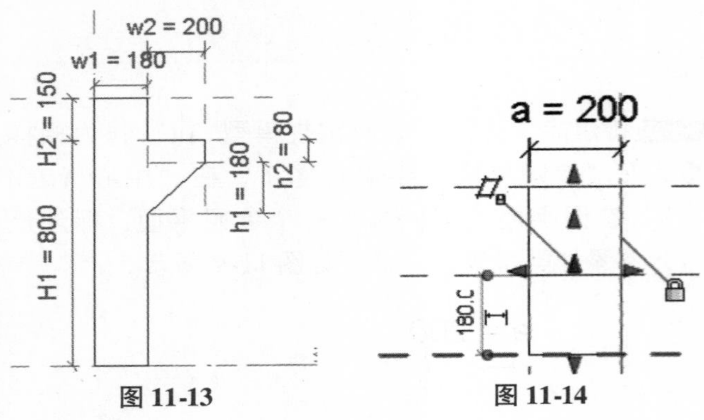

图 11-13　　图 11-14

Step 04 打开“族类型”对话框，点击左下角的“新建参数”按钮，打开“参数属性”对话框，添加 1 个材质参数，如图 11-15 所示。打开“族类别和族参数”对话框，把族类别设置为“结构柱”，如图 11-16 所示。

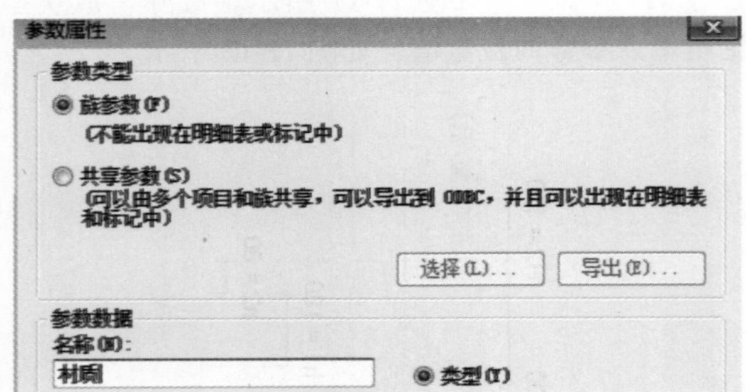

图 11-15

图 11-16

Step 05 建立一个空的项目文件，在项目文件里先绘制好轴网，再将构件载入进来，部分按轴网放置，部分随意放置，用于统计明细表，如图 11-17 所示。

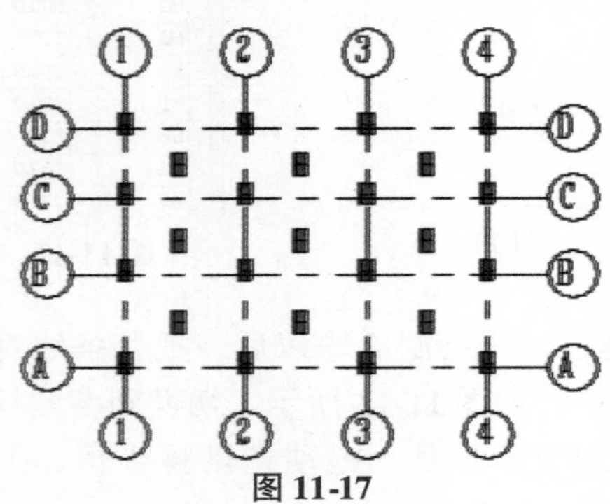

图 11-17

Step 06 创建明细表，类别为“结构柱”，如图 11-18 所示。完成后，结构柱明细表如图 11-19 所示。如果在轴网交点，就以“轴号-轴号”的方式来表示，如果不在交点，就以“A（2700)-2（2025)”这样的方式来表示，如图 11-19 所示（详情请见 Revit 帮助文件中的“确定关闭轴网的柱定位轴线”，可运行 Revit 按<F1>键打开帮助文件)。

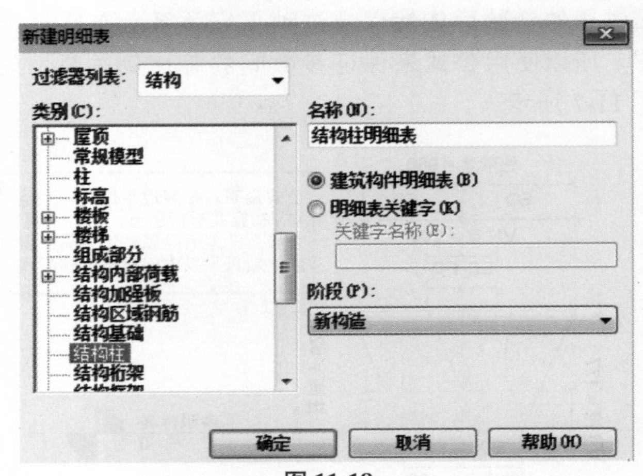

图 11-18

<结构柱明细表>

A	B	C
柱定位标记	族与类型	合
D-1	参数化牛腿: 参数	1
D-2	参数化牛腿: 参数	1
D-3	参数化牛腿: 参数	1
D-4	参数化牛腿: 参数	1
C-1	参数化牛腿: 参数	1
C-2	参数化牛腿: 参数	1
C-3	参数化牛腿: 参数	1
C-4	参数化牛腿: 参数	1
B-1	参数化牛腿: 参数	1
B-2	参数化牛腿: 参数	1
B-3	参数化牛腿: 参数	1
B-4	参数化牛腿: 参数	1
A-1	参数化牛腿: 参数	1
A-2	参数化牛腿: 参数	1
A-3	参数化牛腿: 参数	1
A-4	参数化牛腿: 参数	1
C(400)-1(800)	参数化牛腿: 参数	1
C(400)-2(800)	参数化牛腿: 参数	1
C(400)-3(900)	参数化牛腿: 参数	1
B(400)-1(800)	参数化牛腿: 参数	1
B(400)-2(800)	参数化牛腿: 参数	1
B(400)-3(900)	参数化牛腿: 参数	1
A(600)-1(800)	参数化牛腿: 参数	1
A(600)-2(800)	参数化牛腿: 参数	1
A(600)-3(900)	参数化牛腿: 参数	1

图 11-19

绘制草图时注意创建约束关系。多数情况下，我们是把草图线对齐锁定到参照平面，有的时候是要把草图线的端点锁到参照平面，总之要根据条件灵活处理。

创建明细表要有根据。当我们做到结尾处创建明细表的时候，也许你会失败，发现明细表中没有所谓的坐标，此时应首先确定在“族类别和族参数”对话框中是否设置该构件为“结构柱”。因为一般的常规模型不具备统计坐标的功能，其二，当你完成后应注意保存，这样既能做好备份工作（重要），又能发现和解决潜在的问题。这里，大家由明细表中所统计出的坐标标记形式是否能联想到数学中的象限知识，要仔细区别它与 Revit 中明细表内坐标处正负号的定义是否一样。

11.3 运用嵌套族简化角度控制

Step01 新建“公制常规模型”，进入前立面视图，绘制一个带有洞口的拉伸。先绘制 6 个参照平面，如图 11-20 所示。

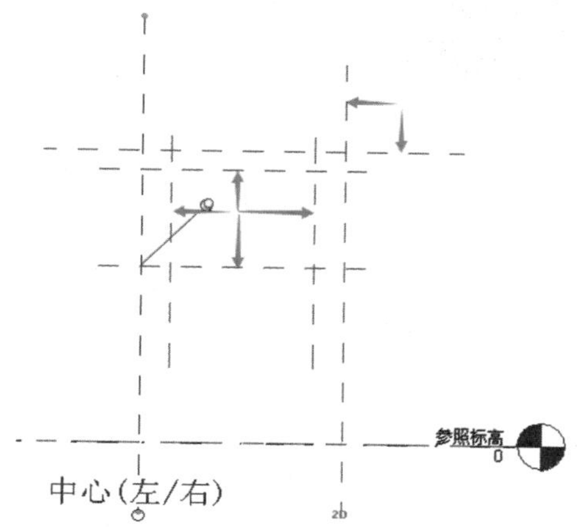

图 11-20

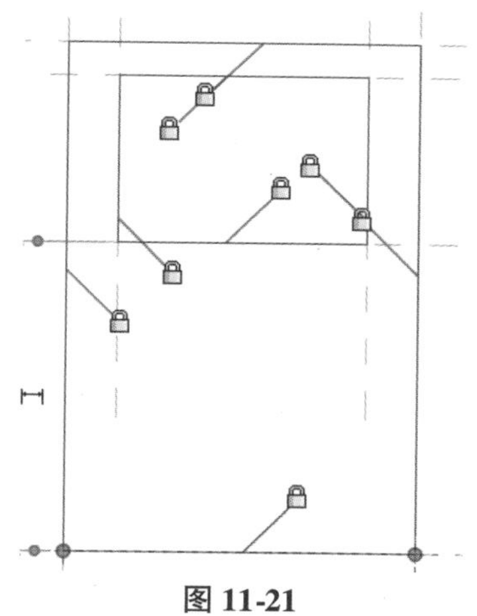

图 11-21

Step02 执行“拉伸”命令，沿着参照平面绘制草图线并随即锁定（图 11-21），完成后将拉伸终点关联类型参数“厚度”并修改厚度值为 50mm，如图 11-22 所示。

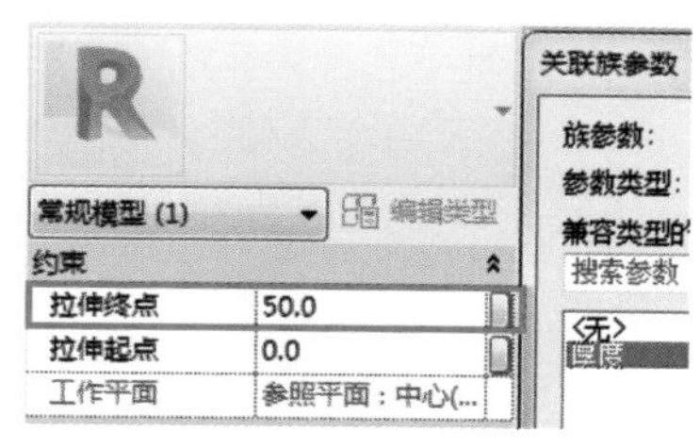

图 11-22

Step03 接着对参照平面之间进行标注，并添加类型参数，如图 11-23 所示。完成后将文件保存为“边框”。

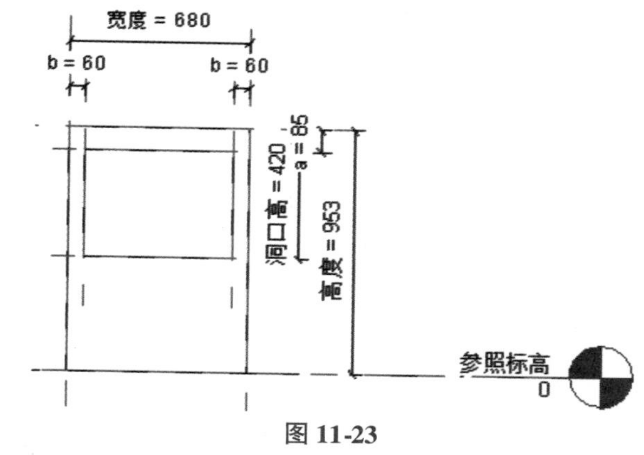

图 11-23

Step04 新建“公制常规模型”，进入右立面视图，绘制一条参照线，如图 11-24 所示。执行“对齐”命令将参照线的起始端点分别约束到这两个参照平面，如图 11-25 所示。

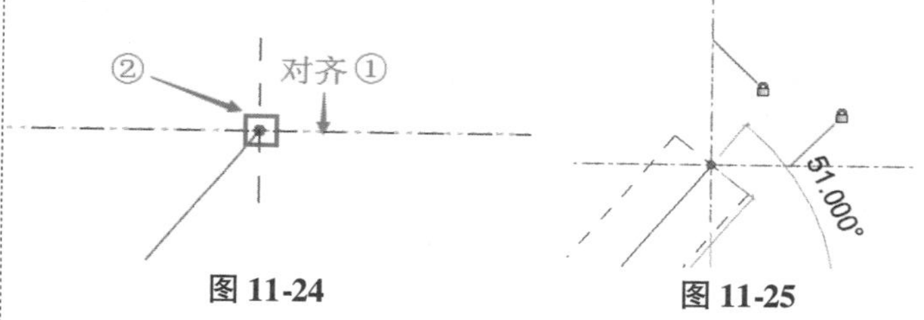

图 11-24　　图 11-25

Step05 使用角度尺寸标注，标注出参照线与参照平面之间的角度，并添加参数“角度”，参数类型为实例参数，如图 11-26 所示。

Step06 在绘制草图轮廓之前先设置工作平面，选择“拾取一个平面”，选择参照线上的“平面［平行于：中心（左/右）］”，沿参照线的方向执行“拉伸”命令，绘制一个矩形轮廓，完成后将一条边对齐约束到参照线上，使用“对齐尺寸标注”工具，标注出其与对边的距离，并添加参数“板厚度”，同样将另外两边标注出来，添加参数“板长度”，如图 11-27 所示。完成后将拉伸终点关联族参数“板宽度”。打开“族类型”对话框，调试各种参数，确认参数有效驱动形体。

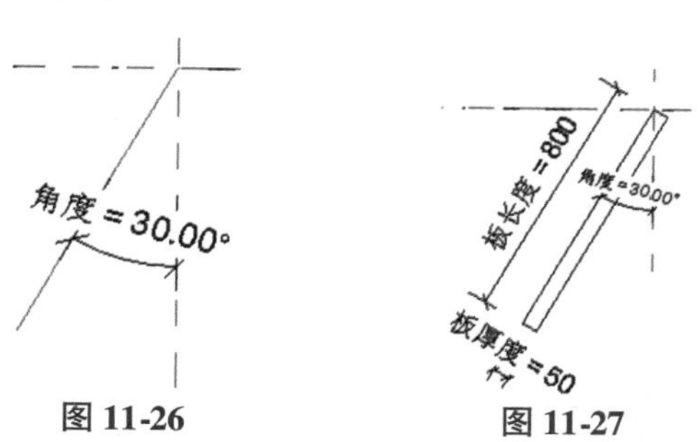

图 11-26　　图 11-27

Step 07 接着将其载入“边框”族文件中，切换到参照标高平面视图（将构件左侧边对齐到参照平面并锁定），在右立面中调整位置（在右立面中，将构件端点对齐到参照面上并约束），如图 11-28 所示。

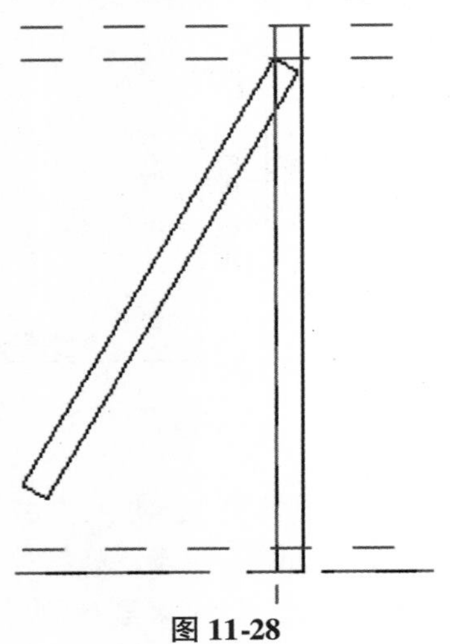

图 11-28

Step 08 选中载入后的构件并关联族参数：“板厚度→板厚度，板宽度→板宽度，板长度→板长度，角度→角度”。打开“族类型”对话框，添加公式：板宽度 =“宽度 – 2 * b”，板厚度 =“厚度”，板长度 =“洞口高”。

Step 09 测试各种参数，观察构件的变化，如图11-29所示。

图 11-29

在考虑添加角度参数的时候，往往会遇到许多不同的情况，在自身环境下设置角度未必更方便，因为一旦构件复杂就会形成较多的参照框架。所以，我们可以另外新建一个构件，在新构件里添加角度参数来进行控制，当嵌套到其他环境中后，同样能够控制角度的变化，还可以简化操作，使维护构件更容易。

第12章

参数化带柱帽的柱子、基坑、加腋梁、变截面梁

概 述

本章将练习高度参数之间的关联以及构件之间的协调统一。

12.1 带柱帽的柱子

Step01 新建公制常规模型，在参照标高平面视图中先绘制好4个参照平面，分别位于中心参照平面的两侧，并为它们进行尺寸标注，赋予参数，如图12-1所示。

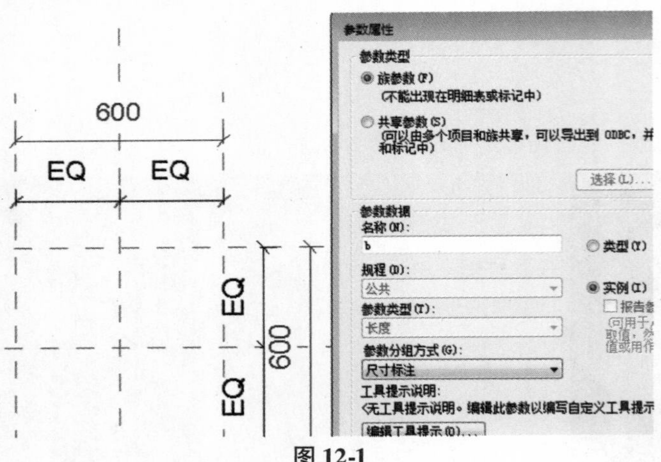

图 12-1

Step02 执行“拉伸”命令，捕捉到参照平面的交点绘制矩形轮廓，并将草图线约束到参照平面上，即锁住蓝色小锁，如图12-2所示。然后在“属性”栏将拉伸终点关联到族参数“柱高”，这是一个实例参数，完成后在“族类型”对话框中调整柱的高度，当然还可以为材质赋予参数，如图12-3所示。

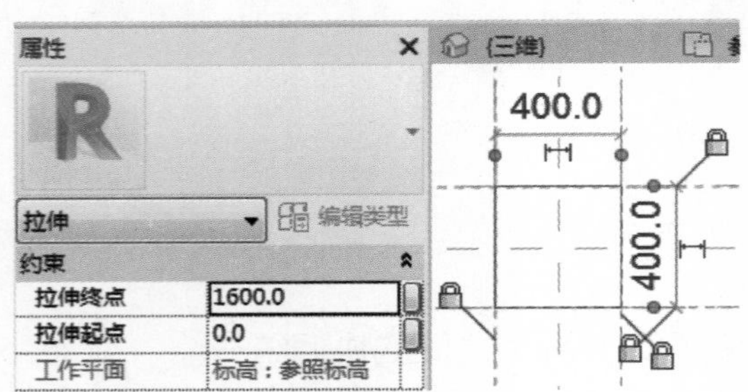

图 12-2

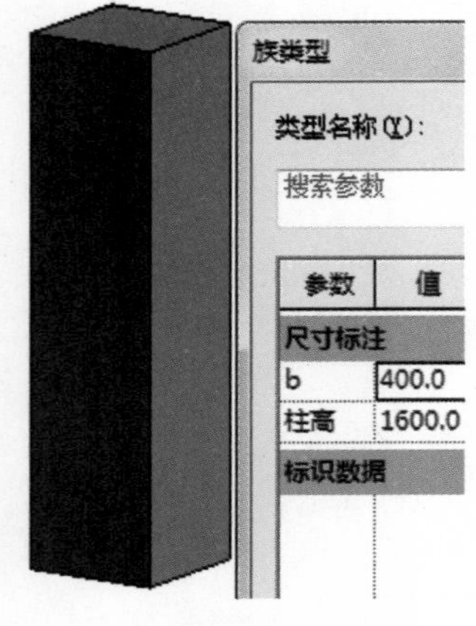

图 12-3

Step03 接下来创建柱帽了。同样，新建公制常规模型，在参照标高平面视图绘制8个参照平面，分别位于中心参照平面的两侧，使用尺寸标注工具进行标注，添加EQ等分约束后关联族参数，如图12-4所示。

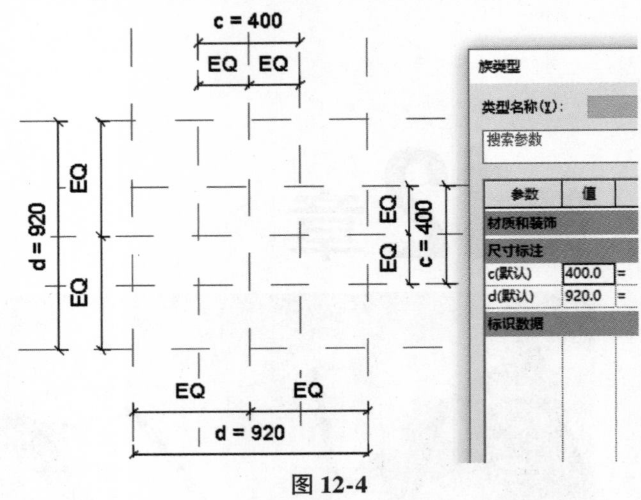

图 12-4

Step04 到参照标高视图中，执行“融合”命令，默认先绘制底面轮廓（捕捉内侧4个参照平面的交点绘制轮廓），同样，草图线要对齐锁定到参照平面上，如图12-5所示。完成之后编辑顶部，捕捉外侧4个参照平面的交点绘制轮廓，同样要锁定草图线，完成后如图12-6所示。和拉伸形状类似，给这个融合形状赋予材质参数。

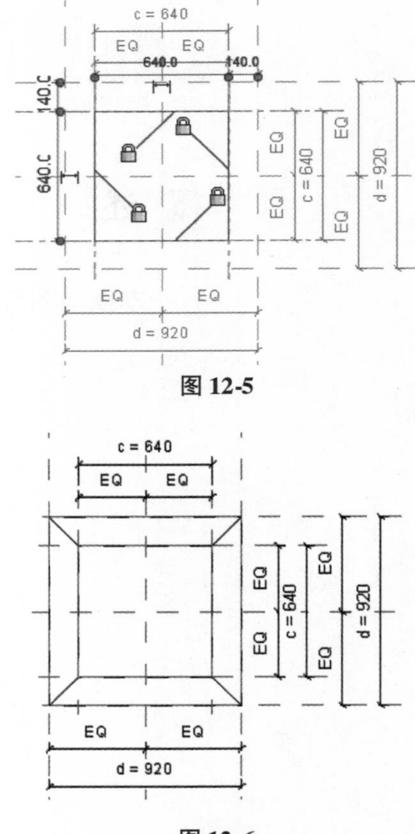

图 12-5

图 12-6

Step 05 回到之前的柱子族，将其载入到柱帽族中，位置和柱帽中点对上，现在可以调整一下各自的尺寸以相互匹配。切回前立面视图，在参照标高上方添加两个参照平面。选中柱帽，将第一端点锁定到较低的参照平面，将第二端点也就是和楼板接触的那个较大的面锁定到较高的参照平面，选中载入进来的柱，在“属性”栏中出现了之前关联过的参数，在新的环境中我们再次进行关联，同样地单击小方块按钮关联族参数，如图 12-7 所示。

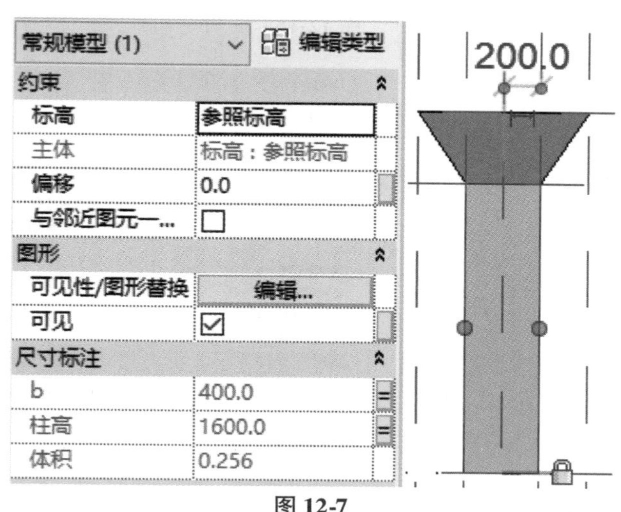

图 12-7

Step 06 标注参照标高和两个参照平面之间的间距，并添加参数，命名为“h1”和“h2”。这样一来就能在一个环境中直接调整两个构件的参数了，打开“族类型”对话框，使柱帽底部的高度和柱顶高度相互统一，柱子的截面宽度和柱帽底截面宽度统一，如图 12-8 所示。至此，我们对这些参数进行一下调试，确认无误后，打开“族类别和族参数”对话框，选择“结构”规程，并在列表中选择“结构柱”，如图 12-9 所示。

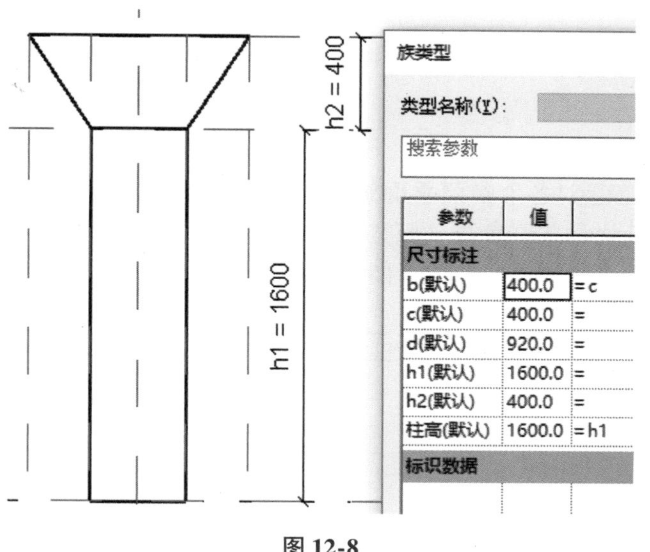

图 12-8

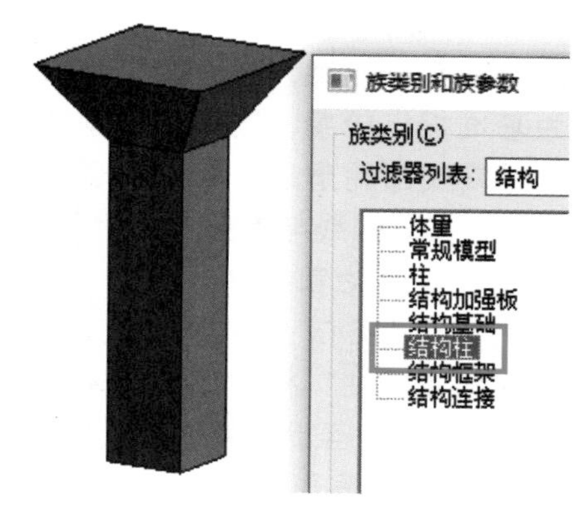

图 12-9

12.2 参数化基坑族

Step 01 新建公制常规模型，既然是基坑族，那么就是自地面标高以下的。在参照标高平面视图中，绘制 8 个参照平面，分别是基坑上下两个底的四边，两两之间进行 EQ 操作，并使用“对齐尺寸标注”标出上底宽、长，下底宽、长，赋予参数，如图 12-10 所示。

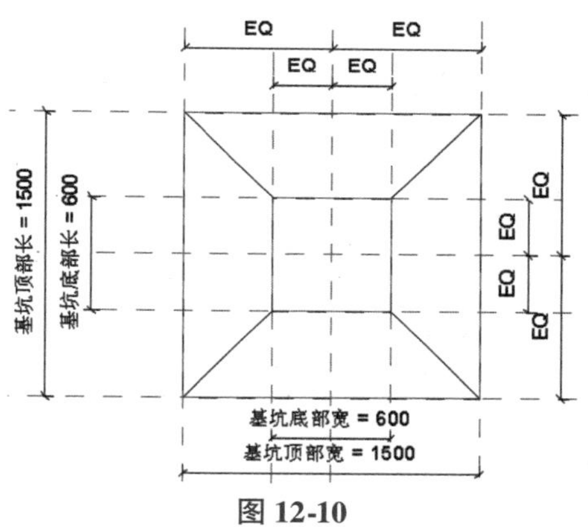

图 12-10

Step 02 打开任意立面视图，例如进入前立面视图，在“参照标高”下方绘制一个参照平面，这是用于确定深度的一个基准图元，同样使用“对齐尺寸标注”标注出它和参照标高之间的距离并赋予参数，如图 12-11 所示。

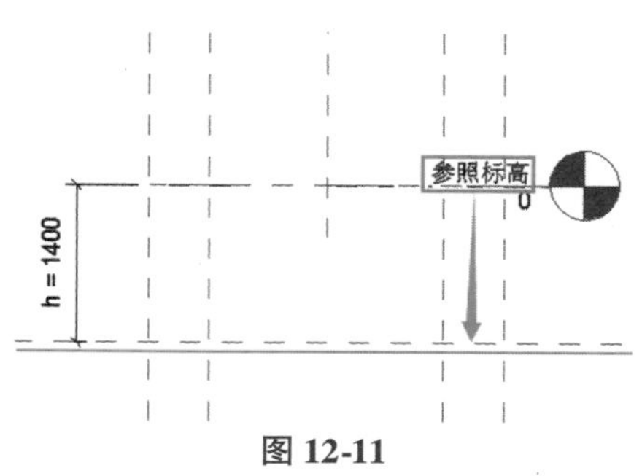

图 12-11

Step 03 返回到参照标高平面视图，执行“融合”命令，默认先绘制底部轮廓，这时以先前准备好的参照平面作为基准描出轮廓，记得单击锁定符号创建约束条件，完成底部轮廓后，绘制顶部，同样以参照平面为准，并在草图线与参照平面之间创建约束，如图 12-12 所示。完成之前在“属性栏”中将标识数据由“实心”改为“空心”（图 12-13），最后完成顶部绘制即可。在“属性”栏勾选“加载时剪切的空心”，如图 12-14 所示。至此，我们在族环境下做个检测，修改各项参数，观察形状变化是否可控。

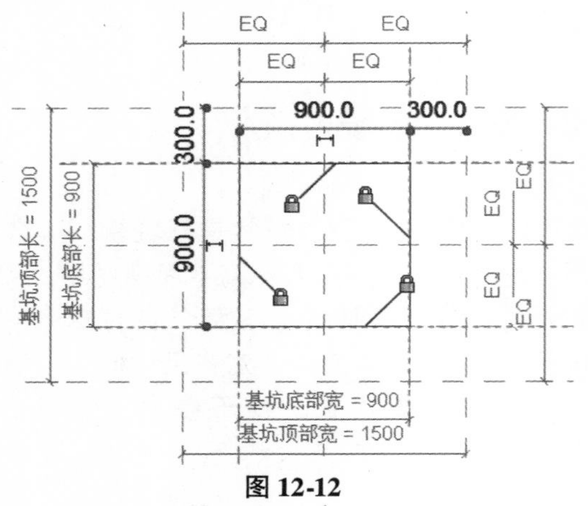

图 12-12

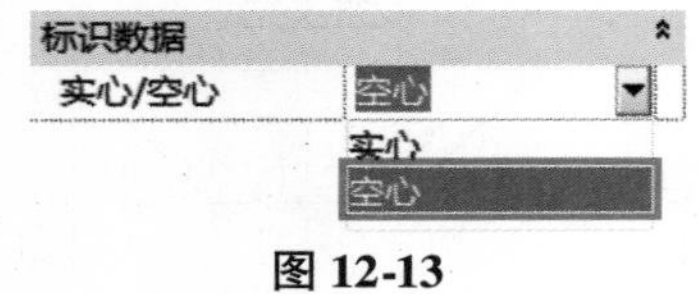

图 12-13

总是垂直	☑
加载时剪切的空心	☑
共享	☐
房间计算点	☐

图 12-14

Step 04 打开“族类型”对话框，单击“新建参数”按钮添加参数，命名为“放坡系数 1”和“放坡系数 2”，参数类型均为“数值”，如图 12-15 所示。大家都了解，放坡系数 m = b/h，但现在只有 h、上底的长宽、下底的长宽。因此可以简单地用上底的长宽减去下底的长宽再除以 2，就是 b 了。有人会问，为什么不直接标注两个参照平面之间的距离，赋予参数 b。这里要说明一下，由于已经有参数间接控制了参照平面的间距，如果再添加尺寸标注及参数，软件会报错并提示：“参照平面过约束”。

注意：图 12-15 中的 b1、b2 指的是对于两个方向有不同放坡要求时的系数。我们设置 b =（基坑顶部宽 – 基坑底部宽）/2 之后便可以在放坡系数后添加公式，如图 12-16 中“其他”分组下的公式。

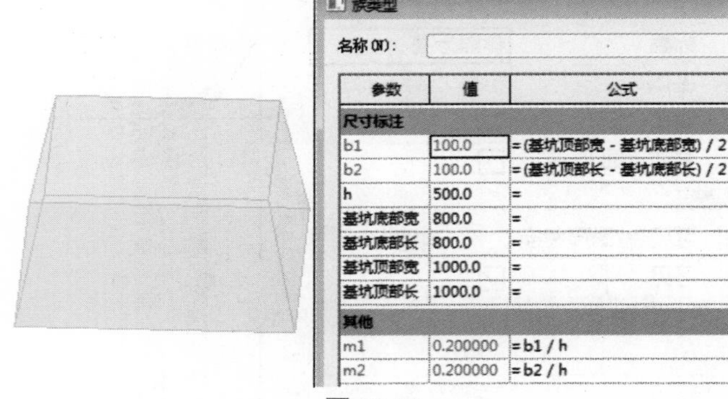

参数	值	公式	锁定
尺寸标注			
基坑底部长 (默认)	2000.0	=	☐
基坑底部宽 (默认)	2000.0	=	☐
基坑顶部长 (默认)	3040.0	=	☐
基坑顶部宽 (默认)	3040.0	=	☐
h (默认)	1400.0	=	☐
b2 (默认)	520.0	= (基坑顶部宽 - 基坑底部宽) / 2	☐
b1 (默认)	520.0	= (基坑顶部长 - 基坑底部长) / 2	☐
其他			
放坡系数2 (默认)	0.371429	= b2 / h	
放坡系数1 (默认)	0.371429	= b1 / h	
标识数据			

图 12-15

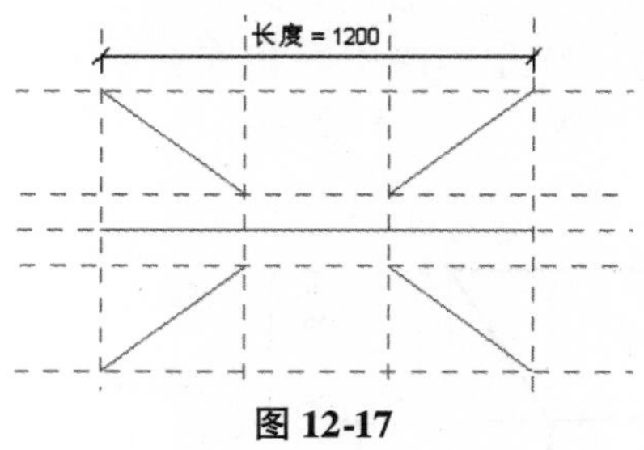

族类型

名称(N)：

参数	值	公式
尺寸标注		
b1	100.0	= (基坑顶部宽 - 基坑底部宽) / 2
b2	100.0	= (基坑顶部长 - 基坑底部长) / 2
h	500.0	=
基坑底部宽	800.0	=
基坑底部长	800.0	=
基坑顶部宽	1000.0	=
基坑顶部长	1000.0	=
其他		
m1	0.200000	= b1 / h
m2	0.200000	= b2 / h

图 12-16

12.3 参数化加腋梁

Step 01 新建族，选择“基于线的公制常规模型 . rft”并打开，先绘制 8 个参照平面和 4 条参照线，如图 12-17 所示。

长度 = 1200

图 12-17

Step 02 对各个参照平面进行尺寸标注和 EQ 处理。完成之后关联参数（腋宽 c1、腋长 c2，宽度 b），也可以为材质关联参数，如图 12-18 所示。

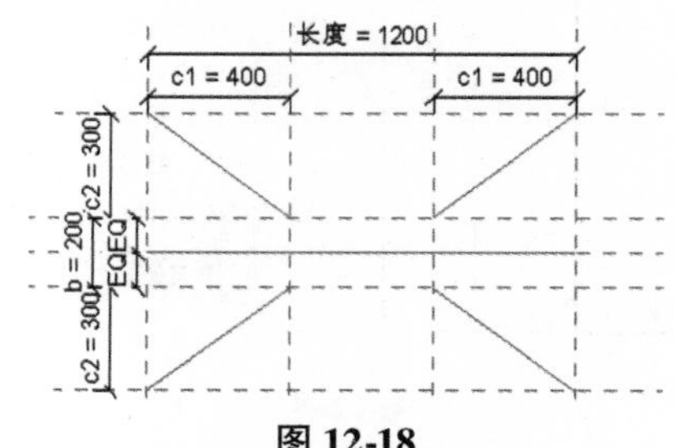

图 12-18

Step 03 把目标移至4条参照线上，执行“对齐”命令，分别将参照线端点和与之相交的参照平面进行约束（光标移到参照线该端点附近，按 <Tab> 键选择），如图12-19所示。单击出现的锁定符号即可创建约束，其他同理，如图12-20所示。参照线的两个端点都要与相应的参照平面约束，如图12-21所示。

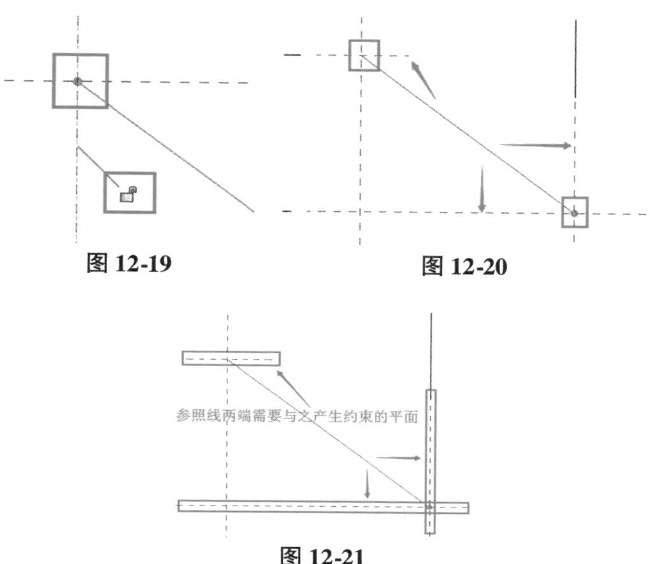

图 12-19　　图 12-20

图 12-21

Step 04 完成一系列工作后，可以调整参数进行测试。当测试结果符合预想情况后，就可以创建三维形状了。执行“拉伸”命令，沿着参照平面与参照线形成的轮廓勾勒并单击出现的锁定符号，所有草图线必须和对应的参照线或参照平面相关联约束，否则功亏一篑，如图12-22所示。

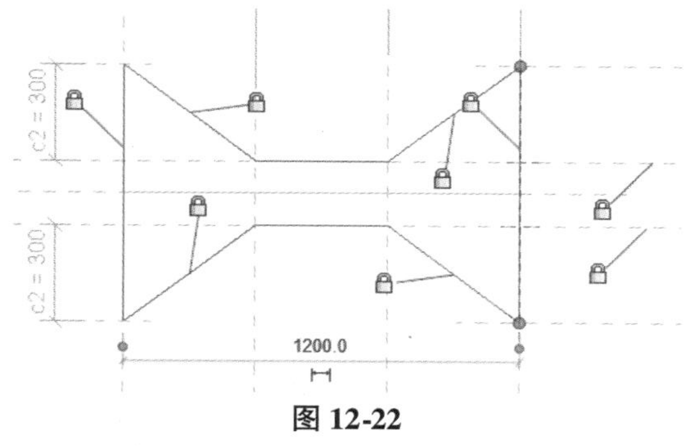

图 12-22

创建完拉伸形状后选中它，在属性栏的“约束”下，单击“拉伸起点”和“拉伸终点”后的按钮，为“拉伸起点”和“拉伸终点”关联参数“h”和“h缩进”，如图12-23所示。完成后切换至参照标高平面视图，形状如图12-24所示。

约束	
拉伸终点	150.0
拉伸起点	0.0
工作平面	标高：参照标高

图 12-23

Step 05 垂直加腋梁。这里选择“基于线的公制常规模型.rft”并打开，进入“前立面”视图，绘制5个参照平面和两条参照线，如图12-25所示。

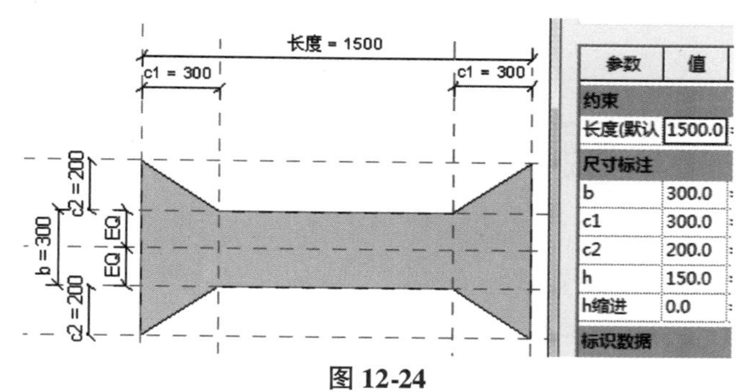

图 12-24

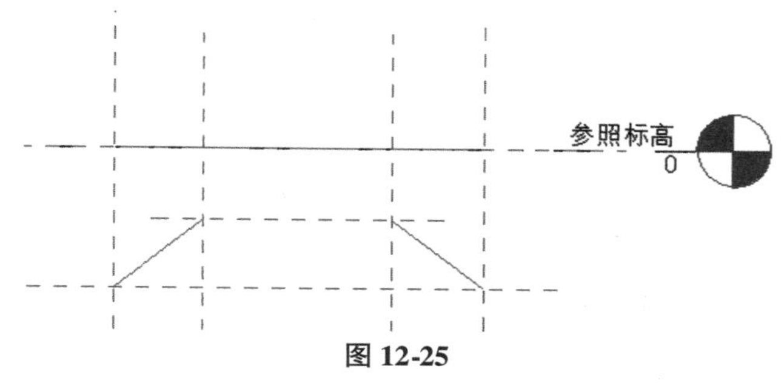

图 12-25

Step 06 先对这两条参照线（图12-25中的斜线）进行处理，同样将参照线两端端点和参照平面相约束，过程如图12-26所示。完成之后可以逐个拖动那几个参加约束的参照平面，观察两条参照线是否受到应该有的约束而跟着运动。

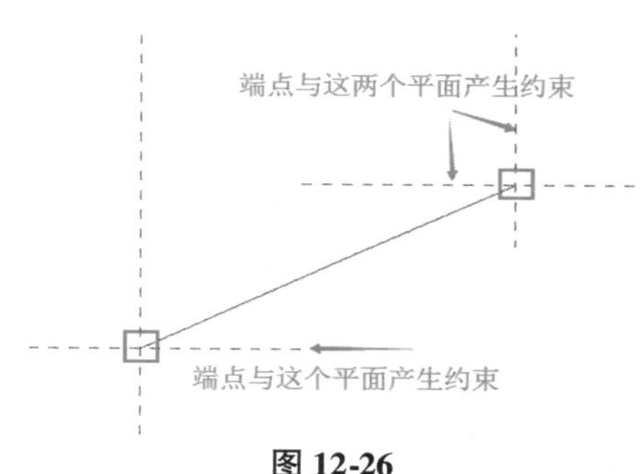

图 12-26

Step 07 现在可以进行尺寸标注了，这里需要注意的是尺寸标注“h”上方标注的是“参照标高”，如图12-27所示。

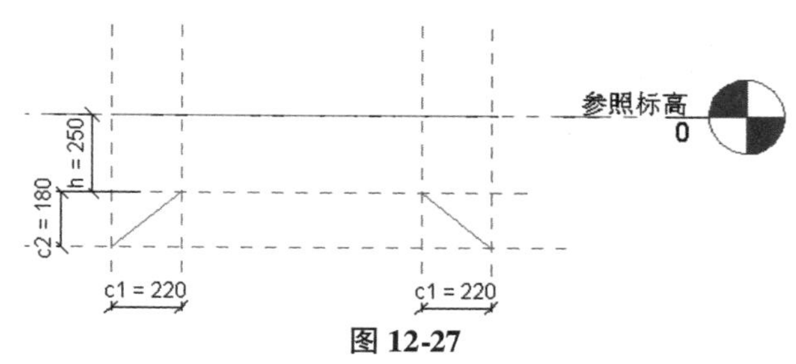

图 12-27

回到参照标高平面视图，在“中心（前/后）”参照平面上下绘制两个参照平面，同样将它们标注，并进行 EQ 操作，接着关联参数“b”，如图 12-28 所示。

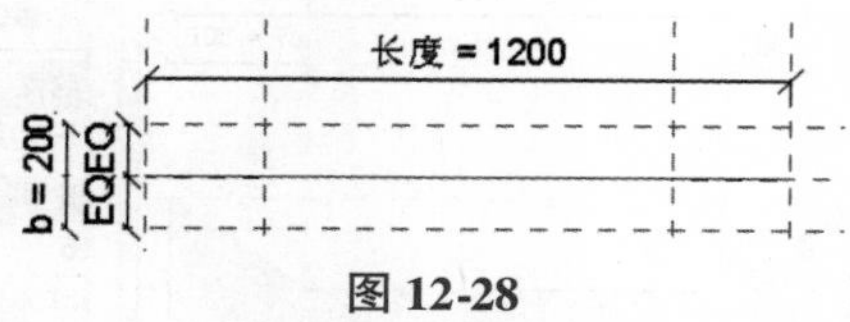

图 12-28

Step 08 现在回到前立面视图，执行“拉伸”命令，沿着参照线与参照平面所勾勒出来的轮廓绘制草图线，同样需要将草图线与参照线、参照平面产生关联约束。完成之后，需要回到参照标高平面视图，选中刚刚绘制的拉伸形状，拖动造型操纵柄，分别将两侧表面附着于两个参照平面上，并且创建约束，如图 12-29 所示。

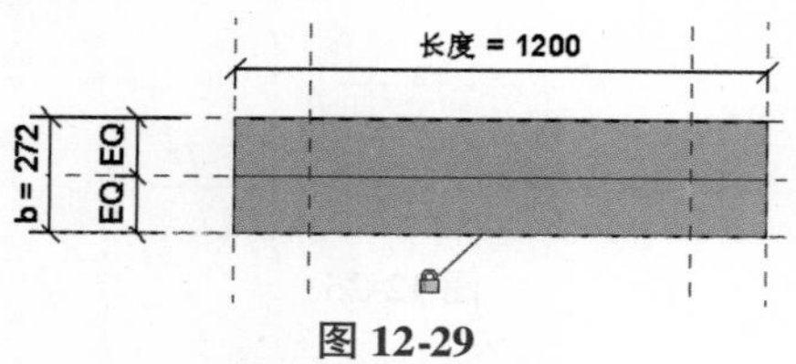

图 12-29

Step 09 在族类别中将其定义为“结构框架”。因为加腋梁分为两种基本形式，所以做了这两个类型，重点是使用参数来控制参照平面，从而驱动三维形状的特征。

在前面第 7）步时注意，进行尺寸标注时应拾取参照标高或与之在同一水平位置的参照平面。如果拾取到族样板中预制的那条参照线，虽然也可以为这个尺寸标注加上参数，但是后续调整参数值时会报错，所以只能拾取参照标高或参照平面作为标注时的参照物。

12.4 参数化变截面梁

Step 01 新建“基于线的公制常规模型”进入前立面视图，首先在前立面绘制三个参照平面及一条参照线，如图 12-30 所示。

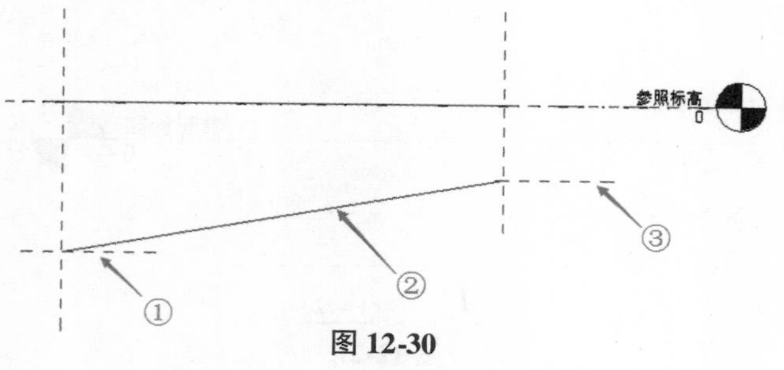

图 12-30

在画完参照平面后绘制参照线的时候，需要注意的是，参照线两端的端点需要和对应的参照平面产生约束，如图 12-31、图 12-32 所示。

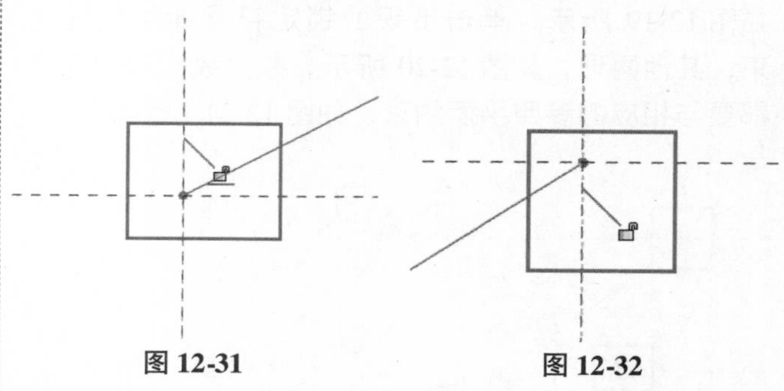
图 12-31　图 12-32

接着在各参照平面之间进行尺寸标注并添加参数“h1”和“h2”，作为梁两端的高度值。打开“族类型”对话框，修改参数值，观察参照线是否随参照平面的变化而同时变动位置，如图 12-33 所示。

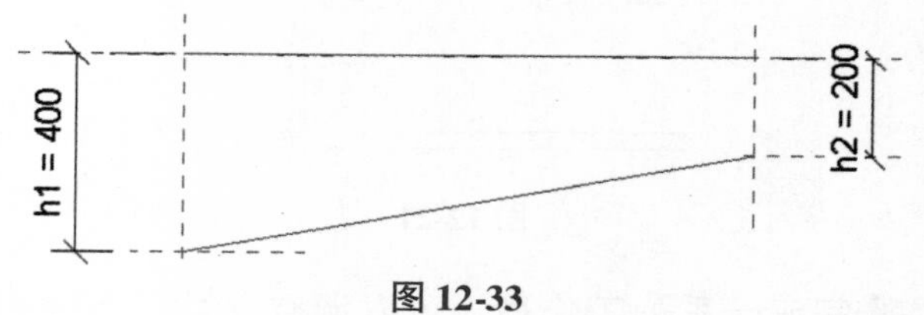

图 12-33

Step 02 进入右立面视图，会看到参照标高下的两个参照平面就是之前所绘制的。在“中心（前/后）”参照平面左右两侧各添加一个参照平面，如图 12-34 所示。在这两个参照平面与“中心（前/后）”参照平面之间创建等分约束，并标注它们的间距，添加参数“b”以控制宽度，如图 12-35 所示。打开“族类型”对话框，修改参数值，观察参照平面的变化形式是否符合预期。

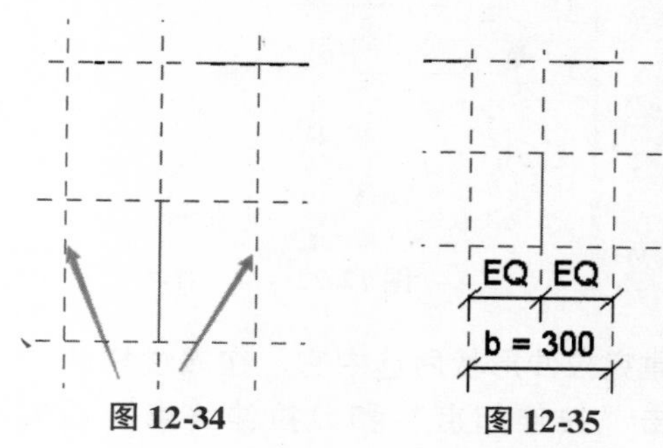

图 12-34　图 12-35

Step 03 在验证完成后，执行“放样融合”命令创建变截面梁。在前立面视图中绘制路径，拾取族样板自带的参照线，单击出现的锁定符号创建约束关系，如图 12-36 所示。或者在绘制完毕后，执行“对齐”命令，把草图线锁定到参照平面，如图 12-37所示。

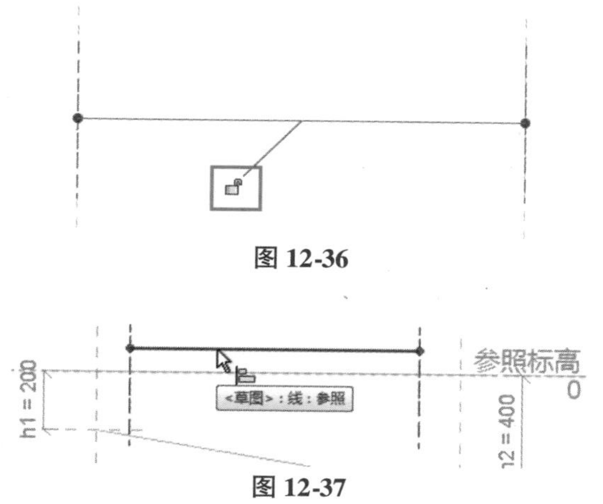

图 12-36

图 12-37

点击“完成编辑模式”，结束路径的绘制。点击“选择轮廓 1→编辑轮廓”，根据提示回到右立面视图，绘制一个矩形，作为梁左端的轮廓，如图12-38所示。完成后再“选择轮廓 2→编辑轮廓”，添加梁右端的轮廓。

在绘制轮廓的时候记得要与对应的所在的参照平面产生关联并将其锁住，完成后，打开三维视图查看是否正确，打开“族类型”对话框，修改各项参数，观察构件的变化情况，如图 12-39 所示。

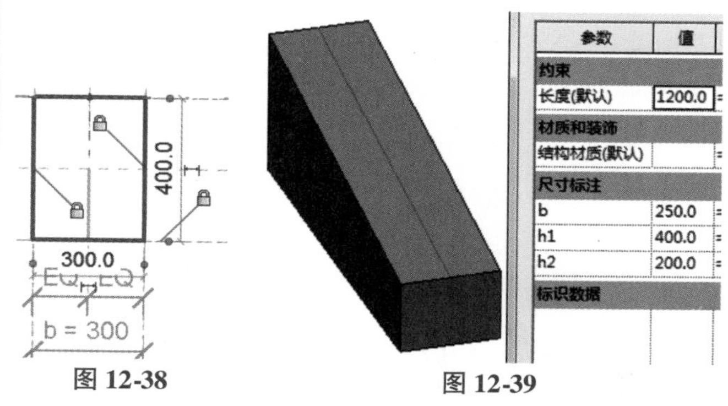

图 12-38

图 12-39

根据变截面梁的特点，我们选择“放样融合”命令来完成。相较于“融合”命令，放样融合形状的可控性程度更高。在创建路径时，参照线的端点约束非常重要，然而，有时会发现，在没有进行对齐锁定约束下，形状仍然能跟随参照平面而变化，那是因为在向尺寸标注添加参数后，软件会生成一些自动绘制临时尺寸标注，会对形状产生约束。因为这类约束关系是自动创建的，所以未必是用户需要的。因此，在创建参数控制框架和约束关系时，还是建议考虑周全，除了将需要移动的部分锁定到可动的参照图元上以外，对于不需要移动的部分，也要锁定到固定的参照图元上。

第13章

参数化工地大门、围栏、塔吊原型

概　述

在实际项目中常常会对场地基本设施进行布置，如大门、栏杆，而每个项目的具体要求也会有所不同，参数化设施的加入就会满足这一点。

13.1 参数化工地大门

大门的构成可包括门柱、门梁和门扇，所以参数化的调控主要从这几个方面入手。

Step01 新建族，选择“公制常规模型.rft”作为族样板并打开。在族样板的参照标高平面中用参照平面绘制大门门柱位置，并进行标注、添加参数，如图13-1所示。

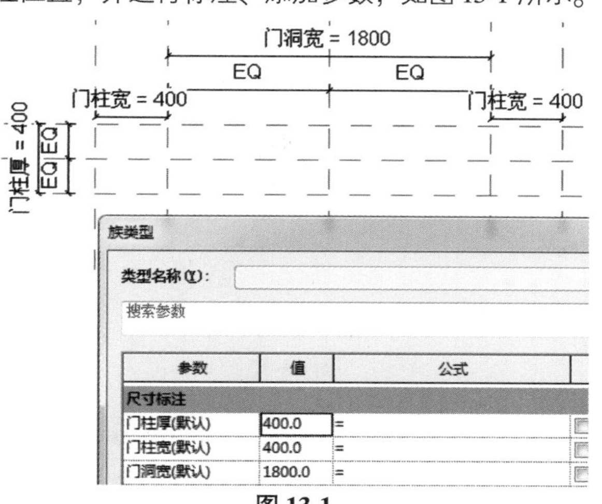

图 13-1

Step02 创建拉伸并进行锁定，如图13-2所示。切换到前立面视图，由于门柱分为上、下两个部分，所以要对它们分别添加高度参数进行控制（例如：如图13-3所示，在前立面用参照平面绘制底柱高，并添加参数进行锁定）。

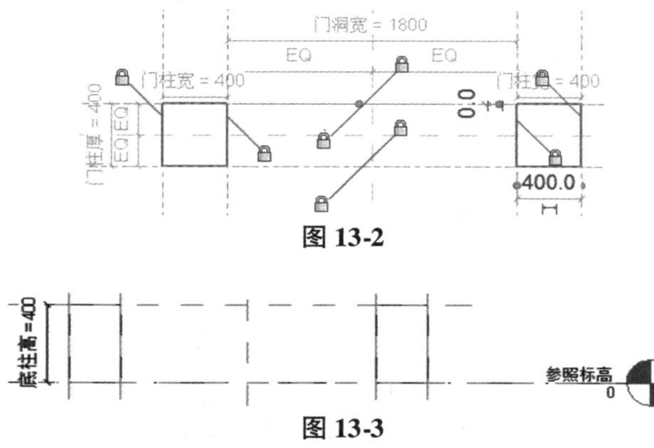

图 13-2

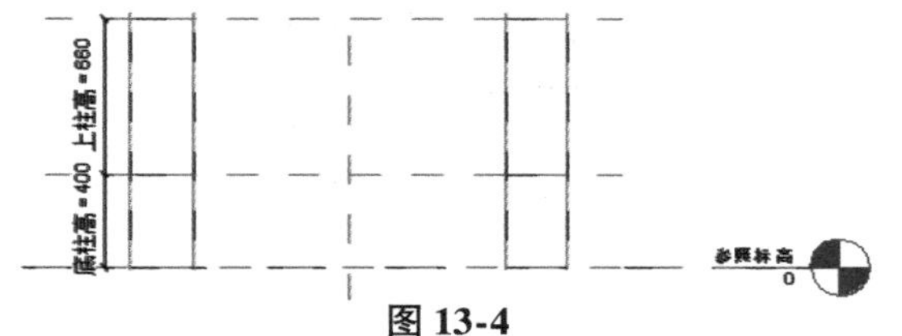

图 13-3

Step03 用绘制底柱的方法在底柱的位置上绘出上柱，并锁定到门柱宽和厚以及上柱高的参照平面上，如图13-4所示。

图 13-4

Step04 回到参照标高平面绘制门梁部分。因为大门的门梁两端会多出门柱一定的距离，所以要添加参照平面以控制门梁的形状，如图13-5所示。

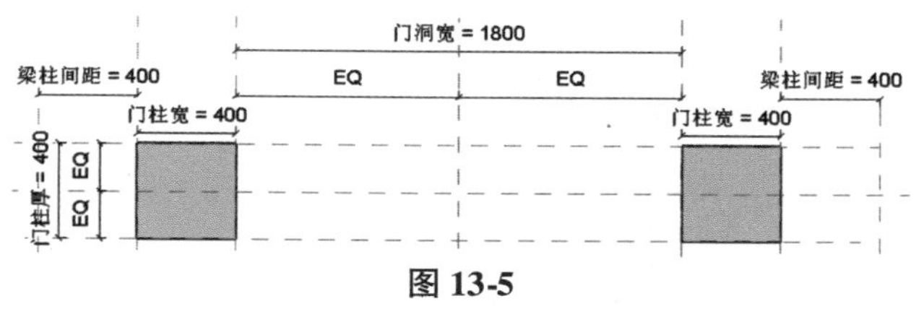

图 13-5

Step05 创建拉伸并锁定，如图13-6所示。到前立面绘制参照平面，为门梁添加高度参数并锁定，如图13-7所示。

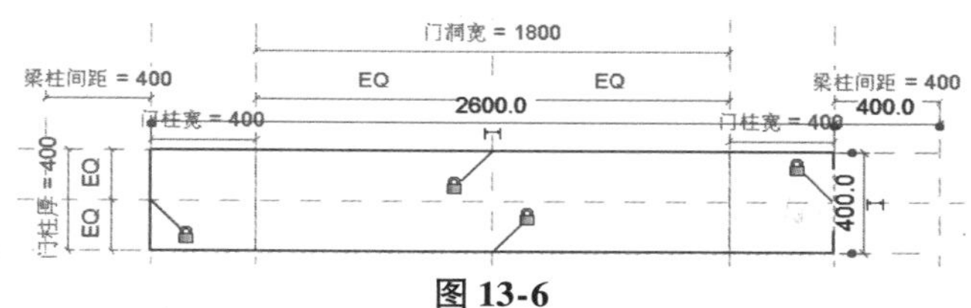

图 13-6

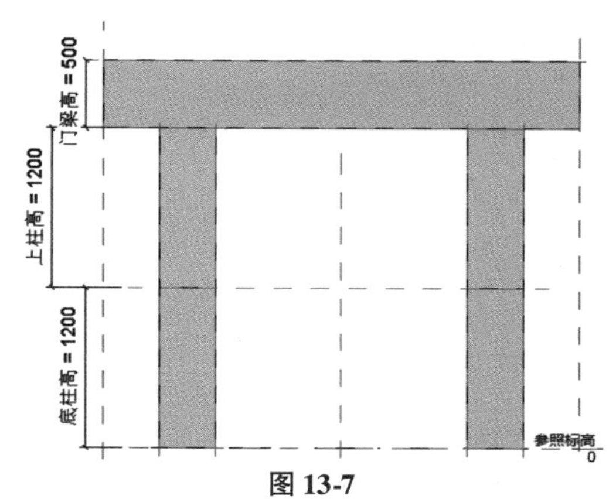

图 13-7

Step06 门柱和门梁完成后就进行门扇的创建。门扇的旋转可以用角度参数来进行控制，并且门扇有厚度参数且与门柱之间有一定的距离。首先在参照标高平面建立用于控制旋转的参照线，标注角度并添加参数，再添加另一个参照线，并标注它与第一条参照线的夹角，之后锁定这个角度标注。用同样的方法在右边添加角度参照线，添加后如图13-8所示。

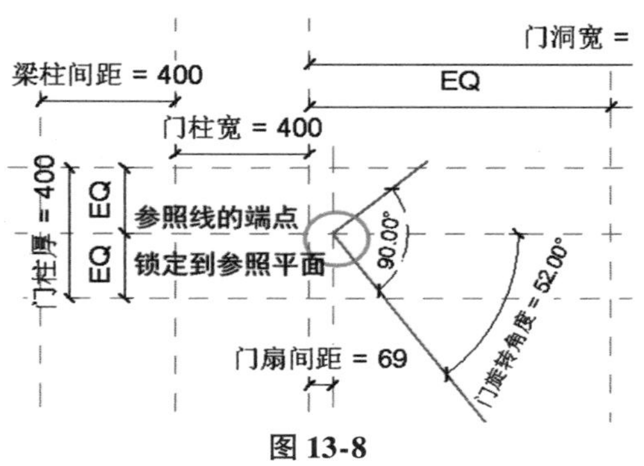

图 13-8

Step 07 这里门扇的旋转是依靠参照线进行的，所以接下来新建一个“基于面的公制常规模型”并嵌套进来以达到效果，如图13-9所示。

Chinese
名称
标题栏
概念体量
注释
a公制常规模型
a公制详图项目
a基于面的公制常规模型
a自适应公制常规模型

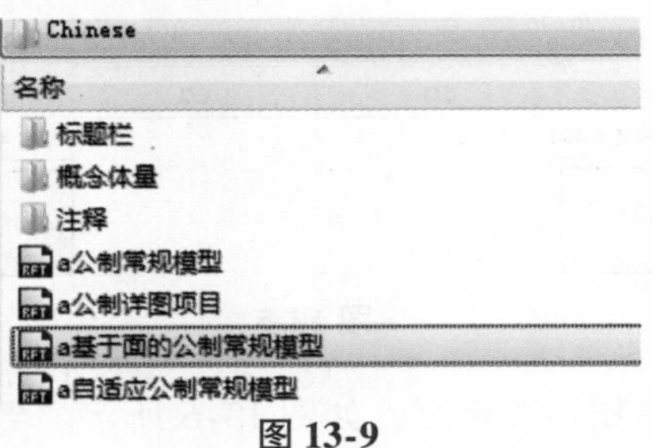

图 13-9

注意这里的门扇同样需要长度、宽度和高度参数进行控制，用实例参数的方法嵌套进族后，关联到主体族的参数就可以对门扇进行调节。分别在参照标高平面和前立面视图绘制参照平面，并标注出门扇的宽、高、厚，如图13-10和图13-11所示，然后执行“拉伸”命令创建门扇，锁定到参照平面上。

门宽 = 800
门高 = 1800
参照标高
0

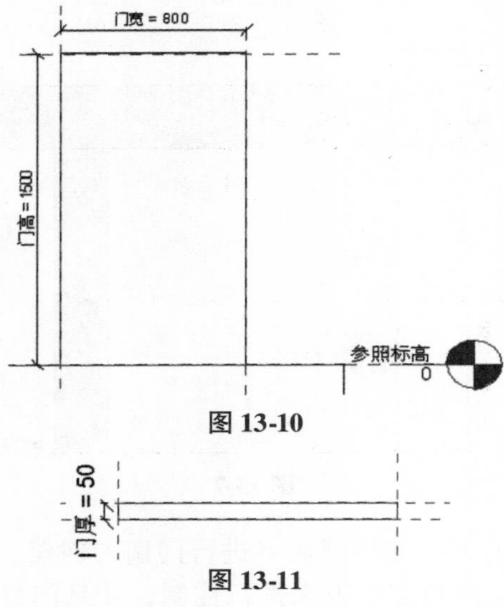

图 13-10

门厚 = 50

图 13-11

Step 08 载入到上一步骤新建的公制常规模型中，拾取先前参照线所带的水平平面作为工作平面后（图13-12），

门扇间距 = 104
90.00°
90.00°
门旋转角度 = 45.00°
工作平面
当前工作平面
名称:
参照线
显示
指定新的工作平面
名称(N)
参照线
拾取一个平面(P)
拾取线并使用绘制该线的
确定

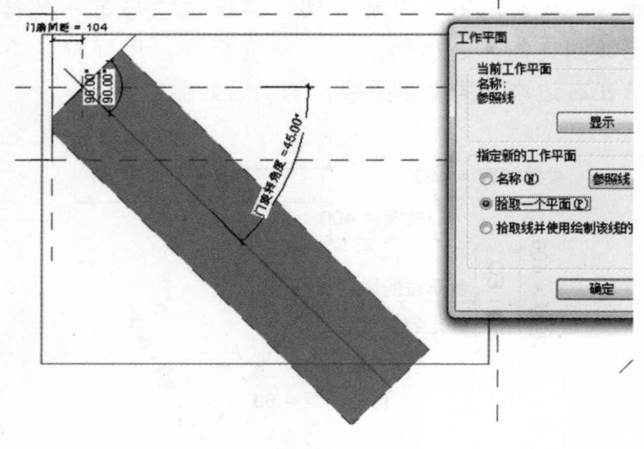

图 13-12

做一条垂直于该参照线的参照线，并与之前用来锁定角度的参照线进行标注，添加标注长度为门扇宽，如图13-13所示。将门扇的参数关联到主体族中，如图13-14和图13-15所示。用同样的方法为另外一边添加门扇，如图13-16所示。

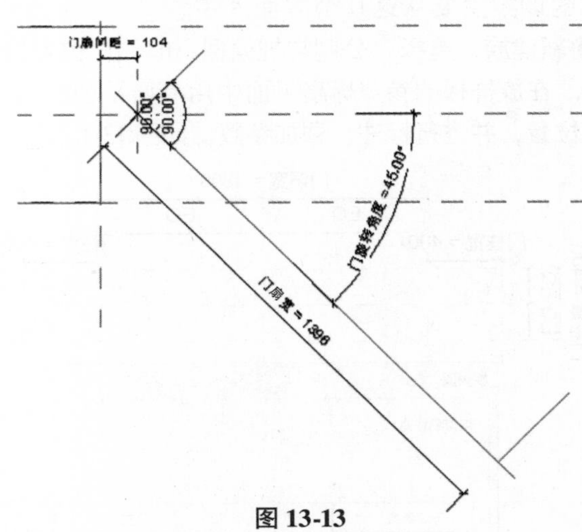

门扇间距 = 104
90.00°
90.00°
门旋转角度 = 45.00°
门扇宽 = 1398

图 13-13

可见
尺寸标注
门厚 50.0
门宽 750.0
门高 1850.0
体积 0.069
标识数据
图像
注释
标记
其他
标签 <无>
明细表标高 参照标高
关联族参数
族参数:
参数类型:
兼容类型的
搜索参数
<无>
上柱高
底柱高
梁柱间距
门扇厚
门扇宽
门扇间距
门扇高
门柱厚
门柱宽
门梁高

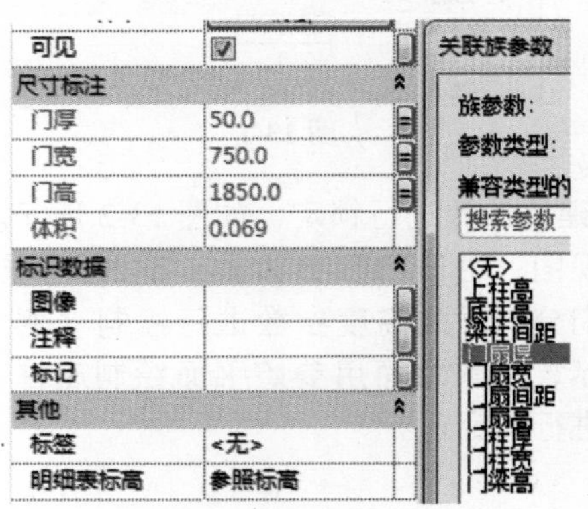

图 13-14

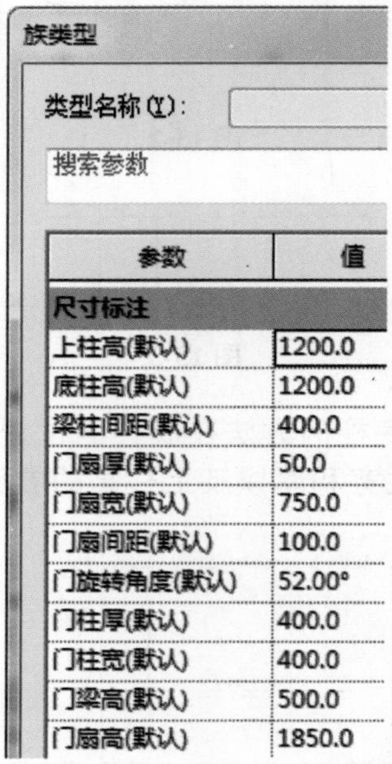

族类型
类型名称(Y):
搜索参数
参数
值
尺寸标注
上柱高(默认) 1200.0
底柱高(默认) 1200.0
梁柱间距(默认) 400.0
门扇厚(默认) 50.0
门扇宽(默认) 750.0
门扇间距(默认) 100.0
门旋转角度(默认) 52.00°
门柱厚(默认) 400.0
门柱宽(默认) 400.0
门梁高(默认) 500.0
门扇高(默认) 1850.0

图 13-15

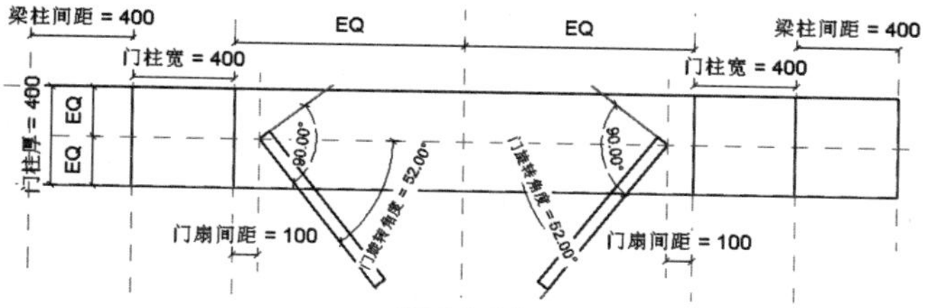

梁柱间距 = 400 EQ EQ 梁柱间距 = 400
门柱宽 = 400 门柱宽 = 400
门柱厚 = 400 EQ EQ
门旋转角度 = 52.00°
门扇间距 = 100 门扇间距 = 100

图 13-16

Step 09 标注门柱间的距离，添加“门洞宽”作为参数，那么单个门扇的长度就为门洞宽的一半，即“门扇宽 = 门洞宽/2”。门扇间距应等于门扇厚度，这样在门扇打开到90°时就不会与门柱碰撞，即“门扇间距 = 门扇厚”。切换到前立面视图，在“族类型”对话框中输入公式，即门扇高 =“上柱高 + 底柱高”，完成后单击“确定”按钮如图 13-17 所示。

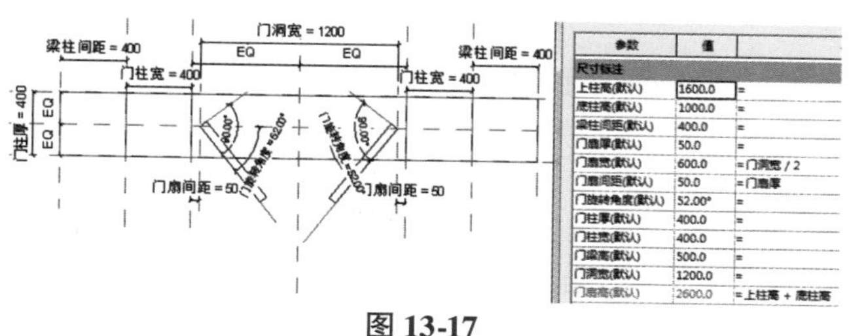

图 13-17

Step 10 打开三维视图，再次打开“族类型”对话框，对门洞宽和门高的参数值进行修改，确认参数能有效驱动形体，如图 13-18 所示。

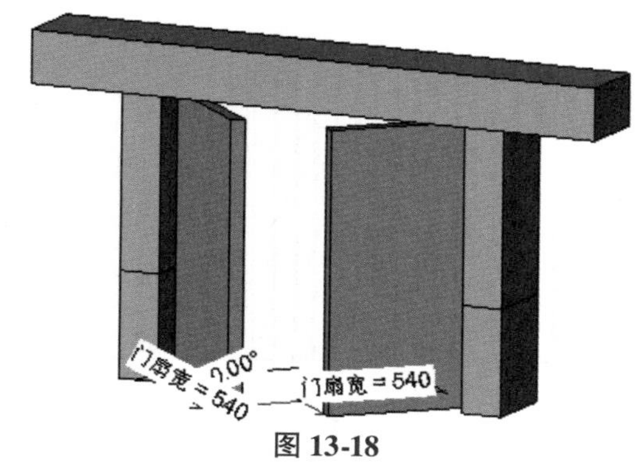

图 13-18

本节总结起来，主要有以下几点：

Step 01 大门的构件参数化主要是对门柱、门梁和门扇的厚度、高度以及宽度进行调整。

Step 02 门扇部分的构成要借助于嵌套，通过新建基于面的模型载入主体族后进行锁定。

Step 03 族参数可以根据实际需求进行调整。

13.2 参数化围栏

Step 01 新建“公制常规模型”，切换到前立面视图，用“放样”先绘制围栏的一个竖杆，绘制完毕后为它添加相应高度的类型参数“上段”和“下段”（图 13-19），并在绘制轮廓时添加控制竖杆粗细的类型参数“半径”，如图 13-20 所示。

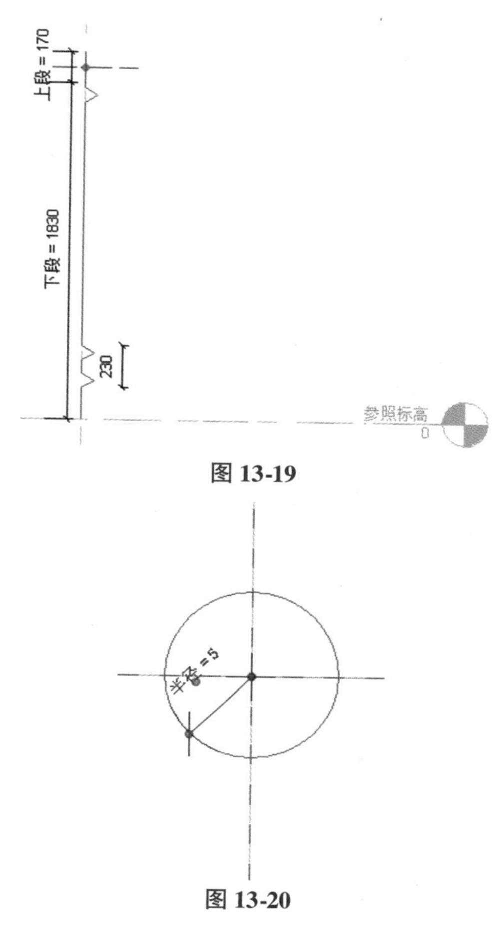

图 13-19

图 13-20

Step 02 新建一个“基于线的公制常规模型”，在视图中可以发现，这个样板中已经预设了一条参照线、一个参照平面和一个长度参数，参照线起始端为参照平面“中心（前/后）”与参照平面“中心（左/右）”的交点，末端锁定于右侧的参照平面，如图 13-21 所示。显然，在这里创建的常规模型较之前的常规模型有些不同，当把该族导入到项目中或其他环境放置时，不是“单击一次即放置一个实例”的形式，而是要点击两次才可以生成一个实例（“拾取线”的方式下可以只单击一次）。

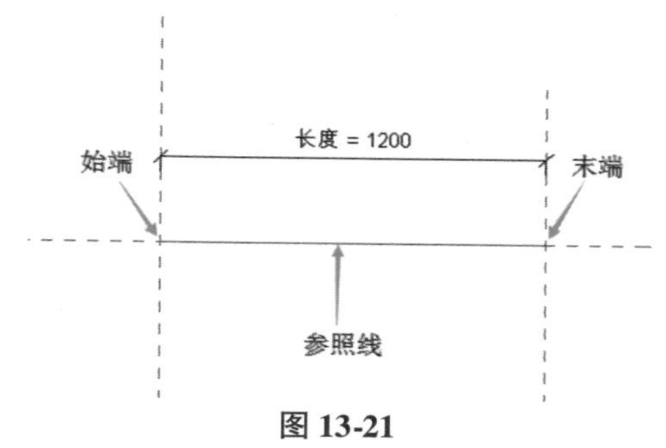

图 13-21

Step 03 进入前立面视图执行“拉伸”→“矩形”命令。注意：矩形的左下角要捕捉到参照标高与参照平面的交点，即与参照线和参照平面保持联系，记得锁定约束条件，如图 13-22 所示。之后为它添加参数，同样的，在末端即参照平面处也绘制同样的轮廓，赋予同样的参数，如图 13-23 所示。可以适当调整一下拉伸的深度，这里设置为 65mm。

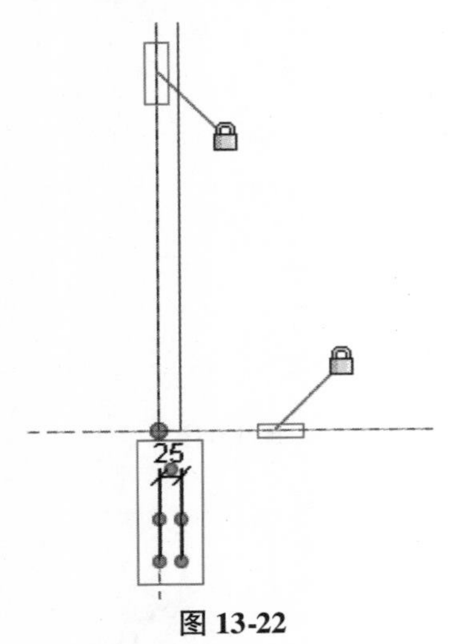

图 13-22

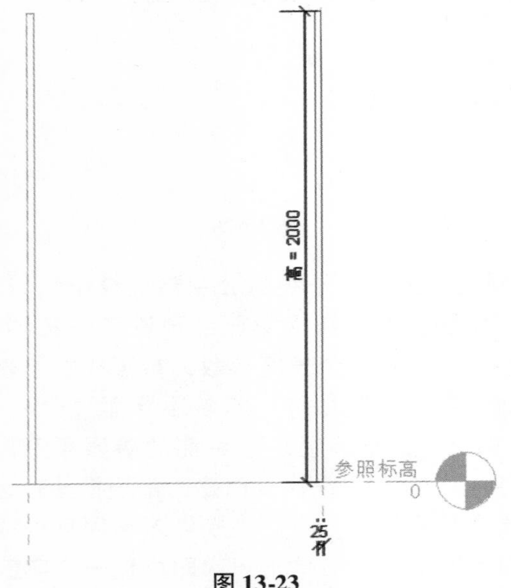

图 13-23

Step 04 接下来，将之前绘制的构件导入，放置到参照标高平面上，对齐那条参照线，如图 13-24 所示。

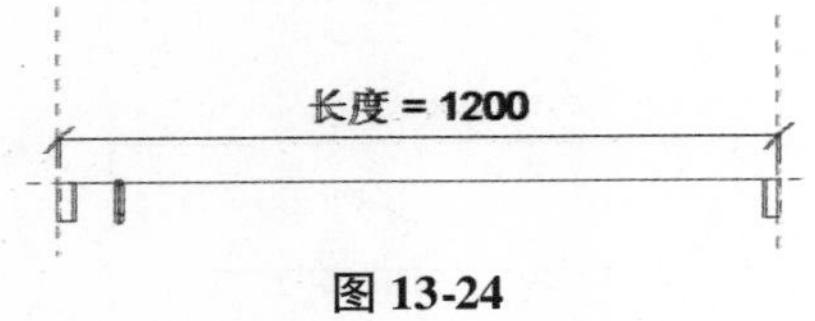

图 13-24

如图 13-25 所示，构件与参照平面的距离为 100，与支柱的距离为 75，那么在接下来阵列的时候，最后的那个构件也应该位于末端参照平面前的相应位置。切换到参照标高平面视图，执行“阵列”命令，选择构件，先拟定阵列 7 个，勾选“成组并关联”，选择“最后一个”(即阵列是在第一次单击与第二次单击之间的距离内进行)，如图 13-26所示。阵列完成后，更改个数，阵列结果如图 13-27 所示。

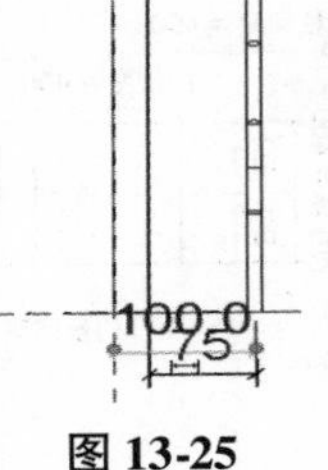

图 13-25

图 13-26

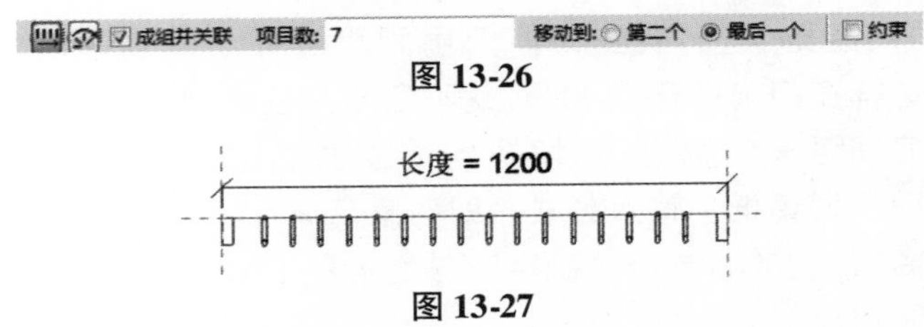

图 13-27

Step 05 为阵列添加参数。单击阵列数下方的标签（类似梳子形状)，为它添加参数“n”，如图 13-28 所示。

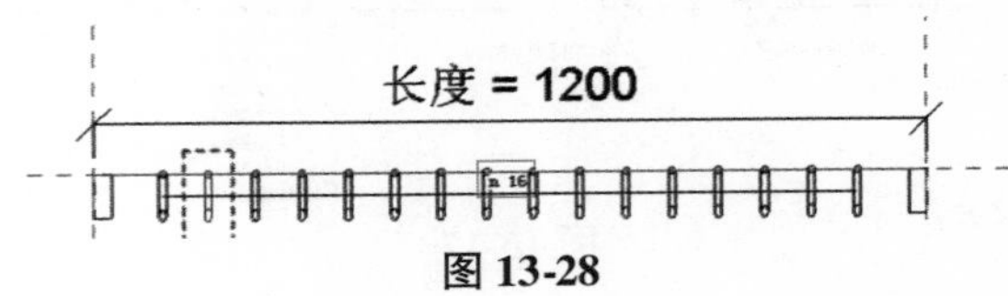

图 13-28

接下来，切换到前立面视图，对阵列后产生的最后一个构件进行处理——为它和右侧的参照平面进行尺寸标注，并锁定该标注，图 13-29 所示。

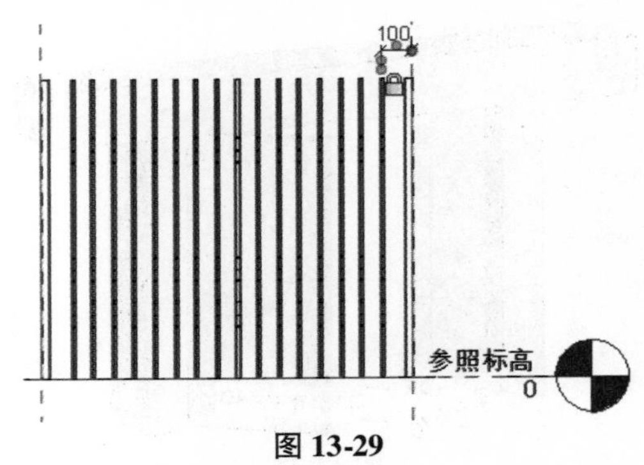

图 13-29

Step 06 参数的关联。因为阵列后的单个构件都是成组状态，无法直接查看属性，所以单击选中阵列中的单个模型组，单击“编辑组”，选中该构件，单击属性栏的“编辑类型”，打开“类型属性”对话框，如图 13-30 所示。把相应参数关联好后，打开“族类型”对话框，这里显示的是主体族的参数信息，如图 13-31 所示。

为了在敷设围栏的时候达到任意长度并保持网片间距的效果，在“族类型”对话框中为阵列标签添加公式 n =“长度/间距”，这里间距拟定 75mm，如图 13-32 所示。

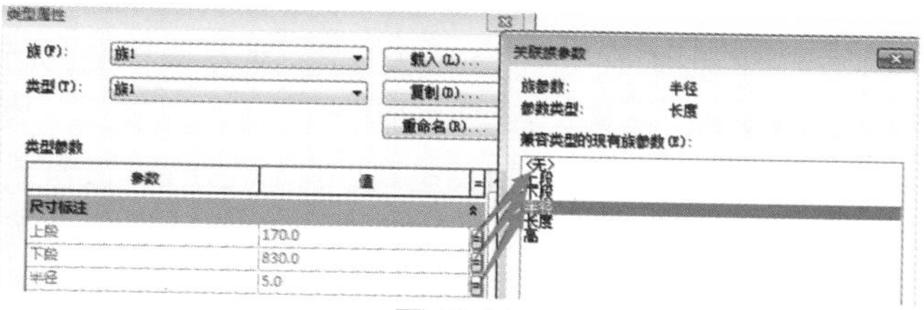

图 13-30

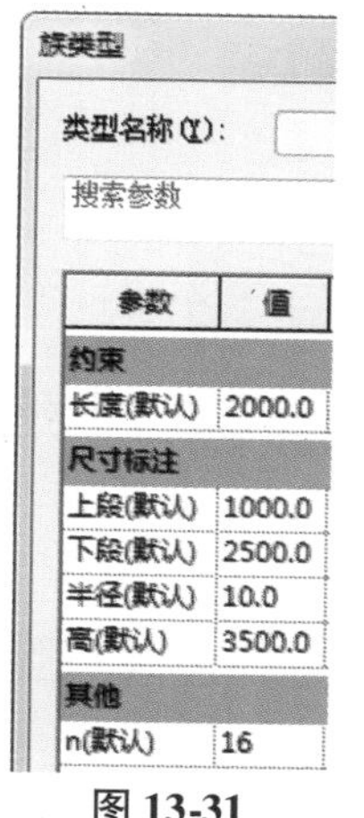

族类型

类型名称(Y):

搜索参数

参数	值
约束	
长度(默认)	2000.0
尺寸标注	
上段(默认)	1000.0
下段(默认)	2500.0
半径(默认)	10.0
高(默认)	3500.0
其他	
n(默认)	16

图 13-31

族类型

类型名称(Y):

搜索参数

参数	值	公式
约束		
长度(默认)	2000.0	=
尺寸标注		
上段(默认)	1000.0	=
下段(默认)	2500.0	=
半径(默认)	20.0	=
高(默认)	3500.0	=
其他		
n(默认)	27	=长度 / 75 mm

图 13-32

Step07进行调试，看看在更改高度参数时其他构件能否跟着变化，效果如图 13-33 所示。

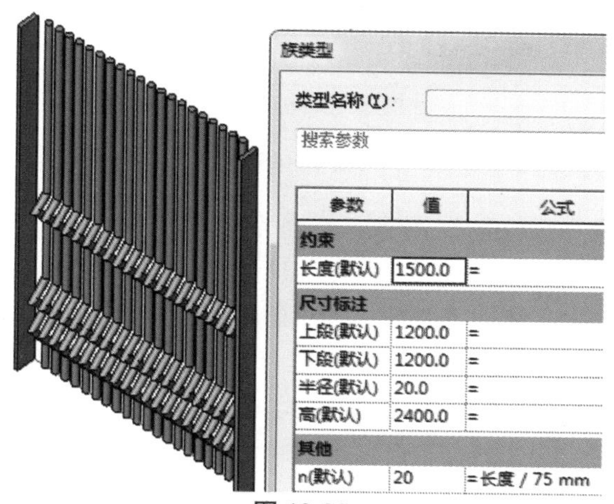

族类型

类型名称(Y):

搜索参数

参数	值	公式
约束		
长度(默认)	1500.0	=
尺寸标注		
上段(默认)	1200.0	=
下段(默认)	1200.0	=
半径(默认)	20.0	=
高(默认)	2400.0	=
其他		
n(默认)	20	=长度 / 75 mm

图 13-33

Step08继续在“族类型”对话框中添加公式高 = “上段 + 下段”，如图 13-34 所示。

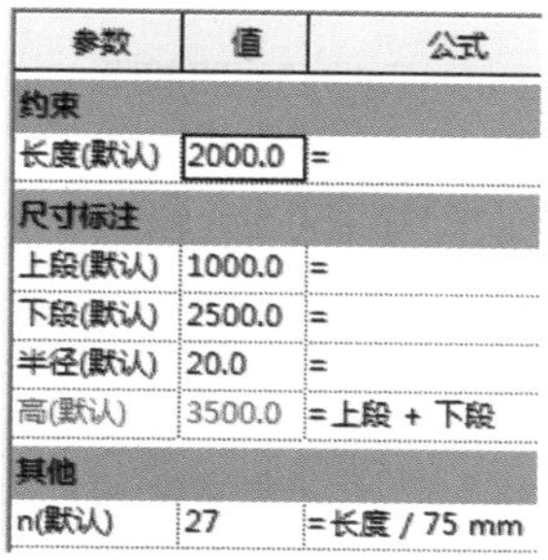

参数	值	公式
约束		
长度(默认)	2000.0	=
尺寸标注		
上段(默认)	1000.0	=
下段(默认)	2500.0	=
半径(默认)	20.0	=
高(默认)	3500.0	=上段 + 下段
其他		
n(默认)	27	=长度 / 75 mm

图 13-34

Step09载入到项目中测试，选择“放置在工作平面上”，如图 13-35 所示。

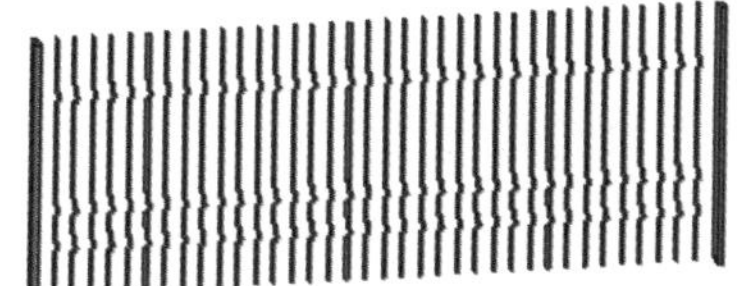

图 13-35

本节总结起来，主要有以下几点：

Step01思考围栏所需要的参数并赋予它，目的是为了尽量和现实中的情况相吻合，而选择“基于线”也是处于此目的。

Step02在创建阵列时，可设置两种样式：一种是组成员间距不变，总距离和个数变化；一种是总距离不变，间距和个数变化。在为阵列中的模型组添加参数时，想要达到第二种阵列效果时，其起始构件和末尾构件要锁定于开始和末端的参照平面上，如此才能在任意长度下等距阵列。

13.3 参数控制升降及旋转构件

Step01新建公制常规模型，绘制一个立方体拉伸形状，长 × 宽 = 1000mm × 1000mm，添加长、宽参数为“B”的实例参数，如图 13-36 所示。切换到前立面视图中，在参照标高上方的水平方向上绘制一个参照平面，执行“对齐尺寸标注”命令，标出其与参照标高重合的参照平面之间的距离，添加实例参数“H”，之后将构件的上表面锁定到该参照平面（即创建对齐约束），在“属性”栏中勾选“基于工作平面”，不勾选“总是垂直”，切换到三维视图，如图 13-37 所示。完成之后保存，命名为“族 1”。

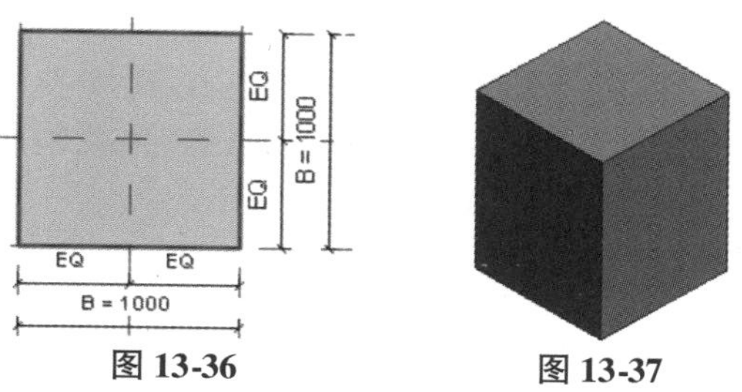

图 13-36　　图 13-37

Step02再次新建一个公制常规模型，保存并命名为“塔吊”。将族 1 载入其中，以“放置在工作平面上”的方式放置在中心位置，如图 13-38 和图 13-39 所示。

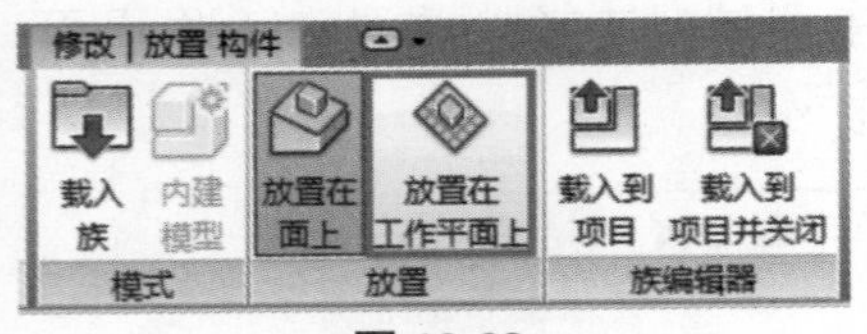

图 13-38

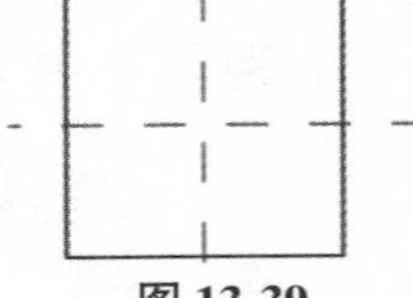
图 13-39

Step 03 放置后打开前立面视图，选中族 1，执行“翻转工作平面”命令，将族 1 翻转到参照标高下方，如图 13-40 和图 13-41 所示。

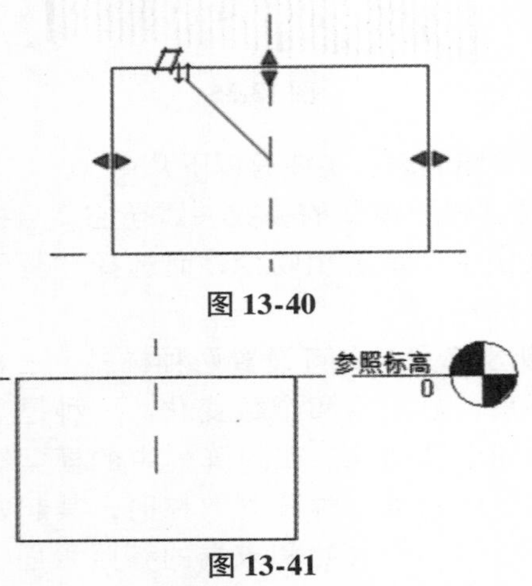

图 13-40

图 13-41

选中构件，在属性栏找到参数“H”，点击右侧的“关联族参数”按钮，在“关联族参数”对话框里添加一个新的参数“基础高度”，将“B”关联到“B1”，如图 13-42 所示。完成后修改“基础高度”和“B1”，观察构件变动情况。

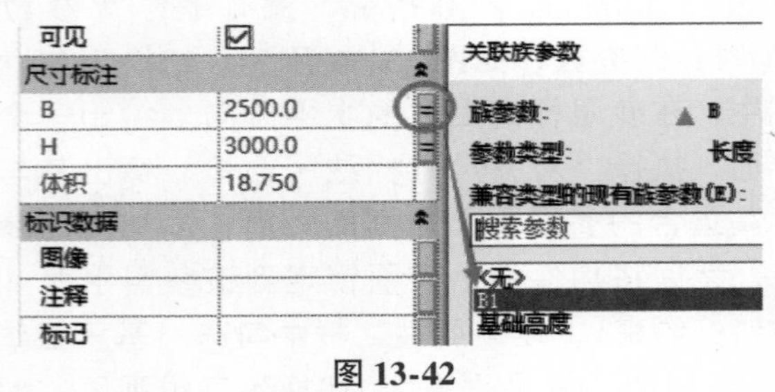

图 13-42

Step 04 切换到参照标高平面视图，执行“放置构件”命令，再次放置一个新的“族 1”，同样放置到中心，如图 13-43 所示。选中该构件，关联族参数，将“B”关联到“B2”，找到参数“H”并关联新的族参数“底座高度”，如图 13-44 所示。

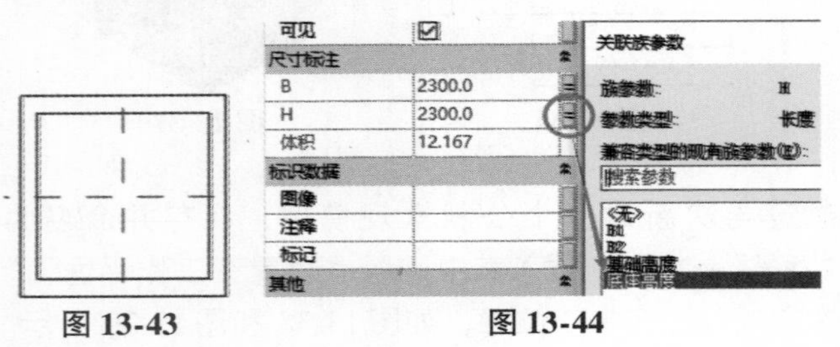

图 13-43　　图 13-44

Step 05 切换到前立面视图，选中刚刚放置的底座，检查它的工作平面属性，如图 13-45 所示，是参照标高，因此不需要更改。如果在放置时使用了“放置在面上”的选项，又拾取了之前放置的基础，那么它的“工作平面”将会显示为“族 1”。如果要进行调整，确保在选中它的状态下，执行“编辑工作平面”命令，打开“工作平面”对话框，在“名称”下选择“参照标高”，如图 13-46 所示。

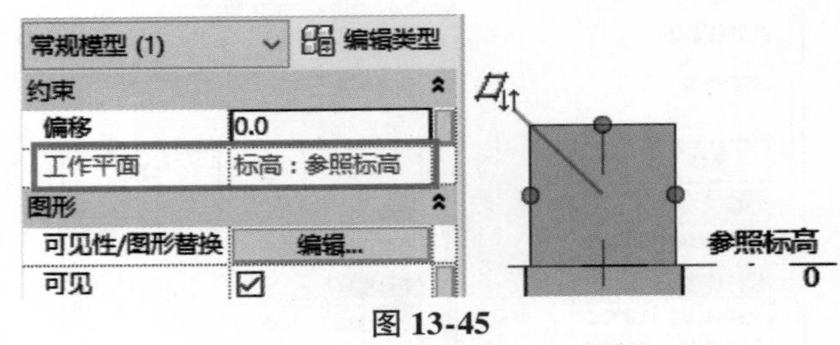

图 13-45

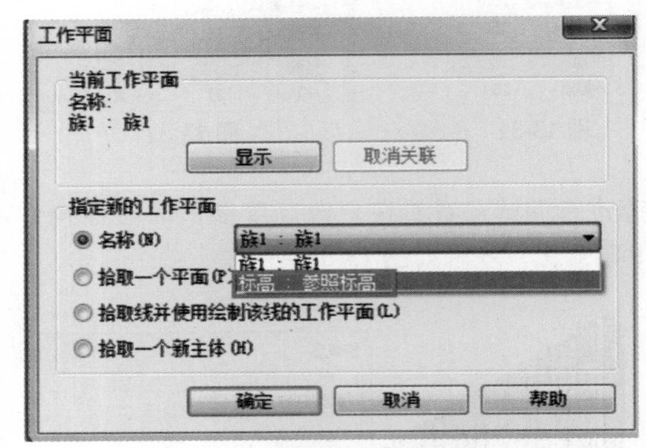

图 13-46

Step 06 在前立面视图中，在参照标高上方绘制一个水平参照平面，并对其与参照标高重合的参照平面进行标注，添加参数为“底座高度”，如图 13-47 所示。打开“族类型”对话框，测试参数。

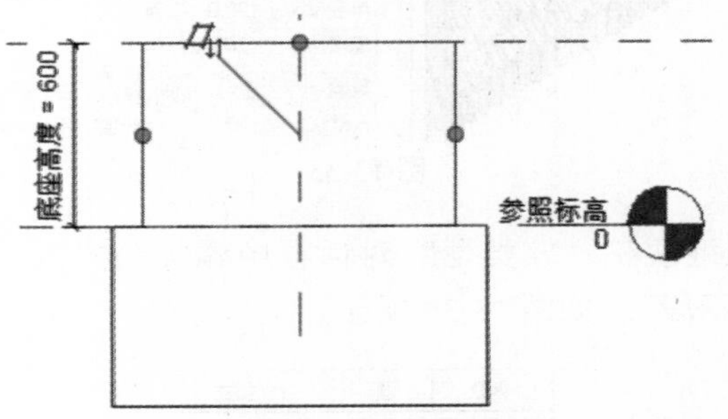

图 13-47

Step 07 切换到参照标高平面视图，执行“放置构件”命令，再次放置一个新的“族 1”，同样放置到中心，如图 13-48 所示。选中该构件，关联族参数，将“B”关联为“B3”，找到参数“H”并关联新的族参数“标准节高”，如图 13-49 所示。

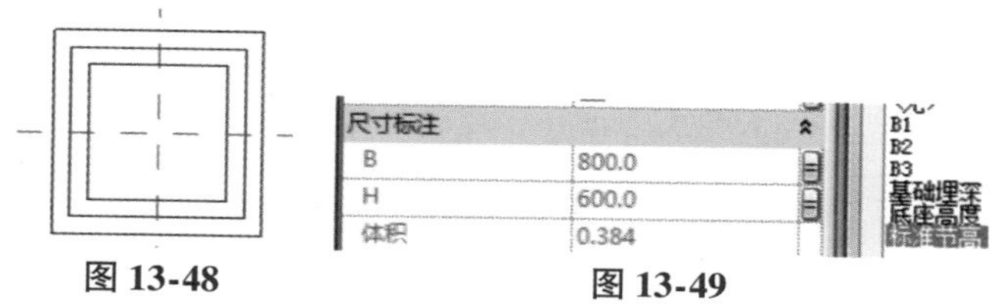

图 13-48　　图 13-49

Step 08 切换到前立面视图，执行“对齐”命令，将刚刚放置的族 1 即标准节的下边锁定到参照平面上，如图 13-50 所示。

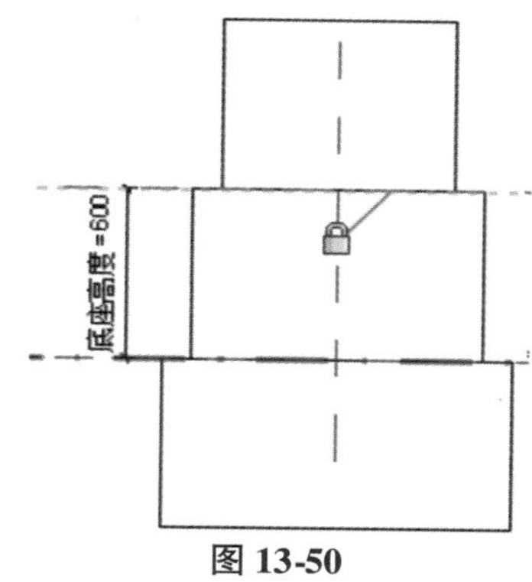

图 13-50

Step 09 在前立面视图中，在标准节上方再绘制一个水平参照平面，并进行标注，添加参数为“标准节高”，如图 13-51 所示。选中标准节，向上阵列，选择“成组并关联”并移动到“第二个”的方式，沿构件底向上至顶作为距离阵列，输入适当的阵列个数，完成后选中阵列成组线，添加参数“N”，如图 13-52 所示。

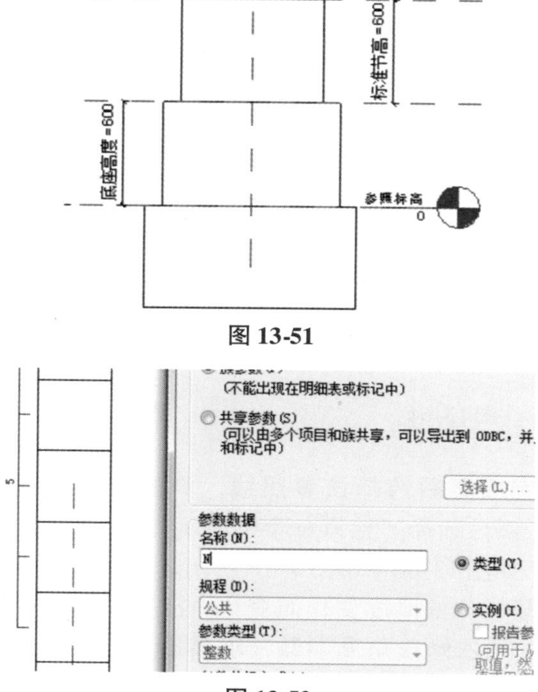

图 13-51

图 13-52

Step 10 选中倒数第二个标准节，将下面的边锁到参照平面上，如图 13-53 所示。完成后，打开“族类型”对话框测试参数，如图 13-54 所示。

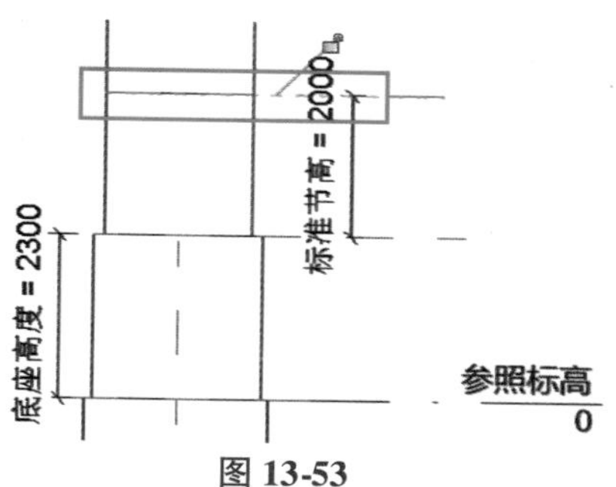

图 13-53

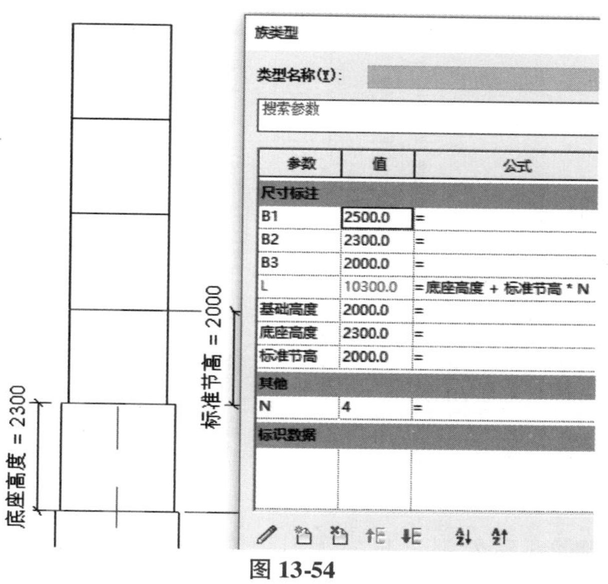

图 13-54

Step 11 在参照标高平面视图，执行“放置构件”命令，再次放置族 1，将其作为顶部的“爬架”，如图 13-55 所示。此时切换到前立面视图，如图 13-56 所示。选中爬架，找到高度参数，关联族参数，添加新的参数，命名为“爬架自高”，将“B”关联为“B4”，如图 13-57 所示。

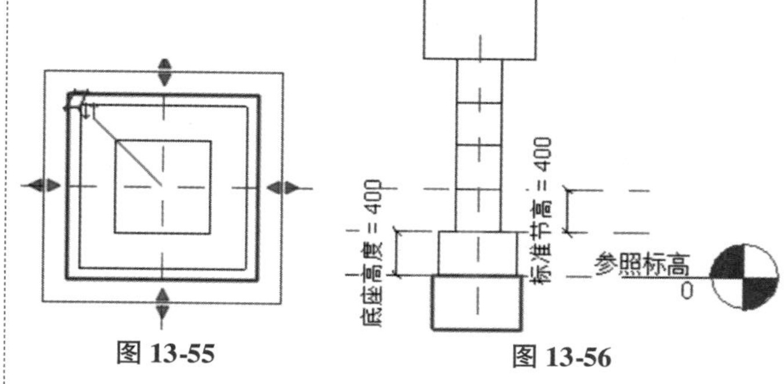

图 13-55　　图 13-56

Step 12 在爬架下方绘制一个水平参照平面，标注它到参照标高的距离，并添加参数“L”，如图 13-58 所示。打开“族类型”对话框，添加公式 L = “底座

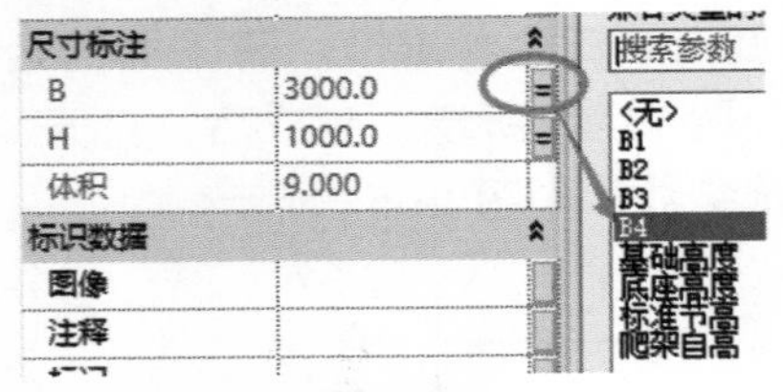

图 13-57

高度 + 标准节高 * N”。选中爬架，将爬架的工作平面设置为爬架下方的参照平面，如图 13-59 所示。在“族类型”对话框中修改并测试各参数。

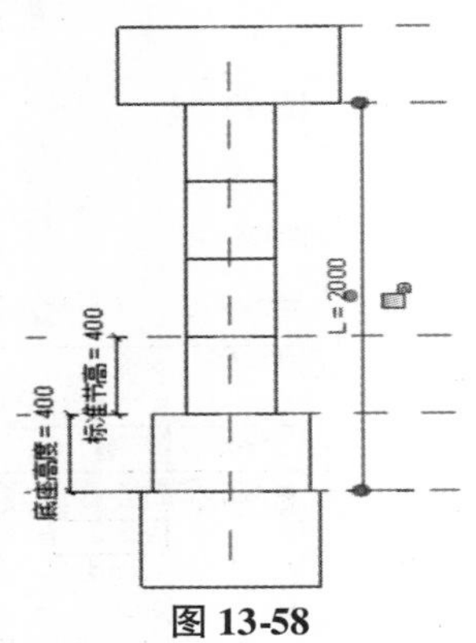

图 13-58

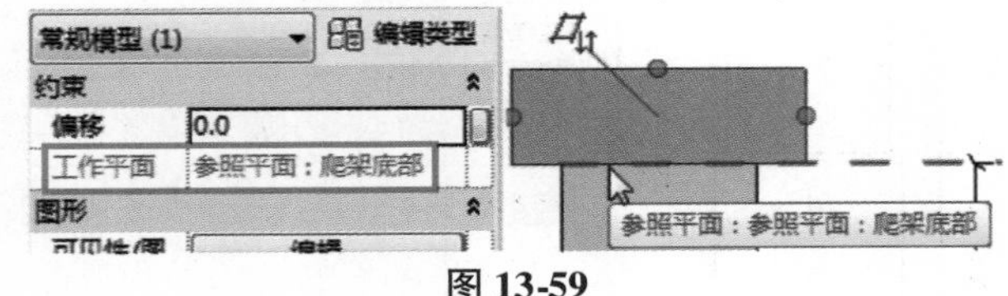

图 13-59

Step 13 新建公制常规模型，现在要做的是一个支座（一个简单的融合构件），下底边长 2500mm，上底边长 1800mm，都是正方形轮廓，如图 13-60 所示。融合完成后，在“属性”栏中找到“第二端点”关联族参数，命名为“下支座高”，如图 13-61 所示。完成后保存文件并命名为“下支座”。现在将下支座载入到塔吊中，放置在中心，找到“下支座高”参数、关联族参数、添加新的参数，命名为“下支座高”。“属性”栏中的“偏移”也同样关联族参数，命名为“下支座底高”，如图 13-62 所示。打开“族类型”对话框，在“下支座底高”公式中输入“L + 爬架自高”。切换到三维视图中观察构件是否处于正确位置，如图 13-63 所示。

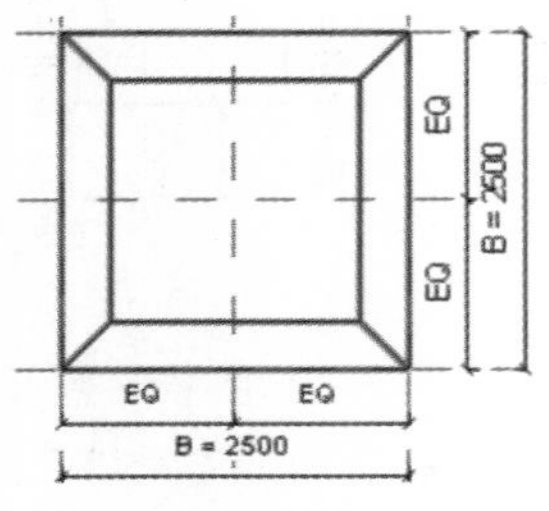

图 13-60

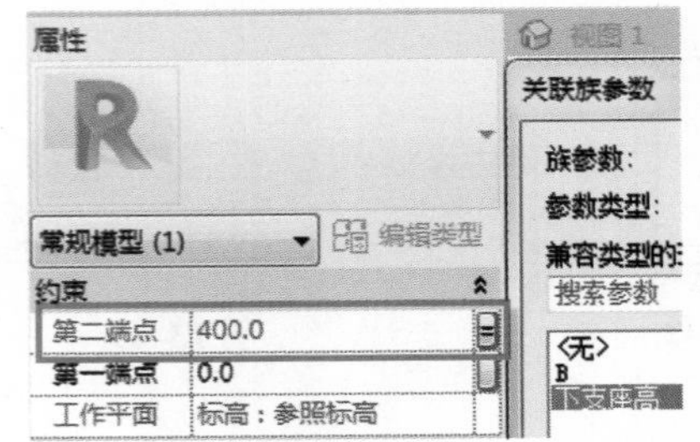

图 13-61

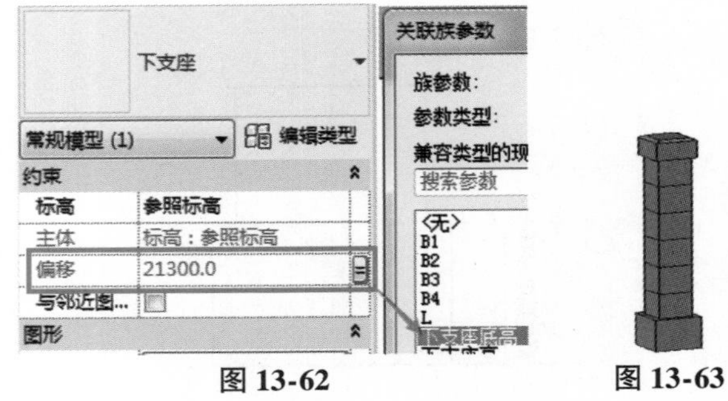

图 13-62 图 13-63

Step 14 接下来准备旋转部分。切换到“参照标高”平面视图，可以临时隐藏其他构件，在参照标高平面视图中绘制一条倾斜的参照线（与中心参照平面带有夹角为的是方便之后的操作），参照线的一个端点要捕捉到两个中心参照平面的交点，如图 13-64 所示。注意两次对齐之后需要锁定（即创建对齐约束）。

完成之后返回参照标高平面视图，执行“角度尺寸标注”命令进行命名，标注参照线与参照平面中心（前/后）之间的角度，选择角度标注，添加参数“旋转角度”，如图 13-65 所示。打开“族类型”对话框，修改角度参数值，观察参照线的旋转变化情况。

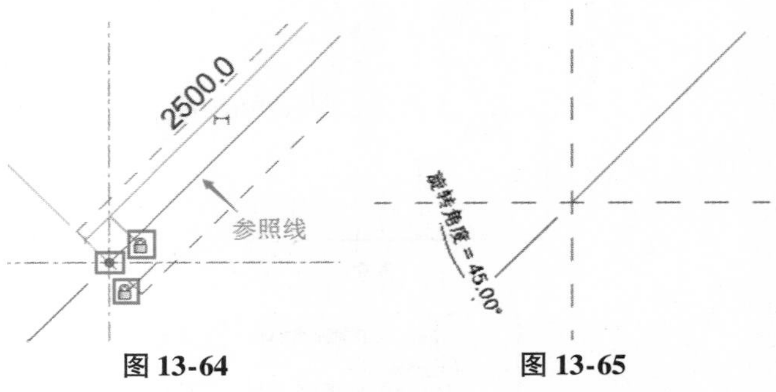

图 13-64 图 13-65

完成之后选择该参照线，单击“编辑工作平面”，然后选择“拾取一个平面”，这里选择“下支座”，如图 13-66 和图 13-67 所示。那么该参照线也就会随构件的高度变化而变化。打开“族类型”对话框，再次修改角度参数，观察是否工作正常，完成后保存，如图 13-68 所示。

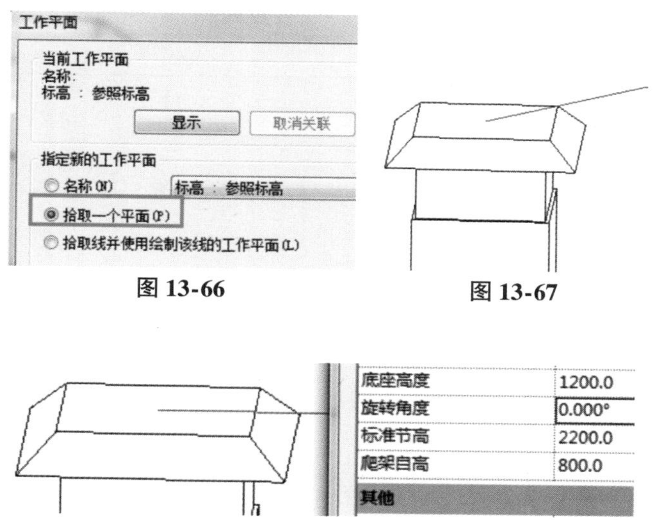

图 13-66

图 13-67

图 13-68

Step 15 接下来制作旋转构件。新建基于面的公制常规模型，在参照标高视图中，绘制融合构件，为下底小、上顶大的形状。具体数值是：底部正方形边长为1800mm，顶部正方形边长为2500mm，如图13-69和图13-70所示。完成后在“属性”栏中找到第二端点，关联族参数，添加参数为“上支座高”，并修改参数值为“800mm”，完成后保存，命名为“上支座”。

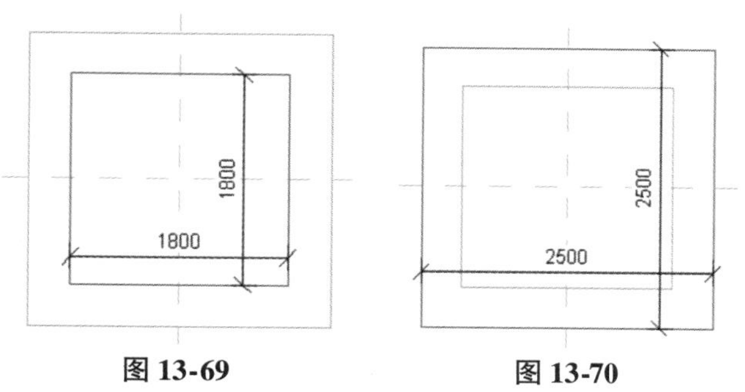

图 13-69

图 13-70

Step 16 将“上支座”族载入到“塔吊”文件中。基于面的构件在放置时有两种方式：“放置在面上”和“放置在工作平面上”。这里选择“放置在工作平面上”。放置构件时切换到参照标高视图为宜，使中心对中心。完成后同样需要调整其高度，回到三维视图，选中构件，在“修改 | 常规模型”选项卡中单击“编辑工作平面”，在弹出的“工作平面”对话框中选择“拾取一个平面”，如图13-71所示，此时选择参照线自身的水平平面（图13-72），构件随之移动至指定位置，此时构件的主体应该就是参照线了（在“属性”栏中的“约束”处可以看到）。打开“族类型”对话框，修改角度参数，观察构件是否跟随参照线旋转，完成后保存。

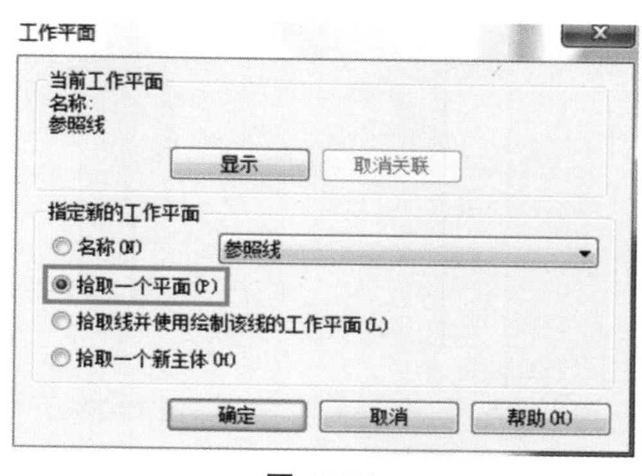

图 13-71

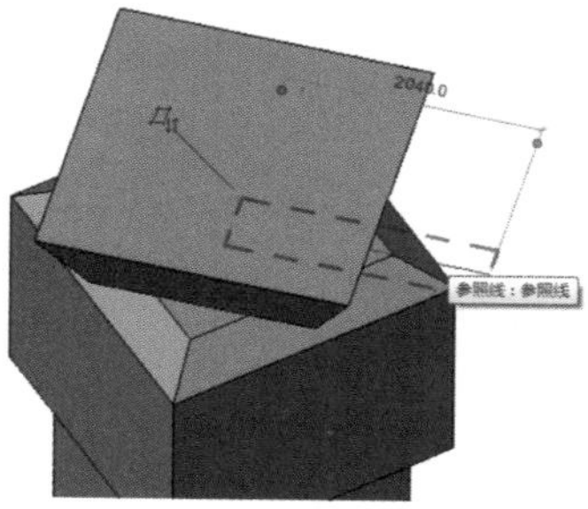

图 13-72

Step 17 继续回到“上支座”族文件。鉴于其在塔吊环境下经受住了参数的考验，之后的形式便可以基于该文件继续制作起重臂、臂架拉绳和平衡臂拉绳、塔吊尖等。这里由于重点为参数控制，所以对于形体上的要求暂定为一个大样，之后才会进行细化。首先在上支座的顶面绘制一个较大的矩形拉伸体。值得注意的是：它的宽和上支座的顶面边长一样为2500mm、长4000mm、高1400mm，如图13-73和图13-74所示，之后在其上表面绘制一个较小的矩形拉伸体，宽1700mm、长1400mm、高2100mm，如图13-75和图13-76所示。那么继续向上绘制的就是塔吊尖了，具体过程如图13-77和图13-78所示。

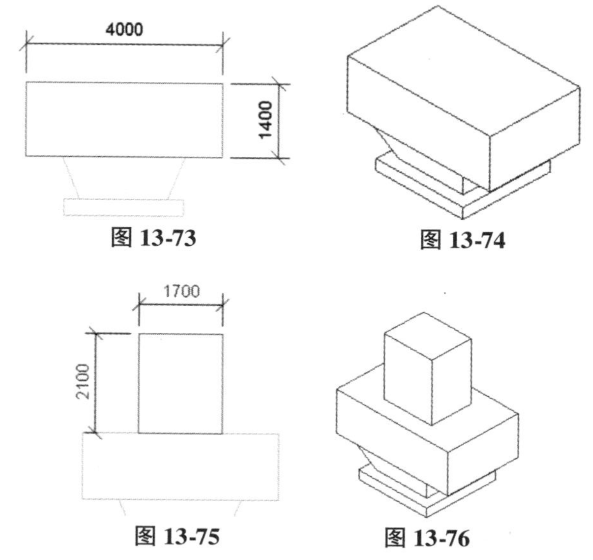

图 13-73

图 13-74

图 13-75

图 13-76

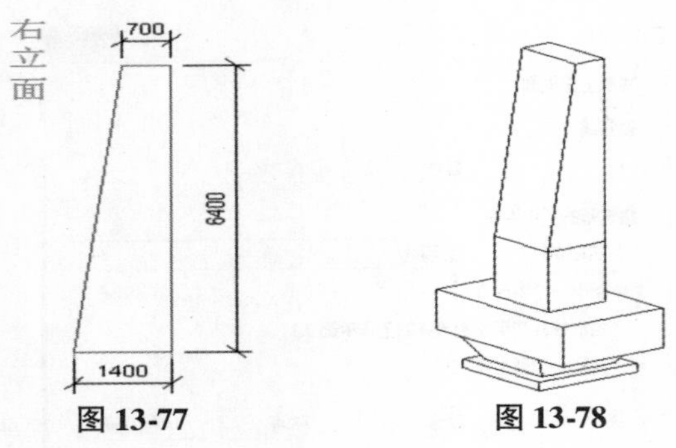

图 13-77　　图 13-78

Step 18 接下来安装起重臂和平衡臂。新建基于面的公制常规模型，进入右立面，绘制如图 13-79 所示的三角形轮廓。完成后回到参照标高视图，在右侧绘制一个竖直的参照平面，执行“对齐尺寸标注”命令标注出其与“中心（左右）”参照平面的距离，如图 13-80 所示，并添加参数为“起重臂长度”，将之前绘制的三角形拉伸的左右两个面分别对齐约束（锁定）到这两个参照平面上，保存并命名“起重臂”。

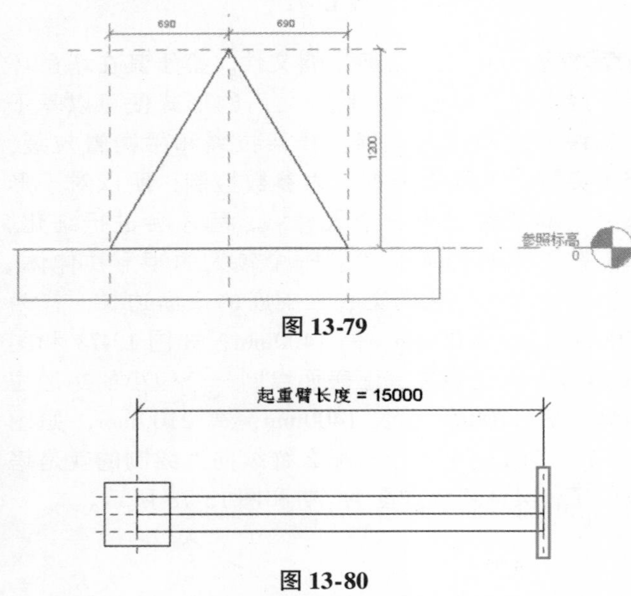

图 13-79

图 13-80

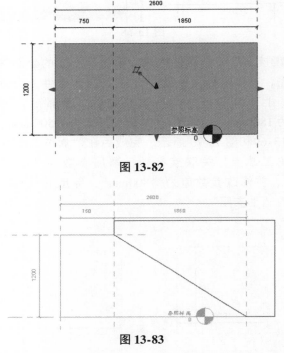

Step 19 新建公制常规模型，现在要做一个起重臂的末端，同样在右立面绘制一个三角形草图轮廓，尺寸与起重臂的一样，接下来绘制几个参照平面，用于确定形状图元，在前立面绘制如图 13-81 所示的参照平面。

Step 20 将拉伸体的左右两个面分别对齐约束到“中心（左右）”参照平面与距离 2600mm 的参照平面，如图 13-82 所示。完成之后再绘制一个空心拉伸体来进行剪切（图 13-83），确保空心形状宽度足够覆盖拉伸体。然后单击“修改”选项卡中的“剪切”，分别选择两个拉伸体，即可完成剪切。

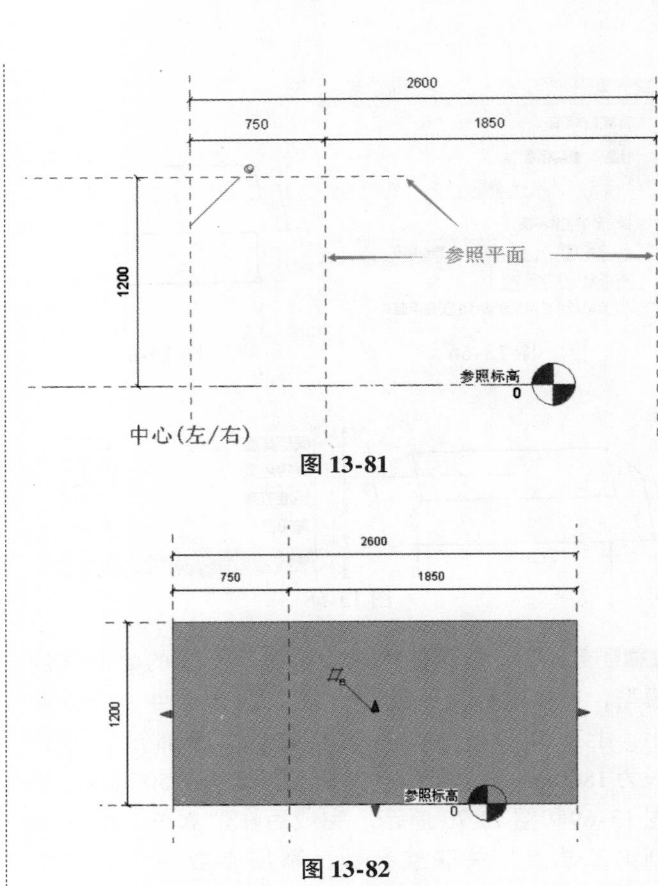

图 13-81

图 13-82

图 13-83

Step 21 现将第 20）步中完成的族载入到起重臂中，在参照标高视图中，末端构件的 X 轴对齐参照平面“中心（前/后）”并锁定，接着再对齐约束到起重臂的末端，将两者拼接（锁定到同一个参照平面上），如图 13-84 所示。完成后尝试修改起重臂长度参数，观察构件变化情况。

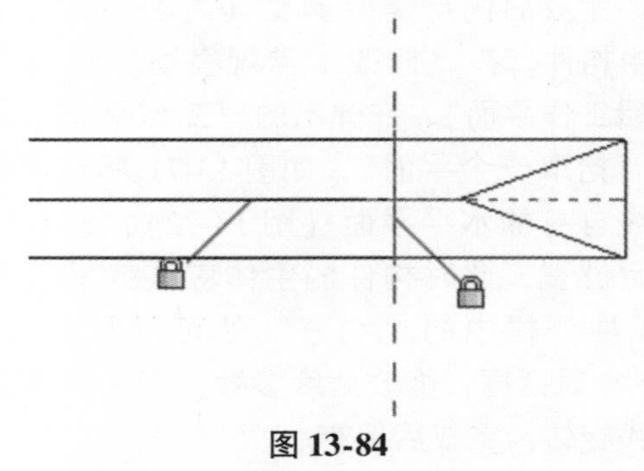
图 13-84

Step22 回到上支座族中，在右立面视图中，绘制参照平面，命名为“起重臂”，如图 13-85 所示。将起重臂构件载入到上支座。同样是基于面的族，所以同样选择放置方式为“放置在工作平面上”，如图 13-86所示，处理步骤和之前一样，最终是要把构件的主体变为“参照平面：起重臂”，如图 13-87 所示。

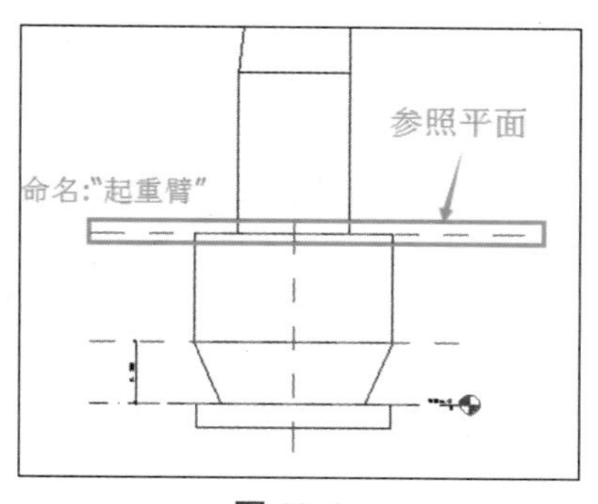

图 13-85

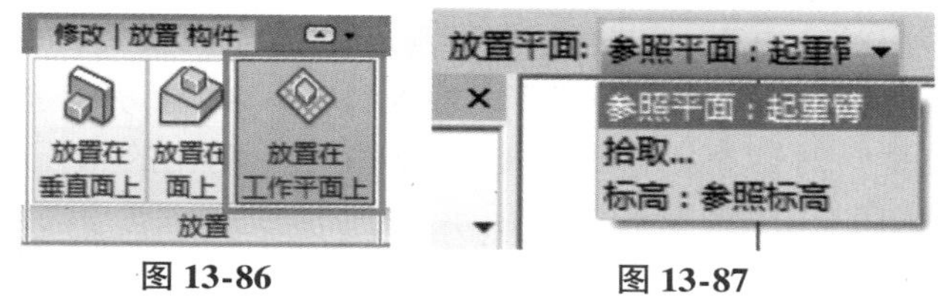

图 13-86　图 13-87

Step23 现在将平衡臂绘制出来。打开右立面视图，绘制一个拉伸体（矩形草图轮廓），与起重臂的位置相同，如图 13-88 和图 13-89 所示。

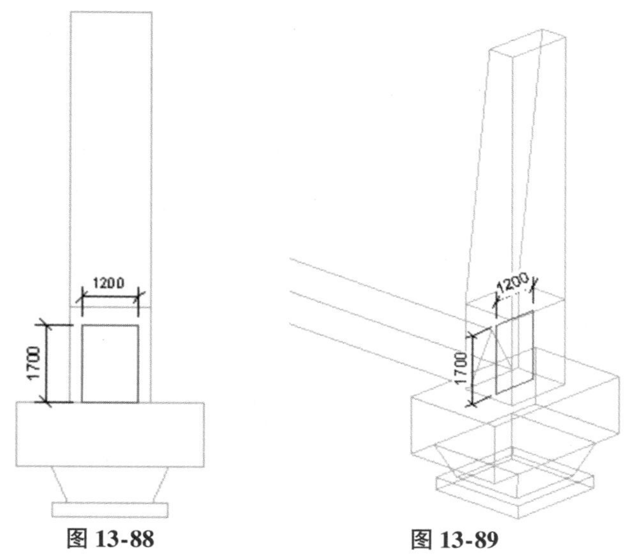

图 13-88　图 13-89

完成后，为了确定平衡臂的长度，在后立面视图中，在构件的右侧绘制一个竖直方向的参照平面，如图 13-90 所示，进行尺寸标注，并添加参数“平衡臂长”，将构件的两端对齐约束到这两个参照平面，如图 13-91 所示。

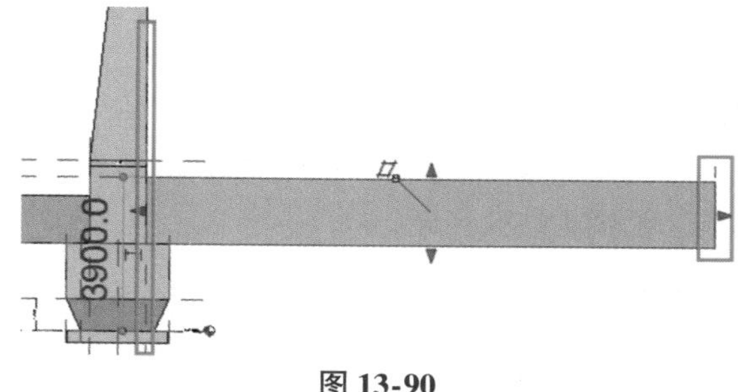

图 13-90

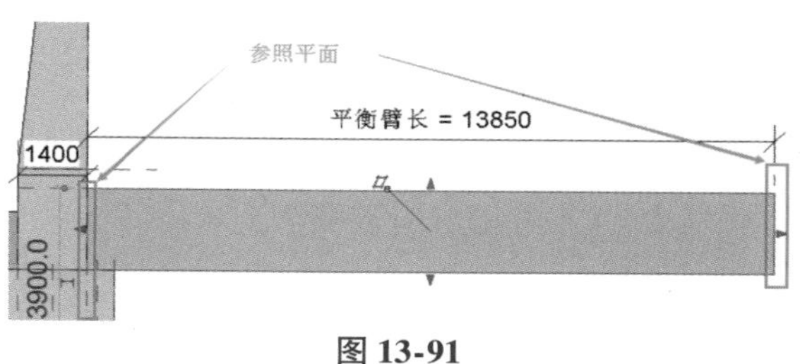

图 13-91

Step24 保存并载入到塔吊中，覆盖原有版本及参数值，再次修改角度参数，观察构件的变化情况是否合理。

Step25 现在就剩下塔吊的钢丝绳了。新建公制常规模型，在参照标高视图中绘制参照平面，使用“拾取线”的方式，拾取“中心（左/右）”向左右各偏移600mm，因为 600mm 的偏移量正好是平衡臂的宽度。同样的，继续通过拾取线的方式放置参照平面，这次向上拾取“中心（前/后）”参照平面，偏移量设为 700mm，以新偏移出来的参照平面为基准来再次向上拾取，偏移量设置为 11600mm，如图 13-92 所示。到右立面视图中，还是利用“拾取线”的方式，向上拾取参照标高，偏移量为 1200mm（将该参照平面命名为“1200”）、1700mm（将该参照平面命名为“1700”）、8000mm，如图 13-93 所示。

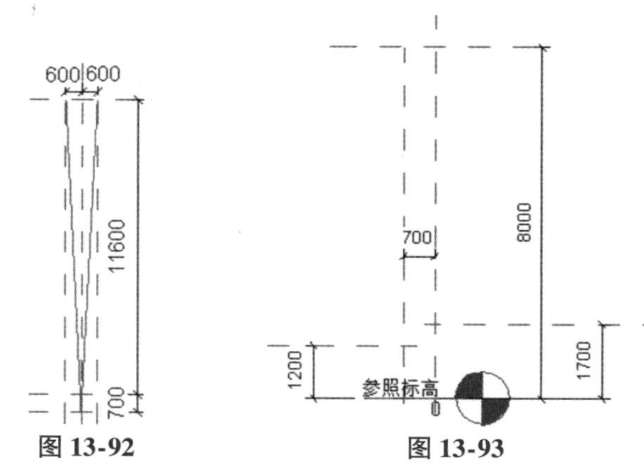

图 13-92　图 13-93

Step26 在参照标高平面视图选择如图 13-92 所示的两条参照线，在功能区点击“编辑工作平面”，选择之前命名为 1700 的参照平面，切换回右立面视图，如图 13-94 所示。以在距离“中心（前/后）”700mm

位置的那个参照平面为参照绘制一条竖直的参照线，现在就有了 3 条参照线，回到三维视图中，将水平参照线所携带的垂直面设置为工作平面，绘制新的参照线，连接垂直参照线顶部端点与水平参照线的远侧端点，如图 13-95 所示。

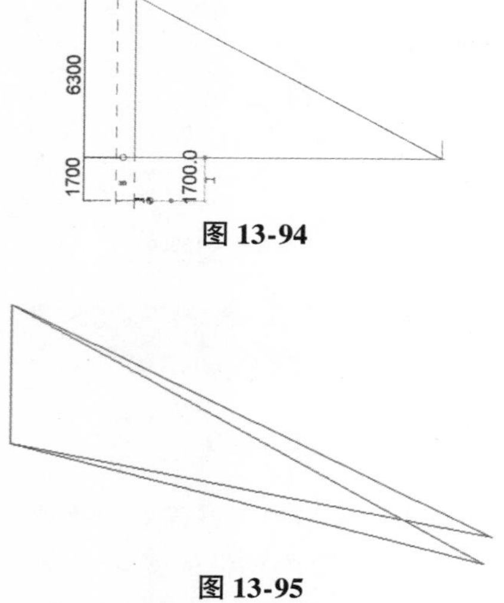

图 13-94

图 13-95

Step 27 执行“放样”命令，拾取路径，拾取两条倾斜的参照线作为路径，如图 13-96 示。完成后编辑轮廓，使用圆形草图轮廓对正于工作平面中心，半径取 60mm，如图 13-97 所示。另一条参照线同理操作，完成后如图 13-98 所示。

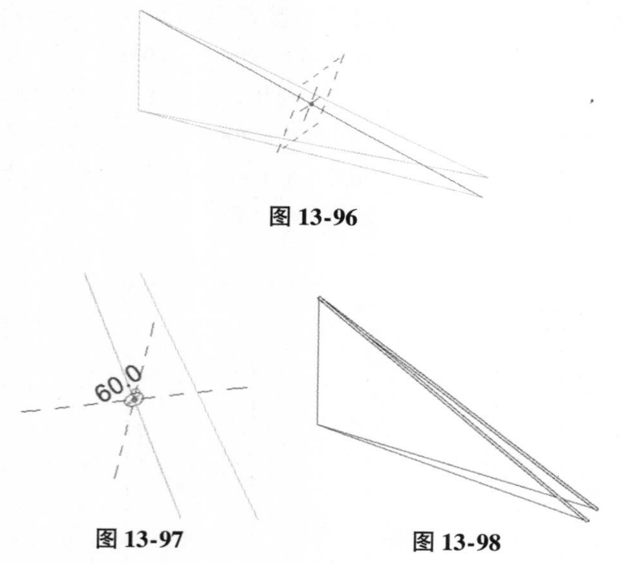

图 13-96

图 13-97

图 13-98

Step 28 起重臂部分的钢丝绳就相对简单了。切换到右立面视图，执行“拾取线”命令来放置参照平面，选取“中心（前/后）”向左偏移两次，两次不同的偏移量得到两个不同距离的参照平面，如图 13-99 所示。以“中心（前/后）”参照平面与 8000mm 位置的参照平面的交点为顶点，以新生成的参照平面与参照标高的交点为终点，绘制两条参照线。

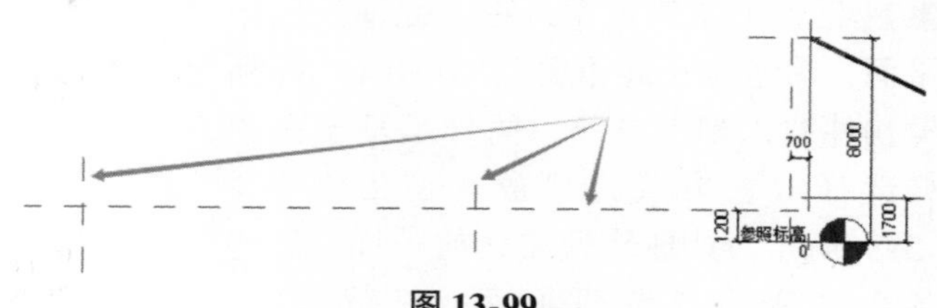

图 13-99

Step 29 执行“放样”命令，拾取路径时选用这两条参照线，编辑轮廓时同样保持一致的圆形半径（60mm），最终效果如图 13-100 所示。

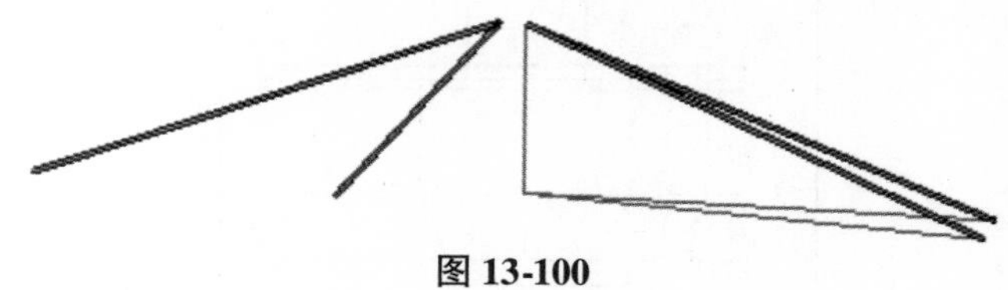

图 13-100

Step 30 完成之后载入到“上支座”中，中心对中心放置，在“中心（前/后）”和“中心（左/右）”参照平面对齐约束，进入右立面视图，选择钢丝绳，修改偏移量为 1000mm 即可。载入到塔吊中，打开“族类型”对话框，修改参数，观察构件变化的情况，如图 13-101 和图 13-102 所示。

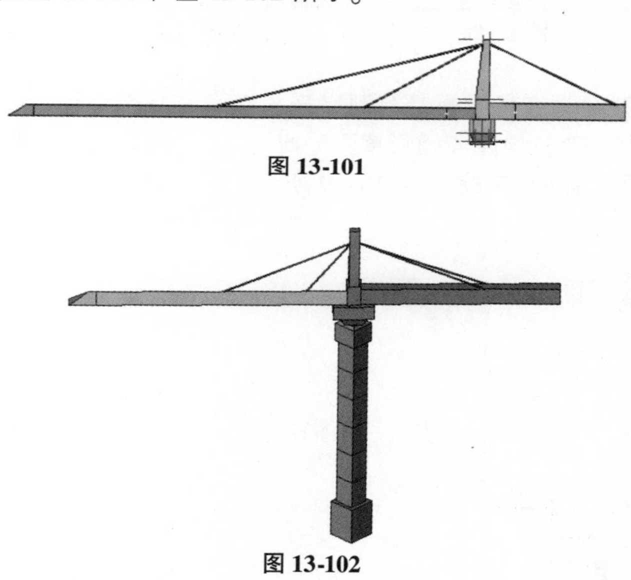

图 13-101

图 13-102

本节总结起来，主要有以下几点：

Step 01 本节主要讲解了参数化控制构件的升降与旋转，在控制高度的过程中，可以划分为两个过程：一是简单地添加高度参数并关联到其他环境中；二是构件阵列之后的高度参数处理，即关联参数的时候考虑阵列因素，保持好全体成员的一致性与连接性。

Step 02 旋转则是通过中间图元（参照线）来带动构件随之旋转。参照线本身是带有端点和工作平面的一类图元，这使得它易于接受角度控制，以及作为其他图元的载体。

第14章

汽车吊伸臂组装、参数化室内标识和拱形窗户

概 述

模型的精细程度通常是在微小的地方体现出来，项目构件越详细、精准，其精细度也就越高，参数化的介入也会起到锦上添花的作用。

14.1 汽车吊伸臂组装

1. 支腿构件

Step01新建族，选择“公制常规模型.rft”并打开。

Step02按键盘上的快捷键<R P>分别在“中心（左/右）”参照平面的两侧各绘制两个参照平面，分别命名为“a”“b”“c”“d”。按键盘上的快捷建<D I>分别对参照平面“a”“中心（左/右）参照平面”与“d”间的距离对齐标注并进行EQ操作，再对参照平面“a”与“d”间的距离进行对齐标注（保证构件两侧变化保持等分效果）。选中参照平面“a”与“d”的尺寸标注，单击功能区的“创建参数”按钮，在弹出的“参数属性”对话框中的“名称”文本框中输入“kd”，勾选“实例”，单击“确定”按钮。打开“族类型”对话框，再单击“新建参数”按钮，在弹出的“参数属性”对话框中的“名称”文本框中输入“sf”，参数类型为“是/否”，勾选“实例”，单击“确定”按钮，返回“族类型”对话框，在“kd”公式后输入“if（sf，8000mm，2750mm）”，不勾选“sf”后“值”的复选框，单击“确定”按钮，如图14-1所示。

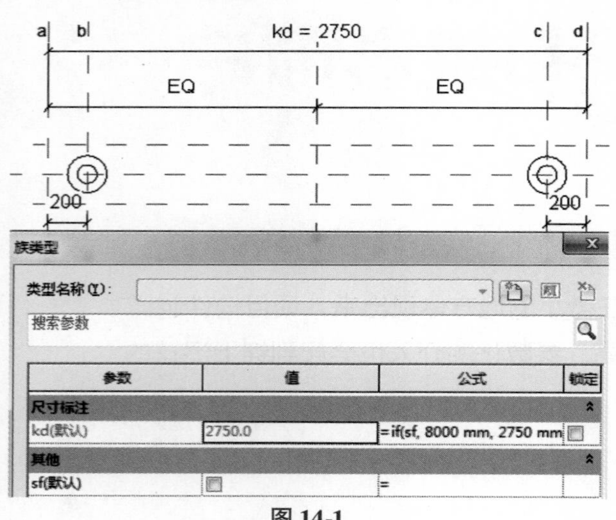

图14-1

Step03通过改变临时尺寸使“a”与“b”之间的距离等于“c”与“d”之间的距离（改为200mm），按键盘上的快捷建<D I>分别对参照平面“a”与“b”之间的距离以及“c”与“d”之间的距离进行标注，并将尺寸标注进行锁定。

Step04切换至右立面视图，执行“拉伸”命令，确认绘制的方式为直线，绘制如图14-2所示的形状。切换至参照标高平面视图，使用“对齐”工具分别将拉伸形状的两侧对齐到参照平面“a”与“d”上并进行锁定。

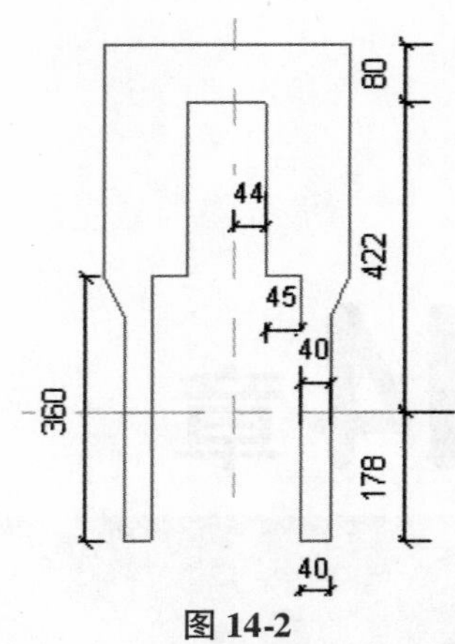

图14-2

Step05执行“拉伸”命令，在“属性”栏中设置拉伸起点为“－100mm”、拉伸终点为“182.4mm”，以参照平面“b”与“中心（前/后）”参照平面的交点为圆心，绘制半径为100mm的圆，选中圆，在“属性”栏中勾选“中心标记可见”，使用“对齐”工具将圆的中心对齐到参照平面“b”与“中心（前/后）”参照平面上并进行锁定。同理，继续执行“拉伸”命令，在“属性”栏设置拉伸起点为“－300mm”、拉伸终点为“－100mm”，以参照平面“b”与“中心（前/后）”参照平面的交点为圆心，绘制半径为50mm的圆，选中圆，在“属性”栏中勾选“中心标记可见”，使用“对齐”工具将圆的中心对齐到参照平面“b”与“中心（前/后）”参照平面上并进行锁定。切换至前立面视图，使用“对齐”工具将上方圆柱的下表面的圆面与下方圆柱的上表面的圆面对齐锁定。

Step06在前立面视图按键盘上的快捷键<D I>对下方圆柱的上表面与下表面进行标注。选中尺寸标注，单击功能区的“创建参数”按钮，在弹出的“参数属性”对话框中的“名称”文本框后输入“ztc”，勾选“实例”，单击“确定”按钮。在“ztc”公式后输入“if（kd>2750mm，300mm，20mm）”，单击“确定”按钮。同理，在参照平面“c”与“中心（前/后）”参照平面的交点处重复5）与6）的步骤，完成后如图14-3所示。

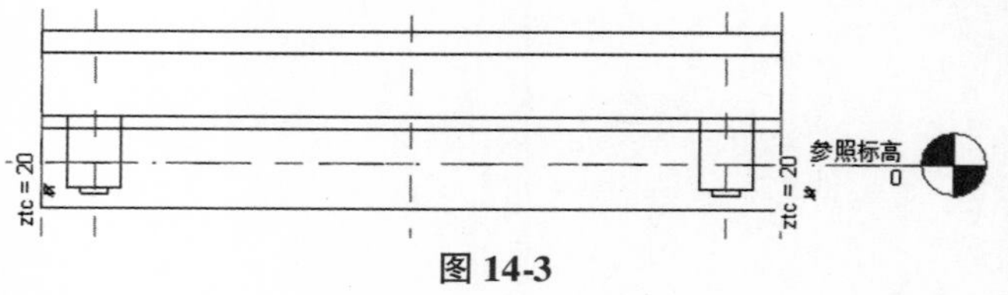

图14-3

Step07保存族文件，命名为“支腿构件”。

2. 主臂

Step01 新建族，选择“公制常规模型.rft”并打开。

Step02 按键盘上的快捷键<R P>创建参照平面，均在“中心（左/右）”参照平面的右侧，从左到右分别命名为“e”“f”“g”“h”，按键盘上的快捷键<D I>分别对“中心（左/右）”与“e”之间的距离、“e”与“f”之间的距离、“f”与“g”之间的距离以及“g”与“h”之间的距离进行标注。执行“拉伸”命令，在“属性”栏中设置拉伸起点为“0mm”、拉伸终点为“250mm”，在“中心（左/右）”与参照平面“e”之间绘制拉伸形状，完成后如图14-4所示。

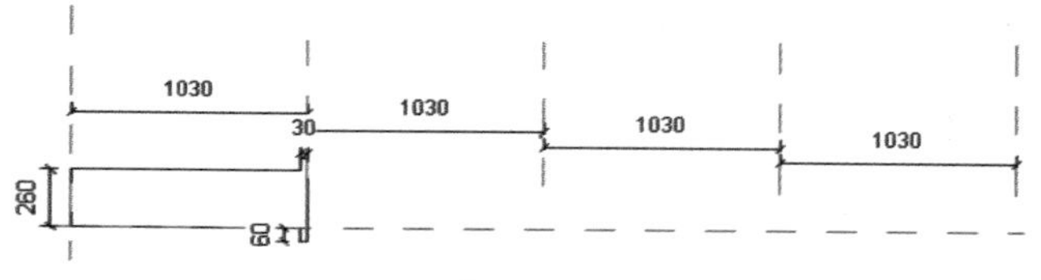

图 14-4

Step03 同理，在“e”与“f”之间、“f”与“g”之间以及“g”与“h”之间创建拉伸形状，它们的拉伸起点和拉伸终点分别为：“30mm，220mm”“60mm，190mm”“90mm，160mm”，完成后如图14-5所示。

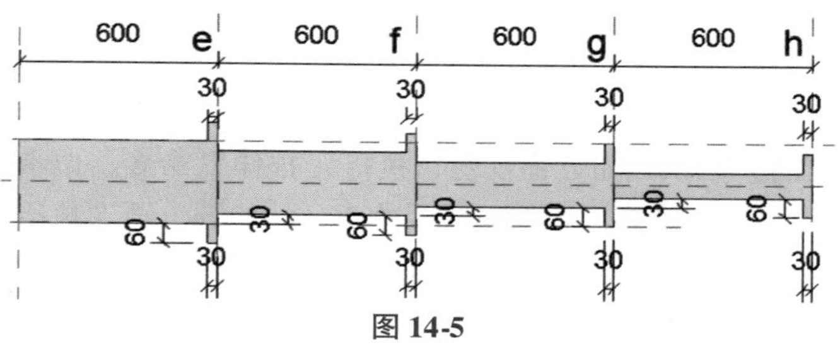

图 14-5

Step04 打开“族类型”对话框，单击“新建参数”按钮，分别添加参数“a”“b”“c”“d”以及“zc”，它们均为实例参数。在“族类型”对话框中为其赋值或添加公式，如图14-6所示。

族类型

类型名称(Y):

搜索参数

参数	值	公式
约束		
默认高程	1219.2	=
尺寸标注		
a(默认)	11000.0	=
b(默认)	10050.0	=if((zc - a) < 50 mm, 50 mm, if((zc - a) < 10000 mm, zc - a + 50 mm, 10000 mm + 50 mm))
c(默认)	10050.0	=if((zc - a - b) < 50 mm, 50 mm, if((zc - a - b) < 10000 mm, zc - a - b + 50 mm, 10000 mm + 50 mm))
d(默认)	10050.0	=if((zc - a - b - c) < 50 mm, 50 mm, if((zc - a - b - c) < 10000 mm, zc - a - b - c + 50 mm, 10000 mm + 50 mm))
zc(默认)	50000.0	=

图 14-6

Step05 选中“中心（左/右）”与“e”之间的注释，展开选项栏标签下拉列表，选择“a”；依次向右，为后续的3个尺寸标注添加参数b、c、d。在“族类型”对话框中将“zc”的值改为“5000mm”，“a”的值改为“1100mm”，单击“确定”按钮，完成后如图14-7所示。

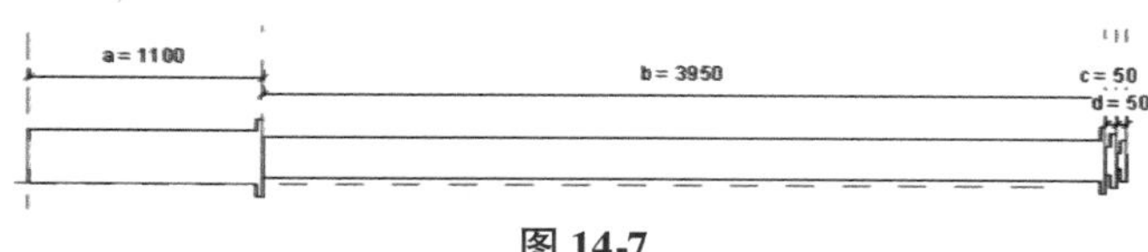

图 14-7

Step06 打开“族类别和族参数”对话框，勾选“基于工作平面”，取消“总是垂直”的勾选，单击“确定”按钮，如图14-8所示。

族参数(P)

参数	值
基于工作平面	☑
总是垂直	☐

图 14-8

Step07 按键盘上的快捷键<R P>绘制水平参照平面，选中参照平面，在“属性”栏“其他”列表下将“是参照”设置为“强参照”，勾选“定义原点”，如图14-9所示。

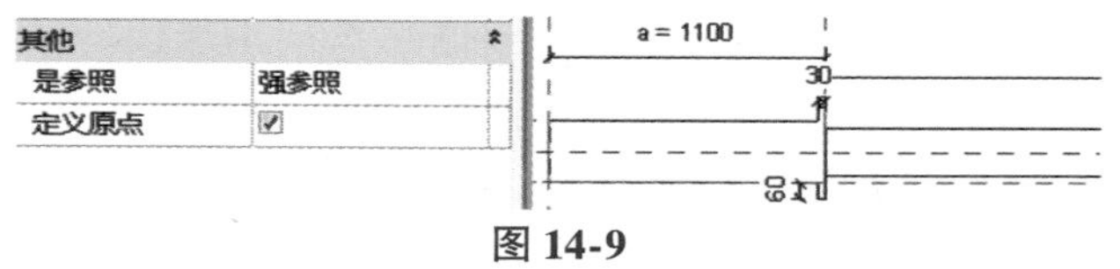

图 14-9

Step08 选中拉伸形状，在“属性”栏中单击“材质”后的小方块按钮，在弹出的“材质浏览器”中选择“钢”，单击鼠标右键进行复制并命名为“钢1”，将颜色选为“RGB 255-128-064”，单击“确定”按钮。

返回“材质浏览器”，在“图形”选项卡下勾选“使用渲染外观”，单击“确定”按钮。

Step09 保存族文件，命名为“主臂”。

3. 压缩杆

Step01 新建族，选择“基于线的公制常规模型.rft”并打开。

Step02 切换到右立面视图，执行“拉伸”命令，以参照平面交点为圆心绘制半径为70mm的圆。再次执行“拉伸”命令，以参照平面交点为圆心绘制半径为30mm的圆。

Step03 切换到参照标高平面视图，使用“对齐”工具将半径为30mm的圆柱体的右端面对齐到右侧参照平面并进行锁定；将半径为30mm的圆柱体的左侧边对齐到半径为70mm的圆柱体的右端面并进行锁定；将半径为70mm的圆柱体的左端面对齐到左侧参照平面上并进行锁定。

Step04 按键盘上的快捷键<D I>对“参照平面（左/右）”与半径为70mm的圆柱体的右端面进行标注，并选中尺寸标注，再单击功能区的“创建参数”按钮，在弹出的“参数属性”对话框的“名称”文本框中输入“sc”，勾选“实例”，单击“确定”按钮，完成后如图14-10所示。

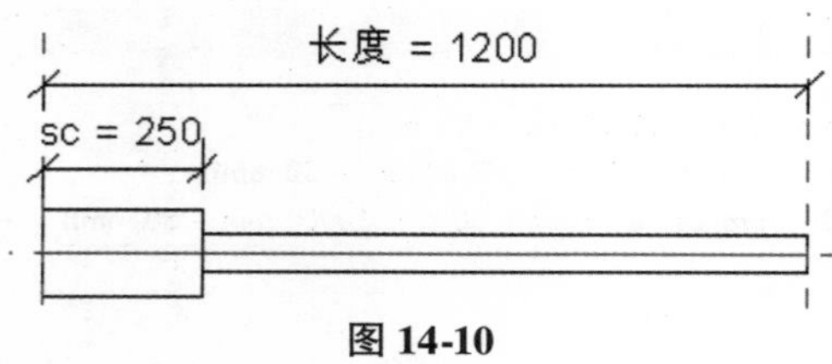

图 14-10

Step05 选中半径为70mm的圆柱体，在“属性”栏中单击“材质”后的小方块按钮，在弹出的“材质浏览器”中选择“钢”，单击鼠标右键进行复制并命名为“钢2”，将其外观也复制后把颜色选为“RGB 255-128-064”，单击“确定”按钮。返回“材质浏览器”，在“图形”选项卡下勾选“使用渲染外观”，单击“确定”按钮。同理，选中半径为30mm的圆柱，在“属性”栏中单击“材质”后的小方块按钮，在弹出的“材质浏览器”中选择“钢，镀锌”（需单击“⊞”从材质库中添加），在“图形”选项卡下勾选“使用渲染外观”，单击“确定”按钮。

Step06 保存族文件，命名为“压缩杆”。

4. 压缩装置

Step01 新建族，选择“基于面的公制常规模型.rft”并打开。

Step02 执行“参照线”命令绘制参照线，分别命名为“a”“b”，单击“角度”对“a”与“b”间的角度进行标注，并添加参数为“A”的实例角度参数（添加参数方法同上）。单击“设置”，在弹出的“工作平面”对话框中，勾选“拾取一个平面”，单击“确定”按钮。拾取参照线“b”的水平面，再次执行“参照线”命令绘制垂直参照线“c”。按键盘上的快捷键<D I>并配合<Tab>键捕捉参照线“a”与“b”间的交点以及参照线“b”与“c”间的交点，对参照线进行长度标注并锁定，完成后如图14-11所示。

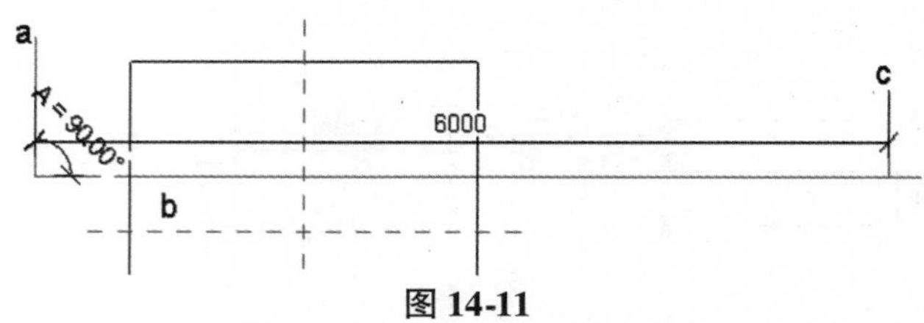

图 14-11

Step03 打开“族类型”对话框，将“A”的角度改为“60°”，单击“确定”按钮。执行“参照线”命令绘制一条以中心参照平面交点为起点、参照线“b”与“c”交点为终点的参照线，并使用“对齐”工具将参照线左侧端点分别与“中心（左/右）”“中心（前/后）”进行锁定，完成后如图14-12所示。

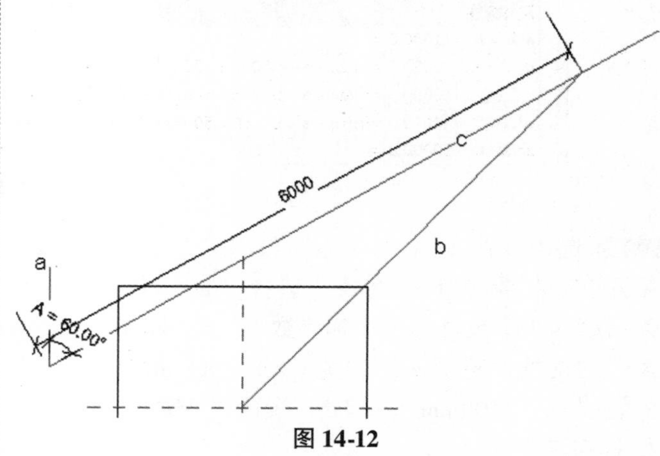

图 14-12

Step04 单击“插入”选项卡→“载入族”，选择“主臂”和“压缩杆”，单击“打开”按钮。单击“设置”，在弹出的“工作平面”对话框中，勾选“拾取一个平面”，单击“确定”按钮，拾取参照线“b”的水平面。在“项目浏览器”中展开“族”前的“⊞”，展开“常规模型”的子列表，继续展开“压缩杆”的子列表，如图14-13所示。拖动压缩杆，在“修改|放置 构件”选项卡中单击“放置在工作平面上”，然后在参照线“b”上从左向右单击鼠标左键放置压缩杆。

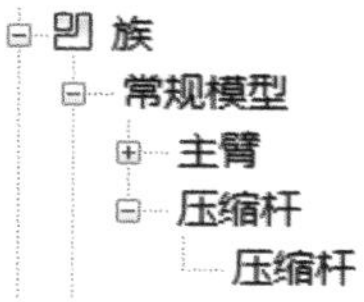

族
常规模型
主臂
压缩杆
压缩杆

图 14-13

Step05 同理，单击“设置”，在弹出的“工作平面”对话框中，勾选“拾取一个平面”，单击“确定”按钮，拾取参照线“c”的垂直参照平面，在弹出的“转到视图”对话框中选择“三维视图”，单击“打开视图”按钮。在“创建”选项卡“工作平面”面板中单击“显示”，在“项目浏览器”中展开“族”前的“⊞”，展开“常规模型”的子列表，继续展开“主臂”的子列表，拖动主臂，在“修改/放置 构件”选项卡上单击“放置在工作平面上”，然后在参照线“c”上单击鼠标左键放置主臂。切换到参照标高视图，使用“对齐”工具将主臂的左侧边对齐到参照线“a”与“c”的交点并锁定。

选中压缩杆，在“属性”栏中将“sc”的值设置为“1500mm”；选中主臂，在“属性”栏中将“zc”的值设置为“10000mm”，将“a”的值设置为“7000mm”。选中主臂，在“属性”栏中单击“zc”后的“关联族参数”按钮，在弹出的“关联族参数”对话框中，单击“新建参数”按钮，在“参数属性”对话框“名称”文本框中输入“zc”，勾选“实例”，单击“确定”按钮。同理，关联族参数“a”。

Step06 保存族文件，命名为“压缩装置”。

5. 汽车吊伸臂组装

Step01 新建概念体量，选择“公制体量.rft”并打开。

Step02 执行“点图元”命令，在参照平面交点处放置点图元。选中点图元，在“属性”栏中将“显示参照平面”设置为“始终”，单击“旋转角度”后的“关联族参数”按钮，在弹出的“关联族参数”对话框中，单击“新建参数”按钮，在“参数属性”对话框“名称”文本框中输入“B”，勾选“实例”，单击“确定”按钮。单击“插入”选项卡下的“载入族”，将“压缩装置”“支腿构件”以及“汽车吊”（加 QQ 群 894651615 下载文件，见附件 14.1）载入到项目。

Step03 在“项目浏览器”中展开“族”前的“⊞”，展开“常规模型”的子列表，继续展开“汽车吊”的子列表，选中并拖动汽车吊，在“中心（前/后）”参照平面上单击放置汽车吊。将点图元放置在汽车吊圆顶上方中心的位置。

Step04 同理，放置支腿构件，将支腿构件进行放置。选中支腿构件，在“属性”栏中单击“sf”后的“关联族参数”按钮，在弹出的“关联族参数”对话框中，单击“新建参数”按钮，在“参数属性”对话框“名称”文本框中输入“sf”，勾选“类型”，单击“确定”按钮，如图 14-14 所示。

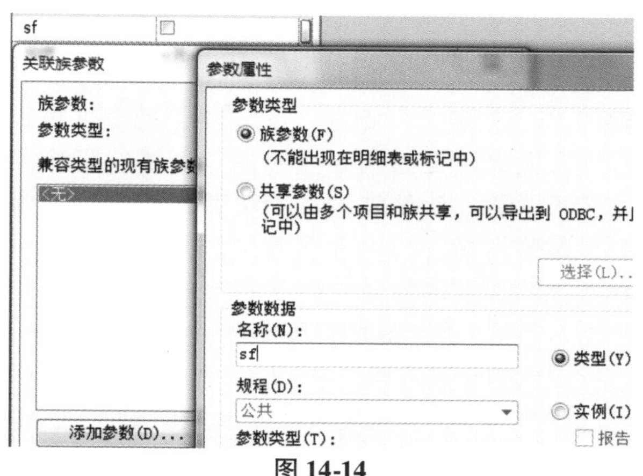

图 14-14

Step05 单击“设置”，在弹出的“工作平面”对话框中勾选“拾取一个平面”，单击“确定”按钮，拾取点图元的垂直工作平面。在“项目浏览器”中拖动伸缩装置并放置。在“属性”栏中将伸缩装置的参数“A”“a”“zc”进行关联（方法同上），组装完成，如图 14-15 所示。

图 14-15

Step06 保存族文件，命名为“汽车吊伸臂组装”。

14.2 参数化室内标识

门牌标识通常分为前后两块板，前面部分为上下两块型材卡片，这里采用“公制常规模型”中的拉伸命令来绘制。

Step01 新建族，选择“公制常规模型.rft“并打开，切换至前立面视图进行板的绘制，首先绘制参照平面，为后续的拉伸做准备，如图 14-16 所示。

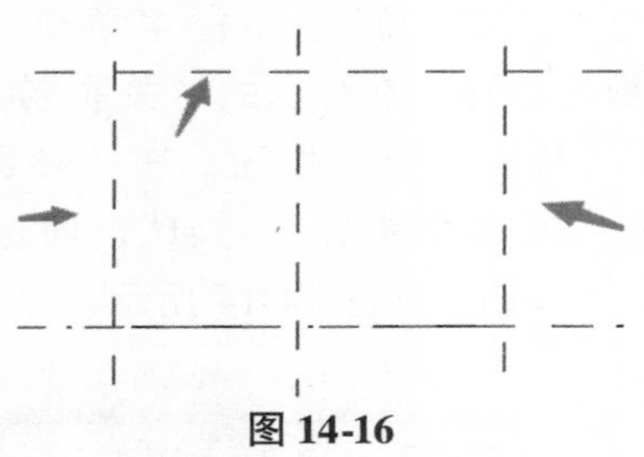
图 14-16

Step 02 执行“对齐尺寸标注”命令对板的宽度进行尺寸标注。先选中上面的参照平面，再将鼠标移至下面的参照平面。此处注意，不可盲目选择，因为要选的是参照平面，所以应看清是否为参照平面而不是参照标高，正确的做法则是将鼠标移至下面的参照平面，用 <Tab> 键切换至参照平面再进行选择。同样标注板的长度方向，并 EQ 等分。接着给所标注的尺寸添加标签，为宽度添加参数“K”，如图 14-17 和图 14-18 所示。同样为长度添加参数“C”。

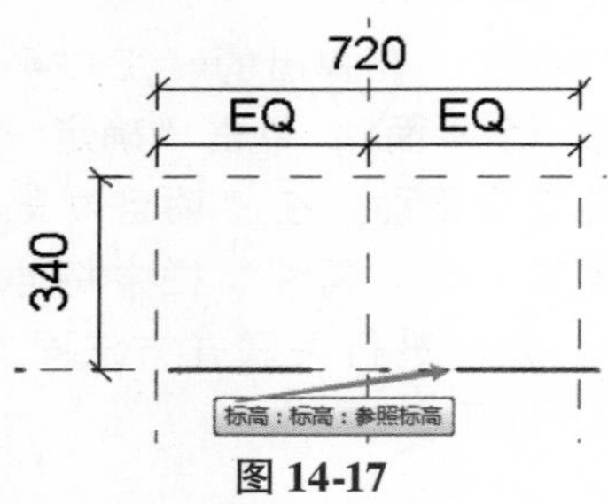

图 14-17

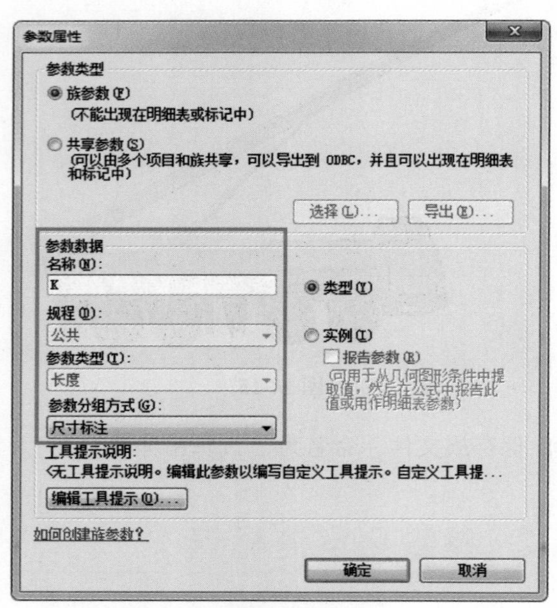

图 14-18

Step 03 接下来进行板的拉伸。进入到参照标高平面视图，在“创建”选项卡中执行“拉伸”命令，功能区自动切换到“修改 | 创建拉伸”选项卡，再在其中的“工作平面”面板中执行“设置”命令，则弹出“工作平面”对话框，选择“拾取一个平面（P）”，单击“确定”按钮。接着在绘图区域中选中需要的参照平面，如图 14-19 所示，则弹出“转到视图”对话框，选择前或后视图，这里选择“立面：前”，如图 14-20所示。

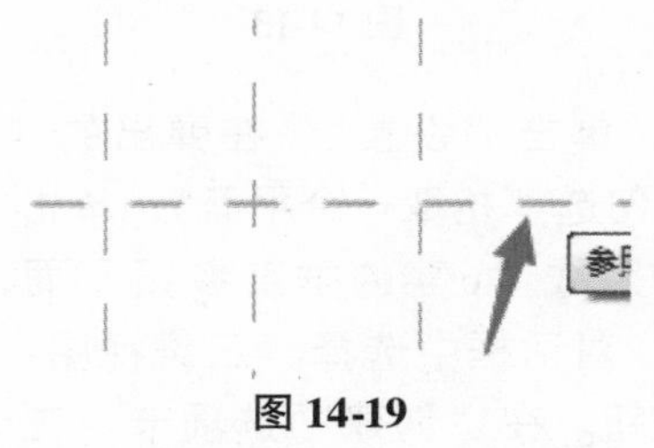
图 14-19

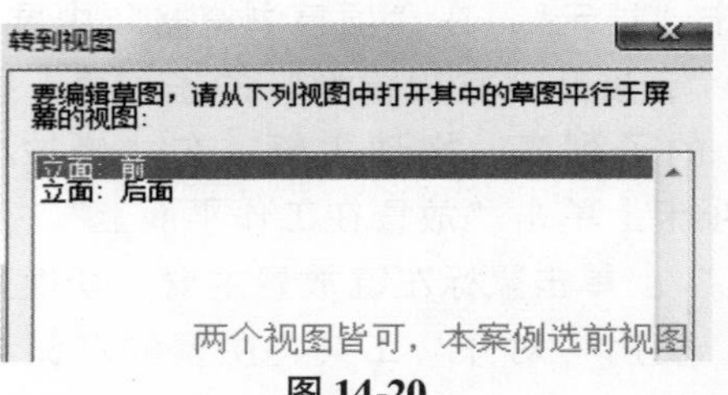

图 14-20

Step 04 进入前立面视图后，用“矩形”工具沿着参照平面形成的矩形框进行绘制，完成后 4 条边都会显示 4 把小锁，将其依次单击锁定，为的是将草图线约束到参照平面，随着参照平面变动，所绘制的矩形拉伸体也会随之改变尺寸，完成绘制后如图 14-21 所示。在“属性”栏中设置拉伸终点为“15mm”。打开“族类型”对话框，依次对参数进行修改并进行测试。

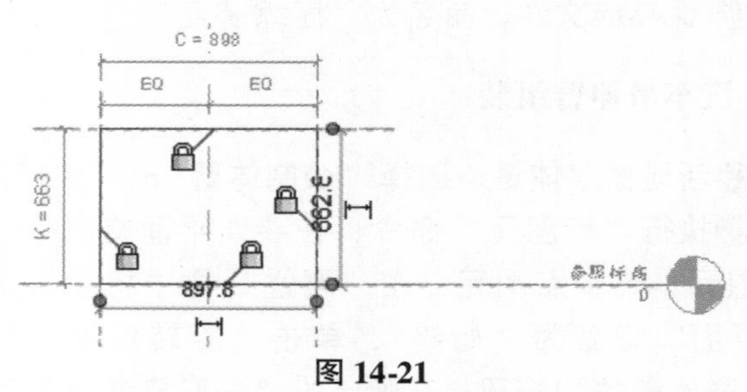

图 14-21

Step 05 再次绘制水平参照平面，标注尺寸并添加参数“B”，如图 14-22 所示。

Step 06 前部两块板的绘制。切换至前立面视图，首先绘制参照平面并进行标注，如图 14-23 所示。

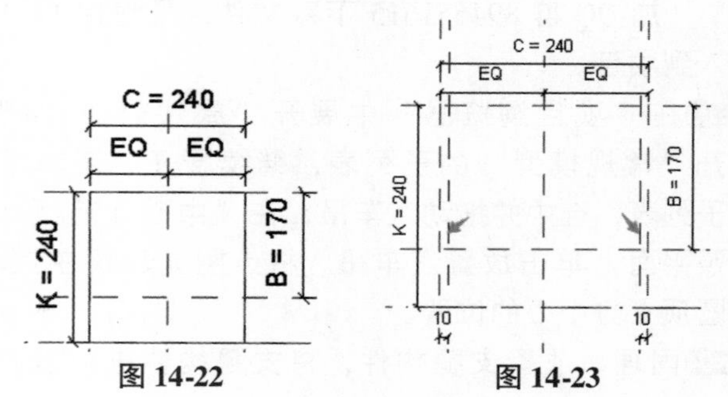

图 14-22　图 14-23

Step 07 分别创建两个拉伸体并进行锁定，设置它们的拉伸起点为“15mm”、拉伸终点为“17mm”，如图 14-24 和图 14-25 所示。

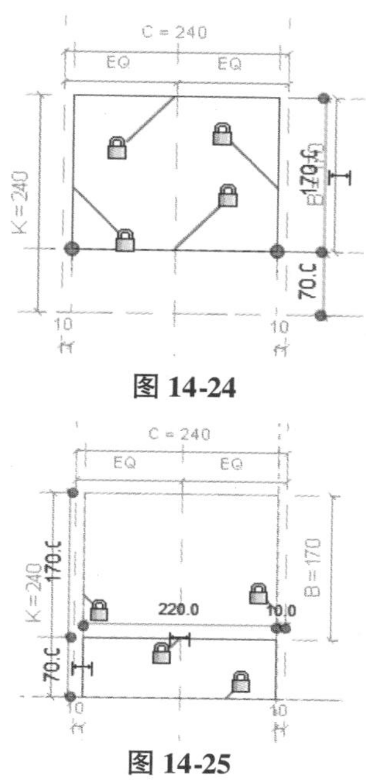

图 14-24

图 14-25

Step 08 添加文字。同样需要对文字进行定位，依旧需要添加参照平面，注释并添加参数“A”，如图 14-26 所示。单击“设置”，设置“工作平面”，点击拾取上部拉伸形状的垂直表面，如图 14-27 所示。在“创建”选项卡中执行“模型文字”命令，弹出“编辑文字”对话框，输入“办公室”，将文字放置在高亮显示的面上。单击“编辑类型”按钮，弹出“类型属性”对话框，在“文字大小”文本框中，输入数字进行更改。在“属性”栏的“深度”文本框中，输入数字进行更改。接着就是对文字位置的确定，此处注意需要的不仅是位置正确，而且在长宽参数更改时，文字对面板的相对位置要保持不变。执行“对齐”命令，先单击中间竖向的参照平面，再捕捉到文字左侧附近的参照，单击并锁定，如图 14-28 所示。同理在下方的板上放置模型文字并进行锁定，如图 14-29 所示。

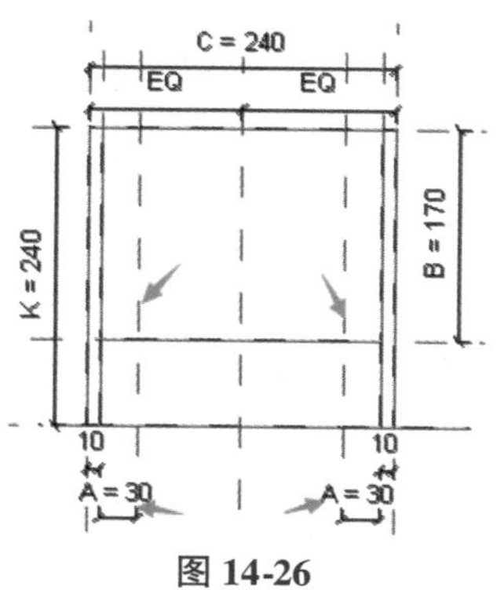

图 14-26

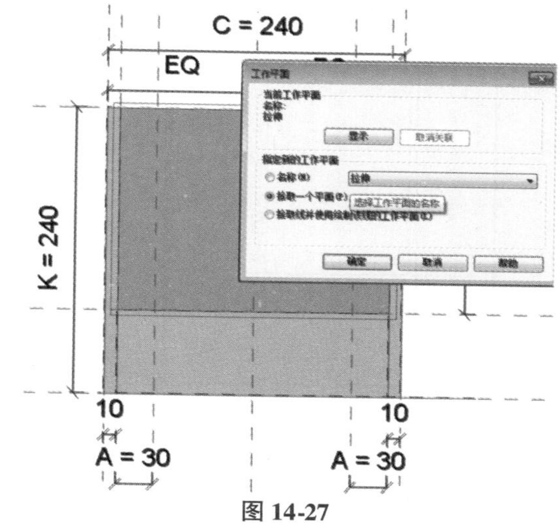

图 14-27

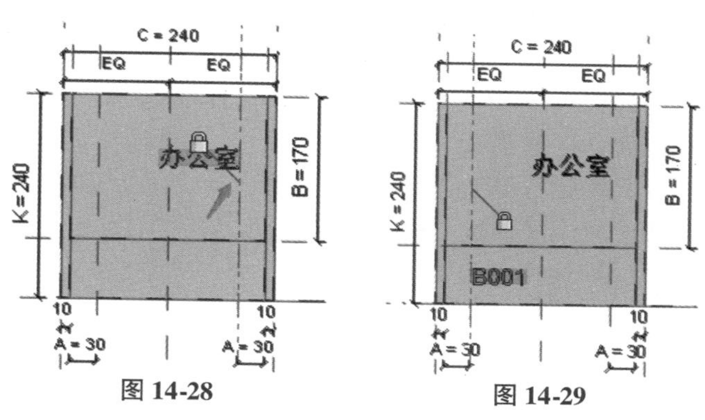

图 14-28　　图 14-29

Step 09 对门牌添加材质，使其更真实、美观，如图 14-30 所示。

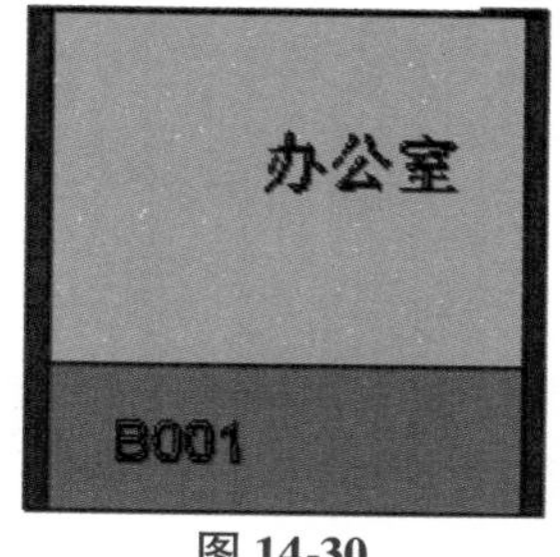

图 14-30

通过调节参数“C”，可以保持“办公室”左侧始终居于面板中心，由于前面两块板锁定在标注参照平面上，所以调整总宽度时，它们的大小会始终按照约束尺寸的方式变化。

14.3 参数化拱窗

Step 01 新建族，选择“公制窗 . rft”并打开。切换到外部立面视图，绘制参照平面，进行标注并添加参数“d”，如图 14-31 所示。

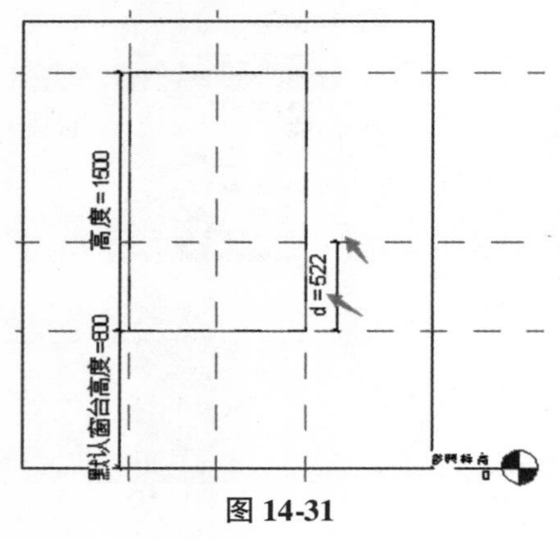

图 14-31

Step02 因为绘制的是拱窗，所以要对矩形洞口进行编辑。用〈Tab〉键配合选择到“洞口剪切”，单击功能区菜单栏的“编辑草图”，进入编辑界面，删除顶部直线。执行“圆心-端点弧”命令，先捕捉到参照平面的交点作为圆心，再在两边捕捉到与端点相交的位置，生成弧线，如图 14-32 所示。执行“对齐”命令，使弧线端点与参照平面的交点对齐，并对拱窗弧形段添加参数“r”，完成绘制。

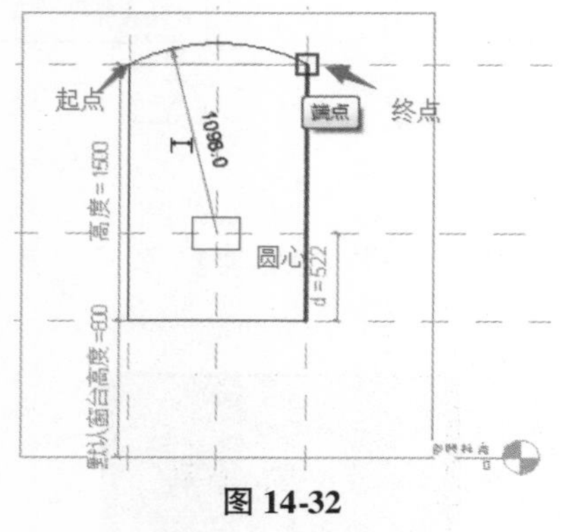

图 14-32

Step03 测试参数，发现可以改变大小，但改变弧线段弧度的时候，弧线并不能和窗两边很好地锁定，这时候就要对其添加公式来进行控制。结合图形不难得出一个等量代换，简化成数学公式就是：d = 高度-sqrt(r^2- (宽度/2)^2)，如图 14-33 所示。

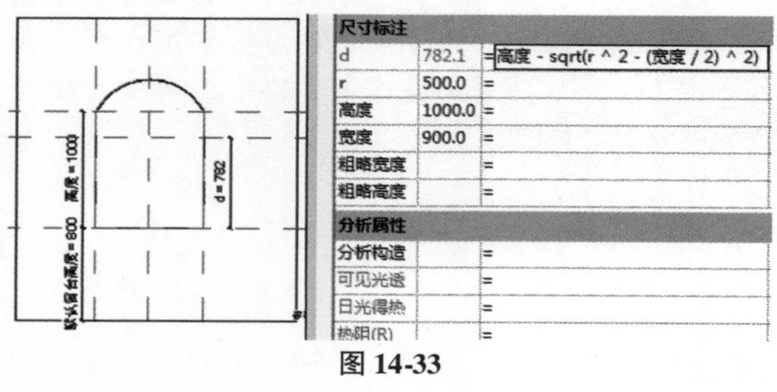

尺寸标注		
d	782.1	=高度 - sqrt(r ^ 2 - (宽度 / 2) ^ 2)
r	500.0	=
高度	1000.0	=
宽度	900.0	=
粗略宽度		=
粗略高度		=
分析属性		
分析构造		=
可见光透		=
日光得热		=
热阻(R)		=

图 14-33

Step04 把公式加入到族类型列表中测试，当弧形半径 r 超过一定数值时，d 就会变为负值，而负值是无法在公式中计算的，为了保持运算公式可计算且结果为正值，就要对 d 的运行路线进行延长。在“族类型”对话框中添加长度参数“dd”，将值设置为 3000mm，同时重新更改公式为 d = 高度 – sqrt(r^2- (宽度/2)^2) + dd，如图 14-34 所示。

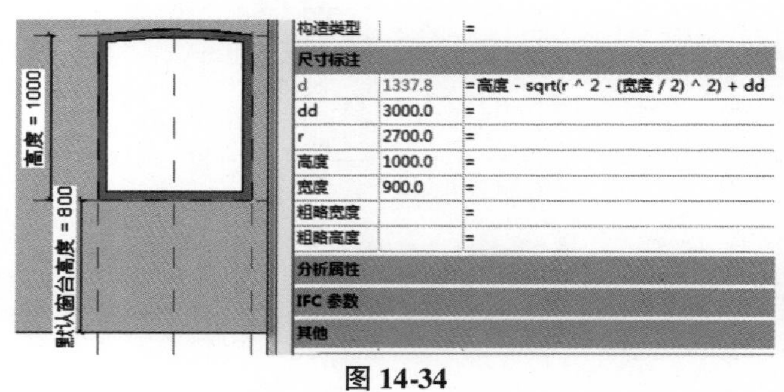

构造类型		=
尺寸标注		
d	1337.8	=高度 - sqrt(r ^ 2 - (宽度 / 2) ^ 2) + dd
dd	3000.0	=
r	2700.0	=
高度	1000.0	=
宽度	900.0	=
粗略宽度		=
粗略高度		=
分析属性		
IFC 参数		
其他		

图 14-34

Step05 在楼层平面视图创建放样，设置工作平面为“中心（前/后）”，切换到外部立面，绘制路径并进行锁定，如图 14-35 所示。编辑轮廓，选择矩形绘制方式（图 14-36），完成放样，添加材质为“柚木”。

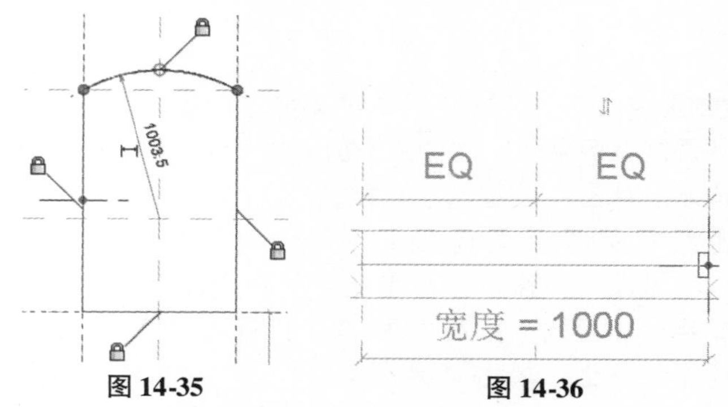

图 14-35　　图 14-36

Step06 完成轮廓编辑后就可以创建拱窗形状了。创建拉伸并进行锁定，如图 14-37 所示。设置拉伸起点为“–3mm”、拉伸终点为“3mm”，设置材质为玻璃，切换到三维视图，完成后如图 14-38所示。

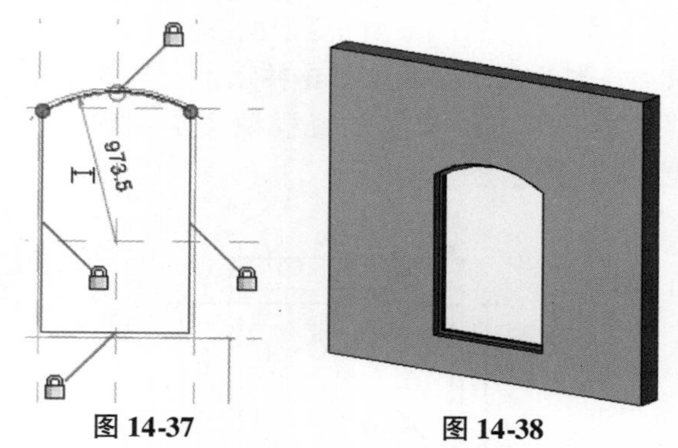

图 14-37　　图 14-38

对于参数化的公式添加，需要用户有一定的数学功底，从本节也可看出，若在添加过程中出现问题，最重要的是解决思路——找出问题根本所在再处理。

第15章

参数化龙骨、吊顶格栅、脚手架

概 述

构件关联性设计、参数驱动形体是参数化的重要特征。了解和掌握嵌套族构件关联方法和参数约束形式，能够大大提高模型的修改、维护效率和方便性，意义重大。

15.1 参数化龙骨

1. M12×150 螺栓

Step01 新建族，选择“基于面的公制常规模型.rft”并打开。

Step02 执行“拉伸”命令，以中心参照平面交点为圆心，绘制半径为6mm的圆，选择内接多边形以圆心为中心绘制半径为10mm的六边形，在“属性”栏中设置拉伸起点为“-25mm”、拉伸终点为“-15mm”。

Step03 执行“拉伸”命令，以中心参照平面交点为圆心，分别绘制半径为6mm和12mm的圆，设置拉伸起点为“-15mm”，拉伸终点为“-13mm”。同理，执行“拉伸”命令，以中心参照平面交点为圆心，分别绘制半径为6mm和18.7mm的圆，设置拉伸起点为“-13mm”、拉伸终点为“-10mm”。再次执行“拉伸”命令，以中心参照平面交点为圆心，绘制半径为6mm的圆，设置拉伸起点为“-30mm”、拉伸终点为“0mm”。完成后如图15-1所示。

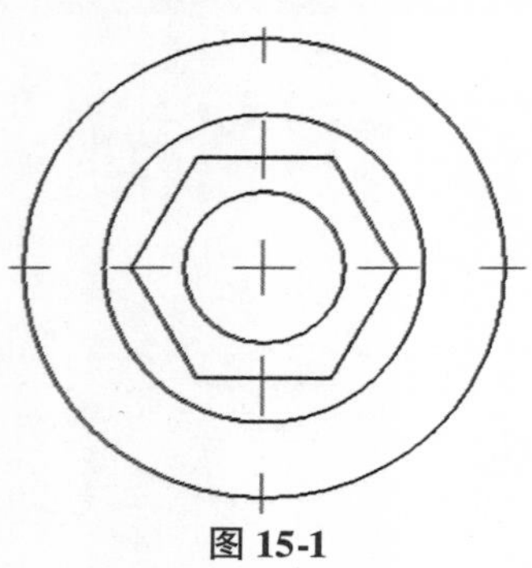

图 15-1

Step04 切换到前立面视图，单击“创建”选项卡→“形状”面板中的“旋转”，在“中心（左/右）”参照平面上绘制轴线，使用边界线绘制如图15-2所示的图形。完成后如图15-3所示。这里简化处理，将螺杆与套管做成一个形状。

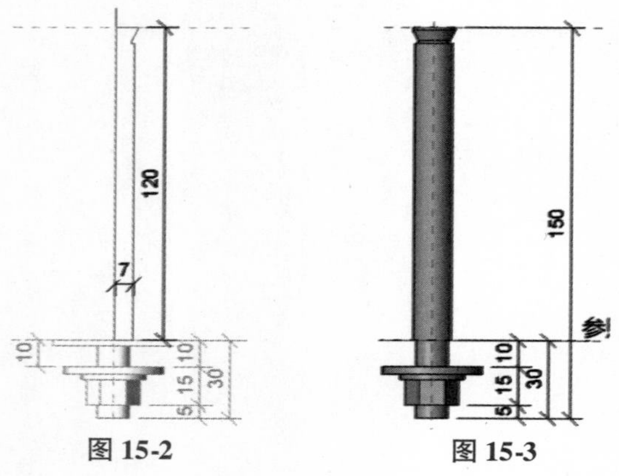

图 15-2　　图 15-3

Step05 保存族文件，命名为“M12×150 螺栓”。

2. 吊杆

Step01 新建族，选择“公制常规模型.rft”并打开。

Step02 按键盘上的快捷键<R P>，在中心参照平面的两侧成对绘制参照平面，如图15-4所示。

Step03 执行“拉伸”命令，以最外侧参照平面为参照绘制矩形，在“属性”栏中设置拉伸起点为“0mm”、拉伸终点为“-10mm”。

Step04 单击“插入”选项卡→“从库中载入”面板中的“载入族”，将“M12×150 螺栓”载入到项目中。在“项目浏览器”中展开“族”前的“⊞”，展开“常规模型”的子列表，继续展开“M12×150 螺栓”的子列表，选择类型名称并拖至绘图区，在“修改|放置构件”选项卡中单击“放置在面上”，放置M12×150 螺栓，如图15-5所示。

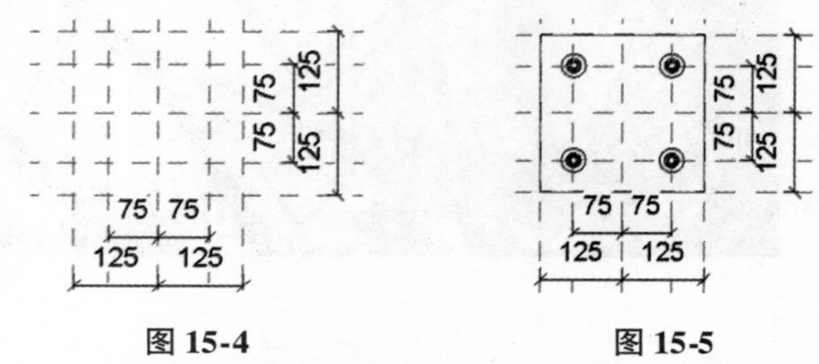

图 15-4　　图 15-5

Step05 执行“拉伸”命令，以参照平面交点为中心，分别绘制边长为50mm及42mm的正方形，在“属性”栏中设置拉伸起点为“-10mm”、拉伸终点为“-500mm”（可任意设置）。

Step06 切换到前立面视图，按键盘上的快捷键<R P>在参照标高下方绘制水平参照平面，再使用默认的快捷键<D I>标注参照标高到这个水平参照平面的距离，选择这个尺寸标注再单击功能区菜单栏的“创建参数”按钮，在弹出的“参数属性”对话框中的“名称”文本框中输入“吊杆长度”，勾选“实例”，单击“确定”按钮。执行“对齐”命令将上一步中的拉伸终点对齐到下方水平参照平面并进行锁定，将拉伸起点对齐到矩形边下方并进行锁定，完成后如图15-6所示。

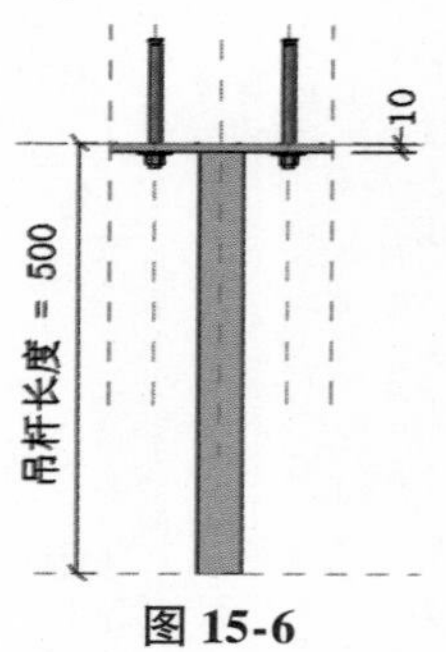

图 15-6

Step07 保存族文件，命名为“吊杆”。

3. 参数化龙骨

Step01 打开配套文件“龙骨”，切换到前立面视图，按键盘上的快捷键<D I>对两个垂直参照平面进行标注，选择尺寸标注再单击功能区菜单栏的“创建参数”按钮，在弹出的“参数属性”对话框中的“名称”文本框中输入“cd”，勾选“实例”，单击“确定”按钮，完成后如图15-7所示。

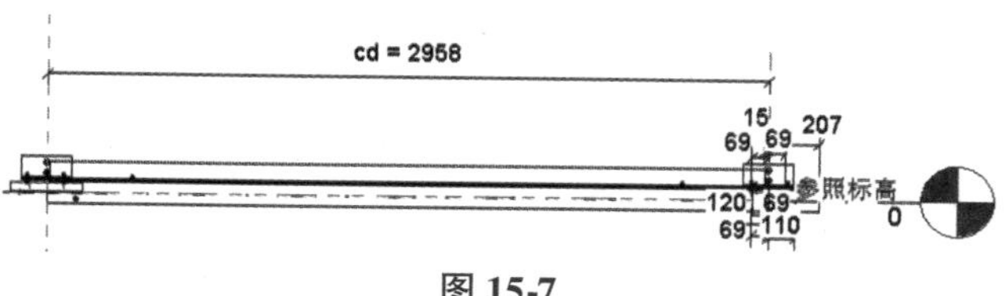

图15-7

Step02 切换到参照标高平面视图，单击“插入”选项卡→“从库中载入”面板中的“载入族”，找到“吊杆”，并将“吊杆”放置在左侧两个中心参照平面交点的位置上，如图15-8所示。切换到左立面视图，使用“对齐”工具将吊杆下端对齐至高亮显示的参照平面“吊杆底部”的位置上并锁定，如图15-9所示。同理，在龙骨右侧放置吊杆并对齐锁定。

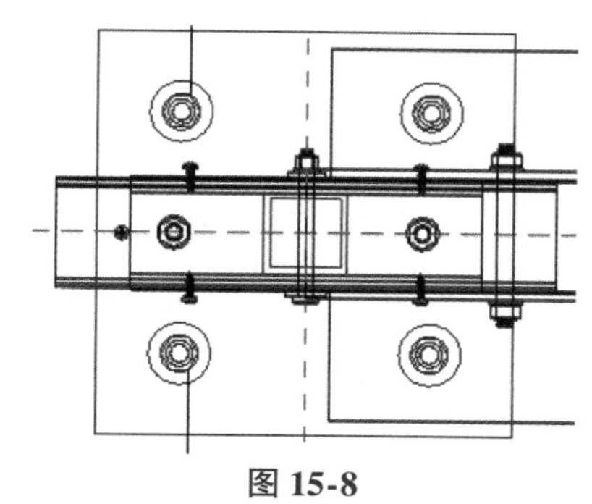
图15-8

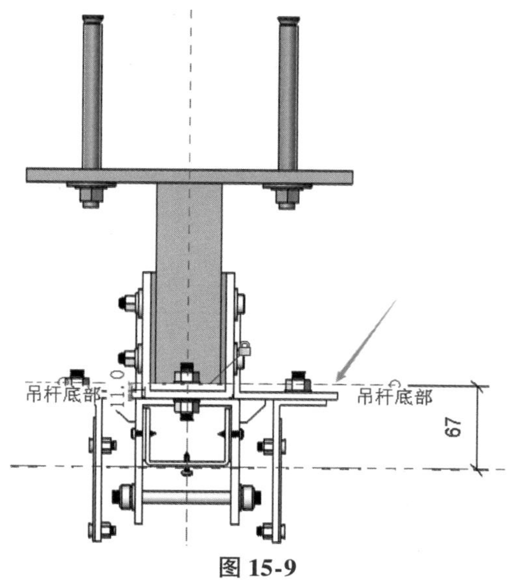

图15-9

Step03 选中右侧吊杆，在“属性”栏修改吊杆长度为1050mm，切换到三维视图，如图15-10所示。

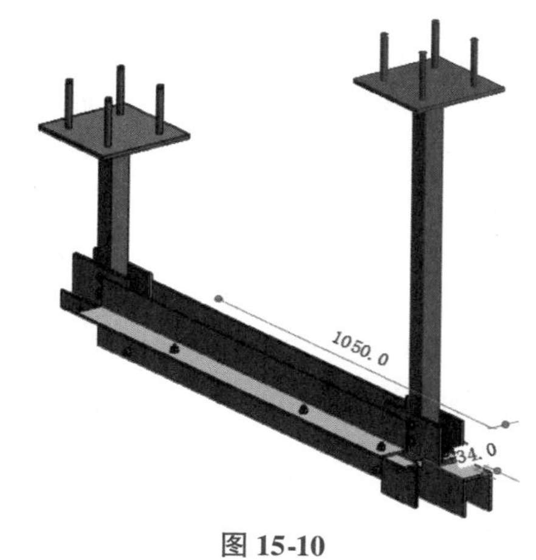

图15-10

15.2 参数化格栅组合

1. 扣条

Step01 新建族，选择“公制常规模型.rft”并打开。

Step02 切换到前立面视图，执行“拉伸”命令，使用直线绘制方式，绘制如图15-11所示的形状。

Step03 切换到参照标高平面视图，按键盘上的快捷键<R P>在“中心（前/后）”参照平面上下各绘制一个水平参照平面。按键盘上的快捷键<D I>对水平参照平面标注并进行EQ操作，选择尺寸标注再单击功能区的“创建参数”按钮，在弹出的“参数属性”对话框中的“名称”文本框中输入“扣条长”，勾选“类型”，单击“确定”按钮。

Step04 使用“对齐”工具，将扣条的顶边对齐到上方参照平面并进行锁定，底边对齐到下方参照平面并进行锁定。打开“族类型”对话框，将扣条长度设置为“300mm”，如图15-12所示。

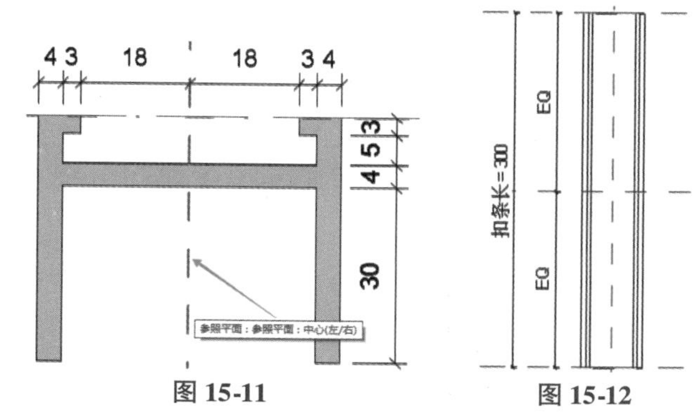

图15-11　图15-12

Step05 保存族文件，命名为“扣条”。

2. 边缘板

Step 01 新建族，选择“公制常规模型.rft”并打开。

Step 02 切换到前立面视图，执行“拉伸”命令，使用直线绘制方式，绘制如图15-13所示的形状。

Step 03 切换到参照标高平面视图，按键盘上的快捷键<R P>在“中心（前/后）”参照平面上下各绘制一个水平参照平面。按键盘上的快捷键<D I>对水平参照平面注释并进行EQ操作，选择尺寸标注再单击功能区的“创建参数”按钮，在弹出的“参数属性”对话框中的“名称”文本框中输入“边缘板长”，勾选“类型”，单击“确定”按钮。

Step 04 使用“对齐”工具，将扣条的顶边对齐到上方参照平面并进行锁定，底边对齐到下方参照平面并进行锁定。打开“族类型”对话框，将边缘板长度设置为“1200mm”，如图15-14所示。

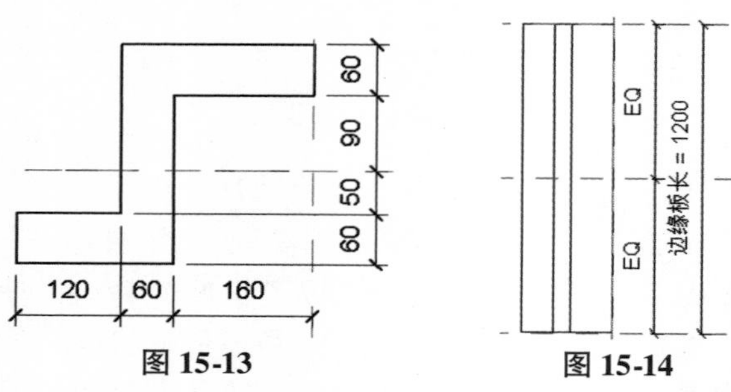

图15-13　　图15-14

Step 05 保存族文件，命名为“边缘板”。

3. 格栅

Step 01 新建族，选择“公制常规模型.rft”并打开。切换到前立面视图，执行“拉伸”命令，在“属性”栏中设置拉伸起点为“-20.8mm”、拉伸终点为“20.8mm”，使用直线绘制方式，绘制如图15-15所示的图形。

Step 02 保存族为“族1”。

Step 03 打开“公制常规模型”，切换到右立面视图，执行“拉伸”命令，选择矩形绘制方式，在参照标高下方30mm处绘制矩形，如图15-16所示。

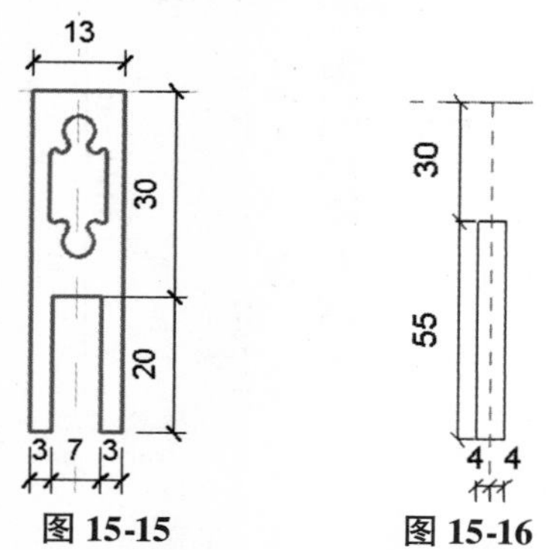

图15-15　　图15-16

Step 04 切换到参照标高平面视图，按键盘上的快捷键<R P>在“中心（左/右）”参照平面两侧各绘制一个垂直参照平面，按键盘上的快捷键<D I>对两个垂直参照平面注释并进行EQ操作，选择尺寸标注再单击功能区的“创建参数”按钮，在弹出的“参数属性”对话框中的“名称”文本框中输入“金属叶片长度”，勾选“类型”，单击“确定”按钮。打开“族类型”对话框，将边缘板长度设置为“3000mm”。

Step 05 单击“插入”选项卡→“从库中载入”面板中的“载入族”，将“族1”载入到项目中。放置族1，按键盘上的快捷键<R P>继续在“中心（左/右）”参照平面两侧各绘制一个垂直参照平面，按键盘上的快捷键<D I>对垂直参照平面进行标注，并分别将尺寸标注添加为类型参数“a”，打开“族类型”对话框，将边缘板长度设置为“800mm”。

Step 06 使用“对齐”工具将族1的中心对齐到参照平面并进行锁定，如图15-17所示。

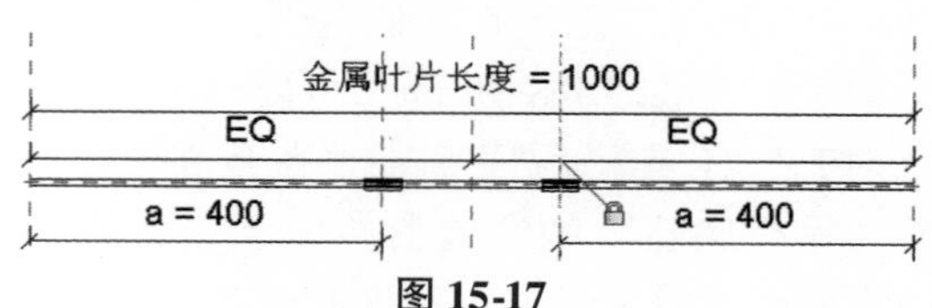

图15-17

Step 07 保存族文件，命名为“格栅”。

4. 格栅族组合（添加参数方法同上）

Step 01 新建族，选择“公制常规模型.rft”并打开。

Step 02 创建板面。按键盘上的快捷键<R P>在“中心（前/后）”参照平面上下两侧各绘制一个水平参照平面，在“中心（左/右）”参照平面两侧各绘制一个垂直参照平面。按键盘上的快捷键<D I>分别对垂直参照平面以及水平参照平面标注并进行EQ操作，分别添加“长度”以及“宽度”为类型参数。执行“拉伸”命令绘制矩形并使用“对齐”工具分别将矩形的4条边对齐到相应的参照平面并进行锁定，在“属性”栏中设置拉伸起点为“90mm”、拉伸终点为“150mm”。打开“族类型”对话框，将长度设置为“1200mm”，完成后，如图15-18所示。

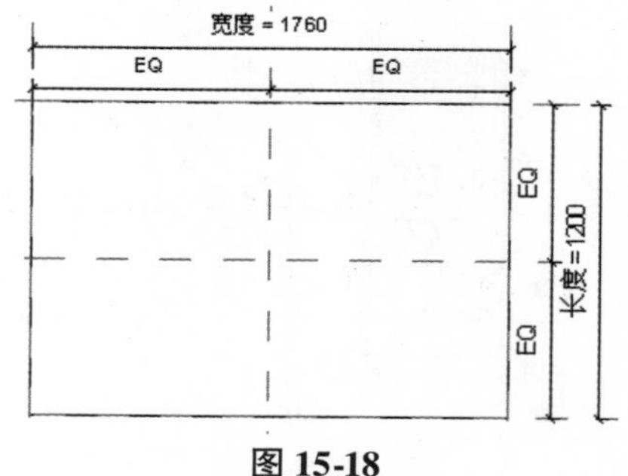

图15-18

Step03 单击“插入”选项卡→“从库中载入”面板中的“载入族”，将扣条、边缘板、格栅载入到项目中。在“项目浏览器”中找到边缘板，切换至参照标高平面，先在左侧放置一个边缘板，再执行“镜像”命令生成右侧的边缘板。切换到前立面视图，使用“对齐”工具将边缘板的边分别锁定到参照平面，如图 15-19 所示。选中边缘板，打开“类型属性”对话框，单击“边缘板长”后的“关联族参数”按钮，选择“新建参数”，在弹出的“参数属性”对话框中的“名称”文本框内输入“边缘板长”，勾选“类型”，单击“确定”按钮。

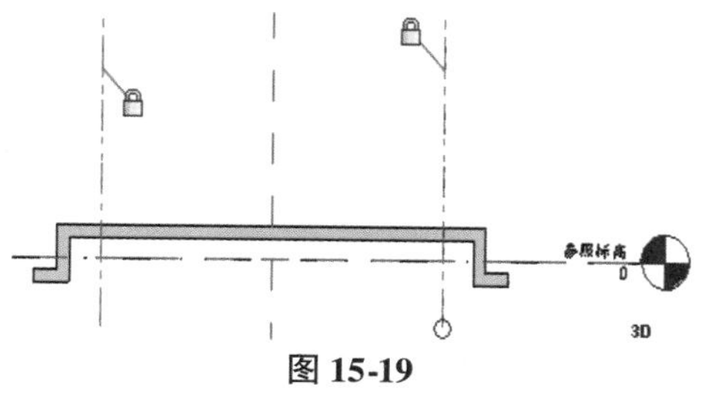

图 15-19

Step04 切换到参照标高平面视图，在“中心（前/后）”参照平面上下两侧各绘制一个水平参照平面，并分别添加类型参数“扣条间隙”，在“项目浏览器”中找到扣条，在“中心（前/后）”参照平面两侧放置扣条，使用“对齐”工具将扣条水平中心线对齐到参照平面。选中扣条，打开“类型属性”对话框，单击“扣条”后的“关联族参数”按钮，选择“新建参数”，在弹出的“参数属性”对话框中的“名称”文本框内输入“扣条长度”，勾选“类型”，单击“确定”按钮。打开“族类型”对话框，在扣条长度后的公式中输入“宽度＋320mm”，单击“确定”按钮，如图 15-20 所示。

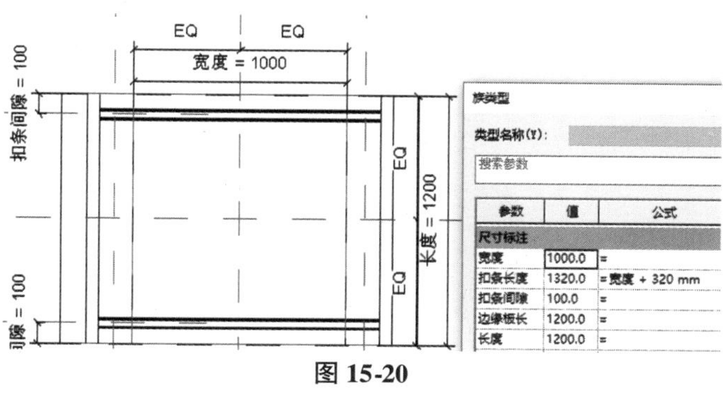

图 15-20

Step05 切换到前立面视图，按键盘上的快捷键 <D I> 对板面标注并锁定尺寸标注。按键盘上的快捷键 <R P> 绘制水平参照平面，使用“对齐”工具将扣条上边缘以及板面的上边缘对齐到参照平面并进行锁定。对参照平面标注并添加“名称”为“起始位置 1”的类型参数，同时分别对扣条上边缘与参照平面标注并添加“名称”为“起始位置 2”的类型参数。打开“族类型”对话框，在“起始位置 2”后的公式输入“起始位置 1-60mm”，单击“确定”按钮，完成后如图 15-21 所示。

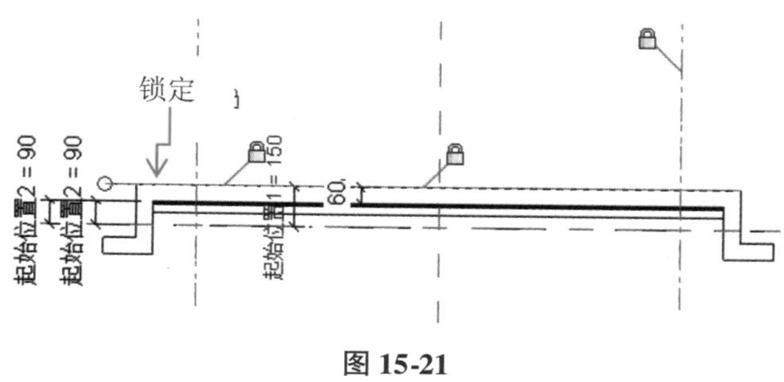

图 15-21

Step06 切换到参照标高平面视图，在“项目浏览器”中找到格栅，放置格栅，在“中心（左/右）”参照平面两侧分别绘制一个垂直参照平面，对参照平面标注并添加“名称”为“边距”的类型参数，使用“对齐”工具将格栅对齐到左侧参照平面并锁定，完成后如图 15-22 所示。

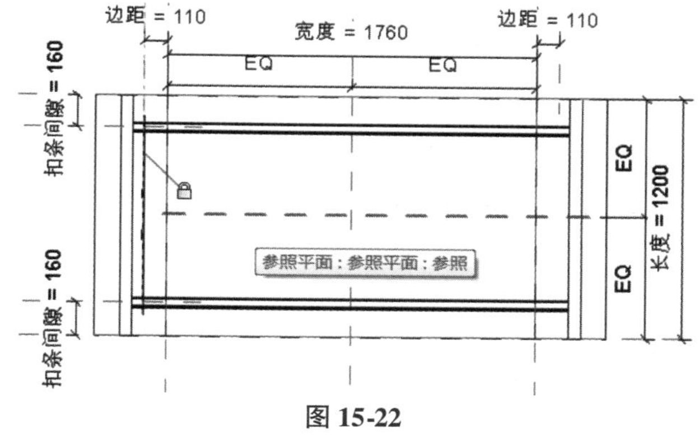

图 15-22

Step07 选中格栅，打开“类型属性”对话框，将金属叶片长度关联族参数“长度”，调整“扣条间隙”为 160，把扣条水平中心线对齐到参照平面并锁定。

Step08 切换到参照标高平面视图，选中格栅，执行“阵列”命令，在选项栏勾选“成组并关联”，“项目数”设置为“30”，勾选“最后一个”，如图 15-23 所示。将最后的格栅对齐到参照平面并锁定。选中阵列，添加类型参数为“个数”。

☑ 成组并关联 项目数: 30 移动到: ○ 第二个 ◉ 最后一个

图 15-23

Step09 在参照标高平面视图中，将边缘板的上方与最上面的水平参照平面标注并添加类型参数“间隙”。打开“族类型”对话框，在“边缘板长”后的公式中输入“长度-间隙”，单击“确定”按钮，如图 15-24所示。

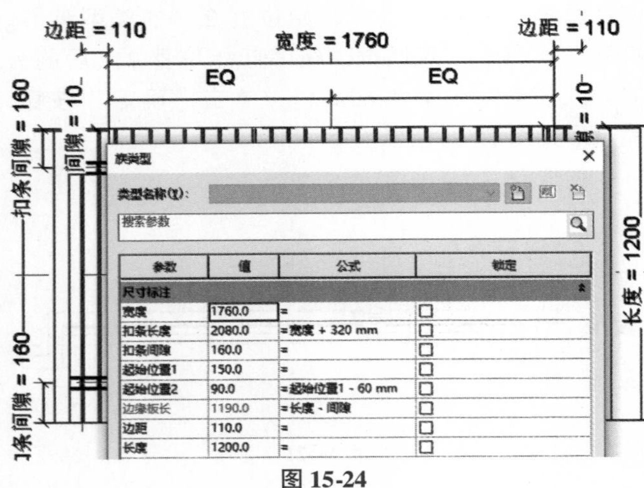

图 15-24

Step 10 打开“族类型”对话框，对各个族参数进行测试，最终数值如图15-25所示。

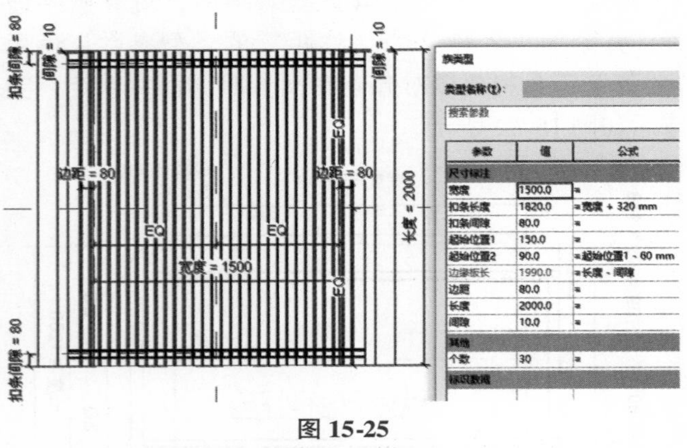

图 15-25

15.3 参数化脚手架

1. 扣件

Step 01 新建族，选择“公制常规模型.rft”并打开。

Step 02 在参照标高平面视图中执行“拉伸”命令，在“属性”栏中设置拉伸起点为“29.8mm”、拉伸终点为“98.7mm”，以中心参照平面交点为圆心绘制半径为“34mm”的圆形。

Step 03 执行“空心拉伸”命令，以中心参照平面交点为圆心，绘制半径为“24mm”的圆形，完成后，执行“剪切”命令，剪切几何图形。

Step 04 切换到前立面视图。按键盘上的快捷键<R P>绘制参照平面，水平参照平面命名为“a”，垂直参照平面命名为“b”，“a”与参照标高的距离为“64mm”。按键盘上的快捷键<D I>进行尺寸标注，分别标注水平参照平面到参照标高的距离和垂直参照平面到“中心（左/右）”参照平面的距离。选择水平的尺寸标注，点击功能区的“创建参数”按钮，弹出“参数属性”对话框，在“名称”文本框中输入“扣件长”，勾选“类型”，单击“确定”按钮，如图15-26所示。打开“族类型”对话框，将扣件长度的值设置为“80mm”。

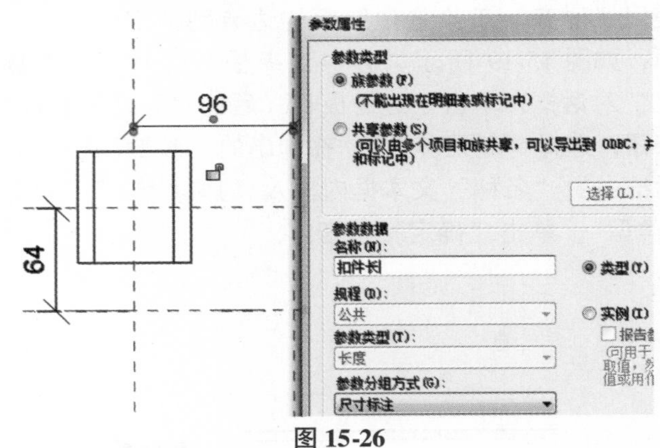

图 15-26

Step 05 仍在前立面视图执行“拉伸”命令，在“属性”栏中设置拉伸起点为“－35mm”、拉伸终点为“35mm”，以参照平面“a”和“b”的交点为圆心，绘制半径为“34mm”的圆形，再执行“空心拉伸”命令，绘制半径为“24mm”的圆形，完成后，执行“剪切”命令，剪切几何图形。

Step 06 切换到右立面视图，执行“拉伸”命令，在“属性”栏中设置拉伸起点为“2.6mm”、拉伸终点为“80mm”，以参照平面“a”与“中心（左/右）”参照平面的交点为圆心，绘制半径为“34mm”的圆形。

Step 07 切换到三维视图，执行“剪切”命令，将中间圆柱伸入到两侧圆柱内侧的部分进行剪切。执行“连接”命令，连接这3个几何图形，将右立面与三维视图进行平铺，如图15-27所示。

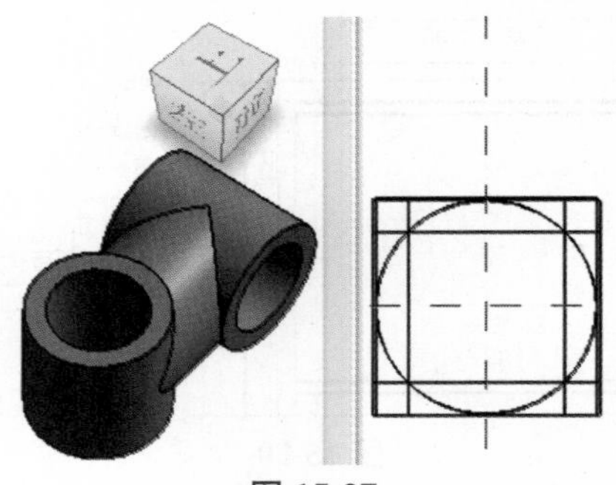

图 15-27

Step 08 选中任意圆柱，在“属性”栏中单击“材质”后的小方块按钮，在弹出的“材质浏览器”对话框中添加材质为“金属”，单击“确定”按钮。单击“材质”后的“关联族参数”按钮，在打开的“关联族参数”对话框里点击“创建参数”按钮，在弹出的“参数属性”对话框“名称”文本框中输入“扣件”，勾选“类型”，单击“确定”按钮，如图 15-28 所示。

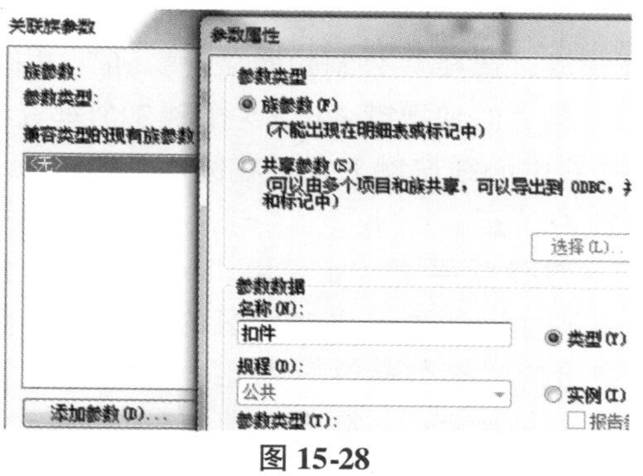

图 15-28

Step09 保存族文件，命名为“扣件”。

2. 中间 1

Step01 新建族，选择“公制栏杆 . rft”并打开。

Step02 在参照标高平面视图，按键盘上的快捷键 <R P>，在“中心（左/右）”参照平面的两侧各绘制两个垂直参照平面，从左向右分别命名为“b”“c”“d”“f”。按键盘上的快捷键 <D I>，对参照平面“b”“中心（左/右）”与“f”间的距离标注并进行 EQ 操作，对参照平面“c”“中心（左/右）”与“d”间的距离标注并进行 EQ 操作。标注“c”与“d”间的距离，选中“c”与“d”间的尺寸标注，单击功能区的“创建参数”按钮，在弹出的“参数属性”对话框“名称”文本框中输入“立杆间距”，勾选“类型”，单击“确定”按钮。打开“族类型”对话框，修改立杆间距的值为“1200mm”，单击“确定”按钮。同理，修改参照平面“b”与“c”间的距离为“120mm”，完成后如图 15-29 所示。

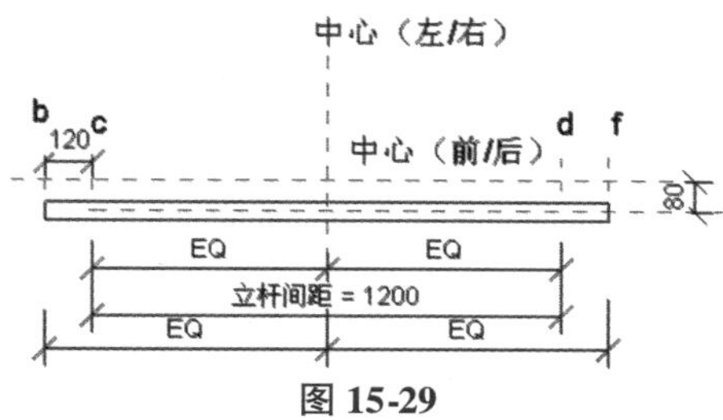

图 15-29

Step03 切换到右立面，将底部水平的参照平面命名为“a”。按键盘上的快捷键 <R P> 绘制水平及垂直参照平面，分别命名为“1”“2”“3”“4”“5”。按键盘上的快捷键 <D I> 分别对参照平面“a”与 1 间的距离、“a”与 3 间的距离、“a”与 4 间的距离以及“5”与“中心（前/后）”参照平面间的距离进行标注，并且分别选中尺寸标注，单击功能区的“创建参数”按钮，在弹出的“参数属性”对话框“名称”文本框中输入相应的名称，勾选“类型”，单击“确定”按钮。打开“族类型”对话框，修改相应的值，单击“确定”按钮。选中参照平面“2”，将参照平面“1”与“2”间的临时尺寸修改为“90mm”，完成后如图 15-30 所示。

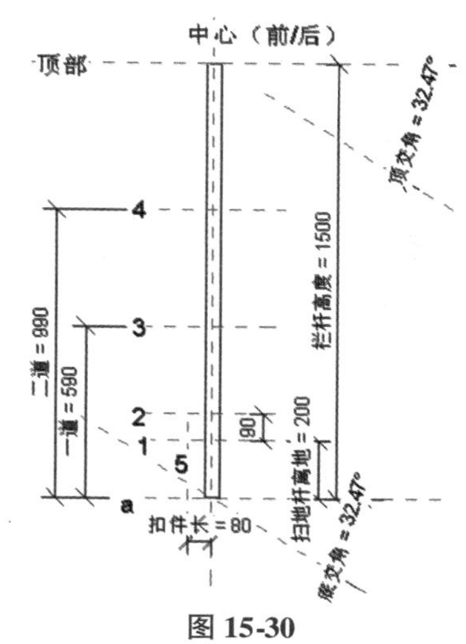

图 15-30

Step04 在前立面视图中执行“拉伸”命令，在弹出的“工作平面”对话框中勾选“拾取一个工作平面”，单击“确定”按钮，拾取“中心（左/右）”参照平面，在弹出的“转到视图”对话框中选择“立面：右立面”，单击“打开视图”。在右立面中，以参照平面“1”与“5”的交点为圆心，绘制半径为“24mm”的圆，在“属性”栏中设置拉伸起点为“－720mm”、拉伸终点为“720mm”。完成后，切换至参照标高平面，执行“对齐”命令，将拉伸形状的起点和终点分别锁定到参照平面“b”和“f”上。

Step05 在参照标高平面视图，执行“拉伸”命令，分别以“b”与“中心（左/右）”参照平面的交点以及“d”与“中心（左/右）”参照平面的交点为圆心，绘制半径为“24mm”的圆，在“属性”栏中设置拉伸起点为“0mm”、拉伸终点为“1500mm”。

Step06 使用“插入→载入族”命令，将“扣件”载入到当前族中。在“项目浏览器”中展开族→常规模型→扣件，找到“扣件”。将扣件拖动出来放置到“b”与“中心（前/后）”参照平面的交点以及“d”与“中心（前/后）”参照平面的交点处，完成后如图 15-31 所示。

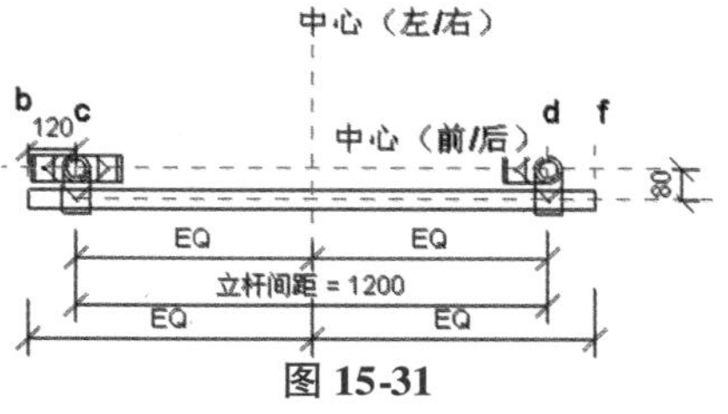

图 15-31

Step 07 切换到前立面，执行“对齐”命令将扣件分别对齐到相应的位置上，并将垂直方向与水平方向分别锁定到相应的参照平面上，如图 15-32 所示。

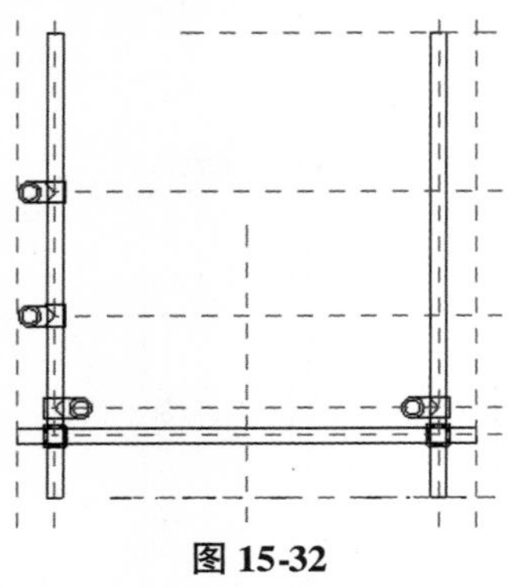

图 15-32

Step 08 选中扣件，打开“类型属性”对话框，选中“扣件”后的“关联族参数”按钮，在弹出的“关联族参数”对话框中单击“新建参数”，弹出“参数属性”对话框，在“名称”文本框中输入“扣件”，选择“类型”，单击“确定”按钮，如图 15-33 所示。同理，将“扣件长”关联族参数，在弹出的“关联族参数”对话框中选择“扣件长”，单击“确定”按钮。

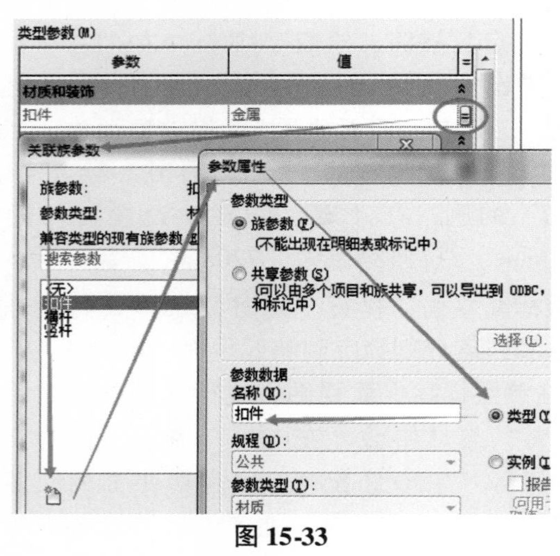

图 15-33

Step 09 选择水平的拉伸形状，在“属性”栏中单击“材质”后的“关联族参数”按钮，在弹出的“关联族参数”对话框中单击“新建参数”，弹出“参数属性”对话框，在“名称”文本框中输入“横杆”，选择“类型”，单击“确定”按钮。同理，选中垂直方向的拉伸形状，关联材质参数“竖杆”。打开“族类型”对话框，分别将横杆和竖杆的材质添加为“金属”，如图 15-34 所示。

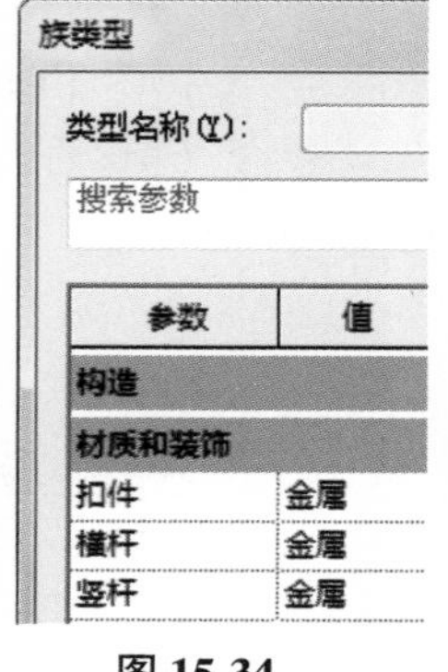

图 15-34

Step 10 保存族文件，命名为“中间 1”。左、右的创建方法与本节类似，读者可参考提供的文件自行尝试。

3. 中部大横杆轮廓（外）1

Step 01 新建族，选择“公制轮廓-扶栏.rft”并打开。

Step 02 按键盘上的快捷键<R P>绘制 3 个垂直参照平面，在扶栏中心线左侧 1 个，右侧 2 个，再从左向右分别命名为“a”“b”“c”。按键盘上的快捷键<D I>对参照平面“a”和“b”进行等分并标注，选中尺寸标注再单击功能区的“创建参数”按钮，在弹出的“参数属性”对话框“名称”文本框中输入“立杆间距”，勾选“类型”，单击“确定”按钮。同理，对参照平面“b”和“c”进行标注并添加参数为“扣件长”。

Step 03 打开“族类型”对话框，将“立杆间距”的值设置为“1200mm”，“扣件长”的值设置为“80mm”，单击“确定”按钮，完成后如图 15-35 所示。

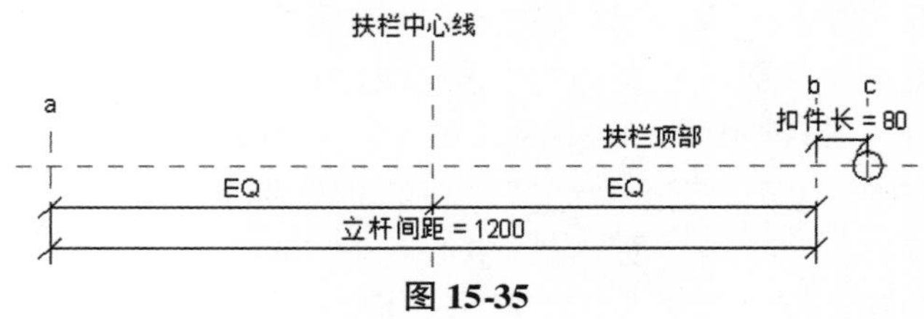

图 15-35

Step 04 单击“创建”选项卡→“详图”面板中的“直线”，以参照平面“c”与扶栏顶部交点为圆心，绘制半径为“24mm”的圆。

Step 05 保存族文件，命名为“中部大横杆轮廓（外）1”。安全网轮廓、底部大横杆轮廓（内）、底部大横杆轮廓（外）、脚踏板轮廓、踢脚板轮廓的创建详见本章配套文件。

4. 脚手架

Step 01 按键盘上的快捷键<Ctrl + N>，选择“建筑样板”新建项目文件，单击“插入”选项卡→“从库中载入”面板中的“载入族”，在弹出的“载入族”对话框中选择“中间 1”“左 1”“右 1”“中部大横杆轮廓（外）1”“安全网轮廓 1”“底部大横杆轮廓（内）1”“底部大横杆轮廓（外）1”“脚踏板轮廓 1”“踢脚板轮廓 1”，单击“打开”按钮。

Step 02 单击“建筑”选项卡→“楼梯坡道”面板中的“栏杆扶手”。打开“类型属性”对话框，将“顶部扶栏”的高度设置为“1500mm”，类型设置为“无”。单击“扶栏结构（非连续）”后的“编辑”

按钮，打开“编辑扶手（非连续）”对话框，将原有的扶栏全部删除，插入新的扶栏并命名，设置相应的高度，选择轮廓类型以及添加材质，单击“确定”按钮，如图 15-36 所示。

族：栏杆扶手

类型：1500mm 圆管

扶栏

	名称	高度	偏移	轮廓	材质
1	中部大横杆1	990.0	0.0	中部大横杆轮廓（外）1：	安全栏杆
2	中部大横杆2	590.0	0.0	中部大横杆轮廓（外）1：	安全栏杆
3	底内大横杆	290.0	0.0	底部大横杆轮廓(内)1：底部	金属
4	底外大横杆	290.0	0.0	底部大横杆轮廓(外)1：底部	金属
5	新建扶栏(3)	220.0	0.0	踢脚板轮廓1：踢脚板轮廓1	安全栏杆
6	新建扶栏(2)	230.0	0.0	脚踏板轮廓1：脚踏板轮廓1	樱桃木
7	新建扶栏(1)	220.0	0.0	安全网轮廓1：安全网轮廓1	安全网

图 15-36

Step 03 在“类型属性”对话框中，单击“栏杆位置”后的“编辑”，打开“编辑栏杆位置”对话框，将主样式下的常规栏杆的栏杆族设置为“中间 1”，底部设置为“主体”，底部偏移为“0”，顶部为“中部大横杆”，顶部偏移为“500mm”，相对前一栏杆的距离为“1000mm”，偏移为“0”。

Step 04 将起点支柱的栏杆族设置为“左 1”，底部为“主体”，底部偏移为“0”，顶部为“中部大横杆”，顶部偏移为“500mm”，空间为“12.5mm”，偏移为“0”；转角支柱的栏杆族为“无”，底部为“主体”，底部偏移为“0”，顶部为无，顶部偏移为“0”，空间为“0”，偏移为“0”；终点支柱的栏杆族设置为“右 1”，底部为“主体”，底部偏移为“0”，顶部为“中部大横杆”，顶部偏移为“500mm”，空间为“–12.5mm”，偏移为“0”，单击“确定”按钮。

Step 05 在标高 1 平面视图绘制长为 5000mm 的栏杆扶手，之后切换到三维视图，查看最终效果，如图 15-37所示。

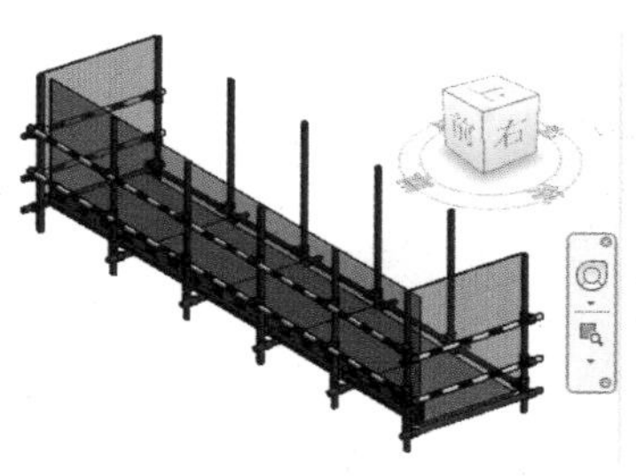

图 15-37

Revit参数化机电精讲篇

第16章

Revit参数化机电构件精讲

概 述

轮廓族是二维族，它包含一个二维形状（通常为闭合环），可以将该闭合环载入到项目中并应用于某些建筑图元。例如：该族可为扶手绘制轮廓环，可将该造型应用于项目中的扶手，也可以载入族作为嵌套族使用。

16.1 轮廓族

Step 01 新建族，选择“公制轮廓 . rft”，默认进入参照标高平面视图，如图 16-1 所示。绘制时注意：①轮廓族只有一个平面视图；②轮廓族的用途可直接在“属性”栏中定义；③默认的插入点为两个中心参照平面的交点。

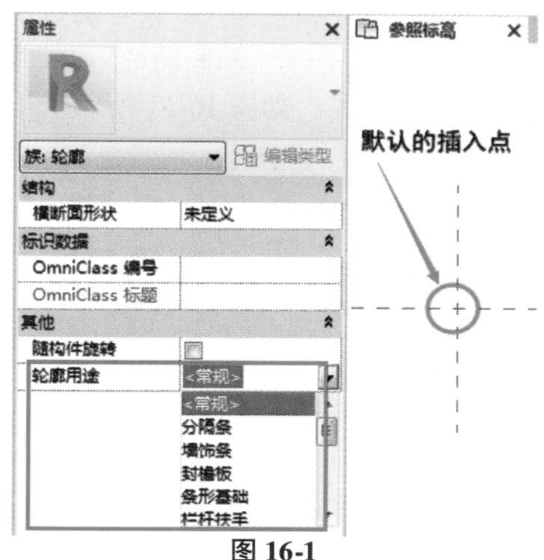

图 16-1

Step 02 角钢轮廓绘制及参数控制。以原有参照平面为直角外侧边，再绘制 4 个参照平面。使用“直线”工具绘制角钢轮廓，将轮廓边界与参照平面锁定。标注参照平面并依次给尺寸标注添加参数。完成后，保存命名为“角钢轮廓”。最后完成效果如图 16-2 所示。

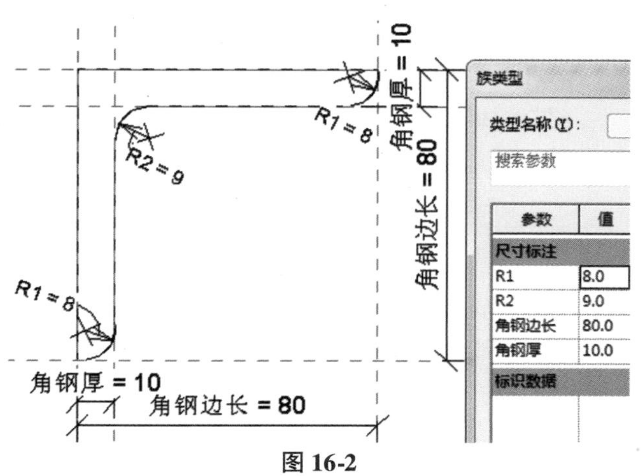

图 16-2

Step 03 轮廓族的嵌套应用。新建“公制常规模型”。利用放样创建角钢，执行“放样”命令，选择“绘制路径”，利用直线绘制出一条路径。完成后继续设置轮廓，选择“载入轮廓”，如图 16-3 所示，载入上一步制作的“角钢轮廓”族，可在轮廓下拉列表中找到，单击✔完成放样形状创建，效果如图 16-4 所示。

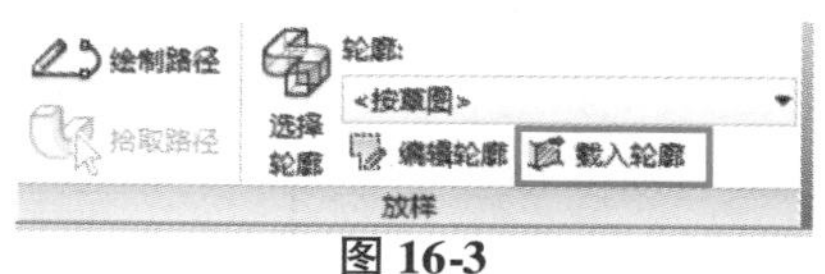

图 16-3

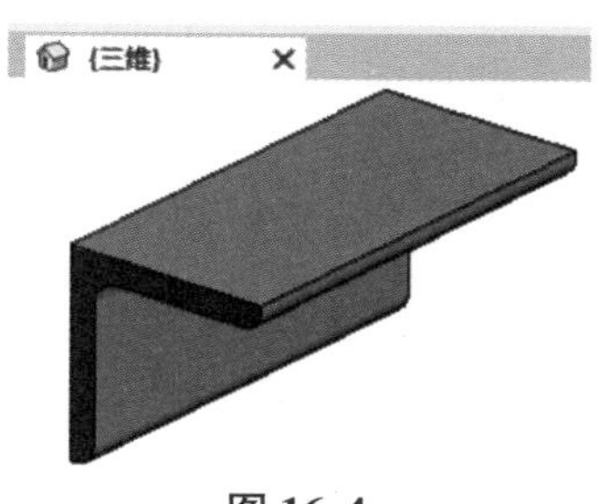

图 16-4

Step 04 在未对轮廓进行修改的情况下，轮廓族的插入点默认落在放样路径上。在“属性”栏里可以对轮廓进行编辑工作，如水平、垂直轮廓偏移，角度设置等，如图 16-5 所示。

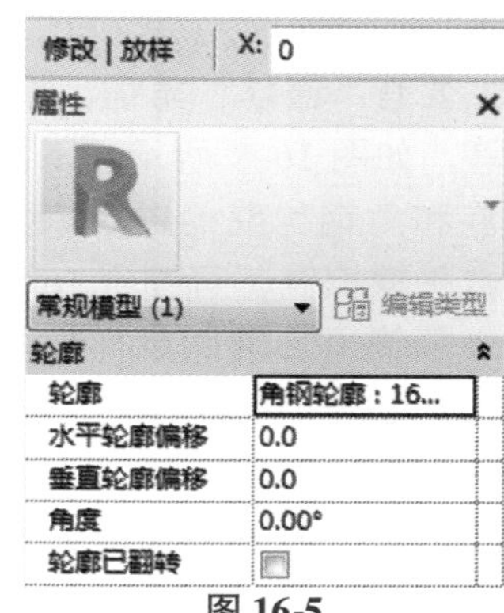

图 16-5

Step 05 接下来，将轮廓族自带参数进行关联参数控制。首先在“项目浏览器”中，按照“族→轮廓→角钢轮廓”找到“角钢轮廓”（图 16-6），双击类型名称打开“类型属性”对话框，依次单击“关联族参数”按钮（图16-7），将轮廓族的参数关联至当前族参数中，这样就完成了。

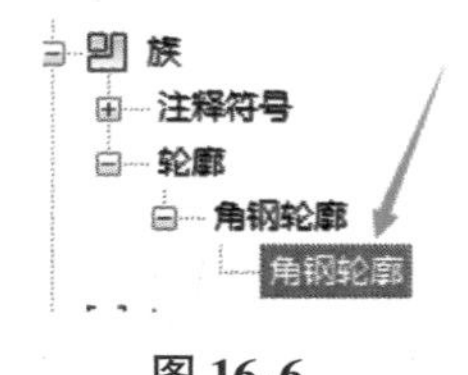

图 16-6

图 16-7

本节总结起来，主要有以下几点：

Step01 当形状比较复杂时，采用轮廓族能更好地实现放样功能并且更容易实现参数控制；轮廓族的绘制可以通过拾取导入的 CAD 底图来完成。

Step02 在主体族中会遇到轮廓的绘制视图不是族本身存在的正交视图的情况，这样很难做到尺寸精确定位及建立参数控制框架。可以先绘制一条路径，然后采用应用轮廓族的方式来创建形状。

16.2 参数化支架族

本节练习机电深化模型中经常用到的支吊架。

支架族样式种类繁多，主材就包括角钢、槽钢、型钢、圆钢等，辅材有通丝、螺栓螺母、垫片，还有各式焊接、打洞钻孔等。下面我们简单介绍一种常见的支架族，同时学习一下轮廓族嵌套控制、可见性控制的方法。

支架构件主要有：通丝、角钢、槽钢、工字钢、H 型钢、方钢等，如图 16-8 所示。下面我们主要介绍槽钢的轮廓族和角钢构成的支架族。有关角钢和槽钢轮廓的参数关联控制，可参照 16.1 相关内容进行操作，这里继续使用轮廓族族样板来新建一个槽钢轮廓族，完成后如图 16-9 所示。

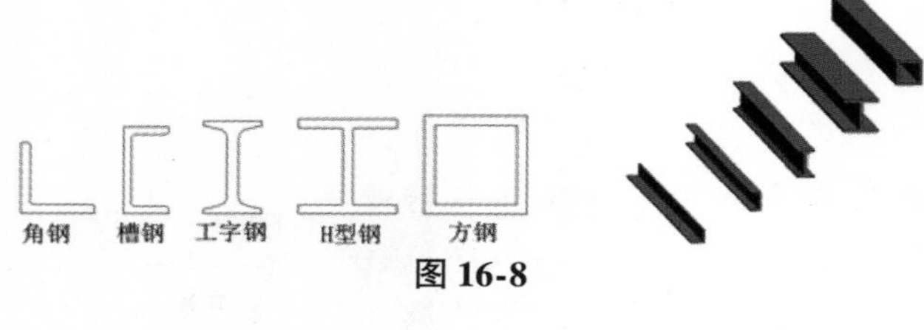

图 16-8

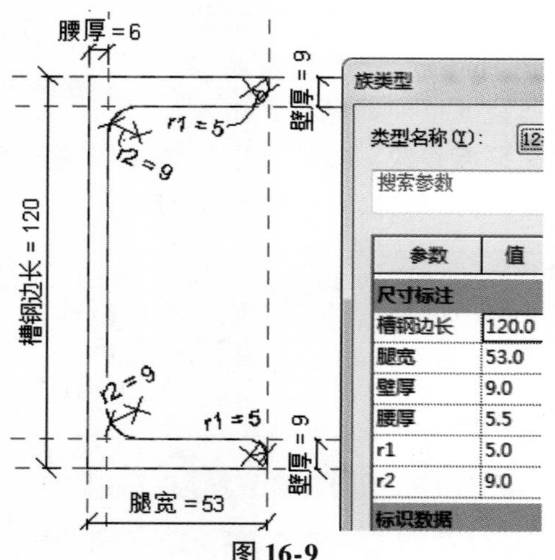

图 16-9

Step01 新建“公制常规模型”，在“中心（左/右）”参照平面两侧各绘制一个参照平面并进行对齐尺寸标注、创建等分约束，完成后如图 16-10 所示。

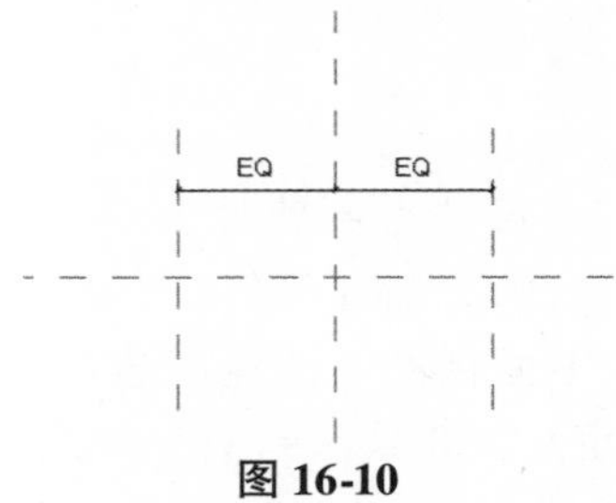

图 16-10

Step02 单击“创建”选项卡→“形状”面板中的“放样”→“放样”面板中的“绘制路径”，使用直线绘制方法，绘制一条路径，如图 16-11 所示。

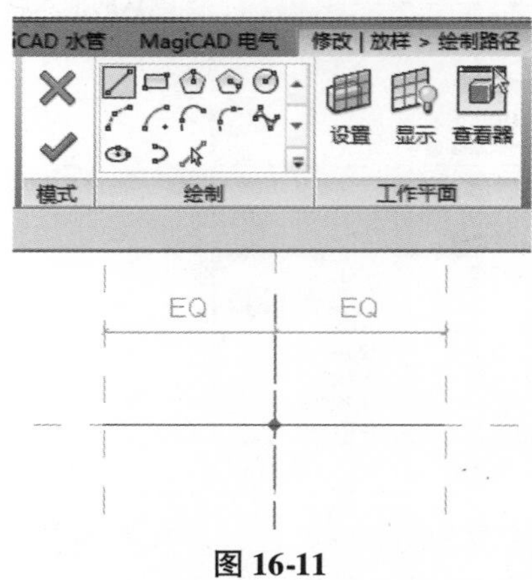

图 16-11

Step03 单击“完成编辑模式”，从“修改 | 放样 > 绘制路径”选项卡回到“修改 | 放样”选项卡，单击“放样”面板中的“选择轮廓→载入轮廓”，载入角钢轮廓后完成放样形状，如图 16-12 所示。

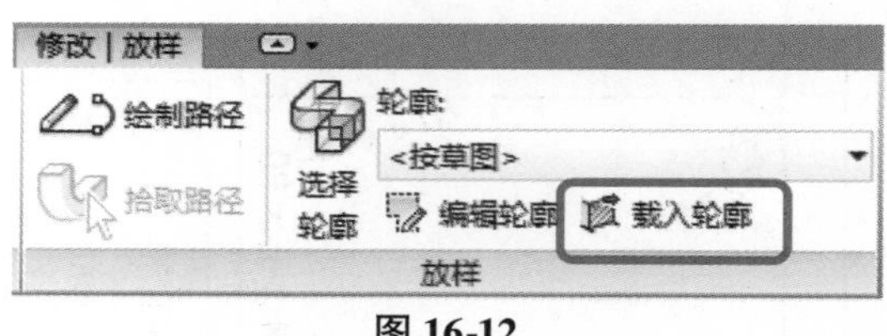

图 16-12

Step04 将角钢的两端与参照平面进行锁定，并添加长度参数（实例），完成后如图 16-13 所示。

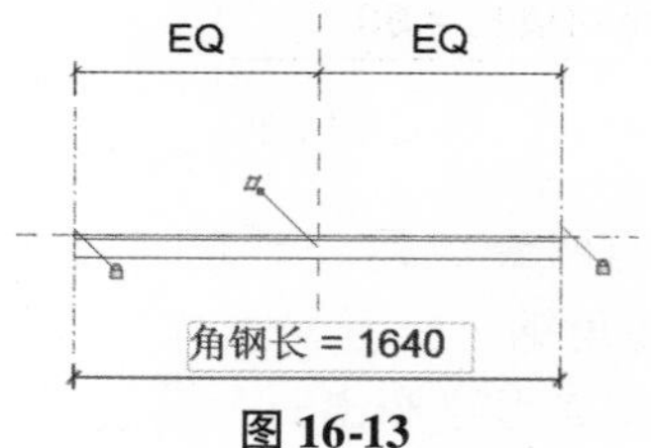

图 16-13

Step05 在“项目浏览器”中找到角钢轮廓族，选中后打开“类型属性”对话框，对其轮廓进行关联参数，如图 16-14 所示。

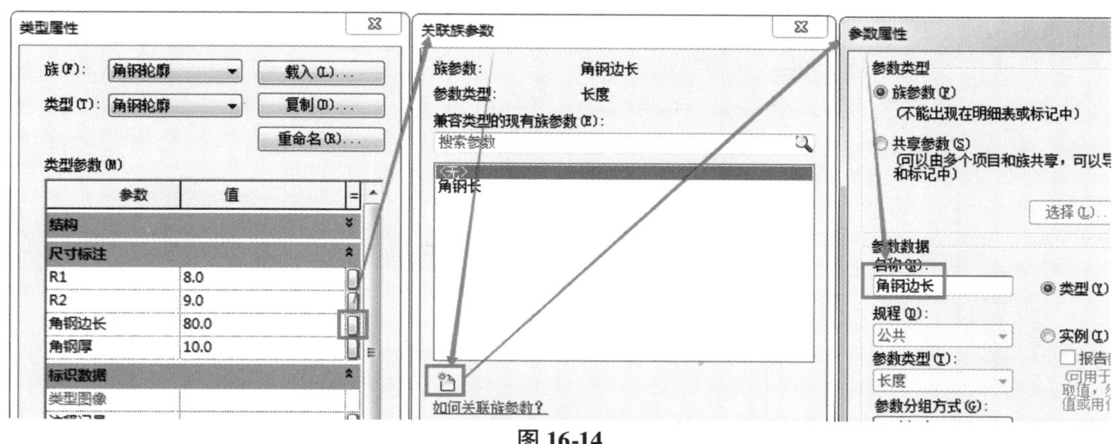

图 16-14

Step06通丝的创建及位置定位。首先在参照标高平面绘制两个参照平面，定义距角钢末端的长度参数；然后绘制水平参照平面，定义参数“通丝定位参数”，要求通丝定位参数等于角钢边长的一半，如图16-15和图16-16所示。

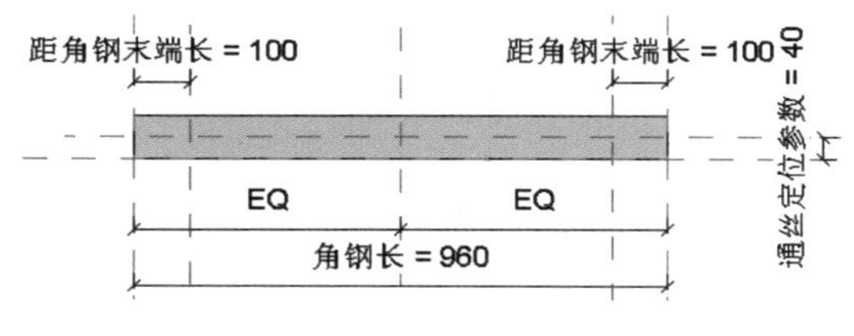

图 16-15

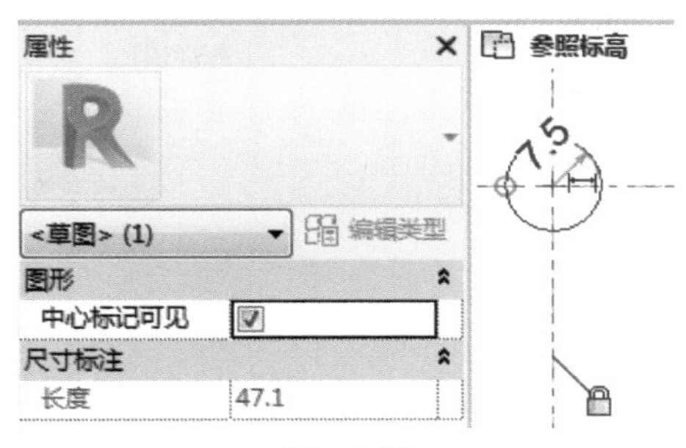

图 16-16

Step07创建拉伸，使用圆绘制轮廓，选择轮廓，在“属性”栏勾选“中心标记可见”，并将圆轮廓进行锁定，对圆轮廓直径标注并添加参数，完成拉伸，如图16-17和图16-18所示。

图 16-17

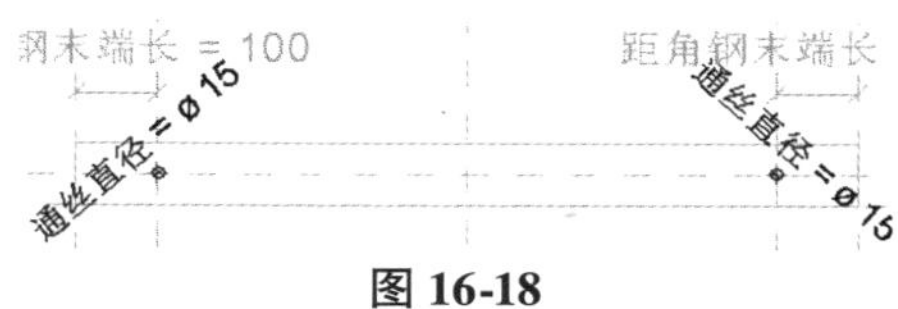

图 16-18

Step08切换至前立面视图，在参照标高上下各绘制一个参照平面（用于控制通丝上下端长度），将通丝的上下端与之进行锁定（图16-19），然后添加参数：通丝长1（实例参数）、通丝长2（类型参数），如图16-20所示。

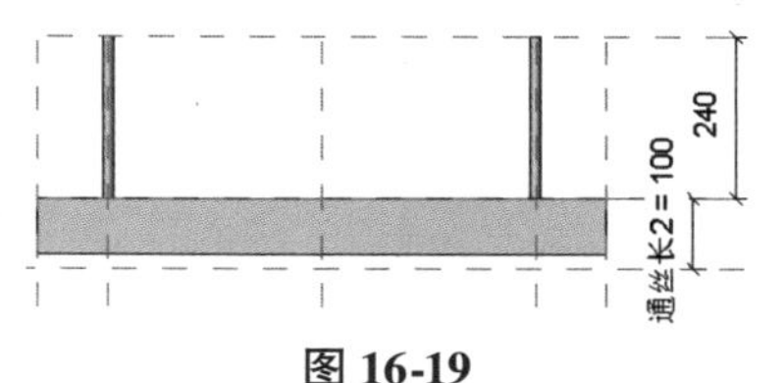

图 16-19

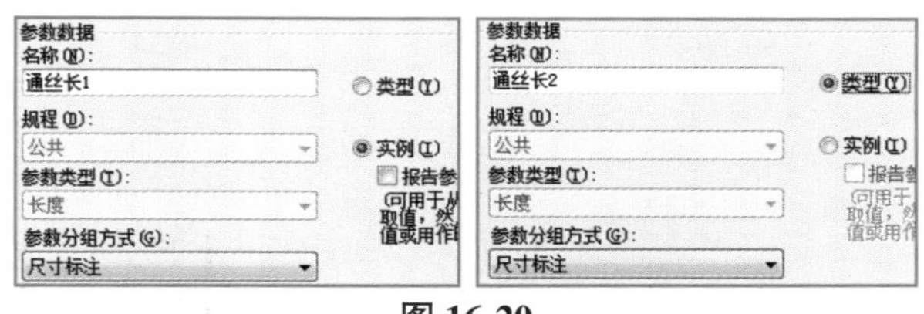

图 16-20

Step09分别选择角钢和通丝，添加材质参数和材质，这样，一个简易的单层角钢参数化支架就制作完成了，如图16-21所示。

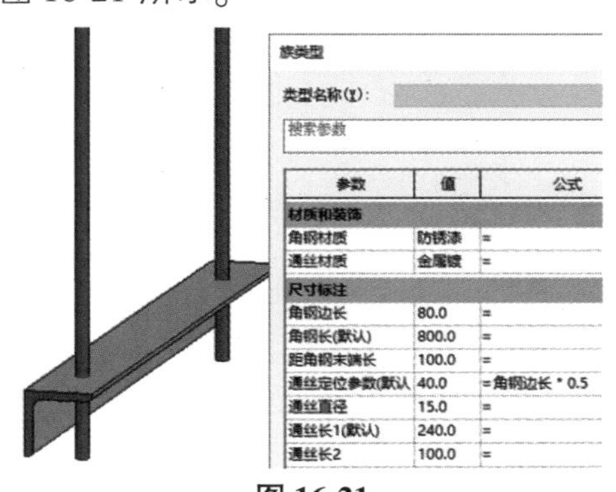

图 16-21

Step 10 多层支架的创建。切换至前立面视图，在参照标高上方再绘制两个参照平面，并定义参数：支架高 1（实例参数）、支架高 2（实例参数），完成后如图 16-22 所示。

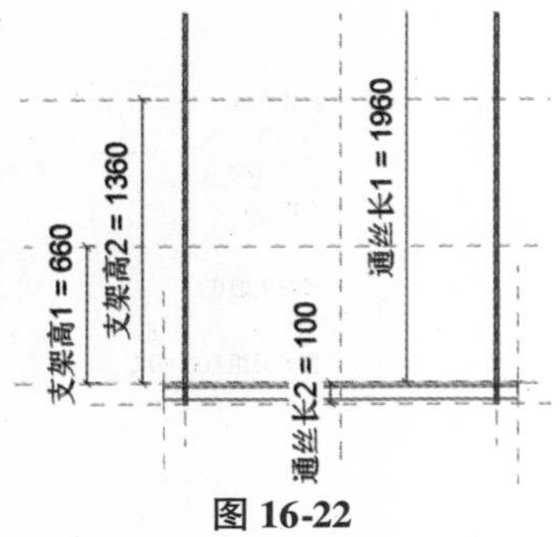

图 16-22

Step 11 在前立面视图，沿着新添加的参照平面绘制两条参照线，并对参照线的两个端点与最外边参照平面进行锁定，然后锁定到之前绘制的参照平面上，完成后如图 16-23 所示。

Step 12 执行“放样”命令，拾取参照线，然后选择角钢轮廓，单击✔完成，同理完成另一个角钢的放样，完成后如图 16-24 所示。

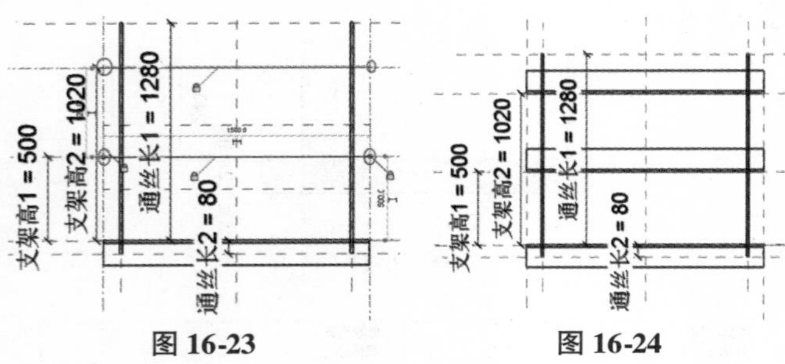

图 16-23　　图 16-24

Step 13 如果发现角钢放样后的形状方向不对，可以选择生成的形状，编辑放样，选择轮廓，在“属性”栏中调整“角度”和“轮廓已翻转”属性（图 16-25），同理完成另一个角钢轮廓的修改。这样就实现了上下层角钢的方向调整。

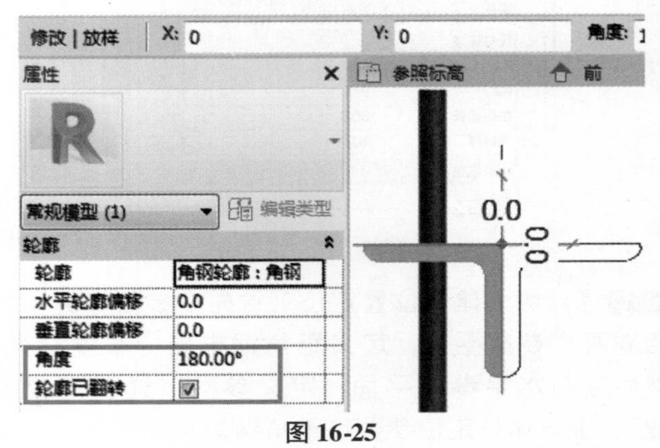

图 16-25

Step 14 选择最上面一根角钢，在“属性”栏中，单击“可见”后的“关联参数”按钮，添加“支架可见性”参数，如图 16-26 所示。载入项目中后，当只需要双层支架时，取消参数“支架可见性”的勾选；当需要三层支架时，勾选即可。这样多层支架的可见性参数控制就实现了。

本节总结起来，主要有以下几点：

Step 01 灵活运用轮廓族，方便族的参数控制。

Step 02 熟练掌握一些常规参数的添加及控制。

Step 03 遇到利用常规思路无法实现参数控制时，学会换个思路。

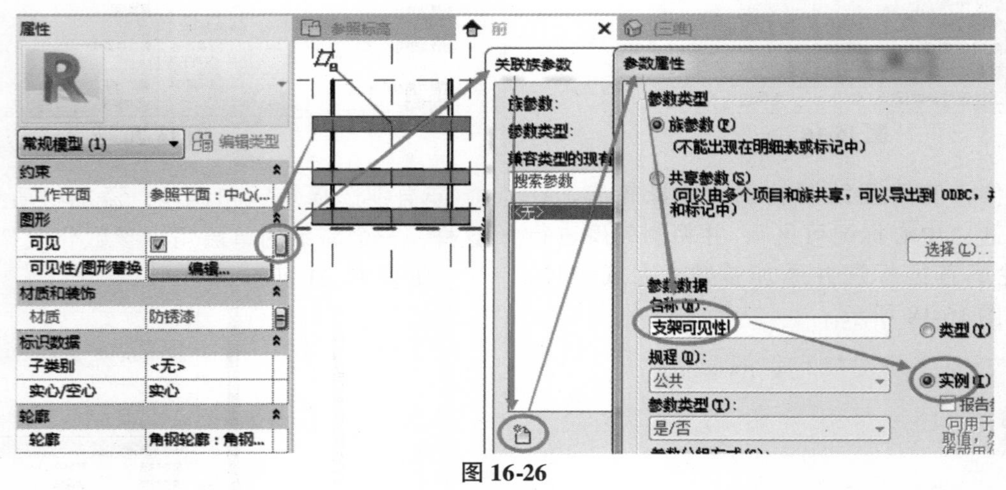

图 16-26

16.3 参数化管道弯头族

Revit MEP 构件与 Revit Architecture 和 Revit Structure 的构件之间的主要差异是连接件的概念。所有的 Revit MEP 构件都需要连接件才能执行智能行为，未使用连接件创建的构件不能加入系统拓扑结构。连接件是允许计算项目中负荷的主要逻辑实体。Revit MEP 可维护与项目中空间有关的负荷的相关信息。在空间中放置装置和设备后，Revit MEP 可根据负荷类型（HVAC，即供热通风与空气调节、照明、电力及其他）来跟踪负荷。同时，与空间关联的负荷可在各个空间的实例属性中查看，而且会在明细表中显示。将连接件添加到族时，可以指定下列规程之一：

Step 01 风管连接件：与管网、风管管件及作为空调系统一部分的其他图元相关联。

Step 02 电气连接件：用于所有类型的电气连接，包括电力、电话、报警系统及其他。

Step 03 管道连接件：用于管道、管件以及用来传输流体的其他构件。

Step 04 电缆桥架连接件：用于电缆桥架、电缆桥架配件以及用来配线的其他构件。

Step 05 线管连接件：用于线管、线管配件以及用来配线的其他构件。线管连接件可以是单个连接件，也可以是表面连接件。单个连接件用于连接唯一一个线管，表面连接件用于将多个线管连接到表面。

1. 连接件的布置

放置在面上：此选项（边环已居中 = true）可保持连接件的点位于边环的中心。在绝大多数情况下，这是放置连接件的首选方法。“放置在面上”选项用法简单，而且在绝大多数情况下都适用。

放置在工作平面上：使用此选项，可将连接件放置在选定的平面上。在许多情况下，通过指定平面和使用尺寸标注将连接件约束到所需位置，可起到与“放置在面上”选项相同的作用。但是，这种方法通常要求有效地使用其他参数和限制条件。

2. 管件和线管配件族的 CSV 文件

对于管件和线管配件族，它们的尺寸参数会随公称直径的变化而变化，为保证管件的形状符合要求，Revit MEP 自身具有独特的查找表格功能，可以满足管件族这一特点。下面简单介绍一下该功能是如何工作的。

Step 01 CSV 文件格式。软件安装完成后，在 C:\ProgramData\Autodesk\RVT 2019\Lookup Tables 中能找到 CSV 文件。

表头格式（图 16-27）要求：以“ND##length##millimeters”为例，“ND”是 Nominal Diameter 的缩写；“length”是“ND”的参数属性，即长度参数；“millimeters”说明该列参数的单位，在表头里以复数形式出现。

Step 02 CSV 文件数据读取。在 Revit MEP 中可以通过特定的公式来读取 CSV 文件中的数据。格式为：text_file_

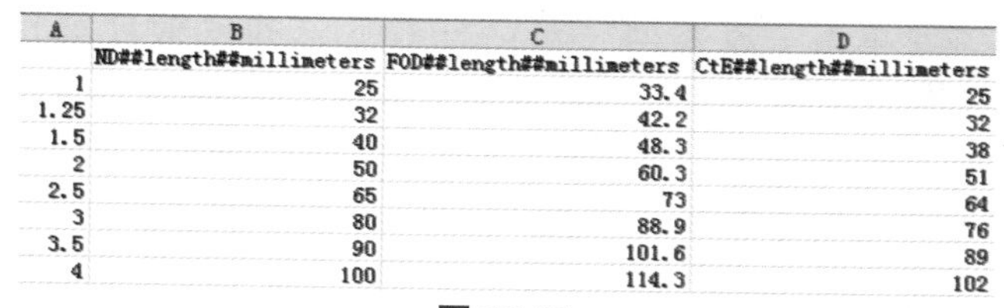

A	B	C	D
	ND##length##millimeters	FOD##length##millimeters	CtE##length##millimeters
1	25	33.4	25
1.25	32	42.2	32
1.5	40	48.3	38
2	50	60.3	51
2.5	65	73	64
3	80	88.9	76
3.5	90	101.6	89
4	100	114.3	102

图 16-27

lookup（查找表格名，查找值，查找失败默认值，查找依据 1，…，查找依据 n）。其中查找表格名为管件族系统参数，其值即为该管件族需要调用的 CSV 文件名称，相关的应用说明可参考 Revit 帮助文件。

下面针对参数化管道弯头族，来做个练习。

Step 01 新建“公制常规模型”，并更改族类别为“管件”，零件类型为“弯头”，如图 16-28 所示。

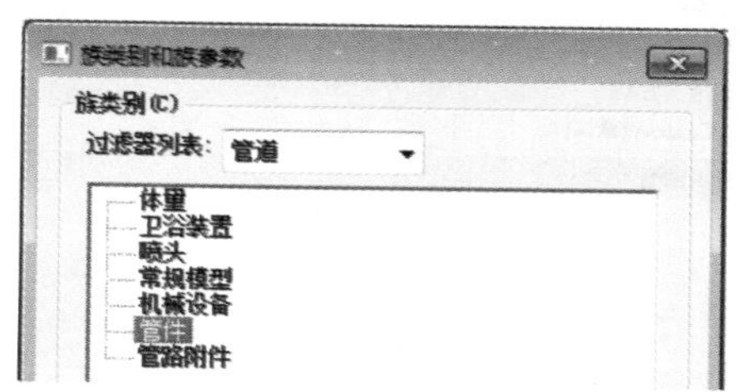

图 16-28

Step 02 打开“族类型”对话框，在其中添加参数，其中长度参数用公式“长度 = 转弯半径 * tan（角度/2）”控制，如图 16-29 所示。

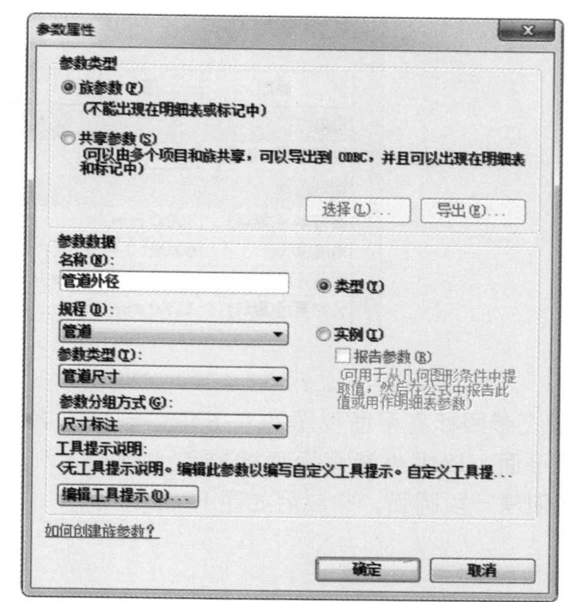

参数名称	规程	参数类型	参数分组方式	类型
转弯半径	管道	管道尺寸	尺寸标注	实例
角度	公共	角度	尺寸标注	实例
管道外径	管道	管道尺寸	尺寸标注	实例
公称直径	管道	管道尺寸	尺寸标注	实例
长度	管道	管道尺寸	其他	实例
查找表格名称	公共	文字	其他	类型

图 16-29

Step 03 单击“族类型”对话框右下方的“管理查找表格”按钮，进入“管理查找表格”对话框，导入文件名为“Tee-Generic”的CSV文件，在“管道外径”文本框中采用查找表格公式查找表格：size_lookup（查找表格名称，“FOD”，公称直径+10.4mm，公称直径），如图16-30和图16-31所示。注意：Tee-Generic为常规弯头csv文件，可在安装目录文件夹中找到。

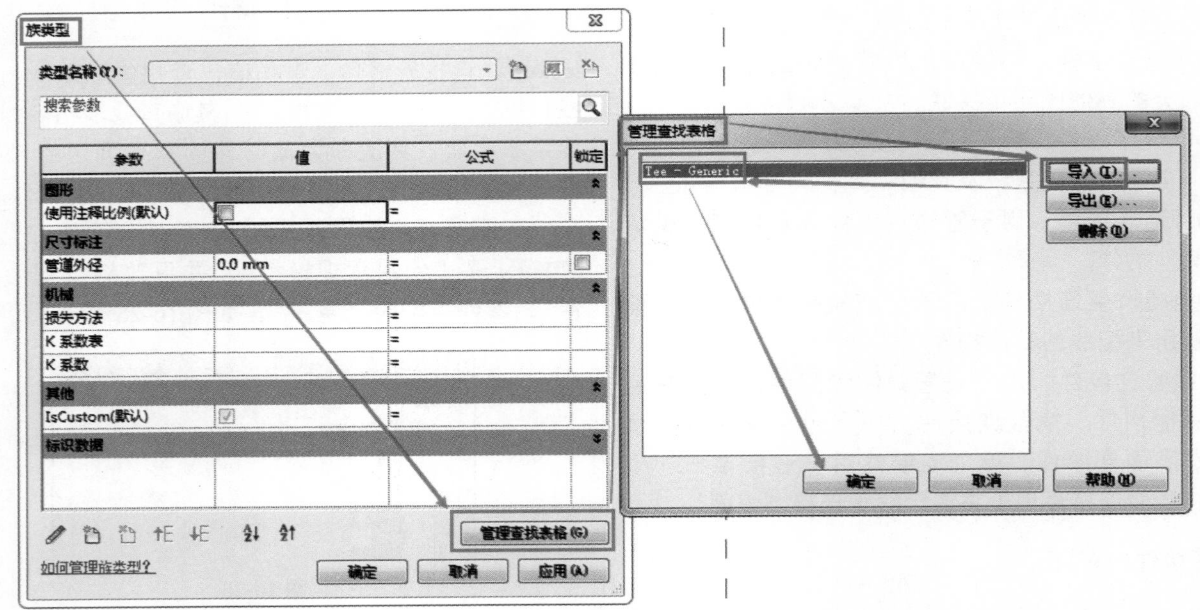

图 16-30

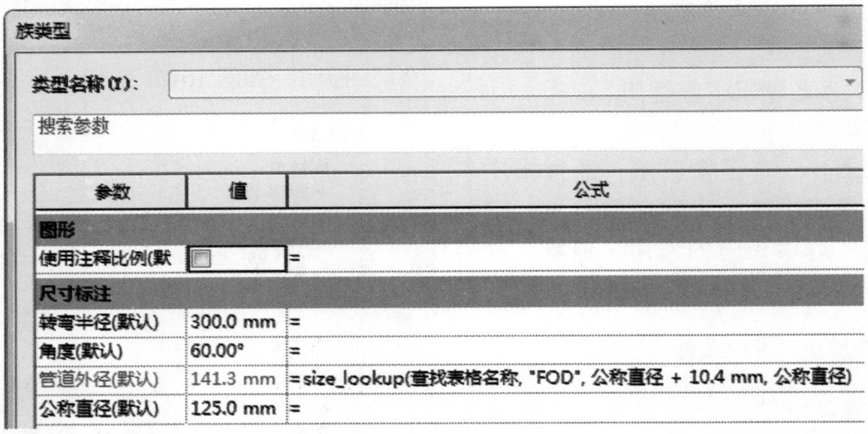

族类型

类型名称(Y):

搜索参数

参数	值	公式
图形		
使用注释比例(默	☐	=
尺寸标注		
转弯半径(默认)	300.0 mm	=
角度(默认)	60.00°	=
管道外径(默认)	141.3 mm	=size_lookup(查找表格名称, "FOD", 公称直径 + 10.4 mm, 公称直径)
公称直径(默认)	125.0 mm	=

图 16-31

Step 04 在参照标高平面视图的右下角绘制横纵各一个参照平面，以中心参照平面的交点为圆心，利用参照线创建一段圆弧，完成后如图16-32所示。

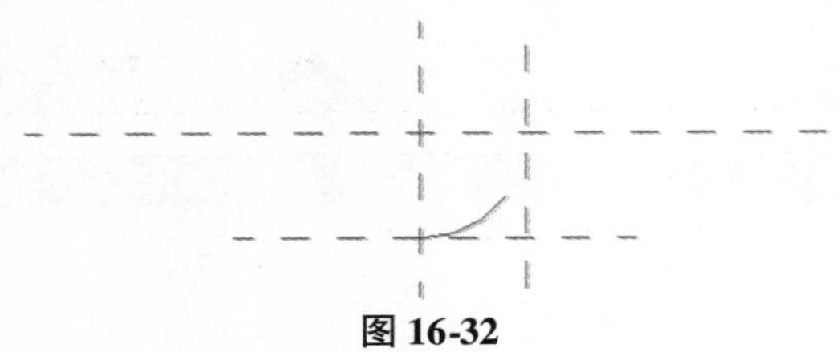

图 16-32

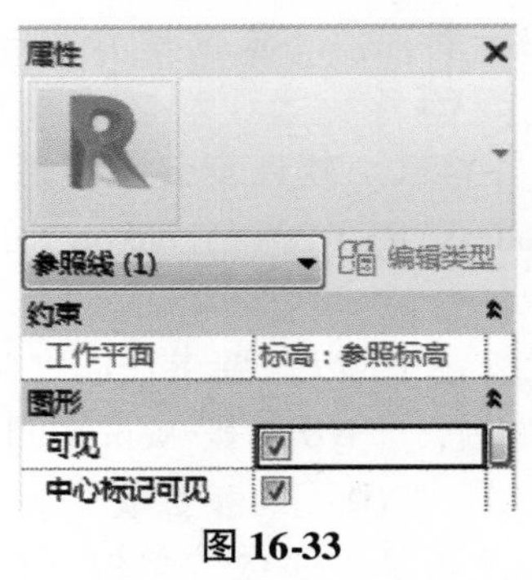

图 16-33

Step 05 选中参照线，在“属性”栏中勾选“中心标记可见”，如图16-33所示。

Step 06 执行“对齐”命令将参照线圆弧中心锁定到原点，并将参照线圆弧的端点锁定到竖向参照平面上

（若端点不好捕捉，可以用 <Tab> 键切换选择对象，直到选中为止），如图 16-34 所示。利用“尺寸标注”工具进行长度、角度、半径的标注，如图 16-35 所示。

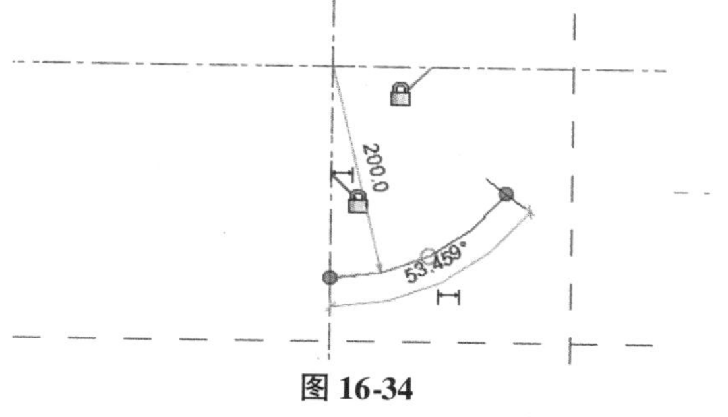

图 16-34

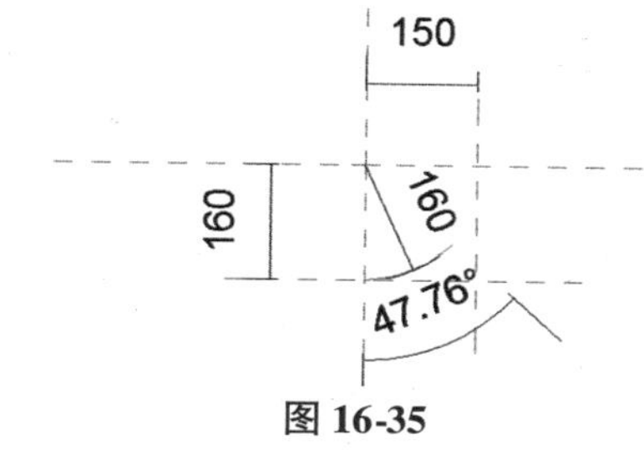

图 16-35

Step 07 选中尺寸标注，在选项栏的“标签”下拉列表中选择相关参数进行关联（调整相关参数大小），如图 16-36和图 16-37 所示。

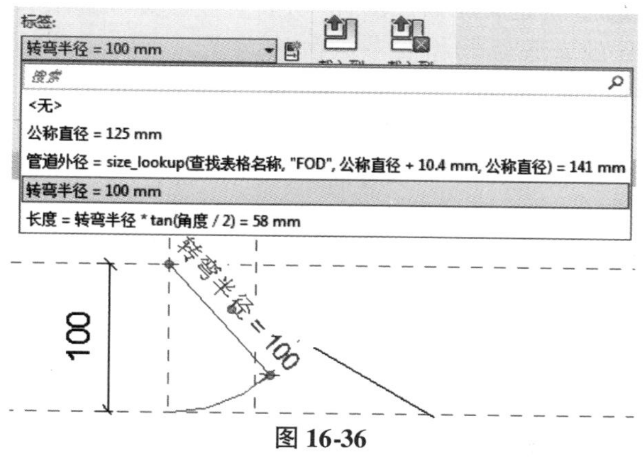

图 16-36

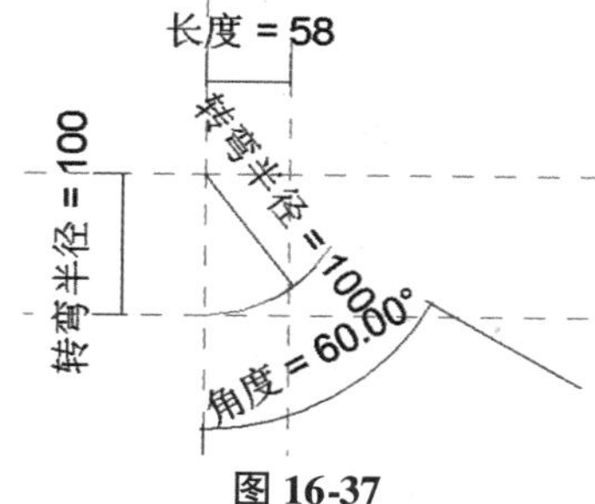

图 16-37

Step 08 在参照标高视图中，执行“放样”命令，绘制路径时以“拾取线”的方式，拾取刚刚绘制的参照线圆弧，单击✔完成，完成后如图 16-38 所示。

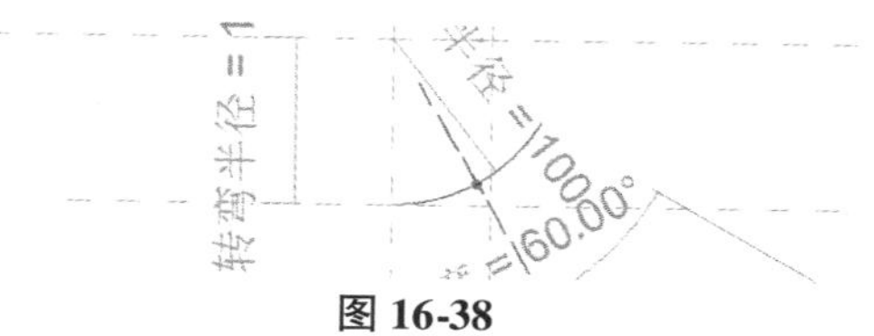

图 16-38

Step 09 选择轮廓，编辑轮廓，选择三维视图 3D，打开视图，利用“圆”命令绘制圆轮廓，定义圆轮廓的直径，关联参数为管道外径，单击两次✔完成。

Step 10 完成放样后，切换至三维视图，单击“视图”选项卡的“可见性/图形”，打开“三维视图：{3D}的可见性/图形替换”对话框，取消对“在此视图中显示注释类别”的勾选，如图 16-39 所示。

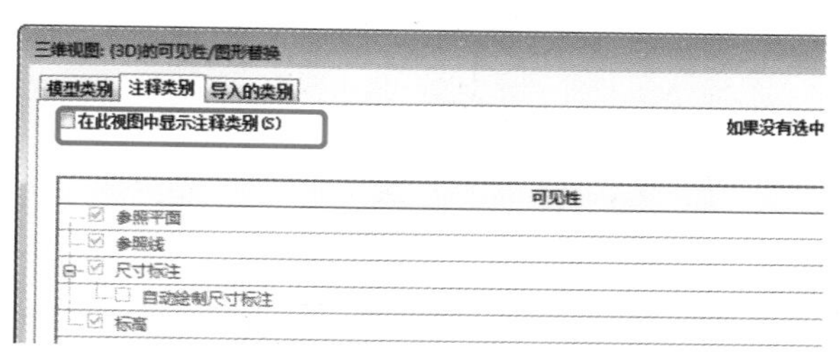

图 16-39

Step 11 单击“创建”选项卡“连接件”面板中的管道连接件，确认为“放置在面上”的方式，点击拾取放样形状的两端，然后再选中管道连接件，单击“关联族参数”按钮（选中状态下出现的 + 号），使其与公称直径进行关联，或者在“属性”栏中找出相应的参数进行关联，如图 16-40 和图 16-41 所示。

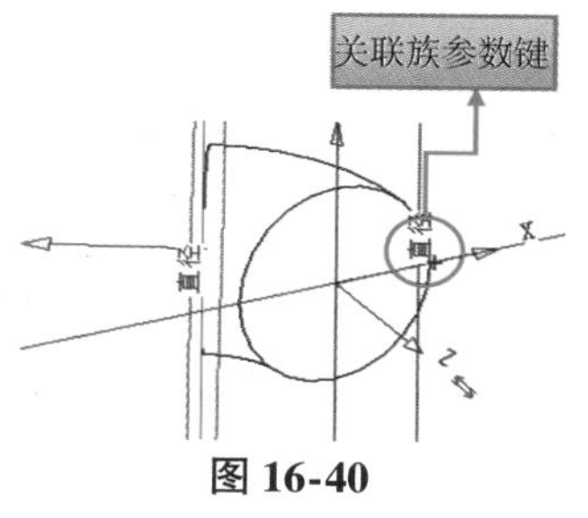

图 16-40

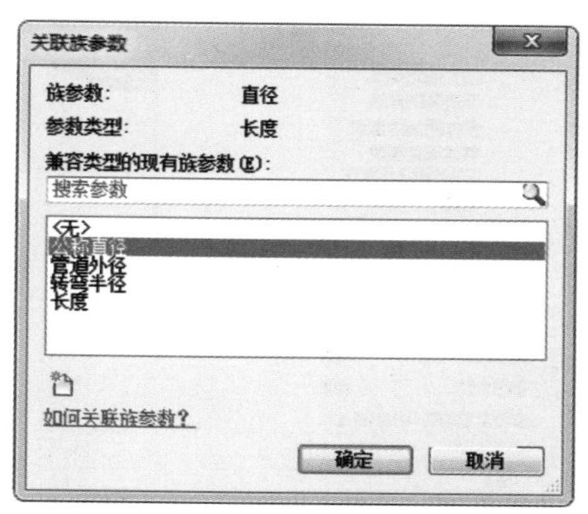

图 16-41

Step⑫在参照标高平面中，选中水平方向的连接件指定为主连接件（主连接件中心多一个十字线如图16-42所示），并链接这两个连接件，如图16-43所示。

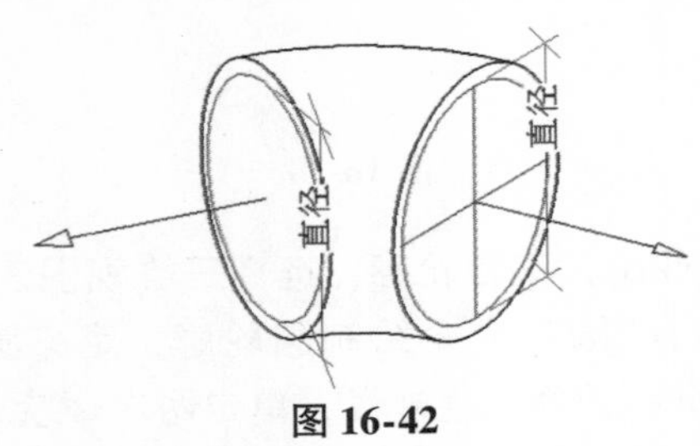

图 16-42

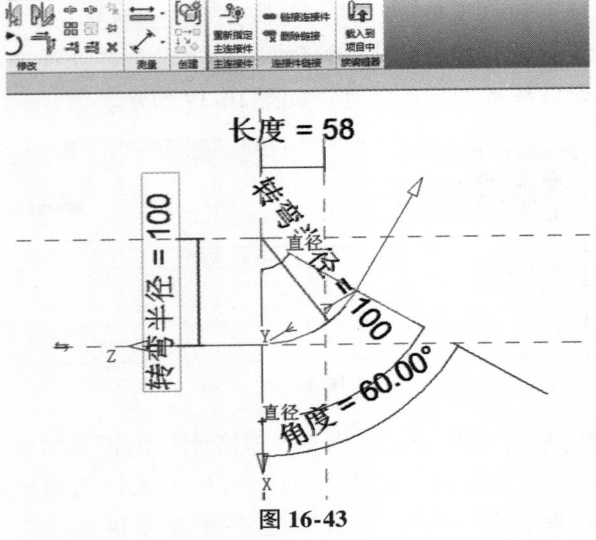

图 16-43

Step⑬选中两连接件，在“属性”栏中将“系统分类”选择为“管件”，然后单击“角度”后的“关联族参数”按钮，与角度参数进行关联，如图16-44和图16-45所示。

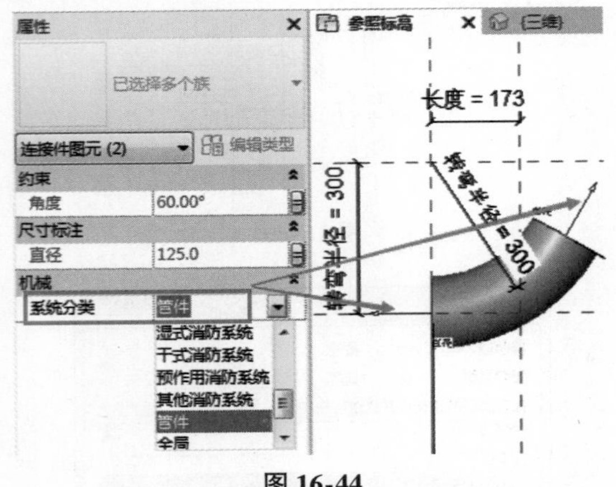

图 16-44

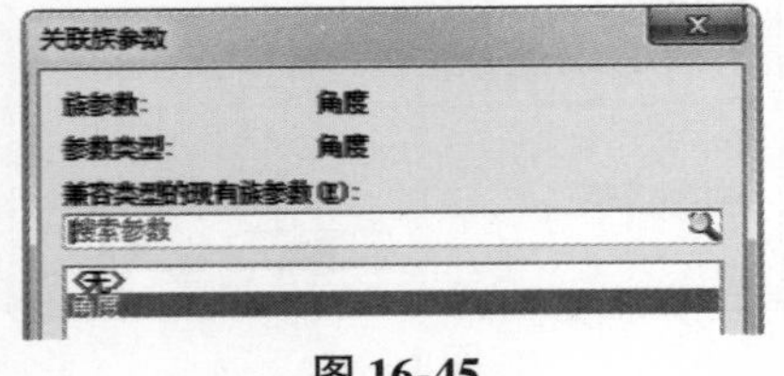

图 16-45

Step⑭将所有的参照线、参照平面都改为“非参照”（图16-46）。步骤是：选中参照线，在“属性”栏中把它的“是参照”属性设为“非参照”。注意，之所以要把参照线、参照平面都改为“非参照”，一是为了防止管件出现族的造型操作柄；二是防止管件族在项目中过多地被一些命令，如对齐、尺寸标注等捕捉到。

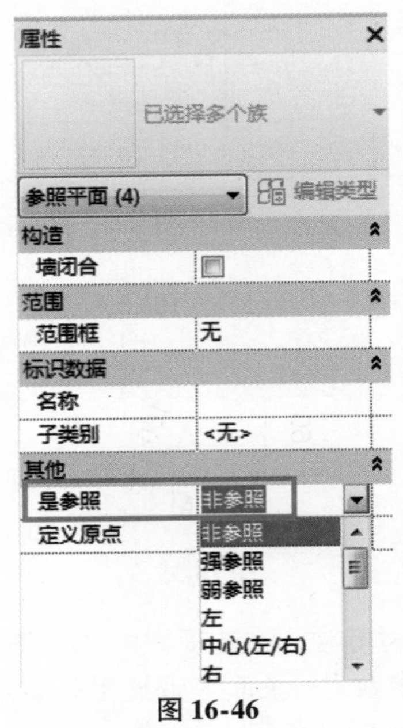

图 16-46

Step⑮重新定义原点。Revit MEP管件族要求其所有连接件的延长线都相交于族的插入点，否则管件族就无法正常使用。为什么“长度”参数的公式为“长度 = 转弯半径 * tan（角度/2）”？当我们选中在前面第4步添加的两个参照平面，在“属性”栏中勾选“定义原点”后，连接件的延长线的交点即为族的插入点，有兴趣的读者可以自己去证明一下，如图16-47所示。

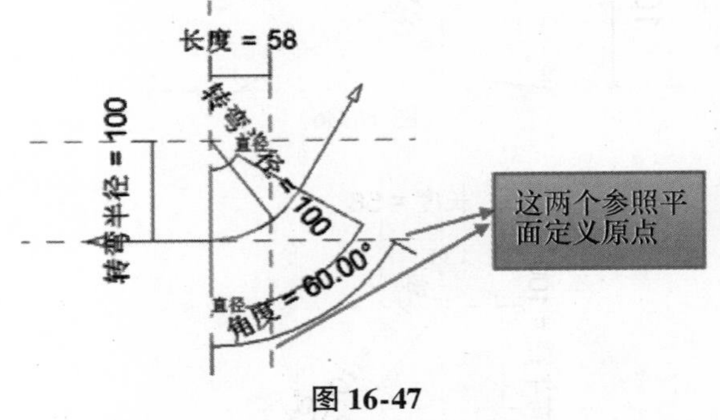

图 16-47

Step⑯保存该族，命名为“参数化管道弯头”，载入项目中进行试用，我们发现在精细模式下显示的效果与中等模式或粗略模式下显示的效果有所不同。这与软件自带弯头族显示效果不一致，下面我们进行显示效果设置，如图16-48所示。

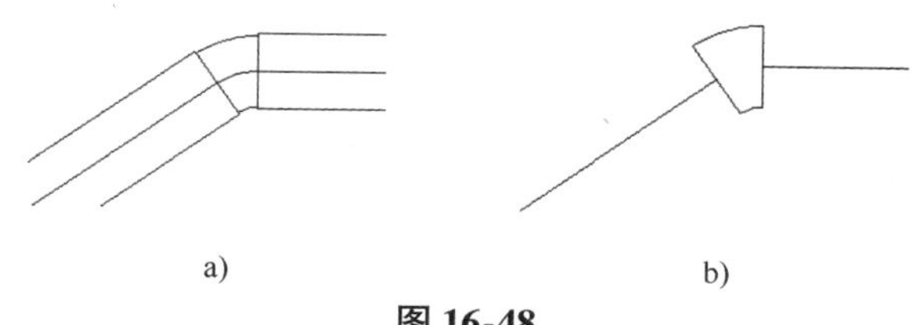

图 16-48
a）精细模式下的效果 b）中等或粗略模式下的效果

Step17 回到族编辑器环境，在参照标高平面中，单击“创建”选项卡“形状”面板中的“模型线”，使用拾取线的方式拾取参照线并锁定，再对模型线左侧的那个端点进行对齐、锁定（锁定方式与参照线圆弧的锁定方式相同），对模型线进行标注：半径、角度。将标注尺寸与转弯半径、角度进行关联（关联方法参照参照线的关联），如图 16-49 所示。

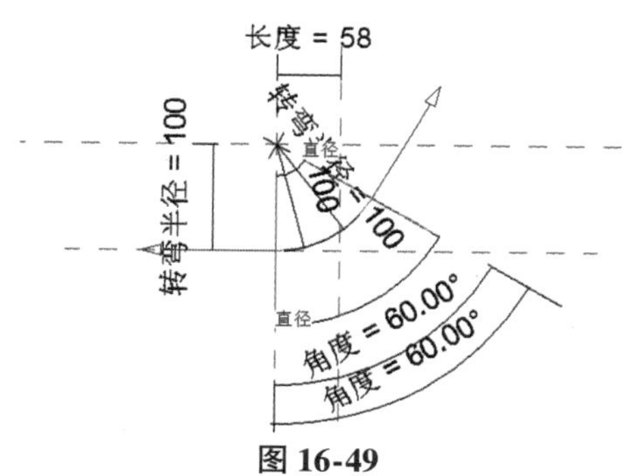

图 16-49

Step18 选择模型线，打开“族图元可见性设置”对话框，不勾选“精细”，如图 16-50 所示；同理，选中弯头构件，打开“族图元可见性设置”对话框，不勾选“粗略”和“中等”，完成设置。

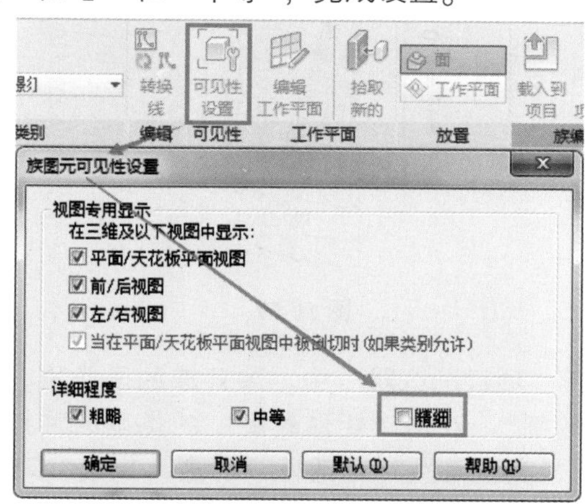

图 16-50

Step19 之前直接定义的转弯半径为“100”，当公称直径过大或出现错误时，可以采用读取表格的方式读取转弯半径大小，也可以采用公式“管道外径”进行控制。完成以上所有步骤后，载入项目中，如图 16-51 所示。

本节总结起来，主要有以下几点：

图 16-51

Step01 圆弧线（参照线、模型线）都可以对其圆心进行锁定。

Step02 形体的控制可以通过放样路径和放样轮廓进行参数控制。

Step03 CSV 文件的调用是机电管件族独有的功能，熟悉其工作原理。

Step04 Revit MEP 管件族有一个独特的特性，要求其所有连接件的延长线都交于原点，否则管件族就无法正常使用。

Step05 项目环境下的显示效果可以通过族环境中的可见性设置进行控制。

学完本节以后，可进行以下拓展练习：

Step01 证明连接件的延长线交点为原点。

Step02 利用 CSV 调用公式控制管道外径大小。

Step03 根据不同规格管件规格参数（管材出厂参数），定制 CSV 文件。

Step04 以默认原点为连接件原点重新创建管道弯头参数。

16.4 参数化风管弯头的制作

风管弯头的制作跟管道弯头大致相同，风管管件不需要调用 CSV 文件，主要注意轮廓族的使用。

Step01 新建族，选择“公制常规模型 . rft”并打开。打开“族类别和族参数”对话框，更改族类别为“风管管件”，族参数“零件类型”为“弯头”，如图 16-52 所示。

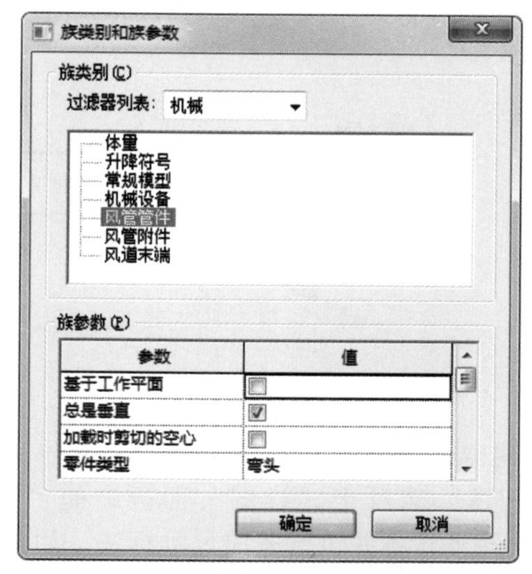

图 16-52

Step 02 打开“族类型”对话框，在其中添加参数，其中“长度”参数用公式“长度 = 转弯半径 * tan（角度/2）”控制，“转弯半径”参数用公式“半径系数 * 风管宽度”控制，如图 16-53 所示。

族类型

类型名称(Y)：

搜索参数

参数	值	公式
图形		
尺寸标注		
半径系数	1.200000	=
风管高度(默认)	300.0 mm	=
风管宽度(默认)	500.0 mm	=
转弯半径(默认)	600.0 mm	=半径系数 * 风管宽度
角度(默认)	66.65°	=
其他		
长度(默认)	394.5 mm	=转弯半径 * tan(角度 / 2)

参数名称	规程	参数类型	参数分组方式	类型
风管宽度	HVAC	风管尺寸	尺寸标注	实例
风管高度	HVAC	风管尺寸	尺寸标注	实例
转弯半径	HVAC	风管尺寸	尺寸标注	实例
角度	公共	角度	尺寸标注	实例
半径系数	公共	数值	尺寸标注	类型
长度	HVAC	风管尺寸	其他	实例

图 16-53

Step 03 单击“创建”选项卡“基准”面板中的“参照平面”，在参照标高平面视图的左上角，绘制横纵各一个参照平面。单击“创建”选项卡“基准”面板中的“参照线”，以新绘制的参照平面的交点为圆心，创建一段圆弧。将参照线左侧端点与垂直的参照平面进行锁定（参考管道弯头族参照线的锁定），添加尺寸标注，与相关参数进行关联，完成后如图 16-54 所示。

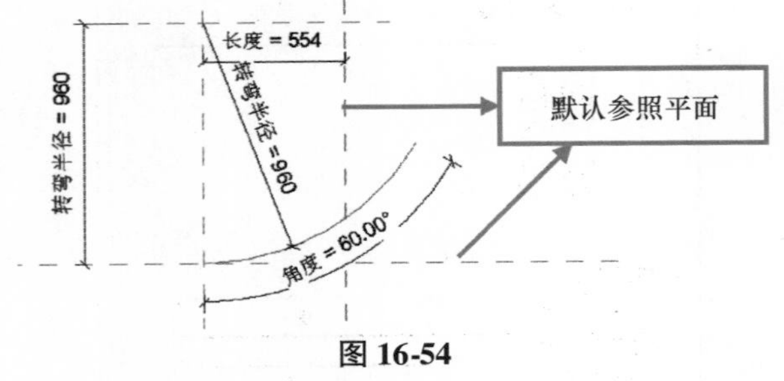

图 16-54

Step 04 新建族，选择“公制常规轮廓 . rft”并打开，单击“创建”选项卡“详图”面板中的“直线”，绘制一个矩形轮廓并进行多段尺寸标注，如图 16-55 所示。

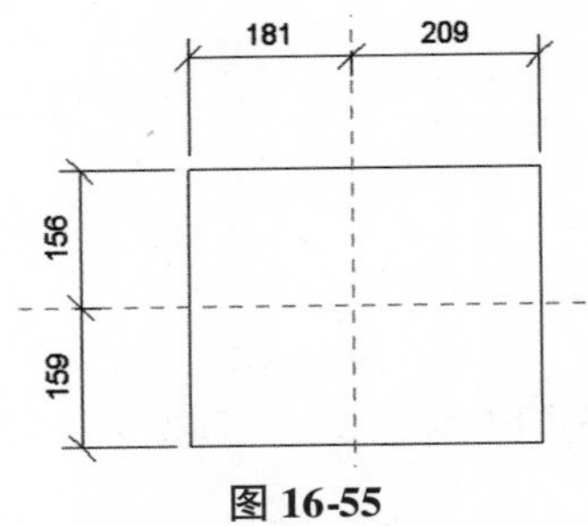

图 16-55

Step 05 选中标注，进行 EQ 操作，并在标注直线间距后添加参数：“宽度”和“高度”。完成后保存为“矩形轮廓族”，如图 16-56 所示。注意：轮廓族的插入点固定在中心。

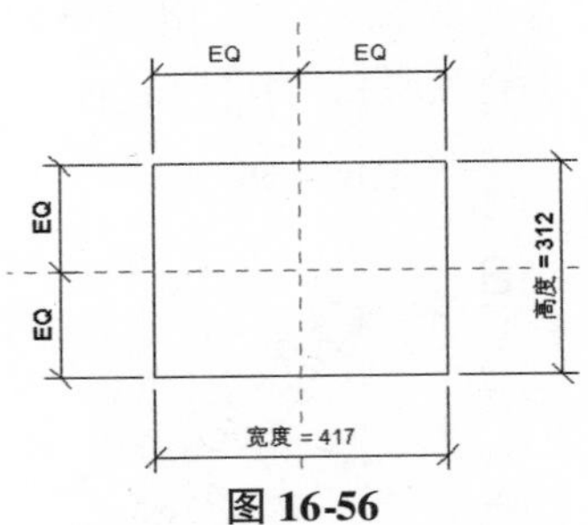

图 16-56

Step 06 返回刚刚创建风管弯头的文件界面中，单击“创建”选项卡“形状”面板中的“放样”，拾取路径（拾取参照线），单击✔完成。单击“选择轮廓”→“载入轮廓”，调用矩形轮廓，单击✔完成，再次单击✔完成放样如图 16-57 所示。

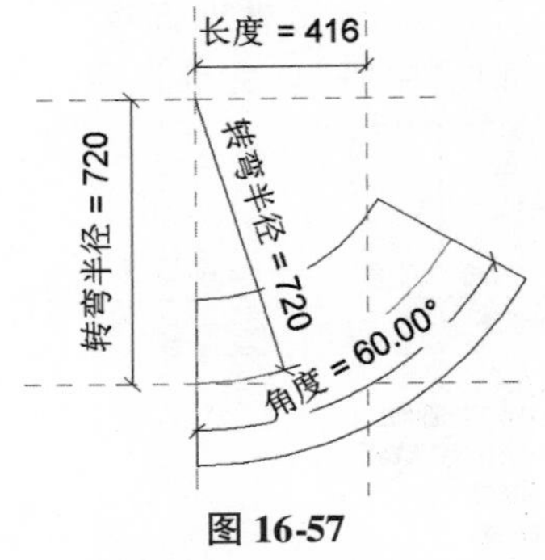

图 16-57

Step 07 在“项目浏览器”中，展开族的子类别，找到“矩形轮廓”，双击“矩形轮廓”的类型名称打开轮廓族的“类型属性”对话框，单击“高度”和“宽度”后的“关联族参数”按钮，将矩形轮廓高度与风管高度进行关联、宽度与风管宽度进行关联（具体演示可参照轮廓族一节）。

Step 08 打开三维视图，给弯头添加连接件，并将连接件的高度、宽度和风管高度、风管宽度相关联。返回参照标高平面，指定水平方向的连接件为主连接件，并链接两连接件。选中两连接件，将“属性”

栏“系统分类”设置为“管件”，同时把角度关联到角度参数（相关操作参照参数化管道弯头）。

Step 09 单击“创建”选项卡“形状”面板中的“模型线”，使用拾取的方式在参照标高平面中拾取参照线，出现锁定符号后单击锁定，同时把左侧端点锁定在垂直的参照平面上，模型线的角度也要与角度参数进行关联，完成后如图 16-58 所示。

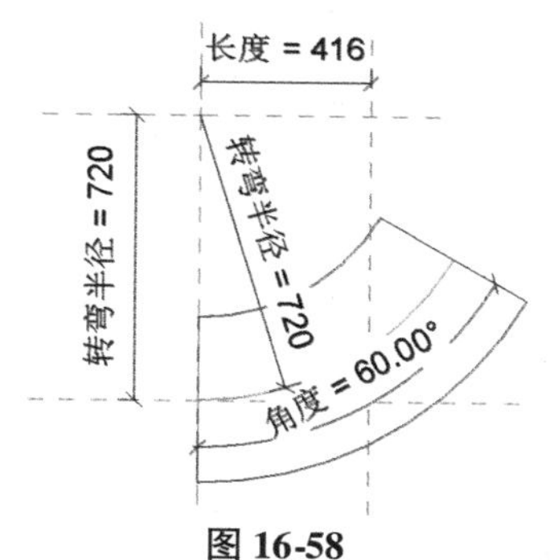

图 16-58

Step 10 选择模型线，打开“族图元可见性设置”对话框，“详细程度”中不勾选“中等”和“精细”，同理，选中弯头构件，打开“族图元可见性设置”对话框，“详细程度”中不勾选“粗略”，如图 16-59 所示。完成后保存，命名为“风管弯头-弧形”，这样参数化的风管弯头就创建完成了。

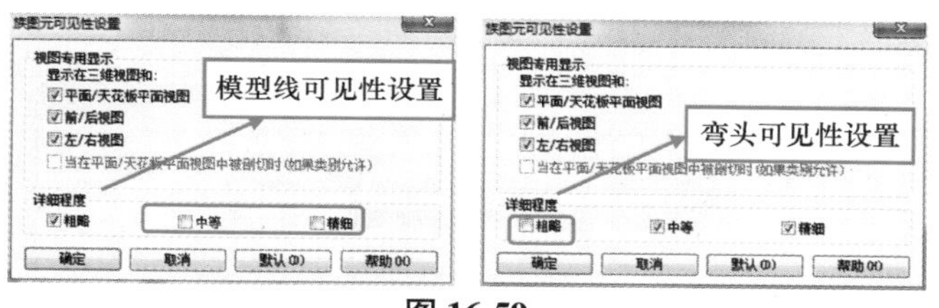

图 16-59

本节总结起来，主要有以下几点：

Step 01 风管弯头的制作与管道弯头的制作思路基本一致。

Step 02 风管弯头的放样轮廓可以采取调用轮廓族的方式实现。

学完本节以后，可进行以下拓展练习：

Step 01 制作一端为方形、一端为圆形的弧形管件（角度可控）。

Step 02 探索模型线与符号线的差异。

16.5 风管矩形-Y 形三通-底对齐的创建

Revit 自带的风管管件族（尤其是三通四通），很多时候无法满足项目实际需求，下面介绍一个简单的风管三通族的创建（不需要许多公式参数进行控制，简单实用即可）。

Step 01 新建“公制常规模型”，更改族类别为“风管管件”，族参数“零件类型”为“斜 T 形三通”，如图 16-60 所示。

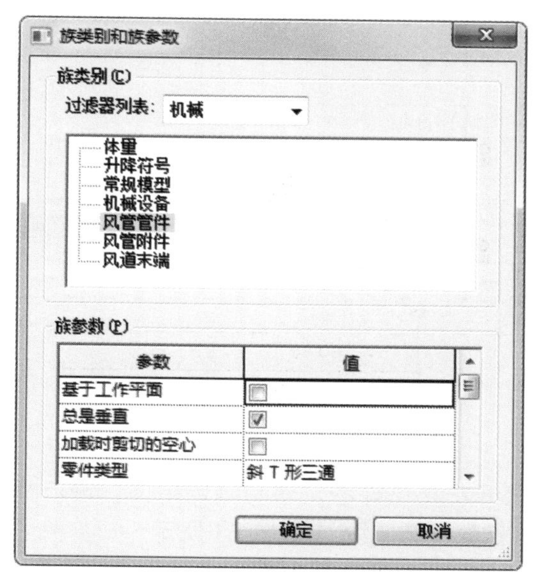

图 16-60

Step 02 在“族类型”对话框相应的栏目中添加如图 16-61 所示的参数，其中“转弯半径 = 风管宽度1 * 2/3”。

参数名称	规程	参数类型	参数分组方式	类型
风管宽度 1	HVAC	风管尺寸	尺寸标注	实例
风管高度 1	HVAC	风管尺寸	尺寸标注	实例
风管宽度 2	HVAC	风管尺寸	尺寸标注	实例
风管高度 2	HVAC	风管尺寸	尺寸标注	实例
风管宽度 3	HVAC	风管尺寸	尺寸标注	实例
风管高度 3	HVAC	风管尺寸	尺寸标注	实例
转弯半径	HVAC	风管尺寸	尺寸标注	实例
长度	HVAC	风管尺寸	尺寸标注	实例

图 16-61

Step 03 在“中心（左/右）”参照平面两侧各绘制一个参照平面，创建等分约束后添加参数“长度”；在“中心（前/后）”参照平面上方添加一个参照平面，在下方添加三个参照平面；绘制四分之一圆弧参照线，将参照线的圆心和端点锁定至相交参照平面的交点，再对相关参照标注并关联族参数，完成后如图 16-62 所示。

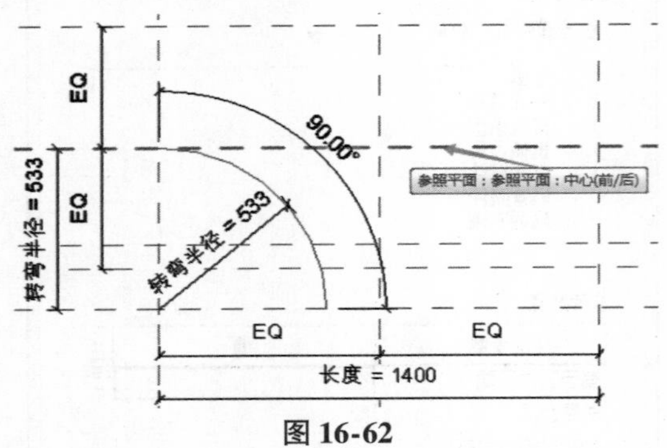

图 16-62

Step 04 打开左立面视图，绘制参照平面，进行标注并关联族参数，完成后如图 16-63 所示。

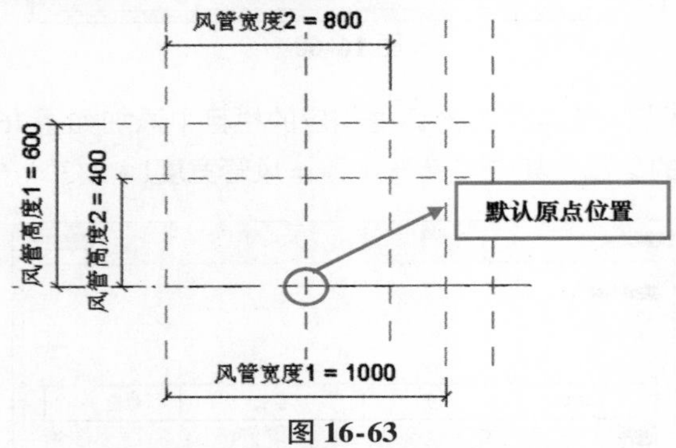

图 16-63

Step 05 创建“融合”，编辑底部轮廓，并要求轮廓边也与参照平面进行锁定，同理，编辑顶部轮廓时也进行锁定，单击✔完成，完成后如图 16-64 所示。

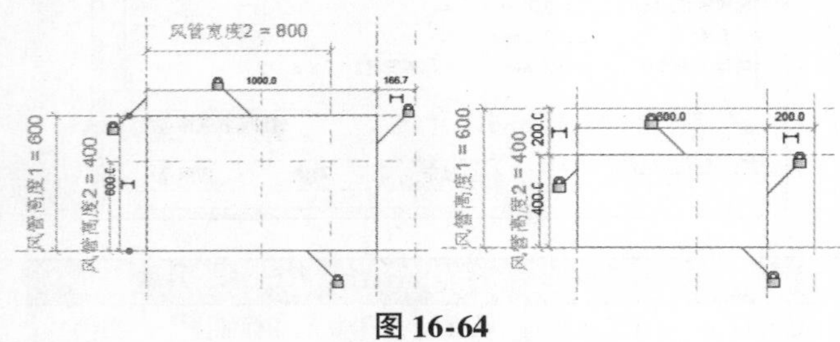

图 16-64

Step 06 返回参照标高平面，将融合体边界与参照线进行对齐锁定，如图 16-65 所示。

Step 07 新建族，选择“公制常规轮廓 . rft”并打开，创建一个矩形轮廓并进行参数关联，要求下底边与“中心（前/后）”参照平面锁定（保证最终放样底对齐），如图 16-66 所示。

Step 08 打开“族类型”对话框，新建“类型 1”和“类型 2”，完成后保存为“矩形-轮廓”，载入到 Y 形三通族，如图 16-67 所示。

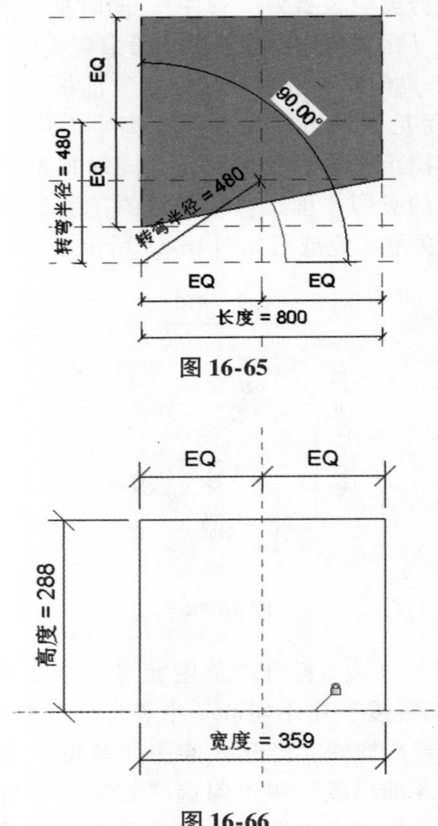

图 16-65

图 16-66

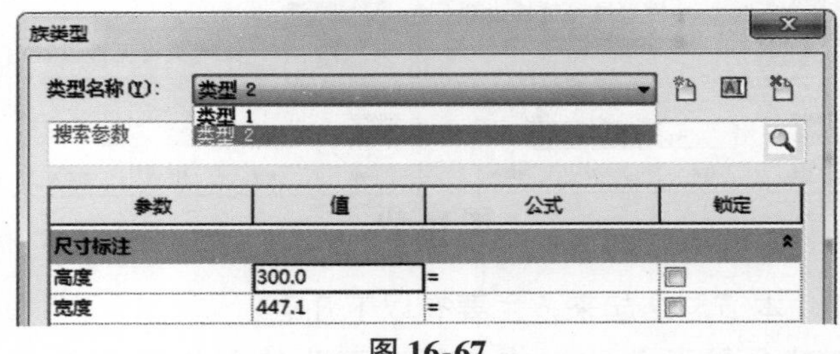

图 16-67

Step 09 创建“放样融合”，以“拾取线”的方式，拾取参照线生成路径，单击✔完成，完成后如图 16-68 所示。

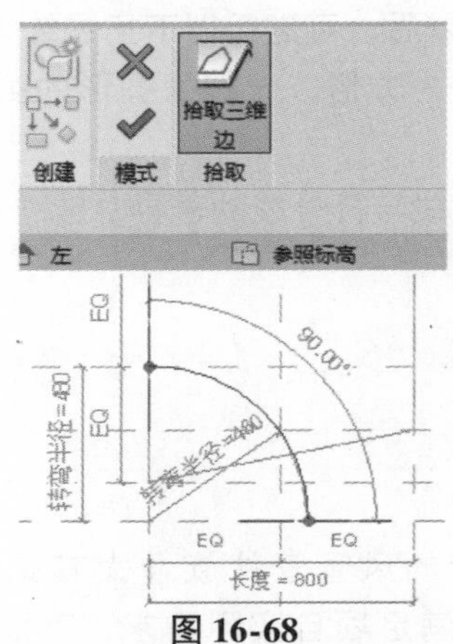

图 16-68

Step 10 在“修改 | 放样融合”选项卡的“放样融合”面板中，单击“选择轮廓1”，单击“矩形-轮廓：类型1”，单击“选择轮廓2”，单击“矩形-轮廓：类型2”，单击✔完成，如图16-69所示。

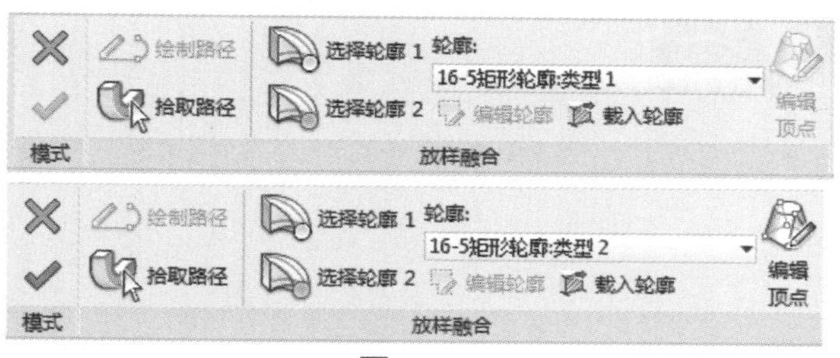

图 16-69

Step 11 在“项目浏览器”中找到“矩形-轮廓”，单击“类型1”，要求“高度”关联参数与“风管高度1”关联；“宽度”关联参数与“风管宽度1”关联，如图16-70所示。同理“类型2”中“宽度”“高度”关联参数“风管宽度3”“风管高度3”。

Step 12 打开三维视图，添加风管连接件，并要求连接件的宽度、高度与相应的风管宽度、风管高度进行关联，保存，命名为“矩形-Y形三通-底对齐”。这样一个底对齐、一边平的风管三通就制作完成了，如图16-71所示。

本节总结起来，主要有以下几点：

Step 01 掌握在创建放样融合形状时对轮廓族的调用及轮廓族参数与类型的设置。

Step 02 类型参数十分重要，一个族可通过修改类型参数新建多个族类型。

学完本节以后，可进行以下拓展练习：

Step 01 完成顶对齐、中心对齐的Y形三通。

Step 02 完成底对齐的四通风管管件。

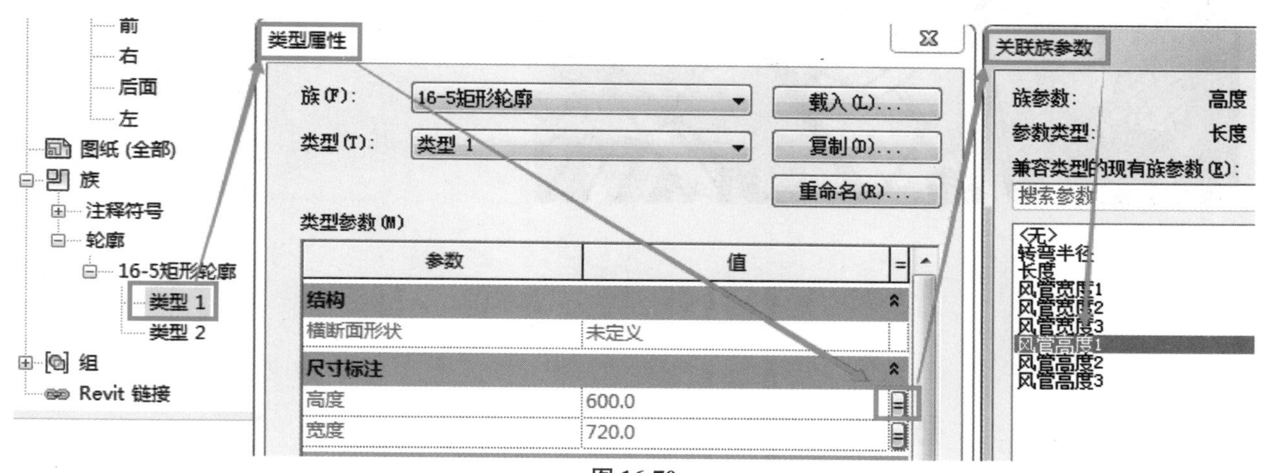

图 16-70

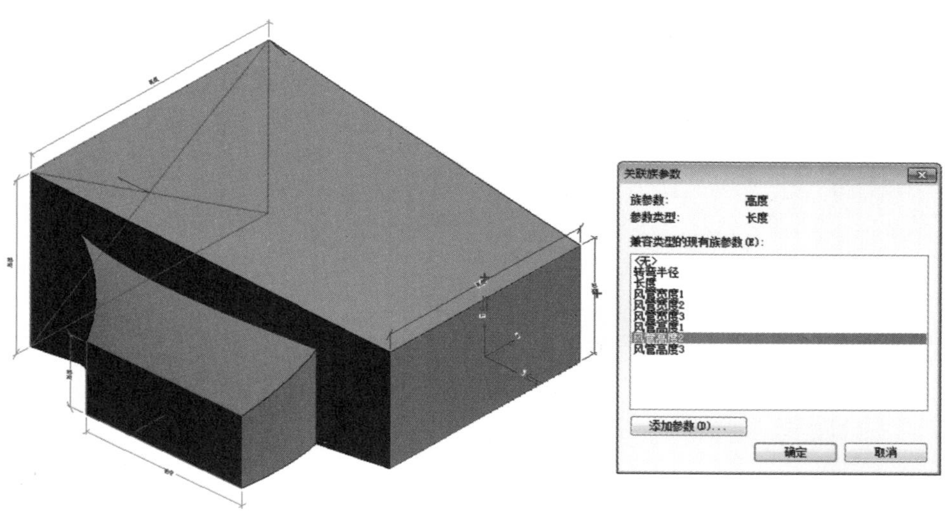

图 16-71

新功能及Dynamo篇

第17章

新 功 能

概 述

本章介绍几个有趣的新功能。

17.1 全局参数

在全局参数出现之前，Revit 用户只能在族编辑器环境、概念体量环境和内建族的状态下创建族参数，然后指定给尺寸标注或者图元属性，从而创建所需要的参数化约束关系。但是在有了全局参数以后，用户就可以在项目环境下对更多类型的图元进行这样的操作。

从 2017 版开始，Revit 提供了这个新的参数类型，它特定于单个项目文件而存在，但不需要像项目参数那样指定给某个具体的图元类别。全局参数给用户提供了这样的机会："在项目中的不同部位，对多个图元的相同属性或特征，创建统一的参数，之后可通过参数进行同步调整"。这些参数可以是尺寸标注、材质、文字等类型。所以，用户可以对图元（可载入族、系统族）进行更加灵活多样的设置，就像是在族编辑器环境下控制自定义图元一样。

以下是全局参数的典型用法，当然在应用中也不局限于这些方式：

· 添加到尺寸标注

· 关联到图元的实例属性或者类型属性

· 关联到已经指定给图元的项目参数，这些项目参数可以是关于图元实例属性或者类型属性

· 报告尺寸标注的数值，便于在其他全局参数的公式中使用

借助于全局参数，用户可以在项目环境下对图元进行更多的参数化控制，从而提高工作效率。

1. 创建全局参数

打开 Revit 软件，使用建筑样板创建一个新的项目文件。查看功能区的"管理"选项卡，可以看到，和之前讲过的项目参数、共享参数一样，新增加的"全局参数"按钮，也在这个选项卡的"设置"面板，如图 17-1 所示。

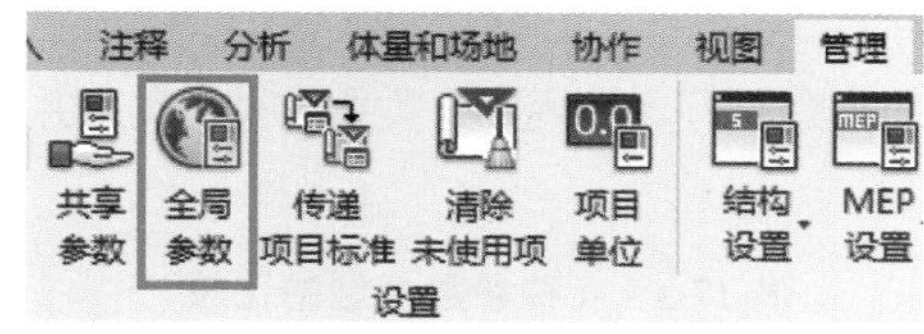

图 17-1

点击"全局参数"按钮，打开"全局参数"对话框，如图 17-2 所示。在对话框左下角有一排按钮，用于对全局参数进行编辑、创建、删除、手动排序、按字母排序。移动光标悬停在第二个按钮上，会显示提示信息"新建全局参数"。在没有创建任何全局参数时，除创建按钮以外的其他按钮都是以半色调显示的，表示在当前状态下还不能使用这些功能。

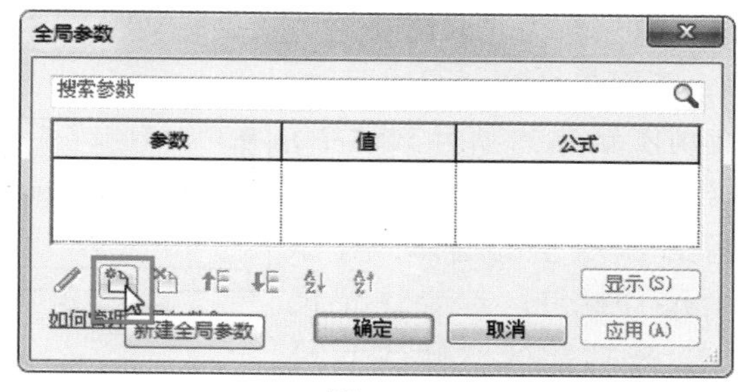

图 17-2

点击第二个按钮，可以打开"全局参数属性"对话框，如图 17-3 所示。这个对话框里面的内容和族编辑器中"参数属性"对话框很相似，如图 17-4 所示。操作也是同样的，在确定参数名称后，可以选择合适的规程和参数类型，设置参数分组方式，如果有必要的话，还可以设置关于此参数的工具提示。点击"确定"按钮，即可返回"全局参数"对话框，在这里可以输入参数值或者输入公式，再次点击"确定"按钮，这样就创建了一个全局参数。

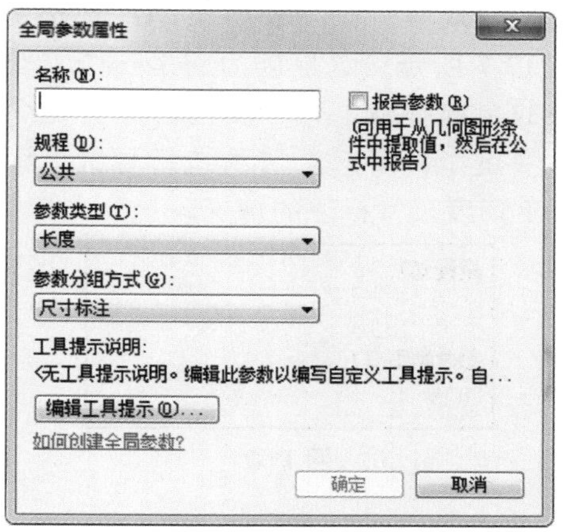

图 17-3

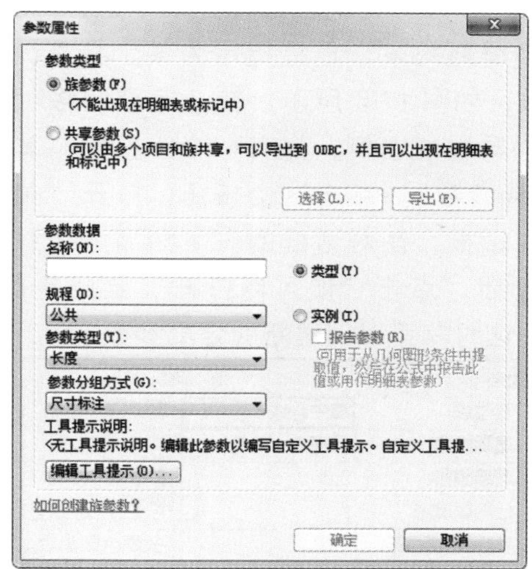

图 17-4

以上是使用功能区的按钮直接创建全局参数的方法，除此以外还可以通过其他 3 种方式访问“全局参数属性”对话框，创建所需的全局参数。这 3 种方法可以总结为“尺寸标注”“关联实例”“关联类型”，下面先介绍“尺寸标注”。

在刚才新建的项目文件中，在“楼层平面：标高 1”视图绘制如图 17-5 所示的墙体，并添加一个尺寸标注。选择这个尺寸标注，在功能区“修改丨尺寸标注”选项卡的“标签尺寸标注”面板，点击“标签”下拉框右侧的“创建参数”按钮，如图 17-6 所示。会立即打开类似于图 17-3 所示的“全局参数属性”对话框。

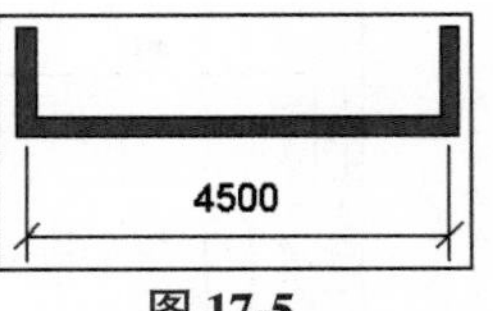

图 17-5

图 17-6

仔细观察可以发现，与之前的对话框相比，不同之处在于“规程”和“参数类型”都是灰色显示的，如图 17-7 所示。这是因为它是一个从长度尺寸标注创建的全局参数，有些属性已经由这个尺寸标注的特性决定了，用户无法再自行更改。读者可以再尝试一下角度尺寸标注的情况。

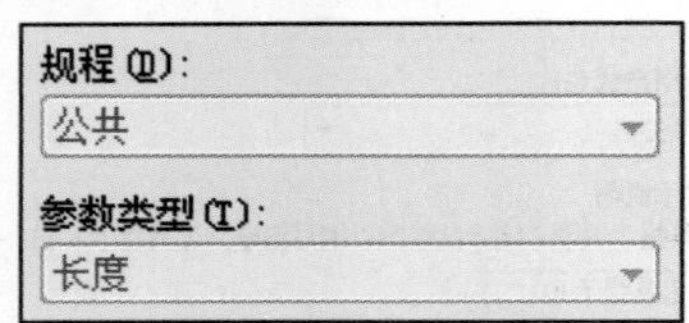

图 17-7

第 2 种方法是在把图元的实例属性关联到全局参数时，再同步进行全局参数的创建。选择一段墙体，确认其“顶部约束”已经指定为某个标高，查看属性选项板，如图 17-8 所示，在“底部偏移”和“顶部偏移”属性的右侧，都有一个小按钮，其功能是“关联全局参数”。点击这个按钮，打开“关联全局参数”对话框，在对话框的左下角有一个按钮，如图 17-9 所示，点击它便可以打开“全局参数属性”对话框，这时就可以创建新的全局参数了。

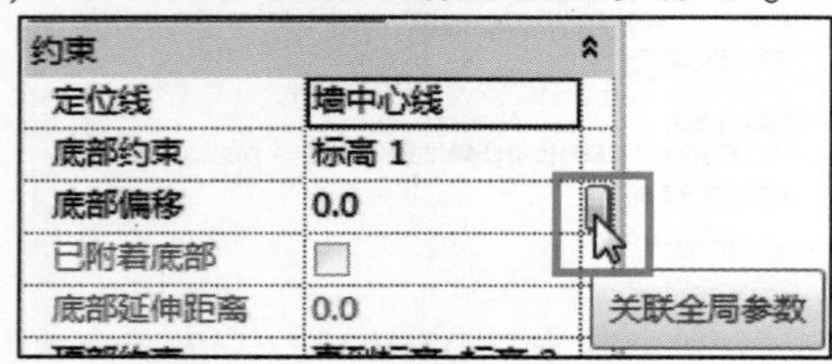

图 17-8

图 17-9

第 3 种方法是在把图元的类型属性关联到全局参数时，再同步进行全局参数的创建。在墙体上添加一个窗户，选择这个窗户，点击属性选项板的“编辑类型”，打开“类型属性”对话框，如图 17-10 所示，可以看到，在很多属性的右侧都有“关联全局参数”按钮，点击这个按钮打开“关联全局参数”对话框，之后的操作步骤和前面所讲的一样，就可以开始创建全局参数了。访问“类型属性”对话框的另外一个方法，是在项目浏览器里找到要添加全局参数的那个族下面对应的类型，双击类型名称，如图 17-11 所示，就可以打开“类型属性”对话框了。这样做的好处是，在放置具体的图元实例之前，就可以把所需的全局参数全部添加到位。在制作样板文件（*.rte）的时候，也可以把需要的全局参数添加到对应的族类型，这样就能够节约后续操作者的很多时间。

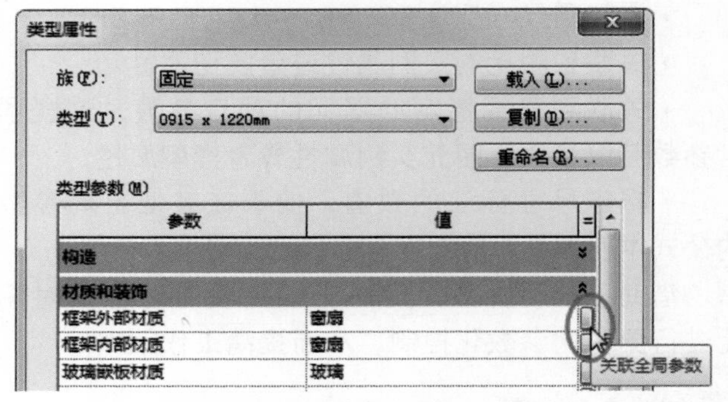

图 17-10

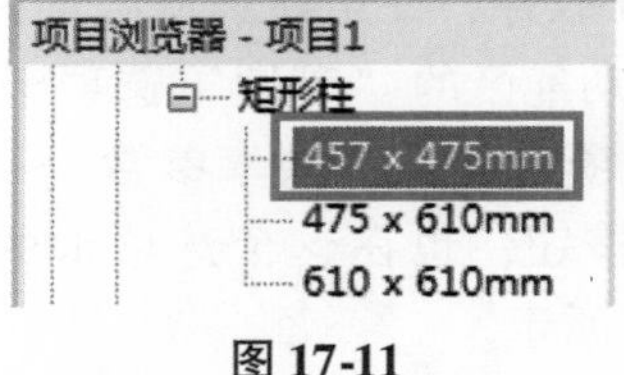

图 17-11

表 17-1 介绍了 4 种参数类型的特点，并有简单的示例。

表 17-1　4 种参数类型的比较

参数类型	说明	示例
族参数	特定于一个单独的族文件，不能出现在明细表或标记中。可以控制族的变量值，例如尺寸标注、材质、文字。将主体族中的参数关联到嵌套族中的参数，族参数也可用于控制嵌套族中的参数	Revit 自带族库中，窗族的“宽度”和“高度”

（续）

参数类型	说明	示例
项目参数	特定于一个单独的项目文件，且必须指定给至少一个类别。可以出现在明细表中，但是不能出现在标记中。因为是按照类别指定的，所以系统会将它自动地添加到图元属性中	可以作为“实例”参数添加给“视图”的类别，用于对项目中的视图进行分类和排序
共享参数	以 TXT 文本文件的形式存在，可以用于多个族文件或项目文件，但是必须通过族参数或者项目参数来引用。可以出现在明细表和标记中，可导出为 ODBC	橱柜族中搁板的数量，房间标记中的房间用途
全局参数	特定于一个项目文件，无类别，可以使用简单值，也可以是受公式驱动的值，还可以是由其他全局参数产生的值。可以使用全局参数值来驱动或报告其他值	向多个不相邻的尺寸标注添加相同的值；一个图元的尺寸驱动另外一个图元的位置

2. 使用全局参数

借助于全局参数，用户可以在项目环境中对那些具有相同调整要求的图元进行统一的控制，或者对那些虽然类别不同但是具有关联关系的图元进行同步的控制。例如，标注了如图 17-12 所示的门到墙边的距离以后，再对各个尺寸标注都添加全局参数 D，那么后续只需修改参数 D 的值，就可以统一控制这些门到墙边的距离了。

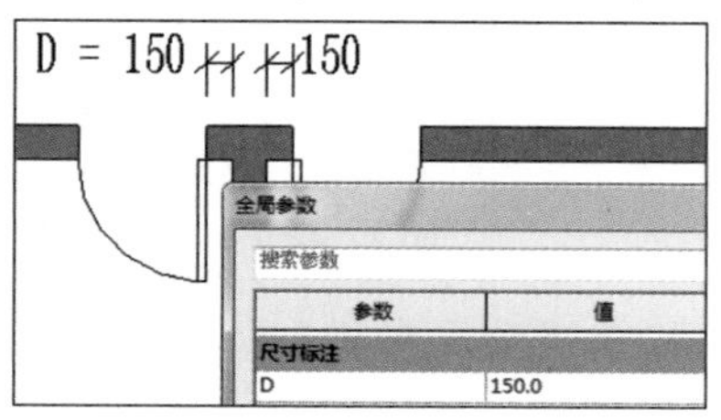

图 17-12

移动光标悬停在一个已经添加了全局参数的尺寸标注上，会显示如图 17-13 所示的提示信息，在左下角显示了所添加的全局参数的名称。在选择了这个尺寸标注以后，在数值旁边会显示一个斜放的小铅笔，移动光标靠近这个小铅笔，会显示提示信息“全局参数”，如图 17-14 所示。这个图标可以直观地提醒用户，这个尺寸标注已经是受参数约束的了。它的另外一个功能是启动“全局参数”对话框，点击这个图标，就可以打开对话框，在其中对全局参数进行编辑、新建等操作。

图 17-13

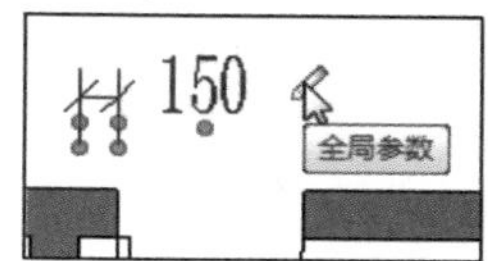

图 17-14

选择一个已经指定了全局参数的尺寸标注以后，在属性栏会显示这个参数的名称。为了查看方便，可勾选“在视图中显示标签”，这是尺寸标注的一个实例属性，如图 17-15 所示。如果已经把这个全局参数设为报告参数，那么在属性选项板里的参数名称后面，会自动加上“（报告）”这样的后缀，如图 17-16所示。

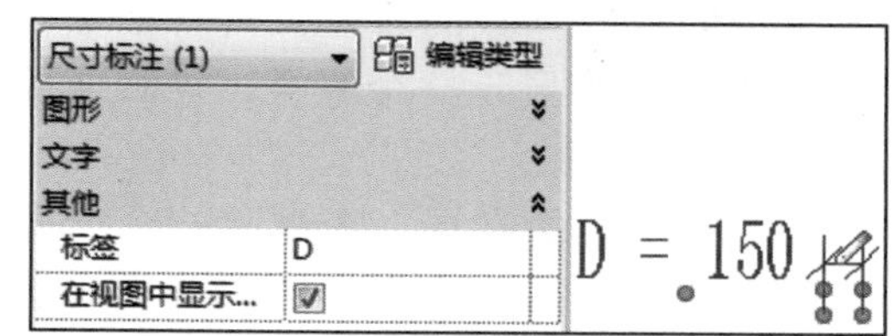

图 17-15

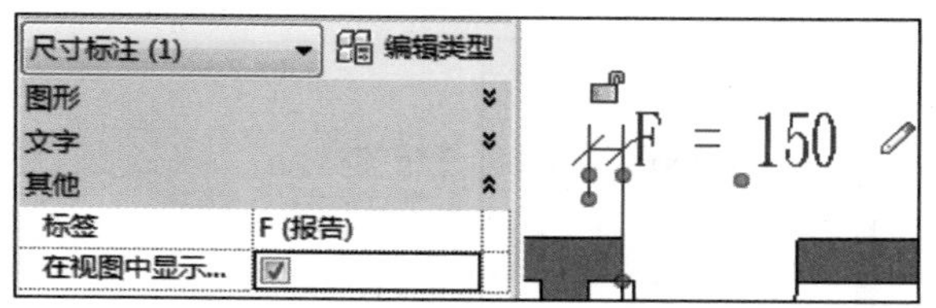

图 17-16

如果在项目文件中已经有了准备好的全局参数，那么在选择了一个尺寸标注以后，如图 17-17 所示，在功能区关联选项卡“修改 | 尺寸标注”的“标签尺寸标注”面板，点击下拉框，可以直接从中选择一个需要的参数，这样更快捷一些。

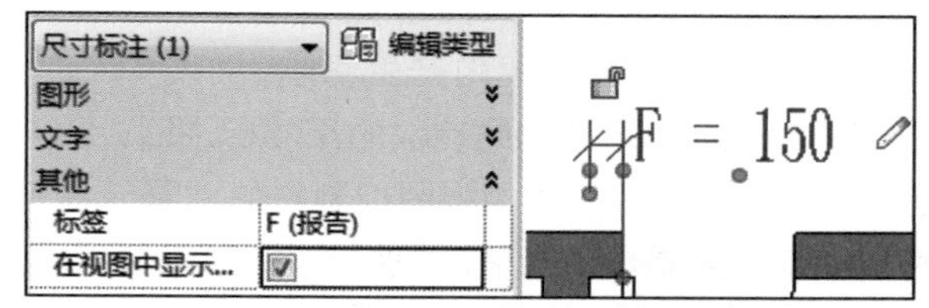

图 17-17

除了加给一个单独的尺寸标注，全局参数也可以加给一个多段的尺寸标注，如图 17-18 所示，选择了一个多分段的尺寸标注以后，添加一个全局参数，那么各分段的距离会立即进行调整。

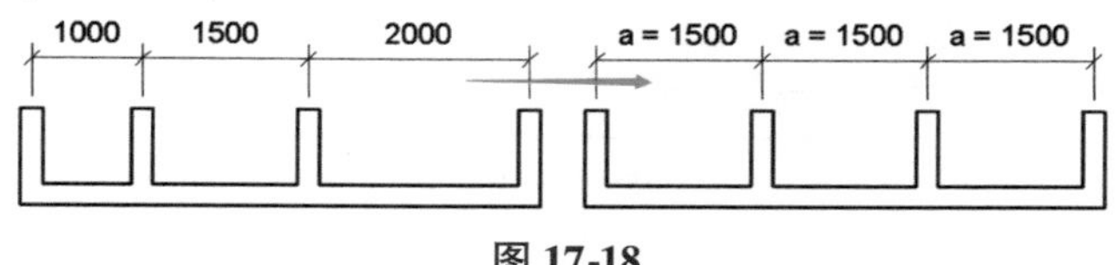

图 17-18

对于不同类别的模型图元，能够添加全局参数的实例属性和类型属性也是不尽相同的。如图 17-19 所示，分别是墙体、结构梁、建筑柱，在属性选项板中，右侧带有小方块的那些属性，就是可以关联全局参数的属性。

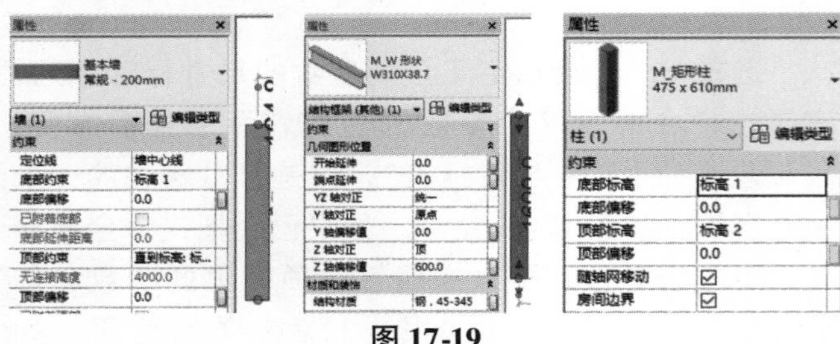

图 17-19

已经关联到全局参数的属性，其特征是在它右侧的那个小方块里会显示一个等号，这和族编辑器环境里的变化是一样的。

如图 17-20 所示的布局，在删除一个全局参数时，那么其他所有使用了这个参数的公式也都会被清除，同时会弹出一个提示信息，列出受到影响的范围，要求用户再确认一次。

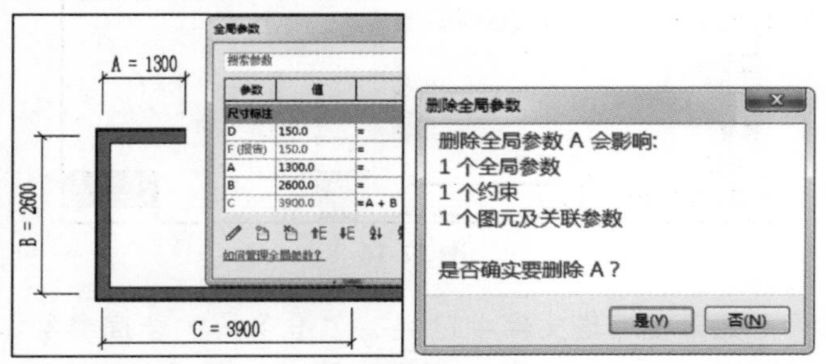

图 17-20

点击“是”按钮，这个参数和相关的约束关系都会被清除。如果在族编辑器环境下删除了一个参数，只会影响到这个族，但是如果删除一个全局参数，则会在整个项目范围内产生影响。

在删除已经指定了全局参数的尺寸标注时，用户可以选择保留约束关系，使用视图控制栏的“显示约束”，就可以看到这些隐藏的约束，如图 17-21 所示。

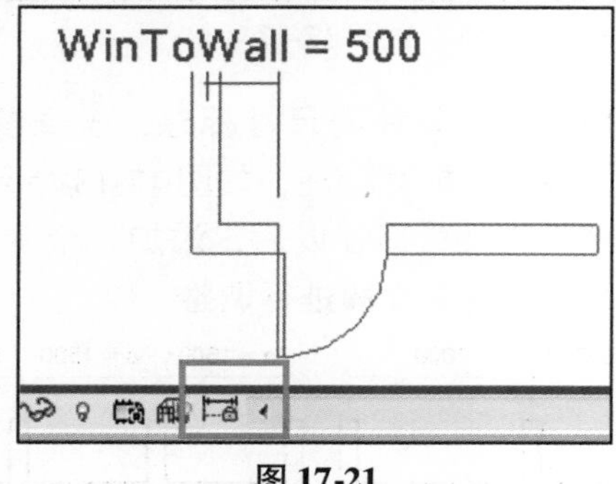

图 17-21

现在还不能向项目环境下的阵列指定全局参数，而这在族编辑器环境下是可以的。

对于不同类别的模型图元，能够添加全局参数的属性也是不尽相同的。例如，在建筑柱的属性当中，如图 17-22 所示，有多个属性可以关联到全局参数，也包含那些由用户在创建柱族时所添加的族参数。对于“墙”类别的图元，在实例属性中，可以添加全局参数的属性是“底部偏移”“顶部偏移”和“备注”。

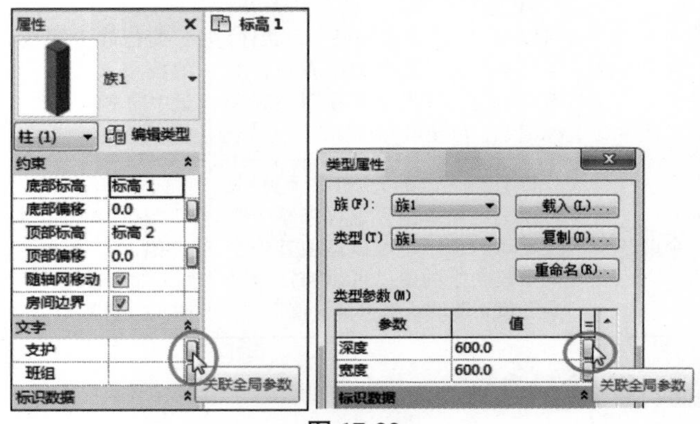

图 17-22

在“全局参数”对话框内，用户可以按照自己的需求对参数进行排序，以方便查看和修改。Revit 提供了两个方式，按照字母排序或者是手动调整。4 个按钮如图 17-23 所示。所以，为了便于管理和提高辨识度，需要对参数的前缀进行统一的安排。

图 17-23

在创建和编辑全局参数时，都可以为这个全局参数添加工具提示信息。如图 17-24 所示，当这个全局参数被指定给某个尺寸标注以后，把光标悬停在尺寸标注上方，就会在旁边显示这个信息，如图 17-25 所示。

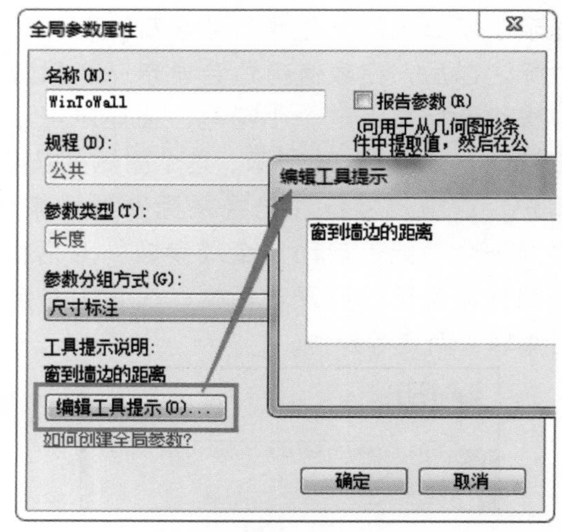

图 17-24

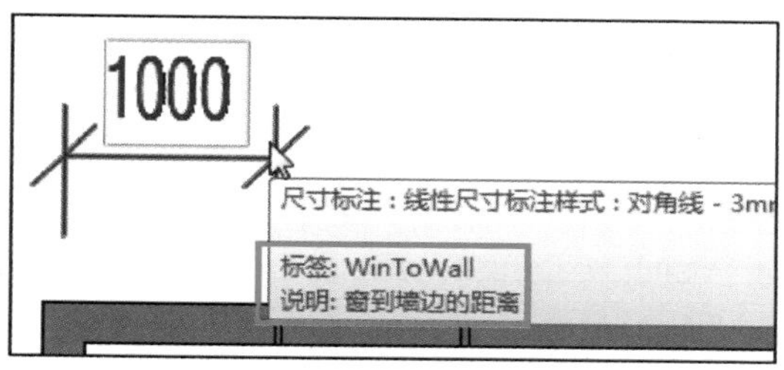

图 17-25

可以利用“全局参数”对话框里右下角的“显示”按钮，快速查看已经指定给尺寸标注的某个全局参数的应用范围，单击该按钮以后，视图会立即显示出所有包含这个全局参数的尺寸标注，并蓝色高亮显示这些尺寸标注。如果在已经打开的视图里没有找到相关的尺寸标注，则会弹出如图 17-26 所示的信息，单击“确定”按钮以后，自动打开相关视图。

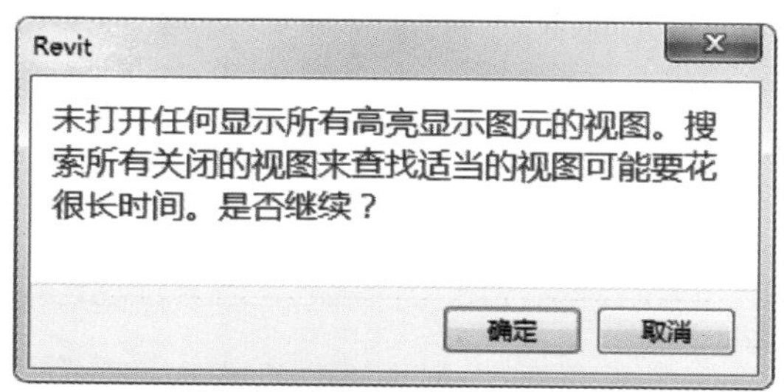

图 17-26

如果现有的全部视图都没有应用该全局参数，则会提示“未找到完好的视图。”，如图 17-27 所示。

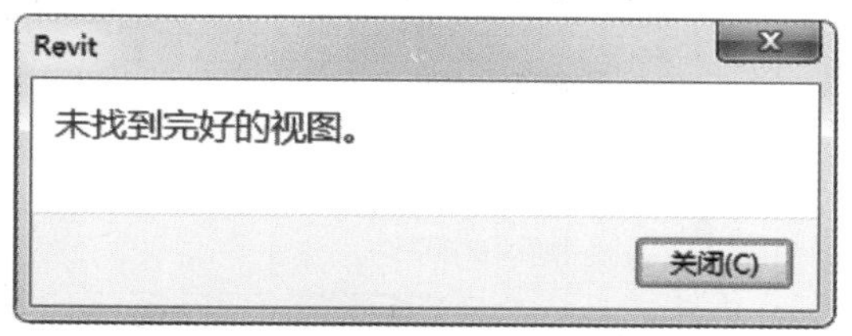

图 17-27

使用“传递项目标准”工具，可以在不同项目之间应用相同的全局参数，如图 17-28 所示。但是在传递时，无法进行选择，会把对方文件里全部的全局参数都复制进来。

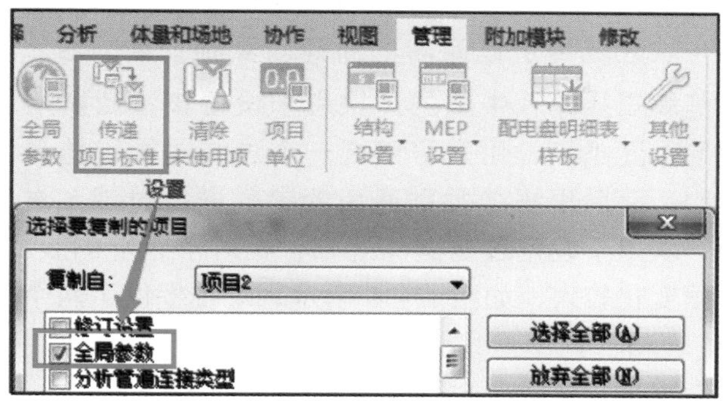

图 17-28

如果所传递的某个全局参数是材质类型的，且已经指定了材质，那么在传递以后，这个参数也会把那个材质带进来。

通过在创建项目参数时引用共享参数，然后再将此项目参数关联到全局参数，那么不仅可以对这些全局参数进行明细表统计，还可以在视图中进行标记，增强了用户处理信息的灵活度，如图 17-29 所示。

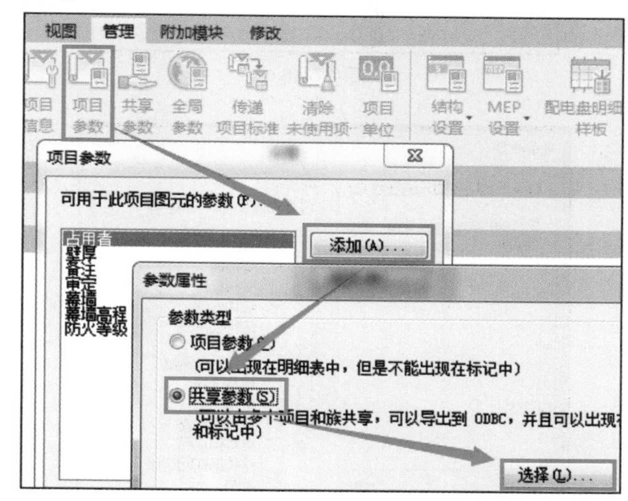

图 17-29

本节总结起来，主要有以下几点：

Step 01 使用基于尺寸标注的等分约束来控制模型中的几何图形是非常方便的，但是在 Revit 2019 之前的版本里，等分约束只能应用于这些相等空间彼此相邻的情况。在使用全局参数的情况下，用户就可以为多个不相邻的尺寸标注指定相同的值，从而进行快速的统一控制。

Step 02 使用全局参数，可以在多个有关联的图元之间创建自动调整的约束关系。例如，窗户的底高度随着天花板的调节而自动改变，见配套文件“17.1 图元关联的例子”。

17.2 基于规则的视图过滤器

灵活使用视图过滤器，可以高效控制图元的可见性，从而快速直观地表达模型中的信息。在过滤器创建完毕以后，将其应用于视图，并设置由该过滤器所控制的可见性和图形替换。

已经为读者准备了一个练习文件“17.2 视图过滤器规则”，如图 17-30 所示。模型中有梁、柱等图元，并且已经对“结构柱”和“结构框架”这两个类别添加了共同的项目参数，如图 17-31 所示。

为了方便对比应用过滤器之后的结果，将默认

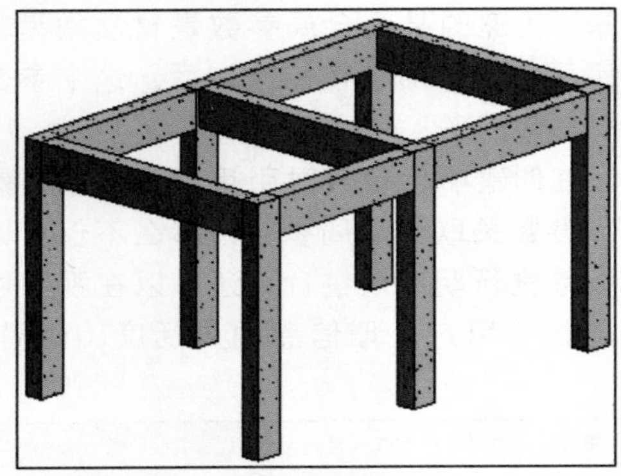
图 17-30

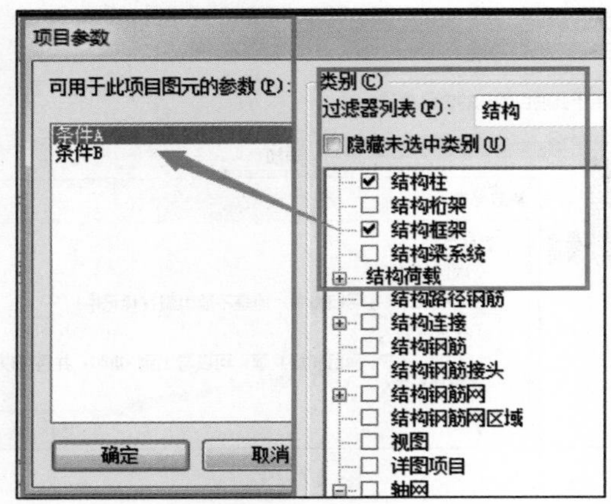
图 17-31

三维视图复制之后，分别重命名为“AND”、“OR”和“NESTED”，如图 17-32 所示，代表“和”、“或”、“嵌套”这三种类型。

之前各版本过滤器的默认形式，如图 17-33 所示，相当于 2019 版的“和”。用户现在可以使用“或”条件，并且创建多个规则和规则集，以及嵌套规则集，来获得所需的结果。这项改进可使用户定义复杂、烦琐的规则，基于类别和参数值来直观地识别图元，提高 BIM 模型文档的可读性。

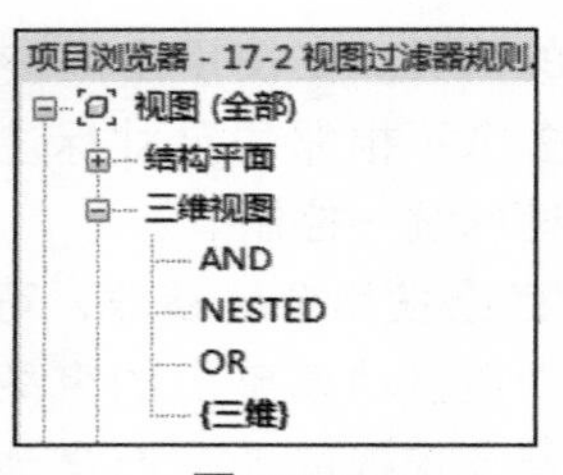
图 17-32

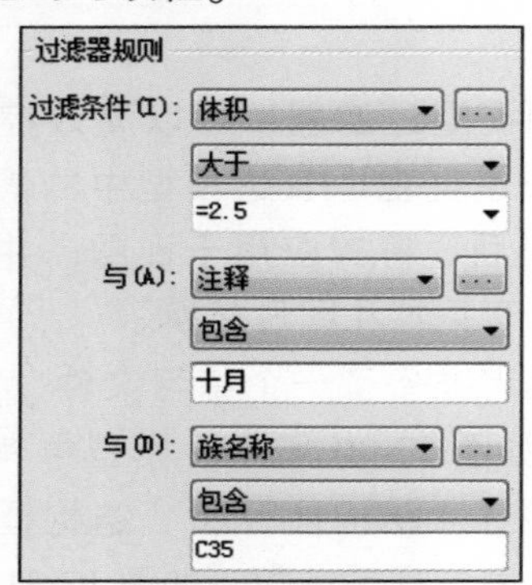
图 17-33

1. 和（所有规则必须为 true）

打开配套文件“17.2 视图过滤器规则”，切换到三维视图“AND”。单击“视图”选项卡“图形”面板的“可见性/图形替换”按钮，弹出当前视图的“可见性/图形替换”对话框，点击“过滤器”，切换到最右侧的选项卡，如图 17-34 所示。我们将在这里完成过滤器的创建和设置。

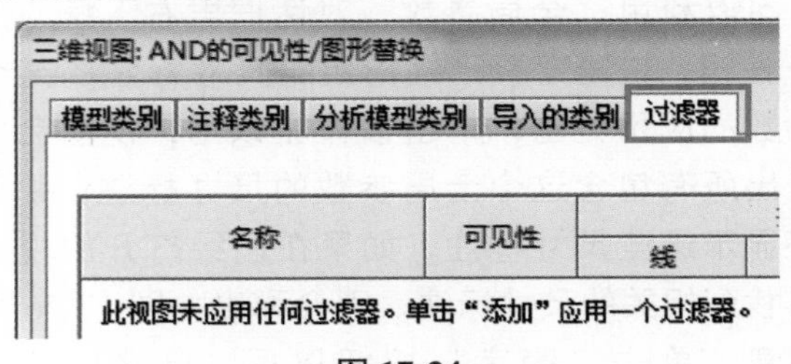
图 17-34

点击对话框左下角的“编辑/新建”按钮，打开“过滤器”对话框。单击对话框左下角的“新建”按钮，在“过滤器名称”里输入“AND”，如图 17-35 所示。单击“确定”按钮，返回“过滤器”对话框。

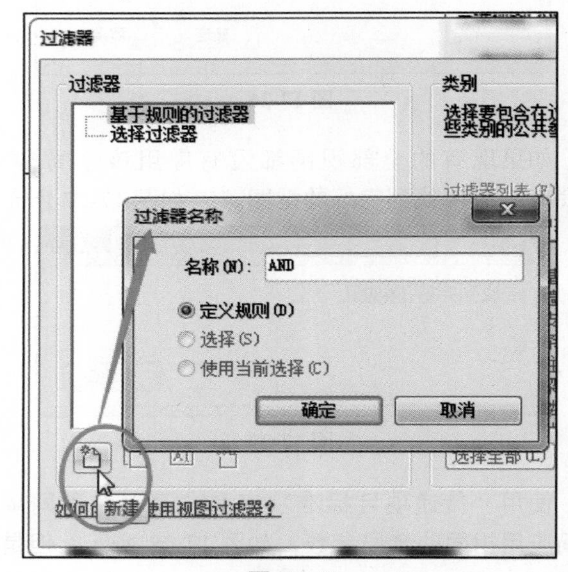
图 17-35

“过滤器”对话框从左向右分为 3 个部分。左侧的一块区域用于过滤器的新建、复制、重命名、删除等编辑操作；中间的一块用于设置该过滤器所面向的图元类别，用户可以把一个过滤器指定给多个类别，之后根据各类别通用的参数进行过滤；右侧的一块用于设置过滤器的规则，相对于之前的版本，这里变化较大，如图 17-36 所示。现在提供了两个形式，“和”用于查找满足全部规则的图元，“或”用于查找满足任意一个规则的图元。

默认只提供了一个空白的规则，用户可以通过

图 17-36

右侧的两个按钮，“添加规则”和“添加集合”，向过滤器添加新的规则和集合，以组织比较复杂的过滤条件，如图 17-37 所示。图 17-37 中的过滤器包含了 3 个条件，其中的第 3 个条件是嵌套的，里面有两个次一级的条件。如果要删除不需要的规则，可以单击规则最右侧的红色减号“删除规则”图标。

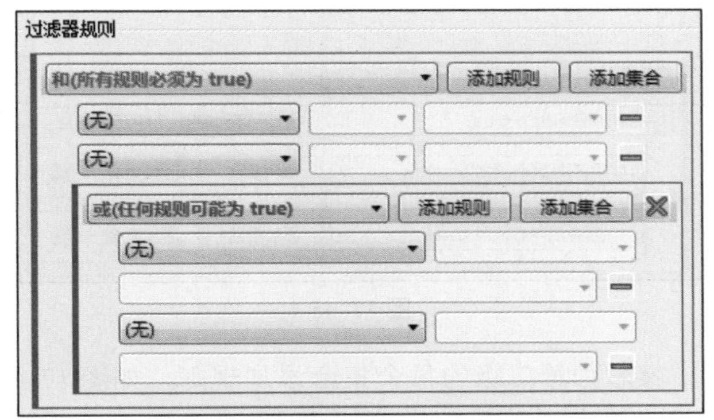

图 17-37

确认已经选中左侧过滤器列表中的“AND”，在中间的“类别”列表里勾选“结构柱”和“结构框架”，在右侧选择“和”并添加一个规则。还需要为每个规则指定一个参数及运算符和一个值，如图 17-38所示，这里使用已经设置好的两个项目参数作为过滤条件。点击“确定”按钮，返回“可见性/图形替换”对话框，就完成了这个过滤器的创建。

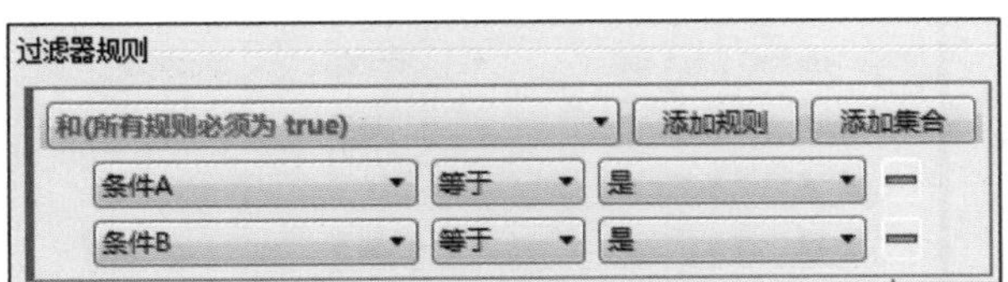

图 17-38

现在把“AND”过滤器指定给当前视图，并设置相应的图形替换。点击“添加”按钮，在弹出的“添加过滤器”对话框里选择刚才创建的“AND”，再点击“确定”按钮。因为是应用于三维视图，所以仅设置图元的表面替换，如图 17-39 所示。单击“确定”以退出对话框并将过滤器应用到视图。

在现有的结构图元中，任选几个并勾选它们的“条件 A”和“条件 B”，再选其他几个并仅勾选“条件 A”或“条件 B”，以作为对比。如图 17-40 所示，“AND”过滤器能够识别出那些勾选了两个参数的图元。

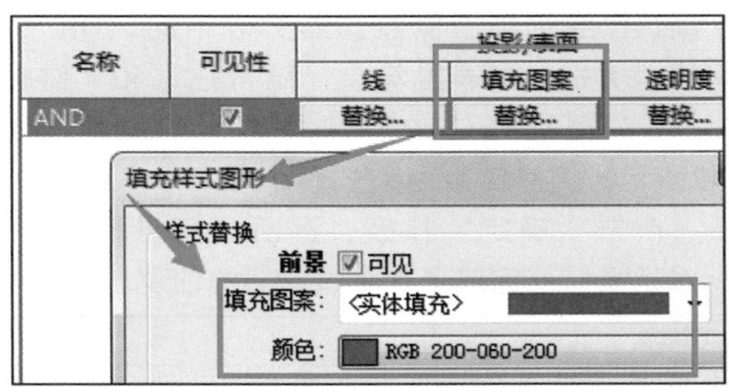

图 17-39

图 17-40

这样的工作方式类似于之前的版本，不同之处在于，用户现在可以使用“添加规则”和“移除规则”按钮来编辑过滤器中所包含的条件，具备了更灵活的控制。

2. 或（任何规则可能为 true）

切换到三维视图“OR”，打开当前视图的“可见性/图形替换”对话框，切换到最右侧的“过滤器”选项卡。点击对话框左下角的“编辑/新建”按钮，打开“过滤器”对话框。单击对话框左下角的“新建”按钮，在“过滤器名称”里输入“OR”，如图 17-41 所示。单击“确定”按钮，返回“过滤器”对话框。

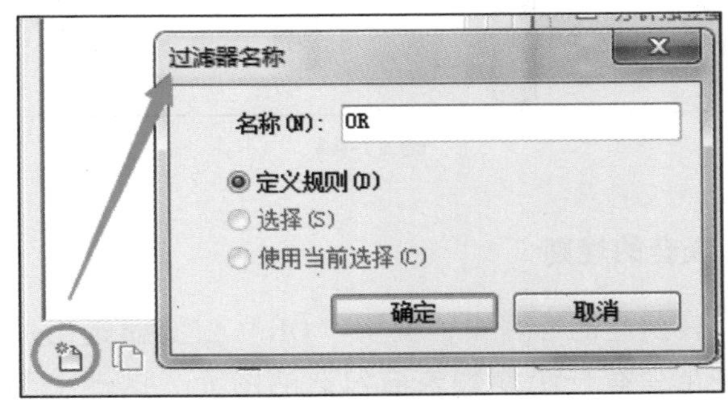

图 17-41

确认已经选中左侧过滤器列表中的“OR”，在中间的“类别”列表里勾选“结构柱”和“结构框架”，在右侧选择“或”并添加一个规则。如图17-42所示，仍然使用之前的两个项目参数作为过滤条件。点击“确定”按钮，返回“可见性/图形替换”对话框，就完成了这个过滤器的创建。

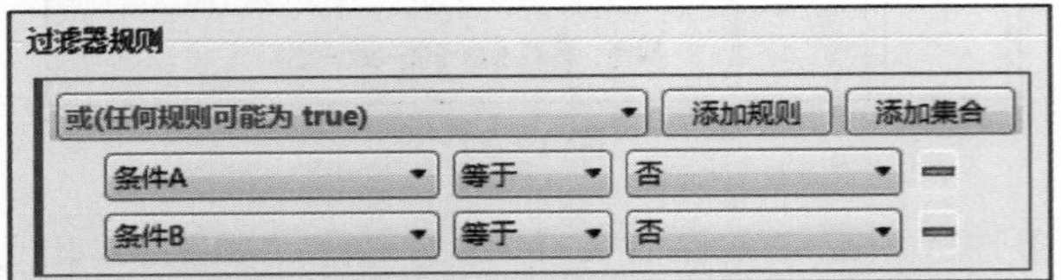

图 17-42

现在把“OR”过滤器指定给当前视图，并设置相应的图形替换。点击“添加”按钮，在弹出的“添加过滤器”对话框里选择刚才创建的“OR”，再点击“确定”按钮。因为是应用于三维视图，所以仅设置图元的表面替换，如图17-43 所示。单击“确定”以退出对话框并将过滤器应用到视图。

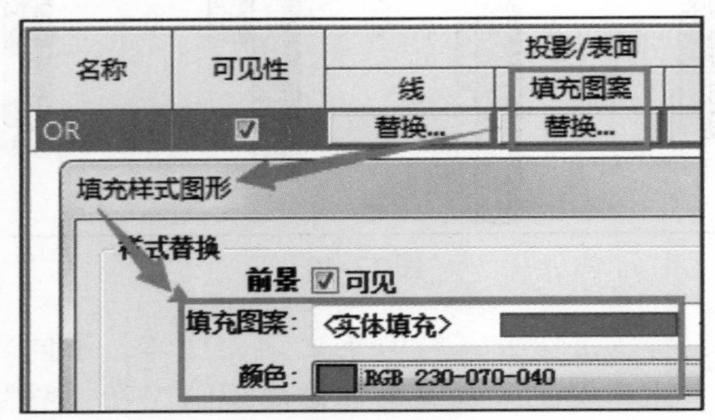

图 17-43

如图 17-44 所示，“OR”过滤器能够识别出那些至少有一个参数未被勾选的图元。

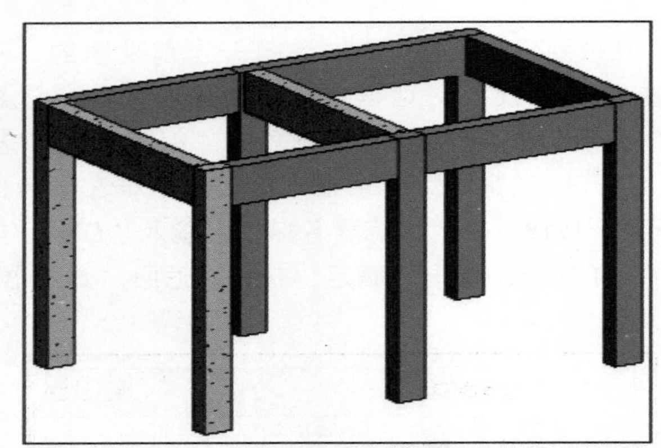

图 17-44

3. 嵌套的规则

在前面的练习里，使用“OR”过滤器选出的是那些至少有一个参数未被勾选的图元。这一小节我们通过嵌套的方式来选出那些仅有一个参数未被勾选的图元。因为之前添加的项目参数“条件 A”和“条件 B”是两个是否类型的参数，所以可能存在的情况就是“A 是 B 否”和“A 否 B 是”。

创建之前，先根据需要的目标做好规划。因为不论是“A 是 B 否”还是“A 否 B 是”，都可以满足“仅有一个参数未被勾选”的条件，所以第一级的规则应该选择“或”的形式。在下一级的规则里，例如，“A 是”和“B 否”应该是同时满足的条件，这样才符合“仅有一个参数未被勾选”的要求，所以这一级的规则应该是“和”的形式。

切换到三维视图“NESTED”，新建一个过滤器。如图 17-45 所示，在过滤器规则列表里，删掉默认的规则，添加两个集合，并按照前一段的分析，分别设置过滤器规则的类型，第一级为“或”，第二级为“和”。

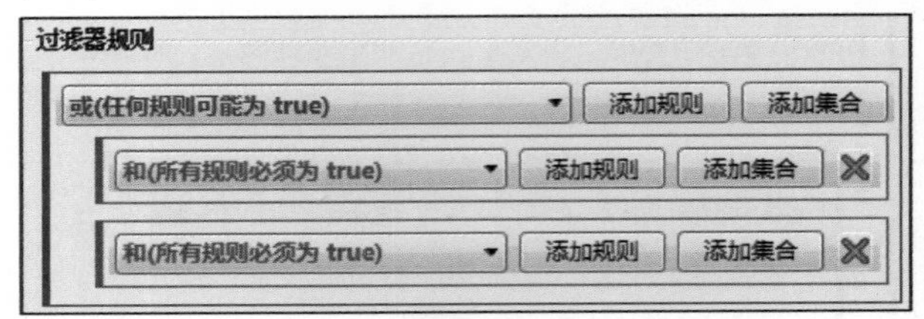

图 17-45

接着为第二级的每个集合添加规则，如图 17-46 所示。单击“确定”按钮，返回“可见性/图形替换”对话框。

图 17-46

现在把“NESTED”过滤器指定给当前视图，并设置相应的图形替换。点击对话框左下角的“添加”按钮，在弹出的“添加过滤器”对话框里选择刚才创建的“NESTED”，再点击“确定”按钮。因为是应用于三维视图，所以仅设置图元的表面替换，如图 17-47 所示。单击“确定”退出对话框并将过滤器应用到视图。

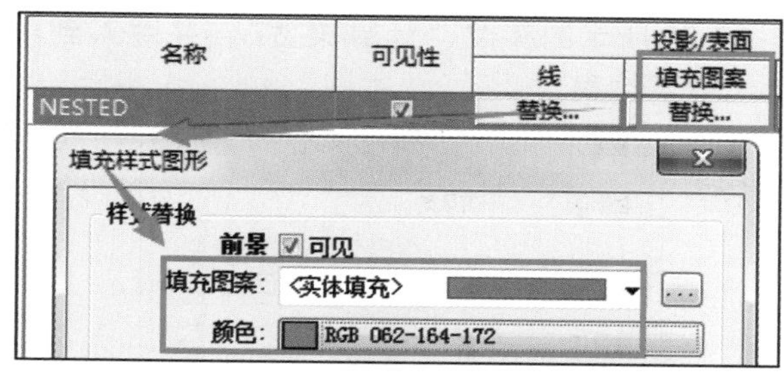

图 17-47

如图 17-48 所示，“NESTED”过滤器能够识别出那些仅有一个参数被勾选的图元，比前面“OR”过滤器的结果要少。

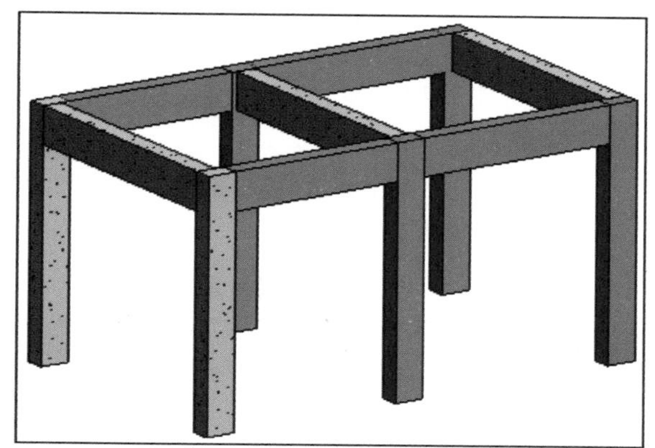

图 17-48

本节总结起来，主要有以下几点：

如果所创建的视图过滤器包含了嵌套的规则或集合，需要提前进行仔细的规划，按正确顺序使用“OR”和“AND”条件，并在应用之后进行一定数量的抽查，以确保得到正确的结果。这是因为过滤条件组合顺序的变化，可能会带来迥然不同的结果。读者可以找例子对比一下，嵌套在“AND”条件下的“OR”，和嵌套在“OR”条件下的“AND”，其结果会有什么不同。

17.3 注释标记中的计算参数

从 Revit 2017 版开始，用户可以在标记族中的标签内添加由公式定义的参数，增加了自定义标记族对模型信息提取的灵活性。下面以关于梁的标记为例，演示这类计算参数的使用方法。

打开配套文件“17.3 注释标记中的计算参数-梁”，如图 17-49 所示，模型中有两种规格的梁。

选择其中的一个梁标记，点击功能区关联选项卡“修改 | 结构框架标记”下的“编辑族”，Revit 会自动切换到族编辑器环境。选择这个标签，如

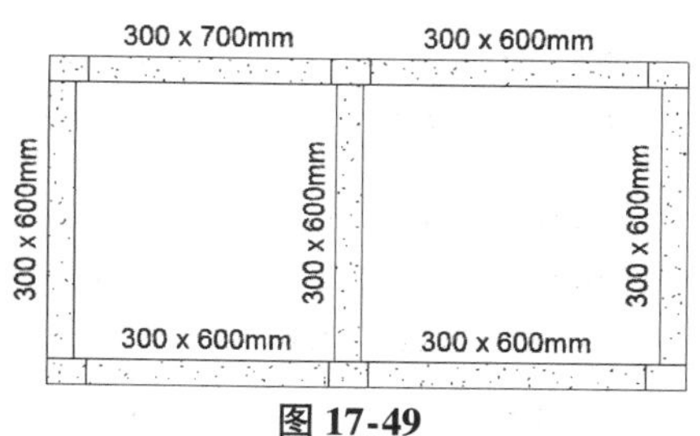

图 17-49

图 17-50所示，点击属性栏的“编辑”按钮，打开“编辑标签”对话框。

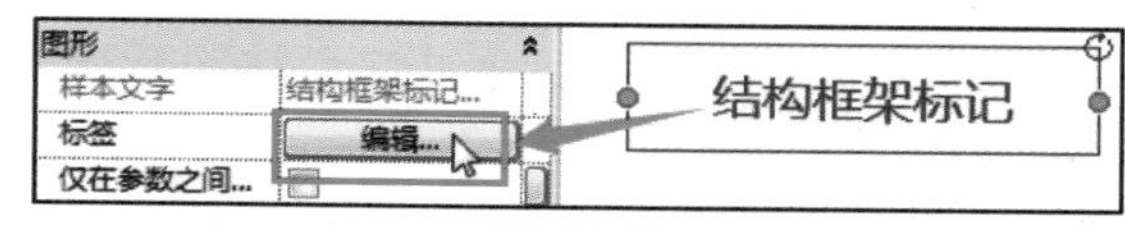

图 17-50

在“编辑标签”对话框里可以看到，现有的标签参数已经包含一个参数“类型名称”，在“添加参数”“删除参数”的按钮下，多了一个按钮“将计算的参数添加到标签”，如图 17-51 所示。

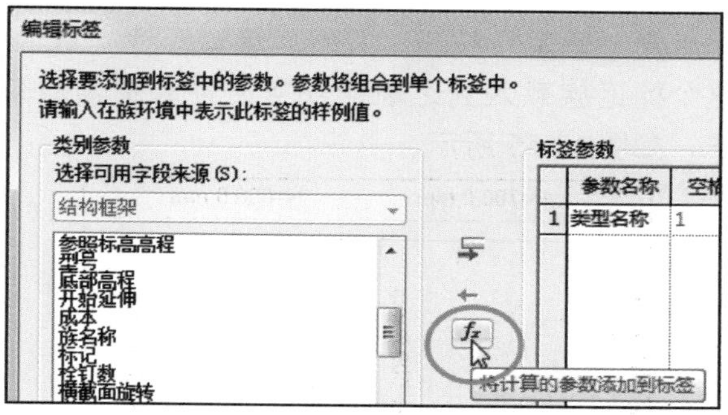

图 17-51

单击这个按钮，打开“计算值”对话框，如图 17-52所示。

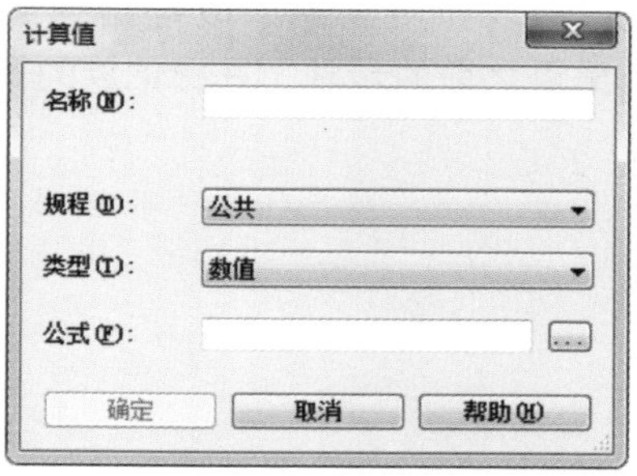

图 17-52

假设要通过可用字段来计算梁高，那么要把对话框中的“类型”选项从“数值”切换到“长度”，使用“公式”右侧的按钮，选择可用字段里面的“顶部高程”和“底部高程”，并加上减号，填写参数名称“计算梁高”，完成后如图 17-53 所示。

单击“确定”按钮返回“编辑标签”对话框，如图 17-54 所示使用“从标签中删除参数”按钮，把原有的“类型名称”从标签参数列表里面删掉，仅

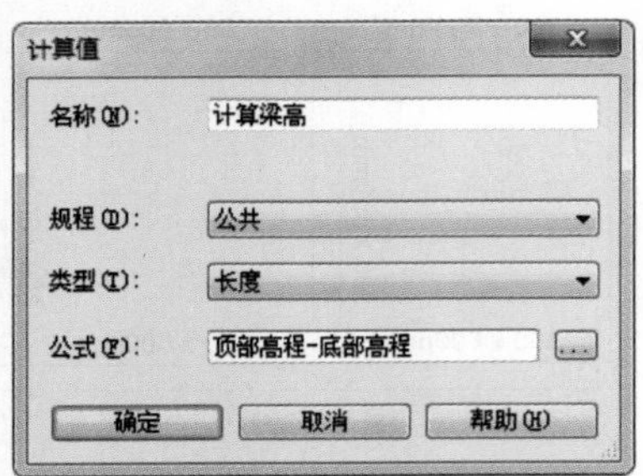

图 17-53

保留“计算梁高”，在“前缀”下输入“H =”，在标签参数列表的下方，可以通过这个按钮编辑所选择参数的单位格式。

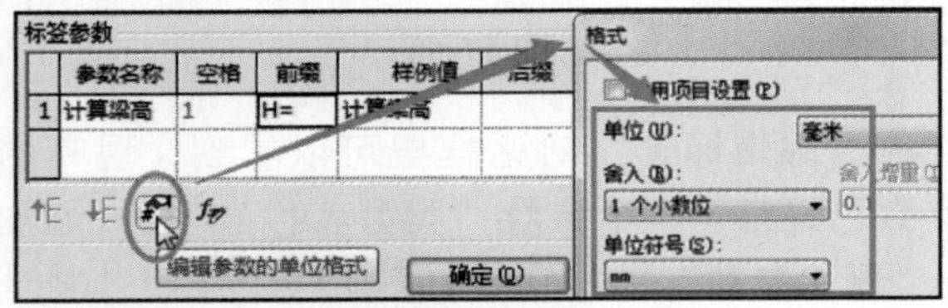

图 17-54

点击“确定”按钮，关闭“编辑标签”对话框，把这个标记族载入到之前的项目文件并覆盖原来的版本，如图 17-55 所示。

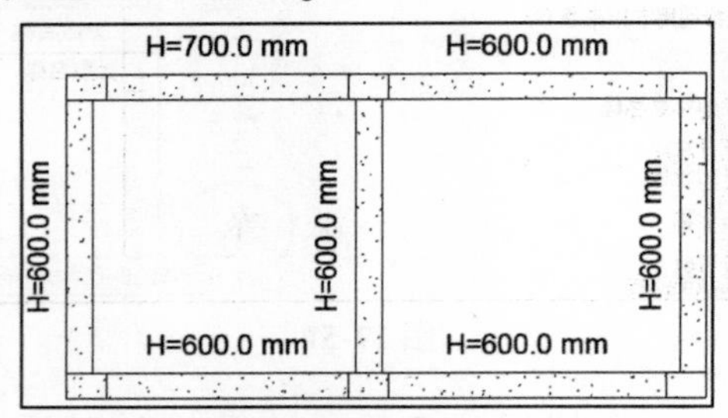

图 17-55

同样地，可以利用其他字段把结构梁的宽度也计算出来。重复之前的步骤，在标记族的标签内添加如图 17-56 所示的参数“计算梁宽”，并载入到项目文件中查看结果。

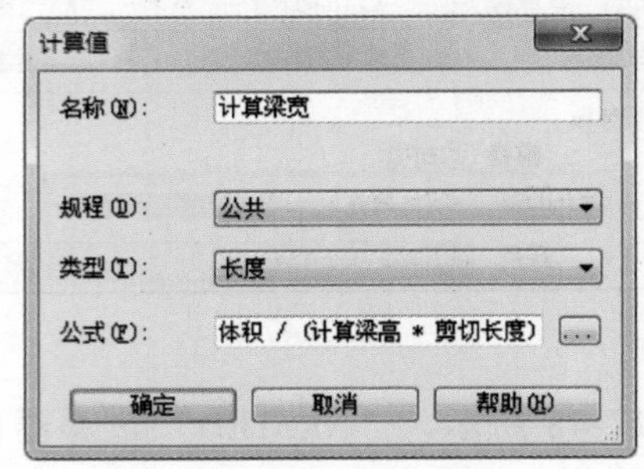

图 17-56

在仅需要检查梁的高度、宽度的情况下，这样的标记更准确一些，因为其结果都是直接来自对图元几何信息的提取和计算，可以避免因类型名称不准确而带来的失误。

表 17-2 列出了一些图元类别里常用的可计算参数字段，供读者参考。

表 17-2　常用的可计算参数字段

类别	可用字段
结构基础	体积，周长，底部高程，自标高的高度偏移，面积，顶部高程
结构框架	体积，剪切长度，参照标高高程，底部高程，顶部高程，长度
结构柱	体积，底部偏移，顶部偏移
建筑楼板	体积，周长，底部高程，面积，顶部高程，默认的厚度
墙	体积，厚度，底部偏移，无连接高度，长度，面积
门窗	宽度，底高度，高度

第18章

Dynamo参数化建模

概 述

Dynamo是应用于Revit内的一款信息化建模插件。基于它的“图形化”工作界面，即使是没有编程经验的Revit用户，也仍然可以使用其中的节点（也称为“运算器”）进行参数化建模，以及处理模型中的信息。在实际工作中，人们总是会遵循一定的流程，不断地根据上一步的结果和某些条件来进行下一步的操作。Dynamo中的节点及其组织方式，就是总结了这些内在的逻辑规则来设计的。每个节点都有自己的基本功能，用户通过对不同的节点进行排布和组织，来完成特定的目标任务。

从2017版开始，Dynamo已经和Revit整合到一起，作为一个内置的插件，所以当用户完成Revit的安装以后，也就可以使用Dynamo了，比以往更加方便。为了使用户的工作界面更流畅，Dynamo在工作区提供了可互相切换的两种视图，分别是以节点为操作对象的图表视图和查看运行结果的三维预览视图。默认状态下的活动视图是图表视图，用户可以通过快捷键“Ctrl+B”进行切换。

下面我们就通过一些基本对象的创建和应用实例来初步了解Dynamo的使用方式。本章所用Dynamo的版本是2.0.2。

18.1 用户界面

在 Revit 2019 版中，Dynamo 的启动按钮是在“管理”选项卡的“可视化编程”面板，如图 18-1 所示。

图 18-1

在启动按钮右侧的是 Dynamo 播放器，可以用它来打开一个对话框，如图 18-2 所示，在这里可以用更简便的方式来执行 Dynamo 脚本。

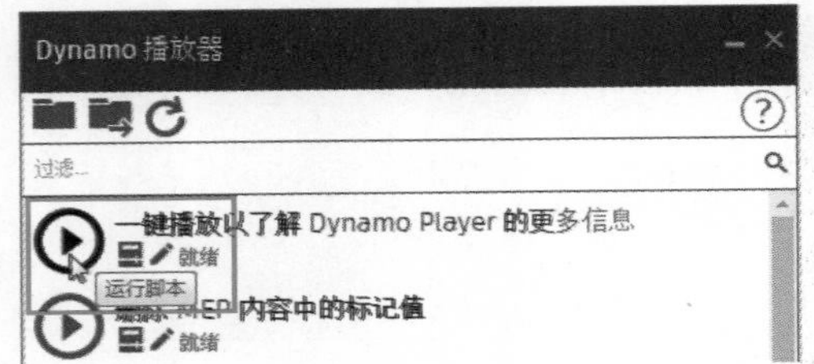

图 18-2

只有在 Revit 中先打开/新建一个项目或族，才能访问 Dynamo。建议在打开/运行一个 Dynamo 文件之前，把当前的 Revit 文件进行保存/同步，以免在 Dynamo 运行崩溃时，也给 Revit 文件造成损失。

在启动 Dynamo 以后，会打开一个独立于 Revit 界面的窗口，如图 18-3 所示。位于顶部的是菜单栏，靠下一点的是常用工具条，再下方是 7 个功能模块。

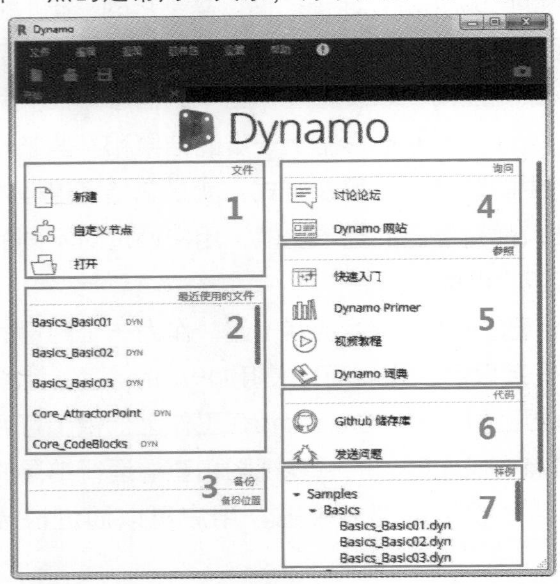

图 18-3

这些模块的作用见表 18-1。

表 18-1

1	文件类操作：开始一个新文件，创建自定义节点，打开一个文件
2	浏览最近使用过的文件列表
3	访问备份文件夹
4	访问 Dynamo 论坛和官网的链接
5	访问其他学习资源的链接。Primer 类似于学习手册，介绍 Dynamo 的基本功能和一些实例，视频教程和 Dynamo 词典则更为直观地演示了如何构建一个 Dynamo 程序，以及节点的用法实例
6	因为 Dynamo 是一个开源的插件，所以在启动页提供了访问数据源的链接
7	在安装时会同步创建这些样例文件，从基础功能开始，复杂度逐步提高，并且配有详细的中文说明。在菜单栏的“帮助”下可以找到访问这个文件夹的快捷方式

常用的学习资源有以下这些：

- Dynamo 官网主页：http：//dynamobim. org/
- 节点实例速查：http：//dictionary. dynamobim. com/
- 英文版指南：http：//dynamoprimer. com/en/
- 繁体中文版指南：http：//primer. dynamobim. org/zh-tw

单击文件区域的“新建”按钮，创建一个空白的 Dynamo 文件，各功能区如图 18-4 所示。

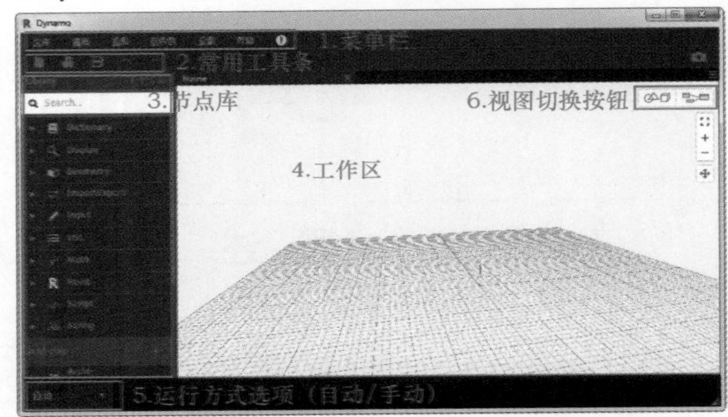

图 18-4

菜单栏里集成了 Dynamo 的很多基本功能。前两个菜单项“文件”和“编辑”，是多数 Windows 类软件的标准配置，用于执行一些文件类操作，以及对所选对象的编辑，如图 18-5 所示。

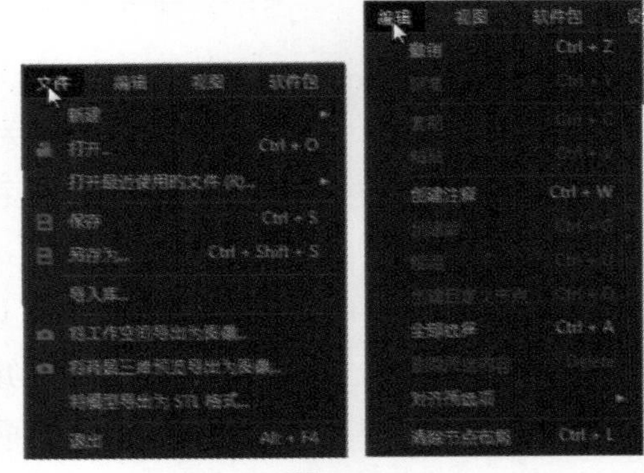

图 18-5

“视图”下面是控制显示效果的命令，如视图的移动、连线类型、选择预览视图等。“软件包”是 Dynamo 提供的用于组织、发布、下载自定义节点的工具，可以帮助用户更快速地应用那些经过集成化的功能，提高工作效率，如图 18-6 所示。

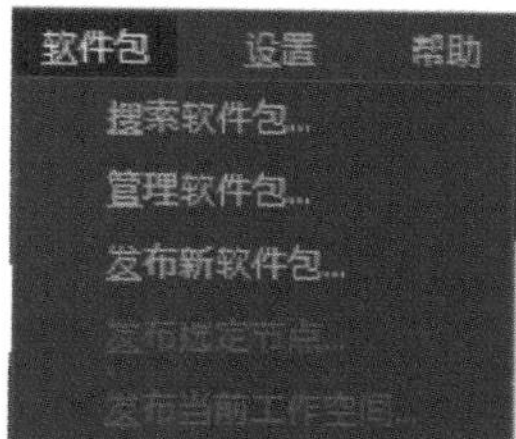

图 18-6

“设置”下面是关于显示级别和方式的选项，如图 18-7 所示。

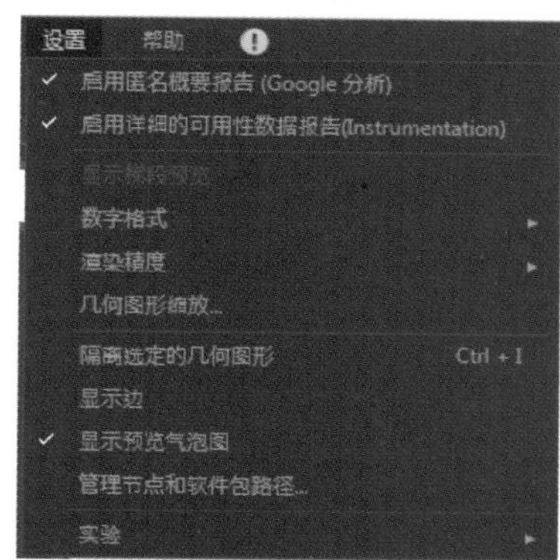

图 18-7

其中的“几何图形缩放”，用于设置几何图形大小范围，如图 18-8 所示。读者需要根据自己文件内几何形状的最大外边界来设置合适的选项。

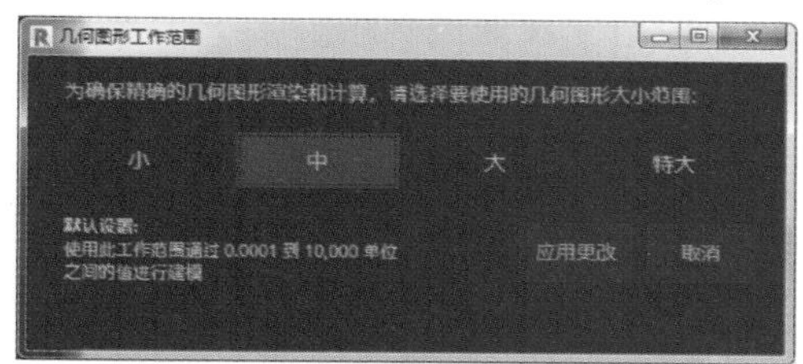

图 18-8

如图 18-9 所示，可以通过“帮助”下的“样例”和“在文件夹中显示”按钮，访问厂商提供的样例文件。在这些文件里，主要节点的旁边都配有详细的中文说明。读者可以通过查阅这些节点来快速理解 Dynamo 的工作流程和数据传递方式。

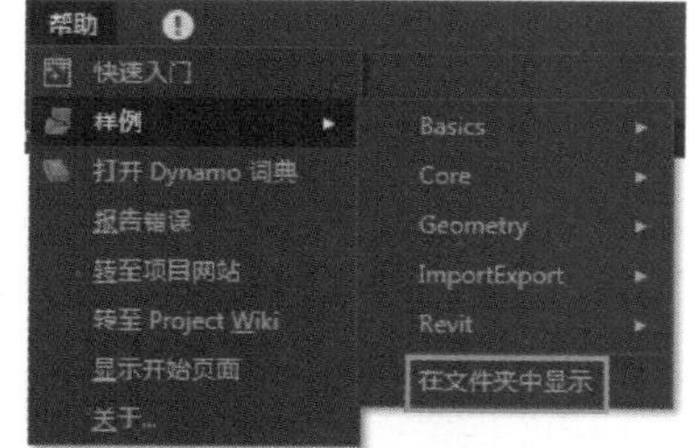

图 18-9

在工作区的右上角，是用于切换工作区视图的两个按钮，如图 18-10 所示。在图表视图中可以操作节点，在三维预览视图中查看运行的结果。用户也可以使用快捷键〈Ctrl + B〉来进行这个切换。或者在工作区的空白处单击鼠标右键，选择其中的“切换到几何图形视图”或者“切换到 Node View”。

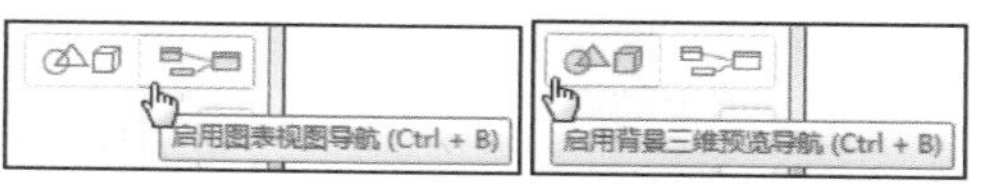

图 18-10

在右上角有一个照相机图标，如图 18-11 所示，可以把工作空间保存为图片的格式。

图 18-11

节点库是按照一定的层级规律来进行组织的。如图 18-12 所示，Geometry > Curves > Arc，可以点击每个分支前面的三角形来展开或者收起。

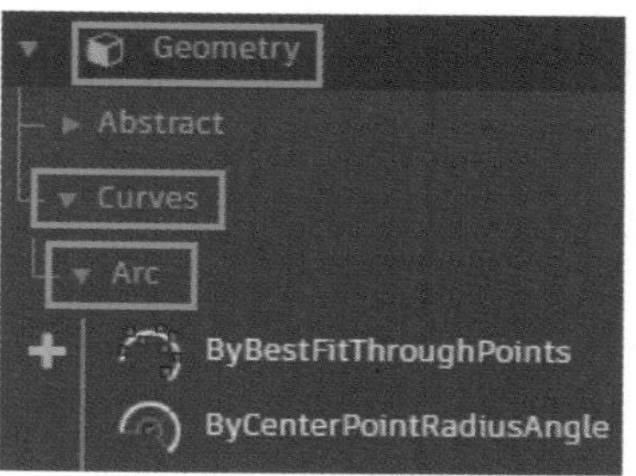

图 18-12

把光标悬停在节点上方时，可以显示对应的提示信息，如图 18-13 所示，通常由 4 部分组成，依次分别是“功能描述”“图标”“输入端描述”“输出端描述”。

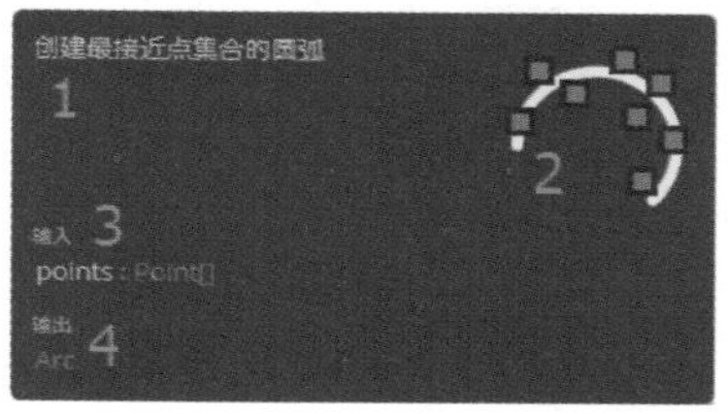

图 18-13

根据功能特性，Dynamo 将自己的节点分为 3 类，并以 3 个很形象的符号在节点库里作为分组标志，如图 18-14 所示：绿色的加号表示“创建”，红色的闪电符号表示对输入数据进行“操作”，蓝色的问号表示“查询”某个类型的数据。

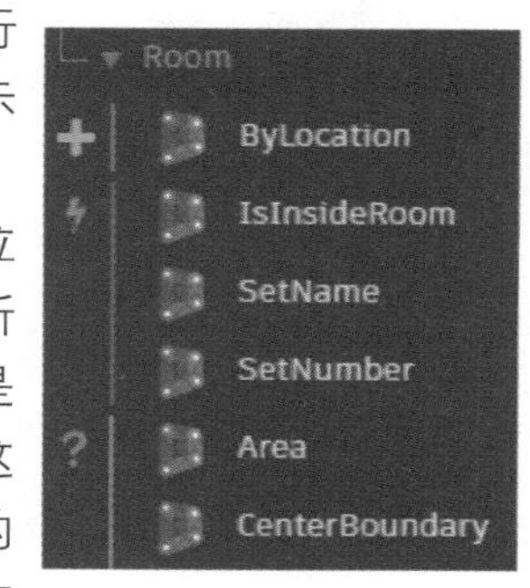

图 18-14

在工作区的任意空白位置单击右键，如图 18-15 所示，位于快捷菜单顶部的是一个搜索框，用户可以在这里输入关键词来查找所需的节点，符合条件的节点会在下方自动形成一个列表。

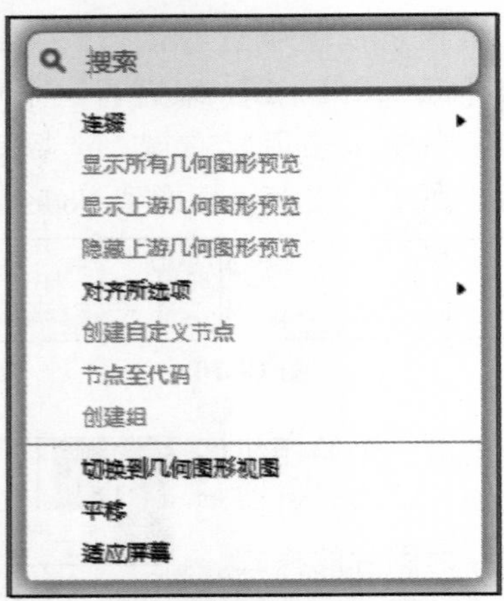

图 18-15

用户可以使用“编辑”菜单下的“清除节点布局”来快速调整节点的排列位置，使文件更加整齐易读，该命令的默认快捷键为〈Ctrl + L〉。使用时不必选择任何节点，直接执行即可，运行前后对比如图 18-16 和图 18-17 所示。

整理前

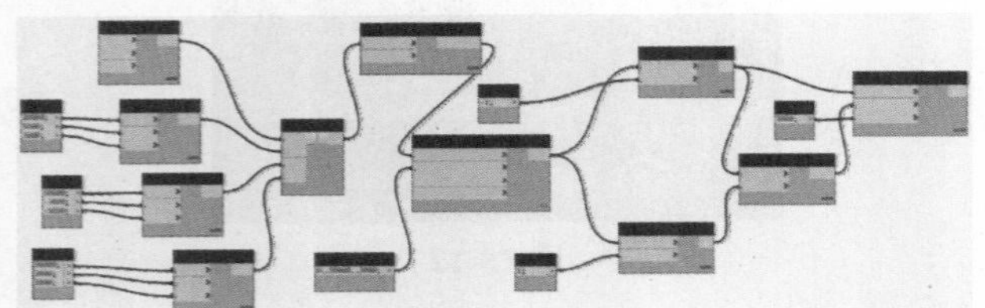

图 18-16　整理前的节点布局

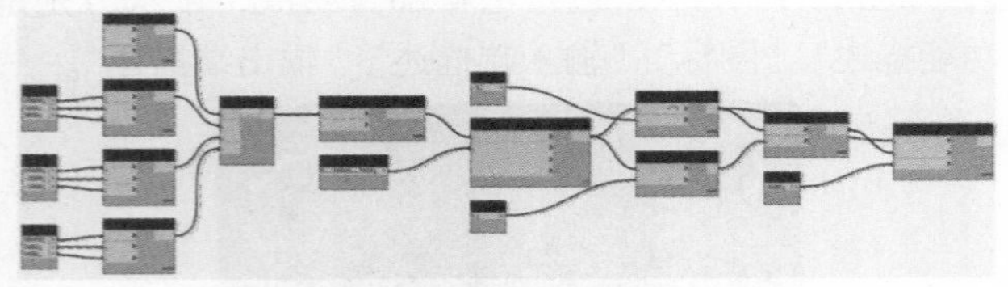

图 18-17　整理后的节点布局

可以看到，Dynamo 已经按照数据的流动方向，非常快速地为已有节点布局进行重排。

关于常用的鼠标操作，在表 18-2 中列出，供读者参考。

表 18-2　常用鼠标操作

鼠标操作	图表视图	三维预览视图
左键单击	选择	/
右键单击	关联快捷菜单	缩放时的选项
中键按下	平移	平移
滚轮	放大/缩小	放大/缩小
双击	生成 Code Block	/

注：“图表视图”又称为“节点视图”，“三维预览视图”又称为“几何图形视图”。

18.2　常用的数据输入节点

如图 18-18 所示，Number 节点用于创建一个数字，它只有输出端，用户在该节点内输入的数字可供其他节点使用。它的位置在 Input > Basic 下面。

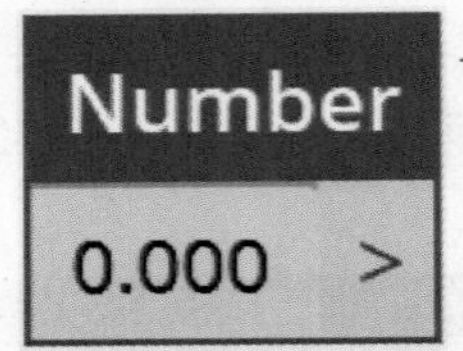

图 18-18

如图 18-19 所示，Number Slider 节点以滑块的方式来创建一个带小数点的数字，并可以设置取值范围及递进步距。

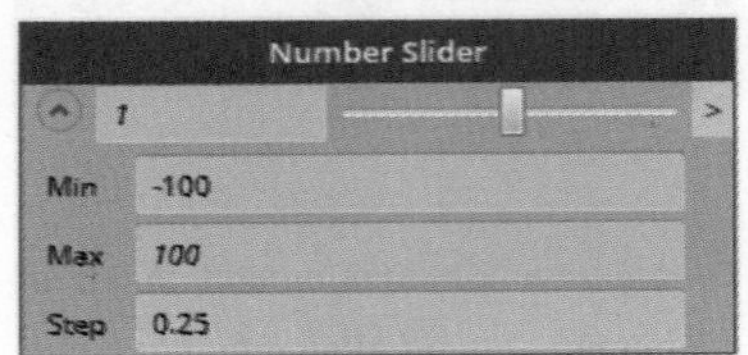

图 18-19

如图 18-20 所示，Integer Slider 节点以滑块的方式创建一个整数，和上一个 Number Slider 节点一样，可以设置取值范围及递进步距。

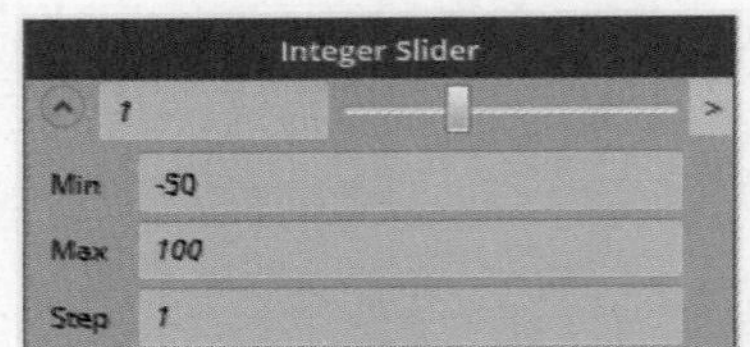

图 18-20

在工作区的空白位置双击鼠标左键，会立即生成一个 Code Block，如图 18-21 所示。这个节点用途广泛，支持输入字符串、数字、列表、代码等。

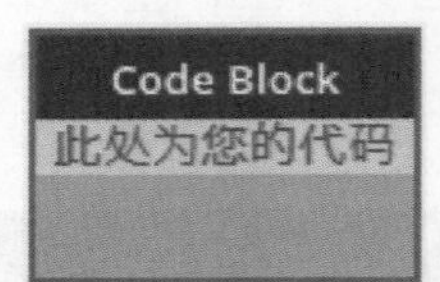

图 18-21

可以使用 String 节点创建字符串，如图 18-22 所示。可以在其中输入汉字、字母、数字等，右侧连接到其他节点的用于读取字符串的端口。

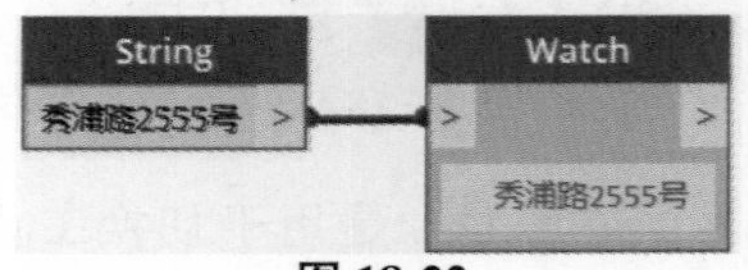

图 18-22

可以使用 File Path 节点选择某个文件来获得其文件名，如图 18-23 所示。

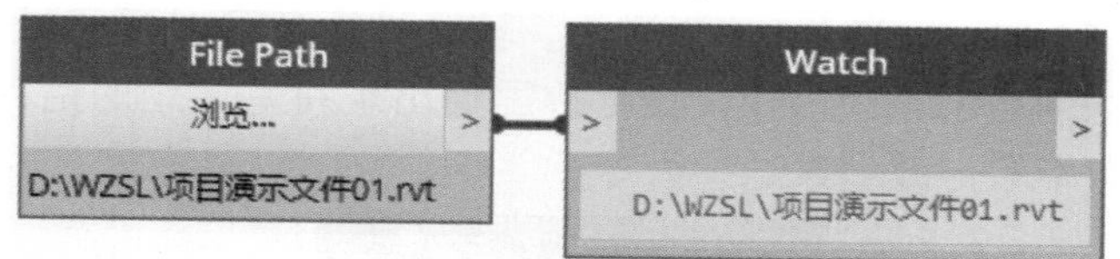

图 18-23

Boolean 节点用于在 “True” 和 “False” 之间切换，如图 18-24 所示。

图 18-24

18.3 创建基本几何形状

1. 点与参照点

点是几何图形里最基本的单元，是创建线条、曲面、形状的基础。本节练习通过 Dynamo 创建坐标点和参照点。在 Revit 中新建一个概念体量文件，启动 Dynamo 后新建一个 Dynamo 文件。

这两类点之间的明显差别是，坐标点不带有方向和参照平面。如图 18-25 所示，在 Geometry > Point 下有坐标点的创建方式，常用的是第 3 个节点，通过输入三维坐标来创建。

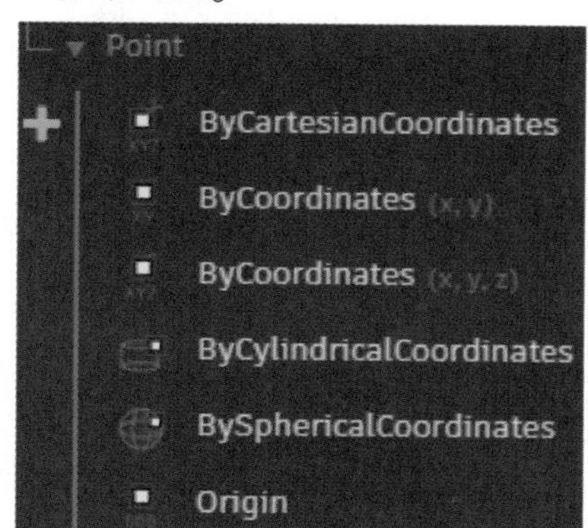

图 18-25

如图 18-26 所示，在 Revit > Elements > ReferencePoint 下面是参照点的创建方式。除了输入坐标以外，还可以根据曲线长度、曲线的规格化参数、曲面的表面 UV 参数来创建参照点，也可以将坐标点转化为参照点。

在工作区的空白位置双击鼠标左键，在生成的

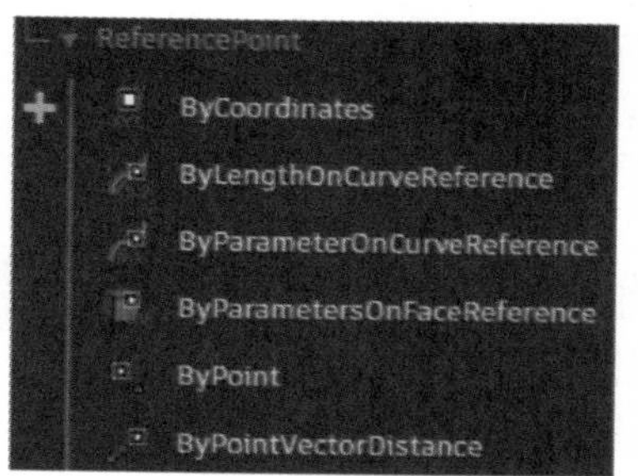

图 18-26

Code Block 内输入 “0. . 360. . 30”，如图 18-27 所示，其作用是 “在 0 到 360 之间按照 30 的间隔进行拆分形成一个序列”。在序列中会包含起始项 “0”，所以在序列里共有 13 个对象。

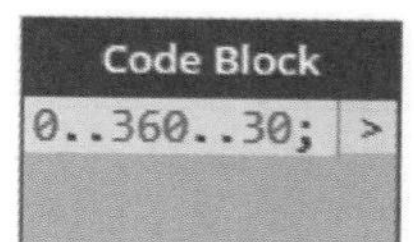

图 18-27

如果在第三项前面加前缀 “#” 号，那么这个位置的数字将代表 “分割点的数量”，如图 18-28 所示。

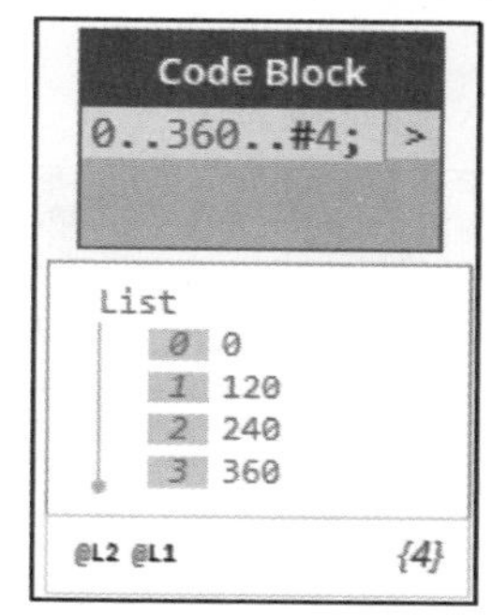

图 18-28

如果在第二项前面加前缀 “#” 号，那么这个位置的数字将代表 “序列内对象的数量（以第三项为步距）”，如图 18-29 所示。

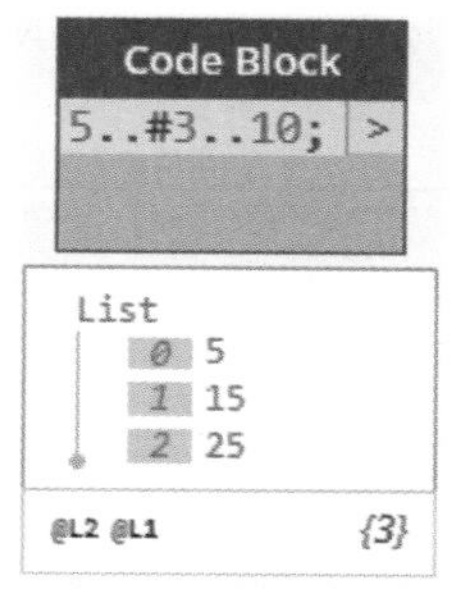

图 18-29

在工作区空白处单击右键，会弹出一个快捷菜单。位于菜单顶部搜索框里面的提示符已经在闪动，可以直接输入要查找的节点名称关键字，不需要再移动光标点击这个位置。如图 18-30 所示，输入

“sin”后，选择列表里面的第一个节点。这样就添加了一个正弦函数的节点。

同样再添加一个余弦函数节点。把图18-27所示节点右侧的输出端连接到这两个三角函数的输入端，如图18-31所示。

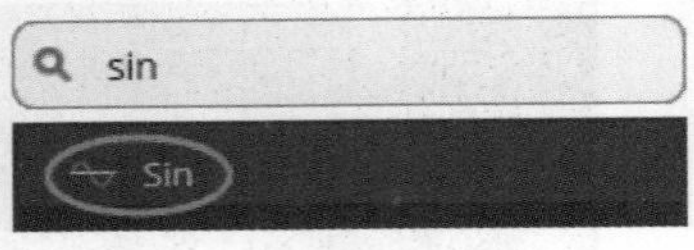

图 18-30

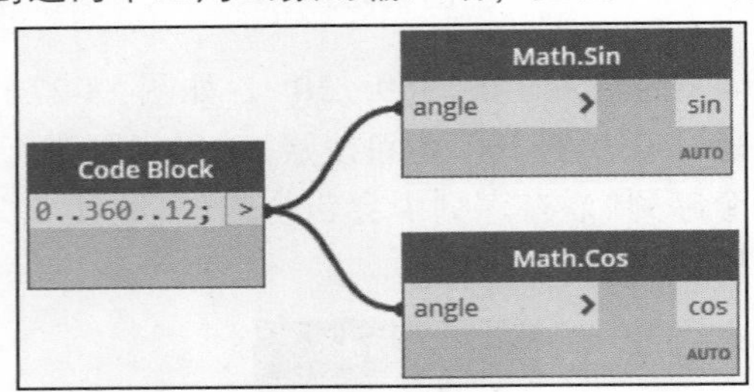

图 18-31

如果把这两个序列看作是点的坐标，可以生成一个圆形的点阵了。为了观察方便，再用一个简单的计算式将这两个序列放大。双击工作区的空白位置，添加两个 Code Block，在其中依次输入“20 * X”和“20 * Y”，如图18-32所示，与之前的节点连接在一起。

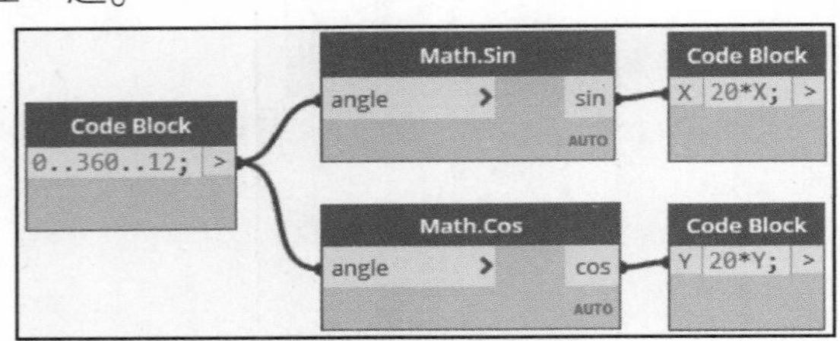

图 18-32

在工作区空白位置单击右键，输入“point”，选择列表里的三坐标节点“ByCoordinates”。如图18-33所示，在把之前的两个序列分别连接到该节点的 x 和 y 输入端后，立即生成了一个圆形的点阵。这些点也会同时出现在概念体量族的标高1楼层平面，外观是一个蓝色的小方块。

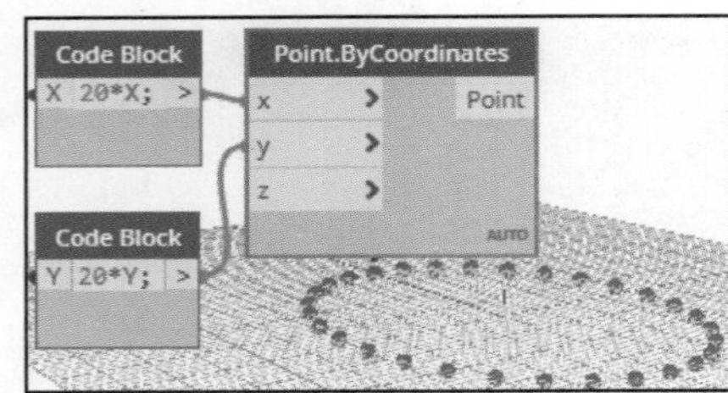

图 18-33

在节点库搜索框内输入“encepo”，如图18-34所示，选择 Revit > ReferencePoint 下的 ByPoint，我们要使用这个节点和已有的坐标点来创建参照点。在搜索节点时，可以只输入关键字的一部分，例如本段开头所输入的6个字母，“ence”是 Reference 的结尾，“po”是 Point 的开头。较短的组合可以搜索更大的范围，因为如果在全称里面出现拼写问题的话，可能会导致搜索结果为零。

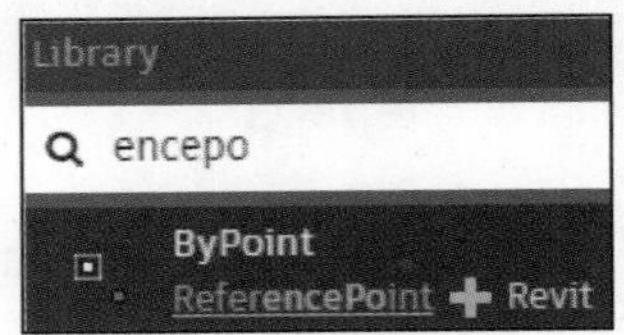

图 18-34

如图18-35所示，把之前的结果交给 ByPoint 节点的“pt”（即 point）端口，会立即生成与坐标点一一对应的参照点。在概念体量族的三维视图里也可以看到这些新生成的参照点。

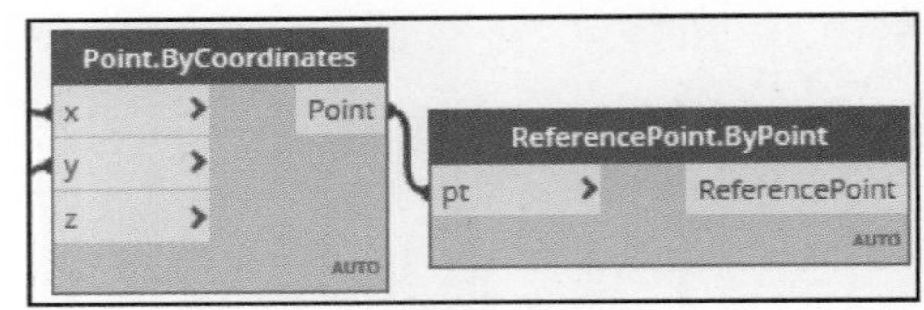

图 18-35

2. 创建曲线

在掌握了点的创建方法后，下面介绍创建曲线的方法。

直线是最常用的线条类型，如图18-36所示，在 Geometry > Curves > Line 下，Dynamo 提供了多种创建直线的方式，在节点名称前面还设置了很形象的图标，以帮助用户理解该节点的功能。

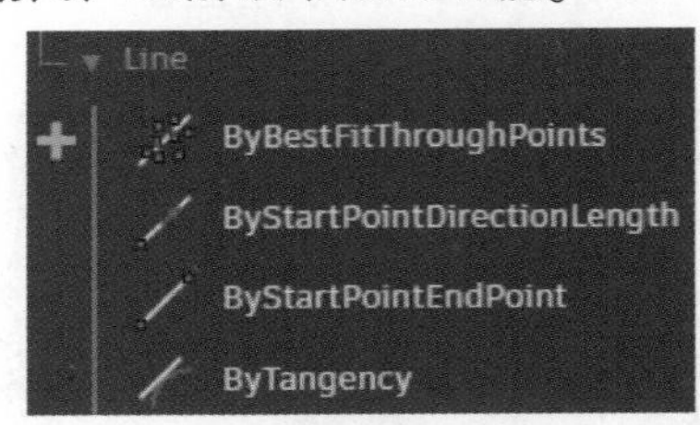

图 18-36

如图18-37所示，使用 Line. ByStartPointEndPoint 节点，通过输入两个坐标点作为起点、终点，就可以创建一条线段。

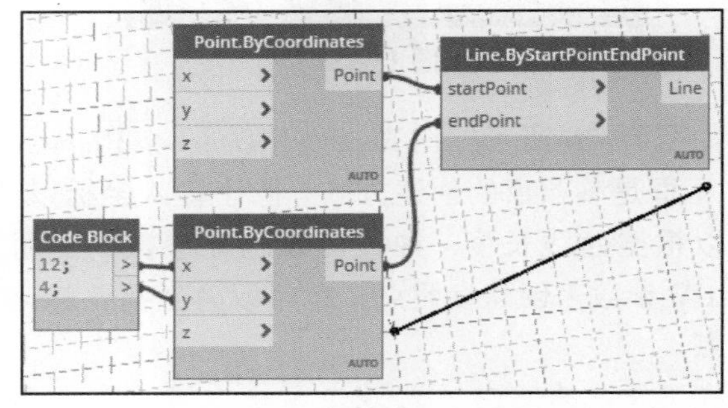

图 18-37

如果输入多个点，则会同时生成多条线段，如图 18-38 所示。

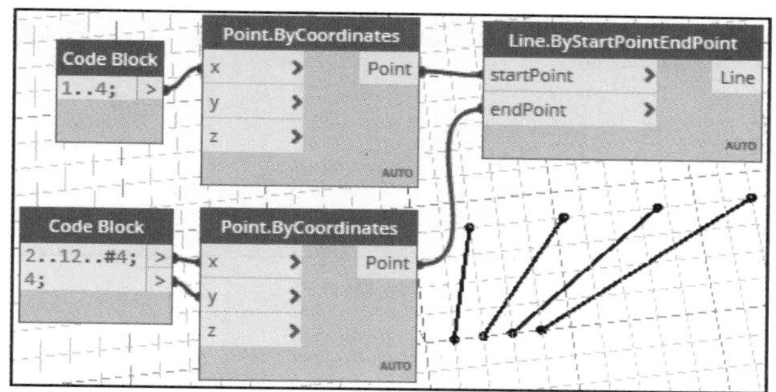

图 18-38

如果起点与终点的输入项数不匹配，那么可以通过设置该节点的“连缀”属性来控制运行结果，共有四个选项：自动、最短、最长和叉积。图 18-38 中节点右下角的 AUTO 就是“自动”的意思。读者可以在菜单栏打开帮助 > 样例 > Core 下的“Core_List Lacing. dyn”，用这个文件来做练习，比较四个选项的具体含义。

如图 18-39 所示，用户可以按照“圆心 + 半径”的方式创建一个圆形。该节点在 Geometry > Curves > Circle 下面。Dynamo 还提供了多种创建圆形的方法，例如“通过 3 个输入点创建圆”“通过给定点集的最佳拟合圆”“通过指定圆心、法线方向和半径创建圆”等。

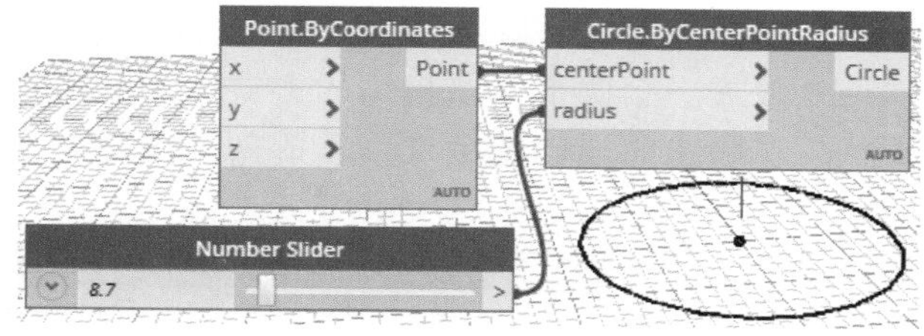

图 18-39

如图 18-40 所示，使用 Geometry > Curves > Polygon 下的“RegularPolygon”节点可以非常方便地创建圆内接多边形。

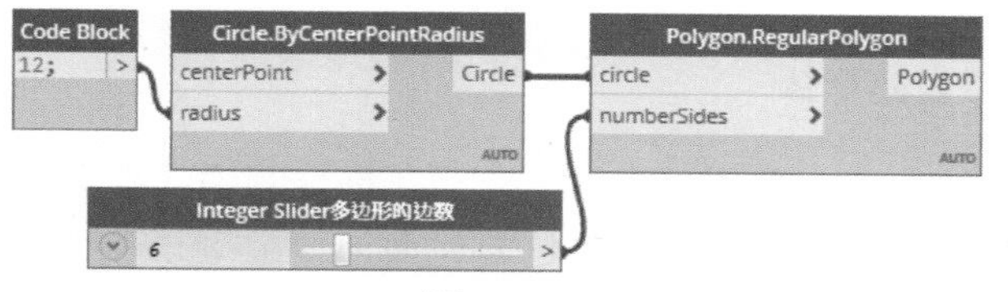

图 18-40

如图 18-41 所示，是用于创建矩形的 5 个节点。在 Dynamo 的各个节点中，往往包含了对功能和输入条件的说明，把光标悬停在节点名称或者输入端、输出端，就会看到相应的提示。所以，用户可以根据自己的需要和实际情况，选择合适的节点。

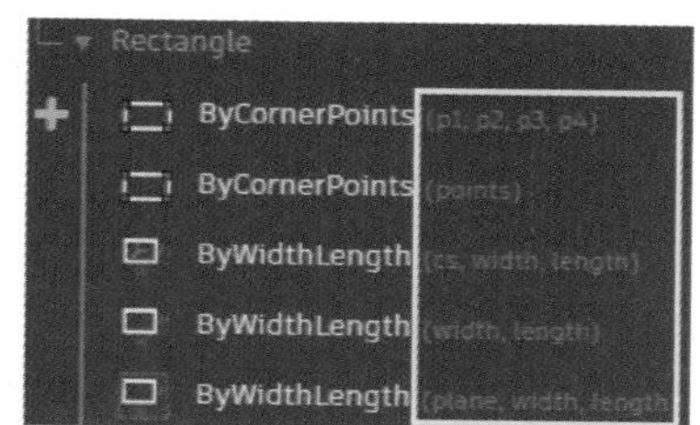

图 18-41

如图 18-42 所示，Dynamo 提供了多个节点用于创建 NurbsCurve，它们都是基于点或者是基于控制点的。有些带有 degree 的选项，表示所生成曲线对输入点的拟合度。

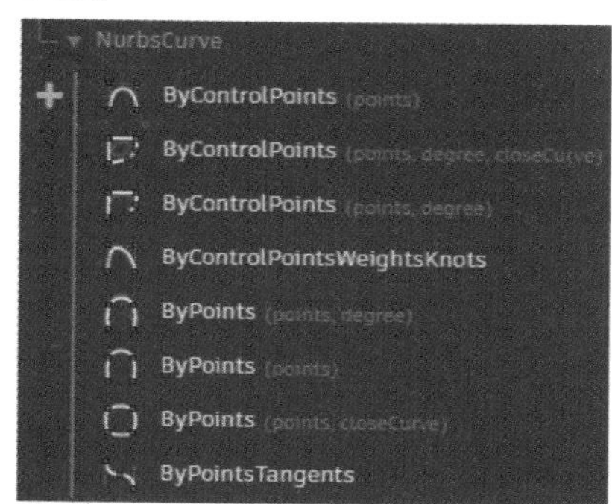

图 18-42

有些节点带有 closeCurve 的选项，要求输入一个布尔值，表示是否将生成的曲线封闭。在 Revit 环境下，我们无法绘制一条封闭的样条曲线，但是在 Dynamo 环境下，这是可以做到的。

拖放一个 Point. ByCoordinates 节点到工作区，选择这个节点，在工作区空白位置单击右键，选择快捷菜单中的“节点至代码”就可以把该节点转换为 Code Block 内代码的形式。在 Code Block 里第 1 行末尾处回车换行（即 ENTER 键），把第 1 行的内容复制到第 2 行，并修改为“point2 = Point. ByCoordinates（25，0，0）;”，注意要使用分号结尾。如图 18-43 所示，在这个 Code Block 内共准备 4 个坐标点。

Code Block

```
point1 = Point.ByCoordinates(0, 0, 0);
point2 = Point.ByCoordinates(25, 0, 0);
point3 = Point.ByCoordinates(22, 15, 0);
point4 = Point.ByCoordinates(4, 12, 0);
```

图 18-43

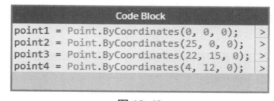

在工作区空白位置单击右键，在搜索框内输入“list”，选择排在第一个位置的“List Create”，如图 18-44 所示，点击该节点内的“+”号，把输入端增加到 4 个。因为起始项的编号是“0”，所以最后一个

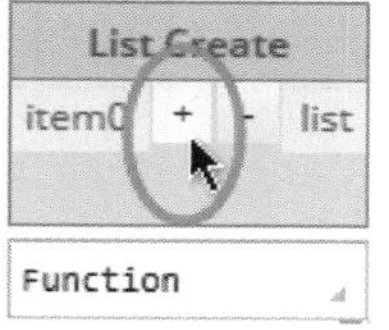

图 18-44

输入端的编号总是比实际数量少1。把上一步所生成的4个点依次序连接到List Create节点。

再向工作区添加两个节点，Boolean和NurbsCurve. ByPoints，如图18-45所示，将它们连接到一起，就可以生成一个封闭的样条曲线。

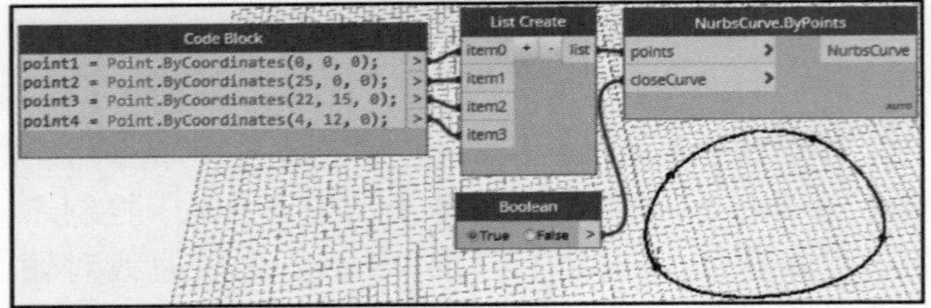

图 18-45

将曲线节点换为“NurbsCurve. ByControlPoints”，增加点的数量，并添加一个序列用于比较不同degree级别下曲线的差别，如图18-46所示。可以看出，较高的degree会得到更加圆滑的曲线。

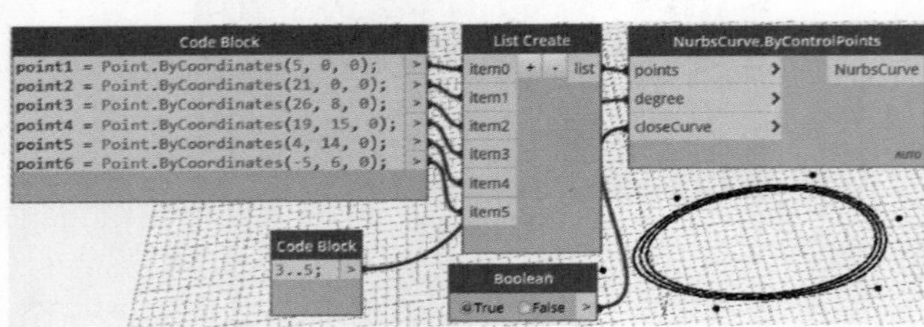

图 18-46

对比图18-45和图18-46可以发现，在ByPoints的方式下，坐标点本身位于曲线上，点的位置变化对曲线形态有较大影响，而在ByControlPoints的方式下，坐标点不在所生成的曲线上，点的位置变化对曲线形态的影响也更柔和。

PolyCurve的生成方式与此类似。

3. 创建曲面

Dynamo提供了多个创建曲面的方式，最直观的是将曲线拉伸生成一个曲面。如图18-47所示，通过拉伸一个圆形，生成一个柱面。这个节点也适用于未封闭的曲线，例如一段圆弧。

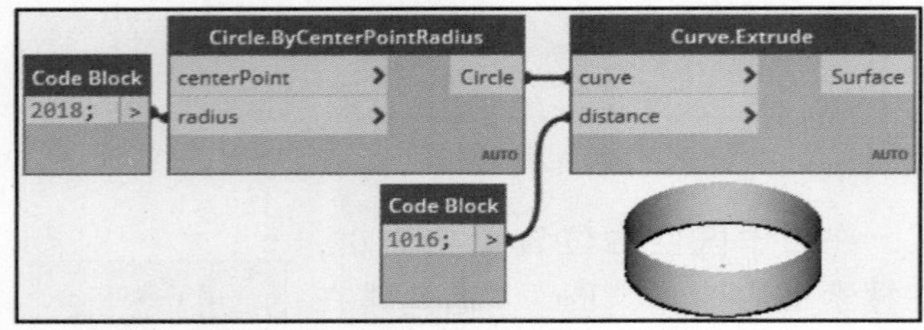

图 18-47

另外一种根据闭合曲线生成曲面的方式是Surface. ByPatch，如图18-48所示，从4个点生成一个封闭的PolyCurve，再交给Surface. ByPatch生成一个曲面。这类曲面的特点是，将以输入的曲线作为自己的边界。

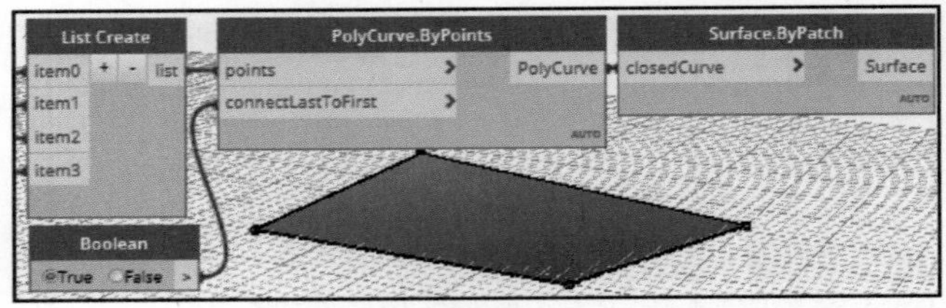

图 18-48

如图18-49所示，构造6个坐标点，每两个为一组分布在三个不同的高度，交给Line. ByStartPointEndPoint节点后，使用List. Create做成一个序列，再交给Surface. ByLoft，即以Loft的方式生成一个曲面。

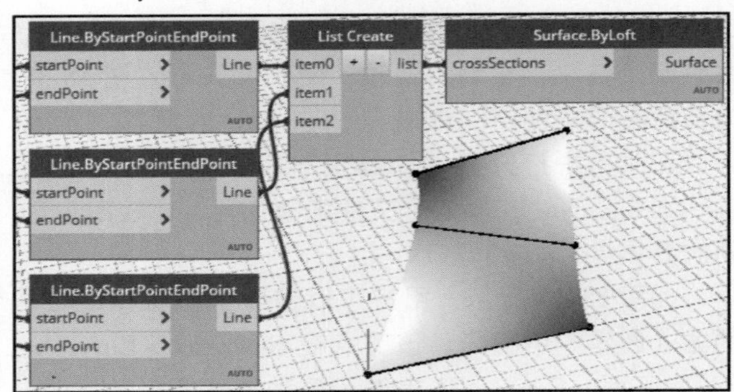

图 18-49

在个别情况下，Dynamo构建形状的逻辑与Revit环境下的形状生成结果会有些差异，使用时要注意这一点。如图18-50所示，通过构造一段圆弧并在圆弧端点处放置一个圆形，以扫描的方式来生成最后的形状。观察它的端部就会发现，端部轮廓与扫描的路径是有夹角的，不是垂直的关系。

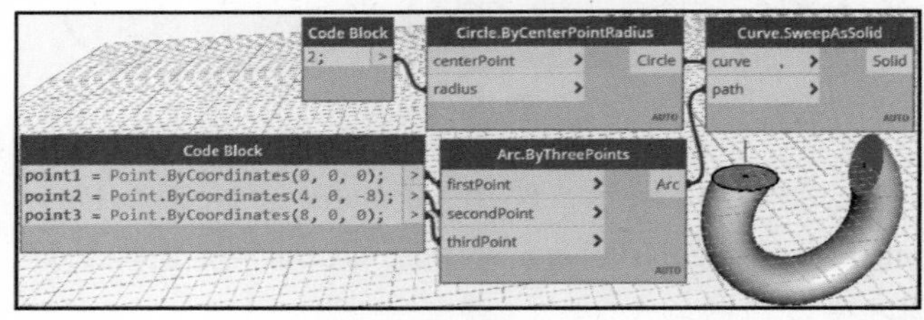

图 18-50

4. 创建形体

Dynamo提供了多个节点用于创建圆锥、立方体、圆柱体和球体，以及其他自由形状。在把光标悬停在某个节点的名称上时，如图18-51所示的By-PointsRadius，会显示该节点的功能及所需条件。这个节点在Geometry > Solids > Cone下。

如图18-52所示，在满足所需条件后，会立即生成一个圆锥形状。

如图18-53所示，通过指定角点的方式创建了一个由立方体组成的序列。

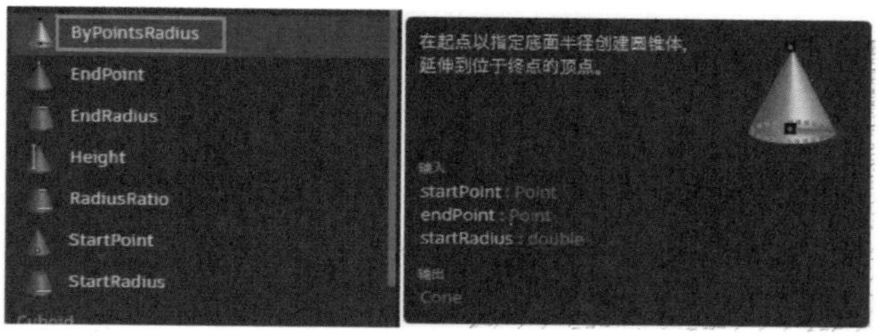

图 18-51

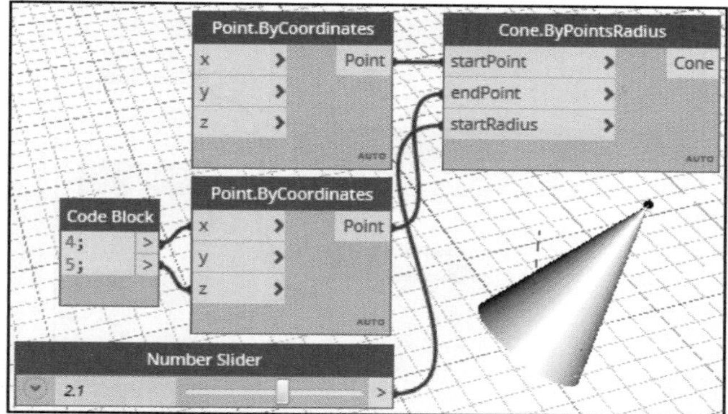

图 18-52

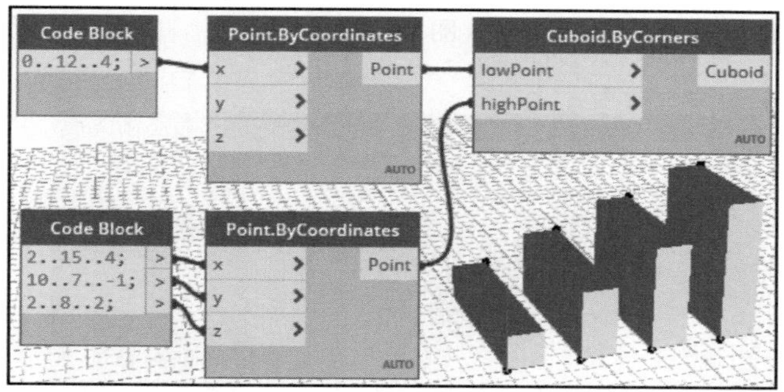

图 18-53

如图 18-54 所示，还可以通过将曲线拉伸的方式来创建实心形状。

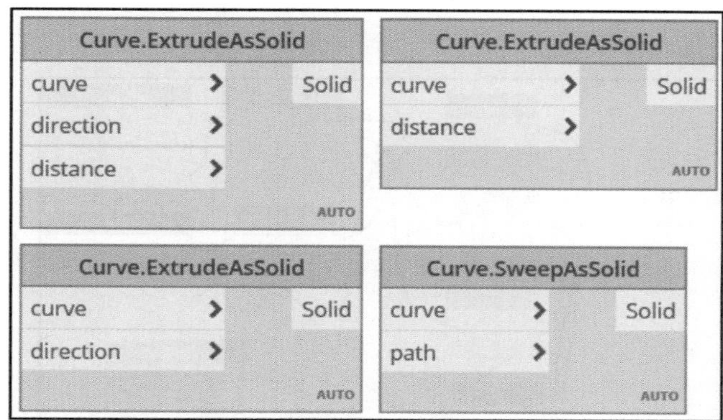

图 18-54

上述节点当中的 direction 端需要输入一个向量。如图 18-55 所示，我们可以采用类似创建坐标点的方式来构建一个向量。仔细观察可以发现，这个节点所创建的拉伸，其截面轮廓可以是不垂直于拉伸路径的。

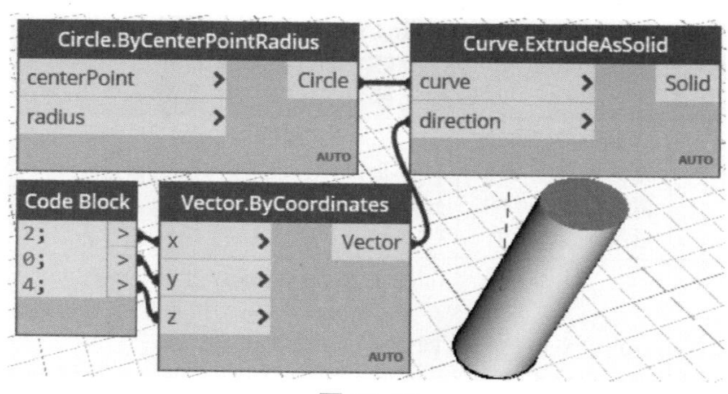

图 18-55

除了常规的使用曲线生成实体以外，Dynamo 还提供了一种通过加厚曲面来生成实体的方式，该类节点的特征是，在名称中都含有“Thicken”，即加厚的意思。如图 18-56 所示，把拉伸后的柱面向外侧加厚生成了一段圆管。

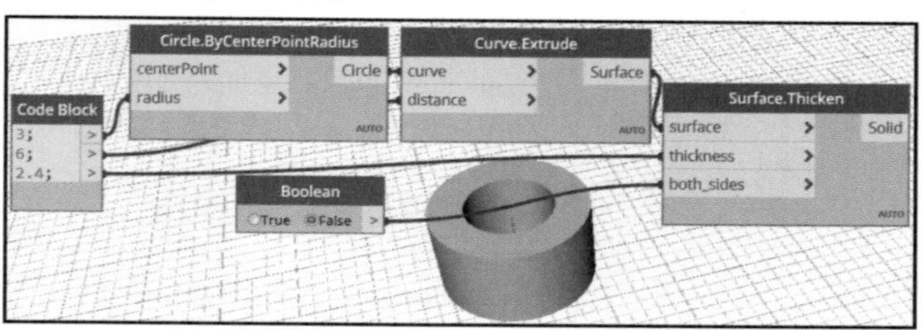

图 18-56

18.4 综合练习

下面通过两个具体的练习来执行步骤较多一点的任务。在第一个练习中，创建一个可以用参数控制的概念形体；在第二个练习中，使用 Dynamo，根据输入的字段来查找文件中的特定族并保存到指定的文件夹中，然后再对该脚本文件进行一些修改，加入到 Dynamo 播放器的列表里来执行同样的功能。通过第二个练习可以了解播放器的使用方法，体验对工作效率的提高。

1. 参控概念形体

练习目标是创建如图 18-57 所示的一个纺锤体，分解步骤见表 18-3。

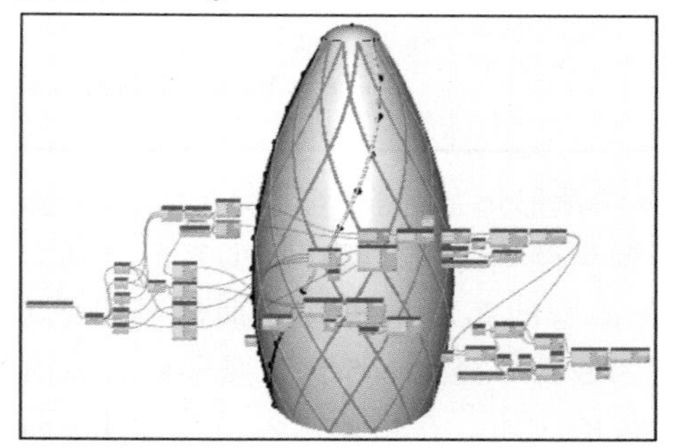

图 18-57

表 18-3

序号	步骤	主要节点
1	准备各部位的比例系数与初始值，修改几何图形范围	Code Block，组织输入数字和计算公式 Integer Slider，输入数字
2	用准备好的初始值构建4个坐标点，生成两段圆弧	Point. ByCoordinates，生成坐标点 Arc. ByThreePoints，根据3个点生成圆弧 Curve. TangentAtParameter，求曲线上某点的切线方向 Arc. ByStartPointEndPointStartTangent，根据起点、终点和起点的切线方向创建圆弧
3	较大的圆弧经过旋转生成壳体，较小的圆弧旋转后再添加厚度，生成顶部的造型	Surface. ByRevolve，旋转作为轮廓的曲线以创建曲面 Surface. Thicken，加厚曲面生成实体 Boolean，提供“是/否”选项
4	根据之前的高度值，构造水平线段，与壳体求交点	Line. ByStartPointEndPoint，生成线段 Geometry. Intersect，求交点 Watch，查看运行结果 List. Flatten，将多维列表展平
5	从得到的交点序列，生成一条曲线	List. Count，返回给定列表中的项数 Plane. XY，在世界坐标系XY平面创建一个平面 Integer Slider，输出一个整数 Geometry. Rotate，绕平面原点和法线将输入对象旋转指定的度数 NurbsCurve. ByControlPoints，根据输入的点创建BSplineCurve，即样条曲线
6	构造壳体表面的杆件（第1根）	Curve. PlaneAtParameter，在曲线指定位置处返回一个平面，其法线方向即为曲线在此处的切线方向 Circle. ByPlaneRadius，在输入平面内以平面原点为圆心以指定半径创建圆形 Solid. BySweep，沿路径扫掠闭合曲线生成实体形状
7	将杆件进行复制	Integer Slider，输出一个整数 List. DropItems，从列表开始删除一些对象，负值时则从末尾开始删除对象 Plane. XY，在世界坐标系XY平面创建一个平面 Geometry. Rotate，绕平面原点和法线将对象旋转指定度数 Plane. XZ，在世界坐标系XZ平面创建一个平面 Geometry. Mirror，根据输入平面镜像对象

Step01 假设纺锤形体的底部半径为12m，大圆弧腰部半径和顶部半径相对于底部半径的系数分别为1.2和0.3，顶部造型的高度是大圆弧顶部半径的0.4倍，腰部高度为底部半径的1.5倍，腰部到壳体顶部高度为底部半径的3倍。在工作区添加1个Integer Slider和6个Code Block。为了方便区分各节点的含义，可以双击节点名称，将其改为参数名称，如图18-58所示。点击菜单栏里的“设置 > 几何图形缩放...”，打开“几何图形工作范围”对话框，如图18-59所示，将几何图形大小范围从默认的“中”修改为“大”，这样上限值就从10000单位修改到了1000000单位，适合这次练习的体量。

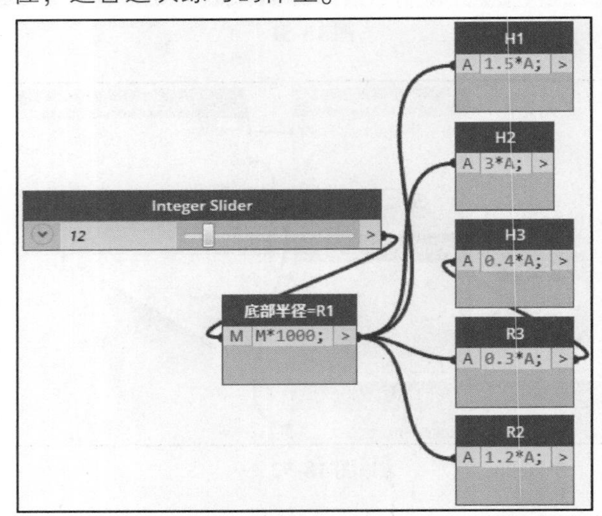

图 18-58

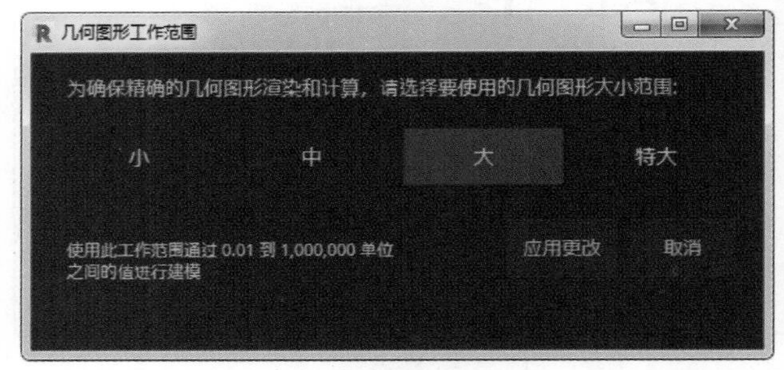

图 18-59

Step02 添加4个Point. ByCoordinates节点，2个Code Block节点，如图18-60所示，将已经准备好的参数连接过去。

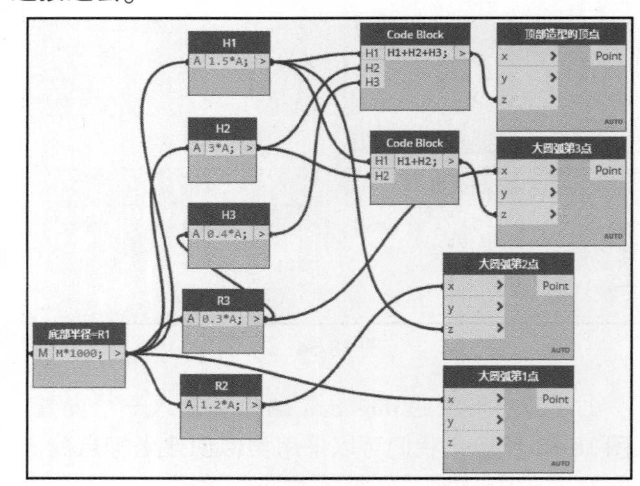

图 18-60

参数传递关系见表18-4。

表 18-4

来源	连接到
底部半径 R1	大圆弧第 1 点的 X 坐标
腰部半径 R2	大圆弧第 2 点的 X 坐标
腰部高度 H1	大圆弧第 2 点的 Z 坐标
顶部半径 R3	大圆弧第 3 点的 X 坐标
腰部高度 H1 + 腰部到壳体顶部高度 H2	大圆弧第 3 点的 Z 坐标
腰部高度 H1 + 腰部到壳体顶部高度 H2 + 顶部造型高度 H3	顶部造型顶点的 Z 坐标

添加 1 个 Arc. ByThreePoints 节点，把上一步准备好的 3 个坐标点连接到对应的位置，如图 18-61 所示。

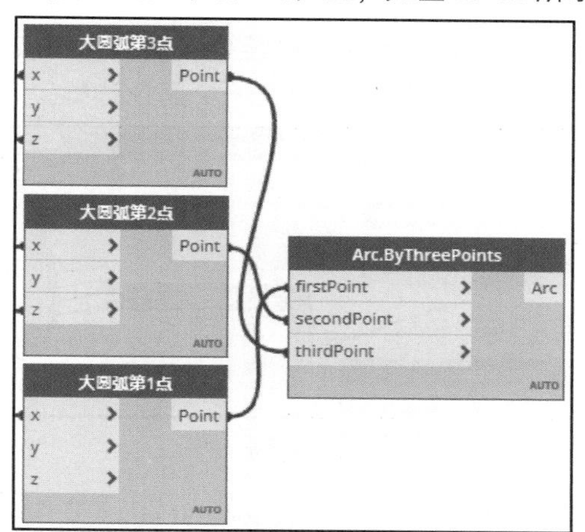

图 18-61

添加 1 个 Curve. TangentAtParameter 节点，将上一步生成的大圆弧连接到输入端。对于输入端的 param，新建一个 Code Block 后输入“1”，含义是取大圆弧终点位置的切线，如图 18-62。提取这个切线的原因是为了使后续生成的小圆弧与大圆弧有光滑连续的过渡。

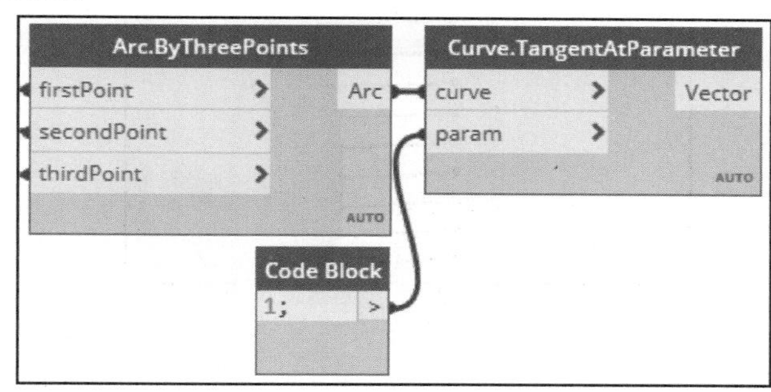

图 18-62

添加 1 个 Arc. ByStartPointEndPointStartTangent 节点。从名称可以看出，该圆弧的生成方式是“起点 + 终点 + 起点切线方向”，在前一步已经准备好了切线方向，起点为大圆弧的第 3 点，终点是之前准备好的顶部造型的顶点。连接效果如图 18-63 所示。

Step 03 添加 1 个 Surface. ByRevolve 节点，把前一步的大圆弧交给该节点的 profile 端，作为旋转时的轮廓。

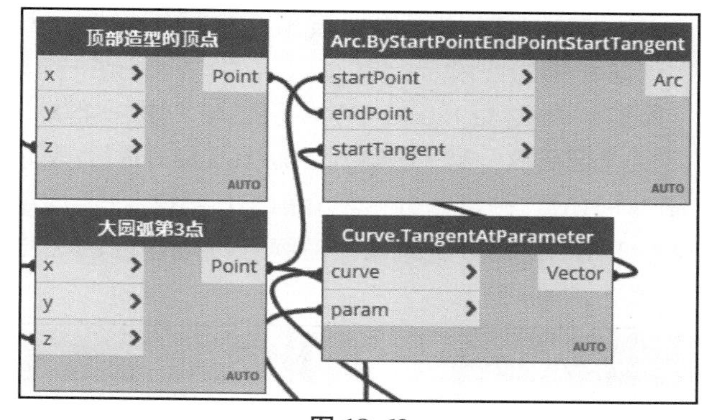

图 18-63

再添加 1 个 Code Block 并输入 360，交给 sweepAngle 端，作为旋转度数（因为默认值为 180°）。其他都采用默认值。运行结果如图 18-64 所示。

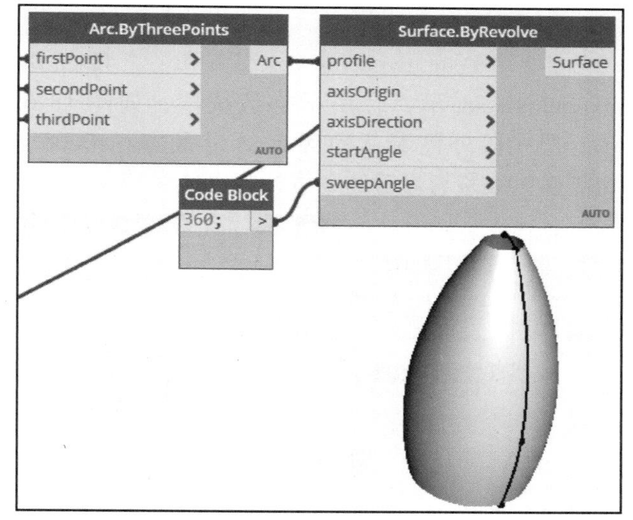

图 18-64

再添加 1 个 Surface. ByRevolve 节点，把前一步的小圆弧交给该节点的 profile 端，作为旋转时的轮廓，用 1 个 Code Block 对其 sweepAngle 端输入“360”，对 Surface. Thicken 节点的 thickness 端输入“200”。添加 1 个 Boolean 节点和 1 个 Surface. Thicken 节点，如图 18-65 所示连接起来。运行完毕会生成一个盖子，作为顶部造型。

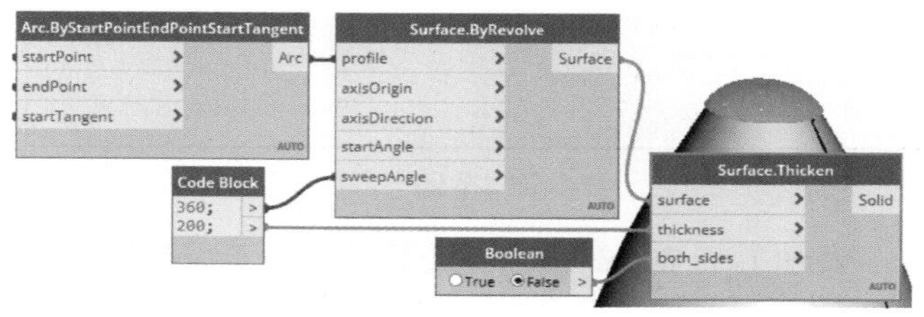

图 18-65

Step 04 在完成壳体表面和顶部造型之后，开始创建分布在表面的杆件。为了使杆件的路径始终与表面贴合在一起，可以通过“交点”的方式找出与层高有对应关系的点，再组成曲线来生成杆件。所以先将之前 H1 + H2 + H3 的结果按照预定楼层高度进行均分，创建所需的线段。

添加 1 个 Code Block，第 1 行输入 “HF = 4500”，HF 作为楼层高度，第 2 行输入 “0.. HALL.. HF”，表示以 HF 对 HALL 进行划分，将之前 H1 + H2 + H3 的结果交给 HALL，划分结果作为后续各线段端点的 Z 坐标。如图 18-66 所示。

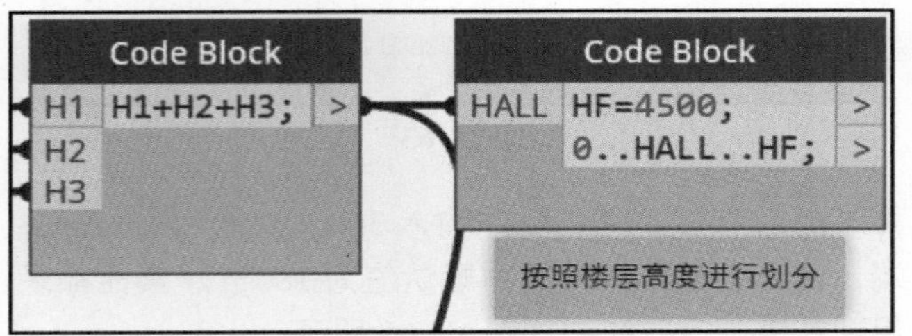

图 18-66

添加 2 个 Point. ByCoordinates 节点和 1 个 Line. ByStartPointEndPoint 节点，用于构造线段，如图 18-67 所示。把线段外侧端点的 X 坐标设置为 “30000”，是为了确保线段有足够的长度，与壳体有交点。

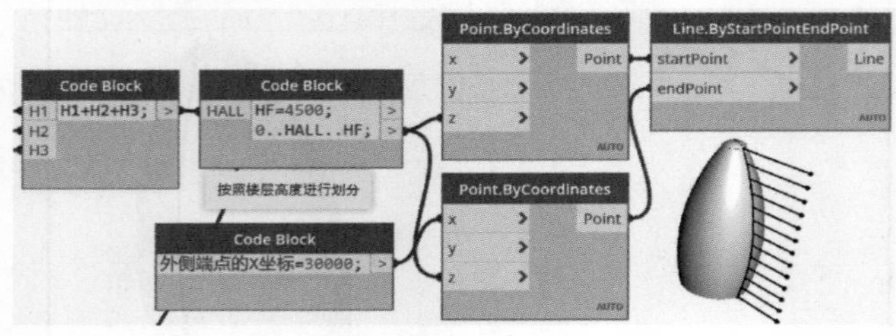

图 18-67

添加 1 个 Geometry. Intersect 节点，把线段和之前的壳体连接到该节点的输入端，如图 18-68 所示。

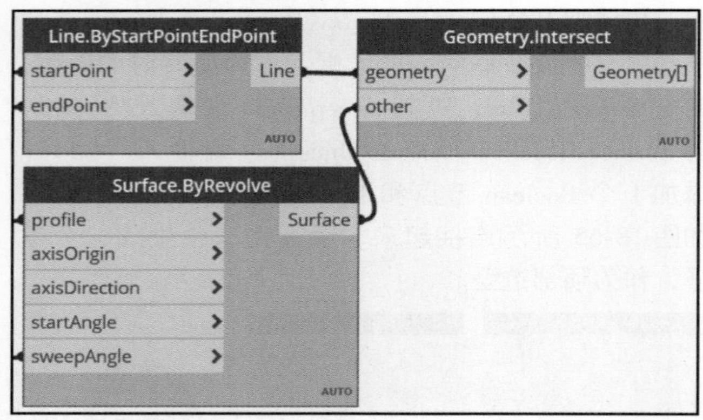

图 18-68

添加 1 个 Watch 节点，查看结果，可以发现已经得到了关于交点的序列，但是这些点都位于列表的第 2 层。所以再添加 1 个 List. Flatten 节点，把这个序列拍平，转为只有一个层级的列表，如图 18-69 所示。

Step 05 添加 1 个 List. Count 节点，1 个 Plane. XY 节点和 1 个 Integer Slider 节点，点击 Integer Slider 节点左侧的小箭头，把滑块的选取范围设置为 “Min = 30，Max = 180”。再添加 1 个 Code Block 节点和 1 个 Geometry. Rotate 节点，在 Code Block 内输入 “0.. 总度数.. #N”。连接各节点如图 18-70 所示。选择 Geometry. Rotate 节点后，视图中会蓝色高亮显示由它所生成的结果，节点自身也会加上一个蓝色边框。

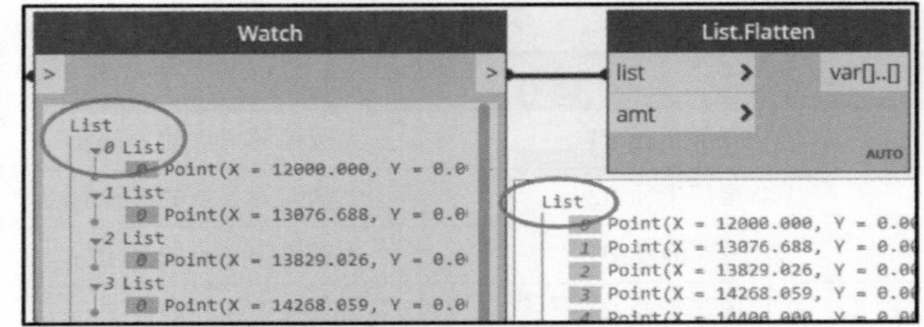

图 18-69

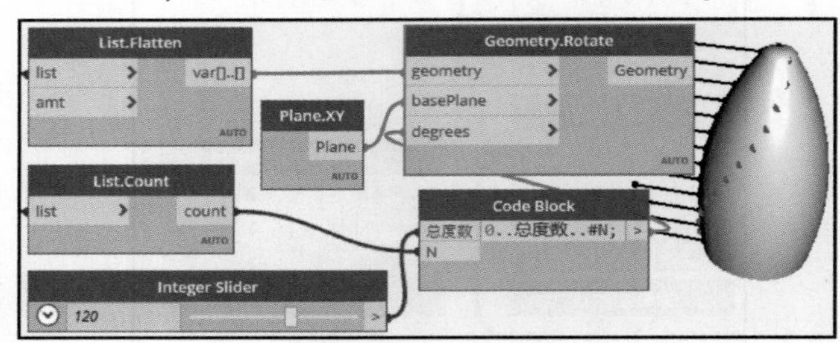

图 18-70

添加 1 个 NurbsCurve. ByControlPoints 节点，把前一步旋转后的坐标点序列交给该节点 points 端，degree保持为默认值 “3”。运行结果如图 18-71 所示，在壳体表面已经有了一条曲线。

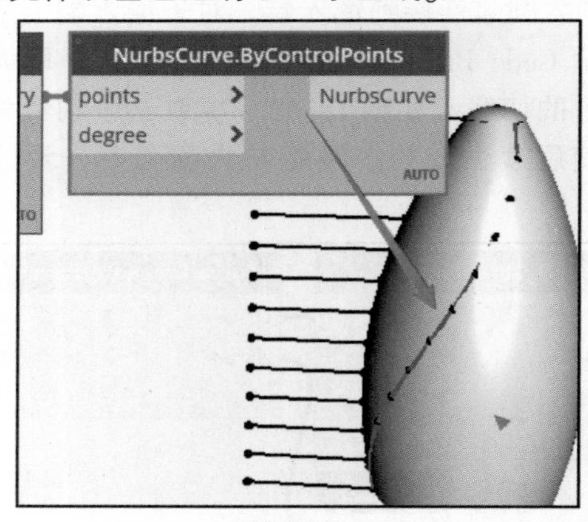

图 18-71

Step 06 添加 1 个 Curve. PlaneAtParameter 节点和 1 个 Code Block 节点，在 Code Block 中输入 “0.5” 后交给 Curve. PlaneAtParameter 节点的 param 端，含义是指定曲线的中点为生成平面的位置。添加 1 个 Code Block 节点和 1 个 Circle. ByPlaneRadius 节点，在 Code Block 中输入 “200”，交给 Circle. ByPlaneRadius 节点的 radius 作为半径。添加 1 个 Solid. BySweep 节点，将前一步生成的曲线交给该节点的 path 端，作为生成形状的路径，如图 18-72 所示，在连接其他各节点

后，即可生成贴合在壳体表面的形状。

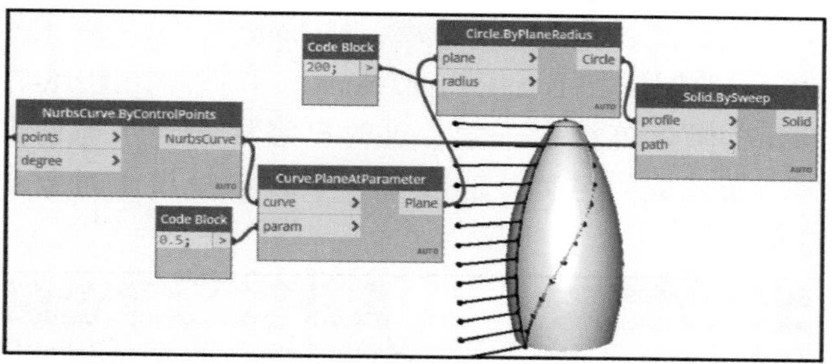

图 18-72

Step 07 先构建一个对 360°进行等分的序列。

添加 1 个 Integer Slider 节点，用于控制旋转时生成的构件数量；添加 3 个 Code Block 节点和 1 个 List. DropItems 节点。因为在对 360°进行等分后，序列里的最后一项与第 1 项的位置是相同的，所以要去掉最后一项，同时又为了保证去掉一个对象后的结果与输入数字（来自 Integer Slider 节点）保持一致，所以要对输入的数字先加 “1” 之后再进行等分。如图 18-73 所示，完成各节点的内容输入及连接，就得到一个含 12 个对象且首尾无重叠的序列。

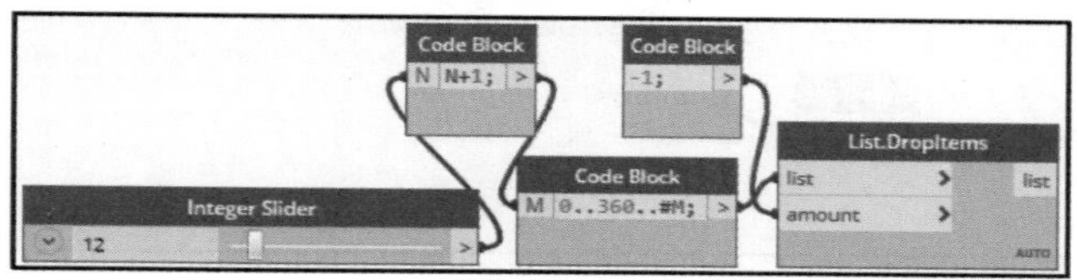

图 18-73

添加 1 个 Plane. XY 节点和 1 个 Geometry. Rotate 节点，把刚才创建的序列及第 6 步的结果连接到 Geometry. Rotate 节点，如图 18-74 所示，完成这个构件的布置。

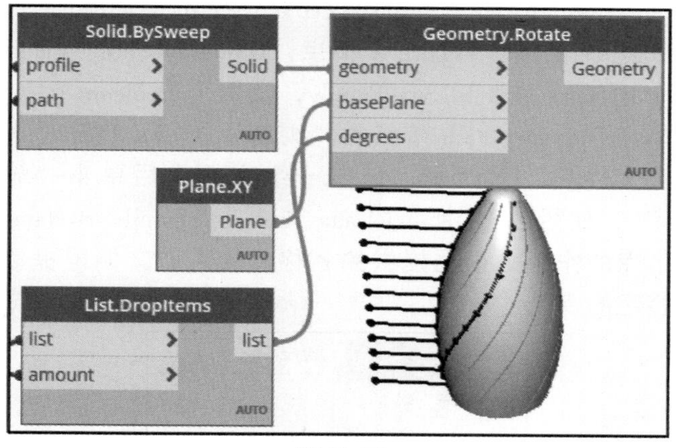

图 18-74

为了得到交叉的杆件，将上一步的结果进行镜像。添加 1 个 Plane. XZ 节点（生成一个垂直面）和 1 个 Geometry. Mirror 节点，将前一步的结果交给 Geometry. Mirror 的 geometry 端，Plane. XZ 交给 mirrorPlane 端，运行结果如图 18-75 所示，选择 Geometry. Mirror 节点后，预览图里壳体表面的蓝色线条就是该节点的运行结果。

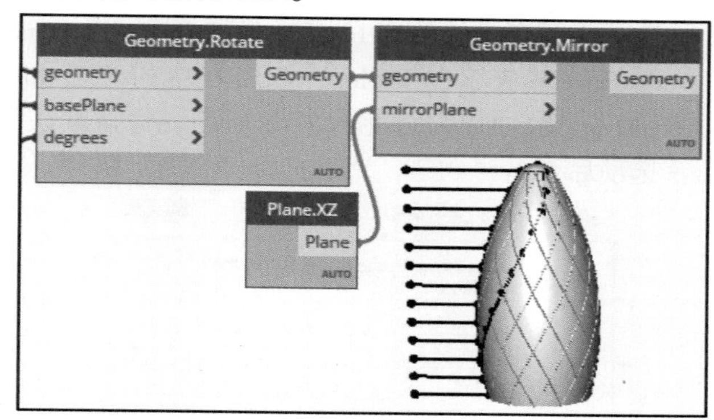

图 18-75

在完成创建以后，可以修改参数，观察程序的运行情况。

2. 查找特定的族文件并保存

在本节练习中，先安装一个 Orchid 插件。尽管 Dynamo 已经预置了很多与 Revit 操作有关的节点，但是人们仍然开发了许多目的性更强的插件，以扩展 Dynamo 的功能。然后根据输入的字段使用 Dynamo 来查找文件中的特定族并保存到指定的文件夹中。最后把准备好的文件稍作修改，练习如何使用 Dynamo 播放器。

分解步骤及主要节点见表 18-5。

表 18-5

序号	步骤	主要节点
1	安装插件 OrchidForDynamo-master	因为后面要使用其中的 File. SaveFamily 节点
2	获取当前项目文件里所有族文件的名称	Element Types，所有图元的子类型 All Elements of Type，给定类型的活动文档中的所有图元 FamilyType. Name，获取给定族类型的名称
3	根据输入字段选出符合条件的名称	String. Contains，确定输入字符串是否包含给定字符串 List. FilterByBoolMask，通过在单独布尔列表中查找相应的索引，过滤序列
4	将符合条件的族保存到指定的文件夹当中	Directory Path，选择系统上的目录以获得其路径 Family. ByName，根据其名称从当前文档中获取族 Boolean，提供 “是/否” 选项 File. SaveFamily，根据名称将当前文档中的族保存到指定路径中
5	将此文件稍作修改后放到 Dynamo Player 的文件夹内	String，创建字符串

Step 01 安装插件 OrchidForDynamo-master（作者 Erik Falck，GitHub：erfajo）

在本书配套文件的第 18 章中找到 OrchidForDynamo-master 文件夹下的 Builds，双击其中的“OrchidForDynamo_201.3.9”，如图 18-76 所示，保持默认的语言选项后点击“OK”，之后选择“Next”继续。

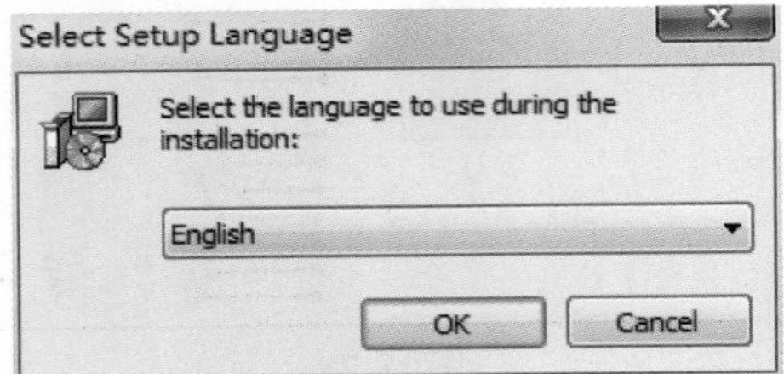

图 18-76

在提示安装选项时，如图 18-77 所示，勾选两个版本，再点击“Next”到下一步。

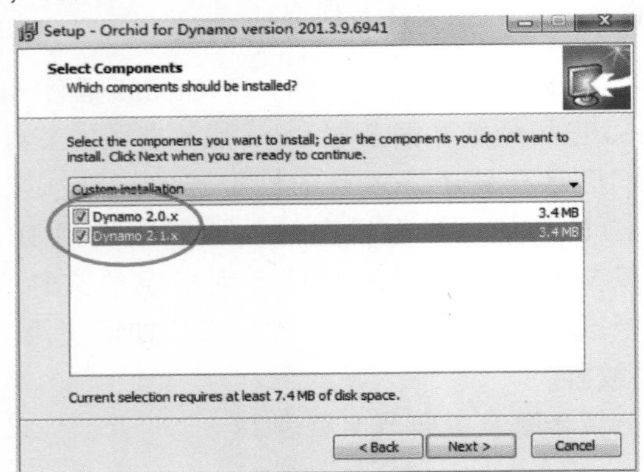

图 18-77

出现如图 18-78 所示的安装界面时，点击“Install”安装即可。

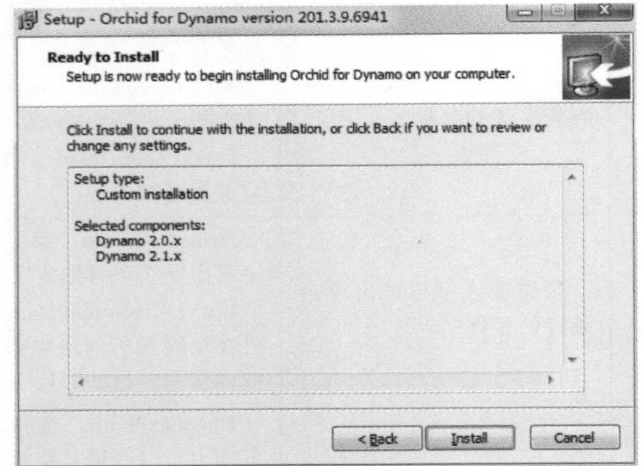

图 18-78

在插件包中，作者内置了丰富的帮助文档，放在 Samples 文件夹下面。其中的 Dynamo_201 内又分为 4 个部分，含 31 个“dyn”文件和工作区截图，方便用户查阅。

Step 02 在完成插件安装后，打开 Revit 并选择建筑样板新建一个项目文件，在启动 Dynamo 后，新建一个 Dynamo 脚本文件。

在工作区添加三个节点，Element Types、All Elements of Type 和 FamilyType. Name，并按照如图 18-79 所示的顺序连接在一起。这时已经提取到了当前文档内所有族的名称，形成了一个以字符串为对象的序列。

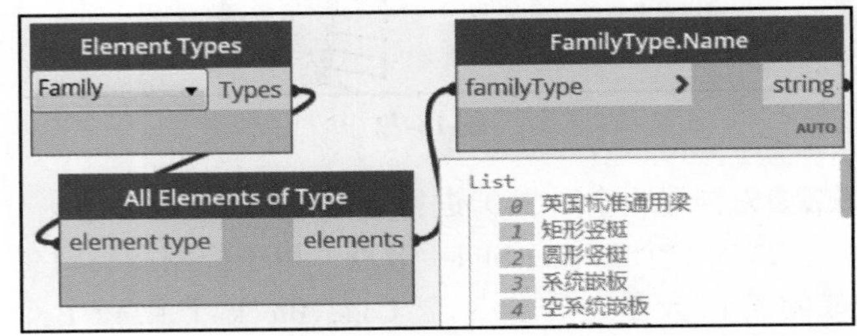

图 18-79

Step 03 添加 3 个节点，Code Block、String. Contains 和 List. FilterByBoolMask，在 Code Block 中以英文输入法输入两个引号，在引号间输入汉字“钢”。如图 18-80 所示，把前面一步的结果和这 3 个节点连接在一起。

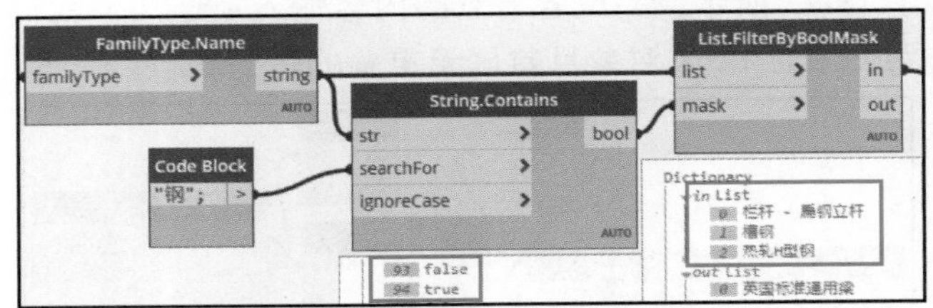

图 18-80

其中的“钢”是作为搜索条件，String. Contains 节点将使用这个条件在字符串序列中进行判断，右侧 bool 端输出的结果是一个由 false 和 true 组成的列表。把这个布尔值的列表和原列表都交给 List. FilterByBoolMask 节点，把符合条件的字符串找出来，在 in 端输出。

Step 04 在工作区添加三个节点，Directory Path、Family. ByName 和 File. SaveFamily，及两个 Boolean 节点。单击 Directory Path 节点的“浏览”按钮，打开“浏览文件夹”对话框，选择一个文件夹后单击“确定”，如图 18-81 所示的 aaa 文件夹。Family. ByName 节点的作用是根据提供的名称，从当前文档里提取特定的族。

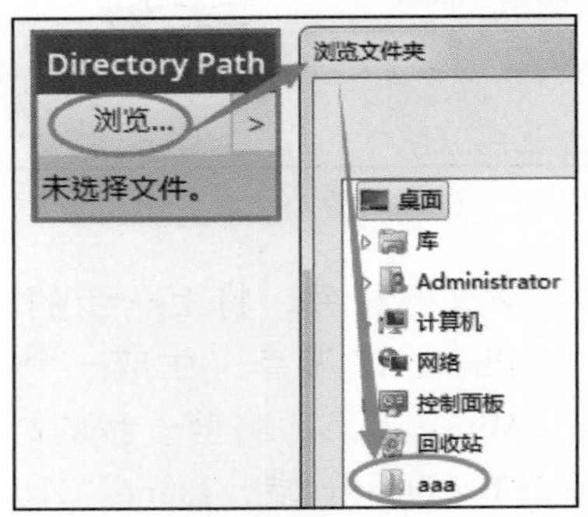

图 18-81

将各节点连接在一起，如图 18-82 所示，两个 Boolean 节点都保持为默认的 False 选项，可以看到 File. SaveFamily 节点已经将符合条件的族保存出去了。

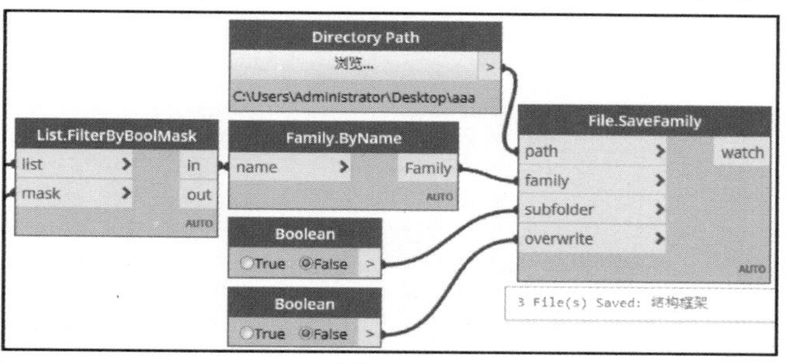

图 18-82

打开之前选定的文件夹，检查输出情况。

Step 05 为了使这个功能在应用时更加方便，我们把它添加到 Dynamo 播放器的文件夹。

因为现有的 Directory Path 节点已经含有一个路径，所以将其删掉，再添加一个新的 Directory Path 节点，保持其内容为空，连接到 File. SaveFamily 节点的 path 端后，右键单击它的名称，在弹出的快捷菜单内勾选“是输入”选项，如图 18-83 所示。

图 18-83

在工作区添加一个 String 节点，保持其内容为空，接入 String. Contains 节点的 SearchFor 端，之前接入这里的 Code Block 可以删掉了。右键单击 String 节点的名称，在弹出的快捷菜单内勾选“是输入”选项。保存这个文件。

关闭 Dynamo，返回项目文件的界面，启动 Dynamo 播放器，如图 18-84 所示，点击菜单栏的第二个按钮，打开存放 dyn 文件的文件夹，把上一步保存的文件复制进来。

图 18-84

关闭播放器后再次打开，如图 18-85 所示，刚才复制的文件已经出现在列表中。点击位于名称前面的三角形按钮，运行这个脚本。

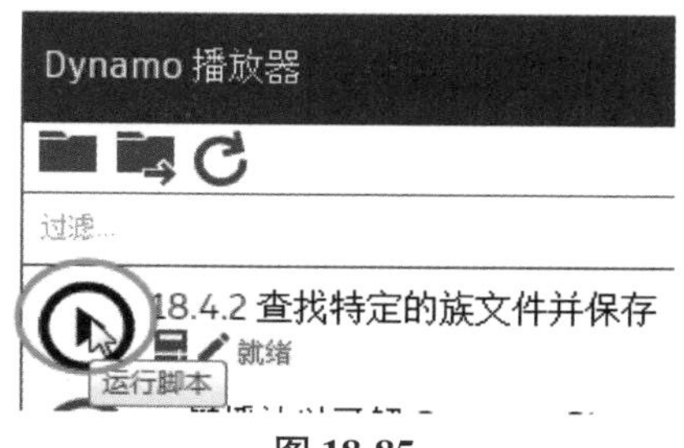

图 18-85

运行完毕后如图 18-86 所示，播放器会提示“需要输入”，同时把需要输入的内容在下方列出，分别是字符串和路径，正是之前在“dyn”文件里定义为“是输入”的两个节点。

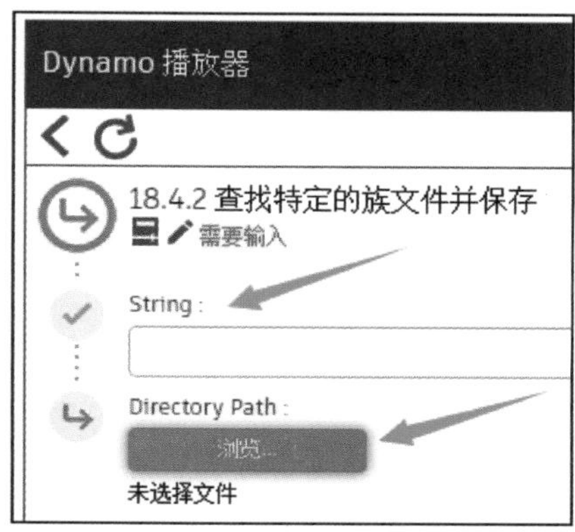

图 18-86

在其中输入要查找的关键字并指定路径后，再次运行，如图 18-87 所示，播放器会提示“运行已完成”。基于这样的方式，用户可以在不打开 Dynamo 的情况下，就使用其功能，且不必再具备 Dynamo 的操作知识，是非常方便的。

图 18-87

在插件及播放器的配合下，Dynamo 可以实现很多实用方便的功能，有待于读者整理、发掘。